ÉCOLOGIE ET ÉVOLUTION

DU MONDE VIVANT

Volume 1

AF861004

Biologie, Ecologie, Agronomie
Collection dirigée par Richard Moreau
professeur honoraire à l'Université de Paris XII,
et Claude Brezinski, professeur émérite à l'Université de Lille

Cette collection rassemble des synthèses, qui font le point des connaissances sur des situations ou des problèmes précis, des études approfondies exposant des hypothèses ou des enjeux autour de questions nouvelles ou cruciales pour l'avenir des milieux naturels et de l'homme, et des monographies. Elle est ouverte à tous les domaines des Sciences naturelles et de la Vie.

Déjà parus

Michel GODRON, *Écologie et évolution du monde vivant, vol.3. Les problèmes écologiques réels,* 2012.
Michel GODRON, *Écologie et évolution du monde vivant, vol.2. L'échelle crée le phénomène*, 2012.
Marcel B. BOUCHÉ, *Pour un renouveau dans l'environnement,* 2012.
Dominique MARIAU, *L'univers fascinant des insectes. Nos amis, nos ennemis*, 2012.
Gérard BERTOLINI, *Montre-moi tes déchets...* 2011.
Alain GIRET, *Histoire de la biodiversité*, 2011.
Michel STEVENS, *Revenons sur Terre, Comment échapper à l'enlisement des négociations sur le changement climatique*, 2011.
Bernard BOURGET, *Les Défis de l'Europe verte*, 2011.
André MARCHAND, *De l'agriculture d'antan à celle d'aujourd'hui. Les changements engendrés par les lois Pisani*, 2011.
André MARCHAND, *Filière viande. Propositions pour conjuguer une agriculture rentable et une nourriture saine*, 2011.
Guy JACQUES, *Virer de bord. Plaidoyer pour l'homme et la planète*, 2011.
Maurice BONNEAU, *La forêt de Guyane française*, 2010.
Michel GAUDICHON, *L'homme au miroir de la science*, 2010.
Jacques RISSE, *L'élevage français. Évolutions et perspectives*, 2010.
Louis TSAGUE ; *La Pollution due au transport urbain et aéroportuaire. Caractéristiques et méthodes de réduction*, 2009.
Marie-Françoise MAREIN, *L'agriculture dans la Grèce du IVe siècle avant J.C*, 2009.

574
GOD
1

Michel Godron

ÉCOLOGIE ET ÉVOLUTION DU MONDE VIVANT

Volume 1

La vie est une transmission d'information

PILON

L'Harmattan

A / 261278

© L'Harmattan, 2012
5-7, rue de l'Ecole-Polytechnique, 75005 Paris

http://www.librairieharmattan.com
diffusion.harmattan@wanadoo.fr
harmattan1@wanadoo.fr

ISBN : 978-2-296-55870-0
EAN : 9782296558700

PLAN

L'écologie étudie les interactions entre les communautés d'êtres vivants et leur environnement. Ces communautés comprennent les microorganismes, les plantes, les animaux et l'humanité L'ensemble de ces relations est extrêmement complexe et le fil d'Ariane qui sous-tend le plan du présent ouvrage est que l'ensemble des phénomènes écologiques est une chaîne de transformations de l'énergie donnée par le Soleil et absorbée par les plantes, en étant couplée à des transmissions d'information. Cette chaîne de transformations s'est amorcée dès l'origine de la vie, et elle aboutit au XXIe siècle à une situation écologique critique mais non désespérée. [1]

Les deux premiers chapitres essaient de répondre à deux questions "**Qu'est-ce que la vie** ?" et "Comment l'**évolution** a-t-elle produit la biodiversité actuelle ?". Ensuite, le troisième et le quatrième chapitre examinent le **fonctionnement** de la végétation en relation avec l'atmosphère et avec les sols.

Le chapitre 5 montrera comment la végétation s'est structurée à la surface du globe sur toute la gamme des **échelles spatiales** depuis celle des continents et des zones écologiques jusqu'à celle de la station et des éléments de paysage.

Le chapitre 6 survolera le rôle des **animaux** dans la biosphère.

Les chapitres 7 et 8 regarderont l'entrée de l'**Homme** dans le jeu des équilibres écologiques qui aboutit à la **crise actuelle**.

L'idée centrale de cet ouvrage est que l'ensemble des êtres vivants a pris son autonomie par rapport au monde minéral grâce à l'acquisition d'une "mémoire" qui utilise l'information venant du Soleil pour réguler le fonctionnement des individus et celui des communautés qu'ils constituent, de manière à leur permettre de survivre en résistant aux perturbations.

---

1 Le présent texte sera suivi d'un cédérom tramé avec des liens hypertextes et mis à jour chaque année. Les personnes qui souhaiteraient participer à ces mises à jour pourront s'adresser au Groupe de La Charmille 18410 BRINON.

REMERCIEMENTS

Les personnes qui m'ont aidé sont nombreuses et je tiens à remercier particulièrement Louis Amandier, Damien Billet, Sabine Billet, Anne-Marie Breuil, Anna Caiozzo, Philippe Daget, Anne-Marie Duffour de la Vernède, Bénédicte Godron, François Godron, Jacques Godron, Guillaume Godron, Marine Godron, Paul Godron, Pierre-Henri Gouyon, Philippe Langlois, Joël Mathez, Alix O'Mahony, Jean-Marie Roucher, Frédérique Saint-Georges, Alain Verneau.

Les compétences ainsi rassemblées sont nombreuses et diverses : Ingénieur civil des Eaux et Forêts, Doctorat ès sciences, Licence de philosophie, Avocat fiscaliste, 2 Agrégés de sciences naturelles, DESS Institut d'études politiques de Paris, 2 Docteurs en médecine, Diplôme d'infirmière, Diplôme de pharmacie, Doctorat ès lettres, ESCParis, 2 ESSEC, École normale supérieure, École supérieure de commerce de Tours, École supérieure de commerce de Montpellier, 2 Experts comptables, 2 Ingénieurs agronomes, Ingénieur des mines, Institut d'études politiques de Paris, Master en droit de l'urbanisme, Master en économie de Dauphine.

CHAPITRE 1

LE RAYONNEMENT SOLAIRE ET SES RÔLES MAJEURS EN ÉCOLOGIE

11 LE RAYONNEMENT SOLAIRE [1]

Le rôle le plus évident du Soleil vis-à-vis de la biosphère est de fournir de l'énergie radiative, en surabondance, dans une étroite gamme de longueur d'ondes. Après avoir précisé la quantité et les qualités de cette avalanche d'énergie (§ 11*), puis ses conséquences sur la circulation atmosphérique (§ 12*), nous verrons comment elle produit les climats du monde (§ 13*, 14* et 15*), dont dépendent les grands types de végétation, d'habitats et de paysages (§ 52*, 53*, 54*) et le changement climatique (§ 84*).

L'énergie envoyée par le Soleil apporte aussi l'information qui est la source de toute vie, qui permet de comprendre ce qu'est la vie (§ 16*) et qui est à l'origine de la structure de toute la biosphère (17*).

111 L'ÉNERGIE SOLAIRE QUI ATTEINT LA TERRE

111.1 La constante solaire

Une surface exposée aux rayons du Soleil dans la haute atmosphère reçoit environ 2 calories par minute et par centimètre carré, c'est-à-dire une quantité de chaleur capable d'élever de deux degrés la température d'un cm^3 d'eau, soit :

2 degrés x 4,185 joules par minute et par cm^2
8,37 joules par minute et par cm^2
0,14 watt par cm^2
1,4 kW par m^2
ou encore environ 1.051 kilocalories par cm^2 et par an.

Cette quantité est souvent nommée "constante solaire" quoiqu'elle varie en fonction de l'activité de la photosphère du Soleil et du nombre des taches

---

[1] Le premier chiffre du numéro de paragraphe est toujours le numéro du chapitre.

solaires et cette variation entraînerait selon certains experts une variation de 1°C de la température de la basse atmosphère. à titre de comparaison, le flux de chaleur qui vient des profondeurs de la terre est de 0,005 calories par cm2 et par heure, soit moins de 0,004 pour cent de la constante solaire.

Considérons maintenant le globe terrestre : sa face exposée au Soleil a une surface de 127.000.000 km², et l'énergie qu'elle reçoit en une seconde vaut :

$$127.000.000 \,.\, 100 \,.\, 100 \,.\, 100 \,.\, 100 \,.\, 100 \,.\, 2 / 60 \text{ calories}$$

$$\text{soit } 4{,}23 \,.\, 10^{13} \text{ kcal par seconde}$$

Ceci correspond à la combustion de $(4{,}23/11000) \,.\, 10^{13} = 3{,}84.\ 10^{9}$ kg de pétrole en une seconde (soit 10 super-pétroliers explosant en une seconde), ou à la dissipation, en une seconde, de l'énergie d'une bombe atomique de faible puissance. L'origine de cette énergie est indiquée à la fin de l'annexe 1-1.

Au total, la Terre reçoit en une année une énergie égale à :

$4{,}23 \,.\, 10^{13}$ kcal par seconde . 86 400 sec/jour . 365 jours
soit $1{,}33 \,.\, 10^{21}$ kcal par an,
soit encore $(1{,}33 / 11000) \,.\ 10^{21}$ kg de pétrole par an
soit encore 1,21 . 100.000.000.000.000 tonnes de pétrole.

Or la photosynthèse produit en une année environ 10^{11} tonnes de biomasse sur la Terre (§ 33*), qui correspondent à environ 10^{10} tonnes d'équivalents-pétrole. Il est donc possible de dire :

Le total de l'énergie absorbée par la photosynthèse sur l'ensemble du globe terrestre est inférieur au millième de l'énergie totale qui arrive sur la Terre.

Puisque toute l'énergie fossile emmagasinée par la Terre (charbon, pétrole, gaz naturel) a pour origine ancienne la photosynthèse des plantes terrestres et aquatiques, le moyen le plus direct pour remplacer ces énergies qui s'épuisent (§ 87*) sera certainement de capter une part supplémentaire du rayonnement solaire, soit directement avec des panneaux solaires, soit indirectement en imitant la photosynthèse dans des cuves d'eau exposées au Soleil et bien alimentées en CO_2.

Les 1,4 kW par m² que nous recevons du Soleil sont un maximum qui serait atteint seulement pour les points du globe où les rayons arrivent perpendiculairement au sol. Pour tous les autres points, il faut multiplier ce chiffre par le cosinus de la latitude, ce qui entraîne, en moyenne, une réduction de moitié. Il faut tenir compte aussi de la nébulosité, de la diffusion du rayonnement, etc.

En ce qui nous concerne plus directement, la ration alimentaire d'un homme doit comprendre au moins 2 500 calories par jour ; en conséquence, l'humanité consomme $4 \,.\, 10^9 \,.\, 2\,500$ cal/jour . 365 jours = $3{,}65 \,.\, 10^{15}$ calories par an, c'est-à-dire un milliardième de l'énergie venue du Soleil. Cette cascade de transformations à très faible rendement n'est pas due au hasard, et l'une des questions qui restent en toile de fond de tout cet ouvrage est de chercher pourquoi ce gaspillage apparent se produit et comment il serait possible de le limiter.

111.2 Les variations de l'énergie reçue par la Terre

111.21 En fonction de la latitude

Les 1,4 kW par m² que nous recevons du Soleil sont un maximum qui serait atteint seulement pour les points du globe où les rayons arrivent perpendiculairement au sol. Pour tous les autres points, il faut multiplier ce chiffre par le cosinus de la latitude, ce qui entraîne, en moyenne, une réduction de moitié. Il faut tenir compte aussi de la nébulosité, de la diffusion du rayonnement, des poussières émises par les volcans, etc.

111.22 Les poussières émises par les volcans

Lorsque les nuages de poussières volcaniques obscurcissent le ciel, le système énergétique de la biosphère n'est plus alimenté en énergie, la température diminue, la végétation souffre, etc. La dernière éruption grave est celle du volcan indonésien Tambora qui a explosé en 1816, en passant de 4.300 m de haut à 1.800 m, et en émettant un nuage de poussières qui a refroidi même le nord de l'Amérique : cette année-là, il a neigé en juin et gelé en août à la latitude de Naples.

Un autre "super-volcan" enfoui sous des sédiments, le mont Toba (Indonésie) a explosé il y a 72.000 ans : le nuage aurait occulté plus de 90 % de la lumière solaire pendant 6 ans en faisant localement chuter la température de 15°C. Certains anthropologues pensent qu'une des conséquences de cette catastrophe a été une diminution de la population des *Homo sapiens* dont le nombre aurait été réduit à quelques dizaines de milliers de personnes. En Papouasie, en Nouvelle Zélande, dans le parc national de Yellowstone (Wyoming), d'autres géants endormis risquent d'éternuer dramatiquement dans un proche avenir.

111.23 A l'échelle des temps géologiques

Le Soleil envoie son rayonnement dans toutes les directions, et la Terre en capte seulement un dix milliardième. À l'échelle du millénaire, l'énergie reçue par la Terre n'est pas constante, parce qu'elle varie en raison de phénomènes astronomiques étudiés par **MUTIN MILANKOVIC** :

- l'excentricité de l'orbite de la Terre autour du Soleil varie selon un cycle de 100.000 ans,
- l'inclinaison de l'axe des pôles par rapport au plan de l'orbite terrestre (nommé écliptique) varie selon un cycle de 41.000 ans,
- la position des solstices et des équinoxes sur cet orbite fait un tour complet en 21.000 ans (c'est la précession des équinoxes).

Ces variations sont l'une des causes principales des glaciations du Quaternaire (§ 24* et 42*) [2] et elles interviennent dans le changement climatique (§ 84*).

112 LA QUALITÉ DE L'ÉNERGIE RADIATIVE : SA LONGUEUR D'ONDE

Pour des raisons qui seront examinées à la fin de ce chapitre, il est important de prendre en compte la "qualité" de l'énergie qui nous est donnée par le Soleil : c'est un rayonnement électro-magnétique, qui comprend toute une gamme de longueurs d'onde, selon les lois de Stefan et de Wien (voir l'annexe 1 du présent chapitre). La longueur d'onde où la puissance du rayonnement solaire est maximale est voisine de 0,5 microns ; la quasi-totalité de l'énergie émise par le Soleil est située dans le domaine 0,2 microns à 5 microns, et la plus grande partie de cette énergie est comprise entre les longueurs d'onde 0,4 microns et 0,8 microns (= 400 nm à 800 nm). La fréquence des oscillations du rayonnement solaire de longueur d'onde 0,5 microns est donc égale à 6.000 hertz, puisque la fréquence est égale à la vitesse de la lumière ($3 \, . \, 10^{11}$ mm par seconde) divisée par la longueur d'onde en mm.

La fraction de courte longueur d'onde du rayonnement solaire est diffusée par les molécules d'air selon la loi de Rayleigh, proportionnellement à l'inverse de la quatrième puissance de la longueur d'onde du rayonnement :

$$D = k \, . \, 1 / L^4$$

---

6 De l'âme, Livre II, ch 1 : 412 a-b. Bien que l'inénarrable Popper dise qu'Aristote était un philosophe médiocre, nous osons trouver encore aujourd'hui chez le Stagyrite quelques-unes des sources de la pensée rationnelle…

En conséquence, il n'arrive au sol qu'une fraction de la totalité du rayonnement :

	ultra-violet				visible				I-R	
en microns :	0,22	0,26	0,30	0,35	0,37	0,40	0,45	0,55	0,75	0,95
% transmis :	1%	10%	30%	50%	60%	70%	80%	90%	97%	99%

De plus, les gaz de l'air absorbent environ 10% de l'énergie incidente dans certaines bandes étroites du spectre solaire.

Pour ce qui concerne le plus directement les hommes et les femmes, le rayonnement ultra-violet qui traverse l'épiderme des humains régule la production de la vitamine D3 qui, à son tour, active l'hormone de croissance anti-rachitique. Inversement, les UV-A (320 nm à 400 nm) et les UV-B (280 nm à 320 nm) attaquent l'ADN des cellules de la peau et provoquent des cancers de la peau, les mélanomes ; ils réduisent aussi la stabilité du génome de certaines plantes (**G. Ries** , 2000)

A titre de curiosité, les UV-A et les UV-B ne jouent pas le même rôle pour le bronzage des vacanciers et pour les coups de soleil.

Enfin, une infime part du rayonnement solaire est constituée de protons, qui ont peut-être une influence sur les capacités d'absorption de l'atmosphère, et sur la teneur en ozone de la stratosphère (§ 12*, 21* et 84*).

113 La gamme du rayonnement "visible"

L'étroitesse de la gamme des radiations qui arrivent au sol permet de quitter un instant la physique et l'astronomie, pour faire une première incursion dans le domaine biologique : la gamme des rayonnements que nous recevons du Soleil est nommée "rayonnement visible" et ce n'est pas une coïncidence produite par un hasard bienveillant ; au contraire, elle s'explique parce que l'œil s'est développé, au cours de l'évolution, de manière à utiliser "au mieux" les possibilités de perception offertes par la gamme des radiations qui arrivent en grande quantité jusqu'au sol.

Déjà, certains êtres unicellulaires sont sensibles précisément aux longueurs d'onde de la lumière du Soleil et possèdent un "phototropisme" général, positif ou négatif qui les conduit vers des territoires nourriciers. Les Algues flagellées *Chlamydomonas* utilisent cette sensibilité à la lumière pour se rapprocher de la lumière, ou pour se mettre à l'abri. Le préliminaire de l'œil apparaît chez les Amibes hétérotrophes sous la forme d'une tache photosensible qui aide l'Amibe à capturer leurs proies : quand un corpuscule passe devant leur tache sensible au rayonnement solaire, il fait de l'ombre et l'Amibe envoie alors ses tentacules pour le capturer. L'œil s'est ensuite développé et perfectionné très progressivement et le diamètre des yeux des

Calmars *Architeuthis dux* qui vivent dans les sombres eaux profondes atteint maintenant 30 cm.

A ce sujet, une remarque complémentaire s'impose : les caractères qui permettent de séparer les animaux des végétaux (§ 60*) sont rarement absolus, puisqu'il existe des végétaux hétérotrophes, des animaux fixés, des plantes carnivores (les *Drosera*, les *Nepentes*, etc. § 62*), des plantes hétérotrophes qui consomment la sève produite par d'autres plantes, etc. Parmi ces caractères distinctifs, la présence de l'œil est l'un des seuls qui soit strictement propre aux animaux. Finalement, un raccourci audacieux conduirait à dire que les yeux des animaux sont issus de la nécessité de capturer des proies.

Une autre utilisation du rayonnement solaire par des animaux est plus inattendue : les Dinoflagellés *Pyrocystis lunula* et *Pyrocystis noctiluca* produisent de la lumière à 480 nanomètres avec leur protéine nommée luciférine (analogue à celle des Vers luisants) lorsque l'eau est agitée par des Crevettes qui viennent s'en nourrir ; cette lumière leur rend service parce qu'elle attire les prédateurs des Crevettes !

Ce type de remarque, où l'évolution est présentée sous une forme très finaliste, ne doit pas être considéré comme une explication causale (qui serait très entachée d'anthropomorphisme) mais comme un raccourci imagé, commode pour se faire comprendre.

114 L'ALTERNANCE DES JOURS ET DES NUITS

L'alternance des jours et des nuits (rythme "circadien") règle certaines phases du développement des plantes qui, par exemple, ont besoin de jours longs pour fleurir. Cette régulation passe souvent par l'intermédiaire des phytochromes. Le phytochrome sensible à l'infra-rouge lointain de longueur d'onde égale à 730 nanomètres induit la floraison ; au contraire, le phytochrome sensible au rouge clair (660 nanomètres) inhibe la floraison.

Au printemps, l'allongement des jours transforme le phytochrome 660 en phytochrome 730, et permet à la floraison de se déclencher à la période favorable. Exposer la plante pendant quelques secondes à un rayon laser de 660 nm produit le même effet ; inversement, un laser de 730 nm inhibe la floraison. Ceci peut rendre service aux horticulteurs, aussi bien pour empêcher les salades de monter à graine que pour déclencher la floraison des œillets à la date optimale.

12 LA CIRCULATION ATMOSPHÉRIQUE

Au total, l'énergie donnée par le Soleil, qui est la "source chaude" alimentant la biosphère (*cf.* annexe 1-1) repart en totalité vers les espaces intersidéraux après avoir animé les mouvements de l'atmosphère et tout le système de la biosphère.

121 LE BILAN ÉNERGÉTIQUE GLOBAL DE LA TERRE ET DE L'ATMOSPHÈRE

A l'échelle de quelques années, la Terre conserve une température moyenne stable, et elle n'accumule pas d'énergie thermique. Un équilibre entre les "arrivées" et les "sorties" d'énergie est donc établi, et la totalité de l'énergie solaire reçue par la Terre est renvoyée vers les espaces intersidéraux.

Les bilans sont loin d'être parfaitement analysés, mais des ordres de grandeur peuvent être déduits des chiffres plus ou moins concordants de plusieurs auteurs (**M. Budyko, 1974** ; **J. Triplet & G. Roche, 1971**) :

- 30% de l'énergie solaire incidente sont directement renvoyés vers les espaces intersidéraux, sous forme de rayonnement de courte longueur d'onde réfléchi par les nuages (17%), l'atmosphère (3%) et le sol ou la végétation (10%) ; en d'autres termes, l'*albedo* moyenne (§ 31* et Annexe 1-1) de la Terre et de son atmosphère est égale à 0,3 ;
- 17% sont absorbés temporairement par la vapeur d'eau et les poussières de l'atmosphère ; la majeure partie de ces 17% est utilisée pour évaporer l'eau des nuages, puis remise en liberté dans l'atmosphère lorsque la vapeur d'eau (transparente) incluse dans l'atmosphère se condense pour donner de nouveaux nuages ;
- les 53% qui arrivent au sol sont totalement ré-exportés sous forme de rayonnement de grande longueur d'onde, plus ou moins directement :
  = 6 % sont émis par le sol et la végétation sous la forme de radiations de grande longueur d'onde et vont directement vers les espaces intersidéraux ;
  = 12 % sont aussi émis par le sol et la végétation sous la forme de radiations de grande longueur d'onde, mais sont absorbés temporairement par l'atmosphère ;
  = 35 % sont transmis à l'atmosphère par convection et par conduction (6% réchauffent l'atmosphère, sous la forme de chaleur sensible et 29% évaporent de l'eau).

Les 12 % + 35 % = 47 % que le sol et la végétation ont envoyé à l'atmosphère (y compris la vapeur d'eau et les nuages qu'elle contient) s'ajoutent aux 17 % que l'atmosphère a reçus directement du Soleil et ils n'y restent pas : ce total de 47 % + 17 % = 64 % sont envoyés vers les espaces intersidéraux sous la forme de rayonnement de grande longueur d'onde (33 % sont émis par les gaz de l'atmosphère et 31 % sont émis par les nuages et 33 % + 31 % est bien égal à 64 %).

Un autre aspect du bilan est que l'émission totale en grande longueur d'onde vaut 70% du rayonnement solaire reçu, qui se décomposent ainsi :

- 6% sont émis directement par la Terre (y compris par la végétation) ;
- 17% ont été absorbés lors de l'arrivée du rayonnement solaire dans l'atmosphère, et sont ré-émis par l'atmosphère, les poussières et les nuages ;
- 12% ont été émis par la Terre, puis absorbés par l'atmosphère, les poussières et les nuages, et sont ré-émis vers les espaces intersidéraux ;
- 35% ont été transmis de la Terre à l'atmosphère, puis ré-émis par celle-ci.

Ce bilan équilibré est valable pour l'ensemble du globe, mais il est nettement positif pour les latitudes tropicales, et nettement négatif pour les zones polaires. Un double système de compensation s'est donc établi, grâce aux courants océaniques et à la circulation atmosphérique : les courants océaniques sont lents, et ils ne transfèrent vers les pôles que 10 % de l'énergie excédentaire. L'air se déplace beaucoup plus vite, et un double courant s'établit : en haute altitude, de l'air chaud et humide va vers les pôles, alors que, à basse altitude, de l'air froid et sec va vers l'équateur.

Les océans absorbent mille fois plus de calories que les continents, en particulier parce que la chaleur latente d'évaporation de l'eau (voir Annexe 1-3) est beaucoup plus élevée que la chaleur spécifique de la terre. De fait, l'évaporation d'un litre d'eau absorbe 539.000 calories, alors que le réchauffement de 1°C d'un kilogramme de terre absorbe environ 2.000 calories. En conséquence, c'est surtout l'évaporation de l'eau des mers équatoriales (et la condensation de cette eau dans les zones tempérées et froides sous forme de pluie) qui assure l'équilibre thermique de l'ensemble. Cette circulation atmosphérique "méridienne", modulée par la force de Coriolis, sera étudiée dans le paragraphe 13*, après l'examen des mouvements verticaux de l'atmosphère.

122 LES PROFILS VERTICAUX DE TEMPÉRATURE DANS LA HAUTE ATMOSPHÈRE

Si l'atmosphère était transparente pour le rayonnement infra-rouge émis par le sol et la végétation (§ 31*), la température "radiative" d'équilibre de la Terre serait de – 18°C (G. Israël, 1985). C'est l'**effet de serre** (§ 84*) qui porte la température observée à +14°C, soit 32°C de plus que la température "radiative". L'altitude où sont atteints les – 18°C qui correspondent à l'équilibre est voisine de 2.000 m. Nous verrons dans le paragraphe 84* que l'augmentation de la teneur en CO_2 de l'atmosphère augmente l'effet de serre alors que les poussières émises par les volcans le diminuent.

Les transformations de l'énergie au sein de l'atmosphère sont très complexes. Leur résultat est que le refroidissement régulier de l'air en altitude, qui nous paraît une évidence, a lieu seulement dans la basse atmosphère (nommée la **troposphère**, parce qu'elle est le siège de mouvements divers). Au-delà, plusieurs couches aux gradients alternés se succèdent :

1) Au-dessus de la troposphère se trouve la **tropopause** ; elle est située à 8 km d'altitude, dans les régions polaires, avec une température de – 50 degrés C, et, dans la zone équatoriale, à 17 km, avec une température de – 80 degrés C.

2) Ensuite, la température croît à nouveau régulièrement, au sein de la **stratosphère** (10 km à 50 km) où se trouve la couche d'ozone qui absorbe le rayonnement situé juste au-delà du violet, entre 0,18 et 0,3 microns, qui tuerait les êtres vivants actuels (§ 21* et 84*). Cette couche est très ténue, et son épaisseur serait de 3 mm si elle était comprimée à la pression qui règne au niveau du sol.

3) Au dessus de la stratosphère se trouve la **stratopause**, où la température est voisine de 0 à 10 degrés C. Au-delà, dans la **mésosphère**, elle décroît à nouveau jusqu'à 85 km (**mésopause**), puis croît à nouveau dans la **thermosphère**, qui va jusqu'à 500 km.

4) La couche située au-dessus de 80 km comprend l'**ionosphère,** ainsi nommée parce qu'elle contient les ceintures ionisées qui réfléchissent les ondes radio de courte longueur d'onde, qui sont la cause des "orages magnétiques" et celle des aurores polaires (nommées aurores boréales dans l'hémisphère nord). Celles-ci ont pour origine des flux d'électrons et de protons éjectés par le Soleil à grande vitesse (500 km/sec à 1.000 km/sec) qui sont attirés par le champ magnétique des 2 pôles et provoquent la luminescence des ions de l'ionosphère, sous la forme de draperies bleues et vertes, avec des nuances jaunes et rouges. La limite inférieure de la couche fortement ionisée est assez variable : au printemps 2009, la NASA estimait qu'elle est voisine de 420 km au milieu de la nuit et de 800 km en milieu de journée ; en avril 2008, ces altitudes étaient 640 km et 960 km. Ces différences seraient dues à la variation du rayonnement ultra-violet du Soleil.

L'azote et l'oxygène des hautes couches absorbent le rayonnement X, qui pourrait nous être néfaste.

A partir de 500 km d'altitude, les atomes et les ions sont relativement éloignés les uns des autres, et la température n'a de sens que dans la physique de la cinétique des particules ; elle atteint plus de 1.000°C vers 3.000 km, dans une atmosphère composée surtout d'hélium et d'hydrogène, comme l'ensemble de l'Univers.

Ajoutons enfin que 99 % de la masse de l'atmosphère terrestre sont inclus dans la troposphère et dans la stratosphère, qui représentent une pellicule très mince, d'épaisseur inférieure à 1% du rayon de la Terre. C'est l'une des raisons qui justifient l'intégration de la troposphère et de la stratosphère dans la biosphère.

123 Stabilité et instabilité de l'air dans la basse atmosphère

123.1 Explication générale

L'air chaud monte dans l'atmosphère et il suffit de regarder le bourgeonnement d'un cumulus, ou les orbes du vol plané d'une Buse, pour voir que des "ascendances" peuvent naître dans l'air atmosphérique.

Dans quelles conditions apparaît cette instabilité ? Pour le comprendre, considérons un petit volume d'air, V1, situé à l'altitude H1, en imaginant qu'il est enfermé dans un ballonnet élastique ; il est en équilibre avec l'air qui l'entoure si son poids est exactement égal à la poussée d'Archimède qu'il reçoit de la part de toutes les molécules d'air qui l'entourent.

Les mouvements aléatoires de l'atmosphère peuvent cependant conduire le ballonnet à monter un peu, jusqu'à l'altitude H2, par exemple ; en montant, il se dilate, puisque la pression atmosphérique diminue quand l'altitude augmente. En se dilatant, il se refroidit, par un phénomène thermodynamique nommé "détente adiabatique" (ce refroidissement est l'inverse de l'échauffement que produit une compression et qui est sensible, par exemple, dans la main qui tient une pompe de bicyclette, pendant que l'on gonfle un pneu). En effet, la dilatation produit un refroidissement, parce qu'elle est un travail, qui consomme de l'énergie aux dépens de l'agitation désordonnée des molécules d'air du ballonnet ; ce prélèvement d'énergie ralentit, en moyenne, les molécules et ceci correspond exactement à une diminution de la température de l'air du ballonnet, puisque la température est précisément le résultat de cette agitation des molécules du ballonnet. Dans l'air sec, le coefficient de décroissance de la température est de 1°C par km d'altitude ; dans l'air humide, il descend jusqu'à 0,4°C par km.

Comparons maintenant la température de l'air du ballonnet et celle de l'air environnant situé à l'altitude H2 : si l'air du ballonnet est devenu plus froid que l'air qui l'entoure, il sera aussi plus dense, et il redescendra ; l'atmosphère sera alors "stable". Si, au contraire, malgré le refroidissement dû à la détente, l'air du ballonnet est plus chaud que l'air qui l'entoure à l'altitude H2, il sera plus léger que cet air ambiant, et il montera encore plus ; l'atmosphère sera alors "instable" ; en effet une faible ascension aléatoire s'accentue alors automatiquement, en une boucle de rétro-action positive. L'instabilité s'installe ainsi, en moyenne, quand la température de l'air décroît de plus de 1°C par 100 mètres.

En résumé, si une petite ascension "accidentelle" du ballonnet suffit pour entraîner une ascension de plus grande ampleur, l'atmosphère est instable. Cette instabilité se produit quand le "gradient" réel de température de l'atmosphère est plus intense que le "gradient de détente adiabatique" de l'air. Les nuages qui se produisent alors sont des "cumulus". C'est le cas, en particulier, quand une masse d'air froid survole des terres relativement chaudes. Nous verrons ainsi, dans le paragraphe 13*, que l'air qui arrive à la suite d'un "front froid" produit des cumulus. De même, par un matin de brouillard, quand la Terre se réchauffe fortement sous l'influence du rayonnement solaire, le gradient réel augmente, et le brouillard se lève.

Le raisonnement qui vient d'être fait ne s'applique pas à une couche d'air tout entière. En effet, si l'air monte en un endroit, il doit redescendre ailleurs, et l'instabilité se traduit par une combinaison de courants ascendants et de courants descendants accolés. Quand un avion passe d'une ascendance à un courant descendant, il est brutalement rabattu vers le sol, donnant aux passagers l'impression d'un "trou d'air".

123.2 Les nuages

C'est JEAN-BAPTISTE DE MONET, CHEVALIER DE LAMARCK qui a proposé, en 1776-1788, dans ses *Phénomènes de l'atmosphère*, la classification des nuages que nous continuons à utiliser, mais c'est L. Howard qui, plus tard, a repris ces idées en donnant aux noms des nuages des consonances latines telles que cumulus, stratus, nimbus, cirrus. Des nuages qui ont la forme d'une mer agitée ont été observés en plusieurs endroits du monde et il est proposé à l'Organisation météorologique mondiale de les nommer dorénavant "asperatus", parce que cet adjectif signifie une mer houleuse.

Il a été vu dans le paragraphe précédent que, lorsque l'air instable monte, il se refroidit ; la vapeur d'eau qu'il contient en arrive alors souvent à se condenser en petites gouttelettes qui constituent un cumulus. Ce phénomène se produit couramment en climat tropical humide, où l'on voit des "flottes de cumulus" apparaître au milieu de la journée, quand le Soleil a réchauffé la terre qui était couverte de rosée matinale.

La conséquence essentielle de l'instabilité de l'atmosphère est que les ascendances entraînent une condensation de la vapeur d'eau contenue dans l'air, et provoquent la formation de nuages verticaux. Ainsi, lorsque le Soleil a chauffé toute la matinée un territoire chargé d'humidité, plusieurs phénomènes s'enchaînent :

- le gradient de température augmente,
- l'air devient instable,
- les ascendances produisent des cumulus qui bourgeonnent comme des choux-fleurs.

Si les ascendances s'amplifient, les cumulus noircissent, se gonflent, et deviennent des cumulo-nimbus, puis des nimbus, dont le sommet est en forme d'enclume et qui sont chargés d'éclairs, de grêle et d'orages.

Que se passe-t-il au sommet des cumulus ? L'eau qui s'est condensée dans les colonnes ascendantes a donné de la chaleur (alors que l'eau "prend" de la chaleur pour s'évaporer) ; l'air en a bénéficié, et le gradient de température est devenu plus faible. En conséquence, l'instabilité de l'air diminue, les mouvements ascendants ralentissent et s'arrêtent. L'air froid, qui a perdu son humidité, redescend alors sur les flancs du nuage et produit des courants descendants, qui donnent les "trous d'air" qui ont été évoqués dans le paragraphe précédent.

Des masses d'air stable peuvent côtoyer des masses d'air instable, à l'échelle de quelques kilomètres. Ainsi, les marais et les sols humides de la Camargue se réchauffent moins vite, au cours de la journée, que les sols environnants ; les courants ascendants sont alors moins forts au-dessus de la Camargue, et il y a moins de condensations nuageuses pendant la matinée. Ceci a été régulièrement vérifié ces dernières années, grâce aux photographies prises régulièrement vers 11 heures du matin par le satellite Landsat.

En moyenne, les nuages contiennent 0,2 grammes d'eau liquide par mètre cube, soit 200 tonnes pour un nuage d'un kilomètre cube. Mais les nuages denses en contiennent beaucoup plus. **J.-P. Chalon** (2002) donne quelques exemples : un petit cumulo-nimbus, dont le volume est voisin de

1 km^3, contient 10.000 tonnes d'eau sous forme de vapeur et 500 tonnes d'eau sous forme de gouttelettes. Un gros cumulo-nimbus occupe 1 000 km^3 (l'ordre de grandeur de ses dimensions est 10 km . 10 km . 10 km) ; il peut contenir jusqu'à 1 milliard de tonnes d'eau (soit le poids de 500.000 automobiles) dont plusieurs millions de tonnes d'eau liquide et de glace, et il peut déverser 4.000 tonnes de pluie par seconde. Pourquoi cette masse considérable ne tombe-t-elle pas immédiatement ? En partie parce que des courants ascendants l'entraînent vers le Soleil, mais aussi parce que l'air humide est moins dense que l'air sec.

123.3 Les gradients atmosphériques

Pour suivre ces ascendances, les météorologues envoient dans l'atmosphère des ballons-sondes munis de thermomètres, afin de déterminer le profil des températures de l'air. Ils y ajoutent des hygromètres parce que le raisonnement précédent doit être complété par des calculs complexes pour tenir compte du refroidissement dû à la condensation de la vapeur d'eau.

Ces mesures ont permis de calculer des gradients moyens : le gradient de décroissance moyenne de la température de l'air dans la troposphère varie entre – 5°C et – 6,5°C pour 1.000 m, et la décroissance de la pression est logarithmique. Au niveau de la mer, on perd 1 mb en montant de 8,4 m ; à 3 km, la décroissance est de 1 mb pour 11,3 m, et, à 5,5 km, la décroissance est de 1 mb pour 14,8 m.

Le résultat est résumé dans le tableau ci-dessous :

Alt (km)	0	1	2	3	4	5	6	7	8	9
Pression (mb)	1013	899	795	701	616	540	472	411	356	307
Temp. (°C)	15	8,5	2	-4,5	-11	-17	-24	-30	-37	-43,5

En montagne, la situation est souvent complexe. Par exemple, entre Briançon (1.324 m) et une station située à 2.030 m au col du Lautaret (J. Ronchail, 1980), le gradient moyen mensuel a varié de 0°C à – 14,7°C au cours des 11 premiers mois de l'année 1978. Ce gradient est plus faible la nuit que le jour, puisque la moyenne mensuelle du gradient des températures minimales, atteintes à la fin de la nuit au cours de cette période, était, de – 2,4°C, alors que la moyenne mensuelle du gradient des températures maximales était de – 10,1°C. Cette faiblesse du gradient des minimums résulte de la descente de l'air froid (plus dense) dans les vallées, au cours de la nuit, surtout quand la région est dans une situation anticyclonique (*cf.* § 12* et 15*) ; il fait alors presque aussi froid dans les vallées que sur la montagne. Au contraire, dans la journée, la chaleur donnée par le Soleil s'accumule mieux dans la vallée que sur le haut des versants balayés par le vent ; les vallées sont plus chaudes et les sommets plus froids, et le gradient s'accentue, donnant la brise de vallée (§ 14*).

Le gradient thermique varie aussi au fil des saisons :

	avril 1978	nov. 78
moyenne du gradient des minimums	– 4,5	0
moyenne du gradient des maximums	– 14,7	– 7,8

Cette variation saisonnière vient de ce que, dans cette région, l'amplitude des variations diurnes est proportionnelle à la quantité de rayonnement reçu ; en effet, l'amplitude diurne est grande en été, parce que le Soleil chauffe fortement la terre au cours de la journée ; le ciel est alors souvent dégagé de nuages au cours de la nuit suivante, où la terre se refroidit en envoyant un important rayonnement infrarouge (5 à 20 microns) vers les espaces intersidéraux. Au contraire, en hiver, le Soleil reste bas, et le ciel est souvent couvert ; les gradients sont moins intenses.

Le gradient de température peut atteindre jusqu'à – 4°C par 100 m quand la terre est très chaude. À l'opposé il peut être inversé au voisinage du sol quand celui-ci est plus froid que l'atmosphère. Ceci se produit en particulier quand la terre se refroidit en fin d'après-midi. L'atmosphère est alors très stable, au point que les fumées urbaines et les émissions de gaz industriels (SO_2 et SO_3 en particulier) restent au-dessus des villes. Cette situation est si nocive que l'activité industrielle doit alors être stoppée pendant quelques heures dans certaines villes industrielles telles que Toronto.

Pendant les nuits claires, la Terre rayonne vers le cosmos et se refroidit beaucoup ; l'eau contenue dans l'air se condense en donnant de la rosée, et quelquefois du brouillard, surtout dans les dépressions où l'air froid descend et s'accumule.

124 Les mouvements horizontaux de la basse atmosphère

Le système dynamique des **anticyclones** et des **dépressions** est à l'origine de tous les types de vents qui animent la basse atmosphère. Quand la vitesse du vent atteint 120 km/h, on parle de cyclone ou d'ouragan. Le 10 avril 1996, une rafale de vent a atteint la vitesse de 408 km/h à Barrow Island, en Australie.

Regardons une fraction de l'atmosphère couvrant quelques millions de kilomètres carrés. La pression n'y est pas uniforme, et l'air va spontanément des hautes pressions (anticyclones) vers les basses pressions (ou dépressions), mais il n'y va pas en ligne droite, parce que la rotation de la terre (30 km par seconde, soit 1.670 km/h, à l'Équateur) déplace à chaque instant le but visé. Ceci se comprend aisément dans le cas d'une masse d'air partant d'un anticyclone présent dans le Sahara pour aller vers une dépression située dans le Gabon, qui est proche de l'Équateur : pendant que l'air se déplace vers le sud, il arrive sur des zones où la Terre tourne vers l'est avec une vitesse plus grande que dans la zone d'où il est parti. La dépression n'arrive pas au Gabon, puisque ce pays a déjà défilé vers l'est pendant que la masse d'air commençait à se déplacer. Finalement, la masse d'air arrivera à droite de la dépression gabonaise, s'enroulant en quelque sorte autour d'elle. Dans l'hémisphère nord, la masse d'air est ainsi "déviée" vers la droite ; dans l'hémisphère sud, tout s'inverse, et la masse d'air est déviée vers sa gauche.

Plus généralement, quand un mobile M, de coordonnées géographiques x et y, se déplace avec une vitesse Vr à la surface de la Terre, sa vitesse absolue, Va (par rapport à un système de coordonnées indépendant de la position de la Terre) est la somme géométrique de sa vitesse relative par rapport à la surface de la Terre, Vr, et de la vitesse propre de la Terre, nommée vitesse d'entraînement, Ve.

Vr, la vitesse relative, à pour composantes

$$Vx = dx/dt$$

$$\text{et} \quad Vy = dy/dt$$

Ve, la vitesse d'entraînement, se décompose en une translation OO' et une rotation w.

La vitesse absolue du mobile, Va, est sa vitesse par rapport à un système d'axes de coordonnées sidérales indépendant de la position de la terre ; si les coordonnées du mobile par rapport à ce système sidéral sont X, Y, Z, la vitesse absolue a pour composantes dX/dt, dY/dt, dZ/dt, dérivées de X,Y, et Z par rapport au temps.

L'accélération absolue de M par rapport à ce système est :

$$Ga = dVa/dt$$

Les composantes de Ga sont d2X/dt2, d2Y/dt2, d2Z/dt2, et l'on démontre en quelques lignes que Ga n'est pas égal à la somme de l'accélération relative et de l'accélération d'entraînement, parce qu'il faut leur ajouter une accélération complémentaire, dite accélération de **Coriolis**, liée à la rotation de la vitesse d'entraînement. Or la Terre tourne sur elle-même en 24 heures, ce qui correspond à 463 m/seconde à l'Équateur, soit 1.670 km/h.

Cette accélération existe même si l'accélération d'entraînement et l'accélération relative sont nulles. Il y correspond une force, la force de

Coriolis, qui se manifeste dès qu'un mobile se déplace à la surface de la Terre. Cette force est perpendiculaire à l'axe des pôles et perpendiculaire au vecteur qui représente la vitesse relative du mobile. Sa composante horizontale est du même ordre de grandeur que la force horizontale qui pousse l'air des anticyclones vers les dépressions, et elle est perpendiculaire à la direction du mouvement (Vr), vers la droite dans l'hémisphère nord, vers la gauche dans l'hémisphère sud. Il y aura équilibre "dynamique" si la vitesse de la masse d'air est telle que la force de Coriolis équilibre exactement la résultante des forces horizontales. Cet équilibre sera atteint si la vitesse relative Vr du mobile est perpendiculaire à la composante horizontale des forces de pression.

Finalement, les vents sont orientés presque parallèlement aux isobares qui différencient les anticyclones et les dépressions et non pas selon la direction qui va du centre des anticyclones vers le centre des dépressions.

13 LES PRINCIPAUX CLIMATS DU MONDE

Le Soleil tient plusieurs rôles dans le jeu des phénomènes biologiques et PLATON écrivait déjà, cinq siècles avant notre ère : "C'est le Soleil qui fait les saisons et les années, qui gouverne tout dans le monde visible et qui, d'une certaine manière, est la cause de tous les phénomènes visibles." (République, VII, 516 b).

L'ensemble de l'atmosphère, des océans et de la surface des continents est une gigantesque machine thermique où l'air est brassé par les vents et où l'eau ne cesse de passer de la phase liquide à la phase gazeuse (*cf.* § 41*), et inversement. Ces phénomènes s'ordonnent à la surface du globe en fonction de la latitude, selon de grandes ceintures, nommées "zones" par le mathématicien grec THALÈS (Ve siècle av. J.-C.), qui avait découvert que la Terre est ronde, en observant l'ombre qu'elle imprime sur la Lune lors des éclipses.

Un *Abrégé de géographie* de 1716, qui se réfère aux cartes publiées par l'Académie des sciences, commence aussi sa description du monde par l'étude des "zones" climatiques. Les manuels de géographie du XXe siècle parlaient aussi de l'ensemble des zones qui vont de l'Équateur aux pôles. Un zona, en médecine, est aussi une bande horizontale qui se dessine sur le corps du malade. Les écologues qui donnent aux mots leur sens scientifique garder au mot "zone" son sens originel, sans se laisser impressionner par les multiples zonages (ZAC, ZSC, ZPS, ZUP, ZUT, etc.) des circulaires ministérielles qui oublient la langue française.

Finalement, pour comprendre les climats de la Terre, le plus simple est de commencer par la zone équatoriale où le climat résulte directement de l'action du Soleil.

131 La zone équatoriale

Dans les deux hémisphères, la durée des jours et des nuits varie au cours des saisons. C'est seulement à l'Équateur que les jours et les nuits sont toujours égaux, et le Soleil y est exactement au zénith à midi le 20 mars et le 23 septembre ; au solstice d'été, sa trajectoire reste tout entière dans la partie septentrionale du ciel, et, à midi, il monte seulement jusqu'à 66° 33' de hauteur au-dessus de l'horizon (et 23° 27' d'écart du zénith) ; au contraire, au solstice d'hiver, le Soleil reste dans la partie méridionale du ciel, et atteint aussi 66° 33' de hauteur.

En résumé, pour les personnes qui vivent à l'Équateur, la trajectoire du Soleil paraît se balancer, de chaque côté du zénith, un peu au nord pendant notre été, un peu au sud pendant notre hiver. Ces oscillations ne sont pas suffisantes pour entraîner des variations importantes de la température au cours des saisons, et les moyennes mensuelles varient seulement de 1 ou 2 degrés Celsius autour de la moyenne annuelle (généralement voisine de 26°C).

La zone équatoriale reçoit beaucoup d'énergie solaire, puisqu'elle est presque perpendiculaire aux rayons du Soleil. Cette énergie radiative se transforme surtout en "chaleur latente de vaporisation" de l'eau disponible. Très souvent, la chaleur reçue pendant le jour produit suffisamment de nuages pour qu'un orage se déclenche en fin d'après-midi, et que la nuit soit humide ou même brumeuse, Finalement, les variations diurnes de la température atteignent souvent 3 à 5 degrés Celsius, et cette "amplitude diurne" est plus grande que l'amplitude saisonnière (qui est la différence entre la moyenne des températures du mois le plus chaud et la moyenne des températures du mois le plus froid).

La zone équatoriale est assez fortement arrosée, mais les deux saisons où le Soleil passe au zénith sont les plus pluvieuses. Au contraire, les deux solstices correspondent à de petites saisons sèches.

Puisque l'air est fortement chauffé dans la zone équatoriale, il y monte, comme dans une cheminée, et l'équateur correspond à une ceinture de basses pressions, vers laquelle convergent des vents réguliers, les **alizés**. Ceux-ci amorcent leur trajectoire selon une direction nord-sud dans l'hémisphère nord (et sud-nord dans l'hémisphère sud), mais nous avons vu dans le paragraphe précédent que l'accélération de Coriolis (qui naît dès qu'un mobile se déplace à la surface de la sphère terrestre) les dévie vers la droite dans l'hémisphère nord, et vers la gauche dans l'hémisphère sud. Les alizés sont donc orientés presque parallèlement à l'Équateur.

La zone de convergence inter-tropicale est occupée par de l'air humide et souvent instable, qui produit de puissants cumulo-nimbus montant jusqu'à 15.000 m ; pendant les périodes de stabilité, des voiles d'alto-stratus et de cirro-stratus en plusieurs nappes s'établissent fréquemment.

La "cheminée équatoriale" est quelquefois nommée ZIC (zone intertropicale de convergence).

En fait, c'est seulement sur les océans que le système fonctionne aussi simplement. Sur les continents, et en particulier sur le Sahara, il s'établit plutôt un "front inter-tropical" (F.I.T.) parce que l'air se réchauffe au contact du sol surchauffé et devient moins dense. Une dépression d'une dizaine de millibars s'installe alors entre 25 et 30 degrés de latitude, et la coupe verticale devient un peu plus compliquée. Les pluies issues de ce froid sont plus orageuses, et il s'établit souvent une ligne de "grains" sur la frange méridionale des alizés (renforcés par des injections d'air polaire), entre le lac Tchad et la boucle du Niger.

Les alizés entraînent les eaux superficielles des océans en créant des courants marins dirigés vers l'ouest aux latitudes proches des deux Tropiques. L'air se charge alors de vapeur d'eau, et les alizés apportent ainsi de l'air tiède et humide sur les parties orientales des continents, en particulier sur l'Amazonie, sur les Caraïbes, sur le nord-est de l'Australie et sur le sud de la Chine.

132 LES ZONES TROPICALES

Éloignons-nous de l'Équateur, vers le nord par exemple. La saison sèche d'hiver, correspondant à la saison où le Soleil est au-dessus de l'hémisphère sud, sera de plus en plus marquée, et, au contraire, la saison sèche d'été sera très courte, puisque les deux passages du Soleil au zénith, qui encadrent le solstice d'été, seront très rapprochés. On va ainsi progressivement du régime équatorial, à deux saisons sèches égales, vers les régimes tropicaux à deux saisons sèches inégales, puis au régime tropical pur, à une seule saison sèche. En Afrique, cette succession correspond au passage de la zone guinéenne à la zone soudanienne puis à la zone sahélienne puis à la zone saharienne.

Le "balancement" annuel de la cheminée équatoriale autour de l'équateur entraîne un déplacement du système des vents et des fronts. En outre, les masses d'air qui viennent du golfe de Guinée sont humides et elle donnent naissance à des "**lignes de grains**" qui se déplacent vers l'ouest et souvent se rechargent en humidité sur l'Atlantique avant d'aller donner des cyclones dans le golfe du Mexique.

À haute altitude, les **courant-jets** vont aussi de l'est à l'ouest. Il est souvent parlé de "mousson" pour les pluies du Sahel africain, mais il est préférable de limiter l'usage de ce terme aux phénomènes de l'océan Indien (§ 14*). Le changement climatique actuel (§ 84*) différencie encore plus ces deux types de climats, parce qu'il apporte des pluies supplémentaires en Inde et au Pakistan, alors qu'il augmente la sécheresse dans le Sahel africain.Le total des pluies annuelles diminue régulièrement au fur et à mesure que l'on s'éloigne de l'Équateur, et il est devient alors de plus en plus variable d'une année à l'autre. Les plantes les mieux adaptées à cette irrégularité sont les plantes annuelles. **Ph. Daget** (1991) ont suivi l'évolution du recouvrement de 48 espèces annuelles dans une savane parcourue par les troupeaux à 450 km au nord-est de Dakar, dans le Ferlo sahélien : le recouvrement spécifique de *Zornia glochidiata*, pour les années 1981 à 1988 est respectivement égal à 51 %, 78 %, 4 %, 0,1 %, 56 %, 75 % et 59 %. Cette variation du recouvrement est expliquée pour 92 % par les précipitations de septembre et de juillet qui varient entre 53 mm et 179 mm.

133 Les zones des grands déserts

La cheminée équatoriale est encadrée au nord et au sud par deux zones de stagnation d'air sec (anticyclones = hautes pressions) où se trouvent les grands déserts. Le Soleil "promène" cet ensemble d'un tropique à l'autre, au fil des quatre saisons.

Ces grands déserts sont le Sahara et le Kalahari en Afrique, le désert de Sonora en Amérique du Nord, le désert d'Atacama en Amérique du Sud, et le désert de Victoria en Australie. En regardant leur position sur une mappemonde, on voit que c'est sur la partie occidentale des continents que se développent les grands déserts. Ceci est dû principalement à un phénomène annexe : il existe, à l'échelle des océans, un système de courants, qui constituent des cellules plus ou moins elliptiques. La circulation s'y fait de l'Équateur vers les pôles dans la partie occidentale des océans, et des pôles vers l'Équateur dans la partie orientale. En conséquence, ce sont des courants froids qui baignent les parties occidentales des continents, et ils en accentuent le caractère désertique même quand ils provoquent des brouillards côtiers (nommés néblines). En outre, les alizés, qui vont toujours vers l'ouest, arrivent sur ces zones après avoir parcouru des continents où ils n'ont pas pu se charger d'humidité.

Lorsque des eaux froides remontent des profondeurs de l'océan (*upwelling*), elles sont chargées d'éléments minéraux, le plancton s'y développe abondamment et des bancs de poissons s'en nourrissent. Le réchauffement actuel du climat (§ 84*) réduit l'extension de ces remontées et augmente l'étendue des "déserts océaniques", parce que les courants océaniques jouent un rôle capital dans la régulation thermique du globe terrestre.

Les zones désertiques actuelles n'ont pas toujours existé dans leur répartition actuelle, car elles dépendent de phénomènes qui sont très sensibles aux bilans énergétiques le long des méridiens. Il faut savoir, par exemple, que les ceintures anticycloniques tropicales et polaires n'existent plus en altitude ; au contraire, le profil méridien des isobares situées au-dessus de l'isobare 700 mb décroît régulièrement de l'Équateur vers les pôles, qui correspondent à une intense dépression, où le vent circule constamment d'ouest en est.

Les climats désertiques sont couramment définis par la rareté des précipitations, mais les déserts absolus, où il ne pleut pratiquement jamais, sont rarissimes. Sur la plus grande partie des déserts, il pleut quelquefois, mais les pluies sont très irrégulières, et la végétation est obligée d'utiliser des processus "bionomiques" extrêmes pour s'adapter à cette non-prévisibilité (§ 35*).

Une étude attentive permet cependant de déceler une variation progressive du sud au nord d'un grand désert tel que le Sahara : au sud, les pluies ont plutôt lieu pendant l'été, comme dans la zone tropicale, alors qu'au nord, elles ont plutôt lieu pendant l'hiver, qui est relativement froid.

134 LES ZONES MÉDITERRANÉENNES

Les deux zones de hautes pressions (ou anticyclones) comprises entre 20 et 30 degrés de latitude (nord et sud) sont couvertes par des masses d'air stagnantes, en "subsidence" ; celles-ci alimentent par leur face polaire des vents réguliers qui vont de l'ouest à l'est dans les deux hémisphères et qui couvrent les deux zones tempérées et les deux zones méditerranéennes. Ces vents sont nommés "quarantièmes rugissants" et "cinquantièmes hurlants" dans l'hémisphère sud, où ils se déploient sans frein sur les trois océans.

Regardons en premier lieu les zones méditerranéennes en commençant par le Sahara : la frange septentrionale du Sahara est caractérisée par une augmentation progressive des pluies de la saison froide, et le maintien d'une saison sèche en été quand les anticyclones sont le plus loin de l'équateur. Ce type de climat est dit méditerranéen, puisqu'il règne autour de la Méditerranée, mais il existe aussi en Californie, au Chili, dans la province du Cap, et à l'ouest de l'Australie.

Une variante très atténuée peut sans doute aussi être décelée au Japon. En effet, il existe autour de la Mer Intérieure, et en particulier dans l'île de Kyushu (I. MIYATA, 1981), d'importantes forêts d'arbres à feuillage persistant (*Castanopsis cuspidata, Cyclobalanopsis gilva*), et 4 autres espèces du même genre, *Machilus thunbergii, Distylium racemosum*, etc.). Ces forêts sempervirentes ne suffisent évidemment pas pour dire que le climat est méditerranéen, mais elles obligent au moins à se demander comment les variations climatiques du Quaternaire ont produit ce type de formation.

PH. DAGET (1980) a comparé plusieurs modes de délimitation du climat méditerranéen. Il souligne que la limite classique de l'Olivier n'est pas généralisable, en particulier parce que la limite d'extension d'une plante cultivée dépend trop des techniques agricoles et de la conjoncture économique.

Les Romantiques qui redécouvraient la Côte d'azur et la Toscane ont répandu l'idée de la douceur de l'hiver dans les climats méditerranéens. Mais cette manière de voir oublie que les montagnes de l'Atlas ou de Turquie sont soient situées indiscutablement dans la zone méditerranéenne, bien qu'elles soient extrêmement froides.

C'est pourquoi PH. DAGET (1980) confirme que la "sécheresse estivale" est le premier caractère discriminant de la méditerranéité, et qu'elle s'exprime utilement à l'aide du coefficient d'Emberger :

$$S = Pe/Me$$

où Pe est la somme des précipitations des trois mois d'été (juin, juillet et août), et Me la moyenne des maximums quotidiens de la température au cours de ces trois mois.

Pour le Languedoc et la Provence, la limite semble pouvoir être placée à $S < 7$ mais pour l'Espagne du Nord, la Bulgarie, le Caucase et le Moyen Orient, il semble préférable de prendre $S < 5$. En outre, l'indice de continentalité pluviale d'**Angot**, (C = précipita-tions des six mois les plus chauds/précipitations des six mois les plus froids) est inférieur à l'unité dans les régions méditerranéennes, et l'indice de continentalité thermique de Gorczinski modifié par Conrad est inférieur à 25°C.

De l'Italie à l'Iran s'étend la limite qui sépare les climats méditerranéens (à sécheresse estivale) des climats tempérés continentaux qui bénéficient de pluies d'orage en été. Le long de cette limite, l'indice de continentalité pluviale C (= précipitations des six mois les plus chauds/précipitations des six mois les plus froids) est voisin de 1.

De même, pour qu'un climat soit nettement méditerranéen, il faut que le coefficient de continentalité thermique K' soit inférieur à 25 :

$$K' = (1{,}7\ A / \sin(\phi + 10 + 9h)) - 14$$

avec :

- A : amplitude thermique moyenne,
- ϕ : latitude,
- h : altitude

135 LES ZONES TEMPÉRÉES

Les climats tempérés sont dominés par la circulation "zonale" des vents d'ouest. En effet, les masses d'air venant des anticyclones tropicaux et poussées vers le pôles par la circulation méridienne sont entraînées par la Terre vers l'est avec une assez grande vitesse due à l'accélération de Coriolis (§ 12*). L'ensemble de ces vents constitue les deux "tourbillons circumpolaires".

Les climats tempérés sont donc "océaniques" sur les côtes occidentales, où l'écart entre les températures de l'hiver et de l'été est relativement faible, parce que le "volant thermique" de l'eau des océans est beaucoup plus fort que celui de la terre des continents, en particulier parce que l'évaporation de l'eau, en été, absorbe une quantité de chaleur considérable. Pour l'Europe occidentale, la chaleur apportée par le Gulf Stream est un complément faible mais non négligeable.

Le climat devient de plus en plus "continental" au fur et à mesure que les masses d'air survolent les continents. Ceux-ci se réchauffent (et se refroidissent) plus vite que les océans (§ 12*), et les variations annuelles des températures y sont beaucoup plus accentuées. En outre, les turbulences ascendantes qui s'établissent en été au-dessus des terres surchauffées entraînent l'apparition d'orages, qui apportent des précipitations estivales. Au contraire, en hiver, les continents se refroidissent intensément ; l'air qui les surmonte se refroidit aussi ; il devient plus dense et plus stable ; ainsi, de hautes pressions s'établissent, capables de contrer les vents d'ouest et d'envoyer des vents d'est glacés vers les côtes maritimes occidentales.

La zone des vents d'ouest est fragmentée, le long des parallèles, en une succession de cellules de basses pressions "cycloniques". Les courbes qui expriment la forme de ces immenses cuvettes sont les isobares, équivalentes aux courbes de niveau concentriques qui entourent un lac. On pourrait penser que l'air va en droite ligne de l'anticyclone vers le centre de la dépression mais, ainsi que nous l'avons vu au paragraphe 12*, l'accélération de Coriolis détourne les masses d'air vers leur droite dans l'hémisphère nord (et vers leur gauche dans l'hémisphère sud), et la dépression y sera ainsi entourée d'un grand tourbillon qui tourne en sens inverse des aiguilles d'une montre. Finalement, les vents sont presque parallèles aux isobares et d'autant plus forts que celles-ci sont plus serrées.

Le centre de la dépression est constitué par la pointe d'un "coin" d'air chaud qui vient se glisser dans les masses d'air arctique (ou antarctique). Le contact entre ces masses d'air provoque des phénomènes qui se voient bien sur une coupe verticale, d'orientation ouest-est.

Le coin d'air chaud progresse vers l'est en écrasant l'air froid sous sa masse. Au contact des deux masses d'air, la vapeur d'eau incluse dans l'air chaud se condense en donnant une série de nuages de plus en plus bas, qui se transforment souvent en pluies. À l'ouest de la perturbation, l'air froid dense situé à l'arrière du coin d'air chaud soulève ce dernier, et produit un "front froid" souvent ourlé de cumulo-nimbus (*cf.* la classification des nuages du § 12*).

Un observateur au sol, situé dans la zone des vents d'ouest, voit ainsi se succéder trois masses d'air, séparées par deux fronts :

- une masse d'air froid, souvent peuplée de cumulus pendant la journée ; le gradient réel de température entre le sol, relativement chaud, et le haut de cette masse d'air froid est plus fort que le gradient de détente adiabatique (cf. § 12*) ; en conséquence, l'air est un peu instable ; le vent y est du secteur sud-ouest ;
- le front chaud, accompagné de stratus de plus en plus bas et souvent d'une pluie fine ; le gradient de température devient plus faible que le gradient de détente adiabatique, et l'air devient stable ; il est porté par le vent d'ouest ;
- la masse d'air chaud ;
- le front froid, généralement un peu orageux (puisque le gradient de température y est fort) et presque toujours porteur d'averses ; son passage s'accompagne d'une "montée" du vent vers le noroît ;
- une masse d'air froid, qui apporte souvent du ciel bleu entre les cumulus, puis du beau temps.

En altitude, vers 12 km, près de la discontinuité de la tropopause, dans la zone où s'affrontent l'air polaire et l'air tropical s'établit périodiquement un courant-jet (§ 132*), qui peut atteindre 100 m/s, surtout en hiver.

136 LES ZONES POLAIRES

Les masses d'air polaire, qui correspondent habituellement à un anticyclone, règnent au nord de la trajectoire des dépressions. En effet, l'air froid des pôles est dense et il "descend" vers les latitudes plus basses. Cet air froid rencontre, au voisinage de 60° de latitude, l'air tempéré tiède et il en condense alors la vapeur d'eau. En conséquence, le temps y est souvent brumeux, et les inversions de température y sont fréquentes.

137 VUE D'ENSEMBLE : UNE CLASSIFICATION GÉNÉRALE DES CLIMATS

La classification des climats à l'échelle du monde commence à pouvoir être reliée aux grands types de végétation, en particulier si l'on ordonne les climats en fonction de caractères importants pour la vie des végétaux, (*cf.* LOUIS EMBERGER, 1945), en hiérarchisant les caractères de la manière suivante :

- le premier de ces caractères est l'opposition entre les climats désertiques et les climats non désertiques ;
- le second est le type de photopériodisme ;
- le troisième est l'amplitude des variations thermiques saisonnières ;
- le quatrième est la présence d'une (ou deux) saisons sèches ;
- le cinquième est la "forme" de climat, c'est-à-dire le degré de sécheresse (celle-ci peut être constante au cours de l'année, ou concentrée en une ou deux saisons sèches) ;
- le sixième est la "variante", qui dépend des froids hivernaux.

La classification peut alors être présentée ainsi :

1 Climats **désertiques** (c'est-à-dire où les précipitations ne surviennent pas tous les ans) qui sont déclinés selon les zones climatiques :

11 Climats désertiques équatoriaux, où les jours et les nuits sont égaux tout au long de l'année ; ils sont localisés dans des plaines, à l'exception de quelques montagnes du sud du Pérou ; la température y est élevée tout au long de l'année.

12 Climats désertiques tropicaux, où le rythme photopériodique quotidien est presque constant et les saisons thermiques peu prononcées ; ils sont chauds toute l'année (Chili, entre 25 degrés N et la frontière septentrionale ; S-O de l'Afrique, entre 18 degrés S et 30 degrés S ; littoral de l'Érythrée ; Arabie méridionale ; région d'Aden).

13 Climats désertiques à saisons thermiques prononcées et à photopériodisme quotidien nettement inégal (zone tempérée).

131 - à hivers relativement chauds (Basse Californie, Sahara). Les maxima mensuels de température y atteignent 50 °C en Irak, 57 °C en

Libye et en Californie. L'amplitude thermique diurne peut y atteindre 50 °C.
132 - à hivers moyennement froids (Sahara oriental ; nord de la Californie)
133 - à hivers très froids (Turkestan oriental).

2 - Climats **non désertiques**, où il pleut tous les ans, au moins pendant certaines saisons.
21 - Climats intertropicaux, à photopériodisme uniquement quotidien.
211 - Climats isothermes : durée des jours et durée des nuits presque égales (zone équatoriale), faible amplitude des différences entre la température du jour et celle de la nuit.
211.1 Pas de saison sèche s'opposant à une saison humide :

Ce sont les climats **équatoriaux** typiques. Lorsque ces climats sont secs, ils le sont par l'abaissement général de la pluviosité. Il en existe plusieurs formes en fonction du total des pluies annuelles :

- le climat équatorial humide, où les moyennes mensuelles varient seulement de 1 ou 2 degrés Celsius autour de la moyenne annuelle (généralement voisine de 26°C) ; les variations diurnes de la température atteignent souvent 3 à 5°C ; les précipitations peuvent atteindre 2.000 mm à 4.000 mm.
- le climat équatorial subhumide,
- le climat équatorial semi-aride,
- le climat équatorial aride,
- le climat équatorial per-aride,
- le climat équatorial de haute-montagne.

211.2 Deux saisons sèches ; l'une des saisons sèches (celle qui correspond, sur l'hémisphère nord, à notre été) étant la moins accusée, l'autre très nette, coïncidant avec notre hiver.

Ce sont les climats **subéquatoriaux** (mêmes formes que ci-dessus, dans 211.1).

212 - Climats à saisons thermiques marquées ; durées des jours et des nuits nettement inégales. Pluviosité concentrée sur la période correspondant à une période chaude : ce sont les climats **tropicaux** des zones tropicales des hémisphère nord et sud.

Suivant l'intensité et la durée de la saison sèche, on peut distinguer au moins cinq formes : humide (où les précipitations annuelles atteignent 12 mètres en Inde), subhumide, semi-aride, aride, saharienne (très aride) et une forme de haute montagne, ainsi que des variantes (chaude et moins chaude) pour chacune d'elles.

22 - Climats extratropicaux, à photopériodisme quotidien et saisonnier ou uniquement saisonnier, à saisons thermiques marquées (dans les zones tempérées des hémisphère nord et sud).

221 - Climats sans saison très froide (y compris des climats relativement secs, où la sécheresse est due à un abaissement général de la pluviosité). Ces climats sont dits **tempérés**.

Les formes de ces climats ne sont pas encore toutes caractérisées en détail, mais elles comprennent des formes homologues des climats précédents (humide, subhumide, semi-aride, aride, per-aride et haute montagne) avec des variantes chaudes ou froides, suivant les températures hivernales.

On distingue traditionnellement trois climats tempérés régionaux :

221.1 - Climats **océaniques** quand la proximité de l'océan atténue les contrastes thermiques.

221.2 - Climats à saison sèche hivernale, où la pluviosité est concentrée sur la saison chaude. Ces climats sont souvent dits **continentaux**. L'amplitude thermique annuelle atteint 67 °C en Sibérie.

221.3 - Climats à saison sèche estivale, où la pluviosité est concentrée sur les saisons froides.

Ce sont les climats **méditerranéens**.

Formes reconnues :

- climat méditerranéen per-aride (saharien),
- climat méditerranéen aride,
- climat méditerranéen semi-aride,
- climat méditerranéen subhumide,
- climat méditerranéen humide,
- climat méditerranéen de haute montagne.

Chacun de ces climats peut, à son tour, être décomposé en plusieurs variantes, suivant que la moyenne des minimums du mois le plus froid est nettement supérieure à 0 degré, autour de 0 degré, ou nettement en-dessous de 0 degré.

222 - Climat du soleil de minuit, à photopériodisme plus ou moins bi-saisonnier ; climats froids (dans les deux zones polaires).

222.1 - Climats ayant encore une alternance quotidienne des jours et des nuits, mais photopériodisme déséquilibré à très longs jours en été et très longues nuits en hiver : ce sont les climats **subpolaires** dont les formes ne sont pas encore définies, mais il existe sûrement un climat sub-antarctique, caractérisé par un régime thermique quasi équatorial, de très faible amplitude, même en hiver (Kerguélen, Shetland du Sud, Orcades du Sud, et la Terre de Graham).

222.2 - Climats tendant vers 6 mois de nuit et 6 mois de jour : ce sont les climats **polaires**, avec une situation anticyclonique permanente.

On y distingue quelquefois, pour l'Antarctique :

- un climat polaire continental,
- un climat polaire glacial, où la température peut descendre jusqu'à moins 89 °C (à la base de Vostok), avec des précipitations presque nulles.

138 L'ÉVOLUTION ANCIENNE DES CLIMATS

L'évolution ancienne des climats est très liée à l'évolution des flores et des faunes retrouvées dans les dépôts géologiques. Elle sera donc examinée dans les paragraphes 22*, 23* et 24* qui retracent les phases principales de l'évolution des espèces.

14 LES PHÉNOMÈNES CLIMATIQUES RÉGIONAUX ET LOCAUX

141 LES MOUSSONS

Le phénomène des moussons est en opposition avec la circulation générale. C'est pourquoi il doit être considéré comme "continental", puisqu'il s'étend sur tout le sud du continent asiatique.

Il a été vu, dans les paragraphes 12* et 13*, que la circulation méridienne globale est régie par l'alternance des zones de basses et de hautes pressions ; cette alternance est nette au-dessus des océans, mais elle est perturbée par les grandes masses continentales, et en particulier par le continent asiatique, où la Sibérie est extrêmement froide en hiver : la masse d'air froid qui couvre en hiver la Sibérie est plus dense que les masses d'air voisines (puisque l'air froid est plus "lourd" que l'air chaud). En conséquence, la pression atmosphérique est plus forte au-dessus de la Sibérie et elle atteint, en moyenne, 1.035 mb (et elle est montée jusqu'à 1.083 mb le 31 décembre 1968). Il existe donc un anticyclone de Sibérie qui irradie des flux d'air sec (mousson d'hiver) vers le sous-continent indien et l'Indonésie. Au contraire, en été, le continent surchauffé constitue une dépression qui fait appel d'air, et attire les masses d'air tiède et humide qui stagnent au-dessus de l'Océan indien (mousson d'été).

Le caractère original de ce phénomène est le renversement brutal des courants atmosphériques, qui s'effectue en quelques jours, en particulier pour l'arrivée de la mousson pluvieuse, accompagnée d'orages désirés et célébrés.

El Niño

La mousson accompagne l'apparition d'*El Niño* : la mousson d'été rafraîchit habituellement l'eau chaude qui stagne près de l'Indonésie ; quand ce rafraîchissement est insuffisant, le courant équatorial chaud qui va d'Indonésie vers le Chili s'intensifie et apporte de la chaleur jusqu'à Noël, la fête d'*El Niño*, l'Enfant-Jésus ; les bancs d'anchois ne trouvent plus les eaux froides de la remontée océanique (*upwelling)* située au large du Chili ; des pluies torrentielles arrivent sur les Andes et quelquefois sur la Californie ; inversement, la sécheresse sévit sur l'Inde et l'Indonésie ; les typhons sont plus fréquents sur le Pacifique et les ouragans plus rares sur l'Atlantique ; les courants-jets de haute altitude sont déviés, etc.

Sur les autres continents, des phénomènes saisonniers qui présentent quelques analogies avec les moussons sont aussi observés (M. LEROUX, 1974, 1975) : en Afrique équatoriale, en Amazonie et au nord de l'Australie, pendant la saison chaude, une dépression continentale attire les masses d'air humides venant des océans. Ce phénomène ne s'accompagne pas d'une inversion saisonnière de la direction du déplacement des masses d'air, et il n'est qu'une simple déviation des alizés à la fin de leur parcours. Il est erroné de le nommer "mousson", parce que ce terme d'origine arabe ("*mausim*" = saison) mérite de caractériser spécifiquement la mousson indienne, et il n'est peut-être pas trop tard pour espérer que les climatologues garderont à ce mot son vrai sens...

142 LA BRISE DE TERRE ET LA BRISE DE MER

En moyenne, 88% de l'énergie envoyée par le Soleil sur la mer est transformée en chaleur latente d'évaporation. Plus précisément, pour élever de un degré Celsius la température d'un gramme d'eau, il faut 1 calorie (mais il faut 600 calories, c'est-à-dire 2.500 joules, pour le vaporiser, alors qu'il en suffit de 80 pour faire fondre 1 g de glace). En conséquence, la mer se réchauffe moins vite que la terre, au cours de la journée, et la terre cède une partie de sa chaleur supplémentaire à l'air qui se dilate et monte, produisant un appel d'air. Celui-ci se traduit au niveau du rivage par un vent frais, la "brise de mer", qui s'établit au cours des heures chaudes.

La nuit, au contraire, la terre se refroidit plus vite que la mer parce qu'elle rayonne plus de chaleur vers les espaces intersidéraux ; l'air situé au-dessus de la terre se refroidit par contact ; il devient plus dense, et alimente la "brise de terre".

Dans la région des Grands Lacs du nord-est de l'Amérique, lorsque des masses d'air froid arctique (dont la température est comprise entre – 10°C et – 20°C) arrivent au-dessus des lacs qui sont restés tièdes, elles se réchauffent, puis s'élèvent et engendrent des nuages. La condensation de la vapeur d'eau et sa solidification en neige donnent des calories à l'air ambiant, qui se réchauffe et monte encore plus, et ainsi de suite jusqu'à épuisement de la vapeur d'eau contenue dans l'air. Finalement, la région des Grands Lacs reçoit nettement plus de neige que le Labrador.

143 Les brises de montagne

Des phénomènes analogues se produisent dans les vallées, où les versant exposés perpendiculairement aux rayons du Soleil sont à l'origine d'ascendances qui appellent l'air du fond de la vallée ; c'est la brise d'aval (sauf au-dessus des glaciers où une couche d'air froid, épaisse de quelques dizaines de mètres, descend régulièrement, de jour comme de nuit ; c'est le "vent du glacier"). La nuit, l'air froid descend la vallée par gravité, donnant lieu à la brise d'amont. À la fin de la nuit, l'air du fond de la vallée est plus froid que celui qui le surmonte ; il y a donc souvent une inversion de température qui favorise la condensation des brouillards dans une atmosphère calme. Ensuite, le Soleil chauffe le sol dans les vallées ce qui entraîne un réchauffement de l'air des vallées et une montée de cet air chaud vers le haut.

Ces alternances sont à l'origine du dicton bien souvent vérifié :

"Nuages sur les monts, reste à la maison,
nuages dans la vallée, va à ta journée."

144 Le fœhn

Quand une masse d'air monte pour franchir une chaîne de montagnes, elle se refroidit ; la vapeur d'eau s'y condense en donnant un niveau de nuages ou de brouillards, souvent à partir de 800 m environ : c'est "l'étage des brouillards", généralement favorable au Hêtre.

Après avoir passé la crête, la masse d'air sec descend sur l'autre versant, et se réchauffe, devenant ainsi encore plus sèche. En effet, la pression de vapeur saturante, Ps, est une fonction régulièrement croissante de la température :

T en °C	-20	-18	-16	-14	-12	-10	-8	-6	-4	-2	0	2
Ps en mb	1,3	1,5	1,8	2,1	2,4	2,9	3,3	3,9	4,5	5,3	6,1	7,1

T en °C	4	6	8	10	12	14	16	18	20	22
Ps en mb	8,1	9,3	10,7	12,3	14,0	16,0	18,2	20,6	23,4	26,4
T en °C	24	26	28	30	32	34	36	38	40	
Ps en mb	29,8	33,6	37,8	42,4	47,6	53,2	59,4	66,3	73,8	

Considérons, par exemple, l'air qui franchit les Cévennes, à 1.500 mètres d'altitude, un jour où la température est de 16°C ; si l'air est alors saturé d'humidité, la pression partielle de vapeur d'eau y est égale à la tension de vapeur de l'eau ; celle-ci vaut, d'après le tableau précédent, 18,2 mb. Sur la crête, la pression partielle et la tension de vapeur sont donc toutes les deux égales à 18,2 mb, et leur quotient, qui est, par définition, "l'humidité relative" est égal à 100 %.

En descendant vers la plaine, l'air se décomprimera et se réchauffera, par exemple jusqu'à 22°C ; la pression partielle de la vapeur d'eau sera toujours 18,2 mb ; la pression saturante étant alors de 26,4 mb, l'humidité relative sera de 18,2/26,4 = 70%.

Ceci explique pourquoi les nuages apportés avec les masses d'air humide par les vents d'ouest s'effilochent quand ils passent sur la ligne de crête, et ne donnent guère de pluie au-dessus du Languedoc. C'est la barrière Cévennes-Montagne noire qui provoque un effet de fœhn environ deux jours sur trois et donne au climat du Languedoc son caractère méditerranéen.

Au contraire, les jours où le vent du sud (le "marin") apporte de l'air tiède et humide sur le Languedoc, il pleut sur les collines et petits causses du Languedoc et sur les Cévennes. Celles-ci reçoivent donc une double ration de pluies, et il n'est pas surprenant qu'elles détiennent le record des précipitations en France (selon le *Mémorial de la météorologie nationale*, il tombe un peu plus de 2 mètres d'eau par an à l'observatoire de l'Aigoual).

En Europe, le fœhn est particulièrement intense dans certaines vallées des Alpes du Nord : lorsque l'arrivée de ce vent sec et chaud s'annonçait, le tocsin sonnait dans les églises, les ménagères couraient alors chez le charcutier pour acheter du saucisson et du salami, parce qu'elles devaient éteindre le feu de leur cuisine, en raison du risque d'incendie des chalets de bois.

En Asie, c'est aussi un effet de fœhn du massif du Khawakarpo (6.809 m) qui produit un contraste brutal entre les steppes tibétaines et les forêts ombrophiles (c'est-à-dire très arrosées et non pas ombreuses) des vallées du Yunnan.

145 LES CYCLONES

Quand les eaux de surface de l'Atlantique dépassent la température de 26°C sur 50 ou 60 mètres de profondeur, à la fin de l'été, leur évaporation peut alimenter la croissance d'une ascendance et amorcer une rétroaction positive : la vapeur d'eau monte avec l'air chaud jusqu'à plusieurs milliers de mètres d'altitude où l'eau se condense en donnant des nuages et en dégageant de la chaleur latente de condensation (*cf.* Annexe 1-3) qui diminue le gradient thermique et qui augmente donc la vitesse d'ascension de l'air. Au centre du cyclone, la pression atmosphérique est très faible et la surface de l'océan monte de plusieurs mètres. La largeur d'un cyclone peut atteindre un millier de kilomètres. Autour de l'œil du cyclone, il peut se produire une inversion de l'ascendance, et l'air redescend alors vers l'océan dans l'œil du cyclone, entre les murs de cumulo-nimbus. Le diamètre de l'œil du cyclone peut atteindre une quarantaine de km. L'ensemble du cyclone tourne comme une toupie, à cause de l'accélération de Coriolis (§ 12*).

L'énergie calorifique donnée par l'océan chaud se transforme partiellement (3 %) en énergie mécanique qui augmente la vitesse des vents, comme dans un moteur à vapeur. Le bilan thermique des cyclones est un transfert de chaleur des tropiques vers les pôles : ce sont, en quelque sorte, des soupapes de sûreté de la circulation atmosphérique méridienne. Une moyenne de 90 cyclones par année est habituelle. Il est possible que leur fréquence augmente avec le réchauffement général de la planète (§ 84*) mais le goût des médias pour le sensationnel catastrophique accentue l'impression d'une augmentation de la fréquence des cyclones.

L'immense toupie du cyclone se déplace comme les alizés, c'est-à-dire vers l'ouest dans l'hémisphère nord et vers l'est dans l'hémisphère sud. Elle laisse derrière elle une traînée d'eau refroidie de 3°C observée par les satellites captant le rayonnement infra-rouge. Dans ces latitudes comprises entre 25° et 30°, la force de Coriolis (*cf.* § 12*) donne un coup de fouet à la toupie. La vitesse du vent peut alors atteindre 260 km/h et les dégâts deviennent catastrophiques quand le cyclone arrive sur un rivage : 15.000 morts au Honduras le 19 septembre 1974, 6.800 morts au Bangla-Desh le 24 mai 1985 et 139.000 morts le 29 avril 1991, 6.000 morts à Leyte, dans les Philippines le 5 novembre 1991, 24.000 morts ou disparus en Amérique centrale à la fin d'octobre 1998, 9.300 morts en Inde dans l'état d'Orissa le 29 octobre 1999. Au-dessus du continent, le système thermodynamique n'est plus alimenté en eau et le cyclone s'évanouit progressivement.

Sur le continent africain, des ascendances locales et des "lignes de grains" naissent périodiquement à la latitude du Tropique du Cancer et se déplacent vers l'ouest, comme les alizés.

15 LES TYPES DE TEMPS

La combinaison des types climatiques "zonaux" (§ 13*) et des effets "locaux" peut être synthétisée dans la notion de type de temps, qui a été utilisée par B. THIÉBAUT (1968), H. DELANNOY ET M. LECOMPTE (1975) et J. RONCHAIL (1980). Ainsi la combinaison du flux d'ouest venant de l'Atlantique et de l'effet de fœhn (§ 14*) produit le type de temps où il pleut sur le Rouergue et la Montagne Noire, alors qu'il fait assez beau sur le Languedoc balayé par le vent nommé tramontane.

Un autre exemple a été étudié par J. Ronchail (1980) qui a dénombré neuf types de temps sur les Alpes du sud. Ce sont, en particulier :

- situation anticyclonique méridienne de nord
- situation anticyclonique méridienne de sud
- situation anticyclonique zonale à caractère atlantique
- situation anticyclonique zonale à caractère continental
- situation dépressionnaire locale
- situation dépressionnaire zonale de nord-ouest
- situation dépressionnaire zonale de sud-ouest ou méridienne de sud
- situation dépressionnaire méridienne de nord
- dorsale (prolongement d'un anticyclone eurasiatique, en saison froide, ou bordure de la dépression saharienne, en saison chaude).

La géographie des types de temps se lit comme une carte en relief, où les anticyclones sont des dômes, et les dépressions des vallées. La situation locale est alors caractérisée par des termes tels que : marais barométrique, dorsale anticyclonique, versant occidental de vallée, axe de vallée, goutte froide, versant oriental de vallée, flux rapide d'ouest, etc.

Les travaux cités au début de ce paragraphe montrent comment les précipitations et les températures observées au sol dépendent du type de temps, et il suffit d'en donner un exemple pour saisir l'intérêt de ce genre d'études : à Briançon, il ne pleut pratiquement pas en situation anticyclonique locale, et les fortes pluies viennent régulièrement en situation dépressionnaire d'ouest ou de sud-ouest, sauf s'il existe une dorsale à l'altitude isobarique de 500 mb.

Les types de temps oscillent sur des périodes de quelques jours, alors que les variations des climats peuvent être décelées seulement sur de plus grandes échelles de temps, qui seront examinées dans les paragraphes 23* et 24* et 84*. Le climat qui régnait sur la Terre il y a 3,5 milliards d'années était important pour l'apparition de la vie, qui occupera le paragraphe 16*.

16 LA VIE EST UNE TRANSMISSION D'INFORMATION

PIERRE-HENRI GOUYON m'a apporté une aide efficace pour rédiger ce paragraphe.

161 QU'EST-CE QUE LA VIE ?

« Par le mot vie, nous entendons le fait de se nourrir, de grandir, de se reproduire et de dépérir par soi-même ». Cette première définition que proposait ARISTOTE[6] est encore pertinente et elle montre bien que la vie est caractérisée par un système original de transformation de l'énergie et c'est pourquoi le paragraphe 11 avait été plus long qu'il était prévisible dans un livre d'écologie. Mais la vie utilise moins de 1% de l'énergie solaire, et il faut comprendre, en deuxième analyse, que la vie est un système de codage et de transmission de **"l'information"** portée par l'énergie absorbée.

En effet, un paradoxe instructif proposé par un physicien éminent, ERWIN SCHRÖDINGER, a fait remarquer qu'un animal, un homme, ou une plante adultes ne "consomment" pas d'énergie, puisqu'ils en rendent au milieu extérieur autant qu'ils en reçoivent. Considérons en effet un homme placé dans un calorimètre où tous les flux d'énergie sont mesurés ; admettons qu'il reçoit 3.000 calories par jour, et garde un poids constant. Il rend cette énergie sous quatre formes :

- chaleur sensible absorbée par le calorimètre (énergie de basse qualité),
- chaleur latente de vaporisation (*cf.* annexe 1-3),
- énergie mécanique lors de ses déplacements,
- énergie chimique contenue dans ses déjections.

Le bilan énergétique est évidemment nul, puisque l'homme n'accumule pas d'énergie et en rend autant qu'il en a absorbé. Il fonctionne donc comme une machine thermodynamique transformant de l'énergie de haute qualité en énergie de basse qualité (*cf.* annexe 1-2). Pour en comprendre la raison, il faut revenir au problème de l'originalité du vivant et au rôle du hasard, des probabilités et de la nécessité.

162 LA VIE EST RÉGIE PAR LES LOIS DE LA PHYSIQUE

162.1 Aspects biochimiques

La chimie du XIXe siècle était essentiellement une science d'analyse et la synthèse des énormes molécules biologiques regroupant des milliers d'atomes paraissait un prodige de la nature. Il était donc fait appel à un "vitalisme" abstrait pour l'expliquer. Les recherches rigoureuses de LOUIS PASTEUR, montrant que la génération spontanée des microbes est impossible, ont contribué à ancrer dans les esprits le caractère extra-ordinaire, au sens originel du mot, de ces molécules.

Dans ce contexte, il est normal que l'on ait alors pensé que la vie était un phénomène improbable, un accident de la nature. On a même tenté de calculer la **probabilité** de la synthèse spontanée des longues molécules organiques et en particulier des protéines. Ce type de calcul avait beaucoup impressionné plusieurs biologistes du milieu du XXe siècle, et ils en avaient conclu que la vie n'avait pas pu apparaître spontanément sur la Terre.

Le mot "probabilité" apparaît ainsi dès que nous voulons répondre à la question "**Qu'est-ce que la vie ?**" et ce mot va être central dans tout le présent ouvrage ; il sera nécessaire d'y revenir en particulier dans le paragraphe 21* consacré à l'origine de la vie et dans les paragraphes 56* et 57* où des calculs directs de probabilités donneront des tests nécessaires pour interpréter les observations écologiques.

162.2 Aspects thermodynamiques

Au XIXe siècle, les thermodynamiciens découvraient progressivement la signification du principe de **CARNOT** (*cf.* l'annexe 1-2, à la fin du présent chapitre), selon lequel les systèmes isolés tendent statistiquement vers un "désordre" maximal, par transformation de toute l'énergie disponible en chaleur, c'est-à-dire en agitation désordonnée des molécules constituantes.

La synthèse biologique des grosses molécules fragiles (thermolabiles) que sont les sucres, les graisses et les protéines paraissait, aux yeux de certains, aller à l'encontre du principe de Carnot, et de nombreux biologistes admettaient plus ou moins implicitement que la biologie était un domaine scientifique très particulier, situé hors du champ d'application de la physique.

Ainsi, quand **LOUIS PASTEUR** a découvert que l'acide tartrique produit par certaines réactions biochimiques comprenait un seul isomère, l'acide tartrique "gauche" (alors que les deux isomères apparaissent en quantités égales dans les réactions chimiques qui ont lieu en dehors des êtres vivants), il paraissait logique d'en déduire que les phénomènes biologiques ont des caractères originaux (la "chiralité", dans le cas présent), qui les différencient nettement des phénomènes étudiés en chimie minérale. Mais c'était aller un peu trop vite parce que l'affaire est plus complexe, et le paragraphe 21* y reviendra.

162.3 Entropie, néguentropie et information

162.31 Un retour de pendule vers la physique

Les idées évoluèrent progressivement et, par exemple, **E. SCHOFFENIELS** (1973) montre que des réactions apparemment peu probables ont, en fait, des chances non négligeables de se produire si l'on tient compte des structures moléculaires stéréo-chimiques dans l'espace à trois dimensions.

De même, si une auto-synthèse des tartrates est amorcée par une première molécule "gauche" (selon un processus analogue à l'ensemencement des nuages par des cristaux d'iodure d'argent qui font cesser la surfusion des gouttelettes d'eau), il est normal que les molécules suivantes soient aussi des molécules "gauches".

NIELS BOHR (1885-1962) avait vu que les phénomènes biologiques ne devaient pas être étudiés selon les mêmes procédures que les autres : « Dans toutes les expériences sur les organismes vivants, il reste une incertitude sur les conditions physiques auxquelles le système est soumis, et la liberté laissée à l'organisme doit être suffisamment large pour lui permettre de nous cacher quelques uns de ses secrets.»

La raison pour laquelle les systèmes biologiques ne peuvent pas être étudiés en faisant seulement appel aux lois que les physiciens utilisent habituellement est clairement exposée par le physicien **ERWIN SCHRÖDINGER** (1887-1961) : « Tout ce que nous connaissons sur la structure des êtres vivants conduit à penser que leur activité ne peut pas être réduite aux manifestations des lois habituelles de la physique. Et ce n'est pas parce qu'il faudrait faire intervenir une quelconque "nouvelle force" contrôlant le comportement des atomes dans les organismes vivants, mais c'est parce que leur structure est différente de tout ce qui est étudié dans les laboratoires de physique. De manière analogue, un ingénieur connaissant seulement le fonctionnement des machines à vapeur qui examinerait un moteur électrique serait prêt à admettre qu'il ne comprend rien aux principes de fonctionnement de ce nouveau moteur. » (*in What's Life*, 1972, Atomisdat, p. 77 ; c'est moi qui ai souligné le mot "habituelles").

ERWIN SCHRÖDINGER ne dit nullement que la vie échappe aux lois de la physique, il rappelle que les lois utilisées "habituellement" ne suffisent pas pour comprendre le fonctionnement des êtres vivants. Il juge nécessaire de découvrir les lois qui permettront de rendre compte de ce qu'il appelle un "principe d'ordre à partir de l'ordre,[1] grâce à un déterminisme physique élargi.

Actuellement, la physique a considérablement progressé et les spécialistes de la physique quantique manipulent des outils extrêmement puissants (en particulier la chromodynamique quantique et les équations de **RICATTI**, la logique quaternaire de **FROGER & LUTZ**) qui pourront peut-être expliquer le comportement "inhabituel" des molécules biologiques

[1] Et non pas un principe d'ordre à partir du désordre comme le laisse penser *Le cristal et la fumée,* de Henri Atlan qui a malheureusement négligé l'information structurelle.

(cf. FEYNMAN, 1987 ; PIERRE PERRIER, 1998). En attendant ces futures découvertes, le principe de CARNOT (voir l'annexe 1-2) suffit pour comprendre le fonctionnement thermodynamique des êtres vivants.

En effet, la biosphère constitue un système fermé, puisqu'elle n'échange pratiquement pas de matière avec le reste du cosmos, mais elle ne constitue pas un système isolé, puisqu'elle reçoit en permanence de l'énergie radiative envoyée par le Soleil. Or l'accroissement de l'entropie est inéluctable seulement dans les systèmes isolés (les exemples donnés dans l'annexe 1-2 placée à la fin de ce chapitre aideront à comprendre la différence entre un système isolé et un système fermé). La biosphère dégrade l'énergie radiative de "haute qualité" qu'elle reçoit pour la transformer en chaleur, et elle peut ainsi "exporter" de l'entropie (et importer de la néguentropie, c'est-à-dire de l'information). Ce n'est pas le seul cas où un rayonnement est capable de structurer un matériau désordonné : un faisceau d'ions d'hélium frappant une couche mince d'un alliage amorphe de fer et de platine déplace les atomes jusqu'à ce qu'ils se structurent en couches horizontales.

Revenons à la photosynthèse, qui est quantitativement la première de toutes les synthèses chimiques qui construiront les être vivants : elle semble aller à l'encontre du principe de Carnot, si l'on oublie que ce sontseulement les systèmes isolés énergétiquement qui se déstructurent inéluctablement par une augmentation de leur entropie. Pour la photosynthèse, le principe de Carnot reste valable puisque l'entropie totale augmente sans cesse dans l'ensemble constitué par la Terre et le Soleil.

En résumé, **le Soleil envoie de l'énergie de haute qualité (longueur d'onde voisine de 0,5 micron = 500 nanomètres) vers la Terre ; la Terre renvoie de l'énergie de moins bonne qualité, parce que sa longueur d'onde est plus grande (10 microns) ; une partie de cette différence de qualité d'énergie est acquise par la biosphère sous forme de "néguentropie" – c'est à dire d'information – lors de chaque capture d'un photon par la chlorophylle lors de la photosynthèse.**

L'absorption des photons par les plantes apporte ainsi l'information nécessaire pour tout fonctionnement énergétique de toute la biosphère et une première conclusion – qu'il sera nécessaire d'expliquer en détail dans la suite de ce paragraphe – s'impose dès mainteanant :

"**La vie est une transmission d'information**".

162.32 L'évolution spontanée des systèmes isolés

L'entropie est présentée, dans l'annexe 1-2, sous son aspect relatif aux échanges de chaleur et d'énergie. Pour passer à la notion de néguentropie et d'information, nous commencerons ici par rappeler l'expérience de GAY-LUSSAC, réalisée en 1806.

Cette expérience consiste à laisser un gaz se détendre dans le vide et à constater que cette détente, qui ne produit pas de travail, ne modifie pas la température ; elle est réalisée en ouvrant le robinet qui relie un ballon A, plein de gaz, à un ballon B, de volume identique, où est réalisé un vide aussi poussé que possible.

A l'échelle macroscopique, le système passe ainsi spontanément de l'état 1 (ballon A plein et ballon B vide), qui est un système hétérogène, (c'est-à-dire un système structuré), à l'état 2, où A et B sont pleins (système homogène = système déstructuré). Cette expérience simple exprime parfaitement l'un des aspects les plus forts du deuxième principe de la thermodynamique, qui peut être énoncé ainsi :

« Toute transformation spontanée d'un système thermiquement et radiativement isolé en augmente l'homogénéité, ce qui correspond à une déstructuration et se traduit par une augmentation de son entropie globale.»

Cette formulation du deuxième principe conduit à dire que l'entropie est approximativement analogue au "désordre" des molécules. Malheureu-sement, cette analogie est trop imprécise pour être parfaitement correcte. L'annexe 1-2 essaiera d'aller un peu plus loin dans ce domaine, et il est utile de préciser encore un peu les notions de néguentropie et d'information.

162.33 Indétermination et information

Revenons à l'expérience de GAY-LUSSAC, dans son état 1, où le gaz est seulement présent dans un ballon, mais supposons que nous ne savons pas si le gaz est dans le ballon A ou s'il est dans le ballon B. Un observateur qui veut savoir quel est le ballon plein peut placer chacun d'eux sur l'un des plateaux d'une balance, pour voir quel est le ballon le plus lourd, et il a une chance sur deux de trouver le gaz dans le ballon A et une chance sur deux de le trouver dans B. Autrement dit, cette observation lui apporte de l'information sur le contenu des deux ballons qu'il examine.

S'il examine 4 ballons, A, B, C, D, dont un seul serait plein, il devrait faire deux fois plus d'observations : il pourrait placer deux ballons sur chacun des deux plateaux d'une balance, par exemple A et B d'un côté, C et D de l'autre. Si, par exemple, le plateau portant C et D est le plus lourd, il lui suffit de recommencer en plaçant C sur un plateau et D sur l'autre.

S'il examine 8 ballons, c'est-à-dire 2^3 ballons, le même raisonnement montre qu'il lui faudrait 3 expériences. S'il examine, plus généralement, 2n ballons, il lui faut n expériences pour acquérir l'information correspondant à la réponse à la question : "quel est le ballon qui contient le gaz ?". Formalisons ceci en un calcul de probabilités : s'il y a deux ballons, la probabilité de trouver le gaz dans A est égale à $1 / 2 = 1 / 2^1$ et une seule expérience suffit pour savoir où est le gaz. S'il y a quatre ballons, la probabilité est égale $1/4 = 1/2^2$, et deux expériences sont nécessaires. S'il y a 2^n ballons, la probabilité est égale $1/ 2^n$ et n expériences sont nécessaires pour acquérir l'information souhaitée.

Cet exemple très simple permet de comprendre pourquoi les ingénieurs qui se sont souciés de l'information transmise par les lignes téléphoniques et du codage des messages (**H. NYQUIST**, 1924, 1928 ; **R. HARTLEY**, 1928, puis l'habile et médiatique **CLAUDE SHANNON**, 1948) ont été conduits à prendre pour unité d'information la réponse à la question "oui ou non", quand les deux éventualités ont autant de chances de se produire, c'est-à-dire quand la probabilité de chaque éventualité est égale à 1/2. **A. LIBCHABER** (2003) a écrit que **L. SZILARD** a ensuite montré que le coût énergétique d'une unité d'information est égal à k_B T ln 2, où k_B est la constante de Boltzmann (= 1,38 10^{-16}), mais il faudrait reconstituer l'équation aux dimensions de cette formule pour en tirer toute la saveur.

La constante de Boltzmann est le terme d'accord qui fonde l'équivalence démontrée par **LÉON BRILLOUIN** entre la quantité d'information et la quantité de néguentropie (*cf.* l'annexe 1-2). Pour les expériences plus complexes, où le voile d'indétermination est progressivement levé par des observations successives, les remarques du paragraphe précédent aident à comprendre pourquoi la quantité d'information moyenne acquise en regardant l'issue d'une expérience est estimée par le nombre d'observations élémentaires qu'il faut effectuer pour lever l'indétermination qui existait avant l'expérience. Pour des raisons de cohérence, l'information est le logarithme à base 2 de l'inverse de la probabilité P de l'événement E et l'on arrive à la formule de Brillouin (1959) :

$$I(E) = \log_2 \text{ de l'inverse de la probabilité de E}$$
$$I(E) = \log_2 (1/P) = - \log_2 P$$

Quand la probabilité P est égale à $1/2^n$ (c'est-à-dire quand l'expérience réalisée est exactement la combinaison de n observations élémentaires du type pile ou face), la formule précédente devient :

$$I(E) = \log_2 (2^n) = n$$

Le comité consultatif international télégraphique et téléphonique a donné à l'unité d'information le nom de binon (**CULLMANN**, 1968) puis de shannon, dont l'abrégé est "sha". Ainsi, une expérience telle que "pile ou face", dont les deux issues ont chacune une probabilité égale à ½, apporte exactement 1 sha d'information. Une expérience qui peut produire n issues équiprobables permettra d'acquérir n sha d'information.

Si les issues possibles, numérotées 1, 2, … , i, … , n, ne sont pas équiprobables, et si chacune d'elles correspond à n_i cas possibles, la formule précédente devient :

$$I(E) = \log_2 1/P$$

avec : $P = n_1! . n_2! ... n_i! ... n_e! / N! = \Pi n_i! / N!$

soit : $I(E) = \log_2 N! / \Pi n_i!$

L'approximation de Stirling conduit alors à la formule de Shannon :

$$H(E) = \text{somme } Pi . \log_2 (1/Pi)$$

et il apparaît ainsi que la formule de Shannon n'est qu'une approximation de la formule de Brillouin, qui est "exacte" et sans biais, parce qu'elle ne fait pas inférence à un univers infini et inconnu.

162.34 Néguentropie et information

Dans l'expérience de Gay-Lussac, quand on ouvre le robinet qui sépare les deux ballons, l'entropie thermodynamique du système augmente, sa néguentropie diminue, et l'information que l'on pouvait obtenir en observant la présence (ou l'absence) du gaz est devenue nulle, puisque l'on est certain de trouver le gaz dans les deux ballons. Ce rapprochement permet de comprendre pourquoi néguentropie et information sont synonymes, quoique ces deux quantités concernent habituellement deux échelles d'observation extrêmement différentes.

Les liaisons entre l'entropie et l'information sont analysées en détail par LÉON BRILLOUIN (1959). Pour nous, il suffit de comprendre que la quantité d'information contenue dans une structure (telle que l'ensemble des deux ballons de Gay-Lussac, ou bien un message télégraphique ou encore le code génétique) peut être transmise en étant "portée" par une énergie assez faible. S. FRONTIER (1981) reconnaît même que "les applications de la théorie de l'information ne font que croître", et le chapitre 5 du présent ouvrage montre comment les calculs d'information sont un outil précieux pour traiter statistiquement les données écologiques, floristiques et faunistiques présentes dans un ensemble de relevés et pour analyser l'hétérogénéité des habitats et des paysages.

162.35 Les trois aspects de l'information

L'information est une notion si générale qu'il est difficile de la définir. C'est à l'occasion de la rédaction de notre *Dictionnaire du patrimoine* (2012) que nous avons tenté cette gageüre en donnant, pour la notion d'information, la définition suivante : "Objet immatériel contenu dans une structure matérielle et transmissible quand il est porté par une énergie."

Cette définition inclut trois aspects :

1) L'information thermodynamique à l'échelle des atomes, qui est exactement la néguentropie définie originellement dans la théorie cinétique des gaz.

2) L'information structurelle présente dans tous les objets matériels hétérogènes ; elle a commencé à être appliquée en écologie depuis plus de quarante ans (chapitre 5), bien que la première communication présentée à ce sujet à l'Académie des sciences n'ait pas été publiée ; c'est elle qui assure les innombrables régulations cybernétiques à l'œuvre dans les systèmes vivants.

3) l'information mentale qui circule dans notre vie culturelle, véhiculée par la parole, par l'écrit et par le témoignage spirituel ; elle assure la régulation des systèmes sociaux, économiques et politiques comme nous le verrons dans le chapitre 8 ; les nouvelles technologies de l'information seront bénéfiques seulement si elles sont régulées (le *trading* haute fréquence est une perversion de l'information économique).

163 ÉVOLUTION DES SYSTÈMES ET ENTROPIE

Les systèmes physiques isolés suivent la tendance très générale imposée par le principe de Carnot et se "déstructurent" inévitablement, en allant vers des états de plus en plus probables et de plus en plus stables, ce qui correspond à un accroissement de leur entropie (*cf.* l'annexe 1-2). Cette déstructuration peut se réaliser directement par la désagrégation des nucléons (protons et neutrons), s'il se confirme qu'ils sont instables à l'échelle de 10^{33} années. L'espace serait alors sans doute finalement rempli uniquement par des photons et des neutrinos (**P. Salati**, 1985).

Les systèmes "non isolés" peuvent cependant se structurer de plus en plus sans échapper à l'augmentation d'entropie exigée par le second principe de la thermodynamique.

Des structurations apparaissent ainsi localement dans les "cellules de Bénard" : un liquide chauffé dans une casserole est entraîné dans des tourbillons qui s'ordonnent quelquefois en cellules de forme approximativement hexagonale, qui ressemblent aux cellules des "sols polygonaux". La structure "dissipative", qui apparaît alors, correspond à une diminution locale de l'entropie, qui n'est pas en contradiction avec le principe de Carnot puisque le récipient qui contient le liquide n'est pas isolé : les cellules de Bénard apparaissent dans l'eau seulement si elle est couplée avec une source de chaleur, et cette chaleur provient obligatoirement d'une dégradation d'énergie de bonne qualité (chauffage électrique, combustion, réaction chimique, pompe mécanique à chaleur, etc.) qui s'accompagne d'une production d'entropie.

Le bilan de l'ensemble constitué par le liquide chauffé et la source de chaleur est toujours une augmentation d'entropie, c'est à dire une acquisition d'information selon la formule de Brillouin, et cet ensemble finira par atteindre l'égalisation des températures correspondant au principe de Carnot, quand la source de chaleur sera épuisée.

Les cellules de Bénard sont seulement l'un des cas où l'inéluctable augmentation de l'entropie n'exclut pas une structuration locale quand le système est hétérogène et quand il reçoit de l'énergie venant de l'extérieur. L'une des expériences les plus remarquables dans ce domaine a été réalisée par **T. Shinbrot et F. J. Muzzio** (2001) dont j'ai eu connaissance longtemps après la conception du modèle des montagnes russes qui utilise la même présentation : ils placent des billes dans les deux moitiés d'une boîte dont le fond est soumis à des vibrations qui peuvent faire sauter les billes au-dessus de la cloison qui sépare les deux moitiés ; si la répartition des billes dans les deux moitiés de la boîte n'est pas parfaitement symétrique, les billes s'accumuleront progressivement dans la case où il y a déjà un plus grand nombre de billes ; en effet, dans cette case, les billes disposeront individuellement d'un peu moins d'énergie que dans la case la moins pleine, et elles sauteront moins facilement par dessus la cloison ; au contraire, dans la case la moins pleine, chaque bille dispose de plus d'énergie et pourra plus facilement franchir la cloison. Le calcul des transferts d'énergie montre que le second principe de la thermodynamique est respecté, puisque l'entropie globale des billes diminue plus que si les deux moitiés de la boîte contiennent exactement le même nombre de billes.

Dans les exemples qui viennent d'être présentés, la structuration est possible grâce à un apport d'énergie venant de l'extérieur du système, qui est donc un système "non isolé". À l'INRA de Bordeaux, **R. Dewar** reprend les calculs de Boltzmann, mais au lieu d'étudier la distribution statistique de l'énergie à l'équilibre, il étudie statistiquement le cheminement de l'énergie. Il démontre mathématiquement que, dans un système thermodynamique non-isolé, hors équilibre, et stationnaire, les chemins les plus probables sont ceux qui maximisent le flux d'énergie. Une structure dissipative s'auto-organise de façon à maximiser la dissipation d'énergie et ceci peut être formulé sous la forme d'un principe de production maximale d'entropie.

Les structures dissipatives ont été très étudiées depuis 1960 (**P. Glansdorff et I. Prigogine**, 1971), en reprenant la voie ouverte par

HENRI POINCARÉ, et elles sont liées au fait que la matière ne peut pas convoyer l'énergie sans subir de contrecoup (I. PRIGOGINE, 1989). L'accent a alors été mis sur les sytèmes "ouverts", en oubliant que le plus important pour les systèmes vivants est d'être "non isolés", Nous y reviendrons dans les annexes 1-2 et 1-4.

Une question lourde de conséquences reste alors posée : pourquoi ces systèmes ne vont-ils pas tous immédiatement vers leur état le plus stable, c'est-à-dire, pour les systèmes isolés, vers l'état où la température est uniforme, et où tous les corps sont mélangés ?

163.1 La lenteur des transformations énergétiques

Un premier élément de réponse à cette question est banal : le passage d'un système vers un état plus stable est souvent très lent : les gaz se mélangent assez rapidement, mais les solides résistent très longtemps à l'érosion du temps, et des millions d'années sont nécessaires pour que leurs assemblages de molécules se désagrègent, et produisent le mélange homogène où l'entropie est maximale.

163.2 Les chemins anastomosés

Cette lenteur ne suffit pas pour expliquer que certains systèmes peuvent suivre plusieurs chemins pour aller vers un état plus stable, et il faut ajouter un deuxième élément de réponse : les systèmes énergétiques matériels possèdent une "inertie", qui les conduit souvent à dépasser le point d'équilibre, un peu comme le balancier d'une pendule, entraîné par son élan, dépasse la verticale et ne l'atteint définitivement qu'après y être passé plusieurs milliers de fois. Cette possibilité de prendre plusieurs chemins est liée aux "bifurcations" de RENÉ THOM (1993) qui seront revues dans le pragraphe 37* et examinées en détail dans le paragraphe 86*.

Pour ces états caractérisés par leur structure, il est bon d'employer le terme de "**complexion**", dont le charme un peu désuet n'exclut pas une signification thermodynamique très rigoureuse (*cf.* l'annexe 1-2 du présent chapitre).

Finalement, si un système tend inéluctablement vers sa complexion la plus stable, il peut subsister pendant longtemps dans des complexions relativement instables, où plusieurs futurs immédiats bien différents sont presque aussi probables les uns que les autres. Une analogie aidera à comprendre cette multiplicité des futurs : l'eau d'un torrent qui arrive au sommet de son cône de déjection finira toujours par arriver au confluent du torrent et de la rivière qui coule au fond de la vallée, mais elle ne descend pas toujours exactement selon la ligne de plus grande pente du terrain puisqu'il suffit d'un très faible obstacle pour que l'eau parte vers un chenal en pente plus douce.

L'eau peut ainsi suivre un très grand nombre de chemins qui partent tous du sommet du cône de déjection et s'anastomosent d'une génératrice à l'autre, avant de se rejoindre dans la rivière, à la base du cône de déjection.

La fin du trajet des molécules d'eau est parfaitement "déterminée", mais le chemin suivi par chacune d'elles dépend d'un si grand nombre de variables qu'il est difficilement déterminable et quasiment "aléatoire" : Cette apparition du hasard et des probabilités nous conduit à réfléchir au cas particulier des systèmes vivants.

164 L'ORIGINALITÉ DES SYTÈMES VIVANTS

Notre monde est donc un terrain d'expériences spontanées, où les systèmes matériels, emportés par leur élan, produisent sans cesse de nouvelles structures, qui sont plus ou moins stables. La question à laquelle il faut maintenant répondre est : "les systèmes vivants fonctionnent-ils comme les autres ?"

Depuis l'origine de la vie, les systèmes biologiques ont vécu une structuration qui est un peu analogue à l'apparition des cellules de Bénard. C'est possible parce que la biosphère n'est pas thermodynamiquement isolée. Il a été dit pourquoi elle constitue une "irrégularité locale" en cours de structuration à l'intérieur du système Soleil-Terre qui, dans son ensemble, se déstructure lentement. Cette structuration locale est un phénomène cybernétique de <u>régulation</u> qu'il est nécessaire de regarder de plus près.

164.1 Les systèmes régulateurs

L'exemple mécanique le plus simple de la régulation d'un système est le régulateur de WATT qui maintient constante la vitesse d'une machine à vapeur : quand la vitesse augmente, la force centrifuge écarte les boules mobiles placées de part et d'autre de l'axe vertical du régulateur et, ce faisant, réduit l'arrivée de vapeur et fait diminuer la vitesse. De même, en chimie, l'augmentation de la concentration d'un des produits d'une réaction entraîne un ralentissement de cette réaction selon le principe très général des lois de LE CHÂTELIER.

En mécanique, en életricité, en chimie minérale, de nombreux systèmes dotés d'un régulateur réagissent aux variations de l'environnement. Cette réaction est plus ou moins rapide et elle est même retardée dans le cas de l'hystérésis, mais elle est automatique et sans médiation.

Pour comprendre la différence entre les systèmes vivants et les autres, il suffit maintenant de mettre en oeuvre le précepte d'HENRI POINCARÉ dans *Science et Méthode* : "**La définition ne sera complète que quand vous aurez montré non seulement l'objet défini, mais les objets voisins dont il convient de le distinguer, quand vous aurez fait saisir la différence, et que vous aurez ajouté explicitement : c'est pour cela qu'en énonçant la définition j'ai dit ceci ou cela.**"

Il faudra aussi réfléchir attentivement pour éviter le genre de discours stigmatisé par Jean-Baptiste Poquelin dit Molière où l'explication se limiterait à dire : "Et voila pourquoi votre fille est muette" ...

164.2 La régulation des systèmes vivants

Il n'est pas toujours facile de savoir si un ensemble de molécules est vivant ou s'il est seulement minéral. Par exemple, le virus de la Mosaïque du Tabac a pu être réactivé après avoir été isolé et même cristallisé. De même, il est difficile de dire à quel moment précis se sont développés les nouveaux processus qui ont amorcé la vie (§ 21*). Le point crucial est l'intervention d'une **mémoire** cybernétique dans la **régulation** du fonctionnement du système.

En cybernétique, un système de régulation comprend un "capteur" sensible aux modifications de l'environnement, un centre de décision qui reçoit le signal transmis par le capteur et un canal de transmission de la décision à une centre d'action. Si cette action ramène le système vers son équilibre antérieur, c'est une "rétro-action" négative. Si elle l'éloigne de son équilibre, la "rétro-action" est positive, et elle peut aller jusqu'à une explosion .

Le système nerveux de la moelle épinière est un bel exemple de régulation biologique : la réaction des muscles de votre bras quand vous avez posé la main sur une casserole brûlante est un réflexe commandé par votre moelle épinière ; la mémoire qui oriente la décision est inscrite dans vos cellules nerveuses qui sont informées par un signal de douleur venant des nerfs sensitifs et qui "savent" – parce qu'elles l'ont appris au cours de l'évolution – qu'il doit être traduit en une impulsion actionnant les nerfs moteurs. Dans ce système cybernétique, les capteurs sont les organes sensoriels, la mémoire compare le signal reçu à des informations antérieures et le centre de décision est dans la moelle qui est reliée au cerveau ; la conclusion de la comparaison est le lancement d'une action accomplie par les muscles pour éloigner votre main de la casserole.

Dans les êtres vivants, la régulation des réactions est la clef du maintien du "milieu intérieur" de CLAUDE BERNARD. D'autres exemples sont la régulation de la température interne chez les Mammifères, celle des mouvements respiratoires chez les Vertébrés, celle de la dormance des graines (§ 22*), celle de la croissance de l'embryon (§ 25*), au point que CANGUILHEM a pu écrire que "la régulation est le fait biologique par excellence."

Rappelons enfin que toute régulation exige une transmission d'information et il est remarquable que la quantité d'information (en tant que néguentropie) incluse dans la structure d'un être vivant soit calculable[1].

164.3 La mémoire biologique

Une mémoire est constituée d'éléments distincts donc répartis dans l'espace. Elle peut emmagasiner de l'information

- soit en modifiant l'état de ses éléments,
- soit en modifiant leur répartition dans l'espace.

Dans un ordinateur, les éléments de la mémoire sont fixes dans l'espace, et leur état est une charge électrique. Pour les systèmes vivants, la mémoire intervient de plusieurs manières qui dépendent de l'échelle des phénomènes, et les chapitres du présent ouvrage examineront le rôle de la mémoire et des transmissoins d'information à plusieurs échelles.

164.31 A l'échelle des molécules

Dans les systèmes biochimiques, la structure spatiale des molécules – par exemple leur chiralité (§ 21*) – n'est pas immuable et elle est un élément essentiel de la mémoire.

C'est à partir du moment où une mémoire est intervenue dans la transmission de l'information stéréo-chimique qu'est apparu ce qui caractérise la vie. C'est pourquoi de nombreux biologistes pensent que le premier système chimique qui puisse être qualifié de "vivant" est la combinaison d'un acide nucléique codant (ARN) et de la protéine dont il catalyse la production. Les premières structures "vivantes" ont ainsi pu se dédoubler en gardant une "mémoire", liée à des "nucléotides" constitués d'un ribose, d'une base et d'un phosphate (les acides nucléiques libérés lors de la destruction d'une cellule sont d'ailleurs une importante source de

1 Schneider E., Dorion Sagan, 2005 - *Into the Cool : Energy flow Thermodynamics and Life*, Univ. of Chicago Press

phosphates dans les cycles de la matière organique). Nous y reviendrons dans les paragraphes 25*, 26* et 27*.

A. CAIRNS-SMITH (1985) souligne à juste titre que des structures dotées d'une mémoire des formes sont nécessaires pour assurer toute "reproduction" et il montre bien l'importance des "échafaudages" moléculaires relativement primitifs (peut-être constitués en liaison avec des argiles) qui peuvent avoir joué ce rôle à l'aurore de la vie.

164.32 Le rôle de l'hétérogénéité

L'eau du torrent évoquée un peu plus tôt dans le paragraphe 16* ne suit pas toutes les génératrices du cône de déjection, parce que le champ des possibles n'est pas homogène, puisque l'espace lui-même n'est pas homogène, dès qu'il est habité par la matière. Les physiciens le savent bien, puisque toute particule "organise" l'espace autour d'elle-même, et le jeu des interactions entre des particules voisines aboutit à la constitution des structures relativement stables que sont les atomes. De même, les molécules d'acide désoxyribonucléique qui participent à la structuration biologique de l'individu où elles se trouvent, se combinent avec leurs compagnes d'hélice pour intervenir dans les réactions enzymatiques.

Des acides aminés présents dans une solution aqueuse peuvent être regroupés en "séquences", en fonction du code génétique, pour constituer une molécule de protéines. La formation d'une protéine correspond alors à une diminution d'entropie qui peut être estimée (G. SCHULZ, 1951, Electrochem. 55, p. 569). Pour une séquence linéaire longue, l'information correspondant à cette entropie est égale à 4,57 log n, en appelant **n** le nombre initial d'acides aminés.

Ce type de calcul doit être développé pour tenir compte de la structure spatiale des molécules et même de la structure des organismes et des communautés d'êtres vivants. Son principe se retrouvera en particulier dans l'examen de la stabilité de la structure verticale de la végétation (§ 34*).

164.33 Le cristal et le gène

Le développement d'un cristal comprend deux des aspects du fonctionnement des êtres vivants : l'assimilation de molécules voisines et la reproduction de la forme du cristal qui peut comporter des "erreurs" comme dans la réplication de l'ADN. La structure moléculaire des franges du cristal où viennent s'agréger les atomes extérieurs contient une information structurale mais elle ne comporte pas de centre de décision.

La différence entre le développement d'un cristal et celui d'un être vivant est que le cristal ne comporte aucune boucle de rétro-action, alors que l'ADN et l'ARN sont les mémoires centrales des êtres vivants qui accumulent l'informatin qui permet des comparaisons avec des situations antérieures pour la prise de décision.

164.34 L'exemple de l'ARN et de l'ADN

Cet exemple sera examiné en détail dans le paragraphe 21* mais les idées de FRANÇOIS JACOB méritent d'être présentées dès maintenant. En effet, il est possible que plusieurs systèmes de codage de l'information biologique aient coexisté aux époques lointaines de l'origine de la vie, préludant très tôt à l'émergence de lignées durables. FRANÇOIS JACOB (1981) pense que tout a vraisemblablement commencé avec de petites séquences de 30 à 50 nucléotides (ce sont les constituants élémentaires de l'ADN et de l'ARN, *cf.* § 25*) produites par l'évolution chimique et capables chacune de coder 10 à 15 acides aminés. C'est seulement après coup que de telles séquences ont pu être unies par un processus de ligature pour former des chaînes protéiques plus longues en suivant le processus proposé par HERBERT SIMON (§ 21*). Certaines de celles-ci se sont alors avérées utiles et ont été sélectionnées. Des mutations suffisent alors pour affiner la structure. Un essai d'approfondissement de cette idée est recensé dans l'annexe 2-4.

Le processus ainsi décrit par FRANÇOIS JACOB correspond exactement à la règle générale proposée au début du présent paragraphe, et il aboutit à des polynucléotides composées de plusieurs millions de paires de nucléotides. Le même auteur attire l'attention sur une conséquence de ce qu'il appelle des bricolages : "La phase réellement créatrice de la biochimie n'a pu survenir que très tôt, car l'unité biochimique qui sous-tend l'évolution du monde vivant n'a de sens que si les organismes primitifs contenaient déjà la plupart des constituants communs aux êtres vivants : systèmes de réplication et de traduction, etc."

165 VIVRE, C'EST RÉSISTER AUX PERTURBATIONS

La conclusion de tout ce qui précède est :

"La vie est une transmission d'information qui repose sur la mise en jeu d'une mémoire durable lors de nombreux processus de rétro-actions régulatrices."

La vie produit ainsi régulièrement des structures de plus en plus complexes, dans la mesure où elles résistent mieux aux perturbations et durent plus longtemps que les structures instables, grâce à leur mémoire qui inervient dans les régulations cybernétiques.

Le chemin suivi dans les bifurcations des réseaux anastomosés constitue l'histoire de ces systèmes "contingents". Il reste maintenant nécessaire de mieux comprendre le jeu des perturbations et des réactions dans les systèmes qui se modifient.

165.1 Quelques définitions essentielles

165.11 L'élasticité

Les physiciens ont pris soin de bien définir les mots qu'ils emploient pour caractériser la résistance aux perturbations. Ainsi, ils ont pris l'exemple du système constitué par une barre d'acier soumise à une force de traction pour définir deux seuils : la "charge de rupture " et la "limite d'élasticité".

Si la force de traction appliquée à la barre d'acier dépasse la "**charge de rupture**", C, la barre se casse, et le système est détruit.

Si la force est beaucoup plus faible que la charge de rupture, la barre retrouve exactement sa forme quand elle n'est plus soumise à la traction et elle reste dans le domaine des "déformations élastiques" dont la borne supérieure est la **limite d'élasticité**, E. Dans ce domaine, l'allongement, D, est proportionnel à la force subie, F :

$$D = k \cdot F$$

Le coefficient k est le **coefficient d'élasticité**, qui est une caractéristique importante du système.

Si la traction est comprise entre E et C, on est dans le domaine des déformations permanentes, ou domaine des "déformations inélastiques", ou domaine de la ductilité. Par exemple, si l'on a exercé la force G (comprise entre E et C), produisant la déformation GN, puis que l'on diminue progressivement la traction, la barre revient vers son état initial en maintenant la proportionnalité entre la déformation et la force exercée, mais elle ne retrouve pas sa longueur initiale, et elle conserve un résidu de déformation OP, à partir duquel se définit la nouvelle limite d'élasticité G, après "écrouissage" (opération consistant à travailler un métal , en le frappant, en le laminant ou en l'étirant, selon **P. Robert**, 1967). L'aptitude de la barre à réagir a été augmentée, et le travail effectué pour aller jusqu'en N est proportionnel à la surface du quadrilatère curviligne O M N Q. Ce travail est nommé "résistance vive".

On voit ainsi que la limite d'élasticité n'est pas un caractère permanent de la barre d'acier. Le dépassement de la limite initiale d'élasticité (écrouissage) produit ainsi un effet inattendu : la barre y gagne en "**ténacité**" puisque sa charge de rupture augmente (mais sa **ductilité**, qui est son aptitude à être tréfilée, risque alors de diminuer).

Des problèmes analogues se posent en géomorphologie (**J. Tricart**, 1975) : le domaine des déformations élastiques est alors le "régime permanent", au cours duquel le système géomorphologique oscille saisonnièrement. Ce système passe d'un régime permanent à un autre régime permanent si les calculs de régression montrent que l'ajustement à deux droites de régression est meilleur que l'ajustement à une seule droite. En théorie, il est alors possible de trouver une régression non linéaire très satisfaisante, mais, en pratique, le calcul des deux régressions est la plupart du temps déjà suffisamment délicat.

Un excellent exemple de ces changements de régime est celui des pluies exceptionnelles de juin 1957 dans le Queyras (**J. Tricart**, 1975). Les effets de la crue des torrents ont été si intenses qu'ils ont dépassé tout ce qui avait eu lieu depuis une dizaine de milliers d'années, et la dynamique des cours d'eau a suivi, depuis 1957, un autre régime permanent. Au contraire, la dynamique des versants a retrouvé son régime antérieur, grâce à une cicatrisation rapide de la végétation.

Le paragraphe 42* montrera comment se produisent les alternances de deux régimes géomorphologiques majeurs, la biostasie et la rhexistasie.

165.12 La résilience

La "**résilience**" a été définie depuis longtemps par les physiciens comme étant la **résistance au choc**. Elle est égale au quotient de l'énergie cinétique absorbée nécessaire pour provoquer la **rupture** d'un métal à la surface de la section brisée. Elle implique donc que le corps solide ait été brisé, ce que semblent oublier les adeptes de la résilience en psychologie. Le calcul de la résilience implique la connaissance de la "**résistance vive**" du système étudié, ainsi qu'il a été dit dans le paragraphe précédent. Pour comprendre ce qui distingue la résilience et l'élasticité, qui sont toutes les deux des résistances à la déformation, regardons l'exemple d'une mince feuille d'aluminium destinée à emballer des aliments :

- la feuille se plie quand elle subit la pression de votre pouce, et son coefficient d'élasticité est élevé puisqu'une faible pression suffit pour provoquer une déformation d'un millimètre ; la limite d'élasticité qui est la pression à partir de laquelle apparaît une déformation permanente est assez élevée ; enfin, la pression de votre pouce n'atteint jamais la charge de rupture, qui romprait la feuille de métal ;
- avec un couteau, il est facile de perforer la feuille de métal dès que le pression exercée par la fine pointe du couteau dépasse la charge de rupture ; la résilience de la feuille est donc relativement faible parce

que la feuille est mince ; elle serait forte si la feuille était aussi épaisse que la tôle du capot de votre voiture.

Il sera intéressant de voir comment pourraient s'appliquer aux systèmes écologiques les deux fonctions logistiques :

$$L\,x = 1/1+\exp z \quad \text{avec } z= b-ax$$

et $$y(x) = a_1/1+ b \exp(-|\text{alpha} + \text{beta}\ x = \text{gamma}\ x^2|) + a_0$$

qui présentent deux asymptotes, une asymptote basse dont l'ordonnée est a_1 et une asymptote haute dont l'ordonnée est a_0. Le maximum de y" serait le risque admissible, celui de y' serait la perturbation critique et enfin le minimum de "y" serait le désastre irréversible.

165.2 Stabilité et structures spatiales

P. VAN VORIS *et al.* (1978) ont réfléchi attentivement à l'effet des perturbations sur la stabilité des systèmes capables d'évoluer. Ils ont eu la sagesse d'observer qu'un grand nombre d'études de "stabilité" concernent la sensibilité du modèle mathématique qui est censé représenter le système, plutôt que la stabilité réelle de ce système.

Il sera utile de vérifier que les beaux modèles utilisés par les agronomes et les forestiers qui s'intéressent à l'évolution de la végétation ne font pas cette confusion.

P. VAN VORIS *et al.* (1978) estiment judicieux de dire qu'un système est très **"persistant"** en ce qui concerne un de ses caractères quand "l'intégrale de la perturbation" qu'il permet d'observer est petite. En effet, cette intégrale tient compte à la fois de l'amplitude de la déformation du paramètre après la perturbation, et de la rapidité du retour à l'état initial. Cette intégrale pourra avoir la même valeur pour un système qui se déforme beaucoup mais revient vite à son état initial, et pour un système qui se déforme peu, mais revient lentement à son état initial. Il est donc nécessaire de tenir compte aussi du temps nécessaire pour le retour à l'état initial.

Malheureusement, depuis une vingtaine d'années, c'est le mot "résilience", proposé par C. HolliNG, qui a eu un grand succès chez les biologistes, et chez tous les téléspectateurs grâce à **BORIS CYRULNIK. C. HOLLING** était un pionnier intelligent mais il a jonglé avec des mots dont il n'a pas vérifié le sens. **K. MCCANN** (2000) est l'un de ceux qui ont continué à embrouiller les esprits en ne regardant même pas dans un dictionnaire la définition des mots qu'il emploie, tels que *general résilience* et *equilibrium resilience*. Un minimum de culture scientifique aurait fait réserver le mot résilience pour les cas où la perturbation entraîne la mort, et conserver le mot élasticité pour tous les autres cas, comme le montrera le modèle des montagnes russes.

La regrettable conséquence de ce manque de culture est que les psychologues et les écologistes parlent de la résilience à tout bout de champ et même à tort et à travers parce qu'ils n'ont pas compris l'importance de l'élasticité et, au fond des choses, parce qu'ils ne distinguent pas la mort de la survie !

165.21 Application à l'écologie

Prenons l'exemple de communautés végétales caractérisées par les espèces qui y sont présentes :

1) La **charge de rupture** a été dépassée si une perturbation a été tellement forte qu'elle a fait mourir tous les êtres vivants présents dans le système. Par exemple, les expériences d'Oak Ridge ont montré qu'un émetteur de radio-activité peut développer une charge de rupture suffisante pour détruire toute vie dans un rayon de plusieurs dizaines de mètres.

2) Si la perturbation modifie seulement les proportions des espèces présentes dans le tapis végétal, la réaction du système reste dans le domaine des déformations élastiques et l'**élasticité** du système est caractérisée par la pente de la tangente à la courbe qui exprime la variation de la fréquence de chaque espèce. Il n'est pas logique de parler de résilience dans ce cas.

3) Pour éviter les ambiguïtés signalées au début du présent paragraphe, il faut distinguer, dans le jeu de l'élasticité, comme l'ont fait **P. VAN VORIS** *et al.* (1978), la "**déflexion**" (intégrale de la déformation résultant de la perturbation), et le **rétablissement** qui la suit.

4) Le domaine des déformations permanentes peut être distingué du domaine des déformations élastiques : quand une espèce disparaît, il est nécessaire de se demander si le domaine des déformations permanentes est atteint et de préciser les seuils au-delà desquels le système observé est devenu un autre système. C'est le problème des "espèces typiques" pour Natura 2000 (§ 37*).

Les méthodes proposées dans les chapitres 5 et 6 (en particulier l'estimation probabilisée des différences entre les "notes" des espèces de deux systèmes biologiques donnée dans les paragraphes 57* et 68*) permettent de connaître précisément ces seuils qui peuvent caractérisent la **résilience** du système.

Il est souvent judicieux de dire que la **vulnérabilité** du système est exactement l'inverse de sa résilience ainsi définie.

L'exemple le plus simple d'application de ces notions à la végétation est celui de la comparaison d'une forêt de résineux et des herbes annuelles qui vivent dans l'allée d'un jardin :

- la forêt se modifie peu au fil des saisons et elle possède donc une forte résistance élastique vis à vis des variations saisonnières du climat ; de plus, sa résilience est forte puisqu'un bull-dozer est nécessaire pour faire disparaître tous les arbres ;
- pour les plantes qui vivent dans l'allée, il faut distinguer deux problèmes :
  = chacune des herbes folles de l'allée a une faible résilience, et une faible résistance élastique puisqu'elle disparaîtra rapidement à cause de la sécheresse de l'été ou à cause du coup de sarclette du jardinier,
  = le système interannuel constitué par la végétation de l'allée a une résilience plus faible que celle de la forêt puisqu'il suffit de sarcler l'allée pour le faire disparaître, mais il a une forte élasticité puisque les graines restent vivantes jusqu'au printemps suivant où l'allée retrouvera sa parure de verdure.

En général, les systèmes écologiques jeunes ont une déflexion faible et une grande vitesse de rétablissement ; au contraire, les systèmes âgés ont souvent une grande amplitude de déflexion, et une faible vitesse de rétablissement (ces notions mériteraient d'être appliquées à l'évolution des "écosystèmes" vers le "climax" et à la recherche des "espèces typiques" de l'état de conservation du paragraphe 37*). Nous verrons un peu plus loin qu'il est utile d'ajouter la notion de "fragilité" aux notions précédentes.

En écologie, les études relatives à la stabilité des systèmes écologiques sont trop rares pour que la ductilité et la ténacité aient été mises en évidence, mais tous les espoirs restent permis parce que ces notions sont essentielles dans l'écologie des perturbations (§ 38*) qui ne manquera pas de se développer dans les années à venir.

165.22 Quelques exemples écologiques

Dans la pratique, l'élasticité, la vulnérabilité et la résilience d'un système écologique peuvent être caractérisées avec précision en combinant la mesure de ces paramètres pour chaque espèce et pour leur ensemble.

Par exemple, pour étudier les séries ou les séquences de végétation (§ 37*) d'une région, le problème est de savoir à partir de quelles différences un stade de la succession est remplacé par un autre stade. La solution est alors de prendre en compte la physionomie de la végétation en précisant les différences entre les prairies, les broussailles, les forêts, etc.

La combinaison de la carte des séquences de végétation et de la carte des types de végétation (*cf.* l'Atlas du Languedoc-Roussillon, qui a reçu la médaille d'argent du CNRS) a ainsi permis d'établir une carte de **sensibilité** de la végétation (**M. Godron et J. Poissonet**, 1972) : la végétation d'un polygone cartographié résultant de la combinaison de ces deux cartes est "sensible aux perturbations" si le type de végétation est fortement métastable et si sa vitesse de cicatrisation au cours de la séquence est faible ; à l'opposé, elle est peu "sensible aux perturbations" si le type de végétation d'un polygone est un début de séquence et si la vitesse de cicatrisation est grande.

Pour voir comment l'élasticité et la résilience s'appliquent aux systèmes biologiques, la force des idées m'a conduit à proposer le modèle très général des montagnes russes qui s'applique aussi dans les autres chapitres du présent ouvrage.

17 LE MODÈLE DES "MONTAGNES RUSSES"

Ce modèle complète la définition de la vie qui a été donnée plus haut, parce qu'il aide à comprendre comment la transmission d'information et la mémoire biologique produisent la métastabilité des structures biologiques.

171 LE CŒUR DU MODÈLE

Pour faire la synthèse de tout ce qui vient d'être dit, le "modèle" le plus général capable de rendre compte des évolutions possibles de la matière vivante est celui de l'équilibre d'une bille pesante placée dans une boîte dont le fond est bosselé comme les montagnes russes d'un manège forain :

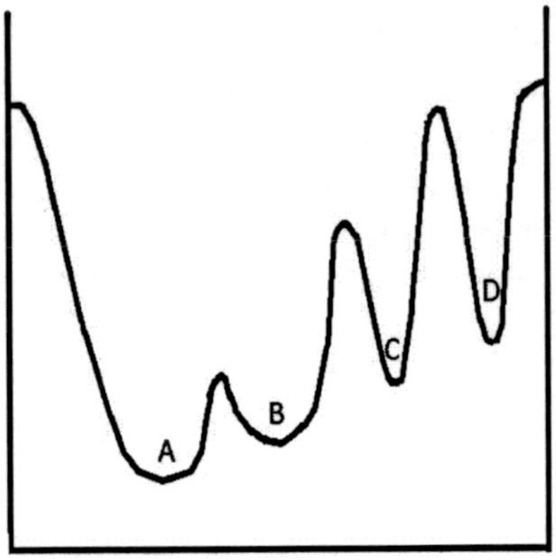

Figure 17-1 : le modèle des montagnes russes

Si nous secouons le système, la bille arrivera statistiquement très souvent au point le plus bas A, mais elle quittera de temps en temps le "puits" A pour arriver en B si les secousses sont suffisamment fortes pour que la bille franchisse le sommet situé entre A et B (ce sommet est un point d'équilibre "instable") ; la bille restera en B aussi longtemps que les secousses ne la feront pas sortir du "puits" B, et elle aura alors plus de chances de retourner en A que de franchir le sommet qui sépare le puits B du puits C.

Quand la bille est dans le puits C, elle y reste assez longtemps parce qu'une grande énergie est nécessaire pour qu'elle s'en évade, puisqu'il est assez profond. Là encore, elle ira plus facilement vers le puits situé à sa gauche que vers le puits D situé à sa droite, puisque le sommet qui sépare C et D est plus élevé que celui qui sépare C et B.

Les puits de stabilité sont nommés "**attracteurs**" par les cybernéticiens qui utilisent souvent des systèmes d'équations différentielles pour les modéliser. Un attracteur correszpond à une **mémoire** qui rappelle au système qu'il existe un puits de métastabilité proche de son état actuel et qui le rappelle plus ou moins rapidement vers le centre de ce puits. Nous en verrons un bel exemple dans le paragraphe 21*.

171.1 Trois caractères essentiels de ce modèle

Ce modèle (*cf.* le paragraphe 86* consacré aux modèles) est très simple et c'est sans doute la raison pour laquelle il a été plus apprécié à l'étranger qu'en France comme en témoigne une discussion qui a eu lieu lors du colloque international de Shenyang. Il exprime trois caractères essentiels des systèmes biologiques.

1) Le premier est de montrer pourquoi les équilibres biologiques, qui sont tous métastables (puisque tous les êtres vivants mourront un jour), résistent inégalement aux perturbations. Ainsi, un état fortement métastable, tel que D, résiste mieux aux perturbations que les états A ou B ou C. La formulation simple de ce phénomène est que D est "plus métastable" que C, B et A. Ce caractère est particulièrement important parce qu'il assure **la liaison logique entre la transmission d'information, la mémoire et la stabilité**, puisqu'il montre que l'information, qui est au cœur de tous les processus biologiques, prend son "sens" quand elle oriente l'évolution des systèmes biologiques, peut-être selon les équations de **Ricatti** (§ 25*).

Ce modèle met en évidence que les états les plus métastables (situés à droite sur la figure) sont généralement aussi ceux dont l'accès est le plus difficile. Cette ambivalence de la métastabilité peut paraître paradoxale au premier regard, mais elle est très logique ; elle est importante en particulier pour les tactiques des espèces (§ 35*), pour le maintien de la biodiversité (§ 68*) et pour la préservation de la nature (§ 69*).

Ceci nous conduit à caractériser la "**fragilité**" du système, en complément de son élasticité et de sa résilience : un système est d'autant plus fragile que le puits de métastabilité où il évolue est profond et que le sommet qui conditionne son accès – qui est la margelle du puits – est élevé. La fragilité est donc une notion composite combinant deux notions plus simples, qui pourrait être mesurée par le quotient des deux quantités correspondantes. De même, le verre est un matériau "fragile" bien qu'il soit extrêmement dur et difficile à rayer.

2) Le deuxième caractère du modèle des montagnes russes est d'aider à comprendre la différence entre l'élasticité et la résilience : la résilience caractérise la résistance à la rupture et elle est précisément mesurée par la profondeur du puits de métastabilité. L'élasticité est l'inverse de la pente du fond de ce puits : si cette pente est faible, le retour à l'état le plus stable (= le fond du puits) après une perturbation sera difficile et le coefficient d'élasticité sera faible ; si cette pente est forte, le retour à l'état le plus stable (= le fond du puits) après la perturbation sera rapide et le coefficient d'élasticité sera fort. En résumé, le modèle des montagnes russes montre comment se combinent **l'élasticité** (= la pente des parois du puits de métastabilité et **la résilience** (= la hauteur du seuil à franchir pour sortir du puits de métastabilité).

3) Le troisième caractère essentiel de ce modèle est que la quantité d'information placée en ordonnée est liée à l'énergie porteuse de cette information thermodynamique et, parallèlement, à la probabilité de la complexion atteinte. L'évolution du système ne dépend pas seulement du niveau de stabilité maximale, mais aussi des probabilités d'accès aux points d'équilibre métastable qui dépendent de la hauteur des seuils, de la grandeur des "sections de capture" et des probabilités des perturbations qui conditionnent les risques de sortie des "puits" de métastabilité.

171.2 Trois caractères supplémentaires

1) Le schéma en deux dimensions de la figure 17-1 doit évidemment être complété dans la troisième dimension (et même dans toutes les dimensions des hyper-espaces utilisés en écologie) parce que plusieurs évolutions sont possibles à partir de chaque état initial. Ceci se traduit en particulier par la diversité des séquences de végétation (§ 37*).

2) Le caractère le plus étonnant est peut-être que toutes les évolutions observées dans la nature progressent lentement de la gauche vers la droite de la figure 17-1. Un modèle est une image simplifiée d'un système complexe qui en respecte cependant l'essentiel (§ 86*) et le schéma ci-dessus respecte ainsi cette tendance régulière vers des états de plus en plus fortement régulés, possédant un système de régulation plus complexe. En effet, les puits de métastabilité sont de plus en profonds quand on va de la gauche vers la droite ; quand le système a franchi un seuil en allant vers la droite, il reste plus longtemps dans son nouveau puits de métastabilité, parce que ce puits est plus profond. Il est donc possible de dire, en une formule lapidaire, que "**la nature tend vers la stabilité.**"

Les "bifurcations" de RENÉ THOM, qui se produisent fréquemment dans les systèmes situés loin de l'équilibre étudiés par ILYA. PRIGOGINE (Annexe 1-2) montrent que l'alternance de variations progressives et de ruptures brutales est thermodynamiquement possible.

3) PIERRE-HENRI GOUYON (com. verb.) fait remarquer que la disposition des puits de métastabilité selon cet escalier ascendant demande à être justifiée. Une première réponse est qu'un puits qui serait plus profond que le puits initial serait un lieu d'accumulation des billes, un état "hyperstable", un piège presque définitif, alors que le modèle proposé souligne, au contraire, qu'un état final (tel que la forêt dans les séquences de végétation en climat tempéré) est d'une certaine manière plus "précieux" que l'état initial : quand le système est sorti d'un profond puits de métastabilité, il a peu de chances d'y revenir rapidement. Nous en verrons on exemple typique pour les espèces qui pratiquent la tactique "K" (§ 35*) .

Une réponse plus affinée est que la variable présente en ordonnées dans la figure 17-1 est l'énergie potentielle de la bille – qui dépend de la force de gravité – mais que la profondeur d'un puits est liée aussi à la quantité d'information qui stabilise cybernétiquement le système : la quantité d'information accumulée dans une forêt est plus grande que celle des herbes folles qui germent sur le sol nu et le fond du puits de métastabilité de la forêt est situé plus haut, sur la figure 17-1, que le fond du puits de la prairie.

L'explication profonde de cette tendance vers la stabilité est que **le passage d'un puits à un autre se fait par l'acquisition d'une nouvelle rétro-action stabilisante, c'est-à-dire par l'acquisition de l'information qui interviendra dans le mécanisme cybernétique ultérieur de réaction aux perturbations**.

171.3 Une Vénus aguichante

Un étonnant exemple d'élasticité végétale est celui de la capture des insectes par une plante carnivore, la *Venus dioneae* : au repos, ses feuilles sont convexes, comme une voute, ce qui correspond à une situation de basse énergie dans un puits de métastabilité peu profond ; quand un insecte se pose sur la feuille, elle commence à se fermer lentement par une réaction cellulaire, puis, en quelques dixièmes de seconde, sa courbure s'inverse, et elle se referme brutalement, en emprisonnant sa proie. La petite quantité d'énergie apportée par l'insecte a suffi pour que la feuille sorte du puits de métastabilité et tombe très vite dans un autre puits de métastabilité, correspondant à une courbure inversée, comme un couvercle de boîte de conserve qui se courbe en produisant un "clic" sonore.

172 MONTAGNES RUSSES ET THERMODYNAMIQUE

Le paragraphe 16 a analysé les implications du paradoxe de SCHRÖDINGER : les êtres vivants absorbent de l'énergie et la rendent ensuite après l'avoir dégradée, en prélevant une partie de l'information (= la néguentropie) qu'elle contient. Ce prélèvement d'information leur est "utile", parce que cette information leur permet de maintenir et de développer leurs propres structures, et donc d'atteindre un état plus stable en augmentant leur capacité de réponse aux perturbations.

Le point délicat est le passage vers cet état plus stable, car le système doit franchir un seuil énergétique avant de pouvoir atteindre cet état plus stable. C'est déjà le cas pour les variations d'énergie qui accompagnent le devenir d'un électron issu du choc d'un photon sur une molécule de chlorophylle parce que chacun des états du système est nettement distinct des autres. A l'autre extrémité de la gamme des domaines scientifiques, il correspond aussi à la "stabilisation sélective" chère à **J.-P. Changeux** : ce sont les images mentales "sélectionnées" par le franchissement d'un seuil et "stabilisées" qui sont mises en mémoire dans notre cerveau.

L'équilibre temporaire du champ d'inflation ouverte qui serait lié à l'origine de notre univers (**M. Bucher & A. Goldhaber**, 1995)[1] est un équilibre métastable particulier. Il est aussi nommé "paysage énergétique" en physique (**P. G. Debenedetti & F. H. Stillinger**, 2001), sans doute en raison de son hétérogénéité.

Pour les paysages (§ 54*) et pour les communautés de plantes et d'animaux, le passage vers des structures spatiales de plus en plus métastables – qui sont aussi de plus en plus précieuses et fragiles) est moins évident parce que leur structure interne est moins catégorique que celles des molécules biochimiques ou des atomes.

Les actions humaines qui affectent un système biologique vont souvent en sens inverse de sa tendance spontanée vers l'équilibre et conduisent donc le système vers un état moins durable (§ 54*).

173 Stabilité des systèmes et organisation

En résumé, le modèle des montagnes russes montre que la biosphère se structure en allant à contre-courant de l'homogénéisation inéluctable à long terme dans l'univers et elle diminue ainsi son entropie. Elle emprunte alors de la néguentropie (= de l'information) au rayonnement solaire. Cette structuration se maintient (= l'information peut se transmettre) seulement si l'état final est plus profondément métastable que l'état initial.

Les structures qui ne correspondent pas à de profonds puits de métastabilité disparaissent rapidement ; c'est seulement l'acquisition d'une plus grande stabilité qui permet à un système biologique d'atteindre un état métastable bien contrôlé. L'état le plus stable des systèmes biologiques est hélas la mort.

Le fonctionnement et la structure sont donc intimement liés, et il faut les observer ensemble, en étudiant l'**organisation** du système. L'organisation peut aussi bien être considérée comme une "structure fonctionnelle" que comme une "fonction structurante". L'essentiel est de

---

1 *Open Universe from Inflation*, Physical Rev. D 52, 6 : 3314 -3337, 1995

comprendre que l'organisation présente des aspects spatiaux (structures) et des aspects temporels (fonctionnement), dont elle est la synthèse.

ÉMILE DURKHEIM (1858-1917) avait exprimé ceci sous une forme admirable : **"Sans doute, les phénomènes qui concernent la structure ont quelque chose de plus stable que les phénomènes fonctionnels ; mais entre les deux ordres de faits, il n'y a que des différences de degré. La structure même se rencontre dans le devenir, et on ne peut la mettre en lumière qu'à condition de ne pas perdre de vue ce processus du devenir. Elle se forme et se décompose sans cesse ; elle est la vie parvenue à un certain degré de consolidation, et la distinguer de la vie dont elle dérive ou de la vie qu'elle détermine équivaut à dissocier des choses inséparables."** (*cf.* § 86*).

L'organisation des êtres vivants n'est pas un miracle, ni un accident, ni le fruit d'un hasard tout-puissant et irrationnel ; elle est liée au principe de CARNOT et au "principe de MAUPERTUIS" (nommé aussi "principe du moindre effort" par les étudiants qui l'appliquent quelquefois judicieusement pour que leur travail soit plus efficace), qui est une loi d'efficience maximale : tous les systèmes naturels évoluent de manière à mettre en jeu, plus ou moins directement, le moins d'énergie possible.

C'est parce que les êtres vivants sont "organisés" que la chimie qui les concerne a été nommée chimie organique. Cette organisation se manifeste pour chacun de nous par exemple dans la régulation de la température de note corps, dans le maintien du taux de sucre dans notre sang , dans la modification de la courbure du cristallin de l'œil, qui "accommode" la netteté de la vision, etc. Chaque jour, plusieurs millions de nos cellules (sur les quelques dizaines de milliers de milliards qui constituent notre corps), se dédoublent et d'autres millions de cellules meurent. Et pourtant, nous restons presque identiques à nous-mêmes tout au long de la journée.

Les systèmes qui modifient leur organisation de manière à rester fonctionnels quand l'environnement change sont dits "auto-organisateurs" et ils sont "adaptés" à l'objectif visé par leur constructeur (§ 86)*. Il peut arriver que le fonctionnement adapté au deuxième environnement ne soit plus adapté au premier environnement et cela correspond à une cladogenèse (§ 25*). Un des exemples les plus typiques est celui de la transformation des Poissons en Amphibiens (ou, inversement, de la transformation de Mammifères terrestres en Cétacés).

De même, les remaniements chromosomiques (§ 25*) provoquent souvent des ruptures d'interfécondité au cours de l'évolution d'une lignée.

Après ces périodes de transformation assez rapides, où le système franchit la "limite de déformation permanente" (§ 16*), de nouvelles rétroactions stabilisantes peuvent apparaître et ralentir l'évolution.

L'adaptation" (§ 27*) est un mécanisme perfectionné qui peut aboutir à une étonnante adéquation entre le structure et le fonctionnement, qui donne l'impression d'une finamité et qui est peut-être la source de la qualité des paysages (§ 54*) et de la qualité esthétique des êtres vivants.

Dans la noosphère, la mémoire collective de l'humanité intervient souvent dans les processus écologiques pour stabiliser à un niveau acceptable les systèmes écologiques où nous vivons (§ 87*). Or, pour une mémoire couplée avec un système de traitement de l'information, le rapport entre la quantité d'information contenue dans la mémoire et l'information traitée en une milliseconde est voisin de 10, aussi bien dans les systèmes nerveux des animaux que dans les ordinateurs.

En écologie, l'organisation des êtres vivants se traduit par une règle simple qui s'applique à toutes les échelles :

La structure actuelle de tous les systèmes écologiques est le résultat de leur fonctionnement passé et elle conditionne leur fonctionnement futur.

Les étudiants affutés comprennent rapidement que cette petite phrase peut les aider à analyser des phénomènes complexes et peut servir de plan pour leurs exposés.

Signalons encore que la structure peut être nommée "matriciel", par analogie avec le "logiciel". Ce terme semble bien choisi, puisqu'une matrice est effectivement une structure transformante (qui mériterait d'être expliquée dans une annexe), mais il faut encore attendre pour voir si ce terme conquerra droit de cité.

Dans d'autres domaines scientifiques, il a été possible de passer de l'étude descriptive de la structure et du fonctionnement jusqu'à l'étude des relations d'organisation, et ce passage a conduit à des progrès importants.

Ainsi, J. Lavorel écrit au sujet de la photosynthèse : "Une autre dimension et la nécessité d'un nouveau cadrage des images structurale et fonctionnelle devaient être introduites...", et il constate que les biologistes travaillent sur des ensembles moléculaires dont l'organisation "assez précise permet l'apparition de propriétés nouvelles par rapport à celles des molécules constitutives". Ces propriétés sont-elles radicalement nouvelles, ou bien étaient-elles présentes à l'état latent dans ensembles initiaux ? C'est le problème de l'émergence, qui sera abordé dans un texte ultérieur parce qu'il demande une discussion épistémologique détaillée. En attendant, nous regarderons dans le prochain chapitre l'émergence de la vie, qui a eu lieu grâce à une augmentation de l'information contenue dans les systèmes prébiotiques. En économie, ce schéma me semble correspondre aux équilibres de **NASH** (§ 86*) et à la "dynamique intermittente" qui s'applique à des phénomènes de turbulence étudiés par **KOLMOGOROV** et qui se traduit spatialement par des plages homogènes "laminaires" séparées par des "falaises" turbulentes (**J. PH. BOUCHAUD**, *Pour la Science*, 314 : 142-147, 2003).

174 LES APPLICATIONS DE CE MODÈLE

Le modèle des montagnes russes s'est révélé extrêmement général et il sera retrouvé dans les paragraphes 21*, 22*, 25*, 27*, 35*, 37*, 38*, 54*, 68*, 86* et 87* :

- dans le paragraphe 21 pour l'origine de la vie,
- dans le paragraphe 22 pour la succession des phylums de plantes,
- dans le paragraphe 25 pour le sens général de l'Évolution, la différenciation des espèces, la macro-évolution, le passage des Algues aux Fougères puis aux Phanérogames, etc.),
- dans le paragraphe 27 pour le gradualisme ponctué et pour le rapport entre déterminisme et probabilisme dans l'Évolution,
- dans le paragraphe 35 pour les tactiques "r" et "K",
- dans le paragraphe 37 pour la cinématique et la dynamique des formations végétales,
- dans le paragraphe 38 pour l'écologie des perturbations,
- dans le paragraphe 54 pour l'évolution des paysages,
- dans le paragraphe 68 pour la biodiversité,
- dans le paragraphe 86 pour la systémique,
- dans le paragraphe 87 pour la métastabilité des sociétés.

Les rétro-actions stabilisantes caractéristiques de tous les systèmes biologiques se produisent donc à toutes les échelles, et la suite de cet ouvrage en montrera les caractères particuliers

- dès le début du second chapitre, pour la structuration des premiers êtres vivants grâce à la mémoire incluse dans la stéréo-chimie des molécules organiques ; la suite de ce chapitre examine et discute l'évolution des êtres vivants au cours des temps géologiques, à l'échelle des individus où la mémoire est celle du code génétique ;

- le chapitre 3 amorce la structuration de la végétation pour la structure verticale à l'échelle du mètre, où la mémoire est la capacité des plantes – et en particulier des Cormophytes – à monter vers la source des photons solaires, puis, à l'échelle horizontale du décamètre en constituant les "formations végétales" dont l'évolution à l'échelle du siècle donne les séries et les séquences de végétation ;

- le chapitre 4 analyse les relations entre la végétation et la diversité des substrats terrestres où elle s'enracine : la mémoire qui intervient alors est constituée par les propriétés chimiques des membranes cellulaires des racines ou des rhizoïdes ;

- dans le chapitre 5, l'ensemble des propriétés physiques et chimiques des plantes de chaque espèce est la mémoire qui conditionne la répartition des espèces à la surface du globe, depuis l'échelle des grands climats, décrits dans le § 13*, jusqu'à celle des individus en passant par les échelles des étages de végétation, des paysages et des communautés végétales ;

- la faune est prise en compte – de manière hélas trop brève –- dans le chapitre 6 qui se termine par la caractérisation des types de biodiversité ;

- l'humanité est apparue très tard, à l'échelle des temps géologiques (chapitre 7) ; la matière grise des cerveaux des humains et leur langage qui transmet l'information en la matérialisant dans des écrits sont évidemment les mémoires qui onnt permisà l'humanité de bouleverser progressivement mais de plus en plus fortement les équilibres de la biosphère ;

- enfin le chapitre 8 examine les systèmes économiques et sociaux qui se sont établis depuis quelques siècles et les problèmes qui se posent aujourd'hui.

175 CONCLUSION DU CHAPITRE 1

Tout système vivant est un perpétuel ajustement dynamique de structures biochimiques métastables, soumises à des variations d'environnement plus ou moins aléatoires qui amorcent des rétro-actions régulatrices stabilisantes grâce à l'information accumulée dans la mémoire cybernétique du système, et les structures les moins instables sont statistiquement les plus probables.

ANNEXE 1-1

RUDIMENTS DE PHYSIQUE DU RAYONNEMENT

Dans cette annexe les passages qui sont importants pour l'écologie sont écrits en caractères gras.

1 PRINCIPES (*cf.* en particulier, G. BRUHAT, 1962)

Au soir d'une belle journée d'été, si vous passez devant un mur, vous sentirez qu'il émet un rayonnement infra-rouge qui vous réchauffe. La chaleur ne vient pas d'un échauffement de l'air près du mur, parce que la circulation atmosphérique homogénéise la température de l'air. C'est bien une émission d'énergie radiative que vous avez perçue. Cette simple expérience met en évidence un fait plus général : **dès qu'un corps est à une température supérieure au zéro absolu, il émet de l'énergie sous forme de radiations.**

Considérons, plus rigoureusement, un corps placé sur des croisillons de liège dans une enceinte où règne le vide (c'est-à-dire dans un calorimètre). Le transport de chaleur par conductibilité (c'est-à-dire par contact) du liège ou de l'air sont faibles puisque le liège et l'air sont mauvais conducteurs. Si l'air est immobile, les transports de chaleur par ventilation (par "convection") sont nuls. Pourtant, le corps va échanger de l'énergie radiative avec l'enceinte, jusqu'à ce que sa température soit égale à celle de l'enceinte. Lorsque l'équilibre est atteint, le corps reçoit autant d'énergie qu'il en émet.

En effectuant des mesures, nous allons considérer le flux d'énergie émis par l'unité de surface de la source de radiation, dans l'intervalle de longueur d'onde L + dL, pendant l'unité de temps. Ce flux est appelé "émittance énergétique de la source pour la longueur d'onde L" ; il est symbolisé par WL. Cette quantité dépend de la nature du corps ; elle est toujours inférieure à celle qui est émise par un corps parfaitement émetteur idéal, qui est appelé "corps noir". Un corps presque noir peut être réalisé en considérant un petit opercule percé dans la surface d'une sphère creuse.

2 LOI DE STEFAN-BOLTZMANN (1879 OU 1869)

2.1 Énoncé

L'émittance énergétique d'un corps porté à la température T est aussi nommée "pouvoir émissif", et cette quantité d'énergie est proportionnelle à la quatrième puissance de la température absolue :

$$W = s \cdot T^4$$

avec une constante, **s** qui est égale à $5{,}7 \cdot 10^{-8}\ W \cdot m^{-2} \cdot deg\ K^{-4}$

L'unité d'émittance énergétique est la quantité d'énergie émise par un corps noir dont l'étendue est égale à l'unité de surface. Les radiations ainsi émises se présentent à la fois sous forme d'onde et sous forme de particules nommées photons. L'œil humain est si sensible que cinq ou six photons frappant la rétine suffisent pour exciter le nerf optique (**R. FEYNMAN**, 1987).

Un observateur extérieur reçoit seulement l'énergie rayonnée dans sa direction. Il faut donc rapporter aussi l'énergie émise à l'unité d'angle solide, et à l'unité de surface apparente, et l'on arrive ainsi à la notion de "luminance spectrale énergétique" (qui était appelée autrefois brillance).

Ce sont certaines irrégularités dans la luminance spectrale qui ont donné naissance à une partie de la théorie des quantas, lorsque Max Planck fut contraint en 1900 – en un "acte désespéré" dit-il lui-même – d'admettre que les échanges énergétiques à l'intérieur du corps noir ne pouvaient se faire que par de très petits grains d'énergie, qu'il a nommés "quantas". La loi de Planck donne la fonction de répartition de l'énergie dans toutes les fréquences possibles.

2.2 Application

La loi de Stefan permet de calculer la température d'une source quand on connaît la quantité d'énergie qu'elle émet. Ainsi elle conduit à estimer la température de la couche externe du Soleil à 6.000 degrés absolus (ou °K).

En relation avec la loi de Stefan, on peut calculer la quantité d'énergie qu'il faut fournir à l'unité de volume du "vide" pour élever de 1 degré Celsius la température du rayonnement (*op. cit.*, p. 613). Ce calcul n'est pas directement utile en écologie, mais nous le mentionnons pour conduire à réfléchir sur la nature du rayonnement. Cette chaleur spécifique du vide, Cv, est égale à :

$$4 \cdot a \cdot T^3$$

avec $a = 7{,}67 \cdot 10^{-15}$ CGS $= 7{,}67 \cdot 10^{-16}$ SI

Cette quantité est beaucoup plus petite que la chaleur spécifique des corps habituels, mais elle devient très importante quand la température atteint plusieurs millions de degrés (par exemple à l'intérieur du Soleil).

Pour comprendre un peu mieux ce qu'est le vide, chassons l'air d'un cylindre, en poussant le piston à fond, et fermons le robinet de vidange du cylindre. Tirons maintenant le piston, pour créer un vide dans le cylindre, et attendons un peu, pour que l'équilibre thermique s'établisse. Libérons maintenant le piston : contrairement à ce que l'on pourrait imaginer, le piston ne revient pas jusqu'au fond du cylindre, même si aucune molécule de gaz n'est entrée dans le cylindre. Le "vide" exerce une pression sur le piston, à cause du rayonnement électromagnétique qui est émis par les parois du cylindre et durablement installé dans le vide. Ceci peut être exprimé d'une manière imagée en disant qu'un "gaz de photons" (sans poids) occupe le "vide".

En mécanique quantique, il est montré que, dans le vide, des paires de particules et de leurs anti-particules surgissent en permanence (sinon, tous les paramètres physiques seraient exactement connus, ce qui est incompatible avec l'indétermination démontrée par Heisenberg) ; ces antiparticules s'annihilent presque immédiatement, sauf si un champ magnétique les écarte puisqu'elles sont de signe contraire. Le vide possède donc une énergie quantique qui n'est pas nulle. Dans le cosmos, ce phénomène devient si important près des "trous noirs" qu'il provoque des "sursauts gamma" qui convertissent en énergie une part importante de la masse disponible.

Il est logique de se demander d'où vient l'énergie radiative fournie par un corps qui rayonne. La réponse est donnée par Albert Einstein (1905), dans un des articles fondateurs où son génie s'est révélé : « Un corps émet de l'énergie L sous forme de rayonnements, la masse alors diminue de L / C^2 (C étant la vitesse de la lumière) ... La masse d'un corps est une mesure de son contenu d'énergie ; si l'énergie change de la quantité L, la masse change dans le même sens d'une quantité $L / 9 . 10^{20}$, l'énergie étant mesurée en ergs, et la masse en grammes. »

Depuis quelques années, des physiciens ont construit des appareils où la lumière va plus vite que 900.000 km/s : un laser émet un rayonnement qui traverse un gaz d'atomes de césium et une partie de ce rayonnement peut aller si vite qu'elle semble ressortir avant même d'être entrée (**L. Wang**, 2000). Les physiciens assurent que cette exception ne remet pas en cause la théorie de la relativité ni la causalité des phénomènes. Nous pouvons donc rester sereins et continuer à utiliser nos lampes électriques sans craindre que leur lumière nous échappe.

3 LOI DE WIEN (1894 OU 1874)

L'énergie émise par un corps est très faible dans les très faibles longueurs d'onde, de même que celle qui est émise dans les très grandes longueurs d'onde ; en conséquence, la courbe qui exprime la variation de la "luminance spectrale", EL, en fonction de la fréquence, est une courbe en cloche, qui passe par un maximum pour une fréquence correspondant à la longueur d'onde maximale, Lmax. Chacune des températures T1, T2, etc. donne une courbe EL1, EL2, etc.

WIEN, puis **BOLTZMANN**, ont montré que la courbe EL2, pour la température T2, se déduit de la courbe EL1 par l'anamorphose suivante : quand les abscisses sont augmentées dans la proportion K, les ordonnées sont augmentées dans la proportion K^3.

Si l'on considère la courbe de variation de EL en fonction de la longueur d'onde, L, l'anamorphose se traduit par une règle simple : quand les abscisses sont diminuées dans la proportion T1, les ordonnées sont augmentées dans la proportion $T2^5$; le point le plus haut de la courbe se déplace régulièrement vers l'axe des ordonnées (longueurs d'ondes plus petites, c'est-à-dire lumière de plus en plus "bleue")

La longueur d'onde **Lmax**, pour laquelle la luminance spectrale est maximale, décroît quand la température croît :

Lmax (en microns) . T (en degrés K) = 2.900

Ainsi, la température de la Terre est voisine de 290 degrés K (c'est-à-dire de 17 degrés C) ; elle émet donc principalement à une longueur d'onde Lmax = 10 microns (c'est un rayonnement infrarouge). À la température du Soleil (6.000 degrés K), Lmax = 0,5 microns = 500 nanomètres.

La différence entre ces deux longueurs d'onde explique l'origine de l' "information" acquise par la biosphère (§ 16*) et l'effet de serre (§ 84*).

Le rayonnement "X" de 0,1 nanomètre correspond à une température de 30 millions de degrés K, et le rayonnement gamma à une température de 30 milliards de degrés K, liée à la déstructuration du noyau des atomes. La plus grande partie de l'énergie rayonnée est comprise entre 0,5 Lmax et 2 Lmax, c'est-à-dire, dans le cas du Soleil, entre 0,25 micron et 1 micron.

De même, la plus grande partie de l'énergie rayonnée par la Terre est comprise entre 5 microns et 20 microns (rayonnement infrarouge).

L'un des types de rayonnement méconnus est celui dont la longueur d'onde est comprise entre 1 mm et 0,03 mm, qui le situent entre l'infra-rouge et les ondes radio. Sa fréquence est comprise entre 0,3 et 10 térahertz, puisque la fréquence en hertz est égale à $3 \cdot 10^{11}$ / longueur d'ondes en mm. Il est nommé rayonnement T (pour térahertz, qui signifie 10^{12} hertz =

1.000 gigahertz). Comme tous les autres rayonnements, il est composé d'un champ électrique et d'un champ magnétique qui oscillent de concert et s'induisent l'un l'autre en se propageant à la vitesse de la lumière. La particule correspondante est, comme d'habitude, le photon, qui possède alors une énergie inférieure à 0,1 électron-volt, insuffisante pour que le photon puisse arracher un électron en arrivant sur un capteur comme cela se produit avec les photons solaires et il peut seulement chauffer des molécules telles que celle du bismuth. Les rayons T ne sont pas ionisants et ils sont arrêtés seulement par les métaux et l'eau ; ils permettent donc de voir les éléments métalliques et la forme du corps à travers les vêtements.

Les rayons cosmiques sont très différents, puisque ce sont des particules de très haute énergie (10^{19} électrons-volts, soit un million de fois plus que les particules produites par les accélérateurs des physiciens) émises par des trous noirs situés au centre de nébuleuses à noyau actif situées à quelques centaines de millions d'années-lumière. Ils sont freinés par le rayonnement fossile reliquat du *big bang*.

4 LOI DE KIRCHOFF (CORPS NON NOIR)

Un des caractères du corps noir idéal (et des petites sphères percées d'un opercule qui sont presque des corps noirs) est d'absorber totalement l'énergie qu'il reçoit. Les autres corps absorbent une partie de l'énergie qu'ils reçoivent, et réfléchissent le reste. Le quotient de l'énergie ainsi réfléchie par l'énergie reçue est nommé "*albedo*". Inversement, le quotient de l'énergie absorbée par l'énergie incidente qui arrive sur un corps non noir est le "facteur d'absorption", AL ; il est toujours inférieur à l'unité, puisqu'il est égal à 1 – *albedo* (*cf.* § 31*).

Le facteur d'absorption dépend de la longueur d'onde du rayonnement reçu. Par exemple, **la chlorophylle absorbe nettement mieux le rouge et le bleu que les couleurs de longueur d'onde moyenne, comme le vert et le jaune ; c'est parce qu'elle renvoie beaucoup de vert qu'elle paraît verte à nos yeux.**

Un corps très réfléchissant (argent poli) ou très diffusant (porcelaine dépolie) a un facteur d'absorption voisin de zéro. L'une des surfaces les plus blanches est celle des élytres du Coléoptère asiatique *Cyphocilus* dont la couche externe est épaisse seulement de cinq micromètres (20 fois moins qu'une feuille de papier).

Un corps non noir placé à l'intérieur d'une enceinte échange de l'énergie radiative avec les parois de l'enceinte, jusqu'à ce qu'un équilibre soit atteint. On démontre que la luminance spectrale du corps, FL, (quantité d'énergie émise par l'unité de surface, dans l'unité d'angle solide, au voisinage de la longueur d'onde L) est alors égale à son facteur d'absorption multiplié par la luminance spectrale du corps noir :

$$FL = AL . EL$$

Autrement dit, un corps non noir, placé en équilibre dans une enceinte, absorbe moins d'énergie que le corps noir, il émet aussi moins d'énergie que le corps noir, dans la même proportion. Ce sont, à température égale, les corps qui absorbent le plus qui émettent aussi le plus.

A la limite, un corps parfaitement réfléchissant n'émettrait pas de lumière propre. Ainsi regardons une plaque de métal poli, parsemée de taches de noir de platine, placée dans un four et portée à incandescence : les taches "noires" paraîtront alors plus claires que la plaque de métal.

Le facteur d'absorption dépend généralement de l'angle d'incidence du rayonnement ; il est plus faible quand les rayons arrivent obliquement. C'est pourquoi une boule incandescente paraît plus lumineuse au centre que sur ses bords.

Appliquons la loi de Kirchoff à la **Terre illuminée par le Soleil : son *albedo* est voisine de 30%, et elle absorbe donc 70% de la constante solaire**. Elle tend ainsi à se réchauffer ; en conséquence, dès que sa température est supérieure au zéro absolu, elle émet un rayonnement de grande longueur d'onde (10 microns), selon la loi de Stefan, qui lui prend de l'énergie. L'équilibre s'établit ainsi autour d'une température moyenne, dite "température thermodynamique d'équilibre".

Si l'atmosphère était absolument transparente, cette température d'équilibre serait voisine de – 22°C. En fait, la basse atmosphère absorbe une partie de l'énergie émise par la Terre, et se réchauffe ; les – 22°C sont alors atteints aux environs de 5 km d'altitude.

5 PRESSION DE RADIATION ET DENSITÉ D'ÉNERGIE

Lorsqu'un faisceau de radiations atteint un corps, il y provoque des courants induits, et le champ magnétique correspondant produit des forces de répulsion. Tout se passe comme si le rayonnement exerçait une pression sur la surface éclairée.

Cette pression est numériquement égale à la quantité d'énergie U contenue dans l'unité de volume du rayonnement incident (U est appelé densité d'énergie). Si la surface est parfaitement réfléchissante, l'unité de volume contiendra autant d'énergie réfléchie que d'énergie incidente, et la pression de radiation sera égale à 2U.

Dans le cas du rayonnement solaire, les 2 calories reçues en une minute sur un centimètre carré correspondent à : 1,4 . 10^6 ergs par seconde. Cette énergie est contenue dans un cylindre de section unitaire ayant pour longueur 30 000 000 000 de centimètres. Le faisceau incident contient donc : $1,4 . 10^6 / 3. 10^{10} = 5 . 10^5$ erg ; la pression correspondante est de 5.10^{-5} barye, pour un corps noir, et de 10^{-4} barye pour un corps parfaitement réfléchissant.

L'une des curiosités de la physique quantique est de prévoir que le vide le plus parfait ne contient aucune particule, n'émet aucun rayonnement, possède une certaine énergie "noire", liée à des particules quantiques (le boson de Higgs ?), et même une chaleur spécifique (*cf.* 2.2 de cette annexe).

6 APPLICATION À LA TÉLÉDÉTECTION

Les photographies aériennes sont très utilisées depuis plusieurs dizaines d'années pour observer la végétation et la surface de la Terre ; elles peuvent être sensibles à la gamme du rayonnement visible (pellicules panchromatiques), à l'infra-rouge ou à des longueurs d'onde choisies à l'avance ("fausses couleurs").

Les satellites de télédétection sélectionnent certaines longueurs d'onde. Ainsi SPOT reçoit du vert (0,5 à 0,59 microns), du rouge (0,61 à 0,68 microns) et de l'infra-rouge (0,79 à 0,89 microns). Pour identifier la couverture végétale (ou le type de sol qui apparaît entre les plantes) qui apparaît en chacun des points de l'image reçue par le satellite, il est commode de placer à quelques mètres au-dessus du sol un radiomètre qui perçoit les mêmes longueurs d'onde que le satellite. La "signature" des plantes est caractérisée par le quotient luminance/éclairement. La luminance est le flux énergétique (en watts) émis par la couverture végétale (ou par le sol), et l'éclairement est le flux énergétique reçu par la même surface.

7 L'ORIGINE DES PHOTONS SOLAIRES

L'énergie nécessaire au fonctionnement de tous les systèmes biologiques vient directement ou indirectement du Soleil. Actuellement, le Soleil est composé de 70 % d'hydrogène, 28 % d'hélium et 2 % d'oxygène, de carbone, de fer, etc. Sa température interne atteint 15 millions de degrés Celsius alors qu'elle est voisine de 5.800 °C à sa surface. Elle résulte d'un ensemble complexe de réactions nucléaires (cycle de Bethe) où quatre atomes d'hydrogène se transforment en un atome d'hélium, en produisant

$6,1 . 10^8$ kilocalories (ou $2,58 . 10^{12}$ joules) par atome-gramme d'hélium, et en perdant 0,7% de leur masse, soit 28,7 milligrammes.

Au total, l'énergie produite atteint $4 . 10^{23}$ kW, et 564 millions de tonnes d'hydrogène seraient brûlés chaque seconde. Cette quantité n'est pas négligeable par rapport à la masse totale du Soleil ($2 . 10^{27}$ tonnes) et le Soleil évolue progressivement ; il est actuellement dans une phase d'augmentation de sa production d'énergie, et la température de la surface de la Terre atteindra 500 degrés dans quelques milliards d'années. En conséquence, l'ensemble de phénomènes que nous appelons "la vie" a accompli plus des trois cinquièmes de son existence, et notre mode de vie est transitoire, et presque éphémère ...

ANNEXE 1-2

RUDIMENTS DE THERMODYNAMIQUE [1]

Il a été fortement affirmé, au cours de ce chapitre, que les êtres vivants n'échappent pas aux lois de la thermodynamique. Pour justifier cette affirmation, il est nécessaire d'expliquer quelques fondements de cette science qui peut être pour les biologistes une alliée plus qu'une ennemie, en particulier parce qu'elle montre comment il est possible de relier les observations macroscopiques aux phénomènes microscopiques.

1 TYPOLOGIE DES SYSTÈMES THERMODYNAMIQUES ET DES TRANSFORMATIONS

Les systèmes thermodynamiques peuvent être classés en plusieurs types, en fonction de leurs relations avec leur environnement, que l'on appelle généralement l'extérieur du système.

1.1 Systèmes isolés

Un système isolé n'a aucune relation avec l'extérieur. Il n'échange ni énergie ni matière avec son environnement ; ses parois sont rigides, et il ne peut pas être comprimé ou dilaté, puisque ces variations de volume seraient un échange d'énergie mécanique avec l'extérieur. Ces parois ne doivent pas non plus transmettre de chaleur (l'on dit qu'elles sont "adiabatiques"). Sa masse reste constante. Finalement, il ne peut subir que des transformations internes, à volume constant.

1.2 Systèmes fermés et non-isolés

Un système fermé n'échange pas de matière avec l'extérieur, mais il peut échanger de la chaleur, de l'énergie mécanique (s'il se dilate ou se contracte), et, éventuellement, de l'énergie électrique, magnétique, ou radiative. Généralement, les systèmes fermés étudiés par les mécaniciens ont une composition chimique constante, et cette propriété est souvent sous-entendue. L'exemple le plus courant est celui des machines thermiques (machines à vapeur, moteur à explosion, etc.) qui échangent avec l'extérieur de la chaleur et de l'énergie mécanique.

---

1 (*cf.*, en particulier, G. BRUHAT, 1962)

Les systèmes biologiques peuvent, à la limite, être des systèmes fermés, et ils peuvent aussi être thermiquement isolés, même pendant des durées relativement longues (un aquarium placé dans un calorimètre, par exemple), mais ils ne peuvent pas rester longtemps radiativement isolés. Pour fabriquer des moteurs, les thermodynamiciens négligent généralement les entrées d'énergie radiative, mais les systèmes biologiques sont plus subtils et ils utilisent systématiquement l'énergie radiative du Soleil.

Pour les systèmes fermés (mais non isolés), on distingue habituellement les transformations monothermes, où le système est en contact avec une seule "source" de chaleur (qui reste à température constante, mais peut aussi bien recevoir de la chaleur qu'en donner) et les transformations dithermes, où deux sources extérieures sont en jeu. Les deux parties d'un système ditherme peuvent rester chacune à une température constante (la transformation est alors dite isotherme), mais un système monotherme peut aussi subir une transformation isotherme. Il peut, par exemple, se dilater, ce qui tend à entraîner une diminution de température, et recevoir des calories au fur et à mesure qu'il se détend, en compensation exacte, de manière que sa température reste constante.

Une transformation sans échange de chaleur avec l'extérieur est **adiabatique** ; une transformation à pression constante est **isobare** ; enfin une transformation à volume constant est **isochore**.

1.3 Systèmes ouverts

Un système ouvert échange de l'énergie et de la matière avec l'extérieur. Si l'on veut y appliquer le principe de la conservation de la masse, il faut écrire :

$$dM = dMe + dMs = 0$$

en appelant M la masse du système, dMe la masse qu'il reçoit de l'extérieur, dMs la masse qu'il donne à l'extérieur.

1.4 Réversibilité

Indépendamment de leur degré d'ouverture et d'isolement, les systèmes peuvent subir des transformations plus ou moins réversibles : une transformation est dite réversible si elle s'effectue progressivement, sans saut brusque, et en équilibre avec l'extérieur, de telle manière que le système puisse à chaque instant revenir à son état antérieur. Dans le cas contraire, par exemple quand une étincelle électrique déclenche une explosion, la transformation est irréversible.

Les transformations irréversibles sont, en particulier :

- les flux de chaleur dus à une hétérogénéité de températures, les flux de matière dus à une hétérogénéité de concentration (pensez à la diffusion d'une goutte de vin dans un verre d'eau, ou à la dissolution d'un morceau de sucre),
- les variations d'hystérésis,
- les frottements, qui transforment de l'énergie mécanique en chaleur.

Aucune transformation réelle n'est parfaitement réversible. En effet, la réversibilité parfaite supposerait qu'il n'y ait aucun frottement, et que les échanges de chaleur aient lieu entre corps qui auraient la même température (*cf.* les paragraphes 5 et 6 de la présente annexe).

1.5 Tableau d'ensemble

Cette typologie peut se résumer dans le tableau suivant :

SYSTEME	TRANSFORMATIONS
isolé (parois étanches, rigides et adiabatiques)	les transformations sont : - toutes internes - réversibles ou irréversibles - toutes adiabatiques
fermé et non-isolé (ses parois laissent passer l'énergie mais pas la matière) :	les transformations peuvent être de n'importe quel type, et il existe, en particulier, des transformations - isothermes - adiabatiques - isobares - isochores - réversibles - irréversibles
ouvert	les transformations sont analogues à celles des systèmes fermés, mais il faut ajouter dans toutes les équations les termes complémentaires qui caractérisent les effets des échanges

de matière entre le
système et son
environnement.

2 LE PREMIER PRINCIPE DE LA THERMODYNAMIQUE

SADI CARNOT écrivait, avant 1836, dans des notes qui ont été connues après sa mort : "La chaleur n'est autre chose que la puissance motrice, ou plutôt que le mouvement qui a changé de forme ; c'est un mouvement. Partout où il y a destruction de puissance motrice dans les particules des corps, il y a en même temps production de chaleur en quantité précisément proportionnelle à la quantité de puissance motrice détruite ; réciproquement, partout où il y a destruction de chaleur, il y a production de force motrice."

"On peut donc penser en thèse générale que la puissance motrice est en quantité invariable dans la nature, qu'elle n'est jamais à proprement parler ni produite, ni détruite. À la vérité, elle change de forme, c'est-à-dire qu'elle produit tantôt un genre de mouvement, tantôt un autre, mais elle n'est jamais anéantie... D'après quelques idées que je me suis formées sur la théorie de la chaleur, la production d'une unité de puissance motrice nécessite la destruction de 2,70 unités de chaleur" (*op. cit.*, p. 74).

Ces réflexions sont l'amorce du premier principe de la thermodynamique, dit principe de la conservation de l'énergie (ou principe de l'équivalence) :

Au cours de toutes les transformations, l'énergie se transforme, sans jamais disparaître, autrement dit, un type d'énergie est toujours équivalent quantitativement (et non pas qualitativement) à un autre type d'énergie.

Ce premier principe permet de définir "l'énergie interne" d'un système fermé, à partir des variations de travail et des échanges de chaleur observés entre deux états du système. Pour cela, nous allons examiner des transformations de très faible amplitude de plusieurs types, au cours desquelles la température et la pression n'auront pas le temps de varier sensiblement, et pour lesquelles nous pourrons adopter la notation différentielle. Autrement dit, nous considèrerons des intervalles de temps aussi petits que l'on voudra, inférieurs à toute quantité assignée à l'avance.

Dans une transformation à volume constant, il n'y a pas d'échange de travail avec le milieu extérieur et la variation d'énergie interne est exactement égale à la chaleur échangée :

$$UB - UA = QB - QA = dQ$$

Considérons maintenant une transformation où le volume varie, mais où la pression reste constante et égale à P. Les échanges de travail mécanique se résument, entre l'état initial A et l'état final B, à :

P . (VA - VB) = P . dV

La variation d'énergie interne, pour l'ensemble de ces deux transformations, est alors :

UB - UA = QB - QA + P.(VA - VB) = dQ + P.dV

Plus généralement, il faut tenir compte aussi de la variation d'énergie électromagnétique de conduction, dE, et de la variation d'énergie électromagnétique de rayonnement, dE'. Alors, la variation d'énergie interne d'un système de masse constante et immobile, au cours d'un cycle ouvert (où l'état final est distinct de l'état initial), est :

UB - UA = dQ + P.dV + dE + dE'

Le premier principe revient ainsi à dire que la variation d'énergie interne entre l'état A et l'état B dépend seulement des échanges d'énergie physique (travail, chaleur, électricité, rayonnement électromagnétique) avec l'extérieur. Il peut alors être exprimé, sous le nom de principe de l'état final et de l'état initial, en disant que la variation d'énergie interne entre A et B ne dépend pas du chemin physique suivi entre A et B.

3 FORMULATION FINE DU PREMIER PRINCIPE

Nous avons vu au paragraphe précédent que, dans le cas où la pression reste constante :

dU = dQ + P.dV (1)

Si la pression varie au cours de la transformation qui fait passer le système de l'état A à l'état B, l'équation (1) devient une véritable équation différentielle. Elle peut alors être intégrée et donner :

UB - UA = QB - QA + Intégrale de P.dV

Or, l'intégrale définie qui permet de mesurer la variation d'énergie interne pourrait a priori dépendre du "chemin" suivi entre A et B dans l'espace à trois dimensions Q, P, V. Considérons, par exemple, le diagramme de coordonnées P et V, où un point représente un état du gaz, et observons un cheminement énergétique passant par trois points Ao, A1, A2. Partons du point Ao, de coordonnées Po, Vo, To, et comprimons le gaz. Il tend à s'échauffer (comme on le constate en tenant dans la main une pompe de bicyclette qui vient de regonfler un pneu) puisque les chocs entre molécules se multiplient. Si le gaz est dans une enceinte non isolée, c'est-à-dire s'il peut céder de la chaleur, sa température reste constante. On arrive ainsi au point A1 où

$P1 > Po, V1 < Vo \quad \text{et} \quad T1 = To.$

Si on isole maintenant l'enceinte, et que l'on continue à comprimer le gaz, sa température augmentera, et la pression augmentera d'autant plus vite. L'ascension du point figuratif sera plus rapide, et ce point arrivera ainsi en A2, de coordonnées $P2 > P1$, $V2 < V$ et $T2 > T1$.

Le travail fourni au gaz est la somme de la chaleur fournie par le gaz et de l'intégrale de P.dV. Or, selon le principe de l'état initial et de l'état final, la variation de l'énergie interne entre Ao et A2 ne dépend pas du chemin parcouru. En langage mathématique, ceci revient à dire que les dérivées partielles de U par rapport au volume (à température constante) et par rapport à la température (à volume constant) sont égales entre elles (*op. cit.*, p. 117 et suiv.). Nous n'insisterons pas sur les applications de cette formulation fine du premier principe, parce qu'elle exigerait des développements analytiques un peu longs, mais il était nécessaire de la signaler, car elle constitue une base de départ précieuse pour démontrer un grand nombre de lois de la thermodynamique.

4 LE DEUXIÈME PRINCIPE DE LA THERMO-DYNAMIQUE

En 1824, **SADI CARNOT** a compris (avant même d'avoir découvert le premier principe de la thermodynamique) que certaines transformations se produisent toujours dans le même sens. Ainsi, **quand de la chaleur circule dans un système, elle va toujours du corps le plus chaud vers le corps le plus froid, de telle manière que les températures s'égalisent progressivement**. De même, un gaz tend toujours à occuper toute la place qui lui est offerte, etc.

Ces deux exemples montrent que le deuxième principe repose sur des observations très simples, qui n'ont rien de mystérieux, mais qui permettent de caractériser le "sens" de l'évolution des systèmes, en distinguant leur passé et leur futur. Il permet même de savoir que certains futurs sont impossibles. En particulier, il entraîne la certitude que l'univers tend vers un système déstructuré à température uniforme. C'est pourquoi Albert Einstein disait de lui que "c'est le plus métaphysique des principes de la physique".

Ajouter un résumé des travaux de Poincaré et de Prigogine.

L'application du deuxième principe à la cosmologie est délicate : l'univers est habituellement considéré comme un système isolé (sinon, il communiquerait avec un autre univers !) et son entropie est alors toujours croissante. Ce n'est pas incompatible avec le *big bang*, puisque l'univers primitif aurait été, dans cette hypothèse, une bulle d'énergie de très haute qualité et très homogène. Les lois de la physique nous permettent de remonter dans le temps jusqu'à une fraction de seconde – le "temps de Planck" – après le *big bang*. Au moment de sa naissance, l'univers était un formidable concentré d'énergie (considérée comme une fluctuation du vide quantique) et l'on ne peut pas dire s'il était grand ou petit parce que les notions d'espace et de temps sont apparues en même temps que l'univers, et c'est seulement après le temps de Planck que l'univers a commencé à se dilater.

Les atomes, puis les molécules, puis les nébuleuses, les étoiles, les planètes, etc. sont apparus ensuite. La transparence de l'espace intersidéral, qui nous a légué le rayonnement fossile de Penzias, en a diminué l'homogénéité. L'univers est ainsi devenu de plus en plus complexe, de plus en plus structuré et cette évolution paraît, à première vue, en contradiction avec le second principe de la thermodynamique qui dit qu'un système isolé devient de plus en plus homogène. En fait, la structuration de l'univers cosmologique ne contredit pas le deuxième principe, puisqu'elle s'est accomplie en consommant de l'énergie de très haute qualité, riche en néguentropie. Puisque nous ne savons pas si l'univers est limité et s'il se dilatera indéfiniment, nous ne pouvons pas prévoir ce que sera son état final.

5 DÉFINITION THERMODYNAMIQUE DE L'ENTROPIE

Considérons un système fermé qui est en contact avec une "source" de chaleur (ou de froid). Une telle source fournit de la chaleur (ou du froid) sans que sa température varie. Un radiateur est ainsi une source chaude, et un frigidaire une source froide ; un lac est une source froide par rapport à une barre de fer chauffée au rouge que l'on plonge dans l'eau du lac ; de même, l'atmosphère est une source froide par rapport au moteur d'une mobylette. En fait, une source froide est un producteur de "frigories", ce qui revient à dire que c'est un capteur de calories.

Le principe de CARNOT signifie que l'énergie "coule" toujours de la source chaude vers la source froide, qui est, en fait, un "puits" où arrive l'énergie.

Une application du principe de Carnot est qu'un système fermé, mais non isolé, qui est en contact seulement avec une source chaude (capable de lui fournir de la chaleur), et décrit un cycle monotherme ne peut pas produire de travail mécanique. En effet, ce travail mécanique pourrait ensuite être transformé en frottement pour échauffer la source chaude, et l'on aurait ainsi transféré de la chaleur du corps le plus froid vers le corps le plus chaud, ce qui est contraire au deuxième principe (et au bon sens !).

Les machines capables de transformer régulièrement de la chaleur en énergie doivent donc disposer de deux sources thermiques : la source chaude est, par exemple, une chaudière à charbon ou un cylindre à l'intérieur duquel a lieu une combustion explosive ; la source froide est l'atmosphère extérieure, ou un condenseur refroidi volontairement. Le travail est produit par un ensemble mécanique, qui peut être une turbine, ou, plus simplement, un cylindre et un piston. Pour obtenir le déplacement du piston, il faut qu'il existe une différence de pression entre ses deux faces, l'une étant au contact du gaz réchauffé par la source chaude, et l'autre au contact du gaz refroidi par la source froide. Le système doit donc comprendre l'ensemble mécanique, la source chaude et la source froide ; il constitue alors une "machine thermique".

Dans ces conditions, l'ensemble mécanique reçoit une quantité de chaleur Q1, positive par convention, et il donne à la source froide une quantité de chaleur Q2, négative par convention. Le travail effectué est :

$$W = -(Q1 + Q2)$$

Il est logique que W soit négatif, puisque ce travail est produit par l'ensemble mécanique. Le rendement de l'ensemble est, par définition, le rapport entre l'énergie mécanique produite et l'énergie calorifique fournie par la source chaude ; ce rendement, r, est un coefficient supérieur à 0, et il est donné par :

$$r = -W / Q1$$

$$r = (Q1 + Q2) / Q1$$

$$r = 1 + Q2/Q1$$

Pour évaluer ce rendement en fonction des températures, les thermodynamiciens ont utilisé la température absolue, mesurée en degrés Kelvin, qui est égale à la température centésimale (ou température Celsius) + 273,15. La définition de la température absolue permet alors d'écrire (*op. cit.*, p. 89) :

$$T1 / T2 = -Q1 / Q2$$

et

$$r = 1 - T2 / T1$$

Considérons ainsi une machine fonctionnant réversiblement entre 100°C (température de l'eau bouillante) et 20°C ; les températures absolues correspondantes sont T1 = 100 + 273 = 373°K, et T2 = 20 + 273 = 293°K ; la machine aura alors un rendement de :

$$1 - 293 / 373 = 80 / 373 = 0{,}21 = 21\%$$

Le rendement atteindra 38% si la vapeur est surchauffée à 200°, et 44% si sa température atteint 400°.

De la relation :

$$T1 / T2 = -Q1 / Q2$$

nous tirons :

$$Q1 / T1 = - Q2 / T2$$
$$Q1 / T1 + Q2 / T2 = 0$$

Plus généralement, si une machine fonctionne avec plusieurs sources numérotées 1, 2, ... , n, nous aurons :

$Q1/T1 + Q2/T2 + ... + Qn/Tn = 0$

Si les sources sont infiniment nombreuses et si leurs températures varient continûment, chacune des quantités Q1, Q2, ..., Qn sera infiniment petite, et sera notée dQ1, dQ2, ..., dQn. La transformation sera alors "réversible" (*cf.* le début de cette annexe) et l'expression précédente deviendra une intégrale :

S = Somme de dQ/T = 0

La fonction S qui vient d'être définie joue un rôle considérable, et elle a été nommée "entropie" : le verbe grec "tropaein" signifie "tourner, infléchir, se tourner pour revenir, revenir en arrière". CLAUSIUS, le physicien qui a proposé, en 1845, le mot "entropie", a écrit à ce sujet : "C'est à dessein j'ai formé ce mot, de manière qu'il se rapproche autant que possible du mot énergie, car ces deux quantités ont une telle analogie dans leur signification physique qu'une certaine analogie de dénomination m'a paru utile". Le phénomène physique, le "retour en arrière", l'"infléchissement", avait été découvert un demi-siècle plus tôt par Sadi Carnot, qui a oublié de lui donner un nom à succès, mais qui avait bien vu que l'augmentation d'entropie d'un système isolé est l'un des phénomènes où la "flèche du temps" trace un chemin orienté en sens unique (cf. I. PRIGOGINE, 1996).

Les calculs qui viennent d'être faits reviennent à dire que, dans le cas d'une transformation réversible, l'entropie du système n'augmente pas. C'est pourquoi S = Somme de dQ/T est la fonction qui caractérise l'entropie. Elle confirme bien que l'augmentation d'entropie est nulle pour toutes les transformations adiabatiques (sans échange de chaleur) puisqu'alors dQ = 0.

Pour définir la température d'un corps, les thermodynamiciens ajoutent aux trois principes classiques de la thermodynamique une relation de transitivité : deux corps qui sont en équilibre thermique avec un troisième corps sont aussi en équilibre thermique entre eux. Cette relation paraît évidente à première lecture, mais elle est nécessaire dans certains raisonnements fondamentaux.

La plupart des systèmes thermodynamiques complexes que nous connaissons, par exemple le corps d'un animal ou la totalité de biosphère, sont des systèmes non isolés, ce qui signifie qu'ils échangent de l'énergie avec leur environnement. Il faut donc faire les calculs d'entropie pour l'ensemble constitué par le système qui nous intéresse et par son environnement. Par exemple, une personne enfermée dans un calorimètre (*cf.* le paradoxe de SCHRÖDINGER § 16*) reçoit de son environnement de l'énergie chimique de haute qualité dans les aliments qu'elle consomme. Elle redistribue cette énergie dans son environnement sous des formes diverses (énergie calorifique de la "chaleur animale", énergie mécanique si elle se déplace, énergie chimique résiduelle dans ses déjections).

Le bilan énergétique est égal à la différence :

énergie reçue – énergie rendue

Il est évidemment nul, puisque la personne n'a pas accumulé d'énergie pendant son séjour dans le calorimètre.

Alors, dit Schrödinger, pourquoi avons nous besoin de consommer des aliments, puisque nous ne conservons pas l'énergie qu'ils nous fournissent ? La réponse est simple : nous absorbons de l'énergie chimique de haute qualité et nous rendons en grande partie de l'énergie calorifique de basse qualité. Autrement dit, nous consommons de la qualité d'énergie, c'est à dire de la néguentropie.

Il en est de même pour **la biosphère, qui est un système fermé mais non isolé : elle absorbe la lumière solaire, énergie rayonnante de courte longueur d'onde et donc de haute qualité, et elle renvoie de l'énergie rayonnante infra-rouge, de plus grande longueur d'onde et de moindre qualité, en consommant ainsi la néguentropie qui lui permet de se structurer (§ 16*).**

6 ENTROPIE ET IRRÉVERSIBILITÉ

La transformation adiabatique présentée dans le paragraphe précédent est un idéal qui n'est jamais atteint. En effet, il suppose que les échanges de chaleur ont lieu avec des sources infiniment nombreuses, et telles que chacune d'elles est en équilibre thermique avec l'ensemble mécanique, de manière que les transformations soient réversibles. Autrement dit, l'augmentation d'entropie d'une machine thermique (qui inclut des échanges de chaleur) serait nulle seulement si la machine était parfaitement réversible. Les machines thermiques réelles, qui ne sont pas réversibles, fournissent de l'entropie à leur environnement.

En effet, deux corps échangent de la chaleur seulement si leurs températures sont différentes, en conséquence, il n'existe pas de transformations parfaitement réversibles ; elles sont toujours irréversibles, et le rendement réel est toujours inférieur au rendement calculé précédemment. En conséquence, il y a toujours une augmentation d'entropie à l'intérieur d'un système isolé.

Dans les échanges de chaleur entre des corps qui sont "presque" à la même température (T1 - T2 est alors un infiniment petit du premier ordre) entraînent une production d'entropie qui est un infiniment petit de second ordre (*op. cit.*, p. 111). En conséquence, les échanges de chaleur entre corps à températures voisines sont pratiquement réversibles. C'est en vue d'obtenir de tels types d'échanges de chaleur que les centrales électriques s'ornent des grands hyperboloïdes de révolution qui dominent les vallées de nos grands fleuves.

En résumé, pour toutes les transformations (sans frottements) réversibles qui ont lieu à l'intérieur d'un système isolé, sans qu'il y ait d'échange de chaleur avec l'extérieur :

$$dS = 0$$

Dès qu'une transformation non réversible (et en particulier la création de chaleur) a lieu à l'intérieur d'un système isolé, l'entropie de ce système augmente :

Tout phénomène irréversible donne lieu à une "création d'entropie".

La quantité d'entropie créée peut même servir à caractériser le degré d'irréversibilité du phénomène. (*op. cit.*, p. 111)

7 ÉCHAUFFEMENT OU REFROIDISSEMENT D'UN SYSTÈME NON ISOLÉ

Considérons un système non isolé thermiquement, constitué par un corps de capacité calorifique c et de masse m. Mettons-le au contact d'une source chaude : il subit une augmentation de température, dT, et la variation d'entropie est :

$$dS = dQ/T = m \,.\, C \,.\, dT /T$$

Puisque la quantité de chaleur reçue est égale à m . c . dT, l'intégrale est facile à calculer :

$$S2 - S1 = m \,.\, C \,.\, \mathrm{Log}\ T2/T1$$

On vérifie ainsi que l'entropie du corps chauffé a augmenté. Par exemple, l'entropie d'une barre d'acier de 100 g qui est chauffée de 70 degrés augmente de 10,3 joules/degré. Ce calcul montre aussi que, si l'on avait mis le corps en contact avec une source froide, sa température aurait diminué, et son entropie aussi aurait diminué. Ceci n'est pas un paradoxe, puisque le système considéré n'est pas alors isolé, et que l'augmentation d'entropie est inéluctable seulement dans les systèmes isolés, tels que l'ensemble constitué par la Terre et la face du Soleil qui lui envoie de l'énergie.

La biosphère est un système fermé, mais non isolé, et il n'est pas étonnant que son entropie puisse diminuer. Il n'est même pas nécessaire de faire appel à la thermodynamique des systèmes ouverts pour comprendre que l'entropie de la biosphère peut diminuer. Un système fermé (par exemple un aquarium) n'est pas obligatoirement un système isolé. Il est alors tout naturel que l'entropie d'un système biologique fermé et non isolé diminue, par exemple quand il est refroidi par le vent.

La formule précédente montre que l'entropie d'un corps est minimale quand sa température est égale au zéro absolu. Tous les corps sont alors sous forme solide, et tous les atomes sont immobiles (ils sont même orientés parallèlement au champ magnétique). On a alors affaire à un ordre exact et le principe de Nernst (nommé aussi troisième principe de la thermodynamique) affirme que l'entropie tend alors vers une valeur finie, que **MAX PLANCK** a proposé de considérer comme nulle. Au contraire, quand la température d'un corps est supérieure au zéro absolu, les atomes ne sont plus parfaitement liés, et ils peuvent bouger les uns par rapport aux autres. Quand le corps arrive à la température de fusion, l'énergie de liaison des atomes devient égale à celle de l'agitation thermique, et ils peuvent se disposer assez librement les uns par rapport aux autres ; le corps passe alors à l'état liquide ; puis il passe à l'état gazeux, où les molécules s'agitent en désordre.

Un animal est un système thermodynamique ouvert, qui absorbe essentiellement de l'énergie chimique ; il produit de l'énergie calorifique, de l'énergie mécanique (pour ses déplacements), et de l'énergie chimique, sous la forme de synthèse de nouvelles cellules ; il rejette aussi de l'énergie chimique dans ses déjections et dans les sous-produits de la respiration.

Le fonctionnement de ce système dépend de la température extérieure, et **T. BIKAWA** (1986) a ainsi observé que l'abaissement de 1°C de la température ambiante (entre 23°C et 13°C) a augmenté le "coefficient de transformation" de l'animal étudié (coefficient voisin de 3.700 cal/kg).

Plus généralement, la variation d'entropie est la somme de deux termes ; l'un est relatif aux échanges de chaleur du système avec l'extérieur, et il peut avoir un signe quelconque (il est nul seulement si le système est isolé) ; l'autre concerne les transformations internes au système, et il est toujours négatif..

8 EXTENSION AU DOMAINE MACROSCOPIQUE

Le passage direct du "microscopique" au "macroscopique" est rarement possible, en particulier parce que le "microscopique", à l'échelle atomique, n'est pas nettement continu. En particulier, les travaux de J. PERRIN, repris par N. WIENER et B. MANDELBROT (1981) montrent que l'usage de fonctions non différentielles est nécessaire pour l'étude du mouvement brownien.

L'entropie est une grandeur "extensive" (voir le paragraphe 11 de la présente annexe), ce qui signifie que l'entropie de l'ensemble d'un système est exactement la somme de l'entropie de ses parties. En conséquence, **il est possible de calculer l'entropie physique d'un système macroscopique tel qu'une barre de fer ou un moteur d'automobile ou même une forêt**. L'entropie statistique est liée à l'incertitude quant à l'état du système, c'est-à-dire au nombre d'états microscopiques où peut se trouver le système observé. Si un observateur effectue une mesure qui réduit le nombre d'états possibles, il réduit aussi l'incertitude relative au système. Par exemple, si la température d'un kilogramme d'eau, sous la pression atmosphérique, est égale à 50°C, nous savons que cette eau est sous forme liquide. Cette remarque a conduit W. ZURECK (1989) à décomposer l'entropie physique en deux parties : l'entropie statistique et l'entropie algorithmique ; cette dernière est mesurée par la taille du programme informatique qui permet de codifier le résultat des mesures qui sont effectuées (KOLMOGOROV, 1965 et CHAITIN, 1969).

Dans cette perspective, la complexité d'un système devient mesurable : c'est le nombre minimal d'informations du programme informatique capable de décrire le système. Cette mesure semble plus fine que celle de l'incertitude liée aux probabilités pour laquelle il faut préciser l'algèbre de probabilités qui est adoptée.

9 LE RAYONNEMENT DU CORPS NOIR

Le rayonnement émis par un corps noir exerce une pression sur les corps environnants ; quand le corps noir est placé dans le vide, son rayonnement "échauffe" le vide, parce que le vide a une capacité calorifique qui n'est pas absolument nulle.

La variation d'entropie correspondante peut être calculée (*op. cit.*, p. 610) et il apparaît que la variation d'énergie interne est proportionnelle à la variation de température :

$$dU/U = 4.dT/T$$
$$\text{Log } U = 4.\text{Log}T + a$$
$$U = a.T^{4}$$

qui est la loi de Stefan (*cf.* Annexe 1 - 1).

10 ENTROPIE ET NOMBRE DE COMPLEXIONS

Dans le cas des molécules d'un gaz, L. BOLTZMANN a défini, vers 1877, leurs états microscopiques (appelés "**complexions**") en caractérisant chaque molécule par ses coordonnées x, y, z et par le vecteur représentant sa quantité de mouvement Mvx, Mvy, Mvz.

Ce n'est pas par hasard que le mot "complexion" ressemble au mot "complexité". Nous avons vu dans le paragraphe 16* du chapitre 1, que cette complexité est le moyen qui leur permet d'augmenter la résistance aux perturbations, mais il faut reconnaître que cette notion est difficile à définir. KOLMOGOROV (1965) et CHAITIN (1969) ont proposé de la mesurer par la longueur du programme informatique le plus court qui permette de reconstituer la structure. Par exemple, la suite 1, 1, 1, etc. ou la suite 134, 136, 138, etc. sont peu complexes. De même, les structures définies par la récurrence

$$S_{n+1} = f(S_n)$$

sont peu complexes, même si leur structure paraît confuse.

Un gaz parfait est complexe, au sens de Kolmogorov & Chaitin, puisque toutes ses molécules sont indépendantes et que le programme devrait comporter autant de termes qu'il y a de molécules. Un gaz très peu dense, où les interactions entre molécules sont rares, est proche d'un gaz parfait. Une formalisation plus précise des hypothèses de Boltzmann et de leurs conséquences est donnée par L. SAINT-RAYMOND (2004, *Pour la Science*, n° 324 : 52-59).

Plusieurs complexions différentes peuvent correspondre au même état macroscopique (défini par la pression P et par le volume V). Assimilons les états possibles à un ensemble de cases, et les molécules à un ensemble de N billes. Si toutes les billes sont dans la même case, cet état macroscopique correspond à une seule complexion. Si toutes les billes, sauf une, sont dans la case C1, et si la bille isolée est dans une autre case C2, cet état macroscopique peut être réalisé de N manières différentes puisque chacune des N billes peut être dans la case C2. Si Q billes sont dans une case, et toutes les autres billes dans une autre case, le nombre de complexions correspondant est égal à :

$$N! \,/\, Q!\,.\,(N-Q)!$$

Plus généralement, si Q1 billes sont dans la case 1, Q2 billes dans la case Q2, etc., Qp billes dans la case p, le nombre de complexions possibles est égal à :

$$W = N! / Q1! . Q2! . , ... , . Qp!$$

Ce nombre W est d'autant plus grand que son dénominateur est plus petit et que les nombres Q1, Q2,... Qp sont plus égaux entre eux. L'état le plus probable est celui où les molécules sont uniformément réparties entre tous les états possibles. On démontre que ceci correspond à une distribution où la "fonction de partition", Z, est de type exponentiel.

Les deux formules précédentes s'appliquent parfaitement aux présences des espèces dans un échantillon régulier tel qu'une grille de carrés ou un transect, ou dans les états d'une variable écologique. Elles seront donc largement utilisées dans les paragraphes 57* et 56*.

L'idée essentielle de Boltzmann a été de relier l'entropie et le nombre de complexions possibles, qui a toutes les chances d'augmenter avec le temps ; cette relation s'exprime très simplement par la relation :

$$S = k_B \text{ Log } W$$

avec k_B , la constante de Boltzmann, = 1,38 10^{-16} si l'entropie, S, est exprimée en erg par degré Celsius.

W est une fonction du nombre de particules, de leur masse, de l'énergie incluse, et du spin des particules. Ainsi, la néguentropie d'une molécule-gramme d'hélium est égale à 30,1 joules par °K. Parallèlement, un sha d'information est équivalent (et non égal) à 9,52 . 10^{-24} joules par °K (voir E. Schneider, Dorion Sagan, 2005 - *Into the Cool : Energy flow Thermodynamics and Life,* Univ. of Chicago Press). SAGAN (1977) a même calculé que l'information accumulée dans une Bactérie peut être voisine de 3 . 10^5 sha, alors que celle d'un Mammifère serait de 10^{10} sha.

L'état le plus probable est celui qui correspond à une répartition uniforme des molécules, donc à une densité constante en tous les points du gaz. Autour de ce maximum de probabilité, les fluctuations relativement probables sont réparties selon une distribution où les fluctuations les plus probables sont très peu différentes de la répartition uniforme. Ces fluctuations sont analogues au bruit de fond des appareils électroniques, et elles font que le principe de Carnot n'est qu'une première approximation. Dans le cas d'un gaz parfait mono-atomique, les calculs conduisent à retrouver la formule générale PV = RT, en précisant que R est égal à la constante de Boltzmann, multipliée par le nombre d'Avogadro (nombre de molécules contenues dans 22,4 litres de gaz).

Dans une communication lors d'un colloque à Genève en 1992, **Xavier Sallantin** a proposé d'appeler **"mur de Boltzmann"** le mur qui cache une implosion finale d'information, comme le mur de Planck cache une explosion initiale d'énergie.

Si l'on refroidit le gaz, le nombre de complexions diminue, puisque les quantités de mouvement des molécules diminuent. À l'extrême, c'est-à-dire au zéro absolu, toutes les molécules ont une position déterminée et elles ont des vecteurs vitesse de même grandeur et de même direction. Un tel état est celui d'un cristal où tous les atomes sont orientés de la même manière par rapport au champ magnétique. C'est un état très improbable, qui est modifié par la moindre addition d'énergie (en fait, il est si improbable qu'il n'est jamais parfaitement atteint, même dans les diamants les plus purs). Ceci montre que l'information correspondant à la structure cristalline est très élevée, puisque la position de 3 atomes détermine celle de tous les autres.

L'hypothèse fondamentale de Boltzmann est que toutes les complexions possibles pour une masse de gaz à température connue et pression connue sont équiprobables. **La probabilité d'un état macroscopique est alors proportionnelle au nombre de complexions qui permettent de le réaliser** (*op. cit.*, p. 489). Ceci revient à dire que toutes les complexions peuvent se réaliser successivement, et que les complexions qui se réalisent le plus souvent sont les plus probables. Autrement dit, l'augmentation d'entropie d'un système non-isolé est synonyme de la tendance naturelle vers la réalisation des états les plus probables.

J'ai hésité à écrire le mot "naturelle" dans la phrase précédente, car il possède une implication extra-scientifique puisqu'il suppose que nous observons un monde où il existe une nature abstraite sous-jacente à tous les phénomènes. Réflexion faite, je garde ce mot parce que la Science ne pourrait pas déployer sa richesse et sa splendeur s'il n'existait pas une Nature du monde qui en règle le fonctionnement et qui lui permet d'être intelligible.

11 Entropie et information

La formule de Brillouin, qui est bien plus intéressante que celle de Shannon, donne l'information obtenue quand on observe l'arrivée d'un événement dont la probabilité est P :

$$I = \log_2 1/P$$

Cette formule donne, dans le cas des présences des espèces dans les états d'une variable écologique (§ 56*) une quantité d'information I :

$$I = \log_2 \Pi Q i ! / N !$$

avec Qi = nombre de molécules qui sont dans l'état "i"

Π = le symbole du produit des Qi,
et N = le nombre de molécules.

L'augmentation d'entropie correspond alors à une diminution de l'information liée à la connaissance de la répartition des N molécules dans tous les états possibles.

Remarque 1

L'entropie est une grandeur physique "extensive", et les entropies de deux fractions A et B d'un système s'additionnent (S = SA + SB), alors que les nombres de complexions se multiplient (N = NA x NB). C'est pourquoi il est logique que l'entropie soit une fonction logarithmique du nombre de complexions.

Remarque 2

Il a été dit au cours du paragraphe précédent que la répartition statistique la plus probable est celle pour laquelle le nombre de complexions est maximal. En appliquant la formule approchée de Stirling :

$$\text{Log } N\,! = N \,.\, \text{Log } N - N$$

nous pouvons alors écrire :

$$I = N \,.\, \text{Log } N - N + (\text{Somme } Qi \,.\, \text{Log } Qi) - \text{Somme des } Qi$$

soit, puisque N = Somme des Qi :

$$I = N \,.\, \text{LogN - Somme des } Qi \,.\, \text{LogQi}$$

$$I = - \text{Somme de } (Qi \,.\, \text{Log } Qi) - N \,.\, \text{Log } 1/N$$

$$I = - \text{Somme de } (Qi/N \,.\, \text{Log } Qi/N)$$

soit encore, en appelant pi la probabilité de trouver une molécule dans l'état i :

$$I = - \text{Somme de } pi \,.\, \text{Log } pi$$

$$I = \text{Somme de } pi \,.\, \text{Log } 1/pi$$

Cette quantité atteint bien son maximum lorsque les probabilités de tous les évènements sont égales et l'on reconnaît ici la formule de Shannon, qui est une formulation inférentielle de la formule de Brillouin.

La formule de Shannon implique une inférence à un univers infini dont est tiré l'échantillon observé et il en résulte un "biais" dans l'estimation statistique de la quantité d'information. C'est pourquoi nous utiliserons la formule de Brillouin plutôt que celle de Shannon quand nous calculerons l'information qu'apporte l'observation de la localisation des plantes dans un échantillon stratifié (§ 56*) et pour mesurer l'hétérogénéité de la végétation (§ 57*).

Remarque 3

La notion d'information prend de plus en plus d'importance depuis quelques dizaines d'années et ce n'est pas par hasard que le mot "informatique" a été choisi pour la nouvelle science qui traite de l'information dans ses multiples aspects. Ainsi, tout système matériel est composé de particules élémentaires caractérisées par leur position, leur masse, leur spin, leur vitesse, leur charge électrique, etc. et toutes ces quantités sont de l'information qui peut être mesurée en binons et maintenant en sha. La loi de Margolus-Levitin dit qu'un minimum de temps est nécessaire pour transformer un de ces binons : t >= h/4 E, où h est la constante de Planck (6,626 . 10^{-34} joule . seconde) et E l'énergie nécessaire (en joules).

Or, selon la formule d'Einstein $E = m C^2$, et il est possible de transformer l'énergie contenue dans un kilo de matière ordinaire pour transformer les binons qui caractérisent cette masse matérielle au rythme de 10^{51} opérations par seconde. Cet ordinateur théorique serait même doté d'une structure en parallèle. (**S. LLOYD ET Y. J. NGO**, 2004 : 30-37).

12 FLUCTUATIONS ET STABILITÉ

Considérons deux ballons de volume égal (*op. cit.*, p. 512) et appelons Wp le nombre de complexions qui correspond à un état où M + p molécules sont dans le ballon A, et M - p molécules sont dans le ballon B. En reprenant le raisonnement indiqué à la page précédente, il vient :

$$Wp = 2M! /(M + p)! (M - p)!$$

La formule de Stirling conduit à :

$$Wp = Wm . E^{-((p2)/M)}$$

La probabilité maximale correspond à Wp = Wm qui est obtenu lorsque $e^{((p2)/M)} = 1$, c'est-à-dire lorsque p = 0. Cette situation correspond exactement aux complexions où il y a le même nombre de molécules dans chacun des deux ballons.

La distribution de probabilité en fonction de p est de type gaussien, et un calcul simple pourra être fait en prenant le cas où p = racine carrée de M : on aura alors, Wp = Wm . e^{-1}. Le nombre de complexions correspondant est de l'ordre de Wm/e, ce qui est loin d'être négligeable.

Par exemple, si chaque ballon a un volume de 22,4 litres, le nombre de molécules, M, est égal au nombre d'Avogadro ; la racine carrée de M vaut environ $2{,}5.10^{11}$, et il y a fréquemment ce nombre de molécules en excédent dans l'un des deux ballons. Ce chiffre peut paraître élevé, mais il faut bien voir qu'il se traduit seulement par une surpression de 10^{-12} bar, qui reste trop faible pour être mesurée avec un manomètre. **Dans l'atmosphère, ces**

fluctuations de la densité de l'air à l'échelle de la longueur d'onde de la lumière sont suffisamment intenses pour entraîner des variations de l'indice de réfraction, dont la conséquence est la couleur bleue du ciel. RICHARD FEYNMAN (1987, p. 137), après avoir montré comment les électrons périphériques d'un atome absorbent des photons incidents et ré-émettent des photons en diffusant la lumière apportée par les photons incidents, donne une explication plus générale : "Les atomes de l'air diffusent la lumière du Soleil et sont la cause de la couleur du ciel."

Cette thermodynamique probabiliste n'a pas dit son dernier mot. Elle provoque encore des discussions passionnées et passionnantes, sans doute parce qu'elles essaient de préciser le rôle du hasard dans la construction de notre monde.

13 LE HASARD ET LA NÉCESSITÉ

Dans les sciences modernes, le hasard jour un rôle que les savants du XIXe siècle n'avaient pas imaginé parce qu'ils pensaient expliquer le fonctionnement de l'univers par un enchaînement de causes et d'effets, sans laisser de place au hasard (ce mot vient de l'arabe "Al Zahr" qui désigne le dé à jouer et ALBERT EINSTEIN se demandait si Dieu avait joué aux dés en créant le monde). La brèche principale dans ce bloc de certitudes est venue de la physique quantique où « la stricte causalité est fondamentalement et intrinsèquement indémontrable. Donc elle n'est plus un vrai concept scientifique. » (B. HOFFMANN, 1967, p. 175).

En dehors du domaine quantique, il est généralement admis que les mêmes causes déterminent les mêmes effets pour les objets "macroscopiques", mais, en pratique, on ne peut jamais réunir deux fois de suite exactement le même ensemble de causes, et les effets ne sont pas parfaitement déterminés, puisqu'ils subissent toujours des fluctuations plus ou moins amples. La répétition d'une expérience, même très soignée, ne donne jamais exactement les mêmes résultats. M. GIRAULT (1964) va même jusqu'à affirmer que "dans la plupart des expériences faites actuellement, tant en recherche théorique qu'en recherche appliquée, les modèles déterministes ne conviennent pas".

Nous sommes donc obligés d'utiliser des modèles probabilistes en cessant de suivre CLAUDE BERNARD, qui affirmait en 1847 : "La statistique exclut le rationalisme... aussi voyons-nous la statistique disparaître dès qu' [une science] est constituée dans son ensemble ou dans ses parties. En effet, la statistique est surtout en faveur dans les sciences obscures et arriérées" !

Dans les sciences expérimentales, la connaissance de l'état initial d'un système ne suffit pas pour prédire son évolution future. C'est la cas lorsqu'une faible modification des conditions initiales rend possible une large gamme d'évolutions, en particulier lorsque son amplitude est égale ou inférieure à celle de la précision des mesures. C'est aussi le cas de l'évolution dynamique d'un système de trois corps étudié par **HENRI POINCARÉ** à la fin du XIXe siècle. C'est aussi le cas des systèmes turbulents de l'atmosphère où le battement d'aile d'un papillon peut provoquer une tempête (§ 86*).

Plus généralement, il est possible de dire que les causes "occasionnelles" sont les conditions nécessaires et suffisantes pour qu'un effet ait toutes chances de se produire. Mais la cause causale, c'est-à-dire la raison pour laquelle ces conditions entraînent presque toujours le même effet échappent presque toujours : la relativité générale d'Albert Einstein ne peut pas nous dire pourquoi le Soleil attire les planètes...

Après **IMMANUEL KANT**, **F. ALQUIER** (1953) se plaçant à un niveau très général, montre que les sciences ne peuvent pas expliquer la totalité de la réalité : "L'explication intégrale, la déduction universelle ne sont pas possibles dans les sciences... On voit que, dans la plus grande partie de son domaine, la science nous donne, non la compréhension véritable que réclame notre raison, mais une illusion de compréhension ... Le physicien, connaissant la loi qui relie le passage du courant dans un filament et l'échauffement de ce filament, peut avoir l'impression qu'il comprend pourquoi la lampe s'allume. Mais il suffit de réfléchir pour s'apercevoir qu'il n'y a pas en tous ces cas de compréhension véritable. Comprendre, ce serait saisir le pourquoi, c'est-à-dire la CAUSE ou la FIN. Or, la science ne nous révèle que ... la loi"... "Nous en sommes réduits à constater seulement qu'un fait succède à un autre fait : toute loi n'est pour nous que l'expression d'une coïncidence constante".

HENRI POINCARÉ montre clairement, dans "*La valeur de la science*", que ce que nous avons coutume d'appeler causalité repose seulement sur la succession des phénomènes et que celle-ci est bien moins rigoureuse qu'on ne le pense habituellement. Il conclut même que les règles relatives à la succession des phénomènes "ne sont que le fruit d'un opportunisme inconscient". Cette remarque est pleinement valide dans le domaine de la botanique : **ÉDOUARD LE FLOC'H** (1969) conclut son travail sur le déterminisme des phénophases des plantes qu'il est illusoire de prétendre "expliquer" les phénomènes phénologiques, puisque les successions d'événements ne sont pas constantes d'une année à l'autre.

VON NEUMANN, cité par **G. CHAITIN** (2003), partageait cette opinion : « Le point de vue selon lequel la physique théorique n'explique pas les phénomènes, mais seulement les classe et les relie est aujourd'hui adopté par la plupart des physiciens théoriciens ».

E. GOBLOT (1899) reprend les arguments d'ARISTOTE pour aller encore plus loin : "La convenance [entre les parties du système] est donc le premier indice de la finalité, comme la coïncidence est le premier indice de la causalité. La coïncidence exceptionnelle ou rare peut être accidentelle ; le signe de la causalité, c'est la coïncidence constante. De même, la convenance simple peut être fortuite ; le signe de la finalité, c'est la convenance complexe."

Finalement, l'attitude la plus équitable me semble être celle de BOHM : "Toute loi néglige une infinité de facteurs aux niveaux inférieurs. En tant qu'approximative, elle est alors une loi statistique. Mais si l'on pénètre plus profondément, on atteint les causes des fluctuations et on obtient une loi stricte ; seulement, comme ce niveau plus profond est à son tour soumis à des facteurs dont il n'a pas été tenu compte, la loi apparaîtra elle aussi comme statistique. De ce point de vue, une loi a nécessairement un aspect déterministe et un aspect statistique".

Dans ces conditions, quel est le rôle du hasard ? Le hasard est, depuis KOLMOGOROV, un concept mathématisable et que le calcul des probabilités est maintenant fondé sur une axiomatique parfaitement rigoureuse qui dote les événements possibles d'attributs précis (par exemple, la somme de leurs probabilités est égale à l'unité) ; le hasard correspond seulement au fait que l'événement peut survenir ou ne pas survenir au cours de l'expérience, mais ce n'est pas un "moteur" capable de faire apparaître des événements inattendus.

En fait, les lois que l'on présente comme déterministes sont des lois dont l'intervalle de confiance est très petit. En contrôlant de plus en plus, *a priori* ou *a posteriori*, les facteurs du milieu, et en réduisant la taille des phénomènes qu'ils étudient, les biologistes peuvent réduire les intervalles de confiance et tendre vers des lois de plus en plus déterministes ; mais ces contrôles de plus en plus fins font régulièrement apparaître des problèmes nouveaux et les phénomènes deviennent de plus en plus complexes. Augmenter la sensibilité d'un instrument de mesure oblige habituellement, en contrepartie, à en limiter l'emploi à des conditions restreintes.

JACQUES MONOD (1970), soulignait le rôle du hasard en écrivant que "L'univers n'était pas gros de la vie, ni la biosphère de l'homme". Il est effectivement difficile de trouver une solution simple au problème de l'équilibre entre le hasard – dont FRANÇOIS JACOB (1981, p. 43) reconnaît l'intervention dans l'évolution des êtres vivants – et la "nécessité" des lois qui règlent, de manière déterministe, toute les réactions physiques et chimiques. Les exemples précédents montrent la voie d'une solution générale.

Ainsi, en génétique, la dérive génique, l'effet fondateur, le fonctionnement des gènes neutres (§ 25* et 26*) ne sont pas strictement déterminés par la sélection naturelle de Darwin mais reposent sur des processus probabilistes rigoureusement analysables. Pour voir comment le hasard et la nécessité sont deux aspects complémentaires des processus, il suffit de penser à la première molécule de porphyrine (§ , qui est apparue à un instant précis et en un certain lieu, mais qui aurait pu se produire à d'autres instants et en un grand nombre d'autres lieux. Les réactions chimiques qui produisent les porphyrines sont parfaitement déterminées, sans aléa ni liberté, mais l'incertitude sur le lieu et l'instant est laissée – consciemment et volontairement – dans le domaine du hasard aussi longtemps que nous n'avons pas essayé de lever cette incertitude.

En écologie, E. PIELOU (1969) prend nettement position : "*Whether or not one regards all natural occurrences as fundamentally determinate, it is clearly impracticable to treat them as such, and a model in which chance mechanisms are incorporated is sure to be nearer the truth than a deterministic one*". (Que l'on considère les phénomènes naturels comme déterminés ou non, il est clairement impossible de les traiter comme totalement déterminés, et un modèle probabiliste est certainement plus proche de la vérité qu'un modèle déterministe). Et même, un peu plus loin, elle considère que les modèles déterministes sont tout juste dignes d'être examinés "*as a preliminary to studying their modern stochastic versions*".

Le rôle du hasard sera analysé sous d'autres angles un peu plus loin, dans les paragraphes 21*, 27* et 56*.

14 QUELQUES REMARQUES FINALES

Il faut encore savoir que la mécanique statistique de Boltzmann repose sur un principe de discernabilité des molécules qui ne correspond pas exactement à la réalité physique connaissable. C'est pourquoi des statistiques plus élaborées ont été proposées. Celle de FERMI-DIRAC qui inclut le principe d'exclusion de PAULI et s'applique aux particules dont le spin est demi-entier, et celle de BOSE-EINSTEIN qui est utilisée pour les particules à spin nul ou entier. Nous reviendrons sur ce point dans l'annexe du chapitre 5* où les modèles d'évolution de la structure de la végétation seront évoqués.

L'analyse de BOLTZMANN prête beaucoup d'attention à la cinématique des atomes, et conduit à une conception de l'entropie très liée au "désordre" spatial ; j'ai suivi cette conception dans les paragraphes précédents, parce qu'elle est extrêmement commode pour aider un biologiste à comprendre des notions un peu abstraites. Il faut pourtant savoir que les statistiques plus complexes conduisent à une interprétation plus fine, associée au nombre des états énergétiques accessibles aux éléments du système considéré.

L'augmentation d'entropie n'est alors plus liée uniquement au "désordre" spatial, et une "structuration" spatiale peut accompagner une augmentation d'entropie. Tel est sans doute le cas des molécules qui nageaient dans le "bouillon tiède" des lagunes précambriennes exposées à un intense rayonnement ultra-violet (§ 21*).

SECTION DES LETTRES B.I.U. MONTPELLIER

ANNEXE 1-3

LES TROIS ÉTATS PRINCIPAUX DE LA MATIÈRE

Les trois états principaux de la matière sont l'état solide, l'état liquide et l'état gazeux. Dans chacun d'eux, le corps peut être réchauffé, si on lui fournit de la chaleur, ou refroidi si il cède de la chaleur. Ce type d'échange de chaleur correspond à la "chaleur sensible".

La quantité de chaleur qui fait varier de 1°C l'unité de masse d'un corps est sa "chaleur massique" (symbolisée par cP, et mesurée en calories par gramme de masse pour 1°C) qui est presque inversement proportionnelle à sa masse atomique A, en grammes :

	A	cP	A.cP
Plomb	207	0,031	6,4
Antimoine	122	0,050	6,1
Argent	108	0,055	5,9
Cuivre	63,5	0,093	5,9
Fer	55,8	0,11	6,1
Aluminium	27	0,21	5,7
Bore	10,8	0,24	2,6
Beryllium	9	0,39	3,5

La chaleur massique de l'eau est égale, par définition, à 1. Celle de la croûte terrestre est voisine de 0,5

Les changements d'état

Pour faire passer un corps de l'état solide à l'état liquide (liquéfaction), de l'état liquide à l'état gazeux (vaporisation), de l'état solide à l'état gazeux (sublimation), il faut lui fournir de la "chaleur latente", ou diminuer la pression. Examinons ce dernier cas : les relations entre la pression et la température sont commodément représentées par un diagramme en coordonnées cartésiennes. Le point triple est celui où une très faible variation de température ou de pression peut faire passer le corps de l'état solide à l'état liquide ou à l'état gazeux, et inversement.

Pour comprendre ce qu'est le "point critique", il suffit de reprendre l'expérience classique du baromètre mouillé, en introduisant lentement de l'eau dans le tube d'un baromètre à mercure, et en laissant la température constante (transformation isotherme, au cours de laquelle l'air ambiant fournit de la chaleur au système observé, à raison de 539 calories pour évaporer 1 g d'eau).

Les premières gouttes d'eau qui arriveront dans le vide situé en haut du tube se vaporiseront immédiatement, puisque la pression est très faible. La vapeur d'eau ainsi produite exerce alors une pression, qui fait légèrement baisser le mercure.

Si on continue à introduire de l'eau, la pression monte jusqu'à la pression d'équilibre entre l'état liquide et l'état gazeux, et le point figuratif vient exactement en m. À partir de ce moment, l'eau supplémentaire ne se vaporise plus, et la pression reste constante : la pression d'équilibre ainsi atteinte est la "tension de vapeur saturante" de l'eau, à la température considérée. Si on augmente la pression, en descendant le tube, la quantité de vapeur va diminuer, et l'eau se liquéfiera totalement.

En combinant les variations de pression et les variations de température, il est possible de suivre un trajet où l'eau passe alors en bloc de l'état liquide à l'état gazeux sans que l'observateur puisse voir à aucun moment une séparation entre des gouttes d'eau visibles et la vapeur d'eau transparente. Cette transition insensible peut se produire pour d'infimes variations de pression ou de température autour du point C, qui est le "point critique" de l'eau.

La représentation complète de ces phénomènes se fait dans un espace à trois dimensions (T, P et V = volume). Une hyperbole y représente la loi de Mariotte :

$$P . V = \text{constante}$$

Application à la climatologie

Sur la Terre, l'eau se trouve sous forme de glace, d'eau liquide et de vapeur d'eau. Le système thermodynamique de l'atmosphère met donc en jeu les 6 changements d'état :

- l'évaporation de l'eau liquide, à la surface des océans, des sols et des feuilles des plantes (on parle alors souvent d'évapo-transpiration, *cf.* § 31*) ; l'eau s'évapore seulement si elle prélève dans son environnement une importante chaleur latente de vaporisation ;
- la condensation de la vapeur d'eau, qui est transparente, en particulier pour produire les nuages composés de gouttes d'eau qui sont blanches quand elles sont éclairées par le Soleil ; elle produit la chaleur latente de condensation qui est symétriquement égale à la chaleur latente de vaporisation ;

- la liquéfaction de la glace des banquises, des glaciers et des icebergs, qui exige la chaleur latente de liquéfaction ;
- la solidification de l'eau liquide dans les nuages de haute altitude (les cirrus), dans les montagnes et à la surface des océans ;
- la sublimation de la glace pour produire de la vapeur d'eau sur les banquises, les névés et les glaciers ;
- la solidification directe de la vapeur d'eau dans les nuages.

Quelques états supplémentaires

Les solides amorphes, comme le verre, ne possèdent pas une structure en réseau cristallin régulier. Le verre est un amas désordonné de très petits cristaux en forme d'icosaèdre (le polyèdre régulier à 20 faces qui était cher à **PLATON**) qui ne peuvent pas s'empiler géométriquement pour constituer un réseau régulier.

Les grains de sable qui descendent dans un sablier s'attirent mutuellement en constituant une structure externe analogue à une peau qui serait un quatrième état de la matière, ni solide, ni liquide, ni gazeux.

ANNEXE 1-4

LES STRUCTURES DISSIPATIVES CHIMIQUES

Les structures dissipatives chimiques ont été étudiées par I. Prigogine et, en France, par le Centre Paul Pascal (*Courrier du CNRS,* 1978, supplément au n°27). Les chimistes ont ainsi observé que des réactions telles que celle obtenue en mettant en présence l'iodate de potassium et l'eau oxygénée produisent des oscillations régulières lorsque certaines "contraintes" sont maintenues. Ces contraintes peuvent être la température, l'agitation, les concentrations des réactifs, etc. Dans un espace ayant pour coordonnées les contraintes (espace des contraintes) on peut déterminer le (ou les) domaines d'existence de ces états oscillants.

Lorsque toutes les contraintes sont convenablement maîtrisées, la période est stable à mieux que 10^{-2} près. Aussi peut-on confier à la réaction chimique la fonction de balancier dans une véritable "horloge chimique". L'intérêt n'est évidemment pas de constituer un nouveau type de garde-temps, bien incapable de concurrencer les horloges atomiques ou même mécaniques, mais de matérialiser le temps thermodynamique, conceptuellement distinct du temps de la mécanique.

Pour un même jeu de contraintes, le système chimique peut se trouver dans deux états différents, suivant les données de son histoire. Un cycle de variation de la contrainte s'accompagne alors de deux transitions, ayant lieu l'une à l'aller et l'autre au retour, pour des valeurs différentes de la contrainte. C'est un phénomène d'hystérésis, analogue à celle qui existe pour l'histoire magnétique d'un objet. Mais il ne semble pas possible de dire qu'il s'agit d'une mémoire cybernétique (§ 16* et 86*).

Certains états stationnaires, situés dans le voisinage immédiat du domaine des états oscillants, réagissent de façon très particulière à une perturbation. Celle-ci consiste par exemple en l'addition brusque d'un corps chimique intermédiaire tel que l'iode. Tant que cette addition ne dépasse pas un certain seuil, il se produit une légère augmentation de la concentration d'iode. Mais, au-delà de ce seuil, cette concentration diminue brutalement. Le retour à l'état initial est non seulement beaucoup plus long, mais surtout s'accompagne d'une variation de composition du milieu indépendante de l'amplitude de la perturbation appliquée et nettement plus importante qu'elle. Pour fixer les idées, la concentration d'iode peut se trouver réduite temporairement d'un facteur 6 à la suite d'une perturbation de l'ordre de 10 %. On assiste donc à une amplification considérable de la perturbation chimique, vis-à-vis de laquelle le milieu est dit, pour cette raison, "excitable". Une multistabilité analogue à celle du modèle des montagnes russes est certainement à l'origine de ce résultat paradoxal.

En prenant en compte l'effet de la diffusion dans un tel système, une structuration de l'espace particulièrement stable peut apparaître.

La théorie du chaos

L'exemple journalistique du chaos est le battement d'aile d'un papillon qui peut déclencher une tempête aux antipodes.

La loi la plus générale qui règle les phénomènes dynamiques qui viennent d'être décrits est que le flux d'énergie qui traverse le système se maximise spontanément. Il est possible que la production d'entropie se maximise aussi.

Certains systèmes possèdent alors plusieurs domaines de fonctionnement et le franchissement de la frontière séparant deux domaines de fonctionnement s'accompagne d'une modification de la dynamique du système.

Quand le système s'approche de la frontière entre les deux domaines, les fluctuations prennent de plus en plus d'importance, à tel point même que les éléments stochastiques finissent par devenir prépondérants. La description déterministe est alors inopérante et ne permet plus de prévoir le comportement du système. La première difficulté est de connaître précisément ce qui différencie ces deux domaines. Tout dépend ensuite des conditions initiales et l'on parle de "chaos" lorsqu'elles deviennent déterminantes. Les équations de RICATTI (§ 16* et § 21*) permettront peut-être de mieux comprendre ce qui se passe alors.

CHAPITRE 2

L'ORIGINE DE LA VIE

ET LA DIVERSIFICATION DES ESPÈCES

L'antique océan qui berça
les premières amours de la terre
A. France
Le monde infini des rêves

La Terre s'est constituée au sein du système solaire il y a 4,5 milliards d'années, et la vie s'y est développée un milliard d'années plus tard. Le premier des phénomènes écologiques est ainsi l'apparition de la vie (§ 21*). Ensuite s'est épanouie, pendant trois milliards et demi d'années, l'éblouissante diversité des plantes et des animaux qui s'offrent à nos yeux (§ 22*). À la fin du Secondaire (vers – 100 millions d'années), le climat méditerranéen s'est individualisé et son influence sur l'évolution de la flore et de la végétation est particulièrement visible (§ 23*). Au Quaternaire (vers – 1 million d'années), l'influence des glaciations a pu être étudiée en détail (§ 24*), ce qui permet de mieux comprendre le changement climatique actuel (§ 84*).

Le survol de cette longue histoire est nécessaire pour replacer dans son cadre temporel l'Évolution des êtres vivants (§ 25*, 26* et 27*) qui dépend de la diversité des conditions de vie. Le paragraphe 28* présente le résultat "biogéographique" actuel de ces interactions entre les gènes et leur environnement qui ont duré plus de 3 milliards d'années sur l'ensemble du globe.

21 L'ORIGINE DE LA VIE

210 Les premières molécules biologiques

Notre univers est âgé d'environ 15 milliards d'années. Il est actuellement composé de 92,7 % d'atomes d'hydrogène, de près de 7 % d'atomes d'hélium, de 0,0005 % d'atomes d'oxygène, de 0,0001 % d'atomes d'azote. L'hydrogène, le lithium et l'hélium sont les premiers atomes qui sont apparus, environ 400.000 ans après la naissance de l'univers, quand la température est devenue suffisamment basse pour que ces constructions complexes puissent rester stables.

Le carbone, l'oxygène et l'azote sont apparus beaucoup plus tard, dans les chaudrons thermonucléaires des premières étoiles. Le spectromètre infra-rouge développé par **CECILIA CECCARELLI** et embarqué dans le satellite ISO a montré que des composés organiques complexes existent au cœur des proto-étoiles. Quand elles explosent, la matière qu'elles contiennent se disperse dans des "nuages" ténus. Ensuite, ce type de nuage se condense à nouveau sous l'effet de la gravitation et donne une deuxième génération d'étoiles telles que notre Soleil, qui reste entouré de composés organiques souvent présents dans les comètes. Les atomes lourds qui constituent des corps solides – tels que le fer, le cuivre et même le magnésium – sont extrêmement minoritaires, et en grande partie concentrés dans le sol de certaines planètes.

Les principales hypothèses qui sont largement admises aujourd'hui par la communauté scientifique au sujet de l'apparition de la vie sont :

- il existait à la surface de la Terre, il y a 3,5 milliards d'années, un "environnement" favorable à des synthèses de grosses molécules constituant un "milieu intérieur" capable d'assimiler des éléments extérieurs et de se reproduire, et aboutissant au développement d'êtres vivants primitifs ;
- aujourd'hui, des êtres vivent dans des conditions de vie extrêmes (très basses ou très hautes températures, acidité extrême, sécheresse prolongée, etc.) ; ils sont peut-être une image de ce qui a pu se passer lors de l'apparition de la vie ;
- des molécules organiques "pré-biologiques" ou "pré-biotiques" riches en carbone et en eau amorphe sont depuis très longtemps présentes dans l'espace interplanétaire.

211 L'ORIGINE TERRESTRE

211.1 L'hypothèse d'Oparine

En 1924, A. Oparine développe les hypothèses sur l'origine de la vie dont l'essentiel avait été avancé dès 1916 par le géologue **PIERRE TEILHARD DE CHARDIN**. Il pensait que l'atmosphère de la Terre primitive était constituée principalement d'hélium et de molécules fondées sur l'hydrogène simples et stables tels que le méthane CH_4, l'ammoniac NH_3, l'eau H_2O et l'hydrogène sulfuré SH_2. Au sein de cette atmosphère primitive, le rayonnement solaire peut avoir donné naissance à des molécules organiques plus complexes que le méthane : l'énergie nécessaire pour ces synthèses venait directement du rayonnement solaire (surtout dans la gamme voisine de 200 nanomètres, qui apporte environ 2.000 kJ par m² et par an ; une partie de cette énergie pouvait être apportée par les éclairs électriques issus des orages (qui produisent en moyenne 150 kJ par m² et par an). Ces molécules relativement simples, dissoutes dans les eaux de mer, ont pu servir d'aliment pour les premières grosses molécules capables d'assimiler ces éléments plus simples.

211.2 Les expériences de Stanley Miller

H. Haldane récupéra les idées d'A. Oparine, mais c'est seulement à partir de 1950 qu'un progrès décisif fut amorcé : **Stanley Miller**, un jeune thésard travaillant en 1953 avec Harold Urey (le découvreur du deutérium) à Chicago, soumit à des étincelles électriques (60.000 volts), pendant quelques semaines, un mélange des quatre gaz cités par A. Oparine et d'azote et de CO_2. À la fin de l'expérience, le liquide est devenu brun et il contenait en particulier huit acides aminés (en particulier la glycine et l'alanine) et sept acides mono- et di-carboxyliques que l'on trouve dans les êtres vivants. L'expérience fut répétée à de nombreuses reprises en ajoutant un rayonnement riche en ultra-violets et les résultats furent très constants.

Des recherches plus systématiques ont fait apparaître assez régulièrement les réactions suivantes :

méthane + eau = formol (nommé aussi formaldéhyde) + hydrogène

$$CH_4 + H_2O = HCHO + 2H_2$$

méthane + ammoniac = acide cyanhydrique + hydrogène

$$2\,CH_4 + 4\,NH_3 = 2\,CNNH + 9H_2$$

La combinaison de l'acide cyanhydrique et du formol produit le plus simple des acides aminés (nommé glycine) $C_20_2NH_5$ (ou plutôt CH_2NH_2COOH). La polymérisation de 6 molécules de formol donne du glucose. La polymérisation de 5 molécules d'acide cyanhydrique donne une base purique importante, l'adénine. **C. Ponnamperuna** *et al.* (1963) ont aussi obtenu de l'adénosine, de la guanine (une des quatre "lettres" du code génétique), de l'urée, du ribose et du désoxyribose, deux sucres constituants de l'ARN, et qui possèdent exactement 5 fois les atomes du formol. D'autres équipes ont obtenu la purine, la pyramidine, et la guanine (quelquefois à basse température). Ces synthèses produisent 17 des 20 acides aminés que l'on trouve dans les êtres vivants, et certains éléments constitutifs des acides nucléiques (**A. Brack**, 2004) et beaucoup d'autres corps chimiques relativement proches qui n'ont pas été intégrés dans le système du codage génétique des protéines. Dans un article récent, **Stanley Miller** ne voit pas comment il serait possible d'obtenir directement l'arginine, la lysine ou l'histidine, mais il a obtenu de la cytosine, à basse température.

L'objection principale que l'on oppose à ces résultats est que l'atmosphère primitive était sans doute différente de celle qu'avait imaginée Oparine. Mais les réflexions de ces deux chercheurs ont eu l'immense mérite de montrer que des réactions produisant des molécules pré-biotiques complexes sont vraisemblables et d'ouvrir ainsi la voie à un passionnant domaine de recherches qui est loin d'être clos.

R. HAZEN (2001) a réalisé l'équivalent des expériences de STANLEY MILLER en soumettant un mélange des molécules présentes dans l'atmosphère et la mer primitives à une pression de 2.10^8 pascals (2.000 atmosphères) plus élevée que celle qui règne dans les sources hydrothermales. La succession des réactions chimiques capables de produire des molécules organiques très longues pourrait, dans ces conditions extrêmes, comporter l'oxydation du fer ferreux qui dégage de l'hydrogène qui réagit ensuite avec le dioxyde de carbone de l'eau des océans pour donner du méthane et d'autres alcanes.

211.3 Les environnements favorables

E. NISBET (2000) fait remarquer que, à cette époque, la vie pouvait exister sur la Terre dans six types d'environnement aquatique. Le Soleil fournissait de l'énergie radiative (quoiqu'il ait été alors nettement moins brillant qu'aujourd'hui) à cinq d'entre eux (les lacs, les mers côtières, les systèmes hydrothermaux proches des boucliers de komatiite riches en magnésium, les sources hydrothermales proches des volcans andésitiques, les stromatolithes des lagunes et la surface des océans).

Le sixième berceau éventuel est celui des grands fonds océaniques, où les "fumeurs noirs" (voir le § 214*) ont retenu l'attention depuis plusieurs années, en particulier parce que l'hydrogène y est très abondant. Les eaux les plus chaudes y atteignent la température de 350 °C, à laquelle les acides aminés sont détruits.

Les animaux qui vivent près de "fumeurs noirs" appartiennent à des ordres ou à des familles présents dans l'ensemble des océans (Anémones de mer, Vers polychètes, Crevettes, Clams, Moules, Oursins, Crinoïdes, etc.) Il serait étonnant qu'ils soient apparus en ces lieux très particuliers avant de se répandre dans tous les océans et il est plus vraisemblable que ces animaux sont dérivés de leurs cousins océaniques, d'autant plus que ces fumeurs noirs ont une durée de vie courte, à l'échelle des temps géologiques. De plus, la nourriture de ces hétérotrophes est mal connue et l'on ne sait pas dans quelle mesure ils dépendent des débris organiques qui tombent de la surface.

Toutes les reconstitutions d'un passé si lointain restent problématiques et donnent souvent naissance à des dérives idéologiques mémorables, comme celle du *Bathybius*.

211.4 Une ancienne histoire

La recherche des organismes les plus primitifs a passionné les chercheurs depuis plus de cent ans, en partie pour des motifs idéologiques qui ont conduit à quelques mésaventures. Ainsi, **J. CARLES** rappelle que **E. HAECKEL** avait pensé pouvoir décrire par avance le maillon manquant entre les molécules organiques et les organismes vivants, et l'avait même nommé "monère". Or, voilà qu'un naturaliste anglais, **T. HUXLEY**, étudiant en 1868 les matériaux ramenés d'un sondage sur les fonds de l'Atlantique, découvre de tout petits éléments correspondant à la description de Haeckel : éléments rudimentaires de formes assez variées, ressemblant à une goutte de protoplasme. Voilà donc tiré des profondeurs l'être tant attendu. Huxley lui donne un nom de genre tiré du grec : *Bathybius* (le vivant des abîmes), et y ajoute celui de son inventeur ; c'est ainsi que vit le jour *Bathybius Haeckelli*. Ce fut un triomphe pour **HAECKEL**, mais il ne fut pas durable.

En effet, sept années s'étaient à peine écoulées lorsque certains doutes commencèrent à surgir. Le célèbre bateau Challenger retrouvait le *Bathybius* et l'analysait ; en juin 1875, le chimiste du bord, **BUCHANAN**, écrivait à Huxley une lettre inquiétante. Les recherches se poursuivirent et, en 1876, malgré les craintes de son entourage effarouché d'avoir à contredire d'aussi importants personnages que Huxley et Haeckel, Buchanan fit paraître l'article assassin : le *Bathybius Haeckelli* n'était qu'un précipité de sulfate de chaux à qui la conservation dans l'alcool donnait l'aspect visqueux de l'albumine. Huxley se rendit compte de son erreur, tandis que beaucoup d'autres n'admettaient pas que s'écroule un échafaudage qui leur tenait à cœur.

Trois ans après, à un congrès de l'Association britannique, tenu à Sheffield, le président du Congrès présenta encore cette fresque enthousiasmante de l'origine de la vie. À la fin de ce discours, Huxley, qui assistait à cette réunion, demanda la parole et raconta la mésaventure avec une parfaite honnêteté : "Notre président a fait allusion à une certaine chose ... qu'il a nommée devant vous *Bathybius*, en indiquant, ce qui est parfaitement exact, que c'était moi qui l'avait fait connaître ; tout au moins, c'est bien moi qui l'ai baptisée, et dans un certain sens je suis son plus vieil ami. Quelque temps après que cet intéressant *Bathybius* eût été lancé dans le monde, nombre de personnes admirables prirent cette petite chose par la main et en firent une grande affaire. Les choses allaient donc leur train et je pensais que mon jeune ami *Bathybius* me ferait quelque honneur, mais j'ai le regret de dire qu'avec le temps, il n'a nullement tenu les promesses de son jeune âge. Tout d'abord, on ne réussissait jamais à le trouver là où l'on devait attendre sa présence, ce qui était fort mal ; et de plus, quand on le rencontrait, on entendait dire sur son compte toutes sortes d'histoires. En vérité, je regrette d'être obligé de vous le confesser, quelques esprits exigeants ont été jusqu'à dire que ce n'était rien d'autre qu'un précipité gélatineux de sulfate de chaux ayant entraîné dans sa chute de la matière organique".

La fin du *Bathybius* fit moins de bruit que n'en avait fait sa naissance, parce que les scientifiques n'aiment pas garder en mémoire leurs erreurs. Cette histoire véridique montre que le développement des connaissances est écrit droit avec des lignes courbes, pour reprendre l'expression de Paul Claudel, et que le berceau de la vie est sans doute, comme celui de l'humanité, un "berceau à roulettes" (§ 71*).

211.5 L'environnement planétaire initial de la Terre

L'eau des océans provient en grande partie de l'activité volcanique et l'hydrosphère aurait pris naissance entre – 4,2 et – 3,8 milliards d'années. Les premiers océans auraient été peu profonds et rendus acides comme en témoigne la présence de chlorures de sodium, de potassium, de calcium et de fer. L'eau apportée par les comètes et par les météorites qui sont tombées sur la terre est une source non négligeable de l'eau terrestre.

F. Robert et M. Chaussidon ont analysé la composition isotopique de l'oxygène et du silicium dans des silex australiens qui indiqueraient qu'une température de 70 °C aurait été atteinte dans les océans vers – 3,5 milliards d'années (à l'époque de l'apparition de la vie), alors que le Soleil était de 25% moins chaud qu'aujourd'hui. Les océans se seraient refroidis progressive-ment jusqu'à 30 °C vers – 800 Ma.

Les coulées de lave basaltiques produisaient aussi des sources de chaleur, et **G. Schramm** a montré qu'une température de 60° suffit pour la synthèse de certains polynucléotides. En règle générale, la polymérisation n'est pas spontanée, parce qu'elle demande de l'énergie, et qu'elle produit localement de l'eau qui déplace l'équilibre dans le sens "défavorable". Des catalyseurs peuvent aider ces réactions, et la perrédoxine (protéine contenant une cinquantaine d'acides aminés, du soufre et du fer) a sans doute joué ce rôle assez tôt.

Les propriétés magnétiques des roches salines vieilles de 2 milliards d'années ont conduit **D. Evans** à penser que les pôles de la Terre étaient alors déjà à leur place actuelle et que la Terre a peut-être été totalement couverte de neige et de glace.

211.6 Les réactions de synthèse des protéines

La vitesse des réactions de synthèse des protéines est une des clefs du problème de l'origine de la vie. Certains physiciens pensent que cette vitesse est beaucoup trop basse pour que les grosses molécules pré-biotiques aient eu le temps de se constituer même au cours de quelques milliards d'années. De même, pour connaître la probabilité réelle d'apparition d'une molécule complexe, il faudrait connaître toutes les affinités stéréochimiques de ses composants élémentaires. Ce calcul est peut-être théoriquement possible, en faisant intervenir la chromo-dynamique quantique. Ainsi, pour découvrir comment se construit la structure tridimensionnelle de certaines protéines, **VIJAY PRANDE**, chercheur à Stanford, a été obligé de combiner les moyens de calcul de 50.000 ordinateurs personnels et il restera bien difficile d'en déduire mathématiquement la probabilité de l'"émergence" [1] de ces protéines.

Une équipe de l'université Paris 6 a trouvé en 2007 un moyen élégant pour calculer le temps mis par deux molécules d'une cellule pour se rencontrer, en fonction de la structure du réseau des molécules et de leur vitesse moyenne de déplacement et il est possible que la distribution de ces temps comprenne des intervalles de temps très brefs qui auraient permis les premières synthèses biologiques.

L'un des arguments des biologistes qui pensent que ces synthèses ont pu s'effectuer naturellement est que, sous l'influence de catalyseurs minéraux (y compris des argiles qui sont constituées de molécules assemblées en "cristaux" colloïdaux dissymétriques) des synthèses "spontanées" de produits complexes sont possibles, conduisant à l'adénosine puis à l'adénosine triphosphate, à des nucléotides et, enfin, à des polynucléotides. Les argiles capables d'adsorber dans leurs feuillets cristallins les molécules pré-biologiques ont pu favoriser leur polymérisation en chaînes d'acides aminés : **N. LAHAV (1978)** a montré que des chaînes d'acides aminés de 20 à 30 unités se construisaient à partir de la protéine nommée glycine, en présence d'argile.

La présence de roches comprenant des atomes de magnésium, de fer et de cuivre était précieuse – et même sans doute nécessaire – pour la synthèse pré-biologique de grosses molécules organo-métalliques telles que la

[1] Dans ce chapitre, l'abondance des guillemets s'explique par notre souci de signaler les mots qui risqueraient d'être pris dans un sens finaliste, ce qui serait erroné puisque la finalité n'appartient pas au domaine des sciences.

chlorophylle avec du magnésium, l'hémoglobine avec du fer et l'hème des Escargots et des Pieuvres avec du cuivre.

Les réactions chimiques sont extrêmement lentes aux très basses températures qui règnent dans l'espace interstellaire, mais, en compensation, le mouvement brownien est alors très lent et deux molécules capables de réagir restent plus longtemps à proximité l'une de l'autre. Le laboratoire d'astrophysique de Leyde a vérifié qu'un mélange d'eau, d'ammoniac, de méthanol, de CO et de CO_2 placé dans une chambre à vide à 10^{-7} millibars à la température de – 261 °C et soumis à des radiations intenses produisait de grosses molécules organiques et en particulier seize acides aminés dont 6 interviennent dans les cellules vivantes (glycine, alanine, valine, proline, serine, acide aspartique).

212 L'HYPOTHÈSE "EXO-BIOLOGIQUE"

212.1 La chimie interstellaire

Les planètes ont capté des molécules de gaz, qui ne s'évadent que si leur vitesse est supérieure à la "vitesse de libération", bien connue des astronautes, qui atteint, pour la Terre, 11,2 km par seconde (à titre de comparaison, la vitesse moyenne d'agitation des molécules de l'hydrogène, le plus léger des gaz, est de 1,85 km par seconde).

L'eau, le dioxyde de carbone, le méthane et l'ammoniac solidifiés sont présents dans les comètes. Les grains de poussières de la comète de Halley renferment 14 % de carbone organique. La sonde *Stardust* a traversé en janvier 2004 la chevelure de la comète Wild 2 et elle a capturé quelques poussières de taille micrométrique qui pourront être récupérées en 2006. La sonde européenne *Rosetta* devrait déposer en 2014 un module sur le noyau de la comète Churyumov-Gerasimenko. Les grains de poussière interstellaire sont souvent constitués d'un noyau de silicates et d'une enveloppe d'eau glacée (non pas cristallisée, mais amorphe comme du verre), au sein de laquelle des réactions de chimie organique sont possibles. Des hydrocarbures aromatiques polycycliques (HAP ou, en anglais, PAH) se sont synthétisés, grâce aux cristaux minuscules de silicates (travaux de M. Greenberg).

Dans des laboratoires de Leyde, d'Orléans (**A. Brack**, 2004) et de Brême, des mélanges d'eau, d'ammoniac, de méthanol (CH_3OH), d'oxyde de carbone et de dioxyde de carbone ont été déposés sur des éponges métalliques, placées dans le vide à 12 °K (– 261 °C) et soumises à un intense rayonnement ultra-violet. De nombreux acides aminés apparaissent alors, et six d'entre eux sont des constituants des êtres vivants. Ces recherches reçoivent souvent le nom d'exo-biologie ou d'astro-biologie.

Les acides aminés comportent, comme leur nom l'indique, une amine (NH_2), un acide carboxylique (COOH) entourant un atome de carbone qui porte aussi un atome d'hydrogène et une chaîne latérale nommée "R" caractéristique de chaque acide aminé. Une molécule composée de plusieurs acides aminés est une peptide. Les acides aminés sont amphotères et se prêtent bien au criblage par chromatographie.

L'un des acides aminés les plus simples, la glycine (NH_2-CH_2-COOH) est abondant dans l'immense "nuage moléculaire" d'Orion et il émet sur 27 longueurs d'onde comprises entre 90 gigahertz et 265 gigahertz ; l'hypothèse proposée par l'équipe qui a fait cette découverte, grâce au télescope Subaru d'Hawaï, est qu'un rayonnement ultra-violet frappant des poussières de glace salie par des poussières aurait produit cette molécule. Le rayonnement infra-rouge que nous envoie ce nuage moléculaire est fortement polarisé peut-être à cause d'une dissymétrie des proportions de molécules droites et gauches pour les molécules autres que la glycine (celle-ci n'est ni "droite" ni "gauche" parce qu'elle ne contient pas d'atome de carbone asymétrique).

Dans l'espace interstellaire, le froid ralentit le mouvement brownien et permet aux molécules de rester longtemps en contact pour réagir en réalisant des synthèses qui ont peu de chances de se produire à la surface de la Terre

212.2 Les météorites

Des composés organiques complexes présentant des caractères "pré-biologiques" sont présents dans certaines des météorites qui arrivent sur la Terre, comme celle d'Orgueil.

Les grains de poussières de la comète de Halley renferment 14 % de carbone organique et plusieurs des 20 acides aminés qui constituent les protéines. Dans la météorite de Murchison, soixante dix acides aminés étaient présents, et comprenaient au moins huit des vingt acides aminés protéiques étaient présents ; les composés "droits" (dextrogyres) y sont présents pour 45 %, presque autant que les composés "gauches" (lévogyres) pour 55 %. Les chimistes se sont demandé si ces composés subiraient sans dommage la traversée des espaces interstellaires et ils ont vérifié (A. BRACK, 2004), en plaçant des échantillons dans trois vaisseaux spatiaux, que, après un séjour de plusieurs mois en orbite, les échantillons placés dans de la poudre de météorite étaient bien préservés et ne subissaient pas de racémisation (= modification de la proportion de molécules gauches et droites).

La Terre a subi dans sa jeunesse un bombardement incessant de météorites, en particulier entre – 4,1 Mds années et – 3,8 Mds années si l'on en juge par la datation des cratères de météorites de la Lune (*cf.* l'annexe 2-2). La masse de carbone qui a pu être déposée sur la Terre quand elle s'est formée atteindrait plusieurs milliards de tonnes (A. BRACK, 1999) : les météorites auraient apporté à la Terre 10^{23} g de carbone intersidéral, soit cent mille fois plus que la masse de carbone de la biosphère. À l'heure actuelle, les météorites apportent peut-être encore une centaine de tonnes de carbone chaque année (chaque jour, 50 à 100 tonnes de météorites arrivent sur la Terre, essentiellement sous la forme de particules inférieures à 1 mm). Elles ont pu autrefois y apporter des molécules organiques complexes capables de jouer un rôle important lors de l'apparition de la vie telle que nous la connaissons.

Les datations des météorites par radio-activité (le samarium 147 permet de remonter à plusieurs milliards d'années) montrent que le système solaire est âgé de 4,55 milliards d'années ; il est donc beaucoup plus jeune que l'univers (15 milliards d'années) et il s'est sans doute formé très rapidement, en quelques millions d'années seulement (voir l'annexe 2-2).

212.3 Les exoplanètes

Des molécules pré-biologiques ont pu apparaître autour des planètes qui entourent les milliards de milliards d'étoiles de l'univers, et en particulier autour des 250 milliards d'étoiles de notre galaxie (R. WESSON, 1979) et qui sont nommées exoplanètes. De nouvelles planètes sont découvertes chaque année. La centième planète de notre galaxie a été découverte en 2003, à une distance de 293 années-lumière, et la chasse aux planètes continue de plus belle.

Parmi les nombreuses exoplanètes situées hors du système solaire découvertes depuis 1994 (ou 1995 ?), il en est quelques-unes qui ont une atmosphère ; elles doivent être suffisamment grosses pour retenir par gravité une enveloppe de gaz et suffisamment éloignées de leur étoile pour que la chaleur de celle-ci ne fasse pas évaporer les gaz. L'exoplanète Gliese 581c a peut-être une atmosphère quoiqu'elle soit très proche de son étoile, dont elle fait le tour en treize jours, car celle-ci est peu lumineuse et sans doute petite. Une exoplanète située à 63 années-lumière de la Terre possède du monoxyde et du dioxyde de carbone ainsi que de la vapeur d'eau.

A l'intérieur d'un système de planètes analogues à celles qui sont proches de nous (*cf.* l'annexe 2-5 du premier chapitre), il apparaît que la Terre occupe une position privilégiée pour que la vie, telle que nous la connaissons, puisse s'y développer : les planètes plus proches du Soleil sont trop chaudes et les planètes lointaines sont trop froides.

213 L'ÉVOLUTION PRÉ-BIOTIQUE

L'émergence[1] de la vie est un problème difficile, parce que les informations disponibles forment un magma confus où fourmillent les hypothèses. Ce n'est pas étonnant, parce que les phénomènes qui ont donné naissance à la vie foisonnaient, sans ligne directrice, sans disposer d'une mémoire capable de faciliter le tri des informations thermodynamiques.

Nous sommes encore loin d'avoir trouvé ce que pourrait être la première cellule la plus simple qui ait pu vivre, et qui a été nommée par des généalogistes tournés vers le passé "*last universal common ancestor*" (*Luca*). Pourtant, un écologue s'intéresse obligatoirement à la "protéo-écologie" où balbutiaient les premiers rapports entre les êtres vivants et leur environnement.

213.1 Une vision d'ensemble

Quelle que soit le lieu d'origine des premiers êtres vivants, c'est dans les eaux de mers côtières que s'est produit leur développement en grande quantité pour une raison simple. Les grosses molécules organiques qui ont pu se produire en milieu aquatique risquaient à chaque instant d'être détruites par le rayonnement ultra-violet venant du Soleil. Mais à partir du moment où elles étaient dissoutes dans une nappe d'eau, une partie d'entre elles descendait vers les couches profondes où elles étaient à l'abri. Elles pouvaient donc s'accumuler dans les eaux, en constituant ce que l'on a appelé, d'une manière imagée, un "bouillon tiède" (image plus exacte que celle d'une "soupe chaude", issue d'une traduction imparfaite d'une expression anglaise). Il serait abusif de dire qu'elles sont "vivantes", parce qu'elles ne possèdent pas l'atout essentiel de la vie qui est la reproduction.

Ces molécules pré-biotiques ne risquaient sans doute pas non plus d'être "brûlées" au contact de l'air, parce que l'on pense que l'atmosphère ne contenait presque pas d'oxygène à cette époque. Il reste un doute quant à la teneur initiale de l'air en CO_2.

---

1 L'émergence est un concept délicat, lié au réductionnisme et au holisme, que la thèse de philosophie de **D. BERGANDI** (2000) a largement contribué à clarifier. Sans entrer dans les détails, nous dirons que l'émergence n'est pas un phénomène démontrable scientifiquement mais seulement un caractère du "modèle" utilisé par un scientifique pour appréhender les objets complexes qu'il étudie.

Il est habituellement dit que les premiers organismes possédant toutes les propriétés caractéristiques de la vie ont été des Bactéries, parce que l'on considère que les virus – qui vivent presque tous en parasites – ne sont pas de vrais êtres vivants. Mais il est possible que certains pré-virus capables de vivre aux dépens de protéines libres soient apparus avant les Bactéries.

Une vision intéressante de l'ensemble de l'évolution est adoptée par **J. MAYNARD SMITH & E. SZATHMARY** (2000) :

Acteurs	Résultat
Molécules auto-catalytiques	Populations de molécules dans des proto-cellules
Réplicateurs indépendants	Proto-chromosomes
ARN, gènes et enzymes	ADN et protéines enzymes
Bactéries (Pro-caryotes)	Eu-caryotes (cellules à noyau et organites)
Clones asexués	Populations sexuées
Organismes unicellulaires	Organismes pluricellulaires (tissus diversifiés)
Individus isolés	Colonies d'Insectes à castes infertiles
Sociétés de Primates	Sociétés humaines (langage)

Cette progression s'inscrit évidemment dans le modèle des montagnes russes (§ 17*) et la complexité croissante des entités ci-dessus correspond bien à une augmentation des régulations cybernétiques de leur fonctionnement qui mérite d'être un peu explicité.

213.2 Une marche vers la stabilité

Les premiers ensembles biochimiques étaient des systèmes relativement simples et il est souvent dit qu'ils se complexifièrent de plus en plus. C'est l'occasion de préciser ce qu'est la complexité d'un système : les mathématiciens en donnent une définition admirable en disant que c'est la longueur du programme minimal qui permet d'en simuler le fonctionnement, mais elle n'est pas applicable en biologie. Un début d'analyse de la complexité a été entrepris dans l'annexe 1-2. A la fin du paragraphe 27*, une analyse de la complexité sera esquissée, et, pour le moment nous en resterons au niveau du sens commun selon lequel la complexité d'un système biologique peut être décomposée en quatre fractions : le nombre de niveaux hiérarchiques quand les structures sont emboîtées, les nombre d'éléments constitutifs de chaque niveau du système, le nombre des relations entre ces éléments, et le nombre d'éléments qui interagissent à chaque instant.

Le paragraphe 86* montrera que ces problèmes ne peuvent être résolus que par la construction d'un modèle, c'est-à-dire d'une image du système complexe étudié qui soit plus simple que le système et qui respecte cependant les caractères essentiels du fonctionnement du système. Le modèle est le fruit d'une "visée intentionnelle" du chercheur (EDMUND HUSSERL), lorsqu'il choisit l'objet de son étude et le type de modèle qui lui paraît adéquat.

L'un des caractères constants des modèles que peuvent utiliser les biologistes logiques est de contenir – implicitement ou explicitement – au moins une boucle de rétro-action négative. En effet, la capacité de survie d'un être vivant peut être traduite dans le langage de la cybernétique, en rappelant que c'est un système capable d'évoluer et dont l'état, à l'instant **t**, est caractérisé par sa position dans l'espace des phases qui constitue son environnement ; si le système est doté d'un capteur sensible à la modification de son environnement et d'un mécanisme qui le ramène vers son état initial, on dit qu'il est doté d'une boucle de rétro-action négative. Cette boucle de rétro-action est un "anti-hasard" en ce sens qu'elle réduit les possibilités de divagation du système. Dans l'espace des phases, elle se traduit par la présence d'un "attracteur" qui témoigne d'une tendance vers la stabilité, ou plus précisément vers la métastabilité (§ 16*) lorsqu'il existe plusieurs attracteurs possibles.

Les premiers êtres vivants se distinguent donc des agrégats de molécules minérales par la "**mémoire**" qui intervient dans le centre de décision du système de régulation.

Le système biologique primitif constitué par le milieu nourricier et les molécules auto-catalytiques contient ainsi une rétro-action positive, puisque l'apparition d'une de ces molécules entraîne un déplacement de l'équilibre vers la multiplication d'autres molécules-filles. Mais la boucle de rétro-action négative apparaît quand le milieu nourricier s'épuise. Cette combinaison d'une boucle positive et d'une boucle négative est de même caractéristique de l'évolution de la population humaine sur la Terre : nous vivons actuellement une transition entre une phase de croissance démographique exponentielle et une phase de stabilisation autour de 12 à 15 milliards d'hommes (§ 81*).

Un exemple de tendance à la métastabilité dans le système des molécules pré-biotiques est celui des molécules longues qui s'enroulent "spontanément" en chaînes hélicoïdes, spiralées comme des ressorts : des liaisons entre les boucles parallèles stabilisent alors la structure de la molécule. Lorsque ces boucles rapprochent certains fragments de la molécule, il peut aussi apparaître des "sites actifs" capables de jouer un rôle enzymatique.

Un pas capital dans l'évolution des molécules pré-biotiques a été accompli lors de l'apparition des porphyrines (résultant de l'assemblage de glycine et d'acide succinique), parce que ces molécules "auto-catalysent" la production de molécules identiques à elles-mêmes. Une **molécule auto-catalytique** (ou réplicatrice) se nourrit aux dépens des molécules qui l'entourent, et elle dispose ainsi d'une capacité d'assimilation qui est l'un des caractères essentiels des êtres vivants. La perrédoxine (protéine contenant une cinquantaine d'acides aminés, du soufre et du fer) a sans doute été aussi un catalyseur précoce.

Lorsque des molécules réplicatrices se groupent en une chaîne continue, elles se reproduisent toutes ensemble, comme les gènes d'un chromosome, en évitant la compétition. C'est déjà l'amorce de la fonction de reproduction qui prendra une assise nouvelle avec l'arrivée de l'ARN (§ 25*).

La survivance de ces grosses molécules auto-catalytiques (ou réplicatrices) devenait alors très probable. Des traces de porphyrines ont été trouvées dans des sédiments précambriens vieux de plus d'un milliard d'années (P. Albrecht, 1970), et il est possible que la synthèse des porphyrines ait commencé vers – 3 milliards d'années.

Un autre pas important est celui de l'apparition des acides gras (ou, plus précisément, des phospho-lipides) qui sont l'un des constituants majeurs des êtres vivants, puisqu'ils assurent la cohésion des édifices cellulaires. Les acides gras sont constitués d'une "tête" qui attire les molécules d'eau et d'une "queue" qui les repousse. Ces molécules (du type R-COOH) se serrent alors spontanément les unes contre les autres de manière que leurs pieds hydrophobes soient serrés les uns conter les autres et leurs têtes hydrophiles soient entourées d'eau, et forment ainsi un petit globule où un "milieu intérieur" se constitue.

Les acides gras peuvent aussi se disposer en couches minces entourées de protéines, en produisant des structures analogues au "sandwich au beurre" caractéristique des membranes qui entourent les cellules, qui en assurent la cohésion et les séparent du milieu extérieur.

Ces trois exemples (molécules spiralées, porphyrines auto-catalytiques, globules d'acides gras) montrent que les structures chimiques stables ont toutes chances de se maintenir si elles peuvent se construire. Cette "marche vers la stabilité" est une conséquence directe des principes posés dans le paragraphe 16*, qui permettent de comprendre ce caractère fondamental des organismes "vivants" qu'est la possibilité de s'organiser (*cf.* la discussion des termes structure, fonctionnement et organisation au paragraphe 16*).

Finalement, il a pu ainsi naître des "coacervats " (ou "coccoïdes" ou "micro-gouttes " ou "protobiontes") dont la taille pouvait être comprise entre 1 et 500 micromètres (voisine de celles de Bactéries du type *Coccus*). Un coacervat comprend un "milieu intérieur" et une "membrane" constituée d'acides gras au travers de laquelle certains corps peuvent passer, soit pour entrer, soit pour sortir. Ces micro-gouttes peuvent se comporter, en quelque sorte, comme un système biologique hétérotrophe : de tels systèmes sont capables de prélever de l'information aux dépens de l'énergie chimique contenue dans les molécules qui transitent à travers leur "paroi", et en la transformant en énergie de moindre qualité, selon le schéma proposé par E. Schrödinger (§ 16*). Ces systèmes ne sont pas totalement déterminés mais peuvent aboutir au même état final. Par exemple, des ensembles de molécules dissymétriques placées dans plusieurs configurations plus ou moins aléatoires peuvent tous aboutir au même type de micro-gouttes, donnant l'impression d'un processus finalisé (ce ne peut être qu'une impression, parce que la finalité n'est pas une notion scientifique).

Un globule ainsi enveloppé par sa membrane est suffisamment autonome pour que l'épistémologue Hans Jonas (1999) lui attribue déjà une liberté élémentaire : « L'identité à soi est un perpétuel renouvellement de soi à travers un processus, sur le fleuve de ce qui est toujours autre [1]. Il faut cette auto-intégration active de la vie pour fournir le concept ontologique de l'individu ou du sujet ... En un mot, la forme organique entretient avec le matériau un rapport de liberté dans le besoin. »

213.3 Les molécules chirales "orientées"

La structure à 3 dimensions des molécules organiques leur confère des propriétés intéressantes (certaines molécules aromatiques ont même la forme d'un ruban de Möbius). Une molécule qui contient un carbone asymétrique organique est dite "chirale" et qu'elle appartient au type L ou au type D. Ces deux types se réfèrent à la symétrie de nos deux mains – bien utile dans l'image du petit bonhomme d'Ampère – et ils sont traduits en disant que l'enroulement des molécules d'une hélice se fait dans le sens des aiguilles d'une montre (comme pour un tire-bouchon) ou dans le sens inverse.

Les molécules chirales sont souvent optiquement actives, en ce sens qu'elles ont le pouvoir de faire tourner le plan de polarisation de la lumière,

---

[1] On admirera cette élégante allusion à Héraclite, le promoteur du changement perpétuel.

soit vers la droite (molécules dextrogyres) soit vers la gauche (molécules lévogyres). Le sucre D-fructose est aussi nommé lévulose, parce qu'il est lévogyre. Il n'existe pas de lien entre le type L ou D et le pouvoir rotatoire : parmi les 19 acides aminés codés par l'ADN qui sont de type L, 10 seulement sont lévogyres.

Les sucres organiques sont presque tous de type D ; les 20 acides aminés codés par l'ADN (§ 25*) sont presque tous de type L (sauf la glycine, qui ne contient pas de carbone asymétrique) ; 17 d'entre eux ont un carbone asymétrique, et deux d'entre eux en ont deux ; il existe d'autres acides aminés qui sont de type D. Le type L ou D résulte d'une structure à l'échelle de l'atome de carbone et il ne faut pas le confondre avec le sens d'enroulement des hélices de certaines molécules longues telles que l'ADN. À l'échelle de l'individu, les coquilles d'escargots sont généralement des hélices droites, alors que les plantes grimpantes (sauf le Chèvrefeuille ?) prennent souvent la forme d'hélices gauches.

Comment la nature a-t-elle ainsi privilégié les molécules orientées dans les êtres vivants ? Regardons le cas de l'acide aspartique, qui peut être produit par la synthèse de l'acide fumarique (non chiral) et de l'ammoniaque : quand la synthèse est faite dans une éprouvette, il se produit autant d'acide aspartique L que d'acide aspartique D (on dit que le mélange de ces molécules est "racémique" parce qu'il contient les deux énantiomères en proportions égales). Quand il est produit à l'aide d'une enzyme chirale, l'aspartase, le produit appartient en totalité au type L.

On peut donc penser que, lors des synthèses qui se produisent dans les organismes vivants, la chiralité des molécules produites résulte de celle des catalyseurs, ou de celle des acides aminés produits par l'ADN. Ce maintien de la chiralité est particulièrement vraisemblable dans le cas de l'auto-réplication, ou de l'auto-catalyse, qui se produit quand la présence d'une molécule synthétique dans un bain nourricier favorise la production de cette molécule. A. SAGHATELLIAN *et al.* (2001) ont ainsi confirmé expérimentalement que l'auto-réplication de molécules orientées est thermodynamiquement justifiée et conduit même à une résistance aux erreurs de copie.

Il est possible que, à partir du moment où les premières protéines prébiotiques ont été "gauches", les suivantes l'aient été aussi, parce que les enzymes sont plus efficaces quand elles sont spécifiques d'un isomère, qu'il soit "droit" ou "gauche". Mais un autre phénomène peut expliquer la dissymétrie initiale : certaines étoiles émettent de la lumière polarisée qui détruit préférentiellement les molécules "droites" en laissant intactes les molécules "gauches". Ceci pourrait expliquer pourquoi 9 % des molécules organiques de la météorite de Murchison sont "gauches" (A. BRACK, 1999).

Les travaux récents de deux chercheurs de la NASA, **D. Galvin et J. Dworkin**, ont trouvé un excès de 18 % de formes gauches pour la météorite de Murchison et de 15 % pour celle d'Orgueil.

S'il se confirme que la force d'interaction faible n'est pas parfaitement symétrique, il pourrait en résulter une plus grande stabilité des molécules de type L, ce qui montrerait une fois de plus que la vie produit régulièrement des structures de plus en plus stables, tout simplement parce qu'elles durent plus longtemps que les structures instables (*cf.* § 16* et 17*).

R. Hazen (2001) écrit même que "le précurseur de toutes les variétés de forme de vie sur la Terre aurait imposé sa chiralité [le fait, pour une molécule, d'être lévogyre ou dextrogyre] et serait apparu à un moment et en un endroit particulier ... Ainsi, la chiralité de la vie serait le fruit du hasard". Quoiqu'il en soit, il reste à comprendre pourquoi certains sucres (carbohydrates) des être vivants, en particulier ceux des parois des cellules et ceux du ribose, sont dextrogyres.

Un autre type d'orientation est celui des molécules qui s'assemblent en "feuillets" : **R. Hazen** (2001) rapporte plusieurs expériences qui confirment que les argiles (et d'autres minéraux stratifiés tels que la calcite ou les pyrites) favorisent l'assemblage de molécules organiques variées et en particulier des éléments constitutifs de l'ARN. Plusieurs expériences réalisées au laboratoire de biophysique moléculaire d'Orléans ont produit des miniprotéines qui s'agrègent en feuillets de chiralité déterminée (**A. Brack**, 2004).

La chiralité des molécules biologiques est jugée importante par **Xavier Sallantin** (*cf.* l'annexe 2-4)

213.4 La "mémoire" des structures, l'ARN et l'ADN

Les processus biologiques s'inscrivent dans le temps en profitant d'une "mémoire" de leurs structures qui apparaîtra dans plusieurs paragraphes.

213.41 Le rôle de la mémoire dans l'apparition de la vie

Les grosses molécules prébiotiques réagissent aux modifications de leur environnement selon les lois des équilibres physico-chimiques. Ce sont ainsi des systèmes à réaction immédiate, sans médiation. En cybernétique, on connaît des systèmes plus perfectionnés qui comprennent un "capteur" sensible aux modifications de l'environnement, un "centre de décision" comprenant une mémoire qui traduit le signal transmis par le capteur pour produire une action, qui est alors une "rétro-action" (§ 16*). L'exemple biologique le plus banal est celui de la réaction des muscles de votre bras quand vous avez posé la main sur une casserole brûlante. Dans ce cas, la mémoire est inscrite dans les cellules de la moelle épinière qui "savent" qu'un signal venant des nerfs sensitifs doit être traduit immédiatement en une impulsion actionnant les nerfs moteurs.

Les réactions chimiques peuvent aboutir à des équilibres complexes qui dépendent du devenir des concentrations de chacun des éléments présents, mais aucune mémoire n'intervient dans ces équilibres. Les coacervats contenant des ARN avaient plus de chance d'assurer la reproduction du système. C'est pourquoi nous pouvons penser que le premier système biochimique qui soit typique des êtres "vivants" est la combinaison d'un acide nucléique codant (ARN) qui joue le rôle de mémoire et de la protéine dont il catalyse la production.

Il est alors possible de dire que, par définition, les premiers êtres vivants se distinguent des agrégats de molécules par leur réaction commandée par un centre de décision qui met en jeu une "mémoire". Les premières structures "vivantes" (que l'on peut nommer "**cyberbios**") ont ainsi pu se dédoubler en gardant une "mémoire", liée à des "nucléotides" constitués d'un ribose, d'une base et éventuellement d'un phosphate (ce rôle des phosphates explique l'importance des engrais phosphatés en agriculture).

Ces "cyberbios" sont fonctionnellement plus complets que les virus connus actuellement (§ 21*) qui ne possèdent pas les ribosomes qui leur permettraient de synthétiser des protéines (c'est pourquoi les virus paraissent inertes quand ils ne sont pas dans une cellule qu'ils parasitent). Les virus que nous connaissons sont alors sans doute des descendants de "cyberbios" qui ont perdu cette fonctionnalité quand ils ont trouvé plus économique de vivre en parasites.

Des biologistes du Californian Institute of Technology écrivent (*Public Library of Science*, décembre 2004), qu'ils ont dissous des fragments d'ADN dans l'eau et qu'ils ont vu ces molécules s'assembler spontanément en triangles de Sierpinski (ces figures fractales qui ressemblent à des cristaux de neige et qui peuvent être produites sur un écran d'ordinateur par des algorithmes très simples). En effet, chaque molécule d'ADN offre à sa périphérie des sites d'assemblage qui peuvent s'emboîter avec ceux des autres molécules. Ils comparent ce simple processus chimique à l'exécution d'un programme informatique écrit en langage binaire et pensent que, inversement, tout algorithme pourrait être inclus analogiquement dans la croissance d'un cristal et se prêter à des opérations de nanotechnologie.

A. Cairns-Smith (1985) souligne à juste titre que des structures dotées d'une mémoire des formes sont nécessaires pour assurer toute "reproduction" et il montre bien l'importance des "échafaudages" moléculaires relativement primitifs (peut-être constitués en liaison avec des argiles) qui peuvent avoir joué ce rôle à l'aurore de la vie. Puisque des fragments d'ADN ou sans doute d'ARN sont capables de s'assembler spontanément pour former des structures complexes, il est possible que l'ARN ou l'ADN ait pu jouer ainsi un rôle de "mémoire" dans les réactions chimiques qui se produisaient dans le bouillon tiède primitif.

213.42 L'ARN et l'ADN

Les expériences de **T. Cech et A. Zaug**, parues dans *Science* en janvier 1986, permettent de penser que l'ARN peut avoir été simultanément l'embryon de mémoire et le support des activités catalytiques "utiles", que l'on croyait réservées aux protéines des enzymes. **W. Gilbert**, prix Nobel en 1980, proposa aussitôt d'appeler ces ARN "**ribozymes**", pour souligner l'importance de ce double rôle.

L'ARN (acide ribonucléique) diffère de la double hélice de l'ADN sur trois points :

- une molécule d'ARN correspond à un seul des deux montants de l'échelle d'ADN, et il est muni des demi-barreaux correspondants ;
- le ribose y remplace le désoxyribose ;
- sur le demi-barreau, la thymine de l'ARN est remplacée par l'uracile, qui admet l'adénine comme binôme dans le deuxième demi-barreau, comme pour l'ADN.

Chez les êtres vivants actuels, un filament d'ARN messager est la "crémaillère" le long de laquelle un ribosome se déroule, en accrochant au passage les molécules d'acide aminé accolées à de petits morceaux d'ARN "de transfert" qui portent chacun le "négatif" de l'un des codons enchâssés le long de l'ARN messager. Une protéine composée de 1.000 acides aminés se construit de la même manière. L'hypothèse actuelle est donc que l'ARN primitif catalysait directement la production des protéines. Cette hypothèse est crédible puisque les virus à ARN, après des inversions de polarité, induisent dans les cellules l'enchaînement d'acides aminés apportés par les ARN de transfert.

N. Altier, M. Gouy & N. Tourasse ont montré que les proportions de guanine et de cytosine dans les ARN d'organismes très anciens font penser qu'ils se sont produits en milieu tempéré. **C. Ponnamperuna** *et al.* (1963) ont observé la production de précurseurs de l'ARN et de l'ADN (ribose et désoxyribose) dans des expériences analogues à celles de **Stanley Miller.** L'utilisation de ces molécules hélicoïdales comme mémoire capable d'orienter la synthèse des acides aminés a pu être assez précoce. Quelle est l'origine de l'association fidèle d'une séquence spécifique d'ADN à une lignée de Pro-caryotes ? Il n'est pas impossible que la "sélection chimique" (qui sera évoquée un peu plus loin) ait favorisé des "pré-virus" constitués d'une molécule d'ADN (ou d'ARN ?) parallèlement à l'élaboration des gouttes de protoplasme des "pré-Bactéries".

La combinaison fonctionnelle des doubles hélices de l'ADN ou de l'ARN apporte l'avantage d'une grande stabilité et d'un système de duplication rapide (par ouverture de l'échelle, comme une fermeture éclair, et réappariement de chacun des demi-barreaux, à la vitesse de 10 à 20 nucléotides par seconde). Par exemple, le virus du Bactériophage T2 (qui mesure environ 0,1 micromètre et qui est souvent nommé virus T2) injecte seulement un filament d'ADN (long d'environ 60 micromètres quand il est déplié) à travers la membrane d'une Bactérie. Ce filament suffit pour mobiliser les protéines de la Bactérie et pour produire une centaine de Bactériophages nouveaux.

Ce sont sans doute les liaisons chimiques disponibles à la périphérie des molécules d'ADN qui sont utilisées par les éosinophiles : ces cellules du système immunitaire (*Nature Medicine*, 10 08 08) éjectent l'ADN de leur mitochondrie pour qu'il attaque des envahisseurs tels que de petits Vers parasites de l'intestin. Le plus étonnant est que les éosinophiles semblent aussi attaquer de la même manière certaines Bactéries.

213.43 La sélection biochimique

François Jacob attire l'attention sur une conséquence de ce qu'il appelle des "bricolages" : "La phase réellement créatrice de la biochimie n'a pu survenir que très tôt, car l'unité biochimique qui sous-tend l'évolution du monde vivant n'a de sens que si les organismes primitifs contenaient déjà la plupart des constituants communs aux êtres vivants : systèmes de réplication et de traduction, etc."

Il ajoute qu'une certaine sélection chimique est vraisemblablement intervenue à cette étape de l'origine de la vie. Ce processus correspond exactement à la règle générale proposée au paragraphe 16* : les systèmes qui ont le plus d'avenir sont ceux qui résistent le mieux aux perturbations, soit par élasticité soit par résilience

213.44 Et aujourd'hui ?

L'une des questions qui restent posées est : pourquoi ces processus ne sont-ils plus observés aujourd'hui sur la Terre ? Une première explication est l'existence de la couche d'ozone (§ 12*) qui atténue la puissance du rayonnement solaire, exactement dans la gamme de longueurs d'ondes favorables aux synthèses biochimiques. De plus, s'il arrive que des molécules "pré-biologiques" se forment encore de nos jours dans les eaux superficielles, elles sont vraisemblablement absorbées par l'un des organismes qui composent les chaînes alimentaires actuelles. En conséquence, il serait vain de courir les océans à la recherche de ces précurseurs moléculaires de la vie.

213.5 La vie et le hasard

Comment savoir si l'apparition de la vie sur la Terre est seulement le fruit d'un hasard imprévisible comme le pensait **JACQUES MONOD** ? Un début de réponse a été apporté dans le paragraphe 16* et dans l'annexe 1-2, où la probabilité d'un événement a commencé à être analysée, et il est temps de réfléchir à nouveau sur ce qu'est le hasard.

213.51 Qu'est-ce que le hasard ?

Au début de sa Métaphysique, **ARISTOTE** s'intéresse à l'origine de l'univers et distingue deux acceptions du mot hasard : "Rapporter au hasard (αυτοματον) et à la chance (τυχη) une si grande œuvre n'était pas raisonnable. Aussi quand un homme vint dire qu'il y a dans la nature, comme chez les animaux, une Intelligence (νουσ) qui est cause de l'ordre et de l'arrangement universel, il apparut comme seul en son bon sens par rapport aux divagations de ses prédécesseurs."

Pour le grand public, le hasard est ce dont on ne connaît pas encore la cause. Il est alors un cache-misère de nos incertitudes, un accroc temporaire au déterminisme, qui se rétrécirait comme peau de chagrin au fil de l'accroissement de nos connaissances

Mais les remarques de **DAVID HUME**, de **GOBLOT**, de **HENRI POINCARÉ**, etc. (§ 16*) ont montré que l'on ne connaît jamais la cause réelle d'un phénomène, mais seulement des successions régulières entre deux phénomènes. Pour savoir si un événement B a beaucoup de chances de se produire après l'événement A, il est alors logique de faire appel au calcul des probabilités et de revenir à l'origine de cette branche étonnante des mathématiques.

Au XVIIe siècle, **BLAISE PASCAL** et le chevalier **DE MÉRÉ** ont montré comment il est possible de calculer les chances de succès d'un tirage au hasard, mais leur définition de la probabilité (quotient du nombre de cas favorables par le nombre de cas possibles supposés équiprobables) reposait sur la notion d'équiprobabilité qu'ils ne savaient pas définir. Au XVIIIe siècle, les physiciens ont essayé de définir la probabilité d'un événement par la limite de la fréquence observée de son apparition, mais cette définition ne s'applique pas aux événements rares et il serait bien difficile de la mettre en œuvre pour les êtres vivants.

Pour étudier des phénomènes dont nous ne connaissons pas le fonctionnement dans tous ses détails, il est précieux de mettre en œuvre un calcul de probabilité s'appuyant sur l'axiomatique que **KOLMOGOROV** a proposée au début du XXe siècle. **J. MAZLIACK** *(in litt.)* souligne que ce mathématicien s'est fortement inspiré de travaux antérieurs et que sa renommée est en partie le fruit de la propagande de l'Union soviétique.

Le hasard ainsi défini englobe celui d'**ARISTOTE** : le promeneur qui reçoit une tuile sur la tête est la victime de la rencontre de deux séries d'événements où les successions cause-effet sont trop nombreuses pour qu'il soit possible d'en connaître les enchaînements. De même, nous n'essayons pas de prédire la succession des mouvements que subit un dé lancé sur le tapis d'une table de jeu, quoique les lois de la mécanique puissent théoriquement permettre de les analyser avec une parfaite rigueur.

Autrement dit, dans tous les systèmes étudiés en biologie, **le "hasard" est l'ensemble des règles de fonctionnement que nous choisissons de ne pas prendre en compte dans nos modèles** et non pas un magma de phénomènes indéterminables.

Une compréhension plus complète du hasard physique est possible seulement dans la logique quaternaire de **JEAN-FRANÇOIS FROGER & ROBERT LUTZ.**[1]

Ces deux auteurs – un mathématicien et un épistémologue – font remarquer que "la mécanique quantique introduit des entités, les états quantiques, qui ont un caractère purement *potentiel* ... La mécanique quantique est à cheval sur deux mondes : le monde *contingent* et le monde *potentiel*, qui, si la mécanique quantique a un sens, doivent être considérés comme aussi réels l'un que l'autre." Or la logique binaire habituelle (une proposition est vraie ou fausse, un objet est présent ou absent en un lieu) n'a pas de structure capable de parler d'un objet qui peut être potentiellement présent en un lieu, mais qui n'y est peut-être pas.

Les deux auteurs précités en déduisent une logique des relations en introduisant la notion de "2-ensemble" (p. 57), puis les logiques "ternaire" et "quaternaire" qu'ils appliquent en détail au monde quantique afin de pouvoir le considérer comme un monde réel et non pas seulement comme un ensemble formel. La potentialité envisagée dans l'alinéa précédent est une catégorie fondamentale de ce monde réel. Le hasard trouve alors une place logique dans ce monde réel, et il est possible d'espérer appliquer à la réalité des êtres vivants ces logiques où sont présents l'ordre et le non-ordre.

Ce bref rappel relatif au hasard sera complété dans le paragraphe 27*, après le survol des causes de l'évolution.

---

1 *Fondements logiques de la physique*, Éditions DésIris, 2007 et *La structure cachée du Réel*, Éditions DésIris, 2009.

213.52 La probabilité de l'apparition de la vie

L'apparition de la vie sur la Terre est une succession d'événements que la logique classique considère comme peu probables et le théorème des probabilités composées dit que la probabilité de l'ensemble des étapes successives est extrêmement faible puisqu'elle est le produit des faibles probabilités de chacune des étapes.

Déjà **CICÉRON** se demandait comment le hasard aurait pu suffire pour assembler les atomes prévus par Démocrite de manière à constituer le monde que nous connaissons. Au début du XXe siècle, on a fait remarquer qu'un singe typographe ne pourrait pas écrire un livre sensé en puisant "au hasard" des lettres dans une urne probabiliste. **LECOMTE DU NOUŸ** en tirait argument pour dire que la vie ne pouvait résulter que d'un anti-hasard, mais le calcul de probabilités qu'il a proposé restait discutable.

PIERRE PERRIER (*in litt.*) physicien spécialiste des phénomènes de turbulence et de contrôle, fait remarquer que les assemblages de molécules prébiotiques ont pu apparaître seulement grâce à un "contrôle" qui réduit la multitude des chemins possibles. Ce contrôle s'exprime par une forme mathématique à 4 dimensions qui inclut les équations aux dérivées partielles formulées localement et qui y ajoute les équations de **FI** qui introduisent, en tout ou partie du champ, une "action" qui dépend de l'état adjoint local. Cette "action" accélère l'avancée du système en le faisant converger plus vite vers l'état assigné. L'évolution serait en quelque sorte dirigée par une "main invisible" encore plus discrète que celle que proposait **ADAM SMITH** en économie.

En effet, les équations de **RICATTI** créent, en tous les points de la trajectoire, de nouvelles lois de fonctionnement qui se combinent aux lois classiques et contrôlent ainsi son évolution. Si le nombre des points "réceptifs" où le contrôle s'exerce est grand, la différence entre le fonctionnement sous contrôle et le fonctionnement sans contrôle est aussi petit que l'on veut : par exemple une action du second ordre sur tous les points de bifurcation des trajectoires est pratiquement indécelable.

Il est encore plus remarquable que ces processus et le but assigné ne peuvent pas être décelés par un observateur extérieur, parce que l'ordre de grandeur des paramètres de ce contrôle est aussi celui du "bruit" moyen du système.

En résumé, si un système dispose de nombreux lieux "réceptifs" (points, lignes, surfaces, volumes de l'espace-temps) où peut s'exercer, grâce à une martingale, une action de contrôle aussi petite que l'on voudra, il évoluera rapidement sans que l'on puisse savoir ce qui a dirigé cette évolution. Il suffit que la martingale puisse s'appliquer aux points réceptifs et connaisse l'état prévisionnel du système. Les équations de **RICATTI** permettent de savoir où et comment l'action de contrôle peut prendre place efficacement et de combien elle peut permettre de s'écarter en un temps donné du mouvement libre non contrôlé. Elles permettent de voir comment peut être augmentée la métastabilité du système.

Dans les processus biochimiques, le contrôle ricattien peut produire des actions coordonnées bien localisées. Cette introduction d'une convergence indécelable dans les processus biochimiques est une solution élégante pour résoudre les paradoxes de l'apparition de la vie, et elle évite tout recours à un vitalisme théorique.

Remarquons encore que le contrôle ricattien implique la présence d'une "mémoire" dans le système en cours d'évolution, comme dans tous les processus biologiques ainsi que nous le verrons à plusieurs reprises et en particulier dans les paragraphes 35* et 86*.

Ceci rejoint parfaitement ce qu'écrivait **YVES COPPENS** dans *Le genou de Lucy* : « On a de la peine à croire aux sacro-saintes mutations au hasard que la sélection va retenir parce que, par chance, elles sont justement meilleures pour la survie de l'espèce. Et on se prend à imaginer, dans les caryotypes mêmes, un mécanisme subtil qui serait capable de recevoir l'information du milieu qui change et de s'en servir, en toute connaissance de cause, pour provoquer, dans la bonne direction, lesdites mutations.»

De son côté, **HERBERT SIMON,** dont le prix Nobel est à cheval sur l'économie et les mathématiques, montre comment les étapes de la mise en place d'un système complexe peuvent s'enchaîner efficacement. Il prend l'exemple de l'assemblage de la centaine de pièces nécessaires pour fabriquer une montre : si l'on recommence l'assemblage depuis le début chaque fois que la montre complète n'est pas réussie, la tâche a peu de chances d'être accomplie en un temps fini ; si le système conserve en mémoire les sous-ensembles de quelques dizaines de pièces qui peuvent fonctionner ensemble (le balancier et son support, l'ancre et l'échappement, etc.), il n'est pas nécessaire de revenir au début du processus et les sous-ensembles qui sont restés assemblés ont beaucoup plus de chances de pouvoir constituer la montre.

C'est l'occasion de revenir sur la présences d'une mémoire dans les processus biologiques : les assemblages de molécules sont des structures spatiales à 3 dimensions qui confèrent à leur ensemble des propriétés nouvelles que les spécialistes de la stéréochimie savent apprécier. L'une de ces propriétés peut être une meilleure résistance aux perturbations et elle est liée à la structure spatiale de cet assemblage, qui est la "mémoire" de l'information du "message" constitué par cette structure. L'assemblage sera alors plus durable et il aura ainsi des chances de subsister longtemps en restant disponible pour de nouvelles synthèses. Ce processus donne l'impression d'une "émergence" exprimée par l'adage selon lequel "le tout est plus que la somme des parties."

Cette progression vers des structures de plus en plus stables rejoint le "contrôle" des équations de **RICATTI**.

Le code génétique (§ 25*) fonctionne exactement de la même manière pour inscrire dans la mémoire des individus d'un phylum les tentatives d'évolution qui ont échoué et qui peuvent être considérées comme des chréodes en impasse.

La recherche des "causes" de l'apparition de la vie est à la limite du domaine de la méthode expérimentale, surtout si la vie est un phénomène contingent, historique, qui s'est produit une seule fois au cours de l'histoire de la Terre, comme la bataille de Pharsale évoquée dans les discussions de la philosophie des Lumières.

En dernier ressort, ce problème oblige à se demander pourquoi l'atome de carbone est tétravalent et capable de constituer des molécules organiques très longues. Ce genre de question peut être considéré comme métaphysique, au sens originel de ce mot, et il sera examiné spécialement dans le paragraphe 27*.

213.6 L'information et la prédictibilité

NYQUIST, puis SHANNON, ont montré que des relations de dépendance existant *a priori* entre les éléments d'un système réduisent les incertitudes relatives à son évolution. En particulier, ces relations – qui sont fréquentielles – suffisent pour justifier la construction spontanée, à partir d'un tirage au hasard, d'une structure caractérisable. Par exemple, le typographe qui tirerait les lettres de l'alphabet en respectant l'information donnée par leur fréquence dans les plaidoiries de Cicéron produirait un texte qui aurait parfaitement l'apparence du latin (surtout s'il respecte aussi les fréquences des assemblages de lettres prises deux à deux, puis trois à trois, etc.). Une phrase ainsi construite par un tirage au hasard avec le progiciel Dyalog est : "*sibicre innuli unodotem bimtersium vim deviae palium intrem omani tona poium facteten rem docoe etrae*" et elle présente clairement des affinités avec le latin.

Pour comprendre le rôle que les probabilités et l'information jouent dans les phénomènes de la vie, il faudra résoudre deux paradoxes. Le premier est la remarque naïve et irritante qui prend à revers les calculs de probabilités *a priori* : la vie n'avait-elle pas objectivement cent chances sur cent d'apparaître, puisqu'elle est effectivement apparue ? La conjecture de

Bayes qui régit les probabilités *a posteriori* ne permet pas non plus de répondre et de dire pourquoi la vie est apparue.

Le second paradoxe est plus fondamental et même nettement philosophique, puisqu'il concerne les "causes premières" et le déterminisme de **Laplace.** Ce scientifique rigoureux affirme à juste titre que la connaissance de l'ensemble des lois de l'univers permettrait de prévoir l'évolution du monde depuis son origine et il a eu raison de dire à Napoléon qu'il n'avait pas besoin de l'hypothèse d'un Dieu créateur pour découvrir les lois de la physique. Oui, il est théoriquement possible de suivre le déroulement de toutes les séquences causales qui se sont déroulées dans l'univers, depuis le Big bang jusqu'à aujourd'hui. La question qui reste est : "Quel physicien serait capable de saisir, en un instant et d'un seul coup d'aile, la totalité des lois physiques et de leurs conséquences successives ?" Si cette tâche était confiée à un super-méga-ordinateur, qui serait capable de dépouiller la myriade de myriades de pages qu'imprimerait cet ordinateur ?

Plotin d'Alexandrie, au IIIe siècle, disait : "L'Intelligence est supérieure à toute chose, parce que toutes les choses résultent d'elle ... L'Intelligence voit l'Un et n'a besoin que de lui ... L'Intelligence [regarde l'Un], et elle le voit sans en être séparée." (Ve Ennéade, Tr 1, ch. 6). Quel scientifique pourrait se croire doué d'une si vertigineuse capacité de synthèse ? Existerait-il, à l'origine du monde, une Intelligence première, un Logos possédant une logique universelle ? Nous reprendrons cette question un peu plus loin.

213.7 Conclusions

L'une des conclusions les plus claires qui peuvent être tirées de tout ceci est que l'apparition de la vie a pu s'amorcer dans plusieurs types d'environnements. Nous sommes loin de connaître tous les détails de ce qui s'est passé vers – 3,5 milliards d'années et il subsistera sans doute encore longtemps une masse de points d'interrogation, que le modèle des montagnes

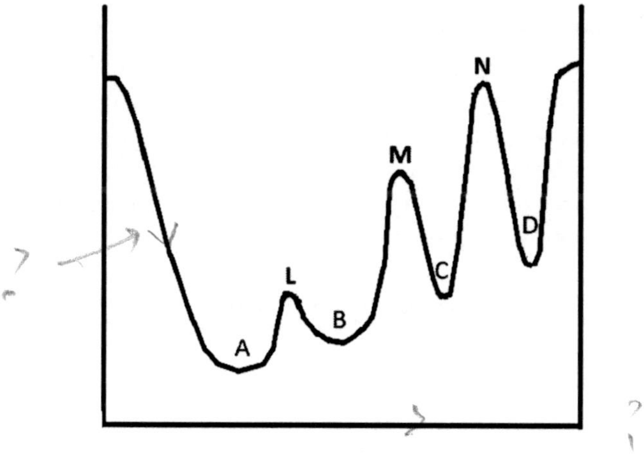

Figure 21-1 : A = les molécules minérales, B = les molécules organiques, C = les molécules organiques auto-reproductrices, D = les premiers ensembles de molécules constituant la première proto-cellule.

russes (§ 17* et figure 17-1) aidera à comprendre : puisque les lois de la nature permettent à un système moléculaire un peu complexe de résister aux perturbations (par auto-catalyse ou par structuration dans l'espace) ce système durera au moins quelque temps à partir du moment où il apparaît. Le modèle des montagnes russes permet en particulier de comprendre les modalités et les paradoxes de cette résistance aux perturbations qui caractérise les êtres vivants (*cf.* les traits bionomiques du paragraphe 35*).

Le modèle des montagnes russes montre pourquoi les "chaînons manquants" sont si nombreux : le franchissement d'un sommet local L, M ou N, pour aller d'une phase de métastabilité à une autre phase de métastabilité (ou d'un attracteur à un autre attracteur) s'effectue en passant par une phase d'instabilité qui dure peu de temps et qui a donc peu de chances de laisser une trace fossilisée dans les sédiments géologiques.

Dans le cas de l'apparition de la vie, la multiplicité des berceaux possibles, depuis l'espace interstellaire jusqu'aux sources hydrothermales en passant par les bords des volcans sous-marins et les lagunes ensoleillées, montre que la crête de la montagne russe qui sépare le versant de la matière inanimée et le versant des molécules vivantes permet de penser qu'elle a pu être franchie de plusieurs manières, après une série d'essais et d'échecs.

Le premier chapitre a montré comment le rayonnement solaire détermine l'ambiance physico-chimique dans laquelle baigne la biosphère. Il est maintenant possible de mieux comprendre comment le Soleil a fourni de l'énergie et de l'information aux premières réactions chimiques "prébiotiques" qui ont produit de très longues molécules organiques qui ont donné naissance aux premiers organismes (§ 22*). En fin de course, le paragraphe 25* montrera comment, pendant les milliards d'années qui ont suivi cette éclosion, les espèces se sont multipliées et diversifiées en suivant les règles complexes de la spéciation.

214 LES PLUS ANCIENS "ORGANISMES"

214.1 Sur la Terre

214.11 Les premières étapes

Les paragraphes précédents ont montré que, sur la Terre, de nombreux corps intéressants se sont produits dans le "bouillon tiède", en particulier des catalyseurs tels que l'adénosine triphosphate. Celle-ci se transforme réversiblement en adénosine diphosphate en cédant temporairement un atome de phosphore au glucose, ce qui est l'équivalent d'une oxydation et produit, en fin de compte, de l'alcool et un peu de dioxyde de carbone. Cette réaction, analogue à une fermentation, peut se produire en l'absence d'oxygène ; elle est équivalente à la respiration (mais beaucoup plus lente) et elle produit du dioxyde de carbone CO_2.

Lorsque les macro-molécules organiques du bouillon primitif sont devenues nombreuses, elles ont pu s'agglomérer en "coacervats" stables regroupant plusieurs centaines d'éléments, qu'il est possible de produire en laboratoire. Les coacervats peuvent atteindre une taille de plusieurs micromètres et même de quelques centaines de micromètres, proche de celle de Bactéries du type *Coccus*. R. BUVET a étudié le "métabolisme" des coacervats, et C. PONNAMPERUNA a montré qu'ils sont plus résistants au rayonnement ultraviolet que les molécules qui les composent.

Il est probable que la porphyrine fondée sur le fer a fonctionné plus tôt que la chlorophylle, qui est centrée sur un atome de magnésium, mais cette dernière peut rester plus longtemps à l'état excité, et, en conséquence, elle a pu absorber durablement des photons pour assurer l'autotrophie des coacervats qui la possédaient ; ce faisant, elle produisait du glucose, qui pouvait ensuite fermenter et boucler le cycle.

Les "organismes" les plus rudimentaires avaient vraisemblablement une taille inférieure à 20 micromètres ; ces petits glomérules ont été nommés "coccoïdes" ou "sphéroïdes ". Ils étaient constitués de glucides, de lipides et d'acides aminés souvent enrobés d'une substance mucilagineuse comportant un "point noir" qui est interprété quelquefois comme la trace d'une pelote d'ADN, mais qui est plus vraisemblablement un opercule.. Les sphéroïdes sont sans doute à l'origine des premières Bactéries, et aussi des mitochondries capables de transmettre une partie de l'information génétique.

R. WHITE a proposé sur son blog une chronologie mise à jour en 2010 :

Origine de l'Univers 13.700 Ma (millions d'années)
Origine de la Terre 4.566 ± 2 Ma
Plus vieux minéraux connus sur Terre (zircons) 4.408 ± 8 Ma
(l'accumulation d'eau dans les océans aurait commencé, selon d'autres auteurs vers 4.200 Ma)
Plus vieilles roches connues sur Terre 4.031± 3 Ma
Premières preuves de la vie (graphite à faible teneur en carbone 13) 3.850 Ma
Premiers fossiles microbiens sur Terre 3.500 Ma
Premières Cyano-Bactéries 2.000 Ma
Premières Algues rouges multicellulaires 1.200 Ma
Premiers animaux multicellulaires 575 Ma
Premiers Mammifères placentaires 135 Ma
Premiers Hominidés (Australopithèques) *circa* 5 Ma
Premiers *Homo sapiens* modernes *circa* 200.000 ans

Il est remarquable que les apparitions de nouveautés sont de plus en plus rapides et c'est l'un des caractères des systèmes soumis à un processus de contrôle .

Il est certain que la vie est apparue peu de temps après la constitution de la Terre, soit parce qu'elle serait venue du cosmos, soit parce qu'elle avait une forte probabilité d'apparaître dès que les conditions écologiques nécessaires étaient présentes, soit parce que le processus physique de contrôle suggéré par Pierre Perrier (voir un peu plus haut) a augmenté la rapidité des synthèses pré-biologiques.

214.12 Les premiers organismes anaérobies

Les premiers ensembles de molécules qui ont commencé à manifester les propriétés de la vie ressemblent plus aux animaux qu'aux végétaux, parce qu'ils vivent aux dépens de structures plus simples et sont en quelque sens hétérotrophes.

Tel était le cas des Méthano-bactéries (= Méthanogènes) qui vivent sans oxygène et produisent du méthane en prélevant à des molécules d'hydrocarbures plus complexes l'information qui leur est nécessaire. La Bactérie *Cupriavidus metallidurans* se nourrit de sels d'or (ou de cuivre ?) qui sont toxiques pour les animaux et les biochimistes essaient de l'utiliser pour la production du fabuleux métal. De même, les Sulfo-bactéries utilisent l'hydrogène sulfuré H_2S pour réduire le dioxyde de carbone, en produisant du soufre. Cette réaction présente des caractères communs avec la photosynthèse et certaines Cyano-Bactéries sont encore capables de fonctionner ainsi quand elles sont placées dans un milieu pauvre en oxygène, où elles ne peuvent pas respirer.

On ne sait pas si les Sulfo-bactéries ont commencé à fonctionner près de la surface des mers ou si elles se sont développées seulement à grande profondeur près des sources hydrothermales (§ 211* et fin de 214*).

La Bactérie *Herminiimonas arsenicoxydans* peut vivre sur des substrats chargés d'arsenic (ce corps est proche du phosphore et donne des arsenites) en transformant les arsenites en arseniates et en emprisonnant les produits toxiques dans une vacuole. En 2010 il a été montré qu'elle intègre de l'arsenic dans son ADN.

Des Bactéries vivent depuis au moins 1,5 millions d'années sous le glacier Taylor, en Antarctique, sans oxygène ni lumière (**J. MIKUCKI**, *Science*, 04 09). Elles se nourrissent en décomposant des molécules fondées sur du soufre et du fer, mais sont différentes de celles qui avaient été trouvées sous le lac Vostok en 1998.

214.13 Les roches les plus anciennes et leurs fossiles

La Terre s'est solidifiée il y a 4,6 milliards d'années (*cf.* l'annexe 2-1 du présent chapitre), et les océans se sont alors mis en place assez rapidement.

Les roches très anciennes sont rares à la surface de la Terre, puisqu'elles ont été recouvertes de sédiments sur 99 % de la surface terrestre. Le premier âge géologique est l'**Archéen** qui commence avec la solidification de l'écorce terrestre (*cf.* l'annexe 1-5 du chapitre 1).

Les granites sont abondants dès – 3,5 milliards d'années, et ils témoignent de l'existence de continents qui se sont développés pendant l'Archéen. L'intérieur de la Terre était nettement plus chaud qu'aujourd'hui, et les coulées de lave de cette époque, en se solidifiant, ont donné beaucoup d'olivine – qui fond à 1.300 °C et s'associe souvent avec des gisements de platine, de nickel ou de chrome et quelquefois d'or, au Canada, en Australie et en Afrique du Sud – alors que nos basaltes fondent vers 1.100 °C. Les impacts de gros météorites étaient vraisemblablement plus fréquents et plus importants qu'aujourd'hui.

Les plus anciens fossiles d'**Unicellulaires** ont été découverts dans des quartzites vieux de 3,8 milliards d'années (ou peut-être même de 4,46 milliards d'années selon les datations au néodyme de chercheurs de Paris 7) situés près d'Isua, à environ 150 km au nord-est de Godthaab, dans le Groenland (ou dans l'île d'Akilia, au sud-ouest du Groenland, avec un âge de 3,85 Ga ?). Ils ont été nommés *Isuasphoera isua* (**E. BOUREAU**, 1976, 1986 ; H. & G. Termier, 1968). Ce sont de minuscules sphères creuses à parois carbonées plus riches en carbone 12 qu'en carbone 13.

Tous ces organismes sont des Pro-caryotes dépourvus de noyau, mais ils disposaient vraisemblablement de filaments d'ARN ribosomal. Il semble que l'élaboration d'ARN n'est possible qu'en présence de phosphore, par exemple près d'un volcan ou d'une roche du type komatiite (*cf.* § 211*).

Les Archae-Bactéries et les habitats extrêmes

C. WOESE, à partir de 1977, a comparé l'ARN ribosomal de plusieurs Pro-caryotes, et il a identifié le groupe des **Archae-Bactéries**, nettement différentes des Bactéries et possédant au contraire quelques caractères des Eu-caryotes. Certains auteurs disent que les Archae-Bactéries constituent, à côté des Pro-caryotes et des Eu-caryotes, un troisième "domaine", ou bien, à côté des minéraux, des végétaux et des animaux, un troisième "règne". La plupart des Archae-Bactéries vivent dans des conditions extrêmes (sources chaudes, milieux très salés ou très acides, etc.) ; le métabolisme de certaines d'entre elles (*Methanosarcina*) est fondé sur le méthane.

Le laboratoire de microbiologie des environnements extrêmes placés sous la tutelle du CNRS, de l'Ifremer et de l'Université de Bretagne Occidentale, a découvert une nouvelle espèce d'Archae-Bactérie à plus de 4.000 mètres de profondeur. Baptisée *Pyrococcus* CH1, cette espèce vit dans un milieu allant de 85 à 105°C et accepte les pressions hydrostatiques de 1.200 bars (soit plus de 1.000 fois la pression atmosphérique). En partenariat avec l'Institut d'Océanographie de Xiamen en Chine et le Laboratoire des sciences de la Terre de l'Université de Lyon, les microbiologistes ont isolé ce nouvel organisme à partir d'échantillons de la campagne Serpentine 2, au cours de laquelle une équipe franco-russe a exploré pendant six semaines la dorsale médio-Atlantique à la découverte de nouvelles sources hydrothermales.

Pyrococcus CH1 a été découverte sur le site "Ashadze", le site hydrothermal le plus profond des océans découvert en mars 2007 et situé à 4.100 mètres de profondeur. Des échantillons de cheminée hydrothermale ont été recueillis avec le ROV Victor 6000, un navire océanographique de l'Ifremer, puis analysés en laboratoire. *Pyrococcus* CH1 est ainsi le premier organisme connu qui apprécie des conditions de forte température (hyperthermophilie) et dont la croissance est directement inféodée à de fort niveau de pression (barophilie ou piézophilie).

De nombreux biologistes ont pensé que les Archae-Bactéries thermophiles étaient les ancêtres de tous les êtres vivants (*cf.* le Congrès d'Athens, en 1996, intitulé « *Les thermophiles, clés de l'évolution moléculaire et de l'origine de la vie ?* »). L'un des caractères séduisants de cette hypothèse est que les thermophiles sont capables de résister à la très forte élévation de température des océans que provoquerait l'impact d'une météorite.

PATRICK FORTERRE (1999), montre cependant que cette hypothèse se heurte à plusieurs difficultés. En particulier, il est généralement admis que l'ARN – qui est la clef de la synthèse des protéines – est apparu avant l'ADN. Or l'ARN résiste moins bien à la chaleur que l'ADN. De plus, les thermophiles sont dotés de mécanismes originaux (tels que les *reverse gyrases* ou les molécules de lipides géantes qui maintiennent leur membrane imperméable aux ions à très haute température) qui seraient relativement récents.

Progressivement, chaque type de structure chimique a pu sélectionner les protéines les plus efficaces pour son type de fonctionnement ; les échanges de gènes devinrent sélectifs et les lignées divergèrent (c'était un équivalent de la rupture de l'interfécondité qui engendre les nouvelles espèces de plantes ou d'animaux). Le groupe des Cyano-Bactéries et celui des Archae-Bactéries se seraient ainsi différenciés. Cette vision de l'évolution où les lignées nouvelles émergent d'un buisson complexe est celle de LOUIS EMBERGER (§ 22*) qui diffère nettement des arbres dichotomiques habituels.

E. NISBET (2000) estime que des organismes dotés de la photosynthèse (aérobies ou anaérobies) ont laissé des traces dans des sédiments âgés de 3,5 millions d'années ou peut-être même 3,8 millions d'années. Ces premiers êtres vivants seraient donc apparus 1 milliard d'années après la solidification de la croûte terrestre et sans doute dès que les océans se sont constitués.

Les micro-fossiles filamenteux découverts par B. RASMUSSEN (2000) dans des dépôts volcaniques de l'ouest de l'Australie pourraient être des Procaryotes thermophiles (110 °C ?) et chimiotrophiques vivant à grande profondeur il y a plus de 2,7 milliards d'années, et peut-être même 3,2 milliards d'années (Archéen). Le point le plus faible de cette hypothèse est que les Bactéries hyperthermophiles semblent être apparues assez récemment, à partir de Bactéries thermophiles supportant 80 °C.

Certaines Sidéro-Bactéries oxydantes, comme *Metallogenium personatum* semblent être restées inchangées, depuis le Précambrien moyen jusqu'à nos jours. Elles ont pu fonctionner assez tôt, dans une atmosphère réductrice (c'est-à-dire assoiffée d'oxygène), puisqu'elles étaient capables de décomposer l'eau et de fixer l'oxygène sous forme d'oxyde de fer ou de manganèse. Les molécules protéiques ainsi constituées ont pu jouer un rôle important dans l'apparition des "porphyrines" (chlorophylle et hémoglobine) capables de piéger de l'énergie "brute" (lumineuse ou chimique) et de la rendre sous une forme plus "digeste".

Des Bactéries rudimentaires ont été trouvées en Afrique du Sud (dans les monts de Barberton) dans des dépôts du Précambrien inférieur, vieux de 3,2 à 3,4 milliards d'années ; elles ont été nommées *Eobacterium isolatum* et A. BRACK (2004) parle d'une "vie foisonnante dans des eaux littorales de faible profondeur" ; elles étaient constituées de filaments longs de quelques centaines de microns et de lamelles ; elles vivaient sans doute en décomposant (par fermentation) les grosses molécules du "bouillon tiède".

214.14 Les Cyano-Bactéries

Des molécules triterpéniques, les hopanes, sont entrées dans la composition des membranes des premiers micro-organismes, et elles se sont abondamment fossilisées dans les schistes et les pétroles. Le système enzymatique qui conduit à ces molécules est totalement anaérobie, et il existe encore actuellement chez quelques Cyano-Bactéries, qui peuvent ainsi être considérés comme des "fossiles vivants". Au contraire, la quasi-totalité des organismes actuels fabriquent leurs composés terpéniques homologues des hopanes dans un cycle qui inclut des étapes aérobies (L.C.O.S.N., 1978).

Traditionnellement, les premiers Unicellulaires ont été considérés comme des Algues bleues parce qu'elles vivaient dans l'eau en absorbant la lumière du Soleil, et elles étaient nommées Cyanophycées, mais ce terme est de plus en plus souvent remplacé par Cyano-Bactéries. Ce sont de puissantes colonisatrices des espaces libres et certaines d'entre elles s'installent rapidement sur les sols bruts libérés par la fonte des glaciers, même dans l'archipel du Svalbard (Spitzberg) à la même latitude que le nord du Groenland.

La plupart des Cyano-Bactéries sont dotées de la photosynthèse, qui décompose l'eau et produit de l'oxygène ; elles produisent vraisemblablement aujourd'hui encore 10 % de l'oxygène issu de la photosynthèse ; elles tolèrent l'oxygène et peuvent l'utiliser pour leur respiration et pour certaines synthèses, en particulier celle de la chlorophylle alpha et des caroténoïdes. Leur fonctionnement optimal s'établit à une concentration en oxygène égale à la moitié de sa concentration actuelle. Les

Cyano-Bactéries se groupent quelquefois en chapelets ou même en vrais filaments où l'on décèle des cloisons transversales. Le génome des *Prochlorococcus* comprend seulement 2.000 gènes, ce qui semble être le minimum nécessaire pour une Bactérie dotée de la photosynthèse.

214.15 Les stromatolithes

E. VERRECHIA *et al.* (2004) mentionnent des stromatolithes vers – 3,7 milliards d'années et ils rappellent que des stromatolithes actuels existent en Australie (Shark Bay) et dans les Bahamas. Un stromatolithe est constitué par une couche de Cyano-Bactéries capables de photosynthèse (des *Entophysalidaceae* à Shark Bay, des *Schizotrix* ailleurs) qui produit des matières organiques dont s'alimentent d'autres Bactéries et cette couche de micro-organismes vit à la surface d'un substrat minéral situé dans des eaux peu profondes. Des sédiments fins sont régulièrement piégés par ces micro-organismes, et le substrat s'accroît progressivement. Selon les modalités de ce piégeage, la croissance du stromatolithe se fait en couches minces ("lamines"), en dendrites, en cônes (*Conophyton*) ou en dômes plus ou moins plats. Les stromatolithes ne sont cependant pas considérées comme des Métazoaires. La course à la lumière qui produit la croissance en hauteur de la végétation était déjà le "moteur" de la croissance du stromatolithe.

Des stromatolithes calcaires ont été trouvées à Pilbara (Australie). Ils ont été datés de 3,43 et 3,446 milliards d'années en 2006 et six formes d'accumulation distinctes y ont été distinguées. W. SCHOPF les attribue à des Cyano-Bactéries (A. BRACK, 2004) ; le pourcentage élevé de carbone 12 trouvé dans ces fossiles confirme une certaine activité biologique. Des lipides d'origine biologique y ont aussi été trouvées (E. NISBET & N. SLEEP, 2001).

Vers – 3 milliards d'années, des stromatolithes vivaient à Steep Rock (Ontario), et vers – 2,7 milliards d'années à Pongola (Afrique du Sud). J. BROUTIN (2000) mentionne les "petites sphères organiques" trouvées à *Fig Tree*, en Afrique du Sud. Leur taille est voisine de 20 micromètres et elles ressemblent aux Cyano-Bactéries *Microcystis* ; les filaments pluricellulaires de Gunflint, au Canada près du lac Ontario (quelques micromètres de diamètre) sont vieux de 2 milliards d'années et ressemblent aux Cyano-Bactéries *Rivularia* actuelles (et aussi aux *Nostoc,* aux *Lyngbia*, et aux *Oscillatoria*).

L'Institut de physique du globe (*Nature Geoscience*, jan. 2008) a montré que des nanocristaux d'aragonite présents dans des stromatolithes australiens vieux de 2,7 Mds d'années ont été produits par des Bactéries.

Il semble que les Unicellulaires qui vivaient en colonie dans les stromatolithes étaient très indépendantes et constituaient seulement des agglomérats indifférenciés qui ne présentaient pas la structure régulière qui en aurait fait des Pluricellulaires qui seront examinés un peu plus loin.

214.2 Les virus

Dimitri Ivanovski, botaniste russe vivant à la fin du XIXe siècle, a observé les taches en mosaïques géométriques présentes sur des feuilles de Tabac en pensant qu'elles étaient causées par un microorganisme. Il a donc fait passer un extrait liquide de feuilles infectées dans un filtre à pores d'un millième de millimètre capable de retenir les Bactéries et s'est aperçu que l'agent pathogène est passé au travers du filtre et il a été nommé "Mosaïque du Tabac". De nombreux autres agents pathogènes analogues ont été découverts et ont été nommés "ultra-virus" puis "virus".

La taille des virus est généralement comprise entre 10 nm et 300 nm, avec une médiane voisine de 60 nm, mais certains d'entre eux sont beaucoup plus gros.

Les virus sont essentiellement constitués d'un ruban d'ADN ou d'ARN (quelquefois d'ADN et d'ARN, comme certaines Bactéries) et d'une coque protectrice constituée de protéines et nommée "capside" ; quand elle est étroitement liée à l'acide nucléique central (généralement un ARN), elle est nommée nucléocapside. La capside est composée par de nombreuses copies d'un ou de quelques protéines nommées protomères ; son poids est voisin de la moitié du poids total du virus. Un virus bactériophage moyen comprend 0,1 femtogrammes d'ADN, alors qu'une Bactérie en contient souvent 2,5 femtogrammes. La capside est souvent hélicoïdale ou icosaédrique (un polyèdre cher à **Platon**).

Les virus actuels ne possèdent pas de ribosomes capables d'édifier des protéines. Ils sont tous des "parasites" d'organismes plus complets (ou d'autres virus dans la cas de *Sputnik*). Ce parasitisme obligatoire conduit certains auteurs à penser que ce ne sont pas des êtres vivants au plein sens du terme. Pourtant certains virus tels que ATV (*Acidianus two-tailed virus*) "vivent" en dehors de la cellule qu'ils parasitent pendant une partie de leur vie. Ils disposent donc d'un métabolisme qui leur permet d'être autonomes. Inversement, des Bactéries telles que les Rickettsies (dont la responsable du typhus) sont des parasites obligés sans être des virus.

Les virus paraissent généralement issus de Bactéries (**W. Zillig et H. Arnold** 1999 [1]. Les **rétrovirus** disposent seulement d'ARN et ne possèdent pas d'ADN quand ils sont à l'état de particules libres ; ils n'ont

---

1 Sur la piste des virus primordiaux, *La Recherche*, 317 : 44-49

qu'un seul type d'acide nucléique, celui de l'ARN qui est le support de leur hérédité. Ils constituent une famille particulière (*Retroviridae*) parce que leur réplication implique une rétro-transcription de l'ARN en ADN à l'intérieur de la cellule infectée. Cette réaction est l'inverse du codage génétique habituel qui transcrit l'ADN en ARN et elle a paru si surprenante que dix années (1960-1970) ont été nécessaires pour en faire admettre l'existence.

PATRICK FORTERRE souligne l'aptitude des virus à modifier leur génome en réponse aux défenses biochimiques des individus qu'ils parasitent. Il est alors possible de penser qu'ils ont eu intérêt[1] à se doter d'une mémoire reposant sur une échelle à deux montants, plus stable que le filament d'ARN et ainsi à "inventer" l'ADN. Il est habituellement dit que les premiers êtres vivants sont des Bactéries, mais il est au moins aussi vraisemblable que des pré-virus – assemblages de grosses molécules capables d'assimiler les protéines du bouillon tiède et de se reproduire fidèlement grâce à leur ARN – aient été les premiers "êtres vivants". Si cette hypothèse était vérifiée, le pas qui sépare le vivant du non-vivant serait réduit, et la probabilité d'apparition de la vie augmenterait (§ 211*).

Le patrimoine génétique d'un virus comprend souvent quelques dizaines ou centaines de gènes (4.000 pour une Bactérie, 20.000 pour un Mammifère). Le VIH n'en contient que 9 et l'ADN de certains virus se combine avec l'ADN de la cellule qu'il a infectée en donnant un "provirus". D'autres virus possèdent un ADN qui s'immisce dans l'ADN de l'hôte et qui est alors reproduit lors des divisions cellulaires de celui-ci ; ces virus "endogènes" participent pour plus de 10 % au patrimoine génétique de l'humanité et ils y constituent une source d'innovation génétique foisonnante et trop souvent oubliée.

Dans un millilitre d'eau de mer, on trouve couramment une centaine de particules virales. Ce sont souvent des Bactériophages, parce que la plupart des parasites des Poissons sont des Bactéries [2]. Ceux du benthos (le fond de la mer) sont particulièrement nombreux et, dans l'eau de mer, on trouve couramment une centaine de particules virales dans un millilitre. Curieusement, il semble exister une corrélation entre les macrophages de la mer du Bengale et les épidémies de choléra du Bangladesh causées par la

---

[1] Comme d'habitude, j'emploie intentionnellement une expression finaliste qui grossit le trait pour résumer un processus cybernétique complexe sans laisser croire qu'il existe une finalité extérieure au système observé.

[2] *Les virus planctoniques, auct. plur.*, 2006, Courrier de l'environnement de l'INRA, 53 : 19-34

Bactérie *Vibrion cholerae*. Les eaux de la mer des Sargasses sont riches en virus géants qui jouent sans doute un rôle dans la régulation du plancton.

Les rubans d'ADN de très nombreux virus ne se retrouvent chez aucune espèce d'Unicellulaire ni de Pluricellulaire. À l'opposé, le génome de ces derniers comprend environ 10 % de séquences venant de virus endogènes. À l'origine des Mammifères se trouve une modification génétique qui implique vraisemblablement l'annexion d'un rétrovirus modifiant la perméabilité du placenta, il y a 70 millions d'années. Il est possible que des virus soient intervenus dans le développement du système nerveux des animaux.

Le code de nomenclature des virus

1) Le code de nomenclature des Bactéries ne doit pas être utilisé pour les virus.
2) La nomenclature sera internationale.
3) La nomenclature sera appliquée à tous les virus.
4) On tendra vers une nomenclature en latin.
5) Les noms latins déjà utilisés seront conservés dans la mesure du possible.
6) Les sigles peuvent être acceptés.
8) Aucun nom de personne ne doit être utilisé.
9) Les noms doivent avoir une signification internationale.
10) Les règles d'orthographe sont indiquées dans une annexe.
11) Pour des raisons pratiques, l'espèce est considérée comme une collection de virus possédant des caractères analogues.
12) Des chiffres et des lettres peuvent entrer dans le composition des noms des espèces.
13) Ces symboles peuvent être écrits en latin.
14) Le genre est un groupe d'espèces partageant certains caractères communs.
15) Le nom de genre se termine par "...virus".
16) Une famille est un groupe de genres ayant des caractères communs et le nom de famille se termine par "...viridae".

Mimivirus

Un très gros virus, parasite de l'Amibe *Acanthamoeba polyphaga* a été découvert en 2005 par DIDIER RAOULT à l'Université Aix-Marseille II dans une tour de refroidissement de l'hôpital de Bradford et il a été nommé *Mimivirus* (pour *Mimicking microbe virus*). Avec ses 400 nm, il est aussi gros que les petites Bactéries et visible au microscope optique où il apparaît comme un disque creusé de deux petites cavités et entouré d'une couronne de filaments très fins.

Son génome est une molécule d'ADN qui comprend environ 1,2 million de paires de bases constituant 1.200 gènes dont une trentaine sont absents dans les autres virus mais sont présents chez des organismes cellulaires. Inversement, il possède des gènes qui n'existent pas chez les Unicellulaires ni chez les Pluricellulaires, ce qui fait penser qu'il est peut-être un précurseur des Bactéries plutôt qu'une Bactérie dégénérée. Certains gènes lui confèrent la possibilité de synthétiser des protéines et de réparer son propre patrimoine génétique. De l'ADN y est présent à côté de l'ARN. Il s'est révélé suffisamment différent de ses congénères pour être éponyme d'une nouvelle famille, les *Mimiviridae* et peut-être d'un nouveau "domaine", nommé "*Girus*" (*Giant virus*), proche du domaine des Eu-caryotes. Les taxinomistes discutent même pour savoir si cette famille est apparentée à l'un des grands groupes d'Unicellulaires (Bactéries, Archae-Bactéries, Eu-caryotes).

L'une des surprises offertes par *Mimivirus* est la rapidité avec laquelle il envahit et détruit son hôte, en moins de deux heures.

Mamavirus et Sputnik

En 2008, un virus qui vivait à l'intérieur d'une Amibe dans une tour de climatisation du quartier des Halles a été découvert par l'équipe de **DIDIER RAOULT** : il comprenait un virus géant qui fut nommé *Mamavirus* et un petit satellite (50 nm de diamètre) incapable de parasiter une amibe, mais vivant en symbiose avec *Mamavirus* et nommé *Sputnik* ; son génome semble être une mosaïque de plusieurs fragments de génomes d'autres virus et il est également capable d'infecter *Mimivirus* ; il est ainsi le prototype des "virophages" qui sont en quelque sorte les clefs USB porteuses d'information vis à vis du virus dont ils sont le satellite.

Le laboratoire de **DIDIER RAOULT** conserve aussi 3.000 souches de Bactéries, y compris le Bacille de la peste et les très virulentes Bactéries des méningites. Il s'intéresse particulièrement aux Rickettsies,

Les rôles des virus

Une espèce virale attaque presque toujours un seul type d'hôte (une Bactérie Pro-caryote, une Archae-Bactérie, une Cyano-Bactérie, une cellule d'une espèce multicellulaire). Les virus nommés Bactériophages ont été découverts par **FELIX D'HÉRELLE** en 1917.

Les virus sont la cause de 20 % des cancers mortels, mais certains d'entre eux ont aussi des effets bénéfiques :

- ainsi qu'il a été vu, certains virus interviennent dans l'apparition de nouvelles lignées au cours de l'évolution
- les Bactériophages peuvent limiter la prolifération de Bactéries infectieuses (par exemple celles de la dysenterie ou celle de la listériose) ; ils sont donc utilisés pour lutter contre des infections précises, parce que chaque Bactériophage s'attaque à une seule espèce de Bactérie ;
- certains virus (en particulier les Parvovirus) attaquent préférentiellement les cellules cancéreuses des cancers du pancréas, des gliomes, et des lymphomes ;
- les virus participent au contrôle naturel de la prolifération d'Algues envahissantes telles que *Phaeocystis pouchetii* ou *Emilian huxleyi* qui s'étale en grandes efflorescences dans l'Atlantique Nord et envoie vers l'atmosphère du diméthyl sulfure (DMS) qui contribue à l'effet de serre ; le virus qui attaque cette Algue possède un ensemble de gènes capable de produire de la céramide, substance utilisée en cosmétologie qui peut contrôler la mort programmée des cellules (apoptose) ;
- les Cyanophages attaquent la Cyano-Bactérie *Synechococcus* qui est un acteur majeur de l'activité photosynthétique des océans ; ils possèdent des gène codants qui interviennent dans la photosynthèse;
- les virus maintiennent la diversité biologique, parce qu'ils attaquent surtout les espèces dominantes et laissent leurs chances aux espèces rares (*cf.* la courbe 20-80, paragraphe 36*)
- les virus interviennent dans le cycle du carbone et de la matière organique en tuant des Bactéries et en libérant ainsi la matière organique qu'elles avaient accumulée.

La systématique des virus sera examinée dans le paragraphe 28*.

La recherche d'un vaccin contre les virus

La laborieuse recherche d'un vaccin contre le virus du sida a montré qu'il va sans doute être nécessaire de sortir des sentiers battus où la vaccination a pour but de produire des anticorps, analogues à des soldats capables de lutter contre les méchants envahisseurs. Le système est en fait un peu plus complexe et un équilibre analogue à celui des renards et des lapins s'établit entre les attaquants et les défenseurs de l'organisme : quand la prédation par les renards équivaut à la reproduction naturelle des lapins, l'équilibre oscille autour de valeurs moyennes acceptables par les deux parties ; dans le cas du sida, les renards ne sont pas capables de consommer un nombre suffisant de lapins, et le but est de les rendre plus agressifs.

214.3 Les Eu-caryotes

Les Bactéries sont des Unicellulaires qui n'ont pas de noyau bien différencié à l'intérieur du cytoplasme et sont donc des Pro-caryotes, mais il existe des Unicellulaires "Eu-caryotes" où le noyau est séparé du cytoplasme par une membrane.

214.31 Les premiers Eu-caryotes (à partir de - 2,7 milliards d'années ?)

Les premiers Eu-caryotes sont des Protistes unicellulaires. Des stéranes sans doute produites par des Eu-caryotes ont été trouvées à Pilbara (Australie), dans des dépôts vieux de 2,7 milliards d'années (**E. NISBET & N. SLEEP**, 2001). Il est possible que les Archae-Bactéries aient été l'une origines des Eu-caryotes.

J. BROUTIN (2000) attribue le record d'ancienneté (1 milliard d'années) des ancêtres des Eu-caryotes au gisement de *Bitter Springs* en Australie. En effet, il estime que les organismes vivant dans les océans ont peu de chances de se fossiliser et que les dépôts de fossiles enregistrent seulement les espèces capables de vivre sur les continents. Or, pour lui, la survie en milieu aérien implique la protection de l'œuf fécondé par des enveloppes qui constituent l'amorce d'un "embryon" diploïde (puisqu'il résulte d'une fécondation) relativement autonome.

L'azote, dont les Pro-caryotes avaient besoin pour fabriquer leurs acides aminés (et en particulier l'ADN) était fourni en milieu anaérobie (= privé d'oxygène) par des nitrogénases, qui contiennent du fer, du soufre et du molybdène dont l'origine serait sans doute volcanique. Les nitrogénases sont détruites par l'oxygène ; quand l'atmosphère terrestre s'est enrichie en oxygène, certaines Cyano-Bactéries ont donc protégé leurs nitrogénases en les enfermant dans des cellules étanches, les hétérocystes, qui sont évidemment dépourvues de pigments capables de produire de l'oxygène (puisqu'il serait "mortel" pour les nitrogénases) par photosynthèse, et même dotées d'enzymes respiratoires capables de brûler l'oxygène qui s'y infiltrerait.

Des mécanismes biochimiques utilisant l'oxygène, en particulier pour la synthèse des acides gras et des stérols (ou stéranes ?) tels que les pigments caroténoïdes) sont devenus utiles pour les Pro-caryotes aérobies.

214.32 Les Eu-caryotes et la sexualité

A partir de – 1,5 milliards d'années, des cellules nettement plus grosses deviennent abondantes, et elles sont à l'origine des Eu-caryotes *sensu stricto* dont la membrane entourant le noyau serait issue de l'enveloppement des chromosomes de certaines grosses Bactéries par un repli de la membrane externe.

La structure interne des Eu-caryotes résulte sans doute d'une symbiose entre organismes primitifs (**E. Boureau**, 1986 ; **E. Nisbet & N. Sleep**, 2001) : ces Eu-caryotes auraient commencé par absorber des Bactéries (alpha-protéo-Bactéries ou Bactéries pourpres) dotées d'un système métabolique perfectionné qui se seraient ensuite transformées en **mitochondries**. Certaines Bactéries pourpres disposaient du photosystème II où des pigments et de la quinone étaient accepteurs d'électrons.

Les chloroplastes (plastides ou organelles où s'opère la photo-synthèse) résultent vraisemblablement de l'incorporation (par endo-symbiose) de Cyano-Bactéries primitives dans des cellules d'Eu-caryotes dotées d'un noyau. De nos jours, des gènes des chloroplastes du Tabac migrent encore spontanément dans le noyau ; la conséquence inattendue de cette migration est que le noyau perd alors certains gènes, puisque la taille du génome nucléaire reste constante (**C. Huang**, *Nature*, 422, 72, 2003).

Ces deux exemples confirment la règle générale rappelée dans le paragraphe 16* : ces deux endo-symbioses sont des complexifications, mais elles étaient thermodynamiquement efficaces et elles avaient donc des chances de perdurer à partir du jour où elles se sont produites.

Les chloroplastes et les mitochondries possèdent de l'ADN ribosomique indépendant de celui du noyau, qui leur permet de se multiplier à l'intérieur de la cellule. Cet ADN se transmet seulement par l'ovule maternel et il permet de reconstituer les lignées matrilinéaires des gènes (§ 72*), en n'oubliant pas que la généalogie des gènes n'est pas identique à celle des populations. Les propriétés fractales de l'arbre de l'évolution conduisent aussi à situer l'apparition des Eu-caryotes vers – 1,750 +– 0,25 milliards d'années (**P. de Brem**, 1999).

L'apparition de la sexualité

Les Pro-caryotes se divisent et se dédoublent par scissiparité : le filament d'ADN se scinde en deux fils parallèles, qui restent chacun dans sa goutte de cytoplasme. Le même "individu" se perpétue alors indéfiniment en une myriade de descendants : une Amibe ne meurt pas quand elle se divise.

Un programme d'auto-destruction à long terme est cependant inscrit dans le génome des Unicellulaires. Par exemple, dans des Levures telles que les *Caulobacter*, lors de la division d'une cellule-mère pour donner deux cellules filles (la mitose), la mère garde pour elle certains de ses constituants, les "exécuteurs", qui s'accumulent ainsi et finissent par provoquer sa mort.

La sexualité a commencé à apparaître chez certaines Algues par la "conjugaison" de deux cellules qui mettaient en commun leur patrimoine génétique. La sexualité devient plus nette avec la rupture de la double hélice et la constitution de cellules sexuelles haploïdes (c'est-à-dire dotées seulement d'un brin d'ADN) qui se recombinent lors de la méïose. La révolution de la sexualité n'est pleinement réalisée que chez les Eu-caryotes où les plantes commencent à produire une enveloppe extrêmement résistante (la sporo-pollénine) pour protéger le pollen, dont les premières traces remontent au Silurien vers – 400 millions d'années (J. Broutin, 2000).

Pourtant, certains Eu-caryotes unicellulaires ne semblent pas doués de sexualité (A. Ruvinsky, 1997), en particulier chez les Euglénoïdes, Cryptomonades, Eustigmatophytes, Choanoflagellés, Schizopyrénides, Amibes acellinides). Ils sont alors souvent considérés comme haploïdes. Il serait possible que l'amorce du cycle méïotique soit la formation de cellules di-haploïdes à deux noyaux (visibles chez *Sappinia diploidea*).

Une étape suivante est la polyploïdie, qui permet de réparer les filaments d'ADN endommagés et qui apparaît chez les Zoomastiginées, les Dinoflagellés, et les Sporozoaires. Enfin, la dernière étape est la méïose double, avec une division de chacun des deux haploïdes et croisement (crossing-over). Ces processus ont sans doute pris naissance dans plusieurs lignées "polyphylétiques" et sont acquis vers – 1,1 milliards d'années.

Chez les Eu-caryotes sexués, l'emprisonnement de l'ADN dans la membrane du noyau provoque une gymnastique spectaculaire des filaments chromosomiques au moment où la cellule doit se diviser en deux : la prison s'ouvre, les filaments se dédoublent, et ils doivent ensuite se ranger à deux pôles opposés de la cellule, pour s'y ré-enfermer dans la membrane nucléaire. Les cellules séminales sexuées (haploïdes), sont dotées seulement d'une moitié du trésor chromosomique, et elles peuvent se combiner avec celles d'un autre individu pour donner un nouvel individu original, qui n'est identique à aucun de ses parents. Les individus ainsi dotés d'un patrimoine génétique plus diversifié ont eu alors naturellement de bonnes chances d'être plus performants que ceux qui pouvaient être issus d'une auto-fécondation. L'apparition de la sexualité a ainsi permis une première explosion de la spéciation (§ 25*).

Un bel ensemble de fossiles d'Eu-caryotes datant de la fin du Précambrien, et âgés de 650 millions d'années, a été trouvé à Avalon (un village de Terre-Neuve dont le nom vient de la légende du roi Arthur).

La sexualité et la pluricellularité

A. RUVINSKY (1997) pense que l'acquisition de la sexualité est contemporaine du passage à la pluricellularité et que ces deux "progrès" sont organiquement liés, en particulier parce qu'il ne paraît pas très facile pour un unicellulaire de produire deux gamètes différents, l'un mâle et l'autre femelle.

La pluricellularité semble être arrivée de trois manières différentes :

- chez les animaux, elle apparaît après la fécondation et dure jusqu'à la méïose (les Choanoflagellés pourraient être les ancêtres des Métazoaires),
- pour la plupart des plantes, il s'y ajoute une série de divisions mitotiques après la méïose,
- chez certains champignons, la méïose se produit aussitôt après la fécondation et ce sont les haploïdes qui vivent le plus longtemps.

Quelques aspects génétiques de la sexualité seront aussi évoqués dans le paragraphe 25*, en particulier pour comprendre comment ont pu apparaître les espèces dioïques, gyno-dioïques et andro-dioïques.

Les Bdelloïdés, dépourvues de sexualité

Les Bdelloïdés sont l'un des quatre rameaux de l'embranchement des Rotifères. Dans ce groupe, il n'y a que des femelles et leurs ovules sont diploïdes, comme le sont toutes les cellules adultes de toutes les espèces habituelles. Les cellules mères des ovules se reproduisent donc par mitose comme des Bactéries ou comme les cellules adultes non sexuelles. Au fil du temps, des mutations sont survenues et plus de 300 "espèces" différentes dans leur forme sont apparues (sans qu'il y ait l'habituelle rupture de l'interfécondité puisqu'il n'y a pas interfécondité !).

Le rôle de la sexualité est donc plus subtil qu'on ne le pense souvent : les combinaisons de gènes restent à l'intérieur du groupe d'individus interféconds, c'est à dire à l'intérieur de l'espèce et maintiennent la diversité intraspécifique. Cette diversité limitée conduit l'évolution de l'espèce dans un canal aux bords nets (une "chréode") qui donne une orientation à cette évolution. Au contraire, chez les Bdelloïdés, la divergence n'est arrêtée par aucune barrière, et elle se dilue dans toutes les directions.

Avec la sexualité, la sélection naturelle porte sur les gènes par le biais des individus : les "bons" gènes aident les individus où ils sont présents à survivre et à se reproduire, alors que les gènes "néfastes" précipitent le décès des individus qui les possèdent. Chez les Bdelloïdés, le ciseau de la sélection ne sculpte plus l'ensemble des gènes de l'espèce.

Cette reproduction non sexuée présente un avantage mis en vedette par J. MAYNARD SMITH parce qu'une partie du cycle de la reproduction sexuée présente un coût important : dans les organes reproducteurs mâle et femelle, une moitié du brin de chromosome n'est pas utilisée lors de la réduction chromatique et elle part à la poubelle alors qu'elle contenait une grande quantité d'information. Ce coût est un peu compensé lorsque le mâle et la femelle contribuent à nourrir leurs enfants, comme chez la plupart des Oiseaux, mais il est maximal lorsque les mâles dépensent la plus grande partie de leur énergie à combattre les autres mâles.

Le Killi des mangroves (*Kryptolebias marmoratus*), un petit poisson qui vit dans les marécages, est le seul Vertébré qui ne s'accouple pas parce qu'il est hermaphrodite (capable de s'auto-féconder). En outre, il peut vivre hors de l'eau pendant deux mois, en respirant à travers sa peau. Dans plusieurs autres lignées animales (Pucerons, Coléoptères ou Lézards), la reproduction asexuée (souvent sous la forme de la parthénogenèse) réapparaît, mais elle ne dure pas longtemps, à l'échelle de l'Évolution, sauf dans la classe des Bdelloïdés, que nous venons d'examiner.

Quelques conséquences de la sexualité

Dans notre univers mental, la sexualité tient une place considérable, puisqu'elle nous donne un plaisir reconnu déjà dans l'Iliade, dans le Kamasoutra et même dans des philosophiques du Moyen Âge où l'on s'attend peu à le voir mentionné : "Le plaisir est la grâce suprême de l'acte, son accomplissement, sa santé parfaite. L'acte resterait imparfait s'il lui manquait cette suprême délectation. Le plaisir est sain et bon dans la mesure où il est voulu en même temps que l'acte visé[1]

La conséquence la moins agréable de la sexualité est la mort de chacun des individus : une amibe ne meurt pas, alors qu'un Chêne, une Huître ou un Homme meurent. Pour les hommes et les femmes, il est très difficile de reconnaître qu'ils mourront un jour, et SIGMUND FREUD a fort bien noté en 1920, dans *Au delà du principe de plaisir*, que la pulsion de mort est liée directement à la sexualité.

Chaque jour, plusieurs dizaines de milliards des cellules de chacun de nous meurent et disparaissent, pour être remplacées par de nouvelles cellules. Ce remodelage permanent sculpte nos organes et notre corps et il ne résulte pas d'accidents répétés mais seulement de la capacité d'autodestruction inscrite dans le génome de chaque cellule (J.-CL. AMEISEN,

---

1 (*So. T.* Ia, IIae, q. 31 à 34)

2003). La prolifération de cellules cancéreuses et les maladies auto-immunes résultent du dérèglement de ces suicides cellulaires programmés.

214.4 Caractères secondaires des Eu-caryotes

Les Eu-caryotes sont généralement de plus grande taille que les Procaryotes. Vers – 1 milliard d'années, des Unicellulaires de 1 mm, ont été fossilisés dans le Canyon du Colorado, en Sibérie et au nord de l'Inde.

Les Eu-caryotes ne sont pourtant pas toujours de grande taille : *Ostreococcus tauri*, découverte en 1994 par **Cl. Courties** dans l'étang de Thau, mesure environ un nanomètre, c'est-à-dire un millionième de millimètre.

Les cellules des Algues Eu-caryotes possèdent habituellement des chloroplastes, où s'accomplit la photosynthèse, alors que la plupart des Procaryotes se nourrissent de détritus microscopiques et sont donc hétérotrophes. La quasi-totalité des Eu-caryotes est obligée de trouver de l'azote disponible dans le sol, ou de s'associer symbiotiquement à des Bactéries pour obtenir l'azote qui leur est nécessaire (§ 43*).

214.5 La photosynthèse et ses effets

214.51 Les types de photosynthèse

Certaines Bactéries pratiquent une photosynthèse particulière qui ne produit pas d'oxygène (l'électron nécessaire est fourni à la chlorophylle par un cytochrome et non pas par l'oxydation de l'eau). La photosynthèse aurait commencé à donner une importante quantité d'oxygène vers – 3,8 milliards d'années, mais cet oxygène a d'abord oxydé les roches réductrices présentes à la surface de la Terre.

Dans des couches de graphite du Groenland âgées de – 3,7 à – 3,8 milliards d'années, **M. Rosing** (1999) a trouvé des rapports entre le carbone 12 et le carbone 13 qui font penser que ces sédiments résulteraient d'une photosynthèse. Des dépôts carbonés de cette époque trouvés dans l'île d'Akilia (sud-ouest du Groenland, début du § 214*) sont sans doute d'origine organique (**E. Nisbet et N. Sleep**, 2001) : la production de carbone organique aurait pu être facilitée par l'enzyme rubisco (ribulose 1,5 biphosphate carboxylase-oxygénase) qui accepte l'eau comme donneur d'électrons et qui utilise plus volontiers le carbone 12 que le carbone 13 (la fonction carboxylase est utilisée dans la photosynthèse et la fonction oxygénase dans la respiration). Rubisco serait l'enzyme la plus abondante, avant même la nitrogénase, et son ambivalence lui a fait jouer un rôle important dans l'évolution de l'atmosphère terrestre. Selon ces deux auteurs, dans des sédiments australiens âgés de 3,3 à 3,5 millions d'années (près de Pilbara ?) vivaient des Bactéries dont le diamètre était compris entre 8 et 20 micromètres et dotées d'une photosynthèse primitive.

La photosynthèse telle que nous la connaissons met en œuvre les transitions énergétiques Mn_4O_4 – Mn_4O_6 et la chlorophylle est une molécule organo-métallique centrée sur un atome de manganèse. Ce manganèse a peu de chances de venir d'un évent hydrothermal, puisqu'il faut aussi que l'ambiance soit riche en oxygène ; il pourrait aussi être trouvé dans des laves aériennes de komatiite du genre de celles de Hawaï.

214.52 Les atmosphères primitives

Le volcanisme intense qui se manifesta lors de la formation de la Terre s'accompagna d'un "dégazage" qui donna une atmosphère primitive. Certains auteurs pensent que cette atmosphère contenait beaucoup de dioxyde de carbone, et des composés d'hydrogène (CH_4 NH_3 SH_2 H_20, *cf.* § 211*). D'autres auteurs (Ed. Atlas, 2003) proposent la composition suivante : azote : 65 %, CO_2 : 31 %, SH_2 : 3 %, argon : 1 %, et ensuite un peu d' H_20, CH_4, NH_3, etc.

F. ROBERT ET M. CHAUSSIDON ont analysé la composition isotopique de l'oxygène et du silicium de silex australiens qui indiqueraient qu'une température de 70 °C aurait été atteinte dans les océans vers – 3,5 milliards d'années (à l'époque de l'apparition de la vie), quoique le Soleil ait été moins chaud qu'aujourd'hui. La vitesse des réactions chimiques aurait alors été beaucoup plus rapide qu'aujourd'hui.

Les océans ont ensuite absorbé une quantité de gaz carbonique qui a maintenu un effet de serre modéré.

La radio-activité des roches terrestres a peut-être été à l'origine d'un volcanisme précoce. Pour E. NISBET & N. SLEEP (2001), des laves très anciennes se sont oxydées lors de leur épanchement et l'atmosphère pouvait donc être oxydante. La présence de sulfates dans des roches vieilles de 3,5 milliards d'années milite aussi en faveur d'une atmosphère oxydante (même si elle contenait peu d'oxygène libre). La croûte terrestre contient 47 % d'oxygène inclus dans des combinaisons avec l'hydrogène, avec le soufre, avec le carbone, etc.

Les pressions partielles des gaz dans le magma profond ont été modélisées par ALAIN BURGISSER ET BRUNO SCAILLET et il est possible d'en déduire la part de l'oxygène dans les gaz émis par les volcans. La suite de leur travail permettra peut-être de connaître l'évolution de la teneur en oxygène de l'atmosphère au cours des temps géologiques.

Certains biochimistes pensent que l'atmosphère primitive était réductrice (donc pauvre en oxygène) parce que le carbone est beaucoup plus lié à l'hydrogène qu'à l'oxygène dans la plupart des molécules organiques. D'autes auteurs font remarquer que les jaspes d'Australie vieilles de 3,46 milliards d'années comprenaient suffisamment d'hépatite (FE_304) pour que l'atmosphère comporte alors déjà environ 20 % d'oxygène (Nature Geosciences, avril 2009).

Pour E. Boureau (1976), la teneur de l'atmosphère en oxygène à l'état libre était, au Précambrien moyen, voisine de 1/1.000 de sa teneur actuelle. L'existence de dépôts de fer ferreux (et non pas ferrique) dans les sédiments archéens ne prouve pas que l'oxygène était alors rare dans l'atmosphère, parce que ces dépôts ont peut-être simplement eu lieu en conditions anaérobies, au fond de la mer. Les roches archéennes qui contiennent de la pyrite ou de l'uraninite plaident pour une ambiance peu oxydante, sinon réductrice.

Une photosynthèse primitive a pu commencer à être efficace il y a 3,1 milliards d'années, entraînant la rupture de molécules d'eau et, en conséquence, l'apparition de molécules d'oxygène. Il est possible que les laves basaltiques issues des volcans aient aussi dégagé, en se refroidissant, des quantités importantes d'oxygène.

La teneur de l'atmosphère en oxygène a commencé à augmenter sensiblement vers – 2,5 milliards d'années et la plupart des auteurs estiment que la teneur de l'atmosphère en CO_2 est devenue importante à partir de – 1,8 millions d'années. Le développement des Algues douées de la photosynthèse augmenta rapidement le taux d'oxygène de l'atmosphère, qui aurait atteint 0,4 % à la fin du Cambrien (– 500 millions d'années), pour arriver aux 20 % que nous connaissons aujourd'hui à partir du Silurien (– 400 millions d'années).

Ian Campbell pense que l'oxygène est apparu en grande quantité vers – 2,65 milliards d'années lors de l'érosion des roches des premières chaînes de montagnes. Lors de chacune des cinq grandes phases d'érosion qui ont suivi, l'enrichissement des océans en minéraux a favorisé la prolifération d'Algues dont la photosynthèse a produit de l'oxygène, et l'enfouissement de ces Algues dans les sédiments (en particulier au Carbonifère) a évité que leur décomposition, qui est une combustion lente, n'absorbe cet oxygène.

La photosynthèse des Cyano-Bactéries et des Algues des océans continue à jouer encore aujourd'hui un rôle régulateur dans le cycle du CO_2.

L'oxygène commença à se transformer en ozone (O_3) dans la haute atmosphère, vers 30 km d'altitude (§ 12* et 21*) à partir de – 1,6 milliards d'années (au début du Riphéen ?), et l'écran aurait été complet vers

– 1,2 milliard d'années. L'ozone filtre la plus grande partie des radiations ultraviolettes qui tueraient les êtres vivants qui vivent maintenant en dehors de la couche superficielle des eaux, mais elle a eu aussi d'autres effets.

Une partie de l'ozone a aussi pu être formée directement par photo-dissociation de la vapeur d'eau. Au début du Cambrien, la quantité d'ozone restait si faible que le rayonnement ultra-violet arrivait à la surface des mers avec une intensité suffisante pour être létale jusqu'à une profondeur de 5 à 10 mètres.

A l'abri de l'air, la fermentation bactérienne du glucose produit de l'alcool éthylique, deux molécules de dioxyde de carbone, deux liaisons phosphate riches en énergie, et dégage 57 kilocalories. En présence d'oxygène, la décomposition du glucose est beaucoup plus complète, et peut produire six molécules de dioxyde de carbone, six molécules d'eau, 36 liaisons phosphate et 686 calories. C'est dire que les processus biologiques ont pu s'accélérer considérablement dès que l'atmosphère s'est enrichie en oxygène. La présence d'oxygène a ainsi entraîné des réactions d'oxydation analogues à la respiration, beaucoup plus puissantes que la fermentation.

L'une des conséquences secondaires de la présence d'oxygène dans l'atmosphère est l'oxydation du fer libre lors de l'altération des sols : les minerais de fer rubanés sont des témoins de cet oxygène. Inversement, un des minerais peu oxydés d'uranium, nommé uraninite, s'est déposé seulement dans des sédiments vieux de plus de 2 milliards d'années ; quand la teneur en oxygène a atteint 1 %, c'est un autre minerai, plus oxydé et nommé uranate, qui s'est déposé.

L'ensemble des processus biochimiques qui caractérisent les organismes actuels était ainsi acquis vers – 1 milliard d'années, au cours du Précambrien. La vie aquatique prit alors un essor remarquable, attesté par une prolifération de nouvelles espèces. Un taux d'oxygène égal à la moitié du taux actuel a été atteint vers – 600 millions d'années.

Il faut donc comprendre que des proto-photosynthèses simples (utilisant du rayonnement de longueur d'onde supérieure à 1.000 nanomètres ?) ont vraisemblablement fonctionné avant que le système photosynthétique actuel se soit mis en place et soit devenu dominant, parce qu'il était plus efficace (parce qu'il utilisait du rayonnement de plus courte longueur d'onde ?). Une fois encore, la complexité se maintient et devient durable lorsqu'elle est stabilisante.

Les Ostracodes sont de petits Crustacés qui sont apparus au Cambrien, vers – 500 Ma, à une époque où la teneur en oxygène était faible. Aujourd'hui, ils vivent dans des sédiments marins, et ils ne sont pas affectés par la teneur actuelle de l'atmosphère en oxygène parce qu'ils vivent à une profondeur où ils sont peu affectés par l'oxygène de l'eau. Plus précisément, ils sont souvent dans la couche où la pression partielle de l'oxygène est comprise entre 3 et 5 kilopascals alors qu'elle atteint 21 kilopascals dans l'eau libre. Il serait intéressant de regarder s'ils meurent dans les eaux normalement oxygénées.

214.6 Les premiers Pluricellulaires et Métazoaires

214.61 Les Métazoaires

Les premiers organismes qui méritent le nom de Pluricellulaires sont vraisemblablement des végétaux, mais on a accordé plus d'attention aux **Métazoaires**, animaux constitués par des assemblages de cellules.

Pendant près de 1,3 milliards d'années, la biosphère comprenait seulement des micro-organismes unicellulaires. Les plus anciennes traces d'animaux pluricellulaires qui aient été trouvées jusqu'à maintenant sont les fossiles âgés de 2,1 milliards d'années trouvés par **A. El Albani** en 2010 dans les ardoises du site d'Oklo (Gabon) : 250 fossiles de 6 à 10 cm de diamètre ressemblant à des Méduses ont été analysés par un scanner et par une sonde ionique qui ont permis de séparer les traces de ces organismes et la roche encaissante. Ces fossiles sont en discordance avec les horloges moléculaires classiques basées sur le rythme des mutations qui prévoient l'apparition de Métazoaires 500 millions d'années plus tard.

Ensuite, les plus anciens fossiles de Métazoaires sont les Vers que **D. Seilacher** a trouvés en 1996 dans les grès de Chorhat en Inde. Ces grès sont âgés de 1,1 milliard d'années (datation par le potassium 40) ce qui correspond à l'âge que les biologistes moléculaires attribuent aux Vers grâce à des comparaisons de gènes.

Les Placozoens sont des Métazoaires très primitifs puisqu'ils possèdent seulement quatre types de cellules. Les Éponges (Profères) et les Cnidaires (Étoiles de mer) en possèdent une dizaine.

214.62 Les Pluricellulaires végétaux

Les premiers grands groupes de Pluricellulaires végétaux pourraient être apparus dans l'ordre suivant : Foraminifères, Myxomycètes, Algues rouges, Ciliés, Algues brunes, Diatomées, Algues vertes, Mousses (**S. Carroll**, 2001) ; il aurait été intéressant que cet auteur place aussi les Lichens dans cette série.

En 2011, **Paul Srother** et **Leila Battison** ont découvert dans le nord-ouest de l'Écosse des traces d'Eucaryotes qui vivaient dans l'eau douce loin de la mer il y a plus d'un milliard d'années.

Dans les phosphorites de Doushantuo (Guizhou, en Chine), des Algues multicellulaires et de nombreux embryons d'animaux fossiles (en particulier de petites Éponges) ont été trouvés et datés de – 570 Ma, un peu avant le début du Cambrien (**S. Bengston, 1999**). C'est le plus ancien témoignage massif du passage des Unicellulaires aux Pluricellulaires.

214.63 Réfléchir

Pourquoi les Unicellulaires ont-ils produit des Pluricellulaires ? Sans doute parce que les tâches que l'ADN, l'ARN et les mitochondries d'un individu unicellulaire devaient accomplir risquaient d'interférer et d'être peu efficaces. Une spécialisation des tissus était le meilleur moyen d'en "sortir par le haut". L'exemple le plus significatif est peut-être celui des Infusoires, ces unicellulaires admirablement doués pour la capture de leurs proies : leurs fonctions végétatives sont très complexes et leur noyau est tellement volumineux qu'il ne se divise pas efficacement lors de la mitose ; c'est alors un noyau annexe qui se divise par mitose dans les deux cellules-filles.

Plus généralement, l'association de plusieurs Unicellulaires résiste mieux aux perturbations que des individus séparés, sans doute pour plusieurs raisons concomitantes :

- une raison physique : un individu dont le diamètre est deux fois plus grand possède un volume interne huit fois plus grand, alors que sa surface externe est seulement quatre fois plus grande ; en conséquence, il se défend mieux contre les agressions et les perturbations venant de l'extérieur ;
- les cellules qui se sont associées se distinguent directement par leur position dans l'individu global : celles qui sont à l'extérieur sont soumises aux agressions externes et celles qui sont à l'intérieur ont des relations directes avec leurs voisines dans les 360° de l'angle solide qui les entoure ; ce simple fait induit une différenciation entre les rôles des cellules externes et ceux des cellules internes ;
- ce qui a été dit un peu plus haut au sujet de l'importance du "milieu intérieur" cher à **Claude Bernard** montre combien cette différence entre l'intérieur et l'extérieur est importante ;
- le paragraphe 25* montrera l'importance de la **mémoire intercellulaire** qui préside à la différenciation des tissus : la relation de voisinage qui existe entre les cellules d'un tissu induit la forme que prendront les cellules jeunes qui naissent dans ce

tissu ; cette mémoire locale est l'une des sources de la différence entre l'accroissement d'un cristal et la croissance d'un être vivant.

Un autre caractère des Pluricellulaires primitifs est vraisemblable : le deuxième principe de la thermodynamique suggère qu'ils vivaient à la limite entre deux milieux situés à deux niveaux d'énergie (chimique, thermique, radiative, électrique, etc.) nettement différents. Ils étaient donc vraisemblablement présents sous la forme d'un film relativement mince et ils étaient même sans doute disposés en couches superposées qui se répartissaient la besogne. Pour devenir autonomes, ils ont dû intégrer à l'intérieur d'une membrane organique les processus primitifs.

Une question presque métaphysique se pose alors : le passage des Unicellulaires aux Pluricellulaires est-il une augmentation de la complexité ? La réponse du sens commun est "oui", mais l'analyse de la complexité (début du paragraphe 21* et § 27*) oblige à être plus prudent et une réponse plus précise ne pourra être proposée qu'après l'examen du rôle du hasard et de la téléonomie à la fin du paragraphe 27*.

214.7 La vie dans les océans et les "fumeurs noirs"

La biomasse contenue aujourd'hui dans les océans loin des côtes reste relativement faible (entre 0,1 g/m2 et 10 g/m2), parce que les concentrations en éléments minéraux (calcium, fer, magnésium, phosphates, etc.) y sont faibles.

Les grands océans sont donc des déserts aquatiques où les Poissons, les Baleines et les Requins nomadisent, comme les Chameaux dans les déserts terrestres. La plupart des espèces des grands fonds océaniques sont des "détritivores", qui consomment les débris organiques venant de la surface.

Les évaluations récentes de la biomasse des Bactéries présentes dans les sédiments profonds atteignent seulement 150 g/m^2 (**D. Prieur et J. Parkes**, 1999). Au fond de la fosse Challenger, à la profondeur de 10.896 m, le sous-marin japonais *Kaiko* a ramassé 432 Foraminifères appartenant à plusieurs espèces qui ne possèdent plus la membrane rigide de leurs congénères vivant à la surface des océans, parce que la pression qui règne en profondeur hydrolyse le carbonate de calcium.

Les sources chaudes "hydrothermales" des grandes profondeurs permettent le développement de communautés remarquables. Certains auteurs pensent même qu'elles peuvent avoir été à l'origine de la vie (§ 21*). La photosynthèse n'est plus alors la source des chaînes de transformation de l'énergie. Celle-ci peut provenir de deux sources : la première est l'hétérogénéité thermique lorsqu'une "source chaude" est proche d'une "source froide", ce qui donne la possibilité à un système fermé de transformer de la chaleur en énergie chimique ; la seconde est la présence de contrastes chimiques issus de la présence de sels minéraux fortement concentrés issus du magma.

Ces communautés sont donc une excellente illustration du deuxième principe de la thermodynamique (*cf.* annexe 1-2 du chapitre 1) : dans l'immensité des fonds marins qui sont à une température presque uniforme, les "fumeurs noirs" sont des systèmes thermodynamiques ouverts, et ils reçoivent de l'énergie de haute qualité sous forme chimique. **P. RONA** (1998) explique comment l'eau qui descend dans des fissures du manteau terrestre se charge en minéraux.

La chimiosynthèse fondée sur le soufre (qui est le voisin immédiat de l'oxygène dans le tableau de Mendeleïev) opérée par des Bactéries joue alors un rôle majeur : l'hydrogène sulfuré H_2S et le sulfure de fer FeS réduisent le dioxyde de carbone pour donner des composés déjà assez complexes, les mercaptans (**A. BRACK**, 1999). Le résultat est que la biomasse y atteint 10 à 15 kg/m2, soit 100 à 150 t/ha. Plus de 450 espèces y vivent. L'une des plus étonnantes est un "Ver" de plus d'un mètre, *Riftia pachyptila* qui ne possède pas de bouche ni de tube digestif ; il absorbe par ses branchies de l'oxygène, du dioxyde de carbone et de l'hydrogène sulfuré qu'il apporte aux Bactéries qui vivent en son sein. Cette espèce aurait pu naître vers – 450 Ma (**F. ZAL**,1999).

Plus récemment, des communautés vivant à partir de sources de méthane ont été découvertes. Dans ce cas, ce n'est pas l'hétérogénéité thermique qui anime le système, mais une hétérogénéité chimique. Mais, dans l'un et l'autre cas, il est possible que ces systèmes très originaux aient "récupéré" des organismes vivant dans des conditions plus habituelles. C'est aussi le cas dans la grotte de Movile, en Roumanie, où le maillon initial des chaînes alimentaires est constitué par des Sulfo-Bactéries. Le nombre d'espèces de la communauté est seulement voisin de 60, dont 33 espèces qui ne sont pas connues ailleurs.

Les grands fonds océaniques sont paradoxalement un milieu "protégé", très stable, où se sont réfugiées de nombreuses espèces qui craignaient la forte concurrence des mers côtières riches en plancton. En conséquence, l'évolution des phylums y est très lente (certaines espèces seraient vieilles de plus de 100.000.000 d'années, soit 100 fois plus que pour les espèces terrestres) et, finalement, la diversité spécifique y est très grande : dans certains cas, le nombre d'espèces présentes est proche de la moitié du nombre d'individus, ce qui revient à dire que le nombre moyen d'individus appartenant à une espèce est voisin de deux.

215 LES ÉTAGES ET LES TEMPS GÉOLOGIQUES

C'est seulement une raison très pratique qui justifie que nous présentions ici un résumé des étages géologiques. Cette raison est que les noms attribués aux âges géologiques par les auteurs de cartes sont très divers et que leur concordance est rarement présentée dans les notices des cartes. Les écologues affrontés à ce vocabulaire redoutable au cours de leurs investigations ne peuvent pas facilement établir les équivalences et c'est à leur intention qu'a été établi le tableau ci-dessous où le symbole "=" traduit souvent une concordance chronologique approximative et non pas une synonymie exacte.

Le tableau ci-dessous est "brut de décoffrage", et les géologues trouveront abondamment matière à le critiquer. De plus, la stratigraphie évolue si vite qu'un tel tableau est toujours partiellement périmé. Son seul but est de donner quelques repères aux écologues de terrain.

215.1 Chronologie géologique

C'est la diversité des fossiles qui a permis de bâtir la classification stratigraphique, au cours du XIXe siècle, en reprenant le principe de superposition des strates découvert par NICOLAS STÉNON en 1669, deux ans après qu'il ait démontré l'origine organique des fossiles.

Les dates sont comptées en millions d'années, pour le début de l'étage ou de l'ère. A la fin de la ligne, un astérisque signale que la date est celle qui est indiquée par le BRGM.

Date approximative, Date BRGM *

Solidification de la croûte terrestre – 4 600

Un zircon australien serait vieux de 4.360 millions d'années (un zircon est un silicate de zirconium contenant des traces d'uranium et de thorium qui permettent de le dater).

L'âge des roches volcaniques (faux-amphibolite) de la baie d'Hudson, datées grâce au néodyme et au samarium, serait compris entre 3.800 et 4.280 millions d'années.

Le gneiss d'Acasta (Canada) aurait 4.000 millions d'années.

Précambrien (=Antécambrien)

Fin de l'Hadéen (en Australie) – 4.400 d'après E. NISBET ET N. SLEEP, 2000)
– 4.580 d'après Ed. Atlas (2004)

Archéen = Précambrien inférieur	– 4 000	– 4.600 *
Les premières Cyano-Bactéries ?	– 3 800	
Ouzzalien = Kénoréen une glaciation vers	– 3 200	
Algonkien	– 2 600	

En Europe :

Précambrien moyen et sup. = **Protérozoïque**
= Riphéen

Protérozoïque inférieur	– 2 600	– 2.500 *
Plissements icartiens	– 2 100	– 1.800 *
(gneiss d'Icart, dans les îles anglo-normandes)		
Hudsonien = Karélien	– 1 700	

Protérozoïque moyen = Pentévrien		
Grenvillien = Dalslandien	– 1 200	

Protérozoïque supérieur
Une ou deux périodes glaciaires entre - 750 Ma et - 580 Ma

Briovérien = Barrandien	– 850	– 670 *
(St Brieuc)		
plissement cadomien (Cadomus = Caen)	– 670 à – 530	
= Baïkalien = ? Sturtien		
Vendien = Varégien = ? Marinoen	– 570 ?	
Précambrien terminal = Eocambrien	– 600	– 545*

En Afrique occidentale :

Précambrien moyen	– 2.600
Birrimien = Éburnéen	– 2.200
Suggarien	
Pharusien (plissement adoudounien panafricain)	– 650
Précambrien terminal	

Primaire = Paléozoïque

Certains auteurs font durer le Précambrien jusqu'à – 500 Ma.
Les plissements varisques (de – 430 à – 285 Ma) ont eu lieu le long de la suture Amérique - Europe, au moment où ces deux continents se sont séparés ; ils ont duré longtemps et ils ont formé les Appalaches, les Mauritanides, la chaîne calédonienne, puis la chaîne hercynienne.

Cambrien = Phanérozoïque	**– 570**	**– 540 ***
Géorgien		
Acadien = Devillien = Tommotien		
Atdabanien		
Potsdamien = Revinien	– 515	
Lénien		

Ordovicien (plissement taconien, plissement falémien et plissement sarde)	**– 500**	**– 488***
Les déserts ont produit le continent des grands grès rouges		
Tremadocien		– 500*
Arenigien = Skiddavien	– 480	

Llanvirnien		
Llandeilien		
Caradocien extinction de flore et de faune	– 450	
Ashgillien (dont Hirnantien)		
Silurien s.s. = Gothlandien (glaciaire dans le Sahara)		**– 435 ***
(phase majeure du plissement calédonien)		
Llandovérien = Valentien	– 435	– 444*
Wenlockien = Tarannonien	– 423	
Ludlowien		
Pridolien (Downtonien inférieur)		
Dévonien (plissement ardennais	**– 400**	**– 416 ***
et/ou plissement acadien)		
Lockovien (Downtonien supérieur)		
Praguien		
Gedinnien	– 395	
Siegennien		
Coblencien		
Emsien = Burnotien		
Eifélien = Couvinien	– 370	
Givétien		
Frasnien	– 365	
extinction de flore et de faune (glaciation ?)		
Famennien		
Strunien		
Carbonifère (plissement hercynien)	**– 345**	**–360 ***
Dinantien (faciès culm)		
Tournaisien (phase bretonne – 360*)		– 355 *
Viséen (y compris Serpukhovien) = Mississipien	– 340	– 355 *
Westphalien s. l.		
(= phase majeure du plissement hercynien = Silésien)	– 330	– 325*
Namurien (= Bashkirien) phase sudète		
Westphalien s. s. = Moscovien		
Stéphanien = phase asturienne	– 290	– 305 *
= Ouralien = Kasimovien = ? Pennsylvanien		
Gzelien		
Permien		
Cisuralien		**– 299***
Autunien = Assélien		– 285 *
+ Sakmarien		
Baigendzinien		
Saxonien = Lodévien = Koungourien (phase saalienne)		
= Artinskien = Pendjabien		

(amorce de l'Océan Atlantique ? = Guadalupien)
Thuringien = Zechstein = Tatarien + Kazanien
extinction de flore et de faune
(phase palatine) = Lopingien

Secondaire = Mésozoïque – 245 – 250 *

le Jurassique et le Crétacé ont été particulièrement chauds
(6 à 12 degrés de plus qu'aujourd'hui)

Trias

Grès bigarré = Bundsandstein – 250*
= Werfénien = Scythien
Induen
Olénekien
Calcaire coquillier = **Muschelkalk** Lettenkohle – 225
= Virglorien
Anisien
Ladinien
Marnes irisées = **Keuper** – 230*
Carnien
Norien
Rhétien Extinction de flore et de faune ?
(sauf en Amérique du Sud)

JURASSIQUE – 200 – 205*

(plissement névadien aux U.S.A.)
Lias = Jurassique inférieur
Hettangien
Sinémurien inférieur.
supérieur = Lotharingien
Charmouthien = Pliensbachien
Toarcien s.l.
Carixien
Domérien
Neuvisyen
Divesien – 183
Dogger (= Jurassique moyen) – 180*
début de la séparation de l'Amérique et de l'Europe
Aalénien
Bajocien – 165
Bathonien
Callovien

Malm (= Jurassique supérieur)
Oxfordien *s. l.* – 154 *
Argovien = Glypticien

Rauracien = Dicératien = Oxfordien s.s.		
Séquanien = Astartien = Lusitanien		
Kimméridgien	– 140	
Ptérocerien		
Virgulien		
Portlandien *s. l.* (faciès tithonique) = Volgien = Tithonien ou Tithonique		
Bononien		
Portlandien *s. s.*		
Purbeckien = Dubisien — extinction de flore et de faune ? glaciation ?		
CRÉTACÉ		**– 135***
= débuts du plissement alpin inférieur (plissement laramien aux U.S.A.) séparation de l'Amérique du Sud et de l'Afrique, qui commence à monter vers l'Europe		
Crétacé inférieur = Néocomien = Valanginien *s. l.*		
Berriasien		– 135*
Valanginien *s. s.*		
Hauterivien		
Cruasien		
Crétacé moyen		
Barrémien *s. s.* (faciès urgonien)		
Aptien		
Bédoulien = Rhodanien		
Gargasien		
Clansayésien		
Albien		
Albien *s. s.* (faciès gault)		
Vraconnien	– 108	
Crétacé supérieur (phase autrichienne)		
Cénomanien	– 100	– 96*
Turonien		
Ligérien = Saumurien		
Angoumien = Provencien		
Sénonien s.l.		
Coniacien		
Emschérien	– 84	
Santonien — orogenèse de la ride de Lomonossov, qui va de la Sibérie au Groenland		
Campanien = Aturien = Valdonnien + Fuvélien		
Maestrichtien = Dordonien	– 70	

Bégudien
Garumnien extinction de flore et de faune
Rognacien peut-être en raison d'un
refroidissement du climat

Tertiaire = Cénozoïque — **– 65 ***

(plissement cascadien)
Paléogène = Nummulitique

Paléocène Madagascar se sépare de l'Afrique		
Danien = fin du Rognacien		– 65*
Montien Vitrollien Sélandien		
Thanétien = Heersien = Landénien		
(phase laramienne)		
Éocène		
L'Inde se rapproche du Tibet	**– 53**	**– 56 ***
période chaude, où la concentration de $C0_2$		
et CH_4 atteignait 3.000 ppm		
Sparnacien = Ilerdien		
Yprésien = Cuisien	– 55	– 53*
Lutétien = Bruxellien (Auversien)		
Bartonien *s. s.* (Marinésien)		
Priabonien = Ludien		
Oligocène	**– 40**	**– 34***
L'Australie se sépare de l'Antarctique		
Rupélien *s. l.*		
Sannoisien		
Tongrien		
Lattorfien		
Stampien = Rupélien s. s.?	– 33	
Chattien = Cassélien	– 28	
Néogène		
Miocène	**– 25**	**– 23 ***
Aquitanien		
Burdigalien		
Vindobonien *s. s.* = Falunien = Boldérien = Sarmatien		
Helvétien (phase styrienne)		
Langhien	– 16,5	
Serravallien	– 15,5	
Tortonien	– 12	
Messinien = Pontien = Sahélien	– 6,5	
(Méditerranée presque asséchée)	– 5,5	
(phase attique)		

Pliocène		**– 5,3 ***
Zancléen	– 5	
Tabianien = Brunsummien		
Plaisancien = Rédonien	– 3,5	
Reuvérien	– 3,3	
Gelasien		
Prétiglien	– 2,3	
Tiglien	– 2,1	
Astien (= fin du Plaisancien ?)		
Quaternaire = Noozoïque	**– 1,7**	**– 1,65 ***
Pléistocène		
Calabrien (= Villafranchien)		
production de bifaces		
Eburonien	– 1,6	
Waalien Menap	– 1,3	
Gromérien (ou Cromer ?)	– 0,8	
Hixnien Mindel Elster	– 0,5	
Sicilien (= interstade Gunz - Mindel) Holstein	– 0,4	
Riss Saale	– 0,35	
Tyrrhénien (y compris l'Eémien ou Eem = interglaciaire Riss – Würm § 24*) = Monastirien	– 0,15	
Flandrien (= Würm ?) Weischel	– 0,08 = – 80.000 ans	

Holocène (– 10.000 ans ou – 8.000 ans)

Il est de plus en plus. souvent admis que l'Holocène correspond au Post-Würm et il est alors cartographié sous le sigle Fz (§ 243*).

Pour les temps plus récents, le relais est pris par les chronologies fondées en particulier sur la palynologie et sur la Préhistoire, qui sont examinées dans les paragraphes 24* et 71*.

215.2 Les inversions du champ magnétique terrestre

Le champ magnétique de notre planète résulte principalement des mouvements de l'enveloppe liquide de fer et de nickel qui entoure la "graine" solide située au centre de la Terre, sousnos pieds, entre 2.900 km et 5.100 km. Cette masse en mouvement est l'équivalent d'un barreau aimanté nommé dipôle. Les courants qui sont perceptibles dans cette enveloppe liquide sont lents et irréguliers. A plusieurs reprises ils se sont inversés et les particules de fer des sédiments ont consevé la trace de ces inversions. Une inversion nommée Jaramillo, a eu lieu au Quaternaire, vers – 780.000 ans et elle est utilisée pour dater les dépôts sédimentaires qui ont eu lieu à cette époque.

Depuis 200 millions d'années, les pôles magnétiques s'inversent périodiquement et les cristaux d'oxyde de fer des sédiments en gardent la trace. Les géologues peuvent ainsi dater certains sédiments et ils ont nommé les épisodes Jaramillo, etc.

En 2008, des géologues de l'université d'Utrecht ont découvert que ces inversions étaient beaucoup plus rares pendant les premiers âges de la Terre, sans doute parce que le noyau solide de fer et de nickel du centre de la Terre n'était pas encore formé.

Depuis une vingtaine d'années, le pôle du Nord magnétique avance rapidement (environ 50 km par an) vers la Sibérie mais il n'est pas certain que ce mouvement s'amplifie et se transforme en une inversion du champ magnétique qui perturberait les oiseaux migrateurs et les satellites de géolocalisation ou de télécommunications que nous avons envoyé dans l'espace ; elle augmenterait aussi la corrosion des oléoducs qui sont mis en charge magnétique.

215.3 Une comparaison suggestive

Pour illustrer les ordres de grandeur des durées des âges géologiques, il est commode de les comparer au déroulement d'une année qui commencerait lors de la solidification de la croûte terrestre, et finirait aujourd'hui.

Cette comparaison aide à situer les phénomènes biologiques dans l'échelle des temps géologiques, en particulier pour prendre conscience de la précocité de l'apparition de la vie, de la lenteur des premières étapes de l'évolution des espèces, puis de l'accélération de l'apparition de nouvelles espèces et enfin de la brièveté du Quaternaire.

Dans cette échelle temporelle, une journée est l'équivalent de 17.000.000 d'années, et la correspondance apparaît ainsi :

	Début réel (en millions d'années)	Date dans une année
Solidification de la croûte terrestre	6 000	1er janvier
Premiers êtres vivants	3 500	15 juin
Primaire (Invertébrés marins)	500	24 novembre
Carbonifère	350	5 décembre
Secondaire (Lias)	200	16 décembre
Tertiaire	60	25 décembre
Quaternaire	2	31 décembre à 11 heures 58 min.
Holocène (Néolithique)	0,006	31 décembre à 11 heures 59 min. 59 sec.

215.4 Et dans l'avenir ?

Les géologues prévoient que la Méditerranée aura bientôt disparu, par suite de la collision de l'Afrique et de l'Europe. Une chaîne de montagnes s'étendra de Séville jusqu'au Liban, montant peut-être jusqu'à 7.000 mètres. Au nord de cette chaîne se trouvera un plateau analogue au Tibet et au Pamir. L'Himalaya sera progressivement arasé, comme le sont aujourd'hui les Appalaches ou l'Oural. L'Australie sera venue s'encastrer dans l'Asie.

22 LA NAISSANCE DES ESPÈCES VÉGÉTALES

Pour comprendre la diversité des végétaux, il ne suffit pas de situer l'origine des principaux groupes de plantes, et il faut aussi regarder comment l'évolution des caractères morphologiques correspond à l'acquisition de nouveaux avantages fonctionnels, comme l'a fait **LOUIS EMBERGER** dans *Les Plantes fossiles*, 1968, d'où provient l'essentiel du présent paragraphe.

Il apparaîtra ainsi que trois époques géologiques du Primaire sont des charnières dans la succession des flores. Ensuite, les étapes paraissent de plus en plus courtes et de plus en plus documentées, en partie parce que la spéciation a donné de plus d'espèces et en partie parce que nous analysons de plus en plus finement les différences entre les espèces.

La naissance des premières plantes a été évoquée dans le paragraphe 21*, et elle s'est produite dans les eaux superficielles qui constituent un environnement très homogène, qui ne favorise pas la diversification des espèces. Ensuite, l'histoire des espèces végétales a été dirigée par la diversité des milieux grâce à des rétro-actions stabilisantes qui se sont déployées au cours des millénaires.

Les événements y seront souvent décrits "comme si" ils étaient finalisés. Il faudra bien comprendre que ce langage est adopté seulement parce qu'il évite de longues périphrases et parce qu'il souligne le piège du finalisme pour éviter d'y tomber. **J.-F. FROGER ET R. LUTZ**, (2007) [1] montrent très justement pourquoi la physique quantique, de son côté, reste prudente dans ce domaine, en disant seulement "tout se passe comme si" le monde physique avait évolué en étant orienté vers une complexité de plus en plus grande et sans prétendre décrire le monde "réel".

Un illustre biologiste a dit que le finalisme est l'équivalent d'une dame de petite vertu fort séduisante, que nous fréquentons clandestinement avec assiduité, mais que nous n'oserions pas afficher en public. Il est plus honnête

---

[1] *Fondements logiques de la physique*, Éd. Désiris, 300 p.

de présenter ostensiblement les enchaînements de phénomènes en montrant comment ils ont été utiles, à condition de se souvenir qu'il ne faut pas être dupe des apparences et qu'il serait erroné d'en déduire une finalité non-scientifique.

La succession des espèces ne sera pas inscrite dans un arbre généalogique, où les espèces s'enchaîneraient par une filiation mécanique : dans la réalité, les nouvelles lignées ne se sont pas isolées régulièrement en se séparant d'un tronc bien visible ; elles ont émergé successivement de bouillonnements complexes où les populations se mélangeaient confusément parce qu'elles étaient interfécondes. Les "chaînons manquants" sont noyés dans la masse et les retours en arrière ne sont pas impossibles. Il est dommage que Darwin ait adopté le modèle de l'arbre généalogique dichotomique dans *L'origine des espèces au moyen de la sélection naturelle* (1859), alors qu'il semble avoir pensé auparavant à une schéma buissonnant.

La spéciation est finalement un processus cybernétique où le "régulateur" est la mémoire qui enregistre dans le patrimoine génétique des individus d'un phylum les tentatives d'évolution qui ont échoué et qui peuvent être considérées comme des chréodes en impasse.

La différentiation des espèces est analogue à l'apparition d'une langue nouvelle au sein d'un vaste ensemble culturel : le français s'est séparé du latin médiéval quand l'unité du monde romain a été rompue ; l'espagnol, le catalan, le portugais, l'italien, le romand, etc. sont des rameaux du même buisson qui s'est diversifié dans plusieurs directions à partir du latin. Ces langues se sont aussi enrichies plus tard de mots savants issus du grec, par un retour en arrière. Des mots venus d'autres langues européennes qui ne venaient pas du latin, y compris de langues germaniques et scandinaves, ont aussi été intégrés dans chacune des langues romanes.

Cette conception de la spéciation traduit bien le fait que l'isolement (géographique ou écologique ou comportemental) d'une lignée est l'origine la plus fréquente de la spéciation (§ 25*). Un rapprochement occasionnel avec une lignées collatérale permet aussi des échanges de gènes pendant un certain temps.

221 Les Thallophytes

221.1 Les Bactéries

Nous les incluons dans les Thallophytes, parce que les colonies de Bactéries qui se développent sur un substrat nourissier commencent à développer des interactions de voisinage sans constituer un Thallophyte pluricellulaire clairement organisé.

Certaines Bactéries sont capables de vivre dans des conditions extrêmes. Le cas des thermophiles a été évoqué dans le paragraphe 21*. Les eaux de la mer Morte possèdent une concentration en sels de 300 g par litre (principalement des chlorures de magnésium et de potassium), alors que celles de la Méditerranée n'en contiennent que 30 g par litre. Onze espèces de Bactéries ont été trouvées dans le Mer morte, en particulier *Bacillus marismortui* et une Archae-Bactérie du genre *Holobacter*. On y trouve aussi au moins un Protozoaire, l'Algue chlorophycée *Dunaliella salina* et le Champignon *Eurotium herbariorum*.

Les Bactéries capables de tirer parti de l'énergie chimique liée à des métaux ou métalloïdes ont contribué à l'évolution des gisements minéraux. Aujourd'hui, *Thiobacillus ferroxidans* est utilisé pour extraire 20 % du cuivre produit dans le monde.

Certaines Bactéries étaient certainement saprophytes : par exemple *Micrococcus sarlatensis* Ren. a toujours été trouvée associée à des tissus sclérifiés qu'elle paraissait détruire. De même, *Micrococcus esnostensis* attaquait visiblement le liège des Lépidodendrons. Ces Bactéries hétérotrophes ont joué très tôt un rôle important dans la biosphère, parce qu'elles y accélérèrent les flux d'énergie.

Des Bactéries ont été suffisamment bien conservées dans des cristaux de sel datant du Permien (– 250 millions d'années) pour que l'on puisse analyser leur ADN (**R. Vreeland**, 2000).

221.2 Les Algues

Elles comprennent les Chromophycées, Rhodophycées et les Chlorophycées.

Les premiers végétaux proprement dits sont apparus au sein des mers, et ils sont proches des Cyano-Bactéries actuelles. Ces organismes unicellulaires, souvent gélatineux, quelquefois assemblés en rubans, sont dépourvus de noyau (ce sont des Pro-caryotes) ; ils ne possèdent pas de chloroplastes : les pigments assimilateurs tels que la chlorophylle et la phycocyanine y sont épars dans le protoplasme.

Il est encore possible que les Péridiniens, micro-organismes qui ont un réseau chromatique assez particulier, puissent être considérés comme les premières "vraies" Algues (**M. Denizot**, *comm. verb.*). Un autre groupe d'Algues anciennes a eu un rôle écologique considérable : ce sont les Diatomées, pourvues d'un squelette calcaire ou siliceux, qui ont produit de puissants dépôts fossiles de roches poudreuses telles que le kieselguhr et le tripoli. Les Diatomées actuelles sont abondantes dans les eaux douces de France et sont étudiées en particulier par **J. Bertrand**, avec qui **P. Boudier** a recensé celles qui vivent accrochées aux Mousses de certains marais (2006).

Il est admis (*cf.* § 21*) que les chloroplastes et les mitochondries des Algues sont en fait les restes de Pro-caryotes qui auraient été autrefois phagocytés par une Algue eu-caryote. Les ancêtres des mitochondries seraient apparentés aux Bactéries alpha pourpres. Les chloroplastes auraient pour origine des organismes proches des Cyano-Bactéries actuelles. **D. Moreira** *et al.* (2000) pensent que des Algues rouges ou brunes sont apparues après ces endo-symbioses mais qu'elles ont ensuite perdu leurs chloroplastes.

Selon **S. Carroll** (2001), ce serait un Flagellé unicellulaire qui aurait donné naissance aux Algues vertes (Chlorophycées) et aux Chlorophytes et donc à toutes les plantes.

Les **Chlorophycées** (Algues vertes) ont joué un rôle de charnière dans la phylogenèse : elles contiennent des chloroplastes qui rendent la photosynthèse plus efficace capable de donner un excédent de carbohydrates produisant de **l'amidon**, une molécule qui sert de réserve nutritive. Elles sont vraisemblablement à l'origine de tous les végétaux supérieurs.

Pour le classificateur, la présence d'amidon dans les Chlorophycées est un caractère différentiel très commode. Pour l'écologue, c'est aussi un signe remarquable de la tendance fondamentale de l'évolution : cette possibilité de stocker des réserves, qui permettent de traverser des périodes difficiles, augmente la stabilité du système, et le conduit à se pérenniser (*cf.* § 17*). Il ne faut évidemment pas interpréter ce "progrès" comme un petit miracle finalisé produit par la main invisible d'un *deus ex machina*. Beaucoup plus simplement, les lignées capables de fabriquer de l'amidon ont eu plus de chances de passer le cap des périodes de disette, et elles ont mieux survécu.

Les **Diatomées** (Bacilliarophycées) sont des Algues brunes dotées de chlorophylle a et de chlorophylle c, qui ont laissé des traces au moins depuis le Crétacé sous la forme de diatomite, une pierre a grain très fin. Elles sont constituées par deux petites valves de silice englobant la partie organique nommée frustule. Leur mode de reproduction habituel est la scissiparité qui conduit à une réduction de taille de la moitié des nouveaux individus, mais elles utilisent aussi la "conjugaison" où deux individus se rapprochent et secrètent des gamètes qui produisent une cellule diploïde. Elles constituent près de la moitié de la biomasse des océans et servent de nourriture à une multitude de prédateurs du zooplancton. Leur sensibilité à la composition chimique de l'eau où elles vivent a permis de construire des indices d'évaluation de la qualité des eaux.

Les Algues actuelles constituent la plus grande partie du phytoplancton et du picoplancton des océans. En 2007 (*Science*, 315 : 252-254) une Algue de moins de deux millièmes de millimètres a été découverte dans les eaux froides ; elle a été nommée *Phycobiliphytus* parce qu'elle contient un pigment photosynthétiste peu répandu, la phycobiline.

221.3 Les autres Thallophytes

Les **Charophytes** (Characées) sont un groupe très isolé, certainement issu de Chlorophycées très anciennes. Elles sont haplontiques, comme les Mousses, parce que la "plante" est constituée de cellules haploïdes, qui sont pourtant différenciées en rhizoïdes, tige, rameaux et feuilles, et qui sont disposés en verticilles. Elles possèdent des organes reproducteurs mâles et femelles. Ce sont des Cryptogames non vascularisées, difficiles à classer, qui méritent peut-être de constituer un Embranchement spécial.

221.4 Les Champignons

Ce sont des Pluricellulaires dont les cellules possèdent un noyau bien différencié (Eu-caryotes). Ils sont connus avec certitude depuis le Silurien supérieur où l'on a trouvé des restes attribués aux Phycomycètes.

Tous les grands groupes de Champignons fossiles connus existent encore de nos jours. Les Ascomycètes (29.000 espèces connues aujourd'hui) existaient au Carbonifère, ainsi que des Basidiomycètes (Pucciniacées). Des Hydnacées, des Polyporacées et des Agaricacées sont connues depuis le Tertiaire. Est-ce la rareté des Champignons identifiés dans les dépôts de fossiles qui fait que nous n'avons pas l'impression que les lignées anciennes de Champignons ont toutes persisté jusqu'à nos jours ?

La morphologie et la comparaison des cycles évolutifs conduisent à penser que beaucoup de Champignons dérivent de végétaux chlorophylliens, et en particulier d'Algues. En outre, le corps végétatif de certaines plantes hétérotrophes à fleurs (Rafflésiacées) a une structure proche d'un mycélium. De même, des Mousses épiphytes (Nématococcacées) ont un protonéma pérennant et très puissant qui a aussi l'aspect d'un mycélium.

Ces faits montrent la très puissante influence du mode de vie hétérotrophe sur la morphologie, et conduisent à être prudent quant à l'origine des Champignons : en effet, les exemples de plantes initialement chlorophylliennes, qui ressemblent de plus en plus à des Champignons quand elles deviennent hétérotrophes, montrent qu'il y a alors une "convergence de formes", analogue à celle qui donne la même forme pisciforme aux Mammifères marins, aux Requins et aux Poissons. Il ya aurait alors un polyphylétisme bien caractérisé. La convergence de formes n'est pas seulement une curiosité morphologique, puisqu'elle est au centre de la dialectique où se combinent la génétique et l'écologie ; elle explique pourquoi les végétaux qui ont une forme de champignon peuvent provenir d'origines diverses.

221.5 Les Lichens

Les restes de Lichens fossilisés sont très rares ; les genres *Cetraria* et *Cladonia* datent au moins du Tertiaire, mais il est vraisemblable que l'association d'Algues et de Champignons s'est produite dès le Carbonifère et même peut-être au Cambrien. Les Lichens ont sans doute été parmi les premières espèces capables de conquérir les continents.

La quasi-totalité des 13.500 espèces de Champignons qui participent à des Lichens sont des Ascomycètes (qui comprennent, au total, 29.000 espèces). Environ 1.000 espèces de Champignons sont des parasites (ou des saprophytes) de Lichens. La plupart des Champignons qui sont inclus dans un Lichen ne vivent pas à l'état libre. Autrement dit, 20 % des Champignons connus sont des symbiontes obligatoires, présents seulement dans les Lichens (**P. Crittenden & N. Porter**, 1991).

222 Les Bryophytes (Mousses et Hépatiques)

Les Bryophytes méritent de constituer un Embranchement spécial, au sein des Embryophytes, parce que leur cycle végétatif est opposé à celui des Fougères et des Phanérogames, puiqu'il comprend un stade haploïde durable et bien visible (le gamétophyte) et, à l'opposé, un stade diploïde réduit (issu de la fécondation, et nommé sporophyte).

En effet, les Bryophytes sont à peine "sorties de l'eau" : leur fécondation s'opère en milieu aquatique ; elle donne un sporophyte diploïde fragile et éphémère, jamais ramifié, ni autonome, et qui est esclave du gamétophyte qu'il produit ; le gamétophyte est aérien et durable.

Dans les roches du sultanat d'Oman, **C. H. Wellmann** *et al.* (2003, *Nature*, 425, 283) ont trouvé des spores vieilles de 475 millions d'années (Ordovicien) appartenant sans doute à des Hépatiques. Pour conquérir les terres émergées et vivre à l'air libre, les Bryophytes ont dû résister à la sécheresse en enveloppant leurs tissus dans un épiderme imperméable cutinisé au travers duquel l'air parvient au chloroplaste par des petits trous nommés stomates. Les premiers restes fossiles d'épidermes perforés de stomates datent du Silurien supérieur (– 420 millions d'années) ainsi que la sporo-pollénine qui enveloppe les cellules sexuelles des plantes (J. **Broutin**, 2000).

Les Bryophytes bien conservées les plus anciennes datent du Carbonifère. Elles sont déjà très semblables aux Mousses actuelles et sont vraisemblablement issues d'Algues vertes (Chlorophycées) par l'intermédiaire d'un taxon ressemblant aux Anthocérotes (classe de végétaux comprenant 300 espèces et située au même niveau que la classe des Bryales qui comprend 14.500 espèces et que celle des Hépatiques qui comprend 9.000 espèces). Elles ont peut-être été l'un des premiers pas vers la colonisation des milieux terrestres, mais elles semblent être restées dans les marécages tant que les Fougères n'ont pas établi une strate protectrice au-dessus du sol.

Dès que les plantes ont colonisé les marécages, puis la terre ferme, elles ont pu servir de nourriture pour les animaux : les Poissons herbivores ont pu "sortir de l'eau" et produire les Amphibiens (au Dévonien) qui ont mis au point la patte et le poumon. Les Insectes ont pu aussi commencer à coloniser les continents.

La conquête du milieu aérien par les Insectes a requis aussi de nombreuses adaptations. **J.-M. Betsch** *et al.* (1980) ont bien montré ces phénomènes chez les Collemboles (Insectes primitifs) qui vivent habituellement dans le sol.

223 Les Cryptogames vasculaires

Cet Embranchement a été très florissant pendant le Primaire. Son existence à partir de la fin du Silurien, entre – 500 et – 400 millions d'années, est la première "charnière" de l'évolution des flores. Cette phase cruciale de l'évolution est liée à la conquête des continents, qui étaient auparavant des déserts portant tout au plus des croûtes d'Algues terricoles ou de Lichens. Elle est aussi liée à l'acquisition des molécules de lignine, qui renforcent la cellulose et permettent de construire des tiges ligneuses. Elle s'insère clairement dans le modèle des montagnes russes :

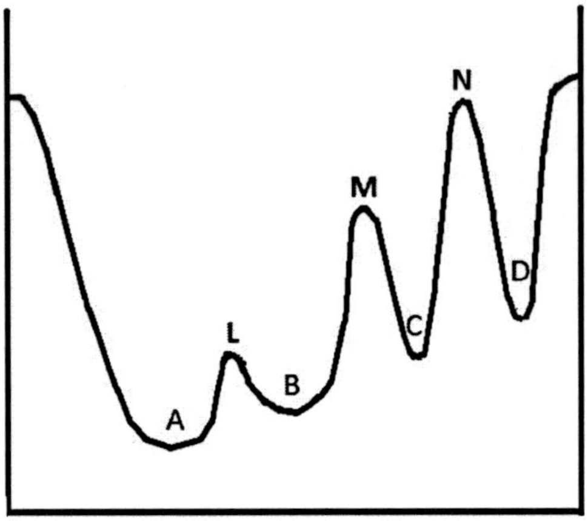

Figure 22-1 : A = les Thallophytes, B = les Cryptogames vasculaires,
C = les Phanérogames Gymnopsermes,
D = Les Angiospermes.

223.1 Les Psylophytinées

Les plus anciens Cryptogames vasculaires appartiennent presque tous à la Classe des Psilophytinées (ou Psilophytopsidae). La plus ancienne plante fossile dotée de vaisseaux (qui inaugure donc le très grand groupe des Trachéophytes) est une *Cooksonia.*

Les Psilophytinées les plus simples étaient les Rhyniales, plantes sociales de petite taille (maximum 50 cm) qui ressemblent à des Joncs. Leur appareil aérien était formé de tiges dressées cylindriques, pourvues de stomates. Leur ramification était dichotomique, et les sporanges étaient situés à l'extrémité des tiges. Elles vivaient en particulier dans un marécage (peut-être asséché par intermittence) situé à Rhynie, près d'Aberdeen, où elles étaient accompagnées de Nématodes, de Millepattes, d'Acariens, de Cloportes, de Collemboles. Des champignons vivaient en symbiose avec des espèces comme *Aglaophyton* (**R. Boullard**, 1990). Le dépôt où ces fossiles ont été trouvés est daté du Dévonien (– 380 millions d'années *in* J. **Broutin**, 2000).

Les Psilophytinées sont des végétaux ligneux ou herbacés dont les rameaux sont nus ou garnis de petites feuilles en alène. Ils sont presque aussi divers que les Algues et peuvent être considérés comme des Algues vascularisées. La vascularisation leur a permis de conquérir les terres émergées. Ils aident à comprendre que l'organisation fondamentale des végétaux peut être vue comme un enchaînement de "rameaux", nommés cauloïdes ou télomes, qui se ramifient par dichotomie. Ces éléments de la structure des plantes ont, à l'origine, une structure anatomique qui rappelle celle de la tige. Au cours des temps, les télomes se sont contractés, élargis, aplatis, et groupés, pour donner tous les organes des plantes actuelles (tiges, feuilles, pétales, sépales, téguments, bractées, etc.).

Les parties souterraines des Psilophytinées se sont moins modifiées que les tiges aériennes : elles sont vascularisées, mais elles ont, en particulier, conservé leur anatomie à structure rayonnante ; ce ne sont pas des racines, au sens exact de ce terme : ces plantes ont seulement des rhizomes souterrains, garnis ou non de rhizoïdes.

Il semble qu'une évolution importante de l'appareil sporangifère ait eu lieu chez les Cryptogames vasculaires : les spores seraient passées d'une position terminale, où elles étaient isolées, à une position latérale, où elles se sont groupées et quelquefois entourées d'une "feuille". Ainsi, l'Ordre des Zostérophyllales, apparu au milieu du Dévonien, possède des sporanges latéraux en forme de rein (= réniformes). Les Zostera actuels sont des Monocotylédones, et **P. FOURNIER** les assimile au Varech et au Goémon.

Les derniers représentants des Psilophytinées sont peut-être les Psilotinées actuelles (Australie, Polynésie, régions intertropicales et un *Psilotum* qui vit au sud de l'Espagne).

223.2 Les Lycopodinées

Une autre Classe très ancienne (présente à partir du Dévonien) est celle des Lycopodinées (ou Lycopsidae). Il existe en France sept espèces appartenant à cette Classe, qui est constituée de quatre Ordres :

- les Lycopodiales ;
- les Lépidophytales, qui comprennent en particulier les Lépidodendracées fossiles (qui ressemblent un peu à des Palmiers à ramification dichotomique, comme les *Hyphaene*, et dont les frondes atteignirent un mètre), et aussi les Sigillariacées et les Isoétacées dont certaines espèces vivent encore aujourd'hui ;
- les Lépidospermales, qui comprennent les Lépidocarpacées, les Miadesmiacées et les Sélaginellacées (actuellement un seul genre, comprenant 800 espèces) ;
- les Pleuroméiales.

Cette Classe a donné les premiers grands arbres et l'on commence à y voir apparaître la formation d'un ovule, quand une feuille (macro-sporophylle) commence à envelopper le macro-sporange (Sélaginellacées). Il reste encore aujourd'hui des Lycopodes, que l'on trouve en particulier dans les tourbières. Ce sont des miniatures des arbres qui atteignaient 20 mètres de haut au Dévonien et au Carbonifère. Du grand Ordre des Lépidophytales, il ne reste que les 75 espèces d'Isoétacées, petites plantes jonciformes des marais, dont une station remarquable existe à Roque haute (Hérault).

223.3 Les Articulées (Prêles)

Au Carbonifère, les Articulées (ou Arthrophytes ou Sphénophytes) ont été très nombreuses et développées. Ces **Prêles** primitives (*Calamites*) atteignaient souvent 10 mètres. Elles semblent issues des Psilophytinées, et sont caractérisées par leur tige articulée, leurs feuilles filiformes et leurs sporanges en épis. Elles sont souvent homosporées ; certaines étaient des lianes.

223.4 Les Filicinées

Les Filicinées (ou Filicophytes) sont aujourd'hui le rameau phylétique le plus puissant des Cryptogames vasculaires : il en existe actuellement plus de 10.000 espèces. Elles comprennent deux groupes principaux et un groupe intermédiaire. Le premier groupe principal (Phyllophorinées) possède des espèces "porte-feuilles", sans feuilles, telles que les *Eospermatopteris*. Le groupe intermédiaire est celui des Osmondales et des Inversicaténales. Le troisième groupe est celui des Aphyllophorinées, où le développement de la foliaison se fait par une palmure des buissons de ramules dichotomiques et par une descente des structures foliaires (dorsi-ventrales) vers le rhizome, qui aboutit à une tige constituée par l'agrégation des bases des feuilles (polystélie).

Ce sont les Aphyllophorinées qui ont produit le plus grand nombre de phylums de Fougères capables de durer jusqu'à l'époque actuelle (en particulier Marattiales, Ophioglossales, Osmundales, Filicales, Marsiléales et Salviniales).

Les Ptéridophytes produisent des spores haploïdes (à la suite de la méiose, qui implique une réduction chromatique) portant seulement **n** chromosomes. Si une spore tombe dans un milieu humide, elle se transforme en prothalle ressemblant à une très petite feuille en cœur et capable de produire des appendices mâles (anthéridies) et femelles (archégones). Lorsque le prothalle est imbibé d'eau, des cellules dotées d'un flagelle sortent des anthéridies et nagent jusqu'aux archégones, où la fécondation a lieu. C'est seulement dans quelques cas particuliers (apogamie) que le prothalle est diploïde et la lignée est alors un clone.

L'une des Fougères permiennes, *Glossopteris* a été trouvée dans tout l'hémisphère sud, au point que l'on peut parler d'une végétation australe à *Glossopteris*.

De même que des Algues ont établi des symbioses avec des Champignons (en allant jusqu'à la réalisation des Lichens), certaines Fougères vivent en symbiose avec des champignons du sol en produisant des mycorhizes. Certaines Salviniales du genre *Azolla* hébergent sous leurs feuilles des Bactéries fixatrices d'azote.

223.5 Les Nématophytes (*Prototaxites, Nématophyton,* etc.)

Ce sont des traces de plantes ayant un tronc épais (jusqu'à un mètre de diamètre) composé d'un lacis dense de tubes à cloisons très espacées. Elles vivaient au Silurien et au Dévonien. Certains auteurs les classent parmi les Algues, et d'autres les considèrent comme des végétaux terrestres ou amphibies, plus ou moins intermédiaires entre les Thallophytes et les plantes vasculaires (*op. cit.* p. 134). Il sera nécessaire de voir la place de ces végétaux dans les nouvelles classifications.

223.6 Les premières plantes ligneuses

En 2011, **Christine Strullu-Derrien** (Thèse Université d'Angers, et *Science* 12 08 11) a découvert des fossiles pyriteux de deux plantes ligneuses vieilles de 397 et 407 millions d'années (début du Dévonien), dont un en Anjou. Les fossiles présentant cette caractéristique qui ont été trouvés au Canada par **Patricia Gensel** étaient vieux de 397 millions d'années, et le plus remarquable est que des plantes ligneuses aient déjà existé à cette époque dans plusieurs lieux du continent nord-atlantique.

Le diamètre des tiges de ces plantes est voisin de 1,5 mm et leur hauteur semble comprise entre 10 et 20 cm de hauteur. Un nom va leur être donné.

224 Les Préphanérogames

Nous avons vu que, chez certaines Cryptogames vasculaires, le sporange commence à être entouré d'une feuille (tégument). Cette tendance s'est développée à la fin du Dévonien et au début du Carbonifère, vers – 350 millions d'années, au point d'aboutir à l'existence d'**ovules** à partir du Famennien (Dévonien supérieur), dans deux grands Ordres, les Ptéridospermées (Ptéridospermées au sens strict + Caytoniales) et les Cordaïtales (dont certaines ressemblent aux arbres des mangroves).

La reproduction des individus n'est plus alors soumise aux hasards de la survie des prothalles et de la fécondation dans l'eau ; en conséquence, les gamètes femelles peuvent rester portés par la plante (il n'y a plus séparation du sporophyte et du gamétophyte). C'est un important franchissement de seuil, au cours de l'évolution des plantes, puisqu'il a permis aux Préphanérogames de s'avader un peu des marais où ils ont pris naissance.

Les **Ptéridospermées** (ou Ptérido-Spermaphytes) s'étendaient dans toute la zone équatoriale au Carbonifère (MEYEN, 1987). Les **Cordaïtales** avaient un port de Conifère, et atteignaient 40 m de hauteur, mais ce ne sont pas encore des Gymnospermes. L'ensemble de ces plantes est regroupé souvent dans l'embranchement des Préphanérogames, qui commencent à avoir des ovules protégés : « La tendance à la formation de l'ovule se manifeste, comme un instinct obscur, dans toutes les lignées de plantes vasculaires, mais n'a abouti que dans une seule, celle qui est devenue Préphanérogames » (**L. EMBERGER,** 1968, P. 453).

La première plante fossile possédant des carpelles et donc ancêtre des Angiospermes, est *Archaefructus liaoningensis*. Elle a été trouvée en Chine dans des dépôts du Jurassique (– 140 millions d'années). Les ovules sont plurisporés et disposés en hélice. Des fossiles d'*Archaefructus* ont été trouvés en grand nombre dans le sud-ouest de la Chine (Sichuan ou Yunnan), dans des dépôts vieux de 124 millions d'années. Cette plante serait aquatique mais il semble que l'on n'a pas étudié son pollen. Cette région très montagneuse offre une grande variété de climats et il est logique qu'elle ait donné naissance à de nombreuses espèces. Plus de 500 espèces de Rhododendrons et Azalées vivent aujourd'hui dans cette région qui est un "centre de dispersion" originel (§ 28*) pour un très grand nombre de familles et de genres de la flore d'Europe.

Le genre *Amborella*, dont une espèce vit encore en Nouvelle-Calédonie, est un autre candidat au titre de première plante à fleurs.

Les Préphanérogames diffèrent des Phanérogames, parce que l'ovule n'y comporte pas d'embryon, et ne peut rester longtemps en attente de conditions favorables. Ce sont, en quelque sorte, des Cryptogames vasculaires "angio-sporangiées", qui seraient, vis-à-vis des Cryptogames vasculaires ordinaires ("gymno-sporangiées"), ce que les Angiospermes sont vis-à-vis des Gymnospermes. Cette comparaison apparemment subtile est finalement très révélatrice des grands principes de l'Évolution.

Les micro-sporanges mâles sont groupés et rappellent les étamines des plantes supérieures. Le macrosporange (nucelle) femelle est entouré d'un tégument, soit en restant libre, soit en lui étant concrescent. Chez les groupes les plus anciens, l'ovule est plurisporé, et il devient ensuite monosporé.

On retrouve, chez les Préphanérogames, l'ensemble des tendances observées dans les groupes plus primitifs :

. rameaux cylindriques –> feuilles aplaties
. sporanges isolés –> sporanges groupés
. homosporie (Aneurophytales) –> hétérosporie (Archéoptéridales)
. ovule nu –> ovule protégé
. ovule plurisporé –> ovule monosporé
. anatomie simple –> présence d'un cambium, entre le "bois" et son "écorce", qui permet au tronc de s'accroître régulièrement
. nervation des feuilles de plus en plus hiérarchisée (elle est alors pennée ou palmée).

225 LES GYMNOSPERMES

Le pas suivant dans l'Evolution des végétaux est l'apparition des Phanérogames, qui est marquée par l'acquisition progressive de la graine, capable de résister à des conditions de vie défavoralbes jusqu'au moment où elle pourra germer en ayant des chances de suvivre. Cette fois encore, c'est la repoduction qui est la phase la plus critique du cycle de vie des individus.

La tendance vers les Pro-Gymnospermes est décelée à partir du Dévonien (J. DOYLE, 1976). Ils comprennent l'Ordre des **Aneurophytales**, dont la ramification foliaire n'est presque plus dichotomique, mais spiralée ou décussée (= les rameaux sont opposés deux à deux, et chaque paire est perpendiculaire à celles qui sont immédiatement au-dessus ou en dessous ; ceci est équivalent à une spirale dont le pas est égal à 90°).

L'Ordre des **Archaeoptéridales** manifeste pour la première fois (d'après C. BECK, 1971) des rameaux latéraux qui se développent dans un plan presque horizontal (= plagiotropie) et captent plus efficacement l'énergie du Soleil. Leurs représentants ont été parmi les premiers constituants des forêts du Primaire. Ces forêts sont à l'origine des dépôts de charbon qui contiennent de nombreux fossiles. Les premières forêts étaient peut-être dans des stations humides, situées au bord de la mer (ou dans des lagunes analogues aux mangroves actuelles où leur fossilisation aurait été rapide ?).

Les Gymnospermes proprement dites constituent un embranchement qui présente des caractères primitifs (ovules nus) et des caractères évolués (présence d'un embryon et apparition progressive de "fleurs"). L'un de leurs caractères les plus nouveaux est la transformation, vers – 280 millions d'années, de certaines "spores" qui deviennent progressivement du **pollen**. Les pollens les plus "primitifs" sont apparus vers – 150 millions d'années (?)

Parallèlement, l'ovule a été percé d'un petit orifice, le micropyle, par lequel le pollen pénètre jusqu'au gamète femelle. La pollinisation s'effectue donc facilement par le vent, et la plupart des Gymnospermes sont ainsi **anémogames**. Le pollen des Pins est même muni de deux ballonnets pleins d'air pour en faciliter la dispersion à grande distance. Cependant la pollinisation est déjà assurée pour certaines espèces par des Arthropodes (**B. MEYER-BERTHAUD**, 1987) dès le Carbonifère inférieur.

Les autres Conifères actuels et la plupart des Dicotylédones arborescents (le Hêtre, le Chêne et les autres Fagacées, le Saule et les Salicacées, etc. qui ont des fleurs en "chatons") sont encore anémogames et ils profitent de leur hauteur pour envoyer le pollen assez loin. La plupart des Graminées, des Cypéracées et des Juncacées sont aussi anémogames, sans doute parce qu'elles vivent dans des végétations ouvertes où le vent transporte facilement le pollen d'une plante à l'autre, mais peut-être aussi parce que ces Monocotylédones seraient plus "primitves" que les Dicotylédones .

Les plantes anémogames n'ont pas besoin de produire des fleurs visibles de loin et attirantes pour les pollinisateurs volants. Certaines espèces dont les fleurs sont peu visibles sont pollinisées par les Fourmis (myrmécogamie) ou d'autres Insectes (entomogamie), et c'est un caractère bionomique important (§ 35*).

Les plantes qui vivent dans l'eau (*Ceratophyllum, Elodea, Potamogeton, Ruppia,* etc.) et qui confient leur pollen au courant sont dites "**hydrogames**".

225.1 Les principaux groupes de Gymnospermes

Au Secondaire, les Gymnospermes dominaient le monde végétal, et présentaient des formes très variées (y compris des arbres à feuillage caduc). Progressivement, elles furent chassées vers les régions froides par les Angiospermes. En conséquence, il reste maintenant dans les climats chauds seulement quelques types de Gymnospermes, le *Ginkgo biloba* (aux feuilles plus courtes que celles de la plupart des Ginkgoales fossiles) et les *Cycas*, aux grandes feuilles encore proches des frondes des Fougères et dont les représentants actuels ont tous une ramification sympodiale.

Les Gymnospermes qui possèdent encore les caractères les plus primitifs sont les **Cycadales**, qui ont laissé des fossiles depuis le Trias inférieur et qui subsistent encore aujourd'hui sous les Tropiques, et s'acclimatent dans les jardins des régions tempérées tièdes (*Cycas revoluta*).

Les **Cycadales** semblent clairement issues des Ptéridospermées ; elles en diffèrent par la réalisation d'un véritable embryon qui caractérise la graine au sens précis du terme. Là encore, l'écologue trouve une confirmation de ce qui a été vu au paragraphe 16* : la graine est un "progrès" parce qu'elle est capable de subsister pendant une période défavorable pour "attendre" le moment où la germination aura le plus de chances de succès. Cette attente, qui est appelée **dormance**, est évidemment utile dans les climats à saisons contrastées, où le fruit mûrit à la fin de la saison de végétation, alors que la graine doit germer au début de la saison de végétation suivante. La graine est utile aussi dans les forêts tropicales denses, où la graine doit attendre qu'un peu de lumière arrive au sol avant de germer avec quelques chances de succès.

Le plus étonnant, pour l'écologue, est de voir que ce phylum a "trouvé" les molécules inhibitrices qui produisent la dormance et, simultanément, les molécules qui, au contraire, lancent la germination : la co-existence des molécules inhibitrices et des mplécules capables de déclencher la germination a dû être bien difficile à gérer pendant quelques millions d'années !

Les premières plantes à graine ont ainsi dû insérer dans leurs hélices d'ADN simultanément la production d'inhibiteurs et celle de déclencheurs, sous peine de mort. Dans quel ordre sont apparues ces deux types de molécules ? Les inhibiteurs ont été utiles parce qu'ils maintenaient l'embryon en dormance en évitant qu'il ne germe dans des conditions saisonnières défavorables mais ils risquaient de transformer la graine en Belle au bois dormant. Ils n'étaient vraiment efficaces que si des déclencheurs – qui n'étaient pas immédiatement utiles puisqu'ils auraient risqué de lancer la germination dès la fin de la fructification, en à une saison peu favorable – étaient présents. La coexistence de ces deux types de protéines aux effets contradictoires a dû être acrobatique et elle a donc sans doute été progressive, avec des essais divers et des échecs nombreux. Elle a dû se produire sous un climat où les saisons étaient perceptibles sans être trop contrastées.

Là encore, la combinaison de plusieurs mécanismes déterministes aboutit à un fonctionnement **probabiliste** où le nombre de cas favorables est "pesé" par rapport au nombre de cas possibles.

De nombreux travaux physiologiques récents montrent que la levée de dormance est régie par des contraintes souvent très sensibles, qui se combinent pour que la germination ait lieu au moment le plus favorable.

Une conséquence inattendue de l'arrivée des graines dans le jeu de la survie des espèces est que certaines espèces vivaces meurent aussitôt après avoir produit leurs graines : le Palmier *Tahina spectabilis* qui vit à Madagascar vit une centaine d'années en atteignant une vingtaine de mètres de hauteur, puis il produit un millier de petites fleurs et meurt d'épuisement.

Dans cet Ordre, la famille des Cycadacées a un port de Palmier, ou de Fougère arbustive. Les feuilles sont souvent composées pennées et enroulées en crosse dans le bourgeon comme les pennes des Fougères. Ce sont toujours des plantes dioïques. Les organes reproducteurs femelles sont groupés en cônes. Les ovules sont gros, entourés d'un tégument vasculaire. Les microspores sont souvent très nombreuses (de 500 à 30.000). Elles germent en un prothalle mâle. Elles sont abondantes en particulier dans le sud-est de l'Australie.

Les **Ginkgoales** datent peut-être du Permien inférieur (vers – 250 Ma) ; elles atteignent leur apogée au Jurassique, où le genre *Ginkgo* a laissé de nombreux fossiles, alors qu'il ne reste aujourd'hui *qu'une* seule famille comprenant un seul genre comprenant une seule espèce, *Ginkgo biloba.* Leurs feuilles ressemblent encore à celles de Fougères et leur tronc est très proche de celui des Conifères. Au XIXe siècle, il ne restait qu'une seule espèce de Ginkgoale, *Ginkgo biloba,* qui était reléguée dans les montagnes de la Chine du Sud (ou du Japon ?). Cette espèce s'est pourtant bien acclimatée, sous le nom d'Arbre aux quarante écus, dans la plupart des jardins botaniques et elle est largement utilisée dans les plantations urbaines d'alignement.

Pour la fécondation du *Ginkgo* et des *Cycas*, dès que le pollen a pénétré dans l'ovule, il émet un liquide aqueux qui dissout une partie de l'ovule pour créer une chambre pollinique où nagent les spermatozoïdes lancés à la conquête de l'oosphère. La fécondation directe (nommée siphonogamie) apparaît chez des Conifères seulement à la fin du Permien (– 230 millions d'années).

Les **Bennettitales** sont apparues presque en même temps que les Cycadales, et elles leur sont apparentées. Elles s'en distinguent par la structure des stomates, par la monoécie (en général) et surtout par le groupement des organes reproducteurs en des ensembles qui ont bien l'aspect de fleurs. Selon **P. Crane** (1985), les Bennettitales seraient assez proches des Angiospermes.

Précisons qu'une fleur est un ensemble de plusieurs "feuilles" plus ou moins transformées et groupées : la fleur est « un ensemble ramifié, un buisson d'axes foliarisés, très contracté, et dont certaines pièces sont unies par des concrescences ... L'unité morphologique réelle est le sporange isolé. La fleur n'est pas une unité morphologique, mais biologique, et la condensation des organes est favorable à l'accomplissement de sa fonction.» (**L. Emberger**, 1968, p. 602).

Les **Conifér ales** remontent au moins au début du Carbonifère (Tournaisien moyen) : une plante vivant dans des marécages et produisant de vrais ovules (nucelle portant une mégaspore et un gamétophyte endosporique) et a été retrouvée près de Causse-et-Veyran (Hérault), dans la Montagne Noire (J. GALTIER ET N. ROWE, 1989). Cette plante ne possède pas de chambre pollinique adaptée à la réception des pollens transportés par le vent, et elle était peut-être fécondée par des pollens transportés par l'eau (hydrogamie).

Les Conifér ales du Westphalien (Carbonifère moyen, vers – 300 millions d'années) avaient des feuilles simples et une ramification abondante : elles ressemblaient aux Araucarias actuels d'Amérique du Sud. Leur origine est proche de celle des Cordaïtales (*cf.* § 224*). Elles semblaient accepter des milieux assez secs et chauds ; elles étaient généralement monopodiales, comme les Conifères actuels (J. Doyle, 1972). Elles occupaient, dès la fin du Carbonifère, deux territoires distincts, l'un austral (Podocarpacées, Araucariacées), l'autre septentrional (Taxacées, Taxodiacées, Pinacées, Céphalotaxacées). Les Taxacées (et les Taxodiacées ?) font partie des Taxopsides, qui ne produisent pas de résine et dont le fruit n'est pas un cône. Un peu plus tard, les Junipéracées commencent à montrer une tendance à l'angiospermie.

225.2 Les Chlamydospermes

Ce groupe assez ancien a laissé peu de fossiles démonstratifs et il est mal défini. Il est intermédiaire entre les Gymnospermes et les Angiospermes, et comprend en particulier les genres *Ephedra* (dont un ancêtre d'*Ephedra distachya*, qui vit encore sur les côtes de France), *Welwistschia*, *Gnetum*. L'anatomie du bois est typiquement celle des Gymnospermes. Les fleurs sont groupées en chatons plus ou moins allongés ou même en forme de cône chez les *Welwitschia*. Le tégument abritant le nucelle est homologue du macro-sporophylle des Sélaginelles. Les ovules ont des traits communs avec ceux des Gymnospermes, mais la tendance vers l'hermaphroditisme, la réduction du prothalle et des archégones, la réduction de la chambre pollinique, la tendance vers la formation de stigmates sont des caractères d'Angiospermes (Juglandales et Pipéracées). Au total, elles paraissent constituer un "essai non transformé", comme l'*Archéoptéryx* l'a été ensuite pour les Oiseaux.

226 LES ANGIOSPERMES (ou Magnoliophyta)

226.1 L'angiospermie

L'attribut le plus important des Angiospermes est que les ovules y sont enfermés dans un **ovaire** formé de **carpelles**. Le prothalle femelle haploïde, qui menait une vie assez indépendante (et pleine de risques) chez les Fougères, est devenu le sac embryonnaire. La plante visible est diploïde, et son double équipement chromosomique a l'avantage d'être redondant et de faciliter les corrections d'erreurs. En conséquence, la fécondation des ovules par le pollen devient plus difficile et elle doit souvent être aidée par un animal. La transformation de certains phylums de Gymnospermes (sans doute des Cycadales plutôt que des Coniférales) en Angiospermes est le résultat d'une rapide **co-évolution** (§ 25*) où la transformation de la fleur a accompagné, à bénéfice mutuel, le développement des phylums d'Insectes volants, d'Oiseaux et de Mammifères capables de polliniser les ovules par zoogamie. Les Insectes pollinisateurs se sont différenciés dans plusieurs des Familles qui existaient à la fin du Secondaire (**J. DOYLE**, 1977).

Pour l'écologue, l'apparition de ce caractère s'explique en remarquant que le transport du pollen par le vent entraîne un gaspillage considérable : une plante doit produire environ 1 million de grains de pollen transportés par le vent pour assurer la fertilisation d'un ovule. Il suffit de marcher au printemps dans un bois de Conifères pour voir la pluie de pollen qui couvre le sol ou les plantes du sous-bois, et prendre ainsi conscience de ce gaspillage d'autant plus coûteux que le pollen est constitué par des molécules très durables parce que riches en sporo-pollénine. Au contraire, quelques milliers de grains de pollen suffisent lorsqu'ils sont transportés par les pollinisateurs jusqu'aux stigmates des fleurs qu'ils visitent.

C'est pour être visibles de loin par les pollinisateurs que les plantes ont développé les corolles de pétales que nous admirons avec émerveillement. Le mot "pétale" est dû à **FABIO COLONNA** 1567-1750) auteur d'un traité intitulé *Torture botanique* (*Phytobasanos*) sans doute parce qu'il imaginait les souffrances qu'endureraient les lecteurs de son livre.

Encore faut-il voir pourquoi la pollinisation par des animaux a entraîné l'apparition de l'**ovaire** : le pollen est une nourriture pour les Insectes, qui consomment jusqu'à 90 % de la quantité produite par une plante ; les ovules, riches en protéines, risqueraient d'être aussi la proie des pollinisateurs qui visitent les fleurs ; la protection des ovules dans les carpelles surmontés d'un pistil est apparue progressivement, évitant ainsi que l'effet bénéfique de la pollinisation ne s'accompagne d'une destruction des ovules par les Insectes.

La pollinisation par les Insectes a eu des conséquences inattendues : un grand nombre de Rosacées arborescentes – telles que l'Amandier, le Pommier, le Prunier – exposent leurs fleurs aux pollinisateurs dès le début du printemps, avant de se couvrir de leur manteau de feuilles.

De plus, la pollinisation par le vent risquait d'avoir un effet néfaste : le pollen d'une fleur se dépose préférentiellement sur les pistils des fleurs les plus proches et donc d'entraîner une consanguinité qui a des inconvénients. Les plantes évitent cet inconvénient grâce à plusieurs tactiques convergentes :

- certaines espèces sont "dioïques" parce que les fleurs mâles et les fleurs femelles sont portées par des individus différents ;
- pour d'autres espèces, le calendrier de maturation du pollen et celui des ovules est décalé et le pollen d'un individu ne peut donc fertiliser que les ovules d'une autre plante ;
- certaines espèces produisent des inhibitions chimiques subtils qui interdisent la fécondation d'un ovule par du pollen venant du même individu.

L'une des conséquences les plus importantes de l'apparition de la graine concerne directement les Anthropoïdes et l'espèce humaine : les graines riches en substances de réserve sont une nourriture essentielle pour les grands Singes, dont un grand nombre d'espèces sont frugivores (ils deviennent omnivores seulement quand ils ajoutent de la viande à leurs menus quotidiens, même quand ils sont charognards plus que chasseurs). En 2011 encore, la frugivorie des hommes et des femmes est importante puisque la télévision nous recommande de manger chaque jour plusieurs fruits.

L'angiospermie et la fécondation par les animaux apportent encore d'autres avantages : il est possible que le relativement faible rayon d'action des Insectes pollinisateurs ait favorisé le polymorphisme local, et multiplié les chances de cladogenèse ; en effet, les Insectes interfécondent alors des plantes qui sont proches les unes des autres ; les effets de la dérive génique (§ 25*) deviennent intenses dans ces populations qui sont de petite taille, relativement isolées, et qui évoluent alors dans des directions indépendantes.

La protection assurée par les carpelles entourant les ovaires permet en outre une fertilisation précoce, et un avortement rapide des ovules non fertilisés, qui est aussi une économie d'énergie.

Les Angiospermes réalisent une double fécondation mise en évidence par Guignard dès 1898 : deux noyaux de gamètes s'unissent à deux noyaux du sac embryonnaire, pour donner, d'une part, l'albumen nourricier, et d'autre part l'embryon qui donnera le futur individu. La double fécondation est une économie écologique parce qu'elle évite que l'endosperme nourricier de l'embryon soit élaboré sans que l'embryon soit apparu. Ces caractères correspondent à une viabilité précoce des jeunes individus (A. TAKHTAJAN, 1976), qui peut avoir été précieuse dans un environnement instable (ou "inattendu"), où les tactiques "r" (*cf.* § 35*) sont nécessaires. Il est possible que la double fécondation rende plus efficace la sélection contre les mutations délétères. Les inconvénients de cette solution complexe ne semblent pas avoir été étudiés.

L'un des "progrès" les plus marqués aurait été la germination du pollen sur le stigmate, parce que celle-ci permet une fertilisation rapide après la pollinisation et une allogamie efficace (par incompatibilité intraspécifique, quand des substances présentes sur le stigmate inhibent la croissance du pollen issu du même individu que le stigmate lui-même). Le développement des pollens "tricolpés" (à trois ouvertures) aurait donné plus de chances au tube pollinique de se trouver en face du conduit d'accès aux ovules.

226.2 Le pollen

La structure réticulée de la couche externe du pollen (exine) rendait peut-être plus facile le transport des grains de pollen par les Insectes. Les grains de pollen vivent seulement quelques jours ; ceux qui sont arrivés sur les stigmates produisent un filament près de 1 000 fois plus long qu'eux-mêmes (comme si une balle de ping-pong donnait un fil long de plus de cent mètres) ; c'est à l'intérieur du tube pollinique que les spermatozoïdes se différencient. Tetsuya Higashiyama (Université de Nagoya, Japon) s'est intéressé aux protéines qui "attirent" le tube pollinique jusqu'à l'ovaire, pour le Tourénia de Fournier (Torenia fournieri). Plus de 2.000 protéines ont été étudiées avant de trouver celles qui sont actives, qu'il a baptisées LURE (Nature, *mars 2009).*

La course à l'ovule est l'un des maillons de la chaîne des épreuves successives que l'on a coutume d'appeler la sélection naturelle, et il a même été écrit que la lignée est "à la merci" de ses grains de pollen. Une telle dépendance est assez troublante, et l'on doit se demander si la quantité de pollen disponible ne dépend pas directement du climat (sécheresse de l'air) lors de la floraison. Les travaux de l'équipe de M. Van Campo montrent, par exemple, que la production annuelle de vin du Languedoc est parfaitement corrélée avec la quantité de pollen de Vigne que l'on trouve dans l'atmosphère au printemps.

Cette corrélation n'est pas la preuve d'une relation de cause à effet, mais il n'empêche que tout se passe comme si la quantité de pollen disponible pour la fécondation était un facteur limitant de la fructification.

Cette sélection s'applique à des éléments haploïdes, et elle peut permettre à des gènes, qui seront récessifs dans l'individu diploïde, de s'exprimer.

Les grains de pollen sont souvent huileux, pour mieux se coller sur les pollinisateurs, et cette huile retient aussi des particules de la pollution atmosphérique qui contribuent à développer les allergies. À la belle saison, 8.000 à 10.000 grains de pollen sont présents en moyenne dans un m^3 d'air.

La veination réticulée (et non plus dichotomique) des feuilles serait peut-être concomitante d'une période climatique plus sèche. Les feuilles initiales étaient sans doute simples, et dotées d'une veination pennée. Les feuilles cordées et peltées avec une veination palmée seraient plus récentes ; les feuilles composées seraient arrivées en dernier, mais il n'est pas exclus que des feuilles composées se soient ultérieurement transformées en feuilles simples.

226.3 La fleur

Les Gymnospermes dont le pollen est toujours disséminé par le vent (anémogamie) n'ont aucune raison d'avoir des fleurs attirantes. Si les Angiospermes ont produit les fleurs que nous admirons, c'est simplement pour attirer les pollinisateurs.

La fleur est constituée d'un ensemble de feuilles transformées, et les feuilles étaient elles-mêmes des "axes" aplatis et enrichis en chlorophylle. **Louis Emberger** le résumait en disant que "la fleur est un buisson d'axes".

S. Pelaz *et al.* (2000) ont obtenu des mutants d'*Arabidopsis* dont toutes les pièces florales sont transformées en sépales et ils ont montré qu'un ensemble de quelques gènes suffit pour coder le développement des sépales.

226.4 Les fruits

Les graines des Angiospermes sont enfermées dans une structure protectrice, le fruit, qui joue aussi un rôle dans la dissémination des graines, soit par ses aptitudes mécaniques (le plumet des graines de Pissenlit emportées par le vent est "anémochore", § 35*), soit par son attrait pour les animaux qui l'absorbent ("zoochorie", *cf.* § 35* et 65*).

Les principaux types de fruits sont :

- les baies, fruits charnus où les graines (les pépins) sont entourés d'une pulpe appétissante, et les pseudocarpes (pommes), où une partie de la pulpe vient du réceptacle ; les agrumes, composées de plusieurs baies en forme de quartier ;

- les drupes, fruits charnus à noyau dur (Rosacées, mais aussi la mangue, le litchi, la noix de coco) ;
- les agrégats de fruits : la fraise, la figue ;
- les akènes, qui ne contiennent qu'une graine et ne s'ouvrent pas à maturité (noisette, gland) ;
- les fruits multiples, issus des carpelles d'une seule fleur qui se développent individuellement (framboise)
- les gousses, fruits sans cloison intérieure et s'ouvrant par deux valves (Légumineuses telles que le Haricot, Crucifères) ;
- les méricarpes, paire de carpelles qui sont les fruits des Ombellifères (Apiacées).

Les épis sont des infrutescences et non pas des fruits.

Ajoutons encore que, à partir du début du Tertiaire, les Mammifères ont pu jouer un rôle plus important pour la dispersion des graines que celui qu'auraient pu avoir les Reptiles du Secondaire, en particulier parce que la plupart des Reptiles sont sédentaires, alors que de nombreux Mammifères effectuent des migrations saisonnières.

Les relations entre les animaux frugivores et les plantes qui donnent les fruits comestibles sont examinées dans le chapitre 6*.

226.5 Le bois

Les Angiospermes ont un bois hétéroxylé, alors que les Gymnospermes ont un bois homoxylé. En effet, chez les Gymnospermes, les trachéides sont à la fois des fibres porteuses et des voies de circulation discontinues, les trachéïdes, pour la circulation de la sève, alors que, chez les Angiospermes, les vaisseaux sont des cylindres bien continus et bien séparés des faisceaux de fibres qui donnent leur solidité aux tiges.

226.6 L'écologie des premières Angiospermes

Les premiers pollens fossiles d'Angiospermes datent du Barrémien (L. HICKEY ET J. DOYLE, 1977, vers – 120 millions d'années). Il pourrait s'agir de Magnoliidées ou d'Amentifères. Une feuille attribuable à une Angiosperme a été trouvée dans le Néocomien de Transbaïkalie (125 millions d'années). D. AXELROD (1970, 1972) estime qu'elles ont pu commencer à se différencier dès le Trias. À cette époque, le climat était plus chaud que le climat actuel, et il est vraisemblable que les Angiospermes seraient d'abord apparues sur les bords de la mer parallèle à l'Équateur (la Téthys) qui séparait le continent formé par l'Amérique du Nord, l'Europe et l'Asie (la Laurasie) des restes du continent austral de Gondwana. Certains auteurs, plus précis, ou plus imaginatifs, pensent même qu'elles sont nées dans des plaines alluviales où des fleuves à méandres créaient des milieux régulièrement bouleversés.

Ces franges de continents étaient sans doute assez accidentées, et elles comprenaient vraisemblablement de nombreux milieux, qui ont pu contribuer à favoriser les radiations adaptatives. Ultérieurement, les Angiospermes auraient migré vers les pôles, peut-être parce que le climat serait devenu plus sec (**G. BRENNER**, 1976). Certains botanistes pensent que c'étaient des arbres de forêts tropicales, mais il semble plutôt que les premières Angiospermes étaient des arbustes peu ligneux qui se comportaient en pionniers, un peu comme le font aujourd'hui les mauvaises herbes ; ils auraient pris place en sous-bois et se seraient ensuite infiltrés dans la strate supérieure ; en même temps, les feuilles simples seraient souvent devenues palmatilobées puis pennatilobées.

Les Angiospermes sont sans doute apparues en plusieurs endroits du globe, à partir de phylums assez différents. Si ce polyphylétisme se confirme, il signifierait que l'apparition de l'angiospermie était inéluctable à partir du moment où les conditions de vie qui régnaient à cette époque – en particulier la présence d'animaux capables de polliniser les fleurs – étaient "mûres" pour que ce perfectionnement puise se produire. Il est ainsi vraisemblable que les Angiospermes à placentation centrale (Centrospermales) ont leur ascendance dans des formes du type coniféral archaïque ou chez des plantes du type Chlamydosperme. Au contraire, les Angiospermes à placentation pariétale-marginale (et sans doute les Pariétales en général, y compris les Légumineuses) doivent provenir de Gymnospermes du type cycadoïde ou bennettitéen.

Les premières Angiospermes sont sans doute des Dicotylédones et les Monocotylédones auraient bénéficié de la suppression d'un des deux cotylédons.

227 MONOCOTYLÉDONES ET DICOTYLÉDONES

227.1 Les Monocotylédones

Elles se seraient différenciées, au sein de groupes de Dicotylédones primitifs, très tôt (on les trouve dans l'est des États-Unis, vers – 120 millions d'années). Mais elles ne constituent pas un groupe très homogène : la Salsepareille (*Smilax aspera*) avec ses feuilles en cœur et ses tiges lianoïdes et épineuses est bien éloignée des Graminées ou des Iris. L'anatomie de leur tige est différente de celle des Dicotylédones. Leur pollen diffère de celui des Gymnospermes par la structure de la paroi externe (exine), qui est dotée d'une strate de petites colonnes (columelles), mais elles ont toutes des pollens monocolpés (à un seule ouverture) comme les Magnoliidées qui sont assez primitives. Certaines Magnoliales ont d'ailleurs encore des trachéides de Gymnosperme. Leurs racines sont toutes adventives, car elles n'ont pas de cambium.

Les Dioscoreacées – y compris les Ignames et *Tamus communis,* l'Herbe aux femmes battues – ne se seraient différenciées qu'au Crétacé. Les Dioscoréales seraient le groupe actuel qui aurait gardé le plus grand nombre de caractères de Monocotylédones primitives, mais elles ont aussi des caractères apparentés à ceux des Dicotylédones. En outre, nombre d'entre elles possèdent des propriétés médicinales contraceptives.

Les caractères distinctifs des feuilles de Monocotylédones sont principalement :

- la présence de vaisseaux de plusieurs tailles,
- la présence de quelques veines perpendiculaires au système principal,
- la convergence des extrémités des vaisseaux vers la pointe de la feuille.

En outre, la plupart des Monocotylédones ont des feuilles linéaires à nervures parallèles et **G. Aymonin** *et al.* (2004) montrent que ce caractère résulte de la disparition des "formations secondaires" issues du cambium de la tige qui entraîne plusieurs conséquences :

- l'impossibilité de construire des troncs d'arbres,
- les feuilles linéaires à structure parallèle,
- le remplacement de la racine principale par les racines adventives,
- la fréquence des structures sympodiques issues de bourgeons latéraux,
- la faible résistance aux gelées en raison de la perte de l'assise subéro-phellodermique,
- la perte du second cotylédon qui s'accompagne d'une germination hypogée.

Il est vraisemblable que la perte du cambium est survenue chez un ancêtre commun qui vivait dans l'eau et qui n'aurait donc pas eu besoin de développer une tige verticale rigide pour dépasser ses voisins dans la course à la lumière.

Les pièces florales des Monocotylédones vont par 2, 3 ou 4, et jamais par 5.

Les Palmiers sont différenciés depuis la fin du Crétacé

227.2 Les Dicotylédones

Chez les Dicotylédones, les Nymphéales et les Amborellales sont considérées comme des Proto-Angiospermes (G. Aymonin *et al.*, 2004) ; les Magnoliales sont intermédiaires entre les Monocotylédones et les Dicotylédones. À la suite de **Cronquist** (1981) et de **Takhtajan** (1969, 1980), il est généralement admis que les premières Angiospermes étaient plutôt des Dicotylédones, au début du Crétacé, vers – 130 Ma. Les Magnoliiflores (ou Magnoliidées) et les Nymphéiflores auraient acquis leurs caractères actuels vers l'Aptien-Albien (vers – 115 Ma) au moment où les Monocotylédones (mono-phylétiques) se seraient détachées de la souche commune. À la fin du Crétacé (Sénonien, vers – 65 Ma), les Monocotylédones s'étaient déjà bien diversifiées, et les Dioscoréales y tenaient une place un peu marginale. À cette époque, les Dicotylédones se sont beaucoup diversifiées, ce qui donne l'impression que les groupes actuels sont assez jeunes.

Les Protéacées, et les Myrtacées sont bien différenciés depuis la fin du Crétacé. Les genres *Alnus* (Aulne) et *Ilex* (Houx) sont repérables aussi dès cette époque. *Betula* (Bouleau) et *Liquidambar* ont été trouvés au début du Tertiaire.

La transformation des ovaires supères en ovaires infères prolonge l'angiospermie, mais son utilité n'apparaît pas clairement.

Des analyses caryologiques (**F. Ehrendorfer**, 1976) montrent que les Gymnospermes ont souvent de gros chromosomes, comprenant une masse importante d'ADN capable de donner de l'information redondante réduisant les erreurs de duplication et les possibilités d'allo-polyploïdie. Au contraire, les Angiospermes auraient des chromosomes plus petits, contenant moins d'ADN, permettant plus de chances (et de risques) d'évolution. Ce caractère est encore lié aux tactiques "r" (§ 35*). De même, la croissance rapide des plantules d'Angiospermes, grâce à des méristèmes intercalaires, est particulièrement utile dans les sols instables (talus, berges ou rivières) où l'on trouve encore aujourd'hui des taxons assez spécialisés (Salicacées, Fumariacées, Crucifères, Composées devenues Asteracées et Graminées) qui sont souvent en plein bouillonnement évolutif.

Quant aux graines, **G. Stebbins** (1976) rappelle que les plantes doivent trouver un compromis entre deux exigences contradictoires : les graines petites et nombreuses ont l'avantage d'être économiques, alors que les grosses graines, riches en substances de réserve, ont plus de chances de réussir leur germination. Il estime que la double fertilisation a l'avantage de produire un endosperme triploïde qui bénéficie d'une hétérozygotie élevée, disposant ainsi de bonnes chances de croissance rapide ; cet endosperme peut nourrir directement l'embryon sans que celui-ci ait besoin d'un stade coenocytique.

Ce raccourcissement du cycle de reproduction serait précieux en particulier dans tous les cas où la saison de végétation est brève (montagnes, climats méditerranéens arides, sous-bois des forêts caducifoliées, etc.).

Les premières Angiospermes étaient barochores (leurs graines tombaient seulement par gravité sur le sol) et elles ne semblent pas avoir eu de dispositifs efficaces de dissémination de leurs graines. Celles qui ont pu subsister tranquillement dans leur région d'origine, en particulier dans le sud-est de l'Asie et en Australie, restent encore pour la plupart barochores (**P. Raven et D. Axelrod**, 1974).

La ramification opposée qui permet aux Érables, aux Viornes, etc., d'optimiser la capture du rayonnement solaire, est un caractère assez récent.

228 Une esquisse de synthèse rétrospective

Les principaux phylums s'articulent assez simplement :

```
  Embryophytes (embryon multicellulaire)
   _____________!________________
   !                            !
Bryophytes            Cormophytes = Trachéophytes
                           (plantes dotées de vaisseaux)
                        ____________!___________
                        !                      !
                   Ptéridophytes          Spermatophytes
                    (Fougères)              (plantes à graines)
                                  __________!_________
                                  !                  !
                            Gymnospermes        Angiospermes
```

Les Angiospermes ont donné les Monocotylédones et les Dicotylédones

Pour comprendre cette évolution, il est incontournable d'en rappeler l'histoire : les vagues successives de la diversification des espèces sont venues s'éteindre les unes après les autres sur la grève des sédiments fossiles. **Honoré de Balzac** l'avait somptueusement exprimé dans *La peau de chagrin* (1831) en s'inspirant de Cuvier : « En découvrant de tranche en tranche, de couche en couche, sous les carrières de Montmartre ou dans les schistes de l'Oural, ces animaux dont les dépouilles fossilisées appartiennent à des civilisations antédiluviennes, l'âme est effrayée d'entrevoir des milliards d'années, des millions de peuples ... dont la cendre, entassée à la surface de notre Globe, y forme les deux pieds de terre qui nous donnent du pain et des fleurs. »

Les reconstitutions généalogiques (ou, en langage plus savant, "phylogénétiques") réalisées en biologie moléculaire donnent généralement des âges d'apparition des phylums plus anciennes que celles que donne la paléontologie. Par exemple, **B. Hedges** (*Science,* 10 août 2001) estime que les Algues vertes (§ 221*) et les Champignons remonteraient à un milliard d'années, et les plantes supérieures à 470 millions d'années.

L'hypothèse la plus couramment admise pour expliquer ce décalage entre les calculs moléculaires et les âges des fossiles est que les nouveaux phylums sont longtemps représentés par un petit nombre d'individus, avant le moment où ils "explosent" parce qu'ils sont bien adaptés à l'environnement (y compris à la concurrence avec les espèces présentes antérieurement). Cette hypothèse correspond parfaitement à l'instabilité qui sépare deux états métastables (§ 17*) et à l'incertitude qui entoure la date et le lieu des innovations.

Nous conserverons ici les dates données par les fossiles parce qu'elles correspondent au moment où les nouvelles lignées deviennent dominantes, mais nous indiquerons quelques estimations des molécularistes, en particulier celles qui sont données par **Richard Dawkins** (2007)[1] qui voit apparaître, dans l'ordre chronologique les Archées, les Algues brunes, les Euglènes, les Radiolaires, les Foraminifères, les *Giardia*, les Algues vertes (Chlorophycées = Glaucophytes), les plantes chlorophylliennes, les Algues rouges (Rhodophytes), les Amibes, les Champignons primitifs, les *Mezomycetozoea* et *Ichtyosporea (*des parasites unicellulaires intermédiaires entre les plantes et les animaux), les Choanoflagellés, les genres Waminoa et Convoluta (des Protozoaires qui vivent en colonies et vivent en symbiose avec des Algues), les éponges (qui sont les premiers Métazoaires indubitables), les Cténophores, les Méduses, les Hydrozoaires, les Anémones de mer, les Coraux, les Vers plats acoelomates.

---

1 *Il était une fois nos ancêtres*, Robert Laffont, Paris, 793 p.

228.1 Protérozoïque

Les premiers fossiles sont vieux de 3,5 milliards d'années et ils sont présentés en détail dans le paragraphe 21*.

Les dépôts de houille de l'**Algonkien** (– 2.600 millions d'années ?) sont la trace de la première vague de végétaux (qui étaient alors tous aquatiques) ; ils n'ont livré aucun fossile sûr mais sont en partie constitués de débris d'Algues et de micro-organismes.

Au début du **Précambrien**, les sédiments marins sont presque tous siliceux. Assez brutalement, pour des raisons encore incertaines, ils se sont enrichis en calcaires.

À la fin du Précambrien, entre – 850 Ma et – 580 Ma, deux glaciations intenses affectèrent la Terre (B. Runnegar, 2000 ; W. Hyde *et al.*, 2000). La première est attribuée au Sturtien, vers – 750 Ma, à une époque où le continent unique nommé Rodinia et proche du pôle Sud s'est fragmenté. Il a été imaginé que la cause aurait été une modification de l'axe de rotation de la Terre, qui ne serait pas conforme aux lois de la mécanique qui règlent le fonctionnement des gyroscopes.

Une équipe de géologues de Toulouse pense plutôt que la Rodinia était composée en grande partie de roches basaltiques riches en pyroxène qui s'altèrent sous l'effet des eaux de pluie en absorbant du CO_2 pour produire des carbonates ; la concentration en CO_2 aurait pu descendre jusqu'à 250 ppm (au lieu de 380 ppm actuellement), ce qui a diminué l'effet de serre ; la température moyenne aurait alors baissé de plusieurs degrés (de 16°C à 8°C degrés, pour certains auteurs). Les calottes glaciaires des pôles se seraient étendues jusqu'à l'Équateur. Le réchauffement serait alors survenu grâce à une reprise de l'activité des volcans qui auraient envoyé dans l'atmosphère suffisamment de CO_2 pour reconstituer l'effet de serre.

La seconde glaciation du Protérozoïque aurait eu lieu au Marinoen (Varanger, entre – 620 Ma et – 580 Ma). Des cendres volcaniques déposées juste au-dessus de ces dépôts ont livré des traces d'organismes pluricellulaires. On ne sait pas si les océans furent alors totalement englacés ou si une ceinture d'eaux libres équatoriales subsista. La teneur de l'atmosphère en CO_2 a eu vraisemblablement déjà une grande importance.

Rappelons que, dans les phosphorites de Doushantuo (Guizhou, en Chine), des Algues multicellulaires et de nombreux embryons d'animaux fossiles (en particulier de petites Éponges) ont été trouvés et datés de – 570 Ma, un peu avant le début du Cambrien (S. BENGSTON, 1999).

Les molécularistes prudents ne donnent pas de date pour l'apparition des grands groupes d'animaux primitifs, mais ils proposent un ordre d'arrivée

: Protostomiens (dont la bouche est issue du blastopore de la gastrula et qui comprennent les Mollusques, les Vers et surtout les Arthropodes, les Crustacés, les Millepattes, les Araignées et les Insectes, puis les Ambulacraires (Étoiles de mer, Oursins, Ophiures, Concombres de mer, etc.), puis les Tuniciers (dont les larves pourraient être considérées comme une première ébauche des Chordés), puis les Lancelets (*Amphioxus*, un proto-Chordé qui mériterait de garder son nom en appliquant la règle des *nomina conservanda* plutôt que d'être appelé *Branchiostoma)*, puis les Sélaciens et les Poissons dont nous reparlerons plus loin.

228.2 Cambrien (– 540 Ma, ou peut-être – 500)

Après les glaciations du Précambrien, le nombre de fossiles trouvés à partir de – 565 Ma s'accroît tellement, en quelques dizaines de millions d'années, que l'on parle d'une "explosion" cambrienne. C'est d'ailleurs pour cette raison que le Cambrien a été distingué du Précambrien et qu'il marque le début de l'ère primaire (nommée aussi **Paléozoïque**).

Les premières formes possédant un "squelette" sont des Archéocyathes (Cnidaires ou Spongiaires) qui vivaient comme les Madrépores actuels des récifs coralliens et qui possédaient une dizaine de types de cellules.

Des restes de Cœlentérés dotés d'une cavité interne sont présents dans le Vendien d'Ediacara, en Australie (vers – 570 millions d'années, que certains auteurs rattachent encore au Précambrien), après la période glaciaire qui laissa des sédiments limono-sableux typiques sur lesquels les animaux ont laissé des traces nombreuses. La faune y comprend déjà 25 espèces (souvent de forme plate), qui ont aussi été trouvées en Afrique du Sud, en Angleterre, en Sibérie, en Californie, etc. Ces Invertébrés n'avaient pas de coquilles minéralisées ; ils étaient apparentés aux Rangéides (Cnidaires apparentés aux Méduses) et Pennatulides. Leur taille était communément voisine de la dizaine de centimètres, mais *Dickinsonia,* que nous ne savons pas où classer, atteignait un mètre. Ces animaux abritaient souvent en symbiose des Algues photosynthétistes (ou chimio-trophiques) qui profitaient de la surface offerte par ces Mollusques plats et minces. À Ediacara se trouvent aussi les premiers Cœlomates (Annélides en forme de Vers ou Trilobites simples non calcifiés). Ils auraient vécu dans la zone côtière peu profonde.

Le début du Cambrien (vers – 570 Ma) est marqué par l'abondance d'Archéocyathes, d'Éponges, de Vers, de Mollusques, de Brachiopodes et de Trilobites ("ancêtres" des Crustacés, des Insectes et aussi des Limules qui vivent encore sur la côte orientale des États-Unis).

Une coquille carbonatée protégeait déjà les *Cloudina*, trouvés en Namibie et les *Sinotubulites*, de Chine du Sud. Les coquillages furent alors même suffisamment nombreux pour produire des "ceintures de carbonates" autour des continents du Cambrien. Les premiers Arthropodes typiques ont sans doute pris naissance à cette époque. De nombreux phylums de prédateurs tels que *Protohertzina* sont aussi apparus (M. MC MENAMIN, 1987) et ils ont peut-être été la cause de l'augmentation du nombre des Mollusques abrités par une coquille. Les Gastéropodes sont vraisemblablement apparus au Cambrien.

Pour les plantes, nous connaissons principalement des Algues, mais des spores d'autres Thallophytes ont été trouvées dès le Cambrien supérieur, sans que l'on sache exactement si elles venaient de Bryophytes ou de Ptéridophytes (§ 222* et 223*). Au cours du Cambrien, les mers se sont étendues, en une progressive "transgression". À la fin du Cambrien, il n'existait sans doute encore qu'un seul continent.

Les schistes de Burgess (Montagnes Rocheuses en Colombie britannique), le gisement de Sirius Passet au nord du Groenland, ceux de Chengjiang (Yunnan, – 540 Ma ou – 525 Ma) et d'Orsten (Suède) ont fourni des dizaines d'espèces très étonnantes, qui ne peuvent être rattachées à aucune des familles ou même des ordres connus aujourd'hui. Les types anatomiques de ces Mollusques sont très originaux et ne correspondent pas aux types actuels. *Hallucigenia*, par exemple, possède dans certaines reconstitutions un bouclier céphalique hérissé de piquants, sept paires de longues béquilles ventrales pointues et sept appendices, munis de pinces, sur le dos. Il présente quelques caractères des Onychophores modernes. Le *Peripatus opabinia* possédait cinq yeux et une trompe. Ces curiosités montrent bien que l'évolution est souvent tâtonnante.

De petits animaux allongés se sont distingués au début du Cambrien parce qu'ils différaient des Vers par plusieurs caractères :

- symétrie bilatérale nette qui distingue la droite de la gauche,
- système nerveux dorsal moins diffus,
- tube digestif ventral,
  présence d'un tube axial cartilagineux, la <u>chorde</u>, qui préfigurait la colonne vertébrale des Poissons.

Ce dernier caractère est prémonitoire d'un glorieux futur et il leur a fait attribuer le nom de <u>Chordés</u> (l'*Amphioxus* en est le principal survivant). Dans la faune de Burgess, c'est seulement un petit Ver blanchâtre, de 5 à 10 cm, nommé *Pikaia*, qui représente la lignée des Chordés, qui aboutit aux Requins, aux Poissons, aux Mammifères et à l'Homme.

Les premiers Vertébrés sont des Poissons, et en particulier des Poissons cuirassés dont des échantillons remarquables ont été trouvés au Spitzberg. Chez les premiers Poissons, la chorde se rigidifie et devient la colonne vertébrale, mais une carapace externe se maintient souvent et ils ne sont pas encore dotés d'une mâchoire. Quand la mâchoire se dessine, ils deviennent "gnatostomes".

Dans le Cambrien de Chengjiang (Yunnan, – 540 Ma), deux espèces de Poissons ont laissé les traces de leur crâne, de leurs arcs branchiaux, de leur cœur et de rayons cartilagineux soutenant les nageoires.

La Limule est un Brachiopode, Mollusque des mers chaudes, qui a laissé des fossiles aux environs de – 500 Ma et qui n'a presque pas évolué depuis cette époque.

228.3 Suite du Primaire, après – 500 Ma

L'innovation majeure de la suite du Primaire, qui commence par l'**Ordovicien,** à partir de – 500 Ma, est la conquête des continents par une flore et une faune absolument nouvelles.

J. GRAY (1988) a trouvé en Arabie des traces de la conquête des continents par les plantes, dès le Caradocien, vers – 450 Ma, et peut-être même au Llandeilien. Elle a aussi trouvé des fossiles de Champignons et de Vertébrés terrestres dans le Silurien de Tuscarora (Pennsylvanie ?).

L'une des plus anciennes plantes terrestres fossilisées est une *Cooksonia* dont l'apparence ressemble un peu à un Lichen.

À la fin de la grande transgression de l'Ordovicien, vers – 440 Ma (dans l'étage hirnantien au cours duquel s'éteignit le petit mollusque Brachiopode *Hirnantia*), il y eut une extinction massive d'espèces avant les plissements calédonien et hercynien où quelques ordres et une centaine de familles auraient disparu. La crise aurait duré seulement un ou deux millions d'années (C. BABIN ET M. GAYET, 2000), sans doute à cause d'un refroidissement généralisé qui aurait entraîné la constitution d'une calotte glaciaire sur le continent de Gondwana, qui était alors centré sur le pôle Sud avant d'éclater pour donner l'Afrique, l'Amérique du Sud et l'Inde. Les traces glaciaires trouvées au Sahara dateraient peut-être de cette époque. Le niveau des mers aurait alors tellement baissé que la circulation océanique aurait diminué au point de réduire la teneur des eaux en oxygène à environ 1 millilitre par litre.

Le **Silurien**, qui a commencé il y a environ 435 millions d'années, est une nouvelle charnière dans l'Évolution, puisqu'il a vu l'achèvement de la conquête des continents par des plantes vasculaires (Psilophytinées,

Lycopodinées) au temps du plissement calédonien. Le premier fossile d'animal terrestre (donc doté d'un système respiratoire) est un Millepattes récemment trouvé près d'Aberdeen (Écosse, dans le marécage de Rhynie ?) et daté de – 420 Ma.

C'est parce que la végétation avait conquis les continents que l'explosion des Insectes consommateurs de plantes a pu se produire, car il ne semble pas que des Insectes vivant dans l'eau aient vécu avant le Silurien. Les reconstitutions d'arbres généalogiques feraient remonter les premiers Insectes ressemblant à des Libellules à – 430 millions d'années, mais ce chiffre reste entaché d'une forte incertitude, parce qu'il dépend de l'horloge génétique choisie pour le calculer.

De nombreuses espèces s'éteignirent à la fin du Silurien.

Au **Dévonien** (à partir de – 410 millions d'années), la lignée des Psilophytinées (§ 223*) s'est épanouie puis presque éteinte ; les Charophytes, les Articulées (Prêles), les Filicinées (Fougères) et les Préphanérogames sont apparues. Cette époque constitue pour les lignées de plantes une nouvelle charnière, en ce sens que la flore du Dévonien inférieur (Downtonien, – 400 millions d'années) correspond peu aux types de végétaux que nous connaissons aujourd'hui, alors que la flore du Dévonien supérieur (Frasnien-Famennien, – 365 millions d'années) comprend des végétaux qui nous sont beaucoup plus familiers, puisque leurs descendants directs peuplent encore le monde.

Les types d'organisation biologique fondamentaux ou, pour reprendre l'expression de **Louis Emberger** (1987, P. 442) les "thèmes fondamentaux" de la morphologie végétale, dont toutes les combinaisons ultérieures ne sont que des variations, sont tous apparus avant la fin du Dévonien, puisque l'ovule existait alors et que la graine était sans doute déjà entrevue. Il est vraisemblable que cette "charnière" dans l'évolution a été causée par une "catastrophe" entraînant l'extinction d'un grand nombre d'espèces. En particulier, les récifs coralliens auraient été très touchés et 70 % des grands groupes d'espèces marines (les Ammonites Clyménies) auraient disparu.

C'est au cours du Dévonien qu'apparaissent des végétaux ligneux *sensu stricto*, aussi bien chez les Pteridospermées *Palaeopitys,* caractérisées par une protostèle entourée de bois secondaire, que chez des Coracoïdes (*Callixylon*, *Dadoxylon*, *Araucarites*, *Pytyoxylon*, *Araucarioxylon,* etc.), Préphanérogames dont la tige pouvait atteindre 40 m de hauteur, et dont les feuilles ressemblent à celles des Monocotylédones (§ 226*). La différenciation anatomique de la feuille et de la tige, et la ramification axillaire sont deux caractères souvent bien fossilisés qui séparent les Préphanérogames des Cryptogames.

H. et G. Termier (1968, p. 128) décrivent les groupements végétaux terrestres du Dévonien (XVII) de la presqu'île de Gaspé comme une formation herbacée couvrant la vase du schorre littoral.

Dans les océans, *Jaekelopterus rhenanianae,* un ancêtre des Scorpions avait une longueur de 2,5 mètres.

Des Acariens (considérés par **J.-M. Doby**, 1999 comme plus primitifs et plus anciens que les Insectes *s. s.*) ont été trouvés dans le Dévonien.

Des Mille-pattes, des Nématodes, des Araignées, des Cloportes, des Collemboles, des Insectes sans ailes et peut-être une Araignée, ont été trouvés dans les dépôts dévoniens d'Écosse. Certains Millepattes avaient atteint une taille phénoménale. Un petit Éphémère nommé *Rhyniognatha hirsti* a été trouvé dans un dépôt dévonien d'Écosse daté de – 400 ou – 380 Ma.

Les premiers Amphibiens sont sortis de l'eau vers – 375 Ma, presque en même temps que les ancêtres des plantes terrestres, et pour cause, puisque ces plantes étaient leur nourriture. Ils ont inauguré la marche sur quatre pattes. Si ces Amphibiens n'avaient pas été capables de survivre dans des lagunes qui s'asséchaient, les continents seraient restés longtemps peuplés seulement d'Insectes. Au Groenland, sur les bords du continent des Vieux Grès Rouges, des Poissons Crossoptérygiens passaient une partie de leur vie sur la terre, ou dans des terriers.

Dans une carrière de Pologne, des traces de pas d'un animal long de quelques décimètres ont été trouvées sur des schistes dévoniens.

Dans les territoires esquimos du Nunavut, on a trouvé les restes de *Tiktaalik roseae* (vers – 375 Ma) ; il avait des nageoires articulées qui lui permettaient de traîner son corps long de 2 mètres sur la vase des eaux tièdes ; son cou était un peu souple et il ressemblait déjà à un Alligator ; ses côtes étaient solidaires de sa colonne vertébrale ; son système respiratoire était intermédiaire entre des branchies et une pompe buccale.

Vers – 370 Ma, l'articulation des nageoires se modernise et caractérise les Sarcoptérygiens. Un Poisson long d'un mètre et doté de pattes munies de doigts a laissé un fossile près de Namur (Belgique) ; il vivait sans doute dans les lagunes côtières ou les mangroves. L'un des derniers Sarcoptérygiens est le *Panderichthys*. À la même époque, *Gogonasus* possédait déjà un humérus et un radius dans ses nageoires antérieures. Certains auteurs pensent que la transformation des pattes en nageoires aurait commencé en milieu aquatique.

Vers – 365 Ma (ou – 340 Ma pour **P. de Brem**, 1999), deux paires de nageoires dotées de rayons cartilagineux deviennent définitivement les pattes osseuses des *Acanthostega* et *Ichtyostega*, les premiers Tétrapodes (les animaux qui possèdent quatre pattes, et comprennent les Amphibiens, les

Reptiles, les Oiseaux, les Mammifères et, bien entendu les enfants qui marchent à quatre pattes comme le disait le Sphinx de Thèbes). Quand ceux-ci sortent de l'océan, ils enferment leurs œufs dans une poche "amniotique" pleine d'eau salée qui reproduit les conditions de vie dans la mer, et deviennent ainsi Amniotes. L'Homme est donc à la fois Chordé, Gnatostome, Sarcoptérygien, Tétrapode, Amniote, Placentaire et Mammifère.

Materpiscis attenboroughi est un Poisson Placoderme doté d'une mâchoire et vieux de 380 Ma dont le squelette contenait un petit embryon, le premier exemple connu de viviparité.

Un Reptile d'un mètre de long et muni d'une nageoire dorsale, *Ventastega curonica*, vieux de 356 Ma, possédait des pattes qui lui permettaient de se déplacer dans la vase.

Un grand nombre d'espèces marines (et plusieurs dizaines de familles ?) s'éteignirent assez brutalement à la fin du Dévonien (entre le Givétien et le Frasnien, vers – 350 Ma (ou – 365 Ma), au cours de l'épisode de Kellwasser qui correspond peut-être à une glaciation).

Le **Carbonifère** (à partir de – 360 Ma) est l'époque de l'apogée des Cryptogames vasculaires (Lycopodinées, Articulées, Filicinées), mais aussi de la pré-éminence progressive des phylums à ovules (Pteridospermales + Cordaïtales = Préphanérogames, puis Ginkgoales et Coniférales (Gymnospermes typiques) pour lesquelles la phase haploïde et la phase diploïde du cycle biologique sont étroitement unies (§ 224 et 225*). Le fait de pouvoir ainsi disperser des ovules bien protégés, plutôt que des macrospores ou des prothalles, a dû être un grand avantage dans la concurrence vitale. Les organes polliniques apparaissent dans le Tournaisien supérieur, mais les vrais pollens (à germination distale) seulement dans le Carbonifère moyen.

Les Gastéropodes sont les premiers (et peut-être les seuls ?) Mollusques pulmonés à s'être aventurés sur la terre ferme. Ils ont quitté la mer à partir du Carbonifère, il y a environ 350 Ma. Les plus anciens fossiles de Limaces du Carbonifère (*Arion sp.*) ont été mis au jour en Angleterre et en Amérique du Nord.

A la fin du Carbonifère (vers – 300 Ma) des Insectes ailés planaient avec des ailes fixes, puis commencèrent à voler avec des ailes battantes. Les ailes de tous les Insectes semblent issues d'un seul modèle initial dont aucune trace n'a été trouvée. Des Libellules géantes *Meganeura monyi,* de 70 cm d'envergure, hantaient les sous-bois de Commentry. La conquête des milieux aériens ouvrit aux Insectes un domaine nouveau où ils trouvèrent d'innombrables niches écologiques.

Les Cryptogames vasculaires du Carbonifère (en particulier des Marattiales) vivaient pour la plupart dans des marécages peuplés d'arbres, analogues aux Everglades de Floride, ou aux mangroves côtières ; mais, on trouve aussi des fossiles issus d'une formation arbustive claire, sur sols secs. Une glaciation a peut-être provoqué un renouvellement de la flore au cours du Carbonifère. Il est possible que la surrection de la chaîne hercynienne (au cours du Carbonifère) ait eu des conséquences sur la diversification des espèces qui vivaient alors, puisque c'est seulement à partir du Carbonifère que l'on commence à pouvoir distinguer à la surface du globe au moins deux "empires" floristiques, l'un austral, l'autre septentrional (*cf.* § 28*). Celui-ci se subdivisait peut-être déjà en trois provinces (Europe et Amérique du Nord, Cathay, Sibérie).

Une époque de changement rapide de la faune est située au Carbonifère, vers – 320 Ma. Sur les continents, la flore se serait appauvrie dès la fin du Carbonifère, sans soute à cause de la sécheresse.

Au Carbonifère, il n'existait qu'un seul continent, la Pangée, qui a subi une glaciation qui a duré 10 millions d'années.

Le **Permien** commence vers – 290 Ma ; c'est une période de "rhexistasie" (*cf.* § 42*), c'est-à-dire d'érosion intense des montagnes, parce que la tectonique des plaques était entrée dans une phase calme et sans doute aussi parce que le climat était sec et la végétation très clairsemée, comme sur les grandes surfaces d'érosion actuelle situées en Afrique, aux franges du Sahara, où les crues des oueds, si rares qu'elles soient, s'étendent sur des dizaines de kilomètres. Les lacs salés et les lagunes étaient très étendus et ils ont souvent laissé des dépôts très colorés.

Cette époque se caractérise par l'affaiblissement ou même la disparition des grands phylums antérieurs de Cryptogames vasculaires et de Préphanérogames (§ 224*). La crise la plus grave est celle de la fin du Permien, qui fait la transition entre le Primaire (Paléozoïque) et le Secondaire (Mésozoïque), vers – 250 Ma ou un peu avant. Alors, 90 % des espèces marines auraient disparu (**C. BABIN ET M. GAYET**, 2000). Sur les continents, les Champignons, puis les Lycopodes se seraient multipliés ; les Vertébrés (Amphibiens et Reptiles Thérapsides) auraient aussi subi des extinctions.

Les climats froids du Permien inférieur auraient été remplacés par des climats secs (donnant des épandages détritiques rouges et des évaporites sur le grand continent nommé Pangée). Le niveau des océans aurait considérablement baissé, la surface des plateaux continentaux favorable aux faunes "benthiques" aurait diminué et la teneur en CO_2 de l'atmosphère aurait augmenté. D'immenses coulées basaltiques se sont étendues en Sibérie.

En milieu marin, les disparitions d'espèces (Fusulines, Coraux, Fenestellides, Trilobites, Ammonites Goniatites) ont aussi été très nombreuses. Il est possible que ces extinctions massives aient été causées par des éruptions de CO_2 venant du manteau magmatique situé à quelques dizaines de kilomètres de profondeur. Une autre hypothèse est l'éruption du méthane piégé au fond des océans. Cette réduction de la pression biologique a favorisé l'extension des premiers Dinosaures.

Au début du **Trias** (– 250 Ma), le niveau des océans remonte, mais les eaux restent peu oxygénées. Comme le Permien, le Trias est aussi une période de "rhexistasie" (*cf.* § 42*).

Vers – 250 Ma, certains Thérapsides, les Gorgonaopsiens, sont considérés comme des "Reptiles mammaliens". Un exemplaire de 3 m de long, carnivore, a été trouvé en 2008 dans le nord du Niger.

Les premiers Mammifères sont issus des Thérapsides Cynodontes ; ils sont apparus au début du Trias supérieur, vers – 250 Ma, en même temps que les gros Dinosaures et que les Tortues. Ils sont généralement restés discrets (moins gros que des chats) pendant quelques millions d'années, mais certaines lignées avaient déjà atteint la taille d'un Ours, dès le Trias moyen.

A la fin du Trias, vers – 205 Ma, une nouvelle extinction massive frappe les trois quarts des espèces et plusieurs dizaines de familles (sur un total de 400 familles ?) et en particulier les Ammonites Cératitines. En sens inverse, la radiation évolutive des Crocodiliens, des Ptérosauriens et des Dinosaures se développe largement. L'anneau lacustre de 70 kilomètres de la rivière Manicouagan, au Québec, serait l'impact d'une grosse météorite. En Amérique du Sud, les gisements de fossiles d'Ischigualasto, à 1.200 km à l'ouest (ou au nord-ouest) de Buenos Aires, montrent qu'il y a continuité de la faune entre le Trias et le début du Secondaire, en particulier pour les Reptiles. C'est dans cette région qu'ont aussi été trouvés *Eoraptor lunensis,* le plus vieux Dinosaure du monde, *Gigantosaurus carolinii,* le plus grand des Dinosaures carnivores, *Argentinosaurus huinculensis*, le plus grand des Dinosaures herbivores, *Panphagia protos* (= le premier omnivore) vieux de 240 Ma.

Pour les Vertébrés, les fossiles ne sont pas assez nombreux pour donner des dates d'apparition fiables et on a recours aux estimations des molécularistes : vers – 500, les Agnathes (Lamproies et Myxines) se différencient à l'intérieur des Vertébrés, vers – 460, ce sont les Sélaciens (Requins et Raies), puis, vers – 440 les Poissons à nageoires rayonnées, vers – 425 le Coelacanthe (*Latimeria chalumnae*), Poisson à nageoires lobées et non plus rayonnées, possédant un humérus, ancêtre des animaux à quatre pattes (Tétrapodes), puis, vers – 417 Ma les Dipneustes, vers – 340 Ma les Amphibiens, vers – 310 les Reptiles, au sein desquels les classificateurs molécularistes incluent les Oiseaux.

228.4 Secondaire (après – 205 Ma)

Le climat a été chaud pendant tout le Secondaire (6 à 12 degrés de plus qu'aujourd'hui).

Le début du **Secondaire** voit le développement des Conifères (*Voltzia, Cupressinoxylon, Cedroxylon*), des Ginkgoales, des Cycadales et des Bennettitales (cet ordre aurait alors compris plus de 30.000 espèces, dont les *Williamsonia* et les *Cycadeoidea* § 225*). La végétation qui couvrait les continents du Secondaire (progressivement envahis par les mers) était nettement dominée par ces Gymnospermes, mais certaines Fougères ont continué à se diversifier pendant le Jurassique et le Crétacé. Les forêts de Pins étaient très importantes dans l'Oligocène de Scandinavie, puisqu'elles ont laissé de considérables dépôts d'ambre où des Insectes ont été piégés. Les premiers Mammifères sans placenta se sont aussi dessinés à cette époque, où sont apparus les Mouches (Diptères) et les Termites.

A la fin du **Jurassique** (vers – 150 Ma) la Pangée se casse en deux continents : Gondwana au sud, Laurasie au nord, séparés par un détroit issu de la transformation de la partie occidentale du grand golfe de la Téthys, qui était à cheval sur l'Équateur, en une mer préfigurant l'océan Atlantique. La partie orientale de la Téthys séparait l'Inde de l'Asie. Au cours du Secondaire, les mers (accumulant l'eau de fonte des glaciers ?) envahissent à plusieurs reprises les continents.

Une glaciation assez longue intervint à la fin du Jurassique et au début du Crétacé, sans doute vers – 140 Ma. Elle s'accompagna d'un retrait des océans. Le continent de Gondwana commence à se fragmenter vers – 140 Ma (ou peut-être seulement vers – 80 Ma), ce qui favorisa l'isolement géographique des espèces et l'apparition d'espèces nouvelles par effet-fondateur (§ 25*).

Les Reptiles ont régné pendant toute la durée du Secondaire. Les Ptérosaures, reptiles volants du Jurassique supérieur (– 150 Ma) et du Crétacé inférieur (– 100 Ma) étaient aussi bien adaptés à la vie aérienne que les Oiseaux modernes. *Nemicolopterus crypticus* est un Ptérosaure gros comme un Moineau qui vivait dans les arbres en gobant des Insectes ; il a été trouvé dans les limons du Liaoning. Le plus grand des Ptérosaures du Secondaire est *Quetzalcoatlus* qui se nourrissait de poissons.

L'un des plus anciens fossiles de Mammifère est un Ornithorhynchidé australien (– 120 Ma) *Steropodon galmani* qui est le fondateur d'un groupe très original.

Les Insectes étaient fréquents. Par exemple, les trois principales espèces de Moustiques (*Aedes, Culex, Anophelus*) se seraient différenciées au début du Secondaire. Des Mammifères insectivores étaient peut-être présents au Jurassique (?).

La dernière grande charnière est située à la fin du Secondaire, sans doute au **Crétacé** inférieur (vers – 130 Ma), avec la diversification des Angiospermes. Dès l'Albien, la flore d'Amérique du Nord compte 30 % d'Angiospermes, et celle du Portugal, 35 %. À la fin du Secondaire, le Bouleau, le Chêne, l'Érable, le Hêtre, le Platane constituent déjà des genres bien discernables (H. et G. Termier, 1982).

La différenciation rapide des Angiospermes est peut-être une conséquence des transgressions marines du Secondaire, dont le maximum aurait été atteint au Crétacé supérieur : les grandes masses continentales du Trias ont alors été divisées en un assez grand nombre de fragments où les lignées végétales se sont isolées et différenciées.

L'épanouissement des Hyménoptères (Abeilles, Guêpes, Fourmis) et des Lépidoptères (Papillons) coïncide très vraisemblablement avec celui des plantes à fleurs (Angiospermes) pollinisées par des Insectes (§ 22*). Le gisement de Rochefort (Charente-Maritime) contient des Mouches, Moustiques, Coléoptères, Punaises, Grillons, Perce-oreilles, Cloportes, Scorpions, Araignées, et surtout des Fourmis, qui sont parmi les plus anciennes qui soient connues (H. Le Meur, D. Neraudeau & V. Perrichot, 2003). Ces fossiles vieux de 100 millions d'années ressemblent à leurs congénères actuels, mais ils sont généralement plus petits, peut-être parce que les gouttes de résine piégeaient plus de petits Insectes que de gros. Les Conifères qui donnaient la résine étaient proches des *Araucarias*, mais des fragments de *Ginkgo* et d'Angiospermes ont été aussi trouvés. Le climat était relativement chaud, avec des saisons marquées.

A la fin du Secondaire (vers – 65 millions d'années) est survenue l'extinction d'espèces la plus médiatisée, qui est celle des grands Reptiles. Cette "catastrophe" aurait entraîné la mort de 70 % des espèces animales et végétales du Secondaire (une centaine de familles sur les 800 qui existaient auparavant), et surtout des gros animaux qui ne trouvaient plus assez de nourriture végétale. La présence massive d'iridium et surtout de micro-météorites chargées de magnétite (G. Chevallier, 1990) dans une mince couche d'argile déposée à la fin du Crétacé, juste avant le début du Tertiaire, permet de penser qu'une grosse météorite – dont le diamètre atteignait une dizaine de kilomètres – riche en iridium a produit un nuage de poussières qui aurait obscurci le ciel et déposé des poussières d'iridium jusqu'au Danemark.

Pour **W. Alvarez**, un très grand cratère d'impact de météorite (un "astroblème" de 200 km de diamètre) trouvé dans au nord-ouest du Yucatan, près de Chixculub, pourrait correspondre à cet événement. Mais l'examen d'une carotte prélevée dans ce cratère donne plutôt des arguments à **G. Keller** qui pense que le pic d'extinction des Dinosaures est situé 300.000 ans après la chute de la météorite. **C. Belcher** *et al.* (*Geology*, 31 : 1061, 2003) n'ont pas trouvé trace des incendies qu'aurait pu provoquer le chute de cette météorite.

Les Ammonites, les Rudistes (Lamellibranches), les Bélemnites et de nombreux phylums du plancton ont totalement disparu des océans à cette époque.

En Amérique du Nord, l'abondance des Fougères permet de penser que ces formes plus rustiques que les plantes à fleurs (les Phanérogames) ont reconquis des espaces dévastés. Le nombre des familles aurait retrouvé sa valeur antérieure en quelques millions d'années, avant d'atteindre les 1.200 familles de l'époque actuelle. Les grands épanchements basaltiques du Dekkan (Inde) en sont contemporains.

Cette crise correspond à la fin de la grande transgression marine du Secondaire, et au début des chocs de continents qui ont produit les chaînes alpines.

Pour les molécularistes, vers – 180 Ma, les rameaux évolutifs de l'Homme et de ses cousins Mammifères plus ou moins éloignés se sont séparés de celui des Monotrèmes (l'Ornithorynque et les Échidnés, Mammifères qui pondent des œufs), puis, vers – 140 Ma, des Marsupiaux, vers – 105, des Afrothériens qui ont donné les Éléphants, vers – 95 des Paresseux, vers – 75, des Rongeurs. Vers – 70 Ma, il est vraisemblable que, à l'intérieur du groupe des Primates, les Toupayidés et les Lémuriens volants se soient individualisés.

228.5 Tertiaire (après – 65 Ma)

Cette ère commence par un retrait des eaux (une "régression" de la mer). Les Gymnospermes comprenaient des *Cryptomeria*, des Glyptostrobus, des *Torreya* (§ 226*). Les nombreux Angiospermes (*Myrica, Sterculia, Sassafras* § 227*) ont rayonné en une nouvelle conquête qui a peut-être aussi favorisé l'explosion des Mammifères.

Les six continents du Crétacé sont sans doute à l'origine des six empires biogéographiques actuels (§ 28*) :

- Europe + Sibérie + Amérique du Nord = empire "holarctique",
- Afrique australe et centrale,
- Inde + Indonésie + Australie du Nord,
- Madagascar,
- Amérique du Sud, où se sont développés les Édentés (Fourmiliers, Paresseux, Tatous, Pangolins, Oryctérope, etc.) qui font partie des premiers Mammifères placentaires,
- Australie du Sud + Antarctique.

La "tectonique des plaques" a pris la suite de la "dérive des continents" d'A. WEGENER (1914) pour expliquer la surrection des grandes chaînes de montagnes telles que les Alpes, l'Himalaya, la Cordillère des Andes et les Montagnes Rocheuses (§ 42*).

Les deux empires biogéographiques qui s'étendent jusqu'aux pôles ont subi les glaciations quaternaires. Dans les 4 autres, les flores se sont donc diversifiées depuis le Secondaire sans subir de cataclysmes. La grande diversité de la flore des régions tropicales est ainsi un effet du temps, c'est-à-dire de la longue paix dont ces régions ont joui, plus qu'un effet du climat (§ 68*). Les *Acacia, Alnus, Carpinus, Cercis, Cinnamomum, Crataegus, Cornus, Fagus, Ilex, Juglans, Laurus, Liquidambar, Liriodendron, Magnolia, Metasequoia, Nothofagus, Platanus, Populus, Quercus, Pyrus, Salix, Taxodium, Ulmus, Zelkova* et *Zizyphus* étaient présents à l'Oligocène.

Le premier Mammifère connu en Afrique du Nord (– 65 Ma) est un petit Ongulé de 5 kg, *Eritherium azzouzorum*. Il a été trouvé dans les phosphates du Maroc en 2008, au milieu de fossiles de Requins, de Poissons, de Reptiles, de Crocodiles et de Tortues. Son crâne et sa dentition ressemblent à ceux des Éléphants. Dans le même gisement a été trouvé un autre Mammifère, *Phosphaterium escuillei*, vieux de 55 Ma.

Des fossiles de Mammifères originaux et très bien conservés ont été trouvés en 1978 par des géologues tchèques dans le désert libyen : ces Damans *Sagatherium* (Ongulés appartenant à l'ordre des Hyracoïdes, cousins des Proboscidiens) étaient longs de 35 cm et sans doute digitigrades.

Le gisement d'ambre de l'Oise (France) est daté de – 53 Ma ; il a livré plus de 13.000 fragments d'individus d'Insectes et il témoigne d'une forte biodiversité ; la végétation était une forêt dense, chaude et humide, peuplée de Conifères (Gymnospermes), mais aussi d'Angiospermes.

A la fin de l'Éocène, vers – 25 Ma, un très grand Rhinocéros mesurant 5 mètres au garrot et pesant 15 à 20 tonnes vivait en Anatolie.

Les molécularistes disent que, vers – 63 Ma, les rameaux évolutifs de l'Homme et de ses cousins simiens se séparent de celui des Lémuriens, puis, vers – 58 Ma, de celui des Tarsiers, puis, vers – 40 Ma, de celui des Singes d'Amérique (Platyrrhiniens). Vers – 25 millions d'années (Ma), le rameau humain se sépare de celui des Singes d'Asie et d'Afrique (Catarrhiniens), puis, vers – 18 Ma, des Gibbons (Hylobates), vers –14 Ma, des Orang-outang vers – 7 Ma, des Gorilles et enfin, vers – 6 Ma, des Chimpanzés.

228.6 Quaternaire

Au **Quaternaire**, le phénomène le plus marquant est la série des glaciations (§ 24*). L'influence de l'Homme commence à se faire sentir.

La suite de cette histoire est traitée par les géomorphologues (§ 42*).

228.7 Les extinctions massives

L'hypothèse des révolutions catastrophiques de **GEORGES CUVIER** (1812) a été oubliée pendant plus de 150 ans, parce que les conceptions "actualistes" de **BUFFON**, puis de **CHARLES LYELL**, selon lesquelles les phénomènes du passé ne différent pas des phénomènes actuels, ont dominé la pensée géologique pendant le XXe siècle.

STEPHEN JAY GOULD[1] remet en vedette les théories "catastrophistes" de Cuvier (§ 27*), car il pense que les "cataclysmes" ont joué un rôle important, qui échappe aux processus habituels de la sélection naturelle. Il remarque à ce sujet que les espèces "bien adaptées" à leur environnement disparaissent brutalement lorsque cet environnement change (*cf.* les tactiques r et K, § 35*). Nous en reparlerons dans le paragraphe 274*.

Aujourd'hui, il est reconnu que le passage d'un étage stratigraphique au suivant a normalement lieu au moment où un grand nombre d'espèces disparaissent et cela peut être causé par des phénomènes exceptionnels (par exemple, la chute d'un météorite est une explication plausible de la fin des Dinosaures).

De fait, les dates des limites proposées entre deux étages géologiques coïncident souvent avec celles des extinctions massives qui sont repérées vers – 440 Ma (Ordovicien), – 365 Ma (Dévonien), – 250 Ma (Permien), – 200 Ma (Trias) et – 65 Ma (Crétacé). L'extinction de la fin du Permien, est peut-être la plus violente et elle aurait pu faire disparaître les trois quarts des espèces, surtout dans les océans. A cette époque, les Reduviasporonites, des plantes saprophytes apparentées à des Champignons actuels tels que les

1 La structure de la théorie de l'évolution (2006)

Rhizoctonia, ont contribué à la disparition presque totale des Conifères en attaquant leurs racines. Après l'extinction du Permien, les Conifères ont mis plus de 4 millions d'années pour reconquérir les continents.

Les chutes de grosses météorites sont peut-être un des causes d'extinctions massives, et les probabilités d'impact des astéroïdes sont suffisamment grandes pour mériter attention (**A. Morbielli**, 2004) :

Taille	Impact (tonnes de TNT)	Période (années)	Conséquences	Exemples
5 m	5 kilotonnes	1	Négligeables	
10 m	30 kt	10	Faibles	24 09 02 Sibérie
50 m	75 kt	100 à 2000	Explose en altitude	1908 Tugunska 2.000 km2
100 m	100 Mt	5.000 à 10.000	10.000 km2	Meteor Crater
250 m	1.000 Mt	30.000	Tsunami	
500 m	10.000 Mt	200.000	Tsunami haut de 1 km	
1,3 km	100.000 Mt	800.000	Modification du climat	Cratères au Ghana et au Kazakhstan
10 km	10*7 Mt	150 Ma	Extinction massive d'espèces	Chixculub - 65 Ma

Les glaciations anciennes ont commencé vers – 3.200 Ma, – 750 Ma, – 620 Ma, au Carbonifère (vers – 360 Ma ?), à la fin du Jurassique (aux environs de – 140 Ma ?) et elles ont aussi eu des impacts importants. Les effets des glaciations du Quaternaire sont indiqués dans le paragraphe 24*.

Les éruptions volcaniques ont vraisemblablement aussi eu une grande importance, en particulier par le refroidissement du climat consécutif aux émissions de cendres.

Le plus étonnant est la constitution rapide d'une nouvelle gamme d'espèces. Par exemple, **J. Cracraft** (1985) estime que 150 Ordres de Métazoaires marins existaient à l'Ordovicien (– 500 Ma), et que la diversité s'est reconstituée suffisamment vite après les extinctions de la fin de l'Ordovicien et du Dévonien pour que l'on retrouve encore 150 Ordres au Trias.

Les grands Reptiles du Secondaire ont été remplacés par des Mammifères qui sont rapidement devenus de plus en plus grands. Par exemple, dès l'Éocène, *Phoberomys pattersoni* était un Rongeur ressemblant à un très gros Cochon d'Inde ; il pesait 700 kilos et avait la taille d'un Bison ; il vivait sur les berges des fleuves du Venezuela (**M. Sanchez-Villagra**, 2003, *Science*, 301, 1708).

L'ampleur des "catastrophes" est quelquefois mesurée en fonction du nombre de familles qui disparaissent en un million d'années, nombre qui est voisin de 5 en moyenne et qui atteint 15 ou 20 en période de crise.

La constance relative du nombre de familles résulte en partie d'une "saturation" des niches écologiques disponibles, mais cette constance résulte surtout d'un équilibre entre une grande quantité de disparitions (souvent 50 à 100 au cours d'un étage géologique) et une quantité équivalente – ou même supérieure – d'apparitions de nouvelles familles (jusqu'à 150, selon **C. Babin et M. Gayet**, 2000).

Une première hypothèse est qu'une phase de diversification accélérée survient régulièrement après une extinction massive. Nous retrouvons là le problème de la spéciation (§ 25*) : le "moteur" des mutations de gènes n'est pas la seule explication de l'apparition de nouvelles espèces : les modifications de l'environnement sont aussi une source de diversification. L'ensemble est régulé par une boucle de rétro-action analogue à celle qui se produit dans une friche qui s'embroussaille et se transforme en forêt : la friche comprend une seule strate de végétation herbacée, mais la forêt construit plusieurs strates, où peuvent s'abriter des plantes de sous-bois, des Épiphytes et des lianes ; de plus, les clairières causées par les chablis, suivies par de jeunes régénérations ajoutent une hétérogénéité horizontale favorable à la diversification de la flore et de la faune.

Au sujet des rétro-actions, **J. Lovelock et L. Margulis** proposent une hypothèse générale fortement médiatisée, qu'ils nomment Gaïa, selon laquelle « la vie et son environnement sont si étroitement liés que l'évolution concerne Gaïa [l'ensemble de la biosphère] et non pas les organismes ou l'environnement pris séparément ». Il est seulement dommage que les auteurs de cette hypothèse n'aillent guère au-delà de cette constatation très évidente.

Le nombre des Ordres est lentement passé de 150 à 170 au cours du Secondaire et du Tertiaire. Il est possible que le taux de diversification augmente en fonction du degré de diversité déjà atteint, et ensuite tende vers une asymptote.

En ce qui concerne l'espèce humaine, une extinction totale reste possible, d'autant plus que la diversité des lignées humaines diminue peut-être. On dit que Malthus avait essayé d'étudier la réduction du nombre de lignées humaines au cours du temps en étudiant les registres paroissiaux d'une région d'Angleterre.

23 FLORE ET CLIMATS MÉDITERRANÉENS

A partir de la fin du Secondaire, le climat de la région méditerranéenne est l'un de ceux dont l'évolution est la mieux connue, parce qu'elle a donné progressivement à la flore et à la végétation de cette région les caractères originaux qui les caractérisent aujourd'hui.

231 CRÉTACÉ (- 130 MA)

L'Eurasie, l'Amérique du Nord et l'Afrique du Nord étaient encore accolées peut-être jusqu'à l'Éocène, et la flore "holarctique" qui vivait sur ce grand continent présentait une assez grande homogénéité, de la Chine jusqu'à la Californie. Les forêts s'étendaient jusqu'au Hoggar, où elles ont laissé des traces sous la forme de troncs silicifiés (R. Furon, 1968) et jusque dans l'Antarctique (G. Llano, 1965). Des Palmiers vivaient en Alaska. Le climat était l'un des plus chauds (et sans doute l'un des plus humides) qui aient régné depuis 200 millions d'années (D. Axelrod, 1970).

Un Cèdre bien reconnaissable était présent en France au Crétacé.

Les restes de petits Marsupiaux *Pucadelphys andinus* qui vivaient vraisemblablement en société , vers – 64 Ma, ont été trouvés en 2011.

232 ÉOCÈNE (À PARTIR DE - 60 MA)

Les climats du monde étaient presque tous de type tropical (§ 241*). Les flores éocènes d'Europe appartiennent en grande partie à un grand ensemble "tropical indo-malaisien" (**J. MEDUS ET A. PONS**, 1980).

Au milieu de l'Éocène, vers – 50 millions d'années, des étages de végétation ont laissé des traces perceptibles en Auvergne (**H. ET G. TERMIER**, op. cit., 177) :

- forêt-galerie à Camphrier, Sumac ;
- savane à Palmier et Acacias ;
- forêt feuillue de pente (Chêne, Platane, Poirier, Orme) ;
- forêt d'altitude à Conifères (Pin, Sapin, Séquoia) et Rhododendron.

A la même époque, *Indohyus* un Mammifère terrestre artiodactyle herbivore passait une grande partie de sa vie dans l'eau, comme le fait aujourd'hui une petite Antilope africaine, le Chevrotain, peut-être pour échapper à ses prédateurs terrestres. Ses cousins aquatiques carnivores

Pakicetus attocki, Ambulocetus natans, Dorudon ont des pattes plus courtes, plus épaisses et ressemblant à des nageoires. Ces espèces sont les premiers Cétacés qui vont coloniser les océans et deviendront les Baleines et Cachalots.

A la fin de l'Éocène, vers – 40 Ma, les eaux de l'Antarctique se sont refroidies de 4 à 5 °C, en moins de 100.000 ans, sans doute à cause de l'établissement du courant océanique circumpolaire.

233 OLIGOCÈNE (- 40 MA)

Un climat subtropical doux régnait encore sur une grande partie du Globe, et l'Antarctique n'était peut-être pas couvert de glaces. Des Séquoias, des Ormes et des Hêtres poussaient au Groenland et au Spitzberg.

La flore stampienne d'Aix-en-Provence comprend 231 "espèces", dont 17 sont proches d'espèces actuellement méditerranéennes. Les autres sont proches de taxons d'Asie du Sud-Est, d'Amérique tropicale ou d'Amérique du Nord, et même d'Afrique australe, comme les Protéacées (**J. MEDUS ET A. PONS**, 1980).

Baluchiterium, qui ressemblait à un Rhinocéros haut sur pattes, mesurait 5 mètres de haut au garrot, 7 mètres au sommet de la tête, 8 m de long et pesait plus de 15 tonnes. Il vivait au Balouchistan, en Turquie et dans plusieurs autres pays d'Asie, il y a 27 millions d'années, à l'Oligocène. Avec de nombreux autres fossiles, il témoigne de l'existence d'un grand continent asiatique.

Des Éléphants primitifs (*Gomphotherium*) vivaient dans le nord-ouest de l'Éthiopie à côté de lignées de Proboscidiens (*Paleomastodon*) déclinantes.

234 MIOCÈNE (– 22 MA)

Le nombre des taxons "tropicaux" diminue sensiblement et, inversement, le pourcentage des taxons actuellement méditerranéens augmente au Miocène, en même temps que celui de genres qui existent aujourd'hui seulement en Amérique du Nord et en Asie.

Sur le littoral méditerranéen, une mangrove à *Avicennia cf. marina* et des Coraux bordaient la côte ; les *Acacia*, *Grewia* et *Prosopis* constituaient une forêt claire et sèche à l'Aquitanien, vers – 23 Ma.

Le **Burdigalien** (de – 22 Ma à – 16,5 Ma) est une phase transgressive avec une subsidence très forte en Provence (**J. ROUIRE ET J.-C. CHIRON**, 1980). Le climat est chaud et peut-être un peu moins sec.

Bombax (un Baobab) et *Symplocos* sont présents pendant le **Langhien** (– 16 Ma), où les températures atteignirent un maximum. Dans le Vivarais, un Cèdre a laissé de beaux fossiles. Ensuite, les températures moyennes annuelles descendirent en-dessous de 10-12°C, et les pollens d'Éricacées, de Graminées et de Composées devinrent plus abondants aussi bien en Provence qu'en Languedoc (**M. Bessedik** *et al.* ; 1982, 1984). Il est possible que le climat se soit asséché et qu'un érosion violente ait pu se produire lors de violents orages.

Vers – 15 Ma, des Ongulés aux pieds fourchus (= Artiodactyles) appartenant au groupe des Anthracotères descendent vivre dans les fleuves et deviennent les Hippopotames. Ce changement radical d'habitat est d'autant plus remarquable que les Anthracotères sont aussi liés aux ancêtres des Cétacés, comme si ce groupe avait une tendance innée à passer de la terre ferme aux eaux des océans ou des fleuves !

Pendant les quelques centaines de millions d'années du **Messinien** (à partir de – 6,5 Ma), le détroit de Gibraltar s'est bouché à plusieurs reprises et l'évaporation assécha alors la Méditerranée, en laissant chaque fois une couche de sel, qui atteint 800 mètres d'épaisseur en Méditerranée occidentale. À la fin du Messinien (= Pontien p.p.) vers – 5,6 Ma, la Méditerranée était profonde de plus de 2.500 m, mais elle s'est presque totalement asséchée dans les 270.000 ans qui ont suivi la dernière fermeture du détroit de Gibraltar. Le détroit s'est ouvert ensuite assez brutalement, l'eau de l'océan s'est déversée en un puissant fleuve salé long de 200 km. La Méditerranée a ensuite retrouvé son niveau en un très petit nombre d'années. Cette ouverture du détroit de Gibraltar provoqua l'invasion, en quelques centaines d'années d'une faune marine venant de l'Atlantique.

Parallèlement survint la surrection qui fit monter de plus d'un kilomètre les Préalpes et les Cévennes et qui provoqua le volcanisme des Coirons et du Vivarais. Ces montagnes jeunes s'érodèrent fortement et donnèrent des sédiments qui vinrent se déposer dans la Méditerranée avec une épaisseur qui atteint plus de 1.000 m en certains endroits.

Les sédiments de Murat (Cantal) ont conservé de nombreux restes de feuilles et de fruits dont les principales espèces sont des Aulnes, Aubépines, Bouleaux, Cédrélas, Charmes, Chênes, Érables, Houx, Lierre, Micocouliers, Noyers, Ormes, Pruniers, Sapins, Séquoias, Tilleuls, Zelkovas, et même quelques Bambous et un *Glyptostrobus* (voisin du Cyprès chauve).

235 PLIOCÈNE (– 5 MA)

Le Pliocène se traduit par une remontée du niveau des mers, qui produit une transgression généralisée. La mer remonte dans la "ria" de la vallée du

Rhône jusqu'au début du Quaternaire. Des mouvements tectoniques récents ont encore eu lieu : une terrasse de la Moulouya, au Maroc, fut ployée si fortement qu'elle prouva que la tectonique alpine reste active ; une faille affecte la terrasse rissienne près de Nîmes. Cette actualité de la surrection des montagnes permet de dire que les reliefs que l'on voit actuellement dans les paysages sont récents (§ 42*).

235.1 Le début du Pliocène

Selon **D. AXELROD** (1973), les espèces signalées dans la région méditerranéenne d'Eurasie, au Miocène et au Pliocène, ressemblent à *Arbutus unedo, Buxus sempervirens, Chamaerops humilis, Ilex canariensis, Laurus nobilis, Myrsine africana, Nerium oleander, Olea europaea, Phillyrea angustifolia, Quercus ilex, Q. murbecki, Q. suber* (*op. cit.*, p. 263) mais ces noms modernes ne doivent pas faire croire que les espèces n'ont pas évolué depuis le Tertiaire, et ils ont seulement valeur indicative. On y trouve aussi un étonnant mélange de genres croissant sous des climats assez humides : *Annona, Berchemia, Carpinus, Cinnamomum, Diospyros, Glyptostrobus, Juglans, Liquidambar, Paliurus, Paulownia, Pterocarya, Robinia, Sapindus, Sassafras, Sterculia, Taxodium, Ulmus* et *Zelkova* (*op. cit.* p. 263).

Puisque les régions qui entourent la Méditerranée sont un carrefour giratoire pour la flore, il est difficile aujourd'hui de faire la liste des espèces que les biogéographes peuvent considérer comme "méditerranéennes", d'autant plus que, pour cette question, les échelles de temps se télescopent (§ 28*, 53* et 66*). C'est pourquoi il est utile de donner ici les listes fastidieuses d'espèces proposées par plusieurs auteurs.

Dans des dépôts pliocènes de la vallée du Rhône, **D. AXELROD** (1973) signale d'après **N. BOULAY** (1922) une flore qui ressemble à celle qui occupe actuellement les Canaries, avec des arbres "méditerranéens" : *Acer opulifolium, Carpinus orientalis, Castanea vesca, Quercus coccifera, Q. ilex, Q. murbecki, Q. sessiliflora, Q. suber, Phillyrea angustifolia, Viburnum tinus, et des espèces américaines : Carya alba, Diospyros virginiana, Juglans cinerea, Robinia pseudacacia, Sassafras officinale,* ou d'Extrême-Orient : *Acer palmatum, Ginkgo biloba, Liquidambar formosianum, Quercus serrata, Sapindus mukorossi, Torreya nucifera*, et aussi des espèces "médio-européennes" : *Acer pseudoplatanus, Alnus glutinosa, Carpinus betulus, Fagus sylvatica, Pirus communis, Populus tremula, Ulmus campestris.*

A. PONS (1969, 1981, 1984) précise qu'environ 200 taxons pliocènes sont connus en France (et, à peu de différences près, en Europe occidentale). Les espèces actuelles de l'Europe tempérée représentent presque 30 % de la flore méditerranéenne fossile, et l'on y trouve les genres *Abies, Acer, Betula, Carpinus, Fagus, Picea, Pinus, Populus, Quercus, Salix, Tilia, Ulmus*.

Le deuxième tiers est constitué par les fossiles pliocènes d'espèces qui sont actuellement considérées comme méditerranéennes et qui comprennent les *Abies cilicica* et autres *Abies* des montagnes méditerranéennes, *Arbutus, Buxus, Callitris, Cedrus, Chamaerops, Helianthemum, Nerium, Olea, Paliurus, Parrotia persica, Phillyrea, Pistacia, Quercus type ilex-coccifera, Vitis, Ziziphus*. La moitié des espèces de cet élément "méditerranéen" sont encore présentes en Europe ; parmi les arbres, nombreux sont les éléments orophiles, maintenant cantonnés en Turquie et dans le Caucase ; une dizaine d'autres espèces sont actuellement réfugiées aux Canaries (*Appolonia canariensis, Celastrus cf. cassinoides*, etc.).

Le troisième tiers est constitué par des espèces d'Extrême-Orient ou d'Amérique du Nord. Les premières appartiennent en particulier aux genres *Bambusa, Cathaya, Cephalotaxus, Cinnamomum, Engelhardtia, Ginkgo, Glyptostrobus, Keteleeria, Paulownia, Pterocarya, Sapindus, Sciadopitys, Sterculia, Torreya, Wistaria, Zelkova*. Les espèces américaines appartiennent aux genres *Carya, Juglans cinerea, Juglans nigra, Liriodendron, Magnolia, Persea, Pinus, Sabal, Sassafras, Sequoia, Taxodium*, etc.

Il existait enfin des genres dont l'aire est maintenant disjointe (en Amérique, d'une part, et en Asie, d'autre part), tels que *Diospyros, Liquidambar, Platanus, Thuya, Tsuga*. La présence du *Tsuga* dans cette liste peut aider à comprendre que son cousin, le Douglas, a retrouvé un habitat qui lui convient bien en France, comme le Cèdre l'a retrouvé au Ventoux et au Lubéron.

M. ELHAI (1969) signale en outre *Castanea, Corylus, Eucommia, Nyssa* et *Podocarpus* dans le Pliocène final.

Les travertins de Marseille ont fourni un Palmier (du type des *Trachycarpus*, assimilé par certains auteurs à *Chamaerops humilis*), *Celtis australis, Cercis siliquastrum, Cornus sanguinea, Ficus carica, Laurus nobilis*, un *Magnolia, Nerium oleander, Pinus salzmanni, Populus alba*.

A Perrier, dans le Massif Central, la flore comprend *Grewia crenata*, qui est actuellement tropical (et hyrcanien ?) et *Taxodium distichum*.

Une flore pliocène de la région de Saint-Gilles (Gard) a été étudiée par P. ROIRON (1979) : une forêt sempervirente de Lauracées, analogue à celle qui croît autour de la Caspienne, en Hyrcanie, était présente à proximité de la mer. Elle comprenait les genres *Carya, Celastrus, Engelhardtia, Eucommia, Ginkgo, Juglans, Liquidambar, Microtropia, Myrica, Pterocarya*. L'arrière-pays était couvert de forêts dominées par des Chênes à feuillage caduc, comprenant aussi *Acer rubrum, Carpinus betulus, Fagus orientalis, Zelkova*.

Un Hêtre devait former des peuplements denses sur les Cévennes. Les bords de rivières étaient colonisés par des Graminées (*Arundo, Bambusa*) accompagnées d'Aulnes, de Peupliers, de Platanes et de Saules. Les versants calcaires plus secs étaient occupés par *Quercus ilex, Acer monspessulanum, Carpinus orientalis* et sans doute *Quercus coccifera.*

Au début du Pliocène (Tabianien, vers – 5 Ma), la végétation indiquée par **J.-P. Suc** (1984) était nettement forestière. Elle comprenait un étage côtier, où les Taxodiacées (*Sequoia sempervirens*, *Glyptostrobus heterophyllus* ou *Sciadopitys verticillata*) dominaient les *Myrica, Nyssa* et *Symplocos*, et un étage d'arrière-pays avec *Carya, Distylium, Embolanthera, Engelhardtia, Hamamelis, Rhoiptelea* et des Sapotacées, Résédacées et Loranthacées, comparable à celui des forêts sempervirentes qui vivent actuellement dans la Chine tropicale.

En Californie, la flore du Tertiaire comprend aussi des espèces "tropicales", des espèces "méditerranéennes" et des espèces "tempérées". Il serait intéressant de reconstituer aussi l'histoire de la végétation de la petite région du Japon qui entoure la "Méditerranée" japonaise, pour savoir si une évolution analogue s'y est déroulée.

La plupart de ces plantes du Pliocène demandaient un climat chaud et humide, mais il est possible que les Taxodiacées telles que *Sequoia sempervirens* aient déjà été chassées par le froid et/ou la sécheresse estivale qui commençaient à dégrader le climat subtropical humide qui régnait jusqu'aux environs de – 3,2 millions d'années (début du Plaisancien).

235.2 La dégradation climatique du milieu du Pliocène

Les dépôts pliocènes lacustres du Bas-Languedoc et les carottes marines de Méditerranée occidentale ont conduit **J.-P. Suc** (1976, 1982, 1983) à penser qu'une "dégradation" climatique a eu lieu au Pliocène, parce que, à cette époque, une flore "tropicale" a été remplacée par une flore de climats plus froids. Il signale que :

1) La transgression marine du Tabianien a commencé vers – 3,5 Ma ; son maximum a été relativement bref ; la forêt côtière se modifia (extension de *Sciadopitys* et *Sequoia*), puis diminua et disparut progressivement ; des taxons qui étaient présents, mais peu abondants, émergèrent dans la forêt du continent ; les Chênes et les Aulnes redevinrent dominants et furent accompagnés par *Cistus, Olea*, etc.

2) Vers le milieu du Tabianien, la sécheresse estivale commença à se manifester ; les sédiments devinrent plus grossiers et plus rouges ;

3) A la fin du Tabianien (vers – 3,3 Ma), l'on peut supposer la répartition suivante :

- plantes halophytes de lumière (Amarantacées, *Armeria*, Caryophyllacées, Chénopodiacées, Composées, *Ephedra*) sur le littoral au bord des lagunes ;
- forêts d'Aulnes, Cyprès chauve, *Engelhardtia, Glyptostrobus, Hamamelis*, Salicacées, sur des sols marécageux reposant sur un substrat marneux ;
- garrigues à Agaves, Cistes, Cupressacées, *Nerium*, Oléacées, *Phillyrea, Pinus, Pistacia, Quercus ilex-coccifera*, sur les collines (calcaires) ;
- forêts caducifoliées (*Acer, Carpinus, Carya, Pterocarya, Quercus, Ulmus, Zelkova*), dans l'arrière-pays ;
- forêts de Gymnospermes (*Abies, Cedrus, Picea, Pinus, Sciadopitys, Sequoia, Tsuga*), en altitude.

Au début du Plaisancien (vers – 3,2 Ma), sur les bords de la Méditerranée, les Taxodiacées disparaissent toutes, aussi bien dans les marais littoraux que sur les montagnes humides ; *Abies, Cathaya, Cedrus, Fagus*, et les Chênes à feuillage sempervirent s'étendent ; des taxons qui tolèrent la sécheresse, tels que *Microtropis fallax* et *Parrotia jacquemontiana*, augmentent aussi pendant quelque temps, mais ils disparaissent ensuite définitivement d'Europe occidentale.

Les traces de la première glaciation du Quaternaire commencent à apparaître vers – 3,1 Ma en Islande et en Amérique du Nord. Des taxons steppiques (Amarantacées et/ou Chénopodiacées, *Artemisia*, Chicoracées, *Cistus*, Cupressacées, *Ephedra, Erodium, Phlomis cf. fruticosa*) se développèrent entre – 2,3 Ma et – 2,1 Ma, après la régression qui eut lieu au milieu du Plaisancien. Les Taxodiacées ont disparu plus tard en Europe du Nord (au Prétiglien, vers – 2,5 Ma), et c'est alors le refroidissement du climat qui les a éliminées, pour les remplacer par une flore sub-arctique. Les Bambous auraient vraisemblablement été éliminés de France à cette époque. Certaines espèces du Caucase et de la région hyrcanienne (au nord de l'Iran), en ont disparu, mais elles peuvent encore être trouvées dans le sud-est asiatique.

235.3 La fin du Pliocène

Les taxons steppiques ont connu deux principales phases d'extension entre – 2 Ma et – 1 Ma (A. Pons, 1984).

A la fin du Plaisancien (= début du Quaternaire, vers – 1,8 Ma), au cours d'un "interstade" humide, les formations forestières comprennent *Acer, Alnus, Carpinus (cf. betulus et cf. orientalis), Carya, Celtis, Eucommia,*

Myrica, Parrotia persica, Populus, Pterocarya, Salix, Tilia, Ulmus, Zelkova, et, en sous-bois, *Buxus, Erica, Hedera, Ilex.* Les Juglandacées sont moins fréquentes qu'au milieu du Tertiaire.

Quatre étages de végétation paraissent vraisemblables :

- un étage thermo-méditerranéen avec *Ceratonia, Olea, Phillyrea, Pistacia* ;
- un étage méso-méditerranéen, avec *Quercus ilex-coccifera, Phillyrea, Rhamnus* ;
- un étage supra-méditerranéen, avec des feuillus caducifoliés (y compris *Carpinus betulus* et *Carya*) ;
- un étage montagnard peuplé surtout de Conifères (y compris *Tsuga*).

La diminution du couvert forestier aurait entraîné une érosion hydrique importante, correspondant à la phase de rhexistasie (§ 42*) villafranchienne.

La suite de l'évolution du climat au Quaternaire sera donnée dans le paragraphe 24*.

236 CONCLUSIONS BIOGÉOGRAPHIQUES

Les connaissances acquises permettent de faire apparaître trois points importants :

- les gisements de plantes fossiles pliocènes de la région méditerranéenne fournissent régulièrement les mêmes genres ; on peut donc parler d'une flore "pré-méditerranéenne" ;
- cette flore était plus riche que la flore méditerranéenne actuelle ; elle comprenait en particulier des taxons tropicaux, des taxons de l'Est de l'Asie, des taxons des Canaries et des taxons tempérés qui ont disparu de la région méditerranéenne ;
- les principaux ancêtres des espèces "méditerranéennes" d'Europe semblent avoir une origine tropicale (G. DE SAPORTA, 1888) ; certains semblent s'être déplacés le long de la côte orientale de l'Afrique, jusqu'au Cap de Bonne Espérance (A. PONS, 1981)
- les espèces se déplacent assez rapidement à l'échelle de l'Eurasie.

L'ensemble des observations floristiques conduit donc à penser que le climat est resté "tropical" (précipitations en été) jusqu'au début du Quaternaire, puis s'est refroidi progressivement, en même temps que s'établissaient des été plus secs. En résumé, il est possible de dire que <u>les climats méditerranéens sont apparus à la fin du Tertiaire</u>.

Deux remarques

1) Le comportement des espèces peut évoluer au cours du temps. Par exemple, **A. Pons** (1974) admet que le Chêne vert, *Quercus ilex*, serait devenu, au cours du Villafranchien, capable de résister au froid, ce qui lui a permis de monter jusqu'à 1.200 m dans les Cévennes, à 2.200 m dans le Rif, à 2.900 m dans le Haut-Atlas, alors qu'il n'était rencontré, depuis ses origines oligocènes jusqu'à la fin du Tertiaire, que dans des stations "chaudes".

2) Tout ce qui vient d'être dit concerne plus la **flore** méditerranéenne que la végétation (*cf.* § 34* pour revoir la différence entre ces deux notions).

24 L'ÉVOLUTION DES CLIMATS ET DES FLORES DU QUATERNAIRE

241 La périodicité des variations du climat

Les variations des flores sont commandées principalement par les variations des climats, mais il est difficile d'établir une relation précise entre ces deux phénomènes, parce que c'est souvent la connaissance des flores fossiles qui nous renseigne sur les variations des climats. Pour éviter un raisonnement circulaire où les causes et les effets ne seraient pas clairement distingués, il faut utiliser des mesures physiques directes (proportion des isotopes d'oxygène, par exemple) ou des témoignages géologiques pour connaître l'évolution des climats. L'existence de périodes glaciaires au Quaternaire est ainsi devenue certaine quand il a été reconnu que des blocs de rochers "erratiques", tels que celui de la Croix-Rousse à Lyon, venaient de plus de 100 km et avaient été transportés par des glaciers. Les différences de température entre périodes glaciaires et périodes inter-glaciaires sont de l'ordre de 5 à 10 °C.

Dans l'état actuel des connaissances, la synthèse est seulement provisoire, et nous en présenterons seulement quelques éléments.

241.1 Les causes astronomiques des changements climatiques anciens

Les changements climatiques anciens qu'il est possible d'évoquer maintenant aident à se faire une idée de ce que sera le "changement climatique" actuel (§ **8***).

Les variations de l'orbite de la Terre autour du Soleil modifient la "constante solaire" et l'ensemble du système climatique (*cf.* § 12*), comme l'ont vu **J. Croll** au XIXe siècle et **Mutin Milankovitch** en 1920. Selon **A. Vernekar** (1972), une diminution de 0,3 % de cette constante aurait coïncidé avec la glaciation de Würm (vers – 20.000) et avec un accroissement du gradient thermique méridien, qui a entraîné un assèchement des zones tropicales.

Les périodes des oscillations climatiques semblent bien correspondre à celles de certains paramètres de l'orbite de la Terre (**C. Lorius et J.-Cl. Duplessy**, 1977) :

- 24.000 ans pour la précession des équinoxes (10 % de la variance des températures),
- 42.000 ans pour l'obliquité de l'équateur (25 % de cette variance),
- 100.000 ans pour l'excentricité de l'orbite terrestre (50 % de cette variance).

La période des oscillations climatiques était d'environ 41.000 ans à la fin du Pliocène et elle est montée à 100.000 ans au cours du Quaternaire. **L. Lourens** *et al.* (2001) ont observé que les sédiments marins récoltés en Méditerranée orientale au sud de Rhodes contiennent des proportions variables d'aluminium (apporté par le Nil) et de titane venant des poussières transportées par les vent. Le rapport Ti/Al est donc élevé pendant les périodes arides où les sables d'Égypte sont balayés par le vent du sud, et faible pendant les périodes humides. Ses variations sont très bien corrélées avec celles du rayonnement solaire qui dépendent des paramètres de l'orbite terrestre et de la vitesse de rotation de la Terre. Ils en déduisent que cette vitesse a augmenté sensiblement depuis le Pliocène, parce que la glace accumulée en particulier dans l'océan Arctique aurait diminué les frottements causés par les marées dans les mers peu profondes. Une modification de l'ellipsicité terrestre est aussi intervenue. Les heures des éclipses observées depuis 2.700 ans montrent aussi que la durée d'une rotation terrestre a varié de 1,7 milliseconde par siècle.

On pense que les minimums de température (8 °C de moins qu'aujourd'hui) ont eu lieu au cours du Quaternaire vers – 335.000 ans, – 260.00 ans, – 150.000 ans et – 22.000 ans. Les maximums (2°C de plus qu'aujourd'hui) seraient survenus vers – 320.000, – 240.000 et – 120.000 ans et **les périodes glaciaires étaient beaucoup plus longues que les interglaciaires**.

C'est sans doute au cours des périodes glaciaires que se produisent les variations de courte durée les plus amples : au Groenland, la température montait de 5 à 10 °C en quelques décennies et redescendait en une centaine d'années (*cf.* § 84*)

Les travaux d'**A. Berger**, à l'Institut Georges Lemaître de l'Université catholique de Louvain, qui lui ont valu le prix Latsis en 2002, montrent que :

- la période interglaciaire que nous vivons actuellement est exceptionnellement longue, car elle a commencé il y a 6.000 ans et elle pourrait durer 50.000 ans, en entraînant une montée de 12 mètres du niveau des mers ;
- les variations du rayonnement solaire sont amplifiées par des phénomènes non-linéaires.

241.2 Les modèles de variation des méga-climats

Toutes ces oscillations montrent que la circulation atmosphérique peut varier : **M. Budyko**, de l'Observatoire géophysique de Saint Pétersbourg (1974) pense même qu'elle peut s'être combinée à la circulation océanique pour produire plusieurs états d'équilibre métastable : le premier est l'état actuel, qui comporte des calottes glaciaires, et une forte variation de la température en fonction de la latitude ; l'autre exclut les glaciers polaires, et produit un faible gradient thermique latitudinal ; ce deuxième équilibre est celui qui s'est établi du Trias jusqu'à l'Oligocène. Le Jurassique et le Crétacé ont été particulièrement chauds (6 à 12 degrés de plus qu'aujourd'hui).

Un troisième état, caractérisé par des glaciers équatoriaux (à forte *albedo*, *cf.* paragraphes 12* et 31*) est aussi concevable. Sa stabilité viendrait du fait que la zone équatoriale renvoie alors vers l'espace intersidéral la plus grande partie de l'énergie qu'elle reçoit, et elle n'absorbe alors pas suffisamment d'énergie solaire pour faire fondre la glace.

P. Hoffmann *et al.* (1998) ont observé des dépôts glaciaires issus de glaciations durables, sur un grand nombre de boucliers continentaux anciens qui étaient émergés entre – 750 Ma et – 580 Ma, au Précambrien ; ces dépôts sont souvent surmontés de sédiments carbonés qui permettent de construire un schéma de l'évolution possible du climat pendant certaines périodes glaciaires : les nuages de poussière produits par des éruptions volcaniques absorbent le rayonnement solaire et refroidissent l'atmosphère ; le dioxyde de carbone produit par les volcans s'accumule dans l'atmosphère, et il n'est plus assimilé par les Algues (et par les plantes terrestres à partir du Dévonien) ; un effet de serre prend alors naissance et fait fondre les glaciers ; progressivement le dioxyde de carbone finit pas s'intégrer dans des carbonates qui se déposent au fond des océans et l'équilibre ancien se rétablit.

Ceci montre combien il faut se méfier de nos vieilles habitudes mentales : plusieurs auteurs ont cru que les traces glaciaires observées au Sahara ne pouvaient s'expliquer que par un basculement des pôles, puisque, dans leur esprit, les glaciers ne peuvent être que polaires !

La plupart des modèles thermodynamiques conduisent à accorder une grande importance aux nuages de poussières issus d'éruptions volcaniques. Par exemple, l'éruption du Tambora a refroidi tout le nord de l'Amérique en 1816 : cette année-là, il a neigé en juin et gelé en août à la latitude de Naples. C'est dire combien la prédiction des changements climatiques doit être prudente.

C. EMILIANI (1965), puis J. MORLEY ET J. HAYS (1981) ont repéré quatre alternances thermiques, et donné des numéros pairs aux périodesfroides (soulignées), impairs aux périodes chaudes :

	7
– 186.000	
	<u>6</u>
– 126.000	
	5
– 70.000	
	<u>4</u>
– 56.000	
	3
– 25.000	
	<u>2</u>
– 9.000	
	1

Le sondage effectué en 2004 dans l'Arctique (Acex = *Arctic coring expedition*) par le consortium européen ECORD a donné une carotte de sédiments longue de 430 mètres où des micro-fossiles de plantes et d'animaux montrent que la température des eaux de l'Arctique atteignait 20 °C il y a 55 Ma (début de l'Éocène). Ce forage a atteint les roches de la ride de Lomonossov, longue de 1.500 km, qui va de la Sibérie au Groenland, en séparant les deux bassins de l'Océan glacial arctique. Ces sédiments témoignent d'un climat subtropical (des Palmiers vivaient au Groenland à cette époque). Cet océan était alors plutôt une mer peu profonde (comme la Baltique) où l'eau était très peu salée. À cette époque, le taux de CO_2 fut très élevé (3.000 ppm ?) et sans doute aussi celui du méthane. Le refroidissement aurait commencé vers – 45 Ma, parallèlement à celui qui a été observé dans l'Antarctique à la même époque. La banquise serait apparue au pôle Nord vers – 15 millions d'années, bien plus tôt qu'on ne le pensait, au milieu du Miocène (Serravallien), un peu avant l'assèchement de la Méditerranée.

Dans l'Antarctique, on pense que la calotte glaciaire est apparue vers – 30 millions d'années. Le forage de la station Vostock, en 1999, dans l'inlandsis antarctique a remonté l'horloge du temps jusqu'à – 420.000 ans et il a commencé à indiquer une corrélation entre la température et la teneur en CO_2 de l'atmosphère. Celui de la station franco-italienne de Concordia, à 1.200 km de la côte du continent antarctique, est remonté à 740.000 ans pour les premiers 3.138 m de la carotte, et les 62 m qui restent à déchiffrer iront peut-être jusqu'à 900.000 ans, s'ils ne sont pas trop écrasés. Huit cycles climatiques ont été observés depuis – 740.000. Entre – 740.000 et – 430.000, le contraste entre les périodes froides et les périodes tièdes est relativement faible et les interglaciaires sont assez longs. À partir de – 430.000, les contrastes s'accentuent et les périodes froides occupent 90 % du temps. L'une des périodes chaudes a duré de – 430.000 à – 400.000.

241.3 Le cas du Sahara

Le Sahara est un exemple remarquable des variations climatiques qui ont eu lieu à la surface du globe terrestre, puisque des glaciers précambriens l'ont marqué de leur empreinte, sous la forme de roches cannelées encore visibles en surface aujourd'hui.

Plusieurs théories ont été avancées pour comprendre l'histoire de ce désert ; sur la frange nord du Sahara, les épisodes "pluviaux" correspondent à peu près aux périodes "glaciaires" de l'Europe, et certains auteurs ont pensé que la totalité du Sahara avait été soumise à ces alternances, qui auraient entraîné une succession d'extensions et de contractions "en accordéon" de la zone désertique. D'autres ont imaginé que la zone désertique gardait une largeur constante, mais se balançait du Nord au Sud. D'autres encore ont proposé des systèmes plus compliqués.

Il semble que des périodes humides aient eu lieu aux environs de – 120.000 ans, de – 50.000 ans et de – 8.000 ans. L'étude des sédiments côtiers montre que ces variations ont peut-être été liées aux modifications du courant océanique AMOC qui baigne les côtes occidentales de l'Afrique.

242 Le Quaternaire ancien

Le Quaternaire est l'ère de la conquête de la Terre par l'Homme, dans un environnement perturbé par la série des glaciations qui vient d'être évoquée. Les documents qui le concernent sont innombrables, et il en sera extrait seulement quelques renseignements qui apportent un peu de lumière sur les conditions de vie de l'Homme de Néandertal et des *Homo sapiens sapiens*.

La date du début du Quaternaire est encore très discutée. Pour simplifier, le point de départ adopté ici sera celui de l'épisode magnétique (+) mondial, quelquefois nommé Olduvai, qui a interrompu, vers – 1,8 millions d'années, la période négative de Matuyama. Cette époque est voisine de la première des cinq glaciations classiques (Donau, Gunz, Mindel, Riss, Würm), mais elle est postérieure au refroidissement du Tabianien (*cf.* 23*).

Il est maintenant admis que les glaciations se seraient succédées assez régulièrement, avec une période de 100.000 ans et la nomenclature classique semble en voie d'abandon. Nous la garderons cependant ici, parce qu'elle est encore le repère le plus commode, en particulier pour l'étude de l'évolution de la végétation.

La période de déglaciation se traduit par :

- une montée du niveau des mers (transgression marine "glacio-eustatique"),
- des encroûtements dans les sols,
- une intense arrivée de calcaire dans les alluvions et colluvions,
- la formation de travertins,
- l'édification de massifs de coraux,
- la libération du gaz carbonique contenu dans les glaces, puisque la
- teneur de saturation de l'eau en bicarbonate dissous diminue quand
- la température augmente.

242.1 Villafranchien

Dans la France villafranchienne (qui a subi la glaciation de Biber), M. Elhai (1969) signale la présence du Hêtre et distingue plusieurs phases climatiques froides ; l'une d'elles correspondrait à une forêt claire de Pins. Le Cèdre était encore présent en France, ainsi que de nombreuses espèces de la flore tertiaire (§ 22*).

T. Wijmstra et A. Smit (1976) ont repéré en Macédoine, au nord de la Grèce, une succession de phases forestières (Charme-Houblon, Charme d'Orient, Chênes, Laurier-Rose, Pins, Pistachiers, Sapin de Céphalonie) séparées par des phases steppiques. Les espèces "méditerranéennes" sont apparentes surtout lors des transitions entre forêts et steppes.

J.-F. de Villalta et J. Vicente (1973) signalent, dans l'Ampourdan pyrénéen, 28 espèces dont *Acer cretica, Acer laetum, Fraxinus excelsior, Juglans regia, Laurus canariensis, Parrotia persica, Pterocarya denticulata, Zelkova crenata.*

242.2 Gunz (= Biharien)

Cette période froide aurait commencé entre – 1,6 Ma et –1,4 Ma.

242.3 Interglaciaire Gunz-Mindel (Harreskov = Gromérien = Cromer ?)

Il aurait duré de – 800.000 ans à – 600.000 ans. Au Curps (Gironde), la flore arbustive est toujours dominée par *Pinus*. En outre, *Alnus*, *Betula*, *Fagus* et *Quercus* sont présents.

Près de Dax, *Pinus* est dominant (80 %), *Alnus, Corylus, Quercus* et *Picea* sont présents.

242.4 Mindel (Elster) = Acheuléen ancien

Cette période a commencé vers – 0,6 Ma.

Dans la grotte de l'Arago (Corbières orientales), **J. Renault-Miskovski** (1980) signale :

- vers – 550.000 le Renne, le Thar et le Mouflon, habitent une steppe à Graminées et Composées ;
- vers – 500.000, l'abondance des traces de Cerfs coïncide avec un développement des essences forestières (Chêne, Charme et Orme) ;
- vers – 450.000, le Renne, le Bœuf musqué primitif, le Mouflon antique, le Cheval de Mosbach, le Bison des steppes, l'Auroch et le Rhinocéros de la prairie témoignent d'un climat froid et relativement sec.

A cette époque, des plantes méditerranéennes sont assez régulièrement présentes (Platane, Noyer, Chêne vert ou Chêne kermès, Charme d'Orient, Charme-Houblon, Micocoulier, Vigne, Buis, auxquels s'ajoutent des Cupressacées et des Oléacées). **J.-L. Vernet** a trouvé *Abies cephalonica* près de Nice. Dans le Massif Central, **P. Grangeon** (1950) a aussi trouvé des graines d'*Abies cephalonica*.

242.5 Interglaciaire Mindel-Riss (Holstein = Hixnien) – 400.000 à – 350.000

La fameuse carotte de la station soviétique de Vostock, dans l'Antarctique, a montré que, depuis 400.000 ans, la teneur en CO_2 a oscillé entre 180 ppm et 280 ppm, avec des maximums correspondant à des phases de climat tiède situés vers – 400.000, – 320.000, – 230.000, – 120.000 et – 10.000 ans.

Près de Biarritz, et sur le littoral aquitain, *Alnus, Corylus* et *Quercus* sont dominants pendant la phase la plus chaude, au cours de laquelle *Fraxinus, Tilia* et *Ulmus* sont présents. *Abies, Betula, Fagus, Picea, Pinus* sont présents plutôt avant ou après cette phase chaude. *Buxus, Daphne, Ephedra, Olea* et *Vitis* ont également été trouvés.

Des Oléacées, et des Cistes sont signalés au sud de l'Espagne à une époque relativement chaude et humide, qui pourrait précéder la glaciation de Riss (F. Florschutz *et al.*, 1971).

242.6 **Riss (Saale)** de – 350.000 ans à – 100.000 ans

Cette période correspond à l'Acheuléen moyen et supérieur auquel s'ajoutent le Tayacien et le Pré-Moustérien.

En Europe, les analyses palynologiques ont fait apparaître deux types de paysages, l'un relativement forestier, dominé par le Pin sylvestre, et l'autre où les herbacées dominent.

H. Laville (1975) signale une steppe à Composées comprenant seulement 5 % de Pin sylvestre, nourrissant Bovidés, Chevaux, Cerfs, Chevreuils au cours du Riss I. Pendant la phase la plus tiède (Riss I - Riss II), le Bouleau, le Noisetier et le Sapin apparaissent. Le Riss III aurait été particulièrement froid.

Pendant les phases tièdes intermédiaires entre Riss I et Riss II et entre Riss II et Riss III, l'érosion aurait été plus intense que l'altération (§ 42*), mais une pédogenèse aboutissant à des sols lessivés a pu se développer.

C'est sans doute au cours des périodes glaciaires que se produisent les variations de courte durée les plus amples : au Groenland, la température montait de 5 à 10 °C en quelques décennies et redescendait en une centaine d'années.

Les sondages GRIP et GRISP2, dans l'Atlantique Nord, ont mis en évidence une grande instabilité du climat autour de – 130.000 ans (**M. Magny**, 1999). Un refroidissement de 14 ° C en une vingtaine d'années a même été observé. Les périodes les plus froides correspondent à des débâcles massives d'icebergs dans l'Atlantique, attestées par la présence de débris de roches venant du Labrador et du Groenland dans les sédiments marins de l'océan Atlantique.

Pour les côtes de la mer d'Arabie, **E. Van Campo** (1983) repère vers – 125.000 ans une période humide correspondant au Riss.

La glaciation rissienne aurait eu un effet moindre, sur la flore, que la glaciation würmienne.

242.7 Interglaciaire Riss-Würm (à partir de – 100.000)

Il est possible que l'interglaciaire Riss-Würm ait seulement été une série de petites périodes de réchauffement qui se seraient produites vers – 105.000, – 100.000 et – 82.000. La fameuse carotte de la station soviétique de Vostok, dans l'Antarctique, a montré que, depuis 400.000 ans, la teneur en CO_2 a oscillé entre 180 ppm et 280 ppm, avec des maximums correspondant à des phases de climat tiède situés vers – 400.000, – 320.000, – 230.000, – 120.000 et – 10.000 ans. Il semble que, dans certains cas, l'augmentation de la teneur en CO_2 commence après l'augmentation de la température.

Dans les Préalpes, *Abies, Alnus et Corylus* sont dominants pendant la phase la plus chaude ; *Carpinus* et *Tilia* sont présents, alors que *Pinus* régresse très nettement, avant de redevenir dominant.

Les gisements de fossiles du sud-est de la France sont assez riches (**A. Pons**, 1969, 1981, 1984) : *Acer campestre, Acer monspessulanum, Acer opulifolium, Buxus sempervirens, Celtis australis, Ficus carica, Ilex aquifolium, Juglans regia, Laurus canariensis, Laurus nobilis, Phillyrea media, Pinus salzmanni, Vitis vinifera.*

Le Pin d'Alep est présent à Saint-Paul-lez-Durance (Bouches-du-Rhône). Dans la vallée de la Vis, au pied de l'Aigoual, le Hêtre, *Fagus silvatica,* a été aussi trouvé. L'ensemble des diagrammes polliniques n'évoque pas une végétation "méditerranéenne" (**A. Pons et J.-P. Suc**, 1980).

Près de Chambéry, la flore indique un climat comparable à l'actuel, mais sans doute plus humide : *Abies alba, Alnus glutinosa, Alnus incana, Buxus sempervirens, Carpinus betulus, Rhododendron ponticum.*

En Grèce, **S. Bottema** (*in* A. Pons, 1984) signale *Carpinus orientalis* (le Charme d'Orient), *Ostrya carpinifolia* (le Charme-Houblon), et *Parrotia persica.*

Cet interglaciaire correspond à l'Acheuléen final.

Résumé

La liste des genres cités dans les paragraphes précédents peut être présentée sous la forme d'un tableau, où les noms des espèces dominantes sont écrits en majuscules :

Villafranchien	Int. Gunz-Mindel	**Mindel**	Int. Mindel-Riss	**Riss**	Int Riss Würm
Abies		Abies	Abies	Abies	ABIES
Acer					Acer
	Alnus		ALNUS		ALNUS
	Betula		Betula	Betula	

		Buxus	Buxus		Buxus
Carpinus		Carpinus			Carpinus
Carya					
Cedrus					
		Celtis			Celtis
	Corylus		CORYLUS	Corylus	CORYLUS
			Daphne		
			Ephedra		
Fagus	Fagus		Fagus		Fagus
					Ficus
Fraxinus		Fraxinus	Fraxinus		
					Ilex
Juglans		Juglans			Juglans
Laurus					Laurus
Myrica					
Nerium					
		Olea	Olea		
		Ostrya			Ostrya
Parrotia					Parrotia
					Phillyrea
	Picea		Picea		
Pinus	PINUS		Pinus	Pinus	Pinus
Pistacia					
		Platanus			
Populus					
Pterocarya					
	Quercus	Quercus	QUERCUS		
					Rhododendron
			Tilia		Tilia
		Ulmus	Ulmus		
		Vitis	Vitis		Vitis
Zelkova					

242.8 La dernière glaciation : Würm

Elle a duré 65.000 ans, de – 80.000 à – 15.000.

Au Würm, le refroidissement semble avoir atteint 3°C à 4°C sous l'Équateur, et davantage aux latitudes moyennes. Le climat se refroidit assez brutalement vers 65.000 ans. Pendant les épisodes froids de cette glaciation, les températures moyennes étaient inférieures de 5°C à 6°C aux températures actuelles aux environs de Bogota et dans la mer des Caraïbes (**J. Tricart**, 1975) et de 5 °C en Europe occidentale et centrale. **S. Jousseaume et J. Guiot** (1999) écrivent que, dans la partie méridionale de l'Europe, la température du mois de janvier de la fin du Würm était inférieure de 15 (oui, quinze) degrés à la moyenne actuelle. Les amateurs de nomenclature savante disent que cette phase est "cryocratique".

CHARNEY *et al.* (1975) ont montré que la diminution du couvert végétal, consécutive à la sécheresse, entraîne une augmentation de l'*albedo*, qui diminue l'énergie absorbée par le sol et, en conséquence, la température de l'air au voisinage du sol, qui devient plus stable ; les cumulus sont moins fréquents, et les pluies qu'ils peuvent donner diminuent aussi. "La sécheresse augmente la sécheresse", et cette boucle de rétro-action positive peut durer plusieurs années, avant une arrivée massive de pluies.

Des steppes froides couvraient l'Europe centrale, la Sibérie et le nord des États-Unis. **A. LEROI-GOURHAN** (1992) montre que les steppes froides du Quaternaire n'étaient pas analogues aux toundras arctiques, en particulier parce que les variations de la longueur des jours au fil des saisons n'étaient pas comparables à celles de la Scandinavie ou du Labrador. Des pollens d'arbres étaient souvent présents, mais des préjugés sans fondement ont conduit la plupart des auteurs de diagrammes palynologiques à reléguer les arbres inavouables dans la liste des espèces "accidentelles".

Le caractère le plus sévère de ces steppes était la sécheresse plus que le froid. Les Bouleaux, le Charme, les Chênes, le Hêtre, le Noisetier, le Noyer, l'Orme, le Sapin, les Saules, le Tilleul étaient présents près des rivières, dans des forêts-galeries qui ont servi d' "îlots-refuges" à partir desquels ils ont rapidement reconquis la place perdue. Des forêts existaient aussi dans les Alpes, à bonne exposition, dans l'ouest des Balkans, en Italie, dans le sud de l'Espagne. Au total, la végétation du globe contenait moins de CO_2. La sécheresse avait plutôt augmenté sous le Tropique du Cancer, et le Sahara avait envahi la zone soudanienne actuelle (**J. TRICART**, 1967).

A l'intérieur du Würm, plusieurs épisodes relativement tièdes ont été repérés, en particulier au Danemark. Ils sont nommés Amersfoort (– 61.500 av. J.-C.), Brörup (– 56.500), Hengelo (– 37.000 à – 35.000), Denekamp (– 30.000 à – 27.000), Bölling (– 12.000 à – 11.000) et Alleröd (– 10.000 à – 8.000), selon **M. VAN CAMPO** (1969). Ces variations du climat sont déduites des pollens trouvés dans les tourbières, mais la présence d'espèces boréales n'y est pas toujours l'indice d'un refroidissement du climat : **R. CORILLION ET N. PLANCHAIS** (1963) montrent que des espèces actuellement présentes en Scandinavie, telles que *Oxycoccos quadripetala* Gilib., ont pu être importées récemment dans l'Ouest de la France par les migrations d'Oiseaux d'eau. En France, la plupart des analyses polliniques portent sur des échantillons prélevés dans des grottes ou des abris sous roche, en pays calcaire, et leur interprétation est difficile.

Pour le Maroc oriental, **L. Wengler** *et al.* (1992) donnent une synthèse remarquable : quatre épisodes tièdes et humides (– 100.000, – 70.000, – 45.000 et – 20.000) se placent dans le cours du Würm (= Soltanien) et ils correspondent à des périodes d'encroûtement des glacis-terrasses.

Selon **A. Pons et J.-P. Suc** (1980), les formations herbacées steppiques à Armoises et Chénopodes se sont étendues massivement en Europe à chaque période froide, même dans la région méditerranéenne, où quelques maquis existaient déjà sur des substrats très acides.

242.81 Le début de la période würmienne

En Dordogne, pendant les réchauffements d'Amersfoort et de Brörup, le pourcentage pollinique des feuillus de la "chênaie mixte" peut atteindre 50 % (Aulne, Bouleau, Charme, Chêne, Frêne, Hêtre, Noisetier, Orme, Tilleul), mais l'Épicéa est encore signalé.

A 1.200 mètres d'altitude, dans le Vercors, la flore ne semble pas être très différente de ce qu'elle est aujourd'hui. À Padul (Espagne), à l'époque de Brörup, un maquis est admis par **F. Florschutz** , 1971).

242.82 Würm II (– 55.000 à – 37.000)

Cette période froide a sans doute été sèche, et les espèces arborescentes (à l'exception du Pin sylvestre, d'un Genévrier et d'un Bouleau) ont presque totalement disparu du territoire français ; elles se seraient cependant réfugiées dans les stations les plus favorables, vraisemblablement nombreuses mais peu étendues, et situées dans les vallées ou sur les bas de versants ensoleillés (appelées "îlots-refuges"). Les dépôts de lœss (= "limon des plateaux" dans le Bassin Parisien) dateraient de cette période.

La "chênaie mixte" ne semble pas s'être déplacée massivement vers le sud pour échapper au froid, parce que la sécheresse y aurait sévi, au moins dans les plaines. Même dans l'actuel Sahara, on trouve seulement trace à cette époque d'une steppe à Armoise et Chénopodiacées, avec plus ou moins de Pins. La chênaie s'est, en quelque sorte, dissoute sur place ; il semble, en effet, que les températures ont plus baissé dans la zone arctique (– 14°C) qu'à l'équateur (– 4°C), et que la forêt claire "sub-polaire" et la forêt de Pin sylvestre se sont considérablement étendues ; les espèces de la flore "tempérée", ou de la flore méditerranéenne seraient alors restées seulement dans quelques "îlots-refuges".

Dans les grottes de la région méditerranéenne, d'épais dépôts caillouteux "cryoclastiques" issus de la fragmentation des calcaires par le gel, ont eu lieu au cours du Würm II. Ensuite, la sédimentation s'arrête, et, sur les dépôts de plein air, la pédogenèse conduit à un sol brun calcaire (**F. Bazile**, 1977).

F. Bazile et Ph. Guillerault (1981) ont trouvé dans la grotte de l'Esquicho-Grapaou (Gard) de l'industrie moustérienne, dans un niveau qui date peut-être du Würm II. Ils diagnostiquent ensuite une amélioration climatique correspondant à un fort lessivage des oxydes métalliques, qu'ils attribuent à l'interstade Würm II-Würm III, au cours duquel les dépôts accumulés en phase froide sont concrétionnés et altérés pendant 3 à 5.000 ans.

242.83 Würm III (Aurignacien)

Le Würm III commence après Hengelo, vers – 35.000, et se termine vers – 16.000. Aux environs de – 33.000, les tufs de Castelnau et du Gasconnet, près de Montpellier, ont recueilli des empreintes de feuilles d'*Acer cf. monspessulanum, A. populifolium, Alnus glutinosa, Buxus sempervirens, Celtis australis, Clematis vitalba, Cornus sanguinea* (ou *C. Mas*), *Daphne laureola, Evonymus europaeus, Ficus carica, Fraxinus excelsior* (?), *Fraxinus ornus, Hedera helix, Ilex aquifolium, cf. Juglans nigra, Laurus nobilis, Phillyrea latifolia* (et *Ph. angustifolia* ?), *Pinus salzmanni, Pteridium aquilinum, Quercus* (caducifoliés), *cf. Sorbus aria, Taxus baccata.*

La grotte de l'Esquicho-Grapaou (Gard) a livré des dépôts datant de – 32.500, produits par des conditions climatiques fraîches et sèches. Ceux qui sont datés de – 30.000 traduisent un climat plus doux et assez arrosé. Le Charme, un Érable, le Noisetier et le Tilleul sont présents à la Laouza vers – 30.000, et le Hêtre à la Salpêtrière entre – 27.000 et – 26.000. Des charbons d'*Hippophae rhamnoides* (Argousier), de Bouleau verruqueux, de Buis, de Ciste blanchâtre et de Ciste de Montpellier, d'Érables, de Hêtre et de Pin de Salzmann ont été trouvés près de Nîmes. L'Amandier, le Cerisier mahaleb, le Chêne pubescent et un Chêne à feuillage persistant, l'If, le Pistachier lentisque y sont aussi quelquefois présents.

J.-L. Vernet (1982) signale une végétation nettement forestière vers – 30.000, puis aux environs de – 26.000, et une phase froide de – 20.000 à – 14 500.

Pendant le Würm III, l'interstade d'Arcy (Yonne) fournit des pollens d'Aulne, de Chêne, de Charme, de Frêne, de Noisetier et de Tilleul au cours de l'Aurignacien. Il pourrait correspondre à l'oscillation de Denekamp (– 30.000 à – 27.000). Une reprise du froid est visible à l'Esquicho-Grapaou vers – 27.700. **F. Bazile et Ph. Guillerault** (1981) ont trouvé de l'Aurignacien à la Salpêtrière (Gard) dans des couches datées de – 26.500 et de – 19.400, correspondant à un climat relativement doux ; ils y signalent du Périgordien ancien vers – 20.500 ; vers – 17.200 apparaît le Salpêtrien ancien, sous un climat froid et sec.

242.84 Würm IV et Tardiglaciaire

Le début du Würm IV n'est pas net et certains auteurs le font coïncider avec le début le l'Holocène. On y place des périodes froides (Dryas I et II), et l'on reconnaît ensuite plusieurs stades dans l'interglaciaire actuel (y inclus le Post-glaciaire).

En Europe du Sud, le froid a été maximal vers – 18.000, et le niveau de la Méditerranée aurait alors baissé de 120 mètres. Il est remonté d'une vingtaine de mètres en 4.000 ans. Au débouché du détroit de Gibraltar vers l'Atlantique, au nord-ouest de Tanger, quelques îles étaient émergées, en particulier celle qui est devenue le Banc Spartel. Un séisme de magnitude supérieure à 8,5 (comme celui de Lisbonne en 1755) secoua toute la région vers – 12.000 et il fut suivi d'un tsunami ravageur. **JACQUES COLLINA-GIRARD** fait remarquer que cette date correspond à celle que donne **PLATON** dans le Timée pour la destruction de l'Atlantide. La description qu'il donne des méfaits de l'érosion dans les collines de Grèce (Critias 111, bcd) montre qu'il argumentait sa réflexion sur l'histoire, par exemple quand il écrivit que "les sanctuaires qui ont été conservés sur l'emplacement des sources qui existaient primitivement sont le signe de la vérité de mes assertions relatives à l'ancienne Attique".

Dans les Vosges, le maximum de froid aurait été atteint entre – 10.300 et – 11.250 (**D. BOURLES** *et al.*, 2004). Des glaciers de deux kilomètres d'épaisseur recouvraient le nord de l'Amérique et de l'Eurasie.

Plus tard, l'oscillation humide de Lascaux (– 15.000 av. J.-C.) permet de trouver en Languedoc des charbons d'Aulne, de Bouleau, de Noisetier, de Pin (maritime ?), de Saules et d'une Taxodiacée dont les caractères sont voisins de *Sequoia gigantea.*

La déglaciation aurait été très rapide (**D. BOURLES** *et al.,* 2004). La carotte glaciaire du forage NorthGRIP dans le Groenland montre que la fin du Würm IV a été très chaotique : vers – 12.700, la température a augmenté de 10°C très brutalement, puis elle a baissé rapidement jusqu'aux environs de – 10.900 avant de remonter très rapidement vers – 9.700. Pendant les épisodes froids, les déserts sont dépourvus de végétation et les vents apportent des poussières jusqu'au Groenland. En l'espace de quelques décennies, la quantité de poussières a été divisée par 10. Le taux de deuterium augmente encore plus rapidement, suggérant que la circulation générale de l'atmosphère (§ 12*) s'est radicalement réorganisée.

Dans les plaines et les basses montagnes de France, pendant les phases froides, la végétation est une steppe herbacée aride et froide, le Pin sylvestre demeure présent, accompagné quelquefois par le Genévrier et par le Sureau rouge. Les feuillus se maintiennent seulement dans des "îlots-refuges" sur les versants chauds des petits causses, ou dans les basses vallées qui sont actuellement sous le niveau de la mer (**H. TRIAT-LAVAL**, 1978 ; **A. PONS**, 1987).

À la grotte d'Altamira (près de Santander, Espagne), les niveaux datés de – 15.000 (Solutréen supérieur) et de – 13.500 (Magdalénien) donnent des charbons de Genévrier, de Pin, de Saule, de Chêne à feuillage caduc et peut-être de Sapin ; le Cerf était le gibier le plus abondant ; dans le Solutréen, on trouve en outre les Bovidés et le Cheval. À la grotte d'El Buxu (Asturies), la plaine était sans doute occupée par une végétation steppique à Genévrier, et les collines par une forêt de Chênes, Aulne, Cytise, Noisetier, Aubépine, Frêne, Sureau, Alouchier ; le Cerf et le Chamois étaient suffisamment nombreux pour être chassés par nos ancêtres (**P. UZQUIANO**, 1992).

En Afrique

Entre – 28.000 et – 18.000, le lac Tchad était bien rempli, mais la forêt actuelle des montagnes du Ghana était remplacée par une formation riche en Graminées. De – 18.000 à – 13.000, l'aridité devient générale en Afrique soudanienne (période "ogolienne" marquée par des dunes maintenant fossilisées dans le nord du Burkina-Faso). De – 13.000 à – 2.000, l'aridité régresse, mais elle augmente à nouveau de – 2.000 à aujourd'hui (**J. MALEY**, 1986).

Pour **M. SERVANT** (1973), une longue période de sécheresse a duré dans le Sahel de – 18.000 à – 10.000 ; elle a reçu le nom de Kanémien. Les lacs s'étendirent à nouveau entre – 10.000 et – 6.000.

Pendant la préhistoire, le Sahara a subi, surtout au cours des dix derniers millénaires (Holocène), des oscillations climatiques majeures caractérisées par une alternance de phases humides et de phases arides, et par des variations du niveau des lacs et des mers. En effet cette période débute au cours de la phase humide qui a commencé vers 12.000 ans BP (*Before Present*) et s'est maintenue jusqu'à 6.000 ans BP, interrompue, seulement par une courte phase aride entre 8.000- 7.000 ans BP. Elle s'est traduite par le remplissage et l'extension des lacs un peu partout dans le Sahara méridional (avec un maximum vers 9.000 ans BP : Tchad, Afar etc.) et par une végétation dense. À l'opposé, on assiste au Sahara septentrional, à l'installation d'un climat sec (régression de la Mer Morte, enfoncement de la Saoura etc.) avec deux pics humides vers 10.500 à 10.000 ans BP et 8.500 à 7.500 ans BP au Maghreb et à l'édification des sables dunaires (Grand Erg occidental, épandage des oueds à Biskra à l'est etc.). En revanche, au Moyen Orient aucune phase humide n'a pu être mise en évidence (**P. ROGNON**, 1976).

Vers 6.000 ans BP, le climat est encore humide aussi les niveaux des lacs et des mers sont élevés (le lac Ounianga Kebir, au Tibesti, est à + 40 m par rapport à l'actuel) ; des lacs réapparaissent dans l'erg Chech et la mer envahit la côte mauritanienne en formant des baies. Cependant à la même époque, on assiste à une disparition des oppositions observées entre une bande désertique et ses bordures. Celle-ci a entraîné de l'humidité en de très nombreux points sans aucune logique apparente (**P. Rognon**, 1976). À partir de 5.000 ans BP (ou vers 4.000 ans BP ?) les conditions climatiques se dégradent, les lacs régressent progressivement - le lac Fayoum au Nord de l'Égypte accuse trois baisses vers 6.000-5.000 ans BP - marquant ainsi le début de l'établissement du climat actuel.

A l'ouest du Sahara, en Mauritanie, **R. Vernet** (1993) rapporte que l'Holocène coïncide avec le début du Néolithique, quoique souvent avec un décalage chronologique parfois non négligeable. **L. Hébrard** (1978), dans son étude sur la géographie quaternaire du littoral mauritanien entre Nouakchott et Nouadhibou pense que le Tchadien, humide (de 11.000 à 7.000 ans BP) est contemporain du niveau maximal du fleuve Sénégal, du remplissage de l'Azrag (9.120 ans BP) et de la sebkha de Chemchane (maximum à 9.000 ans BP), est caractérisé par une végétation de type steppe arbustive, voire arborée, par une faune terrestre tropicale (Rhinocéros, Éléphant, Buffle...) et par des vertébrés aquatiques comme les Hippopotames et les Crocodiles.

En Inde et au Moyen-Orient

De – 20.000 à – 16.000 av. J.-C., l'aridité est très forte en Arabie (**E. Van Campo**, 1983), en même temps que culmine le dernier maximum glaciaire. La mangrove des côtes occidentales de l'Inde est réduite à son minimum, à cause de la diminution de l'apport d'eau douce par les fleuves côtiers issus de la chaîne des Ghâts occidentales. La diminution de température serait seulement de 1°C.

A cette époque, les plaines de l'Inde et du sud de l'Arabie (autour de 15° de latitude nord) sont couvertes d'une végétation steppique à Chénopodiacées et Graminées. Le sud de l'Inde (autour de 10° nord) était un peu plus humide, et alimentait suffisamment les fleuves pour qu'ils maintiennent un peu de mangrove côtière ; à 1.700 m, dans les monts Nilgiris, l'installation d'une végétation plus herbacée que forestière et la disparition des Fougères confirment la sécheresse. Le flux de la mousson humide d'été était beaucoup plus faible qu'aujourd'hui.

Pour les côtes de la mer d'Arabie, **E. Van Campo** (1983) propose une synthèse très complète : la période humide correspondant au Riss est repérée vers – 125.000 ans. De – 20.000 à – 16.000, l'aridité est très forte, en même temps que culmine le dernier maximum glaciaire en Europe et en Amérique du Nord. La mangrove des côtes occidentales de l'Inde est réduite à son minimum, à cause de la diminution de l'apport d'eau douce par les fleuves côtiers issus de la chaîne des Ghâts occidentales. La diminution de température par rapport à la période antérieure serait seulement de 1°C.

À partir de – 16.000 (au sud), de – 14.000 (au nord), et de – 9.000 (à l'ouest), l'humidité revient. Le maximum de précipitations est atteint partout entre – 9.000 et – 8.000, au début de l'Holocène ; les précipitations étaient alors supérieures de 600 mm aux précipitations actuelles dans le nord-est de l'Inde.

G. WILLCOX (1992) montre que des "forêts-steppes" à *Pistacia, Amygdalus, Celtis et Crataegus* ainsi que des forêts-galeries à *Populus, Fraxinus* et *Tamarix* s'étendaient sur une grande partie du Moyen-Orient (Israël, Syrie, Irak, Iran) depuis l'Épi-Paléolithique jusqu'à l'âge du bronze. À l'âge du fer, la déforestation se traduit par l'augmentation des charbons de bois de *Paliurus, Rhamnus, Lycium, Capparis.*

243 L'INTERGLACIAIRE POST-WÜRM

C'est au milieu de cet interglaciaire que se situe le début du Néolithique.

243.1 Chronologie

13.000 Dryas III ancien inférieur (fin du Würm IV)
début du **Tardiglaciaire**
12.000 Bölling
10.000 Début de l'**Holocène**
PALÉOLITHIQUE SUPÉRIEUR
Dryas III ancien supérieur
Azilien Alleröd
9.200 Pré-Boréal selon **M. MAGNY**
9.000 Dryas IV récent
8.100 Dryas III (selon **F. DARMON** *et al.*, 1989 ; **J.-P. DAUGAS** *et al.* 1989)
8.000 **fin du Tardiglaciaire**

7.000 Début du **NÉOLITHIQUE**
Boréal Castelnovien
Tardenoisien
Sauveterrien final
Montclusien (l'Abeurador)
6.000 fin du **Pré-Boréal** et début du **Boréal**

5.500 **Atlantique**
Cardial *cf.* § 73*
début du **Post-glaciaire** pour **Blytt & Sernander**
Maximum de la transgression versilienne (+ 1,50 m)
5.000 Chasséen (jusqu'en 3.000 ?) Mégalithes
3.500 **Âge du Bronze**
3.000 Fontbouisse
2.500 **Sub-Boréal** Verrières
2.000 **Premier Âge du fer**
1.000 **Deuxième Âge du fer**
700 à 0 **Sub-Atlantique**

243.2 Le Tardiglaciaire (– 12.000 à – 8.000 av. J.-C.).

En Europe de l'Ouest, la végétation qui existait à la fin de la période la plus froide (vers – 14.000, à la fin du Würm IV) était une toundra généralisée. Des îlots-refuges où survivaient le Pin sylvestre et les feuillus existaient au sud de l'Italie, dans les Pyrénées espagnoles et dans les Alpes du sud. En faisant la synthèse des analyses de pollens et en analysant les caractères génétiques de 106 populations actuelles, **R. Cheddadi** a suivi la trace du Pin sylvestre lorsqu'il est monté vers le nord sur les talons du glacier continental qui fondait rapidement ; ce Pin a avancé de plus de deux mille kilomètres en mille cinq cents ans et c'est la souche alpine qui a couvert la plus grande partie de l'Europe.

Selon **A. Pons** (1987), à partir de – 13.000, la végétation se développe sensiblement ; le Pin sylvestre diminue en valeur relative, parce que les Armoises et Chénopodiacées augmentent ; la teneur en matière organique des sédiments lacustres augmente. Vers – 11.000, les Genévriers, Saules et Bouleaux arrivent, le Chêne commence à se manifester. Certains parlent d'une phase protocratique. La conquête forestière se ralentit vers – 8.800, au cours du Dryas "récent", mais il reprend vers – 8.300, début du Pré-boréal. L'une de ses conclusions est que le changement progressif de la végétation résulte d'un réchauffement initial plus que d'une série de petits réchauffements successifs. Vers 9.000 av. J.-C., un épisode froid a réinstallé des glaciers en Grande-Bretagne (**G. Manley**, 1959), jusque vers – 8.000.

En France, le Tardiglaciaire correspond approximativement au Magdalénien moyen et supérieur. C'est la fin du Würm IV. La Méditerranée remonte progressivement de – 90 mètres à – 60 mètres (**J.-C. Aloisi** *et al.*, 1978). C'est aussi le début de l'Holocène pour la plupart des auteurs, mais les plus exigeants (**A. Pons**, 1984) placent le début de l'Holocène vers – 8.000. Le ruissellement devient le phénomène géomorphologique principal, ce qui correspond à une période de rhexistasie (*cf.* § 42*) au cours de laquelle des orages violents se combinèrent avec de longues sécheresses qui empêchaient la végétation de couvrir rapidement le sol. Pour CH. LEROYER et CH. HEINZ (1992), le Mésolithique commence dès le Tardiglaciaire.

Dans le Centre de la France, la reconquête forestière comprend un stade à *Betula nana* et *Selaginella selaginoides*, puis une forêt à Pin sylvestre, Bouleaux (nain, pubescent et verruqueux) et Genévrier. Le Chêne, le Noisetier et l'Aulne sont signalés, mais jamais abondants, même dans la région méditerranéenne (Uzès, Gard). Les Pruniers et l'Amandier sont présents. Les espèces herbacées identifiées les plus remarquables sont *Sanguisorba minor* et *Centaurea cyanus*.

À la Salpêtrière, vers – 11.100, et vers – 10.500, le Hêtre a laissé des traces ; quelques centaines d'années plus tard, des charbons de Chêne à feuillage caduc, et de Châtaignier ont été déposés à Teyjat (Dordogne) avec des objets magdaléniens.

Dans le haut du bassin de l'Aude et dans les collines méditerranéennes, de nombreux charbons de bois ont été étudiés par J.-L. VERNET, LUCIE CHABAL et leurs élèves (1980, 1987, etc.). Ils traduisent une végétation ouverte, parsemée de Bouleaux, de Pins sylvestres et de Genévriers, accompagnés de quelques Pins à crochets, Sapins pectinés, Hêtres, Buis et Chênes à feuillage caduc. Cette "descente" de l'étage montagnard correspond à un climat sec et froid. Dans certains cas, l'apparition du Chêne vert s'accompagne de celle du Hêtre (hiver froid et humide, combiné avec un été sec ?). Cette coïncidence est un peu surprenante, puisque, de nos jours, la sécheresse de l'été est nettement défavorable au Hêtre.

Ainsi qu'il a été dit, G. MANLEY (1959) signale que, vers – 9.000 av. J.C., des glaciers se sont installés en Grande-Bretagne et, inversement, le Tardiglaciaire comprend l'oscillation moins froide d'Alleröd.

En Arabie, le maximum d'humidité observé vers – 9.000 en Inde occidentale (E. VAN CAMPO, 1983) coïncide avec un maximum d'insolation "orbitale" d'été dans l'hémisphère nord. Une boucle à retard, sans doute liée aux variations d'*albedo* et de recouvrement de la végétation, a retardé de 3.000 à 4.000 ans l'arrivée de cette période humide en Arabie.

243.3 Le Pré-boréal (– 8.000 à – 6.000 av. J.-C.)

Les sondages profonds de 3.000 m effectués dans la calotte glaciaire du Groenland ont montré que les fluctuations de la température depuis 10.000 ans ont été inférieures à 2°C, alors qu'elles atteignaient souvent 10°C lors des périodes antérieures. Le climat serait donc assez bien stabilisé depuis la fin du Tardiglaciaire, mais la végétation aurait eu besoin de plusieurs milliers d'années pour "rattraper son retard" jusqu'à l'optimum de l'Atlantique (§ 243.5*).

Selon **A. Pons**, (1987), à partir de – 7.000, la végétation du Massif Central est massivement forestière (chênaie très riche en Noisetier, où l'Orme diffuse lentement) ; quelques pollens de Sapin et de Hêtre témoignent de la présence de ces essences dans les plaines. La situation se stabilise entre – 6.000 et – 3.000, avec une lente arrivée du Tilleul, du Frêne et de l'Aulne. Certains auteurs parlent d'une phase mésocratique. Vers – 2.700, le Hêtre et le Sapin deviennent dominants (le Sapin monte en particulier par les flancs sud et sud-ouest du Cantal), sans doute parce que le climat devient plus océanique, avec des brouillards et une plus grande fraîcheur de l'été.

La calotte glaciaire qui recouvrait les Alpes se réduit à des glaciers indépendants, et la Méditerranée monte assez rapidement à – 40 m. En Provence, **M. Jorda et J. Vaudour** (1980) signalent des pluies torrentielles à cette époque.

Dans le Massif Central, le Pin sylvestre continue à s'étendre et atteint alors son maximum, avec un bon pourcentage de Noisetiers ; le Saule et l'Aulne sont souvent présents, le Chêne et l'Orme quelquefois signalés. Le Bouleau est encore quelquefois dominant, mais il décroît généralement.

À la Balma Margineda (Andorre), à 970 m d'altitude, **Ch. Leroyer et Ch. Heinz** (1992) ont trouvé au Mésolithique moyen (– 8.000 à – 7.000) une végétation forestière montagnarde (avec du Pin à crochets, qui descendait peut-être plus bas qu'aujourd'hui). Le Sapin et un Chêne à feuillage caduc apparaissent vers – 6 .500.

À La Poujade (près de Millau, Aveyron), les charbons de bois comprennent surtout du Genévrier, mais aussi du Pin sylvestre, de l'Amandier (*Prunus amygdalus, Prunus mahaleb, Prunus spinosa*, un Chêne à feuillage caduc, *Acer campestre, Acer opulifolium, Phillyrea sp*., etc. Ce type de végétation est présent aussi sur le plateau du Vaucluse (**S. Thiébault**, 1983), il présente des affinités avec les "forêts-steppes" ou steppes arborées connues au Kurdistan, en Iran, en Turquie, en Espagne et peut-être sur certains versants arides et froids des Alpes du Sud ; il pourrait correspondre à un climat semi-aride froid, où le quotient pluviothermique Q2 pourrait être voisin de 40 (**J.-L. Vernet et S. Thiébault**, 1987). Mais le littoral était sans doute moins aride : à Chateauneuf-les-Martigues, l'Ajonc, le Chêne pubescent, un Phillyrea et le Pin d'Alep étaient présents (**J.-L. Vernet**, 1983). À Coufin (près d'Avignon), **S. Thiébault** (1983) signale un Érable, le Frêne, le Hêtre, le Noisetier et l'Orme, et ne trouve aucun Chêne vert. Le maximum du Frêne est contemporain de la présence de nombreux Bovidés.

Le Chien, la Chèvre, et sans doute le Porc et le Mouton commencent à être domestiqués, mais les éleveurs restent nomades (*cf.* § 73*). Cette époque correspond approximativement à ce que certains auteurs nomment Mésolithique.

L. Hébrard (1978), dans son étude sur la géographie quaternaire du littoral mauritanien entre Nouakchott et Nouadhibou, pense que le Nouakchottien, transgression marine (– 5.000 à – 4.000 ans, avec un maximum vers – 3.500 ans) qui correspond au Néolithique ancien du pays, s'est traduite par une importante occupation humaine septentrionale et littorale jusqu'à Nouakchott (à Jioua, – 3.970 ans). Cette occupation s'est généralisée vers – 3.000 ans (**J.-L. Vernet**,1993 ; **P. Gowthorpe**, 1993).

243.4 Le Boréal (– 6.000 à – 5.500 av. J.-C.)

Le Pin sylvestre et le Genévrier sont encore dominants dans le Massif Central, et le paysage y est un "pré-bois" subalpin, où vivait une Chèvre sauvage *Capra pyrenaica* ; le Noisetier est souvent présent, avec les Chênes caducifoliés ; l'Orme augmente.

A la Balma Margineda (Andorre), à 970 m d'altitude, **Ch. Leroyer et Ch. Heinz** (1992) ont trouvé au Mésolithique final et au Néolithique ancien (– 6.500 à – 4.700) une pineraie avec un Chêne à feuillage caduc, l'Aubépine, un *Sorbus*, le Buis, le Houx, le Lierre, l'Orme et le Tilleul.

Le Pin d'Alep a été trouvé à Chateauneuf-les-Martigues et dans le Cardial de Leucate (**J.-L. Vernet**, 1980). Le Chêne vert effectue une poussée vers le sud-ouest, le centre et le nord-ouest de la France (**J.-L. Vernet**, 1973) et il surpasse le Chêne blanc au nord-ouest de l'Italie, sans doute à cause d'incendies volontaires (§ 73*). L'Amélanchier, le Cerisier de Sainte-Lucie, une Vigne sauvage, le Noisetier, les Phillyrea et l'If étaient présents à la Baume de Monclus. Dans les coteaux du Languedoc, le quotient Q2 d'Emberger pourrait avoir été voisin de 75 (**J.-L. Vernet & S. Thiébault**, 1987). Dans la vallée de l'Aude à moyenne altitude, le Sapin est fréquent ainsi que l'If, qui atteste un climat frais et humide (**J.-L. Vernet**, 1980) mais le Buis augmente (en raison de l'augmentation de la pression humaine ?). Le Pistachier lentisque apparaît à la grotte Gazel, près de Carcassonne. Dans l'Atlas marocain, le Cèdre règne en maître et les Chênes à feuillage caduc sont rares. (ERA 404, 1977-78).

Les premières traces d'usage des céréales en France méditerranéenne apparaissent à cette époque (*cf.* § 73*) qui correspond à l'Azilien et à l'avènement du Néolithique.

243.5 L'Atlantique (– 5.500 à – 2.500 av. J.-C.)

Le début de l'Atlantique est une période de réchauffement qui accélère la fonte de ce qui restait des glaciers et la montée du niveau des mers. Il est possible que la Méditerranée soit alors passée au-dessus de l'isthme qui reliait l'Anatolie et la Bulgarie et se soit déversée brutalement dans le lac d'eau douce qu'était l'actuelle Mer Noire, en laissant dans les mémoires l'impression d'un déluge. Cette hypothèse est confortée par la découverte récente de bateaux romains exceptionnellement bien conservés au fond de la Mer Noire : les eaux salées seraient descendues en profondeur et y seraient restées inertes, sans oxygène ni micro-organismes capables de faire pourrir les coques des bateaux.

Le climat était doux et humide, et pouvait correspondre à un Âge d'Or, qui a laissé l'impression d'un Paradis terrestre que certains qualifient d'oligocratique. C'est l'époque de l'extension maximale, dans les plaines, de la chênaie mixte (Chênes à feuillage caduc), avec Tilleul, Orme, Frêne, Aulne, favorable au Sanglier, grand consommateur de glands et de faînes, et aussi celle des premiers défrichements dans les montagnes.

Selon **A. Pons** (1987), dans le Massif Central, le Hêtre et le Sapin deviennent dominants vers – 2.700 (le Sapin monte en particulier par les flancs sud et sud-ouest du Cantal), sans doute parce que le climat devient plus océanique, avec des brouillards et une plus grande fraîcheur de l'été.

Le Sapin apparaît sur le mont Lozère et sur l'Espinouse ; il reste présent, avec le Pin sylvestre, dans le Néolithique de la haute vallée de l'Aude (**J.-L. Vernet**, 1980) et il y est sans doute resté isolé au point de constituer la "race" des Sapins de l'Aude (pour reprendre les mots du dendrologue **Philibert Guinier** qui ne peut pas être soupçonné de racisme) qui résiste bien à la sécheresse estivale. Le Hêtre conquiert assez rapidement les montagnes et il est possible qu'il n'ait pas pu s'étendre à cette époque sur la totalité des Causses à cause des brûlis des hommes du Néolithique.

En Bas-Languedoc, l'étude des charbons de bois a permis à **J.-L. Vernet** (1974, 1980) de préciser que le Chêne pubescent a longtemps dominé le Chêne vert. Ce dernier était abondant en Gironde dès – 6.000, et il a commencé à apparaître en Languedoc vers – 4.000 ; sa première apparition à Font-Juvénal se situe entre – 3.370 et – 2.880. Le Chêne pubescent serait resté dominant pendant tout le Néolithique moyen, jusque vers – 2.900, et peut-être même jusqu'à – 2.500.

A la Caune (ce mot indique une grotte) de Belesta près d'Ille sur le Têt, à 390 m d'altitude, **Ch. Leroyer et Ch. Heinz** (1992) ont obtenu une belle séquence qui va de – 1.950 à – 400, datée par des objets du Néolithique final, puis du Bronze et même du Fer. Les espèces qui vivent actuellement dans l'étage supra-méditerranéen sont progressivement remplacées par des espèces de l'étage méso-méditerranéen inférieur. Puisque le climat n'a pratiquement pas changé au cours de ces quinze siècles, c'est l'influence de l'Homme qui a provoqué l'érosion des sols et rendu les milieux plus "secs".

En montagne, le Hêtre atteint, vers – 2.000, ses limites altitudinales actuelles. **NICOLE PLANCHAIS** (1982) a trouvé de nombreux pollens de Sapin et de Hêtre dans des sédiments de cette époque atterris dans l'étang de Mauguio. **S. THIÉBAULT** (1983) a trouvé du Hêtre et même un peu de Sapin dans le site des Sarrazins (au pied du Vercors). En Corse, **M. REILLE** (1975) trouve du Pin laricio à 1.280 m d'altitude, au début de l'Atlantique ; il est ensuite progressivement remplacé par la Bruyère arborée, le Chêne vert et l'If. Les premiers établissements humains y sont datés des environs de – 5.000 (**M.-C. WEISS ET F. LANFRANCHI**, 1976).

En Bretagne, vers – 4.400 (Néolithique moyen), les landes de Callune résultant des actions humaines sont fréquentes ; vers – 3.300 et – 1.600, le sol trouvé sous des tumulus contient des pollens de Bouleau, Noisetier, Bruyères et Fougère aigle (**D. MARGUERIE ET J.-Y. HUNOT**, 1992).

L'optimum climatique tiède et humide fit fondre les glaciers et monter le niveau de la mer ; aux environs de – 3.500 ou – 3.000, selon **G. MANLEY** (1959), l'Angleterre devint une île.

En Italie, dans la plaine du Pô, **G. MARZIANI** *et al.* (1992) ont trouvé les traces d'une chênaie de Chênes sessile et pédonculé ; au débouché d'une vallée alpine, le Sapin, le Hêtre et l'If étaient présents. Le Hêtre est aussi signalé en plusieurs lieux de Catalogne méditerranéenne par **M. T. ROS MORA** (1992).

En Andalousie, le Pin d'Alep est presque dominant (**J.-L. VERNET** *et al.*, 1984) entre – 4.500 et – 2.000, date à laquelle des Bruyères deviennent abondantes. Un Frêne reste constamment présent. Le Pin d'Alep est aussi signalé en Catalogne par **M. T. ROS MORA** (1992). Cette essence est donc bien indigène en Languedoc et cela justifie la séquence du Pin d'Alep et celle du Frêne dans les cartes de l'Atlas du Languedoc-Roussillon (**E. LE FLOC'H** *et al.*, réalisées en 1974), alors qu'elles n'étaient pas acceptées dans les séries de végétation.

Aux Baléares sont présentes des plantes de l'étage thermo-méditerranéen : *Cneorum tricoccum*, *Euphorbia dendroides*, *Olea silvestris*, *Withania frutescens,* et, dans l'étage méso-méditerranéen, *Cyclamen balearicum* et *Pteridium aquilinum.*

Selon **A. PONS** (1987), dans le Massif Central, vers – 2.650, le Hêtre et le Sapin diminuent au bénéfice des herbacées, qui comprennent les Plantains, les Oseilles et même des céréales : l'Homme néolithique marquait le paysage de son empreinte brutale ; le Bouleau, essence de lumière aux graines légères, en profite pour s'installer dans les jachères.

En Dalmatie, **H. Beug** (1961) a observé aussi que, au cours du Boréal, le Chêne pubescent cède progressivement la place au Chêne vert et au Chêne kermès. Ces deux espèces deviennent même dominantes à cette époque. Une évolution analogue est notée par **J.-L. Vernet** (1970) en Ligurie.

En Europe centrale, à partir de – 5.500 (céramique rubanée), les cultivateurs venus de Hongrie ont exploité la forêt de feuillus riche en espèces en créant un bocage (**A. Kreuz**, 1992).

Toutes ces observations montrent que le "climax" (état d'équilibre final que pourraient atteindre les communautés végétales actuelles si elles n'étaient plus soumises à l'action de l'homme, *cf.* § 37*) est très différent de l'état de ces communautés avant les perturbations apportées par l'homme du Néolithique.

L'extension ancienne du Chêne pubescent en Languedoc ne permet plus de croire que le "climax" des garrigues serait partout constitué par une chênaie de Chêne vert, comme l'ont cru longtemps les phytosociologues (**N. Roussine** *et al.*, 1947). Les cartes de l'Atlas du Languedoc (**E. Le Floc'h** *et al.*, 1975) et la carte des étages de végétation du Languedoc (**M. Godron & E. Le Floc'h**, 1991) confirment même que le Chêne pubescent caractérise une séquence de végétation très étendue dans les plaines actuellement cultivées.

Le Chêne-liège est signalé par **N. Planchais** (1974) dans la région de Sète (Hérault) ; il y est resté plus abondant que le Chêne vert au cours du Néolithique et des Âges des métaux, pendant que le Pin d'Alep et la Fougère aigle augmentaient leur emprise. Ceci pourrait signifier que les sols décalcifiés sur lesquels vit le Chêne-liège étaient plus répandus qu'aujourd'hui, et c'est un des arguments qui conduisent à penser que l'érosion consécutive aux cultures sur brûlis a été très intense.

Dans les plaines atlantiques, selon **N. Planchais** (1973), le pollen de *Vitis* (le genre auquel appartient la Vigne cultivée, *Vitis vinifera*), est présent au Préboréal et au Boréal, antérieurement à toute influence humaine détectée par l'analyse pollinique. Le nombre de pollens fossiles de *Vitis* trouvés s'accroît pendant la période Atlantique dans tout le bassin de la Loire, mais il semble bien que *Vitis* ait régressé ou disparu au cours du Sub-Boréal. *Vitis* pourrait ainsi être un bon indice de la douceur du climat ligérien au cours de l'Atlantique, de même que *Hedera* (le Lierre), *Ilex* (le Houx) et *Viscum* (le Gui) le sont aujourd'hui au Danemark.

La révolution néolithique qui a produit des céréales (§ 73*) s'est accomplie sous ce climat très favorable, mais la chasse restait encore à cette époque une importante source de nourriture.

La Méditerranée monte de plus d'un centimètre par an, et, vers – 2.500, elle dépasse de plusieurs dizaines de mètres son niveau actuel. La Manche et la mer du Nord montent aussi, et submergent l'isthme du Pas de Calais, transformant l'Angleterre en île, à partir de – 3.000.

La côte des Landes de Gascogne subit une évolution remarquable (R. PASKOFF, 2000) : pendant la dernière période glaciaire, le vent a déposé des sables "continentaux" sur toute la surface du massif landais et sur la côte, qui était alors plus de 100 mètres en dessous de son tracé actuel ; quand la mer a commencé à monter, elle a repoussé devant elle les sables des plages et des dunes paraboliques se sont développées sur la frange côtière jusqu'au début de notre ère ; un puissant courant côtier charrie maintenant vers le sud 500.000 m3 de sable chaque année, et la mer n'apporte plus de sable pour nourrir les plages. Les défrichements de l'époque gallo-romaine ont entraîné une reprise de l'érosion éolienne, en donnant de nouvelles dunes vives, qui ont été fixées par Brémontier et par les Eaux et Forêts au XIXe siècle.

L. HÉBRARD (1978), dans son étude sur la géographie quaternaire du littoral mauritanien entre Nouakchott et Nouadhibou, considère que le Tafolitien, aride, qui commence vers – 2.100, contemporain du Néolithique moyen et récent, est marqué par des pluies plus courtes, violentes et sporadiques, ainsi que par une dégradation de la végétation et par une régression marine. Celle-ci, qui abouti au niveau actuel, est accompagnée de la formation de cordons dunaires littoraux d'où la fermeture totale des golfes de la transgression post-glaciaire, marquant le déclin de l'occupation humaine. Ensuite, vers le début de l'ère chrétienne, "le Sahara se vide : seuls, les derniers venus, éleveurs de chameaux, guerriers, caravaniers et oasiens se maintiennent tandis que le climat continue de se dégrader, ce qu'il n'a cessé de faire depuis".

243.6 Le Sub-Boréal (– 2.500 à – 800 av. J.-C.)

Certaines datations le font commencer dès – 3.500 av. J.-C. et terminer à – 700.

L'expression "petit âge glaciaire" a été proposée en 1939 par F. MATTHES pour caractériser la période qui va de – 3.500 à +1 800.

G. MANLEY (1959) a étudié un refroidissement qui se dessine entre – 1.400 et – 1.300 (cette phase froide est très visible dans la tourbière de Fernau), puis entre – 1.000 et – 500. PYTHEAS, le navigateur phocéen du

IVe siècle av. J.-C., a rencontré la banquise vraisemblablement près de l'Islande, à une latitude où la mer est actuellement toujours libre.

En Bretagne, dans les monts d'Arrée et dans la Montagne Noire, les foyers du Néolithique ancien sont alimentés en Chêne, mais la lande apparaît dès le Néolithique final, et elle s'étend à l'âge du bronze ; à l'âge du fer, les foyers laissent des charbons de bois d'Ajonc, de Genêt, de Bouleau, de Noisetier et d'Aubépine (**D. Marguerie & J.-Y. Hunot**, 1992).

En forêt de Fontainebleau, **G. Lemée** (1981) a trouvé des pollens qui traduisent l'existence d'une lande de Callune au Sub-Boréal sur les versants sud des vallées sableuses qui entaillent les grès. Ces landes se seraient un peu étendues jusqu'au dernier siècle (en particulier à cause d'incendies répétés), et elles sont maintenant progressivement reconquises par le Bouleau, le Hêtre et le Pin sylvestre. Ces landes avaient sans doute été causées par l'action de l'Homme au Néolithique, puisque le climat de l'Atlantique (du VIe siècle au IIIe siècle av. J.-C.) était encore plus favorable à la forêt que le climat de l'époque actuelle.

Au Sub-Boréal, en Languedoc, les Chênes caducifoliés régressent nettement, et le Tilleul disparaît ; le Pin d'Alep et le Hêtre ont aussi laissé des pollens, qui viennent peut-être d'assez loin (**N. Planchais**, 1982). Au contraire, le Chêne vert et le Buis augmentent considérablement (**J.-L. Vernet**, 1980).

Sous ce climat encore très favorable, les traces de l'action humaine deviennent extrêmement nombreuses dans les garrigues, et l'exemple de Cambous (§ 73*) conduit à penser que l'homme du Chalcolithique a détruit les forêts caducifoliées, qui prospéraient sur les sols les meilleurs, pour produire des céréales et faire pâturer ses troupeaux, sans doute en incendiant régulièrement la végétation. Dans les Causses, **J.-L. Vernet** (1973) note le remplacement du Chêne pubescent par le Buis.

Un léger refroidissement (1°C ou 2°C) se traduit alors souvent par une régression de l'Orme ; le Hêtre s'étend fortement dans les Pyrénées et le Massif Central et il apparaît quelquefois dans les plaines méridionales ; il est présent avec l'If à La Poujade (près de Millau, Aveyron), vers la fin du Sub-Boréal, en même temps que l'Orge. En montagne, le Sapin est souvent dominant ; son pollen s'est déposé dans plusieurs sols de l'Aigoual (**N. Planchais**, 1973).

La flore de graines de l'Adaouste (Bouches-du-Rhône) comporte *Triticum sativum* Lamk., *Triticum vulgare antiquorum* Heer, *Secale cereale* L., un *Pisum*, la Vigne, le Lin, le Chanvre et le Pastel (*Isatis tinctoria*), en plus de *Pinus halepensis* et de *Quercus coccifera*. À peu de distance, à la Font des Pigeons, existaient aussi *Arbutus unedo*, *Prunus spinosa* et *Ulex parviflorus*. **M. Reille** *et al.* (1980) ont recensé des traces de défrichements entre – 2.500 et – 2.000 dans le Rif, la Corse, la Grèce et le Taurus.

Au Maroc, le Cèdre regagne du terrain, au détriment des Chênes à feuillage caduc.

Le cuivre commence à être utilisé vers – 3.500 (à l'époque Chalcolithique, *cf.* § 75*).

243.7 Le Sub-Atlantique (à partir 800 av. J.-C., jusqu'à l'an 1)

La tourbière des landes de Malingue (près de Melleray, Mayenne) montre qu'une forêt de Bouleaux, de Chênes, d'Aulnes et de Hêtres était présente au début du Sub-Atlantique (à partir de – 800 av. J.-C., à l'époque celtique). Les cultures se sont alors développées, peut-être à l'époque gallo-romaine, mais elles ont ensuite diminué (**R. Corillion et N. Planchais**, 1963).

Dans l'ensemble de l'Europe, les défrichements sont importants. Dans les forêts, la proportion de Hêtre augmente plutôt. Le Charme commence son extension vers l'ouest de l'Europe, le Pin du Bordelais est déjà *Pinus pinaster*). Dans les montagnes méridionales, le Sapin diminue quelquefois au profit du Pin sylvestre. Au Lautaret, **P. Fliche** (1904) a trouvé *Betula alba, Pinus montana, Salix grandifolia* et *Sorbus aucuparia*, à 300 m au-dessus de la limite actuelle des arbres.

Selon **A. Pons** (1987), dans le Velay, la tourbière de Landos montre que les défrichements ont été particulièrement importants à partir de l'an 0, en pleine époque gallo-romaine (mais les cultures régresseront lors des invasions barbares).

Dans les Balkans, **H. Beug** (1975) a repéré une brusque extension du Noyer, que **N. Planchais** (1982) retrouve en Languedoc à une époque où la Bruyère arborescente augmente, alors que le Chêne liège et le Hêtre décroissent. Ces Noyers ont vraisemblablement été plantés, au cours du deuxième Âge du fer (§ 75*) sous l'influence des Celtes gallicisés.

Au Maroc, le Sub-Atlantique est l'époque la mieux connue (**M. Reille** *et al.*, 1980) ; dès le début de cette période, les cédraies du Rif ont été exploitées et considérablement réduites ; les forêts de Chêne vert et de Chêne liège n'ont pas de signification climatique : elles apparaissent en même temps que les traces d'activité humaine et ce sont les Chênes à feuillage caduc qui se développent, dès que diminue la pression anthropique (entre l'époque romaine et la conquête arabe à partir du VIIIe siècle). Des faits identiques se sont produits en Kroumirie.

Au début de notre ère, *Cupressus sempervirens* (le Cyprès), *Olea europea* (l'Olivier), et le Pêcher sont alors presque partout présents sur les bords de la Méditerranée (§ 75*).

En Afrique, les régressions du lac Tchad sont un bon indice de la sécheresse climatique.

En Amazonie, **J. BONVALLOT** a repéré une période sèche entre le début de notre ère et les années 500, au cours de laquelle la forêt s'est transformée en savane boisée.

Le cas du Sahara

Pour ce qui concerne le centre du Sahara, la mission ORGON III (Ed. du CNRS, 1979, 444 p.) a montré que, mis à part un bref épisode humide situé entre – 6.000 av. J.-C. et – 5.000, "le climat saharien a été, dans les 135.000 dernières années, aussi aride ou plus aride qu'actuellement ; de plus, au Sahara, les périodes glaciaires d'Europe correspondent habituellement, à des périodes d'hyper-aridité". Pour l'ouest du Sahara, **L. HÉBRARD** (*in* **A. CORRERA**, 2006) distingue trois phases :

- le Tchadien (- 9.000 à – 5.000), humide, avec Rhinocéros, Éléphant, Buffle, etc. ;
- le Nouakchottien (- 5.000 à – 2.000), transgression marine avec une occupation humaine importante ;
- le Tafolitien (- 2.000 à 0), aride tropical avec des pluies brèves mais violentes et une régression marine accompagnée de la fermeture de cordons dunaires littoraux et une diminution de la population humaine.

La synthèse d'**A. CORRERA** (2006) donne plus de place à la période humide, qui aurait commencé vers – 10.000 et s'est maintenue jusque vers – 4.000, avec un épisode un peu plus aride entre – 6.000 et – 5.000 ; dans le Sahara septentrional, il y aurait eu seulement deux périodes un peu humides vers – 8.250 et vers – 6.000.

GUILLEMETTE ANDREU, qui organisa l'exposition *Les artistes de Pharaon* à Paris en 2002 dit que « vers le VIIe millénaire avant notre ère, il pleuvait encore beaucoup sur les hauts plateaux sahariens, alors très fréquentés par les hommes et par les animaux. En témoignent d'innombrables dépôts d'objets (poteries, meules de pierre, pointes de flèches, outils) et la nuée de gravures et de peintures rupestres montrant hommes (scènes de chasse ou de danse) et animaux (girafes, éléphants, bovins, etc.). Peu à peu, les pluies se sont raréfiées et, vers le IVe millénaire, une partie des populations sahariennes s'est repliée vers la vallée du Nil ... C'est ainsi qu'est née la civilisation égyptienne et que s'est constitué, vers 3.000 av. J.-C. le système pharaonique.»

K. NEUMANN (1992) a collecté les charbons de bois du site de Fachi, dans le Ténéré : 12 taxons de ligneux appartenant actuellement à la zone soudanienne (400 à 1.000 mm de pluie) étaient présents vers – 5.000 et une forêt existait vraisemblablement soit au bord d'un lac, soit dans la plaine.

244 LES VARIATIONS RÉCENTES DES CLIMATS

244.1 Depuis le Moyen Âge

ALEXANDRE DE HUMBOLDT écrivait déjà, en 1807 : "Une augmentation d'intensité des rayons solaires aurait-elle à certaines époques répandu les chaleurs des tropiques sur les zones voisines du pôle ? Ces variations qui rendraient la Laponie habitable aux plantes équinoxiales, aux Éléphants et aux Tapirs, sont-elles périodiques ? "

Les climatologues européens admettent en général que 5 ou 6 oscillations, chacune durant environ 2.500 ans, se sont succédées depuis la fin de la dernière glaciation. La température de l'Europe du Nord a augmenté du IXe siècle au XIIIe siècle. La palynologie et la dendro-climatologie concordent pour indiquer un optimum autour de l'an mil (700 à 1100). C'est l'époque de la colonisation du Groenland et de l'Islande par les Vikings.

Un refroidissement survint à la fin du Moyen Âge (1200 à 1300), et un autre aux XVIe et XVIIe siècles, en particulier aux environs entre 1650 et de 1710, nommé "minimum de Maunder", au cours duquel les taches solaires étaient très peu nombreuses. Ces refroidissements ont ralenti la croissance des arbres dans les Alpes au point que le bois à cernes très minces récupéré par les luthiers de Crémone (Italie) confère aux violons de Stradivarius et de ses collègues une musicalité exceptionnelle.

Il a été dit un peu plus haut que l'expression "petit âge glaciaire" a été proposée par F. MATTHES pour caractériser la période qui va de – 3.500 à +1.800. E. Le Roy Ladurie (1967, 2004) l'a ensuite dévoyée pour qualifier, avec un grand succès médiatique, quelques siècles médiévaux et modernes (§ 244*, et, comme toujours, les auteurs médiatisés ont vulgarisé le sens le moins précis...) Il souligne l'augmentation du prix des céréales après l'été caniculaire de 1420 et étudie les variations des dates des vendanges. L'une des conséquences des étés chauds a été l'arrivée d'une épidémie de dysenterie causée par la pollution des eaux des rivières presque asséchées et capable d'entraîner la mortalité annuelle de 400.000 personnes. Il pense que la diminution de la population française (de 20 millions à 10 millions de personnes) entre 1328 et 1440 n'a pas été causée seulement par les épidémies de peste, mais aussi par celles de dysenterie (en 1636, 1639, 1706, 1707, 1779).

Selon A. Gioda *et al.* (2004), les périodes froides repérées en Chine du Sud étaient 1470-1520, 1620-1740, 1840-1890 ; en Amérique latine, c'étaient les années 1560-1641 et 1780-1820. La mesure du diamètre des Lichens *Rhizocarpon* sur les moraines découvertes par le recul des glaciers confirme les périodes froides du XVIIe siècle.

L'avancée maximale des glaciers date dans plusieurs cas de 1720-1750. D'après G. Manley (1959), cette période froide est une période pluvieuse en Angleterre. Le recul des glaciers, très visible dans les Alpes occidentales entre 1850 et 1950, résulte d'années plus chaudes (et plutôt sèches), en particulier entre 1920 et 1940 ; les glaciers d'Afrique orientale régressent aussi sensiblement depuis le XIXe siècle. La fusion des calottes glaciaires allège les continents, qui se soulèvent alors en une remontée "eustatique" qui est actuellement voisine de 20 cm par siècle dans les régions sub-polaires.

Les thermomètres installés en Europe depuis le XVIIe siècle (A. Moberg et G. Demarre, 1999) montrent qu'entre 1659 et 1700 (période qu'un regrettable glissement de vocabulaire nomme maintenant "petit âge glaciaire"), la température moyenne annuelle dans le centre de l'Angleterre était de 0,8 °C inférieure à celle des trente années 1961-1990 ; entre 1691 et 1700, l'écart atteint – 2°C. Entre 1729 et 1738, l'écart est devenu positif et égal à +0,4 °C (soit une augmentation de 1,8 °C en trente ans). Un "petit âge chaud" a donc existé pendant le règne de Louis XV. Pendant cette période, les vents d'ouest apportaient régulièrement de l'air maritime tiède sur l'Europe ; au contraire, les vents d'est ont apporté un hiver très froid (moyenne annuelle voisine de 7 °C) en 1739-1740.

Zhu Mingdao (1984), météorologue du Bureau d'État de Chine, a étudié les archives chinoises accumulées depuis la fin du XVe siècle ; il y a trouvé une succession de quatre périodes froides et de trois périodes chaudes, alternant environ tous les 50 ans ; entre 1960 et 1990, la Chine serait dans une période de refroidissement, sensible en particulier en 1969, 1972, 1976 et 1983.

244.2 Depuis le XIXe siècle : l'effet de serre

La plupart des climatologues pensent que les variations récentes du climat sont causées par les activités humaines. C'est pourquoi elles seront traitées plus tard, dans le § 87*.

244.3 Résumé et conclusions

L'impression majeure que laisse l'examen des nombreuses traces laissées par la végétation du Quaternaire est la combinaison de deux certitudes opposées :

- des alternances de climats très contrastés se sont succédées à plusieurs reprises : pendant les périodes sèches (souvent froides), une végétation claire, "steppique", à flore pauvre, où des Pins sylvestres et des Bouleaux étaient présents, s'étendait sur presque tout le paysage ; pendant les périodes tièdes (généralement humides), régnait une forêt d'arbres à feuillage caduc, composée de nombreuses espèces, abritant un sous-bois à la flore riche ;
- lors de chacune des alternances tièdes, la flore qui reprenait place était à peu de choses près identique à celle qui avait existé lors de la phase analogue antérieure (au contraire, les listes de fossiles animaux laissent plutôt l'impression d'un lent appauvrissement au cours du Quaternaire).

Ce mouvement de balancier fidèle confirme que les systèmes écologiques de nos régions sont doués d'une forte "élasticité" (au sens qui a été précisé dans le paragraphe 16* et qui est au centre de tous les phénomènes écologiques). Le retour régulier, lors des périodes tièdes, d'une flore presque immuable résulte vraisemblablement de l'existence de nombreux "îlots-refuges" situés sur des versants exposés au sud, où les espèces qui craignent les gelées ont pu survivre. Les Chênes avaient ainsi trouvé refuge dans le sud de l'Italie et en Espagne, avant de reconquérir la France. Les paléo-écologues de Marseille estiment que la chênaie avançait de 500 mètres par an à certaines époques (soit 500 kilomètres en un millénaire).

En Amérique du Nord, le scénario est un peu différent : les espèces ont pu descendre vers le sud sans difficultés, puis remonter, puis redescendre, etc. Au cours de ces migrations, elles ont pu se subdiviser génétiquement en passant soit à l'ouest soit à l'est des montagnes, trouver des niches écologiques libres, et multiplier les occasions de spéciation (par exemple pour les Chênes). Cet exemple montre combien la spéciation demande à être analysée géographiquement et écologiquement si l'on veut comprendre la succession des espèces, c'est-à-dire l'Évolution.

25 LA SPÉCIATION

Les paragraphes précédents ont survolé le déroulement de l'Évolution des espèces au cours de plus de 3 milliards d'années, et ce préalable était nécessaire pour prendre conscience de la diversité des processus de "spéciation" qui ont conduit à la diversité des espèces.

250 UNE REMARQUE PRÉLIMINAIRE

La spéciation est l'ensemble des processus qui sous-tend la diversification des espèces végétales et animales. Si la biosphère avait pris naissance dans un environnement absolument homogène, les lois de la cinétique chimique auraient produit une seule "espèce", qui serait un ensemble de molécules organiques constituant un seul être vivant, et l'écologie ne serait rien d'autre que la biologie de cet être unique.

Cette affirmation peut paraître anodine ou provocatrice, mais elle est incontournable et elle est même la pierre de touche de toute réflexion sur la spéciation, dont elle constitue l'hypothèse zéro.

La spéciation est donc fortement liée à l'hétérogénéité des ambiances écologiques qui règnent à la surface de la Terre[2] : les espèces se sont diversifiées dès l'origine de la vie sur la Terre parce que la surface du globe terrestre est extrêmement hétérogène aussi bien à l'échelle des climats zonaux (chapitre 1*), qu'à celle des continents et des océans, à celle des substrats géologiques et du relief chapitre 4*), à celle des unités de végétation (chapitre 5*) et à celle des actions humaines (chapitre 8*).

En outre, dès l'origine de la vie, les premiers êtres vivants ont transformé le milieu à leur voisinage, et ils en ont accentué l'hétérogénéité. Revenons, par exemple, aux premières micro-gouttes (ou coacervats) : le groupement de molécules dissymétriques en une petite sphère (§ 21*) constitue une rétro-action positive ; ensuite, la division des gouttes "trop grosses" permet une rétro-action négative (une "régulation"). Notons au passage que la régulation est, encore dans ce cas, corrélative de l'établissement d'une structure, c'est-à-dire d'une hétérogénéité caractérisable.

Beaucoup plus tard, la conquête de la Terre par les Cryptogames vasculaires a introduit dans la biosphère une hétérogénéité beaucoup plus grande. À l'heure actuelle, les êtres vivants continuent encore à accentuer l'hétérogénéité du milieu : la diversification des espèces, en multipliant les interactions interspécifiques, augmente encore cette hétérogénéité

---

2 Ces problèmes sont délicats et les paragraphes qui suivent doivent beaucoup à l'obligeance des généticiens **B. DOMMÉE**, **P.-H. GOUYON** et **G. VALDEYRON** qui ont bien voulu corriger le texte.

écologique. Le nombre des espèces s'est accru progressivement à partir de l'origine de la vie, et il est arrivée assez tôt à un certain équilibre puisque, depuis la fin du Primaire, le nombre des espèces qui apparaissent est voisin de celui du nombre des espèces qui disparaissaient. Cet équilibre n'est pas un immobilisme figé, mais une compensation dynamique, qui repose sur une apparition permanente d'espèces nouvelles, qui constitue la "spéciation".

GEORGES DE BUFFON (1765) admettait déjà qu'il existe une variabilité héréditaire : "Toutes les espèces sont sujettes aux différences individuelles ; mais les variétés constantes, et qui se perpétuent par les générations, n'appartiennent pas également à toutes ; plus l'espèce est élevée, plus le type en est ferme, et moins elle admet de ces variétés".

KARL VON LINNÉ, dans son *Systema Naturae* de 1766, admet que des espèces nouvelles apparaissent par hybridation et Réjane Bernier montre qu'il n'est pas un "fixiste" borné. À la fin du XVIIIe siècle, LACÉPÈDE 2 acceptait qu'une espèce évolue au point de devenir une autre espèce, mais il ne proposait pas d'explication pour ce phénomène.

Le plus visionnaire est MICHEL ADANSON (1727-1806) qui écrivait dans la préface de son ouvrage de 1763, cent ans avant CHARLES DARWIN : « Il se fait, sans le secours de la fécondation étrangère, dans les plantes qui se reproduisent par des graines, des changements... plus ou moins prompts, plus ou moins durables, disparaissant à chaque génération, ou se perpétuant pendant plusieurs générations, selon le nombre, la force, la durée des causes qui se réuniront pour les former... L'art, la culture et encore plus le hasard, c'est-à-dire certaines circonstances inconnues, font naître... quelquefois des espèces nouvelles ». MICHEL ADANSON – qui a aussi proposé un système de classification des plantes original soulignant les parentés entre espèces – mériterait d'être reconnu comme le fondateur du transformisme et de l'Évolution, parce qu'il est le premier à parler de l'héritabilité des caractères distinctifs des espèces.

Jean-Baptiste de Monet, chevalier DE LAMARCK (1744-1829) a conçu le premier schéma de l'évolution sous la forme du transformisme, selon lequel "la totalité des individus de telle espèce change comme les circonstances qui agissent sur elle". Lamarck était un excellent naturaliste et il est vraisemblable qu'il ait inventé le mot "biologie". Sa *Flore françoise* (1778)

---

2 *Discours sur la durée des espèces*, An VIII, p. 225, d'après Marcel Conche.

fut admirée par Buffon et elle était l'une des premières à comporter des clefs dichotomiques. Un grand nombre d'espèces ont été si bien identifiées par lui qu'elles ont gardé le nom qu'il leur avait donné il y a deux cent ans. Il occupa la chaire de zoologie des Invertébrés à partir de 1793 et fut chargé d'illustrer les pages de botanique de l'Encyclopédie. Son *Système des animaux sans vertèbres* a été écrit en 1801. Dans son *Hydrogéologie,* il affirme dès 1802, que la Terre est vieille de plusieurs millions d'années, alors que **CHARLES DARWIN** eut besoin des travaux de **LYELL**, pour s'en rendre compte.

Y. DELANGE[1] rappelle que Lamarck affirma solennellement sa théorie du transformisme lors de sa leçon inaugurale au Museum, le 11 mai 1800. Son ouvrage essentiel est la *Philosophie zoologique.* Dans *Recherche sur l'organisation des corps vivants* (1802), il admettait que le Chimpanzé pouvait être un ancêtre ou un cousin de l'Homme. En 1803, il écrivit deux volumes de l'*Histoire naturelle des végétaux.* Ses idées ont été acceptées par un bon nombre des naturalistes de l'époque et une partie d'entre elles est encore nécessaire pour bien comprendre l'Évolution (§ 27*).

J. W. GOETHE est aussi remarquable comme scientifique que comme écrivain et avait bien saisi le rôle de l'environnement dans la spéciation : "La contemplation de la nature elle-même m'apprit que chaque plnate choisit la localité qui réunit toutes les conditions qui peuvent la faire prospérer et multiplier ... Placées dans certaines lieux, exposées à certaines influences, les espèces semblent céder à la nature en se laissant modifier : elle deviennent lors des variétés, sana bdiquer leur droit à une forme et à des propriétés particulières." (tradu des *Oeuvres d'histoire naturelle de Goethe* par Charles-Frédéric Martins).

Cinquante ans après **LAMARCK**, **CH. DARWIN** et **G. WALLACE** ont repris l'idée du transformisme en plaçant la sélection naturelle à l'origine de la spéciation. Darwin connaissait les travaux de **LAMARCK**, mais il a feint de les ignorer, pour faire croire à ses contemporains qu'il était le découvreur d'un continent scientifique nouveau. Il était si doué pour la publicité qu'il est arrivé à obtenir le statut de maître à penser philosophique grâce à sa théorie de la sélection naturelle. Nous verrons cependant un peu plus loin qu'il admettait pourtant, en privé, que la sélection naturelle n'explique pas toute l'évolution.

La spéciation, c'est à dire la diversification progressive des espèces, met ainsi en jeu de multiples problèmes où il est bien difficile de mettre un peu d'ordre. Aussi commencerons-nous par les constatations les plus visibles

---

1 *Lamarck, biographie*, Actes Sud, 2002.

et par les phénomènes les plus simples, avant de considérer "le problème génétique de la spéciation", pour reprendre la très honnête expression de E. Mayr, qui reconnaît bien que ce problème est loin d'être résolu.

251 La variété des formes dans le temps

La spéciation se déroule évidemment dans le temps, en suivant la succession des générations, mais la description des successions de fossiles trouvés en un lieu ne suffit pas pour avoir une vue exacte de l'évolution des phylums. Il faut aussi se souvenir que la spéciation se développe dans un espace hétérogène et, pour obtenir un tableau d'ensemble correct, il faut tenir compte de la combinaison de l'espace et du temps. Ainsi, un fossile qui présente des caractères très "primitifs" ne suffit pas pour démontrer que le dépôt où il a été trouvé est ancien : une population de fossiles peut paraître ancienne alors que c'est seulement une population que des vicissitudes historiques ont maintenue isolée dans un milieu assez constant où elle a peu évolué.

Cet exemple montre qu'il est nécessaire de distinguer deux aspects de l'évolution, l'anagenèse et la cladogenèse, qui ont été très utiles pour l'élaboration de la théorie synthétique de l'évolution, au milieu du XXe siècle.

251.1 L'anagenèse et la cladogenèse

Au cours de l'Évolution apparaissent des espèces que nous nommons simplement A et B et qui sont devenues différentes selon deux processus distincts :

- soit parce que l'évolution d'une lignée, au cours des millénaires, est jalonnée entre A et B par une étape importante et l'on dit qu'il s'agit d'une anagenèse,
- soit parce qu'une lignée A s'est divisée en deux rameaux B et C ; l'on parle alors de cladogenèse et l'on distingue alors au moins trois cas :
    = B et C sont nettement différents de A et non interféconds ; la cladogenèse sera terminée lorsque la lignée A sera éteinte ;
    = B présente encore de nombreux caractères de A et doit plutôt être nommée A' (par exemple, B sera considérée comme une sous-espèce de A) ; un effet-fondateur (§ 254*) sera souvent présent ; l'auto-tétraploïdie, le changement d'hôte pour les espèces parasites ou le changement de régime

alimentaire sont souvent à l'origine de ce type de cladogenèse ;

= B résulte de l'hybridation de deux variantes de l'espèce A, par exemple par allo-polyploïdie.

Par exemple, une **anagenèse** très typique est celle de six espèces de Rats musqués (Ondatrinés d'Amérique du Nord) qui se sont succédées depuis un peu plus de trois millions d'années, sans que l'on ait trouvé de rameau latéral (**D. Ferembach**, éd., 1981).

L'une des anagenèses spontanées les plus rapides est celle du cerveau des Hominoïdes, qui est passé de 700 cm3 à 1 400 cm3 en 100.000 générations (*cf.* § 71*) ; c'est l'un des cas où il est difficile de séparer ce qui est dû au jeu des gènes et ce qui est dû à l'environnement, et il est possible que les remaniements chromosomiques aient eu, dans ce cas, un rôle important.

Quand l'agronome sélectionne, il obtient des anagenèses encore plus rapides. Ainsi, les poules Leghorn sont passées de 125 œufs par an, en 1933, à 250 oeufs par an, en 1965. Une variété de Maïs dont le taux de protéines était de 10,9 % a été conduite en quelques années à deux variétés opposées, qui sont arrivées à des taux de 4,9 % d'un côté, et de 19,4 % de l'autre (**Francisco Ayala**, 1977).

On ne sait pas pourquoi certaines lignées, au contraire, évoluent très lentement. Tel est le cas des Limules américaines qui ressemblent encore beaucoup à leurs ancêtres, ou du petit Ostracode *Colymbosathon ecplecticos* qui aurait à peine changé depuis 425 millions d'années (**D. Siveter** *et al.*, Science, 302 : 1749, 2003).

La **cladogenèse** la plus fameuse est celle des Pinsons des Galapagos, où existent des espèces très différentes parce qu'elles ont occupé des environnements très divers. La cladogenèse paraît, à première vue, facile à comprendre, parce qu'elle peut commencer par une micro-évolution où les proportions respectives de deux gènes d'allèles (A et a, B et b, etc.) dans chacune des lignées s'écartent progressivement, en fonction des différences de milieux, avant d'arriver à la "spéciation" (= l'ensemble des processus qui aboutissent, à partir d'une population d'individus interféconds, à la différenciation de plusieurs espèces n'échangeant plus de gènes).

F. Ayala (1985) mentionne huit types de mécanismes capables de rompre l'interfécondité. L'isolement géographique est généralement le point de départ de ces mécanismes. Cependant, la fin du paragraphe 25* montrera que cette simplicité apparente masque un problème délicat.

A l'intérieur de la cladogenèse, **E. Wiley** (1981) distingue :

- la spéciation **allopatrique par "vicariance"**, lorsqu'une espèce s'étend sur une aire géographique hétérogène ; on parle alors souvent de radiation adaptative, et cet adjectif a le mérite de rappeler que l'adaptation (§ 27*) est un phénomène important ;
- la spéciation **allopatrique par "isolement périphérique"** et diminution du flux de gènes ; elle peut éventuellement coïncider avec des différences de milieux ;
- la spéciation **parapatrique**, lorsque les deux lignées continuent à vivre ensemble dans le même territoire pendant une durée non négligeable, mais en étant séparées par une barrière comportementale ;
- la spéciation **sympatrique**, où la différenciation serait totalement indépendante des subdivisions géographiques de l'aire de l'espèce primitive ; ce cas semble extrêmement rare (E. MAYR, 1983), et cela confirme que la spéciation est un phénomène écologique autant que génétique.

L'une des spéciations allopatriques qui nous concerne personnellement est celle des Poux (*Pediculus humanus*) qui ont donné naissance depuis moins de 100.000 ans à deux sous-espèces (*Pediculus humanus capitis* pour ceux qui vivent dans notre chevelure et *Pediculus humanus humanus* pour ceux qui vivent dans nos vêtements).

251.2 Discussion

Les "bifurcation s" de RENÉ THOM, qui sont fréquentes dans les systèmes énergétiques situés loin de l'équilibre étudiés par ILYA PRIGOGINE, (§ 16*) montrent que l'alternance de variations progressives et de ruptures brutales est thermodynamiquement possible. Le modèle des montagnes russes (§ 17*) intègre ces deux types de phénomènes et il s'applique bien à la combinaison de l'anagenèse et de la cladogenèse.

L'anagenèse

Elle est observée quand la "moyenne" d'une population évolue suffisamment pour que cette variation dépasse la variabilité inter-individus de la population ; elle aboutit souvent à des "équilibres ponctués" (§ 257*), où l'espèce se stabilise quelque temps avant de se transformer à nouveau, sans doute en raison de modifications de l'environnement, comme le fait remarquer PH. JANVIER.

L'anagenèse paraît très naturelle tant qu'elle correspond à une micro-évolution, où le génome varie progressivement, mais il est plus difficile de comprendre comment l'anagenèse expliquerait les cas où l'évolution paraît anticiper une finalité imprévisible, par une sorte de "pré-adaptation" (E. MAYR, 1974, p. 295, 392, 397, *cf.* § 27*).

Par exemple, la combinaison de cinq groupes de caractères est nécessaire pour qu'un animal aquatique devienne capable de vivre sur la Terre (squelette ou armature capable de compenser le support archimédien de l'eau, qui est 800 fois plus dense que l'air ; protection contre la dessiccation ; possession d'un système excréteur ; possession d'un système respiratoire ; vision et ouïe efficaces à longue distance). Et E. MAYR remarque : "Bien que la terre constitue un environnement si favorable et si varié que 85 à 90 % des espèces connues vivent dessus, ces dernières appartiennent toutes à 3 des 25 phylums animaux : les Arthropodes, les Mollusques et les Vertébrés supérieurs." Les 22 autres phylums des animaux sont restés dans les océans sans pouvoir s'installer sur les continents.

La diversité des espèces terrestres est donc supérieure à celle des espèces marines parce que les "habitats" terrestres sont plus diversifiés que les monotones masses océaniques. Cet aspect de l'évolution sera discuté à nouveau au sujet de la macro-évolution (fin du § 25*).

L'anagenèse se complique lorsque l'espèce nouvelle conquiert très lentement la surface du globe (par exemple, l'*Hipparion* est apparu en Amérique dès – 13 Ma et en Europe seulement vers – 11 Ma).

La cladogenèse

C'est l'apparition d'un rameau latéral qui se sépare progressivement du phylum principal. Il serait erroné d'en déduire que l'évolution est une dichotomie linéaire, où les espèces seraient issues d'un ancêtre commun comme les branches d'un arbre. La réalité est plus complexe : le schéma habituellement présenté est un arbre généalogique linéaire composé par des points (les fossiles connus, que nous nommerons A, B, C, D, etc.) et par des lignes (par exemple AB, BC, et AD) qui relient ces points. Cette image simplifiée fait croire que les fossiles B et D sont des descendants directs du fossile A, et que le fossile C est un descendant direct de B. La réalité est bien différente, parce qu'un individu quelconque a très peu de chances d'être fossilisé et que, en conséquence, chacun des fossiles appartient à une population nombreuse et diversifiée.

Dans ces conditions, l'ancêtre de B n'est pas A mais un membre inconnu de la parentèle de A, que nous nommerons X. Le dessin qui exprime cette réalité est un peu plus compliqué, puisqu'il faut ajouter un point X pour l'ancêtre de B et tracer la droite XB qui indique la filiation entre X et B ; il faut aussi tracer une ligne entre X et A, mais elle sera dessinée seulement en pointillé, puisque nul ne sait si X est un cousin ou un oncle ou un neveu ou un parent ou un descendant de A.

De même, l'ancêtre de D n'est pas A, mais un autre des contemporains de A, que nous nommerons Y, et dont la position est aussi incertaine que celle de X.

Il faut aussi placer Z, ancêtre de C, et l'on arrive à une image nettement plus complexe que la précédente, mais qui a le mérite de montrer où sont les incertitudes des filiations.

Ces remarques confirment que les parentés entre fossiles ne correspondent pas à un schéma en arbre simple, et que l'évolution doit être représentée par un buisson touffu où foisonnent les branches mortes ; les rameaux des lignées durables émergent d'un fouillis inextricable. Une autre image correcte est celle d'une casserole de spaghettis mal cuits qui sont collés les uns aux autres en un magma confus.

Finalement, l'anagenèse et la cladogenèse ne s'opposent pas radicalement : une anagenèse est souvent le résultat d'une série de cladogenèses inabouties et restées sans lendemain ; réciproquement, l'anagenèse est présente dans chacun des rameaux d'une cladogenèse.

Par exemple, on ne sait pas encore si c'est par anagenèse ou par cladogenèse que se sont succédés les Mammouths d'Eurasie, *Mammuthus meridionalis* (– 1 million d'années), *Mammuthus trogontherii* (– 500.000 ans) et *Mammuthus primigenius* (– 90.000 ans), dont le poids aurait décru de 7 t à 4,5 t et la hauteur au garrot de 4,2 mètres à 2,65 mètres. L'ADN des poils de deux Mammouths congelés de Sibérie (vieux de 20.000 ans et de 60.000 ans) a surtout montré que la divergence de la lignée des Mammouths et de celle celui de l'Éléphant d'Afrique a eu lieu vers – 6 millions d'années.

L'anagenèse et la cladogenèse contribuent toutes les deux à limiter la durée moyenne de durée d'une espèce à une dizaine de millions d'années et elles trouvent place dans le modèle des montagnes russes :

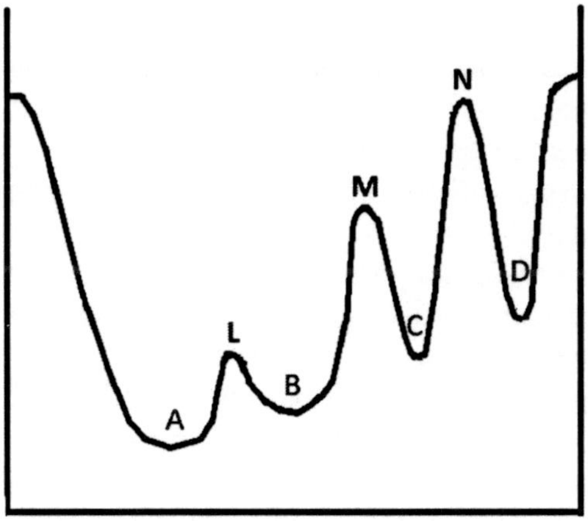

Figure 25-1 : A, B, C et D = anagenèses ; L, M et N = cladogenèses

Lors des anagenèses, les phylums restent enfermés durablement dans les puits A, B, C ou D, et les cladogenèses sont le franchissement des sommets L, M et N.

L'anagenèse comme la cladogenèse mettent en évidence l'héritabilité des caractères distinctifs des espèces, que deux définitions permettent de préciser :

- le génotype d'un individu est l'ensemble des caractères innés, hérités de ses parents, qui commandent son développement et son fonctionnement ;
- le phénotype d'un individu est l'ensemble des caractères observables qui le distinguent des autres individus de la même espèce, et qui dépendent en grande partie de l'environnement où il s'est développé.

La distinction entre le phénotype et le génotype résulte des travaux des généticiens qui ont observé et contrôlé l'héritabilité des caractères des parents, en particulier pour l'amélioration des lignées des espèces utilisées pour l'agriculture et pour l'élevage. Ceci conduit à analyser le patrimoine génétique d'un individu qui est concentré dans les gènes qui se transmettent d'une génération à la suivante, comme nous le verrons un peu plus loin.

251.3 La loi de Nottale

P. DE BREM (1999) présente la loi proposée par L. NOTTALE pour dater les cladogenèses principales :

$$Tn = Tc + (To - Tc)\, g^{n}$$

où Tn est la date à laquelle apparaît la dichotomie n,

To est la date de l'apparition de la lignée,

Tc est le "temps critique" au terme duquel la lignée cesse de se différencier,

g est le nombre de sous-branches que porte chaque branche, élevé à la puissance n = 1/D, en disant que D est une dimension fractale caractérisant les bifurcations

avec, par exemple, g = 1,73 + – 0,01 pour les Sauropodes

et g = 1,3 + – 0,03 pour les Équidés.

La cladogenèse qui a commencé à séparer les Papillons *Thaumatopea pityocampa* et *Thaumatopea wilkinsoni* aurait ainsi eu lieu il y a 5 millions d'années, au Messinien.

L'intérêt majeur de la loi de Nottale est de souligner l'importance du temps dans l'évolution, importance qui explique sans doute pourquoi les milieux physiquement stables permettent une cladogenèse très forte : par exemple, dans la flore du Capou ou dans celle de l'Australie occidentale, chaque famille et chaque genre sont représentés par de très nombreuses espèces.

Pouvons-nous estimer la durée de vie d'une espèce ? Un petit calcul général est proposé par J. R. GOTT (2002) et recensé par J. WAGENSBERG[2] : pour un phénomène qui dure depuis P années, dont nous voulons connaître la probabilité de le voir durer encore X années, la durée totale du phénomène sera alors P+X ; l'intervalle de confiance de X est calculable en fonction du coefficient d'incertitude F choisi, par exemple 5 %. Ainsi, une espèce qui est apparue il y a 200.000 ans aurait 95 % de chances de s'éteindre entre "aujourd'hui + 5.100 ans" et "aujourd'hui + 7,8 millions d'années".

252 LES GÈNES ET LA VARIATION GÉNÉTIQUE

La variation génétique peut avoir pour origine une modification d'un gène (mutation), une nouvelle combinaison d'allèles (recombinaison), ou un

2 La Recherche, 372 : 104, 2004

remaniement des chromosomes (qui peut exister sans qu'aucune mutation ait eu lieu). Ces trois possibilités seront examinées successivement.

252.1 Les mutations, les gènes et le code génétique

Le premier mécanisme qui puisse être à l'origine de la spéciation est celui de la mutation, qui est une erreur de transcription du code génétique lors de la duplication de l'ADN au cours d'une division de la cellule ; elle fait apparaître un caractère nouveau par rapport à ceux de la cellule mère. Pour le comprendre, regardons de plus près ce qu'est un gène.

252.11 Le code génétique

Le code

Quatre "**nucléotides**" (adénine, cytosine, guanine, thymine ou uracyle, représentées par A C G et U), suffisent pour coder la fabrication des vingt acides aminés (arginine, asparagine, etc.) qui entrent dans la composition des protéines (*cf.* § 21*). Ces nucléotides comportent un groupe phosphate, un sucre (un ribose) et une base azotée associée au sucre ; c'est pourquoi elles sont souvent nommées "bases". Dans l'ADN et l'ARN, les nucléotides sont groupées en "codons" de trois nucléotides et ces codons sont l'équivalent des mots d'un message. Par exemple, le codon ACG code la thréonine, le codon AAU code l'asparagine, etc.

La méthionine et le tryptophane sont les seuls acides aminés qui sont codés par un seul codon (AUG pour la méthionine et UGG pour le tryptophane) comme le montre le tableau général ci-dessous. Mais le codon AUG est aussi celui qui commande le départ (Start) de la transcription de l'ARN messager dans un ribosome. En conséquence, la méthionine est incorporée régulièrement en "N-terminal position" de toutes les protéines, aussi bien chez les Eu-caryotes que chez les organismes plus primitifs. Elle peut ensuite être déplacée à d'autres endroits dans la protéine.

Rappelons que l'ADN engendre l'ARN, qui sert de modèle pour construire les protéines dans les ribosomes. Les règles de codage ne sont pas constantes : le codon d'ARN cytosine-uracyle-guanine (CUG) donne habituellement l'acide aminé nommée leucine, mais il donne une sérine chez des Champignons du genre *Candida*. De même, dans le génome mitochondrial de la Levure de boulanger (*Saccharomyces cerevisiaie*), quatre des 6 codons capables de coder habituellement la leucine codent la thréonine. Au total, 16 modes de codage ont été dénombrés. Le plus courant, en regroupant les codes qui commencent par les deux mêmes lettres, est :

UUU phénylamine UUC phénylamine UUA leucine UUG leucine	UCU sérine UCC sérine UCA sérine UCG sérine	UAU tyrosine UAC tyrosine UAA Arrêt 2 UAG Arrêt 2	UGU Cystéine UGC Cystéine UGA Arrêt 1 UGG tryptophane
CUU leucine CUC leucine CUA leucine CUG leucine	CCU proline CCC proline CCA proline CCG proline	CAU glutamine ou histine CAC glutamine CAA glutamine CAG glutamine	CGU arginine CGC arginine CGA arginine CGG arginine
AUU isoleucine AUC isoleucine AUA isoleucine AUG méthionine	ACU thréonine ACC thréonine ACA thréonine ACG thréonine	AAU asparagine AAC asparagine AAA lysine AAG lysine	AGU sérine AGC sérine AGA arginine AGG arginine
GUU valine GUC valine GUA valine GUG valine	GCU alanine GCC alanine GCA alanine GCG alanine	GAU aspartate GAC aspartate GAA aspartate ou glutamine GAG aspartate ou glutamine	GGU glycine GGC glycine GGA glycine GGG glycine

Pour le codage, l'ordre des codons est important : par exemple, les 6 mots UAC, UCA, AUC, ACU, CAU et CUA donnent des protéines différentes. Au total les quatre acides aminés pris trois à trois pourraient donc coder $4 . 4 . 4 = 4^3 = 64$ acides aminés, mais le code est redondant (la redondance vient du fait que certains acides aminés peuvent être produits par 2, 4 ou 6 codons différents) ; le code produit alors seulement 20 acides aminés. Les informaticiens disent alors dans leur langage que le code est "dégénéré", ce qui est vexant pour un code génétique !

Les risques d'erreurs lors de la transcription sont réduits par la redondance des codes. Le troisième élément du codon est souvent le moins déterminant, puisqu'un acide aminé peut correspondre à plusieurs codons qui diffèrent seulement par leur troisième élément.

X. Sallantin (2004) pense que les quatre nucléotides peuvent être assimilés aux nombres 0, 1, 2 et 3 qui s'écrivent, en numération binaire 00, 01, 10 et 11. Un codon composé de trois nucléotides est alors un "sextuplet" ; par exemple, le codon CUA (leucine) serait le sextuplet 01 00 10 si les nucléotides C,U et A sont représentés respectivement par 01, 00 et 10. Les 64 codes possibles seraient alors les 64 sextuplets distincts qui vont de 00 00 00 à 11 11 11. Cette hypothèse est examinée dans l'annexe 2-2.

Résultats

Les plantes produisent les 20 acides aminés biologiques, mais les animaux ne les produisent pas tous, et ils doivent trouver les autres dans les plantes qu'ils consomment pour leur nourriture.

Un "gène" simple correspond à quelques centaines de paires de bases. Si un codon est remplacé par un autre codon, le génotype (c'est-à-dire l'équipement génétique transmis au descendant) n'est pas forcément changé, puisque plusieurs codons différents peuvent donner le même acide aminé. Le code n'est donc pas univoque.

L'ARN messager sort du noyau de la cellule et va dans le ribosome où s'effectue, avec l'aide de l'ARN de transfert, la fabrication des protéines. Le code enregistré dans l'ADN est transmis à l'ARN messager selon des procédures complexes où les "introns" sont ignorés alors que les "extrons" sont lus et produisent des protéines. C'est au cours de cette transmission du message qu'intervient "l'épissage" du code. L'ARN messager est calqué sur l'ADN, en remplaçant seulement la thymine par l'uracile. L'ARN (acide ribonucléique) diffère de la double hélice de l'ADN sur trois points :

- une molécule d'ARN correspond à un seul des deux montants de l'échelle d'ADN, muni des demi-barreaux correspondants ;
- le ribose y remplace le désoxyribose ;
- sur le demi-barreau, la thymine de l'ARN est remplacée par l'uracyle, qui admet l'adénine comme binôme dans le deuxième demi-barreau, comme pour l'ADN.

Certains Champignons et certaines Bactéries produisent de grosses protéines, en particulier des antibiotiques tels que la pénicilline, la gramicidine ou la cyclosporine, sans passer par l'intermédiaire du ribosome (**M. Marahiel, N. Kessler & U. Linne**, 2003). En effet, ces molécules contiennent des acides aminés dont la structure spatiale (dotée d'une symétrie "chirale" § 21* et annexe 2-4) est de type C, alors que le ribosome ne reconnaît que le type L de ces acides aminés. De plus, elles contiennent des structures "cycliques" que les ribosomes ne savent pas produire. Ces protéines spéciales sont très longues : 15.000 acides aminés pour la cyclosporine.

Une protéine, l'histone $H_2A.Z.$, modifie le mode d'enroulement de l'ADN qui est aussi fonction de la température. Cette double commande permet à l'Arabette (*Arabidopsis thaliana*) de percevoir des variations de température de moins de un degré.

La transmission de l'information contenue dans l'ADN

Le nombre de protéines est très élevé (plusieurs millions ?) mais il semble que le corps humain n'en comprend que 20.000. Le rôle de l'ARN de transfert est d'aller "pêcher" les acides aminés qui flottent dans l'eau du cytoplasme autour du ribosome et de les amener au site d'assemblage de la protéine en s'enfichant dans les trois codons de l'ARN messager comme une clef dans une serrure. La séquence des codons de l'ARN messager produit ainsi une séquence d'acides aminés qui va constituer la protéine.

Lors de la copie de l'ADN en ARN, il arrive qu'un des nucléotides d'un codon soit remplacé par un autre nucléotide. Prenons l'exemple du codon UUU, qui produit la phénylamine : si l'erreur de copie donne le codon UUC, c'est encore la phénylamine qui est produite, puisque le code est redondant et l'on dit que la mutation est "silencieuse" ; si l'erreur de copie donne CUU, c'est la leucine qui sera produite et une mutation peut alors se produire. Les erreurs de copie peuvent être analysées grâce à des calculs d'information (Annexe 2-1 et surtout chapitre 5, paragraphe 56*)

Une mutation "silencieuse" d'un codon – qui ne modifie pas l'acide aminé produit par ce codon – peut cependant ralentir ou accélérer la construction de la protéine et même modifier sa structure en trois dimensions qui conditionne son efficacité.

Certains acides aminés (le glutamate, par exemple) sont dits hydrophiles, quand ils possèdent deux codons hydrophiles ; les autres sont dits hydrophobes (la valine) quand ils possèdent deux codons hydrophobes. Quand une chaîne d'acides aminés est constituée dans l'eau du cytoplasme cellulaire, elle se replie spontanément sur elle-même de manière que les hydrophobes soient à l'intérieur de la structure, et que les hydrophiles se déploient à la périphérie ; l'ensemble de ces mouvements produit la structure spatiale tridimensionnelle de la protéine qui détermine son fonctionnement.

Le système de codage est donc une pyramide informatique de complexité croissante reposant sur sa pointe : les 4 nucléotides puisent dans leur environnement les molécules nécessaires pour construire les 20 acides aminés ; ceux-ci puisent ensuite dans leur environnement les molécules nécessaires pour construire plusieurs millions de protéines qui puisent de l'information dans leur environnement pour développer des individus appartenant à plus de 100 millions d'espèces. C'est dire le rôle central de l'information incluse dans la structure chimique des molécules pour construire l'ensemble des êtres vivants et cela permet de dire à nouveau que **la vie est une transmission d'information**.

252.12 Les séquençages de gènes

Le premier génome qui ait été séquencé (en 1980) est celui de la Mosaïque du Chou-fleur, qui possède seulement 8 gènes, mais il ne faut pas être triomphaliste, puisque nous ne connaissons pas encore avec certitude le rôle de chacun d'eux !

En 1995, **CRAIG VENTER** a publié le génome de la méningite *Haemophilus influenzae*. Le décryptage du génome humain a été terminé en 2001-2002, à partir des fragments de chromosomes appartenant à plusieurs individus. Craig Venter a été l'un des premiers à publier le génome complet des deux paires de chromosomes d'un individu, qui est peut-être Craig Venter lui-même.

Pour les généticiens, l'équivalent végétal de la Mouche du vinaigre (*Drosophila melanogaster*) est une petite Crucifère, *Arabidopsis thaliana*, qui possède 25.000 gènes issus de 0,13 milliards de paires de bases (= nucléotides). Le génome du Blé comprend 16 milliards de paires de nucléotides, celui de l'Homme 3,5 milliards de paires, celui du Maïs 3 milliards de paires, celui de l'Orge, 5 milliards, celui du Riz 430 millions, celui d'une Bactérie ordinaire 10 millions, celui d'un virus quelques dizaines.

En 2008, le séquençage du génome de 1.100 espèces est terminé et les comparaisons des génomes des espèces actuelles permet de reconstituer synchroniquement les filiations (§ 28*).

Chacune de nos cellules contient une copie de la totalité des codons, soit 3,5 milliards de bases, ou 7 milliards de bits ou encore un giga-octet, soit 10^9 octets qui correspondent au texte de 500 livres. Au total, l'information contenue dans les cinq cent mille milliards de cellules d'un individu atteint donc $5 . 10^5 . 10^9$ giga-octets, soit $5 . 10^{14}$ giga-octets ou $5 . 10^{23}$ octets ou encore $5 . 10^8$ péta-octets. La longueur totale des filaments d'ADN pelotonnés dans une cellule atteint 1,50 mètre et la somme des longueurs de l'ADN d'une personne humaine est égale à la distance de la Terre à la Lune (**J. DE ROSNAY**, 1988).

252.13 Du chromosome au gène

La connaissance de la séquence de nucléotides de l'ADN n'est qu'un premier pas vers la connaissance des gènes, en particulier parce qu'une très grande partie de ces séquences semble inutilisée pour la fabrication des protéines. En 1999, l'un des plus petits de nos chromosomes, le n° 22, a été totalement dévidé et l'on a découvert qu'il contient environ un millier de gènes, soit 1,6 % du génome humain (qui contient 46 chromosomes). Le chromosome 21 contient 34 millions de paires de bases (en abrégé Mb), mais seulement 225 gènes identifiés (*Nature* 405, p. 283). Une petite fraction du chromosome 6 contient 3,6 Mb et porterait seulement 128 gènes et 96 pseudogènes.

Au total, plus de 95 % des codons sont inutilisés et sont muets. Les codons qui constituent un gène sont même souvent séparés par une séquence de codons muets. Chez l'Homme, les codons muets sont en grande partie des résidus de gènes de plusieurs milliers de rétrovirus anciens qui sont restés englobés dans notre ADN. L'origine de ces gènes est que la réplication d'un rétrovirus commence par une synthèse de deux brins d'ADN viraux issus de la rétrotranscription de l'ARN infectant.

Ce sont les enzymes de cette cellule qui catalysent la chaîne de production de nouveaux exemplaires du virus et l'ADN viral est alors intégré dans le génome de la cellule infectée. Les gènes ainsi introduits sont rendus inoffensifs par la protéine APOBEC3G qui empêche l'ARN de ces rétrovirus de se dupliquer ; ils restent cependant capables de muter et de redevenir actifs, par exemple en provoquant certains cancers. Il n'est pas certain que ces séquences sans signification connue soient des réservoirs dans lesquels l'individu pourrait puiser pour s'adapter à un nouvel environnement.

Chez d'autres espèces chères aux généticiens (comme le poisson *Tetraodon* parce qu'il est doté d'une fluorescence commode pour les chercheurs qui l'étudient) la proportion des séquences sans signification connue est beaucoup plus faible, et le décryptage de l'ADN est beaucoup plus rapide.

Les "introns" (= séquences de codons muets) ne sont pas sélectionnés puisqu'ils n'interviennent pas dans la vie de l'individu. C'est sans doute la raison pour laquelle les introns de deux individus de la même espèce peuvent être très différents alors que leurs séquences produisant des protéines ("exons") sont assez semblables.

Le séquençage du génome humain qui constitue notre patrimoine et notre matrimoine conduit à penser que 99,9 % de ce génome est commun à tous les Hommes et que le 0,1 % qui reste est responsable de toute la diversité génétique entre les individus (encart dans le n° 409 de *Nature*, 2001).

Le décryptage du génome ne pourra pas se limiter à une analyse biochimique : il faut aussi trouver la signification physiologique de chaque gène (par exemple en étudiant les personnes des familles pour lesquelles un gène est mutant). Ce travail a été réalisé pour 545 gènes du chromosome 22 de l'Homme, et certains de ces gènes interviendraient sans doute dans 35 maladies. Nous y reviendrons dans les paragraphes suivants.

La reconnaissance des gènes au laboratoire

Les puces à ADN sont des plaquettes sur lesquelles sont gravés des milliers de "sondes" signant l'activité d'un ARN messager et qui sont mises en contact avec des broyats de cellules ; quand une activité correspondant à un de ces ARN messagers est présente dans ces cellules les points correspondants de la plaquette s'illuminent. Par exemple, si les cellules de graines en train de germer illuminent une sonde, il est logique de penser qu'elle correspond à un gène qui intervient lors de cette phase du développement de la plante. Cette technique permet donc d'identifier directement un certain nombre de gènes.

Pour compliquer l'affaire, une protéine peut se présenter sous plusieurs formes qui jouent des rôles différents : ainsi le prion responsable de la maladie de Creutzfeld-Jacob (la maladie de la vache folle) est la variante tordue d'une protéine présente normalement dans le cerveau de nombreux Mammifères.

Pour essayer de mettre un peu d'ordre dans cet ensemble, on commence à distinguer le "transcriptome" (l'ensemble des ARN messagers présents dans une cellule, qui est étudié grâce aux puces à ADN), le "protéome" (l'ensemble des protéines synthétisées, étudié grâce aux chromatographes, qui trient les protéines en fonction de leur poids moléculaire qui va de 10.000 daltons à 200.000 daltons avec 1.700 acides aminés) et le "métabolome" (les produits issus du métabolisme de ces protéines). On nomme aussi "interactome" l'ensemble des interactions entre protéines. Nous verrons un peu plus loin comment l'embryologie aide à comprendre ces phénomènes.

Le fragment de gène qui permet de connaître sommairement la fonction principale d'un gène est nommée EST (*expressed sequence tag*). Deux sociétés américaines possédaient chacune, en 1999, environ 2 millions d'EST. Pour consulter la base de données Lifeseq de la société Incyte, il fallait payer 90 millions de francs. On estime que 200 à 300 gènes seulement sont intéressants pour l'industrie pharmaceutique.

252.14 Gènes, codons et manipulations génétiques

Un gène se caractérise habituellement par ses effets. L'un des exemples les plus classiques est le gène PTC (phénilthiocarbamide) qui règle la sensibilité à l'odeur de chou que possède cette molécule. 70 % des humains sont insensibles à cette odeur, depuis que trois mutations ont affecté le génome de leur ancêtre en faisant disparaître le gène PTC chez tous leurs descendants. Le plus étonnant est que ces personnes insensibles sont réparties sur les cinq continents, parce que ces trois mutations "fondatrices" (voir "l'effet-fondateur" un peu plus loin) ont eu lieu il y a environ 75.000 ans, avant que les *Homo sapiens* se répandent à la surface du globe.

De même la mutation du gène SLC24A5 qui diminue le taux de mélanine de la peau serait apparue à la même époque (les Dravidiens de l'Inde la possèdent-ils ?). Le gène qui permet aux adultes de se nourrir de lait s'est répandu au Moyen-Orient, en Europe et dans l'Afrique subsaharienne en même temps que les peuples de pasteurs, à partir de – 5.000, époque de la domestication des vaches et des chèvres. Le gène HFE est présent surtout chez les descendants des Celtes.

Illustrons ceci par un exemple : l'ARN du *Rous sarcoma virus* (RSV) fera exprimer, après rétro-transcription intracellulaire en ADN, les bases qui codent quatre gènes nommés GAG, POL, ENV et ONC (**D. Piroird**, 1988) :

Symbole	Première base	Dernière base	Longueur
GAG	380	2.482	2.103
POL	2.503	5.187	2.685
ENV	5.054	6.862	1.809
ONC	7.129	8.707	1.579

Pour ce virus, les séquences 1-379, 2.483-2.502, 6.863-7 128 et 8.708-9.132 sont dites "non-codantes", et leur longueur est égale à 1.255, soit 13,7 % du total. Inversement, la séquence 5.054 -5.187 intervient dans deux gènes.

Le gène ONC peut être remplacé par deux variantes, RASK et SASK, qui s'étendent seulement sur 1.575 bases. Le "choix" entre ces trois séquences est une fonction, qui comporte une part d'aléas (les "erreurs" de la rétro-transcription), mais qui dépend directement de l'environnement dans lequel le virus est situé lors de la copie de l'ADN. Ces aléas sont la cause des "variantes" du virus qui sont bien connues dans le cas de la grippe et qui obligent à produire un nouveau vaccin chaque année.

252.15 L'ADN mitochondrial

Une partie du patrimoine héréditaire passe directement du génome de la mère à celui de l'enfant par l'intermédiaire d'organites extérieurs au noyau des cellules. Cette propriété est utilisée par les sélectionneurs de semences agricoles.

Un exemple a été étudié par des chercheurs de l'université de Nice Sofia-Antipolis et de l'Inserm (*Nature*, 25 mai 2006) : certaines souris possèdent un caractère (taches blanches sur la queue) qui ne fait pas partie de leur patrimoine chromosomique héréditaire. Ils ont vu que ce caractère visible a son origine dans la présence de l'ARN correspondant dans les spermatozoïdes du père, en dehors du noyau de ces spermatozoïdes.

Notons encore que l'ADN contenu dans les mitochondries des hommes et des femmes comporte seulement 37 gènes, parmi lesquels 13 gènes codent des protéines. Cet ADN mitochondrial (nommé ADNmt) ne se transmet pas à la descendance par le biais de la fécondation, mais il est transmis par la mère à l'embryon. Il joue un rôle important dans le fonctionnement du cerveau (maturation visuelle, auditive et motrice des enfants, capacités d'apprentissage, mémoire).

En conséquence, le clonage reproductif qui introduit un génome nucléaire dans une cellule possédant un ADN mitochondrial différent risque de dégrader le fonctionnement cérébral du clone (**P.-L. ROUBERTOUX**, 2003).

252.16 Les gènes et les mutations

Les mutations qui aboutissent à une structure viable ne sont qu'une faible fraction de toutes celles qui se produisent ; les autres sont " létales", c'est à dire mortelles. Lorsque la mutation affecte une cellule reproductrice (gamète), elle est transmise à la génération suivante.

Des estimations du taux de mutation ont été faites par plusieurs méthodes. Elles aboutissent à des ordres de grandeur qui atteignent souvent cinq mutations pour un million de générations pour chaque gène, chez les Eu-caryotes, et une pour un million chez les Pro-caryotes. À première vue, cette différence peut paraître paradoxale, puisque les Eu-caryotes sont dotés d'un stock d'ADN "porteur de mémoire", beaucoup plus gros que celui des Pro-caryotes ; l'avantage donné par un gros stock d'ADN est sans doute d'augmenter les chances de variabilité, plus que d'assurer une reproduction exactement fidèle.

Le taux de mutation est aussi évalué à partir de la probabilité de remplacement d'un élément d'une chaîne de protéines par milliard d'années, probabilité que l'on nomme "pauling" et qui est voisine de l'unité dans de nombreux cas. Ces taux diffèrent sensiblement d'une lignée à l'autre et d'un gène à l'autre ; par exemple, l'histone IV est une chaîne de 102 acides aminés, qui intervient dans le "maintien" des filaments d'ADN. Or, l'histone IV du Pois de senteur diffère de celle du Lion seulement par deux substitutions d'acides aminés. Les codons qui règlent la production de cette protéine ont donc très peu évolué, quoique l'ancêtre commun à ces deux espèces remonte à plus de deux milliards d'années.

R. FISHER (1930) a calculé qu'un gène nouveau, apparu dans une population infinie, et "neutre" (c'est-à-dire non favorisé par la sélection), a 79 chances sur 100 de disparaître au cours des sept premières générations (sauf intervention "bienveillante" du hasard !) ; s'il possède un avantage sélectif de 1 %, il a encore 78 chances sur 100 de disparaître.

J. **Haldane** (1949) estime que l'évolution de caractères quantitatifs (tels que la longueur des dents des Équidés) progresse en moyenne de $1/10^7$, en valeur relative, chaque année ; cette vitesse correspondrait à une substitution d'allèles, en moyenne, au bout de 300 générations successives. En comparant les chaînes d'acides aminés de l'hémoglobine À de la Carpe et de l'Homme, **M. Kimura et T. Omta** (1971) observent que 68 acides aminés sont placés au même endroit, et 72 autres diffèrent ; en admettant que la lignée de l'Homme et celle de la Carpe ont divergé au Dévonien (– 380 millions d'années), le taux moyen de remplacement est voisin de $1/10^9$ par an, et des valeurs analogues ont été trouvées en comparant l'Homme et la Souris, les Mammifères et les Poissons, etc.

La vitesse de remplacement des nucléotides serait alors de 1/20 générations, ce qui conduit à penser que la plupart des remplacements sont "neutres", en ce sens qu'ils ne sont ni favorisés, ni éliminés par la sélection. Dans une lignée humaine, ces substitutions seraient au nombre de 2 à 25 par gamète et par an, soit 60 à 75 par génération.

La vitesse de la spéciation n'est pas constante. À l'heure actuelle, par exemple, les Micro-Mammifères évoluent 5 à 10 fois plus vite que les Oiseaux. Mais ceci n'exclut pas que les mutations et les remaniements chromosomiques s'effectuent généralement avec une probabilité assez constante ; en effet, la vitesse de la spéciation dépend seulement des modifications génétiques "réussies", et cette réussite est fonction de la diversité des milieux, qui est loin d'être constante. Il faut donc rester prudent quand on utilise l'horloge moléculaire pour trouver un ancêtre commun à deux lignées. Pour l'origine de l'Homme, il faut aussi se souvenir que toutes les populations d'*Homo sapiens sapiens* sont interfécondes et que les croisements entre lignées réintroduisent des gènes "récents" dans les lignées anciennes (*cf.* § 72*).

Avant que deux espèces divergent, elles partagent la même histoire passée, puis elles accumulent les changements après séparation. Il est intéressant d'identifier les gènes qui sont différents dans les deux espèces. On les appelle quelquefois bizarrement ***pseudo-gènes***, et ils appartiennent à deux catégories : certains font partie de l'histoire très ancienne commune entre les deux espèces, les autres sont apparus indépendamment après que les deux espèces aient suivi des chemins évolutifs séparés. Dans les deux cas, ils sont faciles à localiser au niveau moléculaire, parce qu'ils conservent une très grande similitude. Par exemple, considérons les séquences d'ADN concernant le début d'un gène particulier qui a muté dans plusieurs espèces : malgré quelques changements, la protéine dépendant de ce gène accomplit pleinement sa fonction pour le Chien, la Souris et le Poulet.

Ce n'est plus le cas pour l'Homme et pour le Chimpanzé où c'est un autre gène qui produit la protéine. Puisque la séquence de ce pseudo-gène est identique chez l'Homme et chez le Chimpanzé, cette suppression a vraisemblablement eu lieu chez un individu, ancêtre commun à ces deux espèces, et l'on peut reconstituer l'histoire des mutations. Une fois qu'un gène a connu une mutation qui l'a transformée en pseudo-gène inopérant, ce pseudo-gène sera transmis aux descendants. Le génome humain comporte ainsi 20 000 pseudo-gènes qui indiquent la manière dont il s'est individualisé au sein de la famille des génomes des espèces apparentées.

252.17 Quelques définitions nécessaires

Dans le cas de la reproduction sexuée, les gènes d'un individu viennent du père et de la mère et ils peuvent être différents : en chaque site, il peut donc exister trois types de paires d'allèles tels que AA, ou Aa ou aa. Quand les deux allèles sont identiques (AA ou aa) l'individu est **homozygote** pour ce gène ; quand les deux allèles sont différents (Aa) l'individu est **hétérozygote** pour ce gène.

En dehors des cas de reproduction non sexuée (clonage, parthénogenèse, et quelques autres exceptions), les individus d'une population ont des génomes différents, il y a **polymorphisme** et la population est dite polymorphe.

S. JAIN (1983) montre que la notion de "**population**" est trop imprécise, et qu'il est important d'étudier plutôt les "voisinages" (§ 28)*. P.-H. GOUYON (1982) pense qu'un **voisinage** est « l'ensemble des individus d'une espèce qui vivent dans une formation végétale ». Dans les exemples qu'il a étudiés, les voisinages sont beaucoup plus petits que les populations telles que les définit la ritournelle habituelle invérifiable qui dit qu'une population est une ensemble d'individus qui échangent des gènes.

252.2 Les recombinaisons lors de la méïose

Lors de la méiose, pour la formation des gamètes haploïdes dans les cellules séminales, chaque chromosome commence par se scinder en deux filaments identiques ; ensuite, un filament paternel s'apparie avec un filament maternel en donnant une molécule en mosaïque qui contient un mélange des chromosomes paternels et maternels. Si l'ensemble constitué par le père et la mère possède les deux allèles (A et a) d'un gène, l'enfant pourra être AA ou Aa ou aa. Chacune des recombinaisons est originale, et elle constitue une source possible de spéciation. Il est donc normal qu'un couple de parents donne des enfants qui sont assez différents les uns des autres.

De plus, chez les plantes, le pollen qui arrive sur le pistil d'une fleur vient généralement de plusieurs individus et les graines ont des "pères" différents. Enfin, les cellules du méristème qui produisent les fleurs et les cellules séminales sont exposées directement au rayonnement ultra-violet venant du Soleil qui peut provoquer des mutations affectant le pollen ou les ovules d'une fleur.

Les graines produites dans ces fleurs risquent donc d'être plus différentes entre elles que les enfants des animaux dont les cellules séminales sont protégées à l'intérieur de l'individu. Il serait intéressant de chercher si cet élargissement du domaine de variation de la nouvelle génération chez les plantes compense statistiquement la plus grande diversité que leur mobilité donne aux parents animaux qui s'accouplent et si elle leur donne des chances de s'adapter plus rapidement au changement climatique.

Certaines espèces végétales échappent à la recombinaison lorsqu'un ovule se transforme en embryon sans avoir été fécondé. Ce phénomène est nommé "**apomixie**" et il n'est pas rare chez les Angiospermes.

Chez le Cyprès de Duprez (*Cupressus dupreziana*), dont 231 individus subsistent dans le Tassili N'Ajjer, c'est le pollen qui est capable de donner un embryon viable, parce qu'il est diploïde. Lorsque, dans un arboretum, le pollen du Cyprès de Duprez atterrit sur un ovule du Cyprès méditerranéen, celui-ci n'est pas fécondé et il sert seulement de réserve nutritive ; l'embryon n'est pas hybride.

252.3 Les remaniements chromosomiques

En dehors des mutations de gènes, il existe des modifications de la descendance qui sont causées seulement par des modifications dans la structure linéaire des chromosomes qui se produisent lors du réappariement des deux brins d'ADN lors de la reproduction. On parle alors quelquefois de mutation chromosomique, mais il est préférable de maintenir le mot "remaniement chromosomique" pour souligner la différence avec les mutations géniques ordinaires.

Le rôle de ces remaniements (qui peuvent être indépendants de toute variation des gènes) est important, parce que plusieurs espèces nettement différentes peuvent avoir originellement les mêmes gènes, et différer seulement par la disposition des gènes dans les chromosomes. L'argument le plus fort en faveur du rôle majeur des remaniements chromosomiques dans l'évolution d'une lignée est qu'une restructuration des chromosomes (on dit aussi une modification du polymorphisme chromatique) peut entraîner une rupture de l'interfécondité avec les individus de la population-mère.

Le fait que les remaniements (inversions péricentriques, fusions, translocations, etc.) puissent être légèrement défavorables pour les individus hétérozygotes n'est pas une objection puisque les variations néfastes ne sont pas impitoyablement éliminées comme le croyait Darwin ; au contraire, cela peut conduire à la constitution d'un isolat d'individus homozygotes pour ce remaniement.

Des mécanismes tels que la gémellité monozygote hétérocaryote ou la double fécondation ou, plus simplement encore, une action du cytoplasme de l'œuf sur un noyau qui se dédoublera pour donner des jumeaux peuvent même entraîner directement la production d'un couple nouveau original et fertile, capable d'être la source d'une espèce nouvelle, nettement différente des parents. En conséquence, certains phylums bien différenciés sont issus d'un seul couple et certains chercheurs ont pensé que cela pouvait s'être produit à l'origine de l'espèce humaine.

252.4 La dioécie

Les individus de la plupart des plantes à fleurs (Phanérogames = Gymnospermes + Angiospermes) possèdent des ovules femelles et des étamines mâles qui produisent du pollen ; ils sont donc "hermaphrodites". Cependant, chez certaines espèces végétales, il existe deux types d'individus : les mâles qui produisent du pollen et les femelles qui produisent des ovules. C'est notamment le cas du Kiwi, de *Beckera dioica* Nees, de *Cordia dioica* DC. & A. DC., de *Lychnis dioica* et peut-être du Houx.

Ce phénomène est nommé dioécie et, au cours des âges, la transition de l'hermaphrodisme vers la "**dioécie**" a nécessité au moins deux étapes : la perte de la fonction mâle pour une partie des individus et la perte de la fonction femelle pour les autres individus. La dioécie présente deux variantes plus complexes, la gyno-dioécie et l'andro-dioécie qui seront examinées à nouveau dans le paragraphe 26*.

L'avantage de la dioécie n'est pas très évident et celui des deux variantes l'est encore moins. Dans la première de ces variantes, des individus hermaphrodites coexistent avec des individus femelles et l'on parle de gyno-dioécie. La mutation qui entraîne la stérilité mâle est d'origine mitochondriale et elle est transmise uniquement par le gamète femelle, l'ovule. Elle se transmet à la génération future, indépendamment de la perte de production de pollen.

Dans la seconde variante, l'andro-dioécie, ce sont les individus mâles qui coexistent avec les hermaphrodites. Dans ce cas, qui est rare, la mutation de la stérilité femelle se situe dans l'ADN du noyau des gamètes, et la transmission de ce caractère à la génération suivante est diminuée de moitié par la perte de la fonction femelle. Le maintien des mâles dans la population exige que ceux-ci produisent au moins le double de pollen fonctionnel pour ne pas disparaître, car, à la génération suivante, les mâles transmettent une seule copie de la mutation alors que les hermaphrodites transmettent deux copies du gène non muté. La perte de la capacité de produire du pollen est donc un désavantage rédhibitoire et il est très peu vraisemblable que l'andro-dioécie soit apparue directement dans une population d'hermaphrodites.

Il est donc plus vraisemblable que l'andro-dioécie est apparue dans une population dioïque – comprenant donc des individus mâles et des individus femelles – où des femelles dioïques ont subi une mutation qui leur rend la possibilité de produire du pollen pour donner des hermaphrodites. Pour que le système soit durable, il est nécessaire que les mâles soient alors deux fois plus nombreux que les hermaphrodites.

Un arbuste méditerranéen andro-dioïque proche de l'Olivier, *Phillyrea angustifolia* possède autant de mâles que d'hermaphrodites. Comment une telle répartition des sexes se maintient-elle ? Les généticiens ont montré que les individus hermaphrodites se répartissent en deux groupes morphologiquement identiques, mais les individus ne peuvent pas se féconder au sein d'un même groupe. En d'autres termes, les grains de pollen produits par un hermaphrodite du premier groupe ne peuvent pas féconder les ovules produits par des hermaphrodites appartenant au même groupe que lui. En revanche, ils sont fertiles avec les hermaphrodites appartenant à l'autre groupe.

Ainsi, une plante hermaphrodite ne peut féconder que la moitié des individus hermaphrodites de la population de *Phillyrea angustifolia* où elle se trouve, alors que les mâles peuvent féconder les fleurs de tous les hermaphrodites (des deux groupes). En termes de nombre de copies de génome transmises à la génération suivante, les mâles compensent le désavantage de n'avoir qu'un seul sexe en ayant deux fois plus de partenaires potentiels que les hermaphrodites. Dans ce cas, on pense qu'une mutation génétique a rendu stérile l'organe femelle d'une fleur hermaphrodite, de sorte que la fleur est devenue mâle, et cette mutation se serait maintenue parce qu'elle a levé la barrière d'incompatibilité.

En conséquence, les populations de *Phillyrea angustifolia* sont constituées de trois formes sexuées : les mâles et deux types d'hermaphrodites dont les pollens ne sont pas polyvalents.

252.5 Les transferts de gènes et la biotechnologie

Au cours de l'Évolution, certains gènes sont passés d'une espèce à une autre, en "franchissant la barrière spécifique". Ainsi, le Puceron du pois a ainsi acquis le gène d'un Champignon capable se synthétiser le carotène, un anti-oxydant qui est une brique constitutive de la vitamine A, importante pour la vision, la santé de la peau, la croissance osseuse, etc.

Plusieurs techniques permettent d'introduire un nouveau gène dans le génome d'un individu, par exemple avec l'aide d'un rétrovirus. Cela permet de programmer cet individu pour produire des substances utiles (par exemple de l'insuline) ou pour provoquer des réactions chimiques utiles (fermentation, etc.).

La technique "antisens" essayait de neutraliser un gène en introduisant un gène antagoniste, mais elle n'a pas donné de résultats très probants. En 2002, l'interférence de l'ARN (ou RNAi ou PTGS), qui rend silencieux l'ARN capable de traduire un gène lors de la fabrication de la protéine finale a été confirmée par plusieurs équipes. Cela a suscité un grand battage médiatique, en vue de collecter des capitaux, mais nul ne sait si les résultats suivront.

Des précautions extrêmes doivent être mises en œuvre pour éviter que le nouvel individu se reproduise d'une manière inattendue et même pour éviter que son génome ne continue à se modifier de manière incontrôlée. C'est le problème des OGM qui sera discuté dans le paragraphe 81*. Souvenons-nous de l'apprenti sorcier mis en musique par PAUL DUKAS qui avait déclenché des processus qu'il ne savait pas interrompre...

Les Souris de laboratoire nommées "Schwartzeneger" puis "Supersouris" sont le résultat d'une série de manipulations génétiques ou biochimiques qui ont enrichi leurs muscles en fibres "lentes" capables d'utiliser les réserves de graisse comme source d'énergie, puis qui ont fait agir un activateur de croissance, la follistatine, puis qui ont fait exprimer le gène PPECK-C qui modifie le métabolisme énergétique qui permet à "Supersouris" de courir un marathon de 5 km.

252.6 La thérapie génique

Les "maladies génétiques" sont celles qui semblent dépendre d'un seul gène. Elles seraient plus de 7.000, parmi lesquelles la mucoviscidose, les myopathies, la maladie de Rett, etc. Elles affecteraient 30 millions d'Européens, dont 3 à 4 millions de Français. Quand un gène néfaste dépend ainsi d'une simple séquence de codons, il est intéressant de le modifier pour rétablir une situation favorable grâce à un gène-médicament véhiculé par des virus inoffensifs. Cette thérapie a été efficace pour les "enfants-bulles" soignés par ALAIN FISCHER, mais elle a aussi entraîné l'apparition de cancers chez deux de ces enfants et l'essai a été interrompu. On espère que ce genre de technique pourra être repris pour des maladies des systèmes sanguin et immunitaire en modifiant les cellules hémato-poïétiques.

En agronomie, la résistance du Blé à la Rouille noire semble dépendre d'un seul gène qui a été récemment identifié. Il est donc possible d'envisager d'introduire cette séquence dans le génome des semences utilisées par les agriculteurs, mais la création de cet OGM (organisme génétiquement modifié) pose des problèmes psychologiques et même politiques qui seront examinés dans le paragraphe 81*.

La sénescence des cellules est causée par le raccourcissement des filaments de télomères des chromosomes au fur et à mesure des divisons cellulaires. L'Espagnole **Maria Blasco** a eu l'idée de stimuler chez des Souris la production de télomérase, l'enzyme qui répare les télomères. Des souris OGM résistantes au cancer et dopées à la télomérase ont ainsi acquis un regain de vitalité et elles ont été nommées souris "Mathusalem". Mais ce traitement risque d'entraîner l'apparition d'un cancer

En médecine humaine, les problèmes posés par la thérapie génique sont essentiellement éthiques et ne seront donc traités dans le présent ouvrage.

252.7 La production d'un génome "synthétique"

En 2007, une équipe de la société de biotechnologie de **Craig Venter** (Rockville, Maryland) a même introduit dans le génome d'une Bactérie *Mycoplasma genitalium* un fragment d'ADN long de 582.970 paires de bases représentant environ 580 gènes, nettement plus long que les fragments d'ADN naturels utilisés couramment pour produire des OGM. On ne sait pas si ce fragment d'ADN a totalement remplacé le génome de cette Bactérie, mais cette manipulation est une étape significative vers la fabrication d'un organisme vivant partiellement "synthétique". **Craig Venter** espère fabriquer ainsi des Bactéries capables d'assimiler le CO_2 pour produire un biocarburant. Plusieurs institutions de surveillance éthique canadiennes et anglaises ont attiré l'attention sur les risques de perte de contrôle de la reproduction ou de l'évolution de la Bactérie synthétique ainsi obtenue.

252.8 La réaction chromosomique à un traumatisme

Ken Paige et **Daniel Scholes**, de l'Université de l'Illinois ont observé la réaction de plusieurs clones d'Arabidopsis thaliana quand le tige de cette petite Crucifère subcosmique est coupée : certains clones développent rapidement des bourgeons, des feuilles et des fleurs qui donnent encore plus de graines que les plantes qui n'ont pas été coupées. Ils ont vu qu'une "endo-réplication" des chromosomes donne des cellules multipolyploïdes passant de n= 10 à n = 100 et même n = 320, ce qui augmente leur taille.

253 L'ÉPIGÉNÉTIQUE

La découverte du code génétique a été une révolution paradigmatique, puisqu'elle a donné une nouvelle manière d'appréhender la structure et le fonctionnement des gènes, qui a été admise par l'ensemble de la communauté scientifique. Ce nouveau paradigme a trouvé ses limites quand le génome complet d'une espèce a été décrypté, comme le fait remarquer **M. MORANGE**, directeur du centre d'histoire et de philosophie des sciences de l'École normale supérieure de Paris : « Le génome ... n'est pas la totalité de la cellule et de l'être vivant ... Lorsque les biologistes connaissent aujourd'hui la séquence complète du génome, ils sont mieux placés pour voir ce qui n'est pas dans le génome ... Le séquençage du génome a sonné le glas du modèle mécaniciste de la biologie moléculaire.»

Les relations entre le ruban d'ADN et son environnement qui règle "l'expression" du génome est du ressort de l'épigénétique qui devient un nouveau paradigme. **C. WADDINGTON** a proposé ce mot en 1942 pour nommer "la branche de la biologie qui étudie les relations de cause à effet entre les gènes et leurs produits, faisant ainsi apparaître le phénotype." L'épigenèse est donc l'ensemble des phénomènes qui concernent l'expression de l'ADN dans la production des protéines. **ROBIN HOLLIDAY** a ajouté en 1994 que ces relations ne "résultent pas de modifications de la séquence de l'ADN" et qu'elles sont "héritables lors de la méiose et/ou de la mitose".

L'un des exemples d'épigenèse les plus connus est que les chats tricolores "calico" sont tous des femelles, parce que ce caractère phénotypique résulte de l'inactivation de l'un des deux chromosomes X des femelles. Plus généralement, plusieurs centaines de gènes s'expriment différemment s'ils sont apportés par le père ou par la mère ; on parle alors d'empreinte parentale et ce phénomène est à l'origine de la maladie de Prader-Willi ou du syndrome d'Angelman. Les femmes hollandaises qui ont souffert de carences alimentaires lors de la 2ème guerre mondiale ont donné des enfants de petite taille parce qu'elles n'avaient pas pu produire certaines protéines en quantité suffisante, et leurs enfants ont encore engendré des enfants de petite taille parce qu'ils avaient hérité de cette déficience épigénétique.

La génétique moléculaire et la découverte de l'ADN ne sont nullement dévalorisés par l'arrivée de l'épigénétique : ce n'est pas le seul cas où un paradigme P qui s'est développé jusqu'à une apogée trouve sa propre limite. Il est alors remplacé par un nouveau paradigme qui englobe le paradigme P dans une synthèse plus générale. C'est ainsi que la mécanique newtonienne et les lois de **KEPLER** ont été englobées dans la relativité d'**ALBERT EINSTEIN** et que l'écologie des écosystèmes a été englobée dans l'écologie des paysages (§ 54*).

La double hélice de l'ADN donne les lettres du "grand livre de la vie", et l'épigénétique est l'équivalent de la grammaire qui règle l'assemblage de ces lettres pour constituer, au cours du temps, les mots et les phrases de ce livre. Il reste à voir comment ces messages seront lus lors du développement de l'embryon.

253.1 L'expression des gènes

Les molécularistes ont cru pendant longtemps au "dogme central" : un gène = une protéine. De fait, dans les cas simples, un gène est responsable d'une activité cellulaire de base, et la séquence correspondant à un gène peut même alors exister chez plusieurs espèces. Les gènes du Riz se répartissent très inégalement les fonctions cellulaires et l'on trouve, par ordre décroissant, les activités métaboliques, la défense des cellules et leur mort, la croissance et l'entretien des cellules, l'activité des protéines membranaires, la communication cellulaire, la synthèse des protéines, le développement, la production d'énergie, la transcription de l'ADN, la résistance aux agents pathogènes et aux Insectes nuisibles.

Maintenant, nous savons qu'un gène peut jouer plusieurs rôles, en fonction des sollicitations auxquelles il est soumis et de son environnement (rappelons que ces phénomènes sont dits "épigénétiques"). Pour cette raison et pour de nombreuses autres, **P. Sonigo & I. Stengers** (2003) estiment que le "dogme" de l'explication générale de la vie par le code génétique doit être abandonné. P. Sonigo rappelle ensuite que l'ADN contient l'information qui sera nécessaire pour chacune des cellules mais qu'il ne contient pas à lui seul le système de contrôle du développement de l'embryon. "Le clonage de Dolly et les recherches sur les cellules souches font exploser la notion de programme génétique : des cellules se révèlent capables de faire tout autre chose que ce pour quoi elles sont programmées ... Les biologistes vont devoir se mettre à réfléchir."

On commence seulement à calculer la probabilité pour qu'un gène donne une protéine ou une autre protéine. Cette probabilité dépend de l'état physico-chimique de la cellule et de son environnement. **Jean-Jacques Kupiec** écrit : "Les cellules changent d'état et se différencient selon un fonctionnement probabiliste ... La structure conceptuelle de l'ontophylogenèse est donc faite d'un mélange de hasard et de sélection ... [elle] détruit la conception d'un individu qui n'existerait que par sa détermination interne et lui substitue celle d'un individu existant par la relation à ce qui lui est extérieur."

On comprend alors pourquoi **P. Sonigo & I. Stengers** (*La Recherche*, h. s. 14 : 22-25, 2004) écrivent : « Malheureusement ce que nous avons lu dans l'ADN s'avère aussi énigmatique que la parole de Nostradamus ... c'est la façon dont l'ADN interagit avec les multiples composants de la cellule et de l'environnement qui définit l'information. Ce sont les autres composants qui produisent le sens que nous attribuons au "message" de l'ADN parmi tous les sens possibles ».

253.11 Les gènes pléiotropes et les gènes homéotiques

Certains gènes peuvent entraîner par leur mutation des anomalies qui affectent plusieurs organes de l'individu et ils sont dits **pléiotropes**. Par exemple, les pattes des poulets affectés par la mutation "talpid3" ressemblent à des pattes de taupes et le gène correspondant est qualifié de pléiotrope parce que ces poulets présentent aussi des déformations de la partie faciale du crâne. L'explication est que, pour la patte comme pour le crâne, la déformation résulte d'interactions entre l'épithélium et le mésenchyme. Une confirmation de cette explication est que des déformations analogues peuvent être produites par des substances chimiques qui modifient l'environnement des cellules sans altérer leur génome.

Dans le même ordre d'idées, les œufs des Bonnellies (Vers marins) sont incubés dans une poche de la femelle ; les œufs qui sont au fond du sac deviennent des Vers femelles et ceux qui sont situés près de la trompe qui ferme le sac deviennent des mâles ; la preuve que c'est bien l'environnement des œufs qui intervient est que le sexe peut être déterminé également par l'acidité de l'environnement. Il serait intéressant de préciser aussi ce qui détermine, dans une ruche, l'évolution d'un œuf vers la forme "reine" ou vers la forme "ouvrière".

Plus généralement, les gènes **homéotiques** interviennent pour engager une partie de l'embryon dans une voie particulière, par exemple pour développer une aile ou un œil. Leur action est mise en évidence quand ils conduisent à voir une aile se développer à un endroit inattendu du corps d'une Drosophile.

Il ne suffit pas de dire que ces gènes sont "programmeurs" ou "morphogénétiques" pour comprendre leur mode d'action et il faut plutôt réaliser que le gène agit à l'échelle de la molécule alors que la structure des organes est au moins à l'échelle du micromètre. Plus précisément, les embryologistes disent que le gène peut modifier trois paramètres quantitatifs du développement de l'organe (l'adhésivité des membranes, le rythme de la mitose, la vitesse de progression de l'onde de développement de l'organe), mais ces paramètres ne suffisent pas pour déterminer qualitativement la forme de l'organe. Celle-ci dépend des interactions entre chaque cellule et ses voisines, un peu comme le phénotype d'un individu résulte des interactions de son génotype et de son environnement.

253.12 La revanche de l'ARN

Rappelons que l'ADN est le modèle sur lequel se construisent les petits ARN qui iront fabriquer les protéines dans les ribosomes situés en dehors du noyau de la cellule. En fait, les ARN contrôlent l'expression de l'ADN et laissent inactives de longues séquences d'ADN. Ainsi, un médicament capable de combattre la dégénérescence maculaire de la rétine contient l'ARN capable d'inactiver le gène défectueux qui est responsable de la maladie. Ce sont des groupements méthyle (CH_3) qui oblitèrent le fragment d'ADN défectueux. Cet "étiquetage" est à l'origine de l'empreinte parentale qui fait que certains caractères sont transmis plutôt par le père ou plutôt par la mère. Il explique aussi l'importance que peut avoir l'alimentation sur le déroulement de certaines maladies.

L'activation d'un gène correspondant à un fragment d'ADN dépend aussi de l'ouverture de la pelote d'ADN où se situe ce fragment, et qui est enfermée dans la chromatine verrouillée par des histones. Une comparaison musicale aide à comprendre la différence entre l'ancien paradigme et le nouveau : dans l'ancien paradigme, l'ADN serait le chef d'orchestre dirigeant les ARN instrumentistes qui fabriquent des protéines en suivant une partition immuable ; dans le nouveau paradigme, l'ARN et les protéines interagissent avec l'ADN comme les joueurs de jazz qui se concertent très librement pour construire une mélodie. Les cancers sont alors des dérèglements de l'écologie des cellules plus que le résultat d'une mutation locale de l'ADN et ils sont ainsi liés aux conditions de vie de l'individu (alimentation, pollution atmosphérique, etc.).

HENRI ATLAN l'exprime clairement en disant que "l'organisme contrôle le génome autant que le génome contrôle l'organisme." Le génome est une très riche base de données qui sont utilisées ou laissées en sommeil selon les circonstances, comme on l'a vu dans la différenciation des tissus.

253.13 La mémoire des cellules

Certaines cellules à longue durée de vie gardent en mémoire des informations utiles. C'est évidemment le cas des cellules cérébrales, mais c'est aussi celui des cellules "immuno-compétentes" qui gardent la trace d'une primo-infection des maladies de l'enfance telles que la rougeole, la rubéole ou les oreillons : ces cellules ont acquis dans leur ADN une structure qui leur permet de reconnaître l'agent infectieux s'il survient à nouveau et de produire alors les protéines qui déclencheront les réactions de réponse.

Cette mémoire des cellules met à nouveau en évidence que les processus biologiques se différencient des processus physiques habituels parce qu'ils sont fondés sur une "mémoire" (§ 21*).

253.14 *Germen* et *soma* au cours de l'embryogenèse

L'une des pierres de touche de l'évolutionnisme initial était la distinction entre le "*germen*" (ensemble des cellules génitales) et le "*soma*" (les autres cellules). Aujourd'hui, cette distinction doit être nuancée.

En effet, les spermatozoïdes et les ovules qui constituent le "germen" sont dans certains cas des cellules primaires qui se sont isolées dès le début de la segmentation de l'embryon dans des "granules germinaux", mais ce sont souvent – en particulier sur les Métazoaires multicellulaires – des cellules du "soma" qui se sont différenciées assez tardivement en perdant les caractères des divers tissus de l'organisme et en reconstruisant un cytoplasme totipotent. Ce deuxième mode de production des cellules germinales paraît fréquent pour les arbres qui produisent à la même saison des milliers de fruits à l'extrémité de leurs rameaux. L'indépendance du *germen* et du *soma* n'est donc pas absolue. Les interactions entre le *soma* et le *germen* sont-elles "lamarckiennes" ? La réponse viendra dans le paragraphe 27* quand nous aurons vu de plus près les mécanismes de l'Évolution.

253.2 Les gènes et le développement de l'embryon

253.21 La différenciation des tissus dans l'embryon et le rôle de l'ADN

A plusieurs reprises, nous avons pu noter que "l'échelle crée le phénomène", lorsque nous sommes passés de l'échelle moléculaire à celle de l'individu, à celle de la lignée, de l'espèce, etc. Nous retrouverons cette remarque dans le chapitre 5, mais nous regarderons ici ce qui se passe entre l'échelle de la molécule et celle de l'individu au cours du développement de l'embryon, en concentrant notre attention sur le cas des Vertébrés, parce qu'il a été très finement étudié.

On sait que, pendant son séjour dans l'ovaire, l'ovocyte accumule des réserves (nommées vitellus) qui se concentrent à l'un des pôles de l'ovule, nommé "pôle végétatif", en rejetant le noyau dans le "pôle animal", à l'autre extrémité de l'ovule. Après la fécondation, l'œuf passe par les stades morula, blastula, gastrula puis embryon proprement dit, où se différencient l'endoderme, le mésoderme et l'ectoderme avec l'apparition de l'anus et de la bouche. Dès le stade blastula, les cellules commencent à se différencier pour produire la grande variété des tissus qui composeront l'organisme. Par exemple, les hématies (globules rouges) sont dotées d'une protéine particulière, l'hémoglobine, les cellules musculaires fabriquent de la myosine, etc. Cette spécialisation n'est pas une acquisition de potentialités nouvelles, puisque toutes les potentialités viennent de l'ADN des chromosomes qui sont communs à toutes les cellules ; au contraire, la spécialisation des tissus résulte de la perte de toutes les autres potentialités, et cette perte se transmet de cellule-mère en cellule-fille.

Plus précisément, ces transformations s'opèrent sous le contrôle du code génétique par l'intermédiaire de l'ARN messager, et la différenciation des tissus résulte de la "répression" des gènes inutiles dans chacun des tissus et de la dé-répression des gènes qui deviennent utiles pour ce tissu au cours du développement de l'embryon. Mais il reste à expliquer ce qui commande la répression puis la dé-répression. La théorie de l'information de position (**L. Wolpert**, 1969) et des gradients – le premier de ceux-ci étant situé entre le pôle végétatif et le pôle animal – donne un début d'explication, mais elle ne rend pas compte des résultats de l'embryologie expérimentale et de la tératologie (étude des "anomalies" du développement) ni de la régénération d'un organe après son ablation, phénomène particulièrement spectaculaire chez les Hydres et les Planaires. Il faut sortir du dilemme de la poule et de l'œuf, et préciser ce que peut être "l'émergence" d'un tissu, pour reprendre un mot qui sera discuté dans un texte ultérieur.

Le code génétique inclus dans l'ADN ne peut pas, à lui seul, engendrer toutes les modulations de son expression différenciée dans chacun des tissus ; ces modulations ne peuvent résulter que d'interactions entre l'ADN et le cytoplasme des cellules qui l'entourent. Il s'agit donc d'un problème de relation "écologique" entre un fragment d'être vivant et son environnement, où nous retrouvons la nécessité d'une dialectique permanente entre la génétique et l'écologie, qui retrouve la vieille complicité entre la forme et la substance déjà connue des Anciens. En d'autres termes, l'ADN mémorise la fabrication à l'échelle moléculaire des protéines – et c'est un rôle considérable – mais il ne mémorise pas la structure de l'embryon puis de l'individu, parce que cette structure existe à une autre échelle.

253.22 Le début de la différenciation des tissus

Revenons à l'apparition de la première cellule différenciée d'un tissu : "La grande préoccupation [des embryologistes] est de savoir si l'œuf est une mosaïque d'ébauches préformées ou bien quelque masse informe dont émergeront *de novo* les organes" 2. Nous retrouvons là le problème de

2 R. Chandebois, *Comment les cellules construisent l'animal*, Ed. Phénix, 13 rue Chapron, Paris

l'apparition des espèces – et même de l'apparition de la vie – que le modèle des montagnes russes (§ 17*) aide à comprendre en laissant au hasard sa juste place. Et il a été vu à plusieurs reprises que ce type de genèse ne peut être compris que par la combinaison d'un déséquilibre initial (par exemple l'inclinaison de l'axe des pôles de l'œuf qui transforme la symétrie par rapport à l'axe des pôles en une symétrie bilatérale par rapport à un plan pour les Chordés) et ensuite d'une logique de rétro-actions.

Le génome d'une cellule n'explique pas à lui seul tout son fonctionnement : "les gènes, manipulés par le cytoplasme, ne peuvent être à l'origine de changements quelconques dans leurs activités. La cellule répond seulement à des modifications de son environnement ... Les principes de leur fonctionnement sont ceux des systèmes cybernétiques dits téléonomiques, qui ont pour particularité de s'organiser seuls (autopoïèse)"

Ce processus est parfaitement analogue à celui de l'apparition d'une nouvelle espèce, où l'interfécondité est l'équivalent de la mémoire commune à toutes les cellules du tissu. Dans le modèle des montagnes russes (§ 17*), l'apparition d'un nouveau tissu est une phase d'instabilité fugace. Les ralentissements et les accélérations perceptibles dans le développement embryonnaire correspondent aux discontinuités au sein de la continuité qui sont visibles aussi en écologie des paysages (**M. Godron et J. Andrieu**, 2008).

Le rôle ainsi reconnu à la structure spatiale de l'embryon rejoint la définition de l'organisation comme combinaison de la structure et du fonctionnement (§ 17*) et aussi la possibilité de calculer une quantité d'information en lisant la structure comme on lit un message (§ 57*).

253.23 Le rôle de l'environnement cellulaire

Regardons donc avec attention ce qui se passe à l'intérieur d'un tissu où apparaissent de nouvelles cellules : **R. Chandebois** (1989, en particulier les pages 142 *et sq.* et 1999)2, spécialiste de l'embryogenèse, montre

2 "*Comment les cellules construisent l'animal*", Ed. Phénix, 13 rue Chapon, Paris, 87 p. Les autres ouvrages de R. Chandebois sont : "*Le gène et la forme ou la démythification de l'ADN*" (1989), "*Pour en finir avec le darwinisme. Une nouvelle logique du vivant*" (1993) chez l'auteur, 68 av des Chartreux - 13004 Marseille - T : 04 91 4904 80 , "*L'embryon cet inconnu*" 2004 (l'Âge d'homme)

l'importance de la sociologie des cellules, qui pourrait être un cas particulier de la sociogenèse au sens de V. NOVAK (1982). Le résultat du dédoublement d'une cellule au sein d'un tissu dépend de la nature des cellules qui l'entourent : si elle est située au sein d'un tissu homogène, elle donnera deux cellules appartenant à ce tissu ; si elle a donné "deux territoires cytoplasmiques différents sous l'influence d'un environnement composite, elle est susceptible d'engendrer deux cellules différentes."

R. CHANDEBOIS propose une distinction entre les interactions homotypiques entre les cellules qui appartiennent à un même tissu et les actions hétérotypiques venant des tissus voisins. Cette solution résout bien la plupart des problèmes du développement embryologique (et même du dérèglement cancéreux) : "des cellules ne maintiennent des rendements élevés pour la synthèse de certaines substances spécifiques que si elles interagissent constamment les unes sur les autres (interactions homotypiques) ... Les cellules entretiennent une mémoire collective" (1989, p. 21) dont le rôle sera examiné spécialement un peu plus loin.

Au début de la vie de l'individu, les cellules de l'œuf en segmentation étaient totipotentes "parce qu'elles entretenaient, à faible régime, la synthèse de protéines spécifiques correspondant aux diverses fonctions remplies par l'organisme". Les cellules fécondées qui iront s'implanter dans l'utérus quelques jours après la fécondation sont "totipotentes" puisque chacune d'elles est capable de produire un individu complet. Quand le diamètre de l'embryon atteint un sixième de millimètre, il comprend une centaine de cellules.

Quand l'embryon est implanté dans l'utérus, les tissus commencent à se différencier et ses cellules sont seulement multipotentes. L'apparition d'un nouveau type de tissu correspond, pour ses cellules initiales à un choix, parmi les synthèses de protéines disponibles, de celles qui seront amplifiées et de celles qui seront en sommeil. Ce choix est mémorisé dans chaque cellule initiale et il se reproduit ensuite dans toutes les cellules du nouveau tissu. Cependant, certaines cellules restent durablement multipotentes et peuvent être récoltées pour être modifiées par des manipulations génétiques.

Les hormones coordonnent, à l'échelle de l'individu, les développements autonomes de chacun des types de tissus, dont le nombre est estimé, pour l'Homme, à 235. "Le système "individu" fonctionne à coup de déclenchements qui s'enchaînent automatiquement ... programmés jusque dans leurs moindres détails par les événements antérieurs du développement." (p. 67). J'ai souligné l'enchaînement automatique des stades, parce qu'il confirme que le développement des tissus est suffisamment déterministe pour qu'il ne soit pas nécessaire de postuler le moindre "vitalisme" pour expliquer l'embryogenèse. On commence à identifier les molécules qui interviennent dans le développement de certains tissus. Par exemple les médicamentes nommés GW1516 ou Aicar modifient le métabolisme du tissu musculaire en utilisant des graisses pour produire des fibres "lentes" précieuses pour les marathoniens.

Les interactions entre tissus régulent le développement, et la première interaction fondatrice est celle de l'endoderme et de l'ectoderme, qui découle de l'opposition entre le pôle végétatif et le pôle animal. L'un des arguments les plus convaincants qui viennent à l'appui de cette thèse est l'expérience de **P. Nieuwkoop** (1969) qui montre qu'un endoderme et un ectoderme séparés l'un de l'autre sont condamnés à mort.

"L'émergence et la structuration des ébauches tiennent à des variations infimes, d'ordre quantitatif, dans le métabolisme et le comportement des cellules. Ces variations ne sont pas commandées par des gènes particuliers [épigénétiques], mais sont globalement déterminées par l'utilisation que fait chaque cellule de ses gènes" (p. 57). Le rôle des gènes n'est cependant pas sous-estimé, en particulier dans le cas de la "pléiotropie" qui a été examiné un peu plus tôt.

Les cellules âgées sont habituellement incapables de se diviser en donnant un autre tissu que celui d'où elles proviennent. C'est pourquoi on a longtemps utilisé des cellules d'embryons congelés pour des recherches de clonage. En 2007, **Shinya Yamanaka**, de l'université de Tokyo, a obtenu des cellules totipotentes à partir de fragments de peau de souris où des rétrovirus ont introduit 4 gènes reprogrammant des cellules adultes en cellules-souches. **James Thomson** (Université du Wisconsin) et **Rudolf Jaenisch** ont obtenu de bons résultats par la même méthode en utilisant un lentivirus et des souris atteintes de drépanocytose ont été guéries par une injection de cellules pluripotentes reprogrammées après correction de la mutation. Pour que cette technique soit efficace, il faudra aussi que le pourcentage de cellules qui sont reprogrammées soit augmenté au delà du 1 % atteint en 2007.

Ian Wilmut, du Roslin Institute d'Édimbourg, qui fut le "père" de la brebis clonée Dolly, a annoncé qu'il renonçait à exploiter la licence officielle qui lui permettait d'employer des embryons humains pour un clonage.

L'un des problèmes non résolus est que les cellules pluripotentes risquent de se développer anarchiquement et de donner à un cancer l'occasion de se développer, même si l'oncogène c-Myc n'est pas utilisé comme agent de totipotentialité.

Le rôle de l'épigénétique dans la macro-évolution sera vu dans la fin du paragraphe 25*.

253.3 Les gènes et la phylogenèse

L'examen des séquences d'acides aminés d'un nucléotide présent dans des espèces différentes (le cytochrome C, par exemple) permet de suivre la phylogenèse, en comptant le nombre de substitutions observées dans la séquence. Il est même possible d'en déduire une "distance" entre espèces (F. AYALA, 1985 et innombrables publications ultérieures qui concernent la "cladistique", *cf.* § 28*).

254 LES MODES DE LA SPÉCIATION

254.1 La lignée pure est une exception

Le concept de lignée pure est assez ancien, et il peut être illustré par une expérience très classique. Si vous achetez des haricots sur le marché et si vous les pesez, vous constaterez habituellement que leurs poids sont répartis autour de la moyenne, M , selon une distribution normale. Les variations autour de la moyenne sont liées à la diversité des patrimoines génétiques des individus. Choisissez les haricots les plus gros et semez-les : les produits de cette nouvelle génération seront un peu plus gros, et répartis normalement autour d'une moyenne M' plus grande que M. Si vous répétez l'opération, la génération suivante atteindra une moyenne M" à peine supérieure à M'. En continuant les cultures, la moyenne se stabilisera assez vite autour d'une valeur maximale, qui est déterminée par l'équipement chromosomique des haricots que vous avez sélectionnés. La sélection isole un "génotype" homogène vis-à-vis du caractère considéré, qui est alors nommé "lignée pure" pour ce caractère. Les variations autour de la moyenne sont alors plus faibles qu'au début de l'expérience et elles sont liées seulement à la diversité des "phénotypes" des haricots.

Une population n'est presque jamais une lignée pure pour tous ses gènes. Ainsi, les groupes sanguins (A, B, O, etc.) co-existent durablement dans une population humaine, sans que la sélection conduise l'un des groupes à l'extinction.

De nombreux travaux ont montré que les lignées pures sont rares. Dès 1978, E. NEVO a passé en revue 243 taxons où des analyses ont été faites par électrophorèse. Le taux de polymorphisme, P, estimé par le pourcentage de *loci* polymorphes parmi les *loci* étudiés dans la population, y est en moyenne égal à 25 %, et le taux d'hétérozygotie, H, estimé par le pourcentage des *loci* hétérozygotes observés dans un individu, y est égal en moyenne à 7 %. Les variances à l'intérieur des grands groupes taxinomiques sont grandes. Des plantes autogames peuvent donner des populations très polymorphes (P = 30 % pour *Hordeum spontaneum*) ; le taux d'hétérozygotie est plus faible chez les autogames, mais il n'y est pas toujours nul : pour cette espèce, il atteint 2 %.

Les chercheurs qui s'intéressent aux relations entre la génétique et l'évolution ont étudié préférentiellement les gènes agissant isolément (les "marqueurs"), pour des raisons de commodité, mais il faut se souvenir que ces cas sont plutôt des exceptions. L'électrophorèse permet de compter les individus porteurs d'un allèle lorsque l'enzyme correspondante est plus (ou moins) chargée électriquement que celle de l'autre allèle.

Chez l'Homme, le taux d'hétérozygotie, pour un échantillon de 71 loci, a été trouvé égal à 6,7 %. Il est, en moyenne, de 4 à 8 % chez les Vertébrés, de 13 % chez les Invertébrés et de 17 % chez les Végétaux.

254.2 Il n'existe pas deux individus non clonaux identiques

Considérons un génome relativement simple comprenant mille paires de nucléotides (acides aminés porteurs du code génétique). Le nombre de complexions possibles que peuvent donner ces paires est égal à $2^{1000,}$ soit environ 10^{300}. Ce nombre est colossal, puisque le nombre total des atomes constituant l'univers est vraisemblablement inférieur à 10^{80}.

Il est donc absolument improbable qu'il existe deux individus identiques, et ceci est confirmé pour toutes les études fines (empreintes digitales, immunologie, rejet des greffes, système HLA, etc.).

254.3 Certains gènes sont neutres

Le simple calcul qui vient d'être fait montre que la diversité potentielle n'est jamais réalisée, et que, en conséquence, un grand nombre de combinaisons de nucléotides n'ont pas eu la possibilité de s'exprimer et d'être sélectionnées (ou contre-sélectionnées) dans les milieux où l'espèce a vécu. Ces combinaisons sont "neutres" vis-à-vis de la sélection et l'usage a conduit à parler alors de gènes neutres (**M. Kimura**, 1983).

Par exemple, le gène de la chorée de Huntingdon (une maladie génétique gravissime que l'on ne sait pas guérir encore en 2007) exerce son action seulement sur les adultes qui ont dépassé l'âge d'engendrer des enfants. Il n'est donc pas contre-sélectionné comme le voudrait la règle darwinienne selon laquelle tout gène néfaste sera impitoyablement éliminé.

Ces gènes "insensibles à la sélection", (leur fréquence ne dépend pas de la sélection) sont "neutres" seulement dans l'état actuel du milieu où vit l'espèce. Nous verrons que l'existence des gènes neutres est extrêmement importante, en particulier parce qu'elle explique la possibilité de la macro-évolution.

La découverte des gènes neutres troubla durablement certains darwiniens de stricte obédience comme le montre S. Rumyantsev (1997) et elle obligea à mieux comprendre les interactions entre le niveau d'organisation biochimique et le niveau d'organisation des individus qui composent une lignée.

Il n'est évidemment pas possible de vérifier qu'un gène est rigoureusement neutre, parce qu'il faudrait, pour cela, essayer tous les cas de sélection possibles. Pourtant, le fait qu'un gène puisse être neutre est important, parce qu'il oblige à réfléchir très attentivement aux modes d'action de la sélection, et à la place tenue par le "hasard" (au sens couramment utilisé pour ce mot).

254.4 Dans l'effet-fondateur, le "hasard" est plus important que la sélection

Le "hasard" joue un rôle considérable lorsqu'une petite fraction d'une population émigre et va fonder une colonie loin de son lieu d'origine. Les "fondateurs" de la colonie n'emportent alors qu'une partie aléatoire des allèles présents dans la population-mère.

Quand le couple fondateur est unique, l'influence du "hasard" est évidente. Des exemples typiques ont été étudiés pour les populations humaines par A. Jaccard (1972). Il montre ainsi que, pour les 2.420 individus connus d'une tribu de Touareg (ce mot est le pluriel de Targui), 25 fondateurs seulement ont apporté une part non négligeable de la dotation génétique, et que 6 d'entre eux ont contribué pour plus de 40 % à cette dotation. Ces 6 fondateurs principaux ont certainement légué à la population des gènes particuliers dont le choix ne résulte pas de la sélection et qui peuvent être devenus "inutiles". Ce lot de gènes "non-sélectionnés" donne aux descendants un air de famille qui vient seulement du "hasard".

Cet "effet-fondateur" n'est pas limité à des cas extrêmes de populations isolées dans un environnement nouveau : il suffit que deux hommes soient cousins germains pour qu'ils aient deux ancêtres communs parmi leurs grands-parents, au moins quatre parmi leurs arrière-grands-parents, huit à la génération supérieure, etc.

Plus généralement, tirons au "hasard" deux individus parmi les 61.476.000 Français de 2010 ; chacun d'eux a 2 parents, 4 aïeux, 8 bisaïeux, 16 trisaïeux, ..., 2^n n-aïeux ; en comptant trois générations par siècle, chacun d'eux avait plus de quatre milliards d'aïeux au Moyen-Âge, à une époque où la population totale du globe comprenait au plus quelques dizaines de millions d'habitants ; en conséquence, deux Français quelconques ont nécessairement plusieurs ancêtres communs.

Inversement, un relativement petit nombre de Carolingiens sont les ancêtres d'un grand nombre des Français contemporains, et nos gènes actuels descendent pour une assez forte part de ceux de Charlemagne, ou de ceux de son cuisinier. Ce raisonnement montre que, en remontant au Moyen-Age, on trouverait sans doute seulement quelques milliers de "fondateurs" pour les Français d'aujourd'hui. À l'extrême, il est vraisemblable que tous les individus qui appartiennent à une espèce ont un ancêtre commun.

Le gène récessif ABCA4 entraîne un type de cécité affectant des Européens du sud et de l'ouest, qui descendent tous d'un Suédois ayant vécu il y a 2.700 ans. Le roi d'Irlande Niall Ier dont la dynastie régna du IVe au Xe siècle a laissé dans sa descendance des gènes qui sont présents chez 21 % des habitants actuels du nord-ouest de l'Irlande, 16 % des Anglais de l'ouest et du centre, et même 2 % des New-Yorkais.

L'effet-fondateur existe aussi dans nos sociétés actuelles, parce que chacun de nous vit au sein d'un "isolat" qui se traduit par le nombre relativement limité des choix qui s'offrent à un jeune adulte qui veut fonder une famille. La petite taille de l'isolat se traduit par un nombre élevé de mariages entre personnes qui ont déjà un lien de parenté et par une évidente consanguinité entre les membres de l'isolat. Dans les sociétés très fermées (vallées de montagne, îles), la taille de l'isolat est mesurée par les sociologues à partir du nombre de mariage entre cousins.

Un des effets-fondateurs les plus paradoxaux (**D. Queller**, 2000) est celui des Fourmis d'Argentine *(Linepithema humile)* émigrées en Californie : les guerres entre fourmilières voisines limitent la prolifération de ces Insectes en Argentine ; au contraire, les colonies californiennes ont perdu le goût de la bataille avec leurs congénères parce qu'elles en sont génétiquement très proches, et elles conquièrent de vastes territoires. En Europe, la Fourmi d'Argentine est présente depuis 1904 et elle a colonisé les régions méditerranéennes en donnant deux super-colonies au sein desquelles les ouvrières ne se combattent pas. Mais les tests d'ADN ont montré que la variabilité génétique est aussi forte à l'intérieur de chaque super-colonie que dans les populations d'Argentine. Le manque d'agressivité des populations européennes résulte alors de la sélection de signatures chimiques compatibles (= de non agressivité) qui évitent aux nouvelles fourmilières d'être attaquées par les premières colonisatrices (**T. Giraud, L. Passeara et L. Keller**, *La Recherche*, 372 : 52-54, 2004).

La petite Fourmi *Wassmannia auropunctata*, originaire d'Amérique du Sud, a colonisé la Nouvelle Calédonie en y perturbant la vie de nombreuses espèces (et même de l'Homme) par ses piqûres "électriques". Comme pour la Fourmi d'Argentine, les nouvelles colonies ont perdu leur agressivité mutuelle et elles ont colonisé facilement l'île.

254.5 Les migrations ajoutent une source de diversité

Les migrations des individus (et, dans le cas des plantes, les migrations des diaspores) peuvent avoir des conséquences immédiates, plus directes que l'effet-fondateur. Elles se traduisent souvent par une diversification qui est quelquefois nommée "radiation adaptative". L'effet-fondateur se produit aussi lorsque des grains de pollen sont transportés par le vent sur une longue distance. Par exemple, dans la zone des vents d'ouest, les pollens d'Europe vont jusqu'en Sibérie et ces vents transportent aussi des spores de champignons parasites d'Amérique en Europe (**Ch. Zambettakis**, 1975). De même, des pollens sont transportés par le vent depuis le Sahara jusqu'en Europe méditerranéenne, en même temps que les poussières rouges de 1 à 2 microns de diamètre (au nombre de 300 à 500 par cm3 d'air) qui viennent se déposer sur le toit des autos lorsque nous sommes sous l'influence de l'anticyclone saharien.

Les migrations peuvent maintenir une diversité génique dans les habitats très homogènes où pourraient se sélectionner des lignées pures. Il suffit pour cela que la distance de migration des diaspores soit du même ordre de grandeur (ou plus petite) que la distance en-dessous de laquelle il n'est plus possible de caractériser un gradient de sélection. Un bon exemple en a été donné pour le Thym en Languedoc, par **P.-H. Gouyon, G. Valdeyron et Ph. Vernet** (1979). Des allèles différents coexistent alors, sans que la sélection du milieu puisse les séparer.

Le rôle des migrations dans l'Évolution est évident pour les Oiseaux, mais il a été observé aussi dans des cas plus inattendus comme celui des petits Escargots européens du genre *Balea* qui se sont accrochés à des oiseaux migrateurs pour atteindre l'Islande aussi bien que les Açores ou Tristan d'Acunha dans l'Atlantique Sud, du côté de Sainte-Hélène.

254.6 La "dérive génique" est une autre source de variations héréditaires aléatoires

Dans le passage d'une génération à la suivante, il y a toujours une certaine probabilité pour que certains allèles soient "perdus". Cette perte est d'autant plus probable que l'effectif de la population est faible. Les petites populations isolées subissent alors une évolution imprévisible, conséquence de la perte aléatoire de certains gènes. C'est la "dérive génique" très clairement analysée par **S. Wright** (1939) et par **M. Lamotte & J. Coursol** (1974).

Cette dérive se produit en particulier quand le milieu qui convient à l'espèce est fragmenté en éléments dispersés dans une mosaïque de milieux, et que les gènes circulent mal d'un fragment à l'autre de la mosaïque. Pour les plantes, ceci est fréquent lorsque les insectes pollinisateurs sont casaniers, ou lorsque des décalages phénologiques empêchent le pollen de circuler entre des individus voisins. Un exemple typique est celui des plantes qui vivent au bord des combes à neige : celles qui sont à la périphérie de la combe peuvent fleurir tôt, dès que la neige commence à fondre ; leur pollen ne peut pas alors aller féconder les plantes qui sont encore cachées sous la neige. Des populations distantes de quelques décimètres peuvent ainsi ne pas être interfécondes, et la dérive génique est alors très forte.

La dérive génique et l'effet-fondateur affectent des populations peu nombreuses. Il n'est donc pas étonnant que, dans le cas où elles ont amorcé une spéciation, le "maillon manquant" ait eu peu de chances de laisser des fossiles.

L'étude fine de la dérive génique conduit à celle des méta-populations (§ 26*).

281.7 La spéciation dépend de l'aire occupée

J. B. Losos et D. **Schluter** (2000) ont analysé la répartition spatiale des 48 espèces de Lézards du genre *Anolis* qui vivent dans 147 îles des Caraïbes en rattachant les espèces récentes à leurs ancêtres de l'Oligocène (– 30 millions d'années). Ils ont ainsi montré que la spéciation est très active dans les 4 îles dont la surface dépasse 3.000 km2 (Cuba, Puerto Rico, Hispaniola et la Jamaïque) alors qu'elle est pratiquement nulle dans les 143 îles plus petites. En conséquence, la courbe qui représente le nombre d'espèces présentes dans une île en fonction de la taille de l'île commence par monter avec une pente faible (0,06 en coordonnées doublement logarithmiques) et monte brutalement (pente 0,76) pour les 4 grandes îles. Ils concluent que la spéciation est suffisamment active dans les grandes îles pour que le taux d'apparition de nouvelles espèces soit supérieur au taux d'extinction des espèces présentes actuellement.

Plus généralement, les taxons qui se sont répandus sur tout le globe ont pu se diversifier intensément. L'un des exemples typiques est celui de la familles des Cervidés qui vit :

- dans la zone polaire : le Renne en Eurasie et le Caribou au Canada).

- dans la zone tempérée : le Cerf à museau blanc au Tibet, le Cerf des Pampas (*Ozotoceros)* dans les plaines herbeuses (Argentine, Bolivie, Brésil, Paraguay), le Cerf élaphe en Eurasie, le Cerf mulet en Amérique du Nord, le Cerf sika au Japon et en Chine, le Chevreuil en Eurasie, le Daim en Eurasie, l'Hydropote, l'Élan (Europe du Nord, Sibérie, Mongolie, Mandchourie, Alaska, Canada, nord-est des USA), les deux Guemal (Hippocamelos, qu'il ne faut pas confondre avec l'Hippocampelephantocamelos) dans les hautes Andes, du Pérou au Chili, le Porte-musc dans les montagnes d'Asie centrale, le Wapiti de l'Amérique du Nord à la Mongolie, le Poudou du Sud dans les Andes de l'Argentine et du Chili.
- dans la zone tropicale : le Barasingha et le Cerf axis en Inde et à Ceylan, le Cerf Calamian dans les îles éponymes, le Cerf-cochon et le Tameng de l'Inde au Vietnam, le Cerf de Kuhl dans les îles Bawean, le Cerf du Père David qui vivait autrefois en Chine, l'Élaphode en Chine méridionale, les Mazame (4 espèces) dans la Cordillère des Andes, le Muntjac (20 sous-espèces) et le Sambar en Asie du Sud-est et en Indonésie, le Poudou du Nord dans les basses Andes du Pérou de l'Équateur et de Bolivie, le Rusa en Indonésie.
- en Amérique du Nord et aussi en Amérique du Sud : le Cerf de Virginie dans l'Amérique de l'Est et aussi son vicariant au Pérou et au Brésil,
- dans des habitats particuliers "azonaux" : le Cerf des marais (Brésil, Pérou, nord de l'Argentine).

C'est un bel exemple de "radiation adaptative" (§ 27*).

255 L'IRRÉVERSIBILITÉ DE L'ÉVOLUTION ?

255.1 L'évolution paraît souvent irréversible

Quand une population vit dans un paysage hétérogène, un mutant qui apparaît peut s'isoler du reste de la population, et aller vivre dans la fraction de paysage qui lui convient mieux (*cf.* § 26*). Quand cet isolement est radical (ou quand le mutant va très loin de la population originelle) l'interfécondité disparaît dans la pratique, même si elle reste possible dans l'absolu (voir l'exemple des Sapins méditerranéens dans le § 26*). La spéciation est ainsi amorcée et elle s'accentuera chaque fois qu'une nouvelle mutation surviendra dans la population isolée.

L'Évolution semble donc irréversible, mais il existe de nombreux contre-exemples. L'un des cas évidents est celui où, après la phase de séparation, la mutation inverse se produit dans la population isolée. De plus, ainsi qu'il a été dit au début du paragraphe 22*, une mutation différentielle n'entraîne pas obligatoirement la rupture de l'interfécondité ; aussi longtemps que des échanges de gènes entre la population initiale et la population mutante se maintiennent, le jeu reste ouvert et l'évolution peut revenir sur ses pas. Ce phénomène est important pour l'Homme (§ 71*), puisque toutes les populations humaines sont restées interfécondes depuis plus de 100.000 ans et qu'elles n'ont donc pas suivi le rythme habituel de l'horloge moléculaire.

Il est également possible que certains gènes qui ont inhibé la mise en place d'une structure anatomique cessent de faire effet. Par exemple, M. WHITING, de l'Université Brigham Young (Utah) pense que certains Phasmes ont ainsi retrouvé leurs ailes après les avoir perdues pendant plusieurs générations. Même chez l'Homme, des retours à des étapes antérieures se produisent quelquefois (mamelons supplémentaires, os hyoïde).

C'est une des raisons pour lesquelles l'Évolution explore sans cesse des voies nouvelles. Ceci a été présenté comme une loi par Dollo, sous une forme assez dogmatique et l'un des contre-exemples les mieux analysés est le retour de caractères anciens chez *Arabidopsis thaliana* (*Nature*, mars 2005).

255.2 Les convergences de forme

Le retour d'un phylum vers une forme qu'il avait adoptée autrefois n'est pas une réversibilité de l'évolution, mais une "convergence de forme". L'exemple le plus typique est celui des Vertébrés aquatiques, qui se ressemblent quoiqu'ils appartiennent à des groupes taxinomiques (embranchements, classes, ordres, familles et genres) aussi divers que :

- les Sélaciens, dont le squelette est cartilagineux (Requins et Raies) ;
- les Poissons proprement dits ;
- les Pinnipèdes qui vivent sur les côtes (Phoques et Morses) et les Loutres ;
- les Cétacés (Baleines et Cachalots), Mammifères qui allaitent leurs petits et doivent venir respirer en surface) ; leurs ancêtres (*Basilosaurus* et *Mesoryx*) ont été repérés dans l'Éocène du Pakistan (vers – 60 millions d'années) sous la forme de très petits Hippopotames qui vivaient dans les marécages côtiers.

Les formes qui permettent aux animaux de voler sont très diverses : les Oiseaux ont des ailes garnies de plumes, les Insectes ont des ailes membraneuses, les Chauves-souris ont enveloppé de peau les os de leurs bras et de leurs doigts, certains Lézards ont fait de même pour leurs côtes thoraciques, etc.

255.3 Le maintien de lignées "moins bien adaptées".

Dans les discussions relatives à l'Évolution, une question est souvent posée : "si l'Homme est plus évolué que le Chimpanzé, pourquoi reste-t-il des Chimpanzés ?" La réponse est que la sélection naturelle de Darwin n'est pas une loi absolue, puisque les individus porteurs d'une mutation "bienfaisante" n'éliminent pas ceux qui n'en ont pas bénéficié et qui peuvent donc se reproduire encore pendant de nombreuses générations.

255.4 L'ontogenèse

Il a été remarqué depuis longtemps que l'embryon semble parcourir en accéléré au cours de son développement les stades de l'évolution qui ont été parcourus par ses ancêtres. L'exemple classique est celui des fentes branchiales que les embryons de Mammifères possèdent lors de stades précoces, comme pour se souvenir que leurs ancêtres étaient des Poissons.

Les premières divisions des cellules de l'embryon donnent la *morula* qui est analogue à une colonie de Protistes unicellulaires ; la gastrulation produit une cavité digestive munie d'un seul orifice analogue à une Hydre. L'appareil circulatoire de l'embryon de Vertébré est organisé comme celui des Reptiles, où le sang oxygéné et le sang chargé de CO_2 sont encore mélangés. L'embryon humain possède une queue analogue à celle des Singes, etc. L'ontogenèse est analogue à un spectacle "Son et lumière" qui retrace la succession des transformations subies par le monument jusqu'à son état actuel.

L'un des exemples les plus significatifs est celui de l'embryon des Sacculines parasites des Crabes qui se présente successivement sous plusieurs formes :

- à l'état larvaire "la2" sous une forme proche de celle des Ostracodes (organisme libre protégé par une carapace) ;
- puis, au stade "la3", de celle des Cirripèdes (organismes fixés par un pédoncule, comme les Balanes, ces petites coques que l'on trouve ancrées sur les Moules) ;
- le stade "la1" est commun à ces trois lignées.

Cette phénomène a beaucoup frappé les naturalistes, et en particulier HAECKEL qui le nommait ontogénie et en faisait un principe : "L'ontogénie récapitule la phylogénie." Dans le langage des spécialistes, le mot "ontogenèse" a progressivement remplacé "ontogénie" et il a ensuite pris un sens plus général dans l'étude du développement embryonnaire.

Le rassemblement des osselets dans l'oreille interne des Mammifères peut être considéré comme une manifestation de l'ontogenèse : chez les Reptiles, ces osselets étaient des os fonctionnels ; à la fin de l'ère secondaire, ils ont perdu progressivement leur utilité première mais ils restaient présents chez les premiers Mammifères et ils ensuite ont été "récupérés" pour transmettre les sons qui arrivaient au tympan. (voir aussi ce qu'il est advenu de certains os chez les Baleines). L'Évolution donne souvent l'impression d'être un "bricolage" !

R. CHANDEBOIS a mis en évidence le rôle de l'environnement tissulaire dans l'embryogenèse et elle note que : "Les traits d'organisation les plus caractéristiques étant déterminés par les fonctions tissulaires ... on retrouve nécessairement dans l'architecture d'un individu à un stade quelconque de son organogenèse des caractères acquis au stade terminal chez une forme ancestrale."

Quand les relictes des structures anciennes se trouvent dans une ambiance d'interactions "hétérotypiques", elles induisent le développement au moins temporaire de cette structure ancienne. L'ontogenèse est alors la succession de ces interactions.

Quelquefois, au contraire, le développement de l'embryon semble interrompu en cours de route et l'on parle alors de "**néoténie**" (mot inventé par J. KOLLMANN). L'un des exemples extrêmes de néoténie est l'*Axolotl*, où une "larve" pourvue de branchies peut donner naissance à une forme "adulte", l'Amblystome, dotée de poumons.

L'Homme est vraisemblablement en situation de néoténie par rapport à ses ancêtres Hominoïdes (§ 71*).

256 LA SÉLECTION NATURELLE : UNE CASCADE D'ÉVÉNEMENTS

256.1 La sélection naturelle

De la mosaïque d'interactions qui ont été examinées depuis le début du présent paragraphe, une première idée générale se dégage : la reproduction des êtres vivants est une transmission d'information qui s'accompagne de "bruit", au sens qui est donné à ce mot en théorie de l'information. La sélection naturelle intervient dans le système de l'évolution des lignées, en procédant à un tri et CHARLES DARWIN en donne une définition précise, dès le début du chapitre de *L'origine des espèces au moyen de la sélection naturelle* (1859), qui définit la sélection naturelle (p. 131) :

"Nous pouvons être certains que toute variation néfaste – si peu néfaste soit-elle – sera impitoyablement détruite. Cette préservation des variations favorables, et le rejet de celles qui sont néfastes, je l'appelle sélection naturelle".

Sans manquer de respect à l'inventeur de la sélection naturelle – paix à ses mânes – il faut reconnaître que cette définition ne peut plus être considérée comme valable aujourd'hui, parce que CHARLES DARWIN n'a pas saisi que l'élimination de "toute variation néfaste" produit immanquablement des lignées dépourvues de toute variation génétique – que l'on appelle aujourd'hui lignées pures.

Or, depuis les années 70, les innombrables observations des allozymes présents dans les populations réelles ont montré que, au contraire, l'Évolution maintient dans toutes les espèces des caractères plus ou moins néfastes qui font partie de la diversité génétique (§ 26*).

Ce maintien de la diversité génétique à l'intérieur de l'espèce est possible parce que les mécanismes biochimiques ne sont pas aussi rigidement combinés que les rouages d'une montre, et que la modification "néfaste" d'une protéine n'entraîne pas "impitoyablement" l'élimination de l'individu qui en est affecté. La raison en est que les fonctions biologiques ressemblent plus au système de pilotage cybernétique d'un avion, qui est "redondant" (il existe toujours au moins un système de secours pour parer aux défaillances du système normal). C'est précieux pour chacun de nous, pauvres humains emportés par le tourbillon de l'évolution, qui aurions été éliminés à cause des gènes "néfastes" qui sont présents dans notre génome.

L'un des darwiniens les plus convaincus, RICHARD DAWKINS, était bien désabusé quand il notait sur son blog, le 11 avril 2006 que l'Évolution darwinienne est "*a deeply nasty process*" (un processus profondément nauséeux). Une vision plus systémique de l'Évolution permet d'éviter ce pessimisme et le modèle des montagnes russes (§ 17*) montre bien que l'Évolution conduit souvent les systèmes biologiques vers des états de plus en plus capables de résister aux perturbations. Ce processus sera discuté en détail dans les paragraphe 27* et 35*.

256.2 La cascade de la spéciation

Le néo-darwinisme a apporté d'importants compléments à la théorie darwinienne, mais il reste nécessaire de voir que le rôle de l'environnement dans l'Évolution encore est trop méconnu bien qu'il soit essentiel.

Pour comprendre comment le polymorphisme se maintient durablement et comment les variations néfastes peuvent persister assez longtemps dans une population interféconde, il serait possible de placer les étapes de ce type d'évolution dans un espace comprenant au moins trois dimensions. Un schéma plus simple suffit pour voir ce qui se passe quand un génome G1 se modifie et donne naissance à un génome G2, à la suite d'une mutation ou d'un remaniement chromosomique. Une longue cascade d''éventualités apparaît alors :

1. La modification empêche l'individu G2 de survivre (on dit qu'elle est "létale") : G2 disparaît immédiatement et la lignée reste "pure" en ce qui concerne le caractère modifié par la mutation, et le schéma darwinien est respecté.

2. La modification est viable : il y a une amorce de cladogenèse 2, sans que les deux lignées qui sont alors en présence s'hybrident ; il faut alors distinguer trois cas :

2.1 L'une des lignées est nettement supérieure, elle élimine rapidement les autres et subsiste seule. Là encore, le schéma darwinien est respecté.

2.2 La mutation a affecté un gène neutre, les deux lignées G1 et G2 sont également capables de survivre durablement et plusieurs allozymes restent présents dans la population, en donnant éventuellement lieu plus tard à une exaptation inattendue (§ 27*).

2.3 L'une des lignées subsistantes G1 et G2 est un peu plus efficace que l'autre et elle l'élimine lentement. Pendant tout le temps où G1 et G2 continuent à coexister, les deux lignées restent en compétition, la population reste polymorphe et l'on y trouve des allozymes. Il faut alors distinguer plusieurs cas :

---

2 Rappelons qu'une cladogenèse se produit quand une lignée A se divise en deux rameaux B et C, alors qu'il y a anagenèse quand une lignée évolue progressivement, au cours des millénaires. Tel est le cas des Blattes ou des Ondatrinés d'Amérique du Nord qui se sont succédés depuis un peu plus de trois millions d'années, sans produire de rameau latéral.

2.3.1 Aucune niche écologique supplémentaire convenant à ces lignées n'est libre dans le territoire que peuvent atteindre les diaspores de l'espèce. Dans ce cas, le polymorphisme se maintient durablement, mais une anagenèse peut se produire à la suite d'une nouvelle mutation ou d'un nouveau remaniement chromosomique qui nous ramènerait au début de cette cascade d'évènements qui ne sont pas des alternatives.

2.3.2 Il existe une niche écologique libre et accessible :

2.3.2.1 La niche libre est située sur un autre territoire et une seule des deux lignées qui coexistaient l'atteint. Il y a migration, puis éventuellement isolement géographique et cladogenèse par spéciation allopatrique, avec "effet fondateur".

2.3.2.2 La niche libre est située à l'intérieur du même territoire. Il n'y a pas de migration ni effet fondateur, mais il peut y avoir spéciation sympatrique et cladogenèse si les deux niches écologiques sont nettement différentes.

3. Si les deux lignées G1 et G2 sont interfécondes et donnent un hybride G1-G2, cet hybride est quelquefois supérieur à G1 et à G2 par "hétérosis" et il élimine G1 et G2, mais ce cas est moins fréquent qu'on ne l'a pensé pendant de nombreuses années en s'appuyant sur l'exemple de l'anémie falciforme. Le jeu de la concurrence se joue alors entre les trois partenaires, en revenant au niveau 2.1 de la cascade à partir du moment où l'un des trois a disparu.

Ce schéma de l'évolution à l'échelle de l'espèce n'est pas une succession d'aiguillages de chemin de fer, mais au contraire un ensemble probabiliste de rétro-actions. Il suffit cependant pour montrer que la sélection naturelle darwinienne par l'élimination des moins aptes ne correspond pas à ce qui se passe dans la réalité et n'est donc pas capable d'expliquer l'Évolution parce qu'elle sous-estime le rôle de l'environnement qui apparaît clairement dans la cascade ci-dessus.

Le plus étonnant dans cette affaire est que **CHARLES DARWIN** a reconnu, à la fin de sa vie, dans une lettre du 13 octobre 1876, citée par **P. ACOT** que : **"La plus grande erreur que j'ai commise a été de ne pas attribuer suffisamment d'importance à l'action directe de l'environnement, c'est-à-dire la nourriture, le climat, etc., indépendamment de la sélection naturelle"**.

Pourquoi **CHARLES DARWIN** n'a-t-il pas eu l'honnêteté de reconnaître publiquement cette "grande erreur", même dans les éditions finales de "*L'origine des espèces*" ? L'explication la plus vraisemblable est que cette rectification l'aurait obligé à reconnaître ce qu'il devait à **J.-B. DE LAMARCK** dont il évitait soigneusement de citer les œuvres qui avaient pourtant ouvert la voie à l'idée révolutionnaire de l'Évolution.

Heureusement, certains paléontologues reconnaissent maintenant que l'environnement joue un rôle essentiel dans l'Évolution. Par exemple, **MICHEL BRUNET ET JEAN-JACQUES JAEGER** ont dit, au sujet des premiers Primates africains venus d'Asie qu'ils ont trouvé en Libye : "On est là au début de l'histoire qui, à force de diversification, d'adaptation, de spécialisation dans des milieux particuliers, conduit à Toumaï et aux grands singes comme les babouins."

Nous devons donc aujourd'hui construire des modèles où l'environnement est reconnu comme essentiel parce qu'il contrôle l'évolution des lignées selon un ensemble de rétro-actions plus réel que la sélection naturelle telle que Darwin l'avait définie.

D. SICARD (2002) l'avait bien compris puisqu'il a écrit : « C'est l'environnement qui, modifiant sans cesse les paramètres des fonctions génétiques, est à l'origine du caractère bénéfique ou délétère d'un gène ». **R. LEWONTIN** (2003) va encore plus loin en disant qu'il y a « co-évolution de l'organisme et de l'environnement, éléments qui sont tous deux causes et effets ».

Les travaux récents de **J. CRABBE** (*Science*, 1999) et de **P. PIAZZA, S. CAGIB & M. LE MOAL** (*Science*, 21 07 2000) confirment la pertinence de l'aveu tardif de Darwin : des souches de souris totalement identiques sur le plan génétique, soumises aux mêmes tests, réagissent de manières radicalement différentes dans les trois laboratoires où ces tests sont effectués (Portland, Alberta et Albany) ; parallèlement, dans une expérience testant les réactions de deux souches à une modification de l'environnement, il apparaît que celui-ci modifie les orientations génétiques.

Les espèces qui vivent dans des conditions extrêmes sont sans doute celles dont les lignées sont le plus liées aux caractères de l'environnement. Par exemple, F. **BANI-AAMEUR ET A. ZAHIDI** (2005) ont étudié la densité des stomates sur les feuilles de l'Arganier, un arbre qui vit dans l'étage aride du Maroc, à la limite du Sahara, dans des montagnes où l'alimentation en eau des plantes est très variable : cette densité varie de 50 à 312 stomates par mm2, et l'héritabilité de ce caractère "adaptatif" est forte dans chacune des populations observées.

257 MICRO-ÉVOLUTION ET MACRO-ÉVOLUTION

257.1 Une différence fondamentale

L'action directe des mutations est suffisante pour expliquer la micro-évolution, surtout dans le cas de l'anagenèse (§ 251*). Mais une différence profonde existe entre la micro-évolution et la macro-évolution parce qu'il n'y a pas continuité entre ces deux modes d'évolution, alors qu'il y a continuité entre les petits séismes (événements de faible intensité mais très fréquents) et les grands séismes (événements de forte intensité mais très peu fréquents) : la relation entre l'intensité des séismes et leur fréquence est parfaitement linéaire dans une représentation bi-logarithmique.

La différence essentielle entre la micro-évolution et la macro-évolution est que, dans la première, les mutations de gènes lors de la transcription de l'ADN entraînent des modifications directes de la physiologie de l'individu qui peuvent être sélectionnées ; cela suffit pour justifier les changements progressifs qui apparaissent dans une lignée évolutive, puisqu'ils apportent un avantage immédiatement utile dans la compétition entre individus. Au contraire, dans la macro-évolution, une série de changements mineurs sans intérêt immédiat s'enchaînent sur une longue durée avant qu'un avantage majeur apparaisse. Cette longue durée de maturation sans avantage immédiat est possible seulement par l'accumulation d'un grand nombre de gènes "neutres" qui restent inutiles, en attente d'un futur inconnu, pendant des milliers de générations.

Pour essayer d'expliquer la macro-évolution, où c'est un ensemble de caractères qui évoluent ensemble, il faudra se souvenir que "l'évolution trans-spécifique n'est pas affaire de gènes, mais qu'elle concerne la totalité des complexes géniques co-adaptés" (**E. MAYR**, 1974). C'est pourquoi les remaniements chromosomiques (§ 25*) ont certainement joué un rôle plus important que les mutations géniques dans la macro-évolution.

257.2 La macro-évolution

La macro-évolution implique l'apparition de structures inédites (la "chorde" chez les ancêtres des Vertébrés, la graine chez les Phanérogames, les poumons chez les Amphibiens, etc.) et elle repose sur des processus complexes. Ce type d'évolution "inventive" n'est certainement pas un phénomène magique, et il pose des problèmes particuliers, parce que "l'évolution trans-spécifique n'est pas affaire de gènes, mais elle concerne la totalité des complexes géniques co-adaptés" (**E. MAYR,** 1974).

C'est pour la macro-évolution que l'**orthogenèse** ("suite de variations qui, dans l'évolution des êtes vivants, se produisent dans le même sens, à travers plusieurs espèces ou genres") prend toute son importance. Nous y reviendrons dans le paragraphe 27*.

257.21 Quelques exemples de macro-évolution

Les grandes innovations qui correspondent à la naissance d'un embranchement nouveau, ou d'une classe nouvelle sont toujours l'acquisition d'une résistance spéciale aux perturbations qui causent les difficultés de la vie.

1) L'exemple le plus ancien est peut-être celui des algues Eu-caryotes primitives qui ont regroupé leurs chromosomes dans un noyau cellulaire différencié qui sécurise leur reproduction.

2) Les Fougères innovent en mettant en place une tige réunissant des vaisseaux capables de conduire la sève des racines jusqu'aux frondes de la cime (§ 22*), de manière à mieux réussir dans la chasse aux photons apporteurs d'énergie et pour devenir capables de conquérir les continents, qui étaient des déserts absolus jusqu'à l'explosion des Fougères. Ce passage des Algues pluri-cellulaires Thallophytes (dont les cellules peu différenciées sont groupées en "thalles") aux Fougères dotées de vaisseaux (§ 22*) met en jeu la consolidation des membranes cellulaires, la spécialisation des "racines", l'adaptation à la vie sur la terre ferme, la résistance des frondes à la sécheresse de l'air, la modification des rôles respectifs du gamétophyte et du sporophyte, etc.

3) Le passage des Cryptogames aux Phanérogames grâce à l'apparition de la graine qui a la propriété de survivre en "dormance" pour avoir plus de chances de se reproduire est une macro-évolution typique. En effet, il implique exige un ensemble de modifications morphologiques et biochimiques qui sont même partiellement contradictoires (voir le § 22*).

Par exemple, une graine de Pin diffère d'une spore de Fougère par son aptitude à survivre pendant les mois d'hiver, en attendant le printemps. La graine doit donc contenir des enzymes de "dormance" qui ralentissent les processus biochimiques internes tout au long de la période défavorable, mais aussi des enzymes sensibles aux conditions extérieures qui seront capables de relancer le processus de germination dès que ces conditions deviennent meilleures.

L'acquisition de ces deux jeux d'enzymes contradictoires semble *a priori* peu probable et elle n'a pu avoir lieu que sous des climats peu contrastés où de longues séries d'échecs et de succès ont pu faire le tri des combinaisons de molécules capables de résoudre le problème (en théorie des jeux, on dirait qu'il s'agit d'un jeu de coopération gagnant-gagnant). C'est dire que le lieu et l'instant où le système a commencé à fonctionner étaient imprévisibles, alors que le résultat bénéfique avait de fortes chances de survenir, un jour ou l'autre, et de durer puisqu'il donnait une plus grande stabilité au système de reproduction de l'espèce. Il n'est donc pas nécessaire de voir là une intervention directe d'un démiurge qui téléguiderait l'évolution ; il suffit que le monde ait été conçu, comme le pense **PLATON**, de manière telle que ce genre d'innovation soit possible et bénéfique.

4) Des réflexions analogues peuvent être faites pour l'arrivée des Angiospermes pollinisées par les Insectes (§ 22*).

5) Chez les animaux, l'un des exemples les plus discuté est celui du passage de la vie aquatique des Poissons à la vie terrestre effectué par les Amphibiens puis ensuite par les Reptiles – avec le maillon intermédiaire des Dipneustes et des Periophtalmes. En effet, il implique le remplacement des branchies par des poumons, la transformation des nageoires en pattes, la consolidation du squelette qui ne bénéficie plus de la poussée d'Archimède, la modification du type de nourriture et du système digestif, la résistance à la dessiccation de la peau offerte au grand air, etc. D'autres exemples importants sont l'ossification de la chorde chez les Vertébrés, l'acquisition de l'homéothermie des Mammifères.

Dans tous ces cas, ce sont les interactions entre les espèces et leur habitat qui ont contrôlé l'évolution mais il est difficile de savoir si celle-ci est parfaitement déterministe. En théorie, ce serait possible, en analysant la totalité des réactions biochimiques (sous-tendues par des lois thermodynamiques rigoureuses) qui sont intervenues depuis 3,5 milliards d'années jusqu'à l'état actuel de la biosphère. En pratique, les biologistes ne peuvent pas connaître toutes les relations de cause à effet qui sont intervenues dans ces processus. L'écologue peut seulement préciser comment ces innovations ont été utiles pour assurer la métastabilité des espèces dans leurs habitats, ce qui est déjà passionnant sans impliquer le moindre finalisme philosophique.

6) Pour le passage du Singe à l'Homme, les avantages concernent l'ensemble du mode de vie (§ 71*) et ils s'expliquent plus par des remaniements chromosomiques que par des mutations à l'échelle du gène.

7) Pour le passage de l'*Homo habilis* à l'*Homo erectus* (§ 71*), les modifications morphologiques qui interviennent sont principalement la forme des os du pied et du bassin (pour la bipédie), le volume du crâne, et la modification des os de la base du crâne et de la dentition.

Le rôle du polymorphisme et des gènes neutres

Dans chacun de ces cas de macro-évolution, une innovation fonctionnelle apportée par une micro-évolution se maintient grâce au polymorphisme qui règne à l'intérieur de chaque espèce, même si elle est "neutre" vis-à-vis de la sélection naturelle. C'est pourquoi on parle alors de "pré-adaptations" (§ 27*).

Une espèce peut ainsi accumuler pendant plusieurs millions d'années, par micro-évolution, des caractères qui ne sont pas utiles ; ensuite, lorsque l'ensemble de ces caractères lentement accumulés permet à l'espèce de coloniser des "espaces" écologiques nouveaux, une macro-évolution peut alors se révéler. Cette différence entre les époques où l'évolution est lente et celles où elle est rapide correspond bien aux équilibres ponctués (§ 27*).

Dans tous ces cas, comme le faisait remarquer Herbert Simon, il faut repenser à l'exemple l'assemblage de la centaine de pièces nécessaires pour fabriquer une montre : si l'on recommence l'assemblage depuis le début chaque fois que la montre complète n'est pas réussie, la tâche a peu de chances d'être accomplie en un temps fini ; si l'on garde les sous-ensembles de quelques dizaines de pièces qui peuvent fonctionner (le balancier et son support, l'ancre et l'échappement, etc.), même si ces sous-ensembles ne sont pas immédiatement utiles, il n'est pas nécessaire de revenir au début du processus et les sous-ensembles qui sont restés assemblés ont alors des chances de pouvoir constituer la montre.

Plus généralement, comme cela a été vu dans le paragraphe 21*, les équations de **RICATTI** associées aux équations de la physique sont vraisemblablement nécessaires pour expliquer l'ensemble des processus de l'Évolution.

257.22 Une explication à l'échelle des tissus : les systèmes homéotiques

De nombreux auteurs envisagent l'intervention de gènes "régulateurs" ou gènes "architectes" (**A. DE RICQLÈS & H. LE GUYADER**, 2000) qui seraient d'un niveau hiérarchique élevé puisqu'ils "commanderaient" le fonctionnement de l'armée des gènes élémentaires qui fabriqueront un organe. Cette hypothèse a pris une consistance certaine grâce à la découverte des systèmes "homéotiques" nommés quelquefois "supergènes", qui sont apparus très tôt, en même temps que les Pluricellulaires, mais aucun fossile n'est disponible pour dire comment cette innovation majeure s'est produite.

Par exemple, les gènes "Hox" étudiés par **E. LEWIS & TH. KAUFMAN** chez la Drosophile comportent une "homéoboîte", séquence de 180 paires de bases codant 60 acides aminés, qui serait capable de remplacer une patte par une aile. L'ordre spatial de ces gènes serait aussi l'ordre temporel de leur action (règle de colinéarité). Ces gènes détermineraient ainsi le moment, au cours du développement d'un individu, où interviendra l'apparition d'un organe. Deux exemples classiques de gènes homéotiques sont le complexe *Antennapedia* et le complexe *Bithorax*. Le plus étonnant est que l'homéose *Bithorax* se produit quand l'embryon est traité à l'éther trois heures après la fécondation ; l'homéose n'est donc pas un phénomène dépendant seulement des gènes.

Les changements de structure anatomique sont ainsi commandés par les systèmes homéotiques. Cette remarque s'est ajoutée aux modalités de l'embryogenèse et aux influences réciproques entre les divers tissus des Pluricellulaires (Métazoaires) pour conduire **R. Chandebois** (1989) à penser que ces gènes homéotiques sont un résultat plutôt qu'une cause, et qu'une "innovation majeure produite au sein de l'Évolution est l'introduction d'une nouvelle action hétérotypique [entre tissus adjacents] en cours ou en fin du développement."

Un autre exemple de la pluripotence des cellules jeunes est celui des synapses où l'influx nerveux se transmet entre deux neurones : le caractère original d'une synapse est que la dépolarisation électrique qui arrive par l'axone d'un neurone fait apparaître des molécules nommées "neuro-modulateurs" qui se déplacent jusqu'à une terminaison du neurone voisin et y produisent un courant électrique symétrique de celui qui a provoqué leur production. On a longtemps pensé que ce système qui donne au cerveau son extraordinaire capacité de traitement de l'information ne fonctionnait que dans le cerveau. Mais **D. Davis** (2006) montre que des systèmes analogues relient des cellules qui concourent dans la protection immunitaire.

La non-spécialisation des cellules-souches "pluripotentes" est à l'origine de leur utilisation thérapeutique.

C'est à l'intérieur de l'orthogenèse que certains embryologistes placent le problème de la séparation entre les "organes" qui s'opère au cours de la vie de l'embryon : la spécialisation des cellules qui constituent les organes semble analogue à la spéciation qui a eu lieu à l'échelle des temps géologiques.

R. Chandebois (1999, p. 80) s'est intéressée à l'étape de la "méga-évolution" qui a vu apparaître, au sein des Acoelomates (par exemple les Spongiaires où l'adulte conserve le plan d'organisation de la gastrula avec ses deux feuillets et son unique orifice), les Coelomates dotés d'un second orifice et du cœlome. Elle fait remarquer que cette évolution très fondamentale, ce changement topologique radical, à l'échelle des embranchements, résulte simplement d'une petite modification de la localisation des tissus, sans qu'une méga-mutation du génome soit nécessaire. La formation d'organes spécialisés dans la macro-évolution résulte aussi d'une modification mineure des gradients perceptibles dans la géométrie de l'embryon.

Plus largement, l'étude des mécanismes génétiques qui contrôlent le développement embryonnaire et l'ontogenèse s'est beaucoup développée, au point d'être nommée par ses dévots spécialistes "évo-dévo". L'un des résultats remarquables de ces recherches est d'avoir montré que le développement des embryons de Métazoaires (les animaux pluricellulaires, y compris les Éponges, Hydres et Méduses qui n'ont que deux couches de cellules) repose sur des "boîtes à outils" moléculaires très semblables.

257.3 Le monophylétisme et le polyphylétisme

Une lignée est strictement monophylétique si tous ses individus sont issus d'un même couple de deux ancêtres communs2. Ce cas extrême est sans doute relativement rare puisque ce sont habituellement plusieurs couples reproducteurs qui se détachent du tronc commun avec rupture de l'interfécondité et produisent progressivement une espèce nouvelle par effet-fondateur. Cependant, lorsque le nombre de ces couples fondateurs est faible, on considère habituellement que l'espèce nouvelle est monophylétique, parce que les couples fondateurs possédaient des patrimoines génétiques assez proches et parce qu'une partie d'entre eux sont morts ou n'ont pas laissé de descendance.

Une population actuelle est considérée comme polyphylétique seulement quand les individus qui la constituent proviennent de plusieurs couples détachés du tronc à des moments différents ou en des lieux différents par des cladogenèses distinctes (§ 25*). Le polyphylétisme est bien prévu dans le schéma de l'évolution des grands groupes proposé par LOUIS EMBERGER.

---

2 Pour les plantes monoïques - où un individu possède à la fois des gamètes mâles dans les étamines et des gamètes femelles dans les ovules - le "couple" reproducteur peut être issu d'un seul individu, mais ce cas est relativement rare, parce que la plupart des espèces ont établi des barrières entre étamines et ovules d'un individu quelconque, "pour" augmenter la diversité génétique.

Les Hêtres "tortillards" illustrent bien le problème du mono-phylétisme : ce sont des populations d'individus dont le tronc, les rameaux et les racines sont coudés et tordus, et dont l'exemple le plus connu vit à Verzy en Champagne. D'autres cas ont été recensés au Mont Lozère, dans les Cévennes et à Orcines, près de Clermont-Ferrand, et les spécialistes hésitent entre deux hypothèses :

- les tortillards peuvent être issus d'une mutation récente, aux dépens d'une population locale, par monophylétisme strict ; cette hypothèse est confortée par la grande similitude du patrimoine génétique des tortillards et des individus au tronc rectiligne qui les entourent ;
- les tortillards seraient issus d'une population ancienne, vieille de plus de 18.000 ans, mêlée à la vague des Hêtres qui ont reconquis l'Europe occidentale depuis la dernière glaciation.

257.4 Les fusions de branches

M.-A. Selosse fait remarquer que certaines branches de l'arbre de l'évolution fusionnent parfois avant de diverger à nouveau.

Les trois mécanismes principaux de ces fusions sont :

- l'endosymbiose, où l'un des partenaires vit dans les cellules de l'autre. Si elle peut se transmettre à la génération suivante, c'est une fusion évolutive. Il en a été ainsi pour les mitochondries qui fournissent l'énergie aux cellules et pour les chloroplastes provenant de micro-organismes procaryotes ancestraux.

- l'hybridation : résultat de la fécondation entre gamètes issus de lignées différentes. L'hybride formé peut être viable ou non. S'il est fertile, il peut constituer une espèce nouvelle. C'est le cas pour *Senecio squalidus*), hybride simple de deux espèces différentes (*Senecio aethensis* et *Senecio chrysanthemifolius*) possédant le même nombre de chromosomes (2n=20) ou de *Senecio cambrensis*, hybride triploïde (2n=60) issu de *Senecio squalidus* (2n=20) et de *Senecio vulgaris* (2n=40) dans lequel l'hybridation est allo-polyploïde.

- le transfert de gènes : passage d'un gène d'un organisme à un autre, appartenant à une espèce différente. Par exemple, les rétrovirus aujourd'hui intégrés dans le génome humain représentent près de 10 pour cent des gènes de l'Homme).

258 Les symbioses et les co-évolutions

A de nombreuses reprises, les phénomènes de symbiose ont été mentionnés dans ce chapitre (par exemple au sujet des Lichens). En effet, ils ont joué un rôle important dans l'Évolution, et ils sont encore essentiels encore aujourd'hui, par exemple avec les *Azotobacter* des Légumineuses ou avec les mycorhizes des arbres forestiers.

L'un des exemples les plus remarquables est celui des Orchidées que les horticulteurs ne savaient pas cultiver jusqu'au milieu du XIXe siècle : il a fallu attendre que, "par hasard", des graines d'une Orchidée (*Neottia-nidus avis* ?) germent dans un grand pot situé tout près du sol où vivait un adulte pour comprendre que la présence d'un champignon symbiotique était nécessaire. NOËL BERNARD, entre 1895 et 1906, précisa le phénomène avec des cultures stériles, nomma ce champignon *Rhizoctonia* et vérifia qu'il est présent chez toutes les Orchidées sauvages, dans le monde entier.

La Vanille est une Orchidée originaire du Mexique ; sa fleur comporte une membrane placée entre les étamines et le pistil et cette membrane est perforée par l'Insecte qui féconde la fleur. Quand la Vanille a été plantée dans les îles de l'Océan indien, cet Insecte ne l'a pas suivi et la plante ne produisait pas de gousses odoriférantes jusqu'au jour où un jeune Réunionnais a eu l'idée de percer cette membrane et de féconder la fleur par une pression du pouce.

L'une des co-évolutions les plus étonnante est celle des plantes attaquées par des Insectes phytophages qui émettent des molécules odorantes qui attirent les Insectes prédateurs des phytophages. L'un des composés chimiques qui interviennent dans ce processus complexe est le jasmonate, présent dans certains Jasmins. D'autres sont présents chez les Concombres et chez l'Olivier.

Les symbioses sont très nombreuses et les exemples qui viennent d'être cités ont seulement pour but de montrer que les symbioses sont le résultat d'une co-évolution. Ce phénomène est lui-même très général, puisque la première des contraintes écologiques qui régulent l'Évolution est la concurrence de chaque individu avec ceux de toutes les espèces environnantes (§ 36*).

26 LE MAINTIEN DU POLYMORPHISME À L'INTÉRIEUR DE L'ESPÈCE

> La seule chose qui ne changera jamais,
> C'est que tout change perpétuellement.
> YI JING (Le livre des mutations, vers – 2.300)

Est-il justifié de consacrer un paragraphe entier au maintien du polymorphisme ? Oui, parce que nous avons vu que le point faible de la sélection naturelle – telle qu'elle a été définie par DARWIN – est qu'elle conduit à la lignée pure, alors que les généticiens ont montré que toutes les lignées observables sont polymorphes. Ce sera aussi une occasion de préciser le rôle du "hasard" dans l'Évolution.

Dans tous les cas qui viennent d'être examinés, la diversité des milieux dirige la spéciation, en filtrant régulièrement le bouillonnement du polymorphisme interne de l'espèce. En particulier, pour le règne végétal, C. VAN STEENIS (1977) fait remarquer que les plantes sont infiniment moins agressives que les animaux et il estime que ce sont les facteurs physiques, plus que les facteurs biotiques, qui régissent la spéciation chez les végétaux. Ceci explique peut-être pourquoi les plantes sont souvent plus polymorphes que les animaux (*cf.* § 25*). Encore faut-il comprendre comment ce polymorphisme se maintient durablement.

Les gènes des individus qui composent une espèce sont un peu comme des bulles d'un liquide placé dans un chaudron ; ils sont agités par des courants plus ou moins ordonnés en bouillonnements qui les rebrassent incessamment et ces courants, plus ou moins aléatoires, tendent à maintenir constantes les proportions de tous les gènes. Mais, inversement, ils interviennent pour diversifier les populations et augmenter leur polymorphisme, parce qu'ils augmentent les chances de réussite des mutations dans un environnement qui est toujours hétérogène.

L'Évolution est une navigation à mi-chemin entre Charybde et Scylla :

- les phénomènes qui assurent la cohésion génétique d'une espèce sont intenses et ils s'opposent à la spéciation ; c'est grâce à eux qu'il existe des espèces durables, même si leurs limites sont un peu floues ;
- à l'opposé, si l'on concentre son attention sur la diversification, on en arrive à penser que les espèces sont sans cesse en cours de fragmentation, et la notion d'espèce devient vague.

L'équilibre entre ces deux tendances opposées résulte de mécanismes qui favorisent le polymorphisme à l'intérieur d'une espèce sans provoquer obligatoirement l'éclatement de l'espèce par une cladogenèse. Nous verrons par quelles voies peut se réaliser le maintien durable de populations polymorphes, pour les espèces qui se reproduisent par simple division (mitose) puis pour les espèces sexuées.

261 LES BACTÉRIES ET LA MITOSE

Les Bactéries se reproduisent par une simple division du protoplasme et de l'ADN (mitose) et les deux filles d'une Bactérie ont donc le même patrimoine génétique que leur mère (à très peu de chose près). Les mutations sont donc la principale source de diversification des Bactéries. **F. Taddei** *et al.*, 2000) donnent quelques précisions à ce sujet : les mutations délétères sont 10.000 fois plus fréquentes que les mutations favorables. Une Bactérie acquerra durablement une mutation favorable seulement si elle n'est pas atteinte aussi par une mutation létale (= mortelle).

Les 20.000 générations de Bactéries qui ont été cultivées dans 12 séries de tubes pendant 10 ans par **R. Lenski** à l'Université du Michigan ont évolué dans des directions sensiblement différentes. Le plus étonnant est que quatre lignées mutent 100 fois plus vite que la population initiale, parce que leur système de réparation de l'ADN est devenu moins efficace (le taux d'erreur lors de la réplication de l'ADN est habituellement voisin de 10^{-9} et il augmente lorsqu'un gène *mut* devient inactif). Cette apparition de lignées à mutations fréquentes semble se produire quand elles doivent s'adapter à un environnement nouveau. Ensuite, la réactivation du gène *mut* peut devenir favorable, en limitant le nombre de mutations délétères et en fixant durablement la nouvelle lignée. On retrouve, une fois de plus, le modèle des montagnes russes de la figure 17-1, qui montre pourquoi les chaînons manquants de l'évolution sont peu durables.

Certains phylums de Bactéries augmentent la diversité de leur patrimoine en intégrant de l'ADN "transversal" venant d'autres espèces. Il y a alors une "recombinaison" des filaments d'ADN, qui préfigure celle qui est de règle dans la reproduction sexuée. Cet enrichissement permet, par exemple, la récupération du gène *mut*, et il est particulièrement important pour diversifier le métabolisme (c'est-à-dire les modes de "nourriture") des Bactéries (C. **Brasier**, 2000 et *Nature* 405, p. 299) ou pour résister aux antibiotiques.

Certaines Bactéries disposent du système SOS qui déclenche des mutations quand l'environnement devient défavorable. Pour les Bactéries pathogènes, ce sont souvent des gènes codant la structure des molécules de surface ("sites de contingence") qui mutent le plus rapidement, pour éviter les défenses immunitaires de l'hôte.

262 La reproduction sexuée (méïose)

La reproduction sexuée est la source la plus évidente du polymorphisme, puisqu'elle oblige agréablement deux parents différents à produire un nouvel individu. Dans une population où la fécondation se fait librement, et où les fréquences des allèles A et a sont p et q, les lois de Mendel permettent de prédire selon les règles de la distribution binomiale, que les fréquences des génotypes AA, Aa et aa sont, dans le cas de deux allèles : $p^2 \quad 2\,pq \quad q^2$

Hardy et Weinberg ont eu suffisamment de talent publicitaire pour se faire attribuer le mérite de ce résultat en le rédigeant sous une forme plus savante : "dans une population panmictique d'effectif élevé et ne présentant ni sélection, ni mutation, ni migration, la proportion des allèles et des génotypes est constante."

Pour les plantes

Pour les fleurs hermaphrodites, qui combinent un appareil mâle et un appareil femelle, des mécanismes complexes d'incompatibilité limitent (ou même empêchent) habituellement l'auto-fécondation. Le moyen le plus discret est l'incompatibilité biochimique : le pollen "germe" seulement sur le pistil d'une fleur qui possède un équipement chromosomique légèrement différent ; c'est le cas de l'Amandier et des Cerisiers. La protogynie (c'est-à-dire la maturation précoce des ovaires, environ une semaine avant celle des étamines) est efficace si les plantes qui vivent dans la même station ont une floraison étalée sur plusieurs semaines (Hellébore fétide, Plantains, Scrofulaires, Luzules, Aristoloches, Belladones). La protandrie, phénomène inverse, est encore plus répandue (Géraniacées, Caryophyllacées, Ombellifères, Composées, Labiées, Campanulacées).

La grande longueur du style (longistylie) suffit quelquefois pour que le pollen d'une fleur soit obligatoirement porté sur le style d'une autre fleur par un pollinisateur (Éricacées, Nigelle de Damas, Sauge des prés). Quelquefois, sur la même plante, le style est tantôt court (quand les filets des étamines sont longs) et tantôt long (quand les filets des étamines sont courts) : c'est l'hétérostylie de la Salicaire ou de certaines Primevères. Quand une membrane sépare les étamines et le pistil, on dit qu'il y a hercogamie (Orchidacées, Asclépiadacées).

Une solution plus radicale est d'avoir des fleurs mâles distinctes des fleurs femelles, soit sur le même individu (la plante est alors monoïque : Bétulacées, Fagacées, Juglandacées, Pinacées, un grand nombre de Carex), soit sur des individus différents (la plante est alors dioïque : Bryone, Cannabacées, Salicacées, Ginkgo). Dans le paragraphe 25*, il a été vu que cela peut se produire de deux manières différentes : quand la séparation des sexes est seulement partielle, la plante est gyno-dioïque (certaines fleurs sont seulement femelles, chez le Thym), ou andro-dioïque (certaines fleurs sont seulement mâles chez le Frêne).

L'un des exemples les plus typiques est celui du Thym : dans certaines conditions, le Thym n'est plus hermaphrodite comme la plupart des Labiées, et une fraction importante de la population devient mâle-stérile. Ce phénomène fait décroître le taux d'autogamie, et augmente les taux d'hybridation et d'hétérozygotie. Il se produit plutôt dans les milieux où le

Thym trouve des conditions de vie moins favorables (**B. DOMMÉE** *et al.*, 1978 ; **P.-H. GOUYON**, 1982), comme s'il avait besoin de profiter alors de toutes les facettes de variabilité dont il peut disposer. Dans ce genre de cas, l'effet de la sélection naturelle peut être estimé par l'écart entre les fréquences géniques observées et la distribution de fréquence qui correspond aux lois de Mendel.

Pour les animaux

Le sexe des mammifères est déterminé par les chromosomes X et Y ; pour les Oiseaux, ces chromosomes sont nommés Z et W ; pour l'Ornithorynque, dix chromosomes interviennent : un mâle est XXXXX YYYYY et une femelle est XXXXX XXXXX et l'un des chromosomes X présente des analogies avec le chromosome Z des Oiseaux.

La sélection naturelle est en grande partie pilotée par les avantages donnés à certaines lignées lors de la reproduction, en particulier pour les parades sexuelles et pour la compétition entre les mâles. L'éco-sexologie qui étudie ces phénomènes a donné lieu à de nombreuses observations, en commençant par celles de **BUFFON** et de **CHARLES DARWIN**. Elle reconnaît une grande importance aux phéromones odorantes, par exemple pour le Grand Paon étudié par **FABRE**, et elle doit aussi tenir compte des variations dans l'interfécondité des individus qui sont proches dans l'espace. Ainsi, les mâles et les femelles de la Pyrale du Maïs s'accouplent surtout en fonction de leur proximité génétique.

Un étonnant cas particulier

CHARLOTTE FAURIE et son équipe ont cherché comment le polymorphisme "gauchers-droitiers" se maintient dans la population des hommes et des femmes, alors que les gauchers et les gauchères sont moins bien équipés pour la survie (plus faible poids à la naissance, plus petite taille adulte, espérance de vie plus courte). Si la sélection naturelle darwinienne était la seule cause de l'Évolution, les lignées de gauchers et de gauchères auraient été "impitoyablement éliminées" depuis longtemps **(§ 25*)**. De fait, ils ont un peu moins d'enfants que les droitiers. Mais l'un des "avantages reproductifs" des gauchères est d'être plus attirantes pour les hommes, sans doute parce qu'elles sortent de la norme. En conséquence la descendance d'une gauchère est plus diversifiée, et elle a globalement plus de chances de survie.

263 LA SUPER-DOMINANCE ET L'HÉTÉROSIS

Dans le cas où les hétérozygotes ont une plus grande valeur sélective que le meilleur des homozygotes, le polymorphisme se maintient. Ce phénomène était autrefois nommé hétérosis, ou vigueur des hybrides mais on préfère actuellement dire "super-dominance". Un exemple très connu est celui du gène de l'anémie falciforme, qui se maintient dans les régions où sévit le paludisme, parce que les individus hétérozygotes sont protégés contre cette maladie.

Ce cas très démonstratif est malheureusement l'un des seuls où il soit démontré que la supériorité de l'hybride vient de la coexistence des deux gènes allèles en un même locus. Dans les autres cas de super-dominance, cette supériorité peut résulter de l'existence simultanée des deux enzymes produites par les deux gènes, en particulier quand ce sont des enzymes protégeant l'individu contre des agressions.

Un autre cas intéressant est celui des Tournesols du désert *Helianthus deserticola* (L. RIESEBERG, 2003) : cet hybride de *H. annuus* et de *H. petiolaris* qui vivent dans des climats tempérés est parfaitement adapté au désert ; les auteurs ont obtenu artificiellement environ 500 hybrides de ces deux parents ; ils les ont introduits dans des milieux secs et ont observé que ceux qui ressemblent à *Helianthus deserticola* survivent alors que leurs parents en sont incapables.

Il serait absurde de dire que, dans ce cas, l'hybride est supérieur à ses parents ou qu'il possède une vigueur plus grande ; il est seulement possible de dire qu'il possède des aptitudes différentes. Cet exemple confirme que la sélection naturelle n'est pas un absolu, et reste toujours relative à l'habitat où vit la population.

Chez les plantes, la fréquence des hybrides dépend fortement de la distance qui sépare les parents : le pourcentage d'hybrides entre *Brassica napus* (le Colza) et *Brassica rapa* (son ancêtre sauvage) atteint 2 % dans les champs où les deux espèces coexistent, et il se réduit à 0,03 % quand les parents sont à 200 mètres et 0,002 % quand ils sont à 3.000 mètres. Ceci confirme l'importance de l'isolement géographique dans l'apparition d'une espèce nouvelle.

Une population dotée d'une grande variabilité génotypique a des chances de s'adapter plus facilement à des conditions difficiles. Par exemple le diabète a des "avantages" en période de famine. B. Dommée propose une image simple pour faire comprendre ce phénomène : une trousse à outils qui contient deux clefs de 8 (ou deux clefs de 10) sera moins utile qu'une trousse qui comprend une clef de 8 et une clef de 10.

Une expérience l'a montré clairement en comparant deux populations de *Drosophila serrata*, placées dans des conditions de vie difficiles (forte compétition pour la nourriture et pour l'espace). Le nombre d'individus de la population la plus hétérozygote a augmenté presque deux fois plus vite, vraisemblablement parce que la population la plus hétérozygote a profité des plus nombreuses recombinaisons de gènes qui s'y produisent.

L'hybridité n'est pas toujours un facteur de succès : **A. Delplanque & S. Augustin**, 2001) montrent que la plupart des Peupliers hybrides sont plus sensibles aux dégâts d'Insectes que leurs parents.

L'argument le plus défavorable à la super-dominance est qu'elle est corrélative de ce que l'on nomme quelquefois le fardeau génétique. Cette notion est assez subjective, puisque nul ne peut dire quel serait le génotype "idéal" d'une espèce.

En sens inverse, les croisements consanguins réalisés par les sélectionneurs entraînent généralement, lors des premières générations, une augmentation temporaire de la fréquence des descendants homozygotes non viables parce qu'ils possèdent le génotype aa (alors que les individus AA et Aa sont viables) et qui ne laissent donc pas de descendance. Tel est le cas des gènes de Drosophile "curly" et "plum", qui sont létaux à l'état homozygote et viables quand ils donnent un hybride.

L'effet dépressif de la consanguinité n'est pas général, puisqu'il existe des espèces "autogames" durablement consanguines, où les deux gamètes proviennent habituellement du même individu. Les croisements artificiels montrent que, lorsque la consanguinité s'établit, les allèles défavorables s'éliminent progressivement. Il serait intéressant de voir si la fréquence des homozygotes aa évolue comme dans le modèle des matrices de transition (§ 37*) en passant par un maximum avant de décroître.

G. Lucotte, (1978) a montré que la fécondité est minimale pour un faible taux de consanguinité, et qu'elle remonte quand le taux de consanguinité augmente. Cet "avantage" de la consanguinité disparaît si l'environnement change au point que le caractère qui était favorable devient défavorable.

Il existe des populations isolées où la consanguinité est totale, au point que le brassage des gènes est devenu insignifiant. Par exemple, les bovins de Chillingham se croisent entre eux depuis plus de 300 ans et leur nombre est descendu jusqu'à 13 individus en 1947. **Darwin** s'était intéressé à cet isolat et **P. M. Visscher** *et al.* (2001) ont trouvé que les génomes des 13 individus étaient identiques pour 24 marqueurs sur 25. Cette consanguinité n'a pas affecté la santé du troupeau, et les auteurs pensent que c'est parce que les gènes délétères ont été éliminés progressivement au cours du temps.

L'équipe du laboratoire de génétique des populations de Paris 7 (1979) souligne que "les intensités d'hétérosis connues sont trop faibles pour expliquer les fréquences de *locus* hétérozygotes trouvées dans les populations naturelles", et que l'"avantage du rare" – parce qu'il excite la curiosité de l'autre sexe – est l'une des théories qui peuvent jouer un rôle.

Par exemple, lorsque les mâles de Drosophile qui ont l'œil blancs sont rares (40 %), ils donnent plus de descendants que les mâles sauvages ; ils sont, au contraire, moins prolifiques lorsque leur fréquence est comprise entre 40 % et 80 %. Leur fréquence moyenne se stabilise donc aux environs de 40 %, à la suite de rétro-actions négatives.

264 LES FLUX DE GÈNES À L'INTÉRIEUR D'UNE ESPÈCE

A l'intérieur d'une espèce, les flux de gènes (en particulier lors de la pollinisation, lors de la dispersion des diaspores ou lors des migrations animales) maintiennent un certain degré d'homogénéité, grâce au brassage de gènes entre des populations qui risqueraient de s'isoler, et aussi un peu de polymorphisme, puisqu'ils apportent des allèles rares dans les populations qui ne les possèdent pas.

Ces flux de gènes sont une des sources du "polymorphisme équilibré", qui peut accompagner la "sélection diversifiante". Ainsi, l'alternance des saisons peut entraîner l'alternance de deux sélections directionnelles opposées (par exemple, pour un locus estérase des *Microtus agrestis* d'Écosse).

264.1 La sélection dépendant de la fréquence

Si la valeur sélective est en liaison négative avec la fréquence, il se produit une boucle de régulation (rétro-action négative) qui conduit à un équilibre où le polymorphisme oscille autour d'une valeur moyenne. Tel semble être le cas pour le locus de la deshydrogénase de l'alcool chez la Drosophile.

264.2 La sélection dépendant de l'âge

R. FISHER (1958, 1930) souligne l'importance de la pyramide des âges dans une population. Il propose d'appeler "paramètre malthusien" le taux de croissance (ou de décroissance) de chaque classe d'âge, qui caractérise le "degré d'accommodation" de la population à son environnement. Ensuite, il propose un "théorème fondamental" assez abstrait : "le degré de *fitness* d'un organisme est toujours égal à la variance génétique de cette accommodation". La conséquence la plus remarquable en serait que l'accommodation peut croître avec le temps. Mais ce théorème ne semble se vérifier que dans des conditions rarement réalisées, et il ne donne pas de solution générale.

Les expériences de semis de plusieurs milliers de graines de Thym conduites par **P. Boursot et P.-H. Gouyon** (1983) ont montré que les proportions des chémotypes qui meurent au stade plantule ne sont pas identiques aux proportions des chémotypes qui meurent pendant l'été qui suit. En conséquence, la sélection sur les formes chimiques semble s'exercer en fonction de l'âge de l'individu (sélection endocyclique) et elle peut alors aboutir à maintenir le polymorphisme, en favorisant tantôt une forme tantôt une autre.

264.3 Qu'est-ce qu'une population ?

Dans un environnement homogène, le maintien d'un équilibre entre les fréquences de deux allèles est tellement problématique que **J. Maynard-Smith** (1978) avoue qu'il devient une obsession obscurcissant le jugement de la plupart des biologistes des populations. De même, **D. Couvet** *et al.* (1985) ont écrit très honnêtement que "Les modèles classiques de génétique des populations sont fondés sur l'hypothèse selon laquelle la population est l'unité en micro-évolution", et que le concept classique de population "peut devenir un piège". En effet, les populations observées sont rarement isolées génétiquement.

Le "piège" signalé par **D. Couvet** *et al.* (1985) résulte directement de la définition rituellement donnée du concept de population : "ensemble d'individus qui échangent régulièrement des gènes". En effet, cette définition repose sur la régularité de l'échange de gènes, qui est un idéal abstrait, pratiquement impossible à vérifier : les 5 espèces de Sapins européens échangent régulièrement des pollens, mais les écologues ne peuvent pas raisonnablement considérer qu'ils constituent une population. Puisque les populations observées ne sont presque jamais isolées génétiquement, la sélection naturelle agit habituellement sur des ensembles de populations et non pas sur une population.

Finalement, la seule définition logique et cohérente est qu'**une population est un petit échantillon vivant dans un contexte écologique aussi homogène que possible**. Quand l'échantillon est choisi dans un contexte écologique hétérogène, il constitue généralement une "méta-population" dont l'étude implique le recours aux méthodes de l'écologie des paysages (§ 54*).

264.4 Les méta-populations : le maintien du polymorphisme dans les paysages

Pour les plantes, les distances qui séparent les parents et les endroits où les graines et les spores pourront germer jouent un rôle important dans les successions de générations. Le premier cas est celui des espèces dioïques où les pieds mâles et les pieds femelles ne doivent pas être trop éloignés. Le second est celui des espèces pour lesquelles il existe des incompatibilités biochimiques entre le pollen et le pistil sur lequel il doit se déposer pour atteindre les ovules : ces incompatibilités obligent la plante à donner son pollen à une de ses voisines pour obtenir une fécondation croisée qui augmente les chances de polymorphisme.

Là encore, il faut que les plantes interfécondes ne soient pas trop éloignées. Enfin, le jeu subtil des levées de dormance, des conditions de germination et des allélopathies oblige les espèces à trouver des compromis entre la sécurité donnée par la germination des graines à proximité des parents et, à l'opposé, la possibilité de conquête de nouveaux territoires par les jeunes.

Dans tous ces cas, la répartition dans l'espace des parents et des possibilités de germination des jeunes est la clef des modèles de survie et de dispersion qui sont alors proposés en écologie des paysages (§ 54*).

D. GILL (1978), D. COUVET *et al.* (1985), S. BRACHET, I. OLIVIERI & P.-H. GOUYON (1996) raisonnent ainsi à l'échelle de la "**méta-population**", ensemble qui regroupe les "populations qui échangent des gènes entre elles (en particulier par l'intermédiaire des migrants)".

La nécessité de ce changement d'échelle et de la prise en compte de l'hétérogénéité sont très apparentes dans le cas des espèces "pionnières" (§ 35*) qui occupent les premiers stades de la colonisation des sols nus. En effet, l'équilibre des fréquences des allèles ne s'y établit pas, l'échange de gènes n'est jamais régulier et le concept habituel de population est alors dénué de signification scientifique.

L'exemple le plus typique est celui des plantes qui produisent deux types de fruits, le premier étant dispersé à faible distance par la pesanteur (**barochorie**) et le second étant doté d'appendices qui lui permettent d'aller coloniser des terres lointaines, soit avec l'aide du vent (**anémochorie**) soit avec celle des animaux (**zoochorie**).

Ainsi, les Chardons étudiés par I. OLIVIERI (1987) possèdent, dans chaque capitule (= ensemble de fleurs groupées en une tête à l'extrémité d'une tige), de 3 à 6 fruits sans aigrette et 25 fruits dotés d'une aigrette. Le pourcentage des fruits à aigrette est plus élevé dans les échantillons des bords de route que dans les échantillons plus anciens établis dans les champs ou les clairières forestières.

En effet, le pourcentage de graines à aigrette est héréditaire ; en conséquence, les graines emportées par le vent sont celles qui, statistiquement, donnent le plus de graines à aigrette parmi leurs descendants, qui fondent les nouvelles colonies ; inversement, les graines sans aigrettes qui tombent auprès des pieds-mères donnent plus de descendants sans aigrette.

À partir du moment où une colonie est installée, la proportion des graines à aigrette y diminue régulièrement, jusqu'à l'extinction de la colonie. En quelque sorte, le système se maintient parce que les colonies s'éteignent avant que les fruits à aigrette aient disparu de leur patrimoine génétique. Ainsi, dans une méta-population peuvent coexister deux pressions de sélection antagonistes qui maintiennent un polymorphisme stable.

En sens inverse, la variabilité génétique des semis de Sapin est moindre que celle des adultes qui leur ont donné naissance (**E. Hussendorfer**, 1998) vraisemblablement parce que les conditions de vie à la surface du sol, sous un peuplement de Sapins adultes, sont moins variables que celles que le peuplement adulte a pu subir depuis sa naissance.

Un cas intéressant est celui du Châtaignier et de l'Orme (**N. Machon** *et al.*, 1996) : chaque population de ces deux essences forestières est assez polymorphe alors que les différences entre populations sont faibles. Les migrations entre populations seraient capables d'homogénéiser un ensemble de populations lorsque l'équilibre migration-dérive est atteint, mais il ne semble pas que ce soit le cas, parce que ces deux essences ont colonisé la France seulement depuis quelques milliers d'années, après la glaciation de Würm. En outre, le Châtaignier a été très largement planté et cultivé et l'Orme est surtout fréquent dans les haies, qui sont des habitats transitoires.

La forte variation intra-population résulte sans doute du grand nombre d'années qui s'écoule entre la première colonisation d'un site nouveau et le moment où les premiers arrivés produisent des graines : pendant tout ce temps, de nouveaux arrivants peuvent s'installer et apporter une variabilité supplémentaire et durable, puisqu'ils proviennent eux-mêmes de populations hétérogènes.

De plus, pendant le début de la phase de colonisation, les effets-fondateurs peuvent être assez importants et produire des populations nouvelles assez différentes les unes des autres, mais les pollens transportés par le vent réduisent ensuite la variabilité inter-populations.

264.5 Le cas des populations humaines

Depuis le Paléolithique, l'Homme a diminué la variabilité de son environnement (en particulier pour se protéger du froid grâce au feu, aux vêtements, puis aux tentes et aux cabanes) et la diversité génétique lui est moins nécessaire, mais les progrès de la médecine augmentent les chances de survie d'individus que la sélection naturelle aurait "impitoyablement éliminés", selon l'expression de **DARWIN**. Ces particularités des populations humaines seront examinées dans les paragraphes 71* et 72*.

265 LE MAINTIEN DU POLYMORPHISME SANS MÉÏOSE

Les clones sont des ensembles d'individus issus d'un seul parent. Le clonage peut avoir pour origine la reproduction végétative d'une partie de l'individu-parent (bouturage, marcottage, etc.) ou une altération du système sexuel habituel (altération nommée parthénogenèse par les zoologistes, et apomixie par les botanistes). **R. HUGHES** (1987) fait une bonne revue de cette question en proposant de garder le terme "individu", plutôt que ramet, pour chacun des éléments autonomes du clone.

A l'intérieur d'un clone, les mutations restent fréquentes, et elles maintiennent habituellement un polymorphisme non négligeable. En particulier, la parthénogenèse transmet les mutations qui ont affecté un ovule à tous ses descendants. La sélection affecte alors habituellement des gènes interactifs (= "épistatiques") et non-additifs, puisque les gènes ne sont plus "remis en jeu" individuellement lors de chaque méïose.

Le Nématode *Meloidogyne incognita*, ravageur des plantes cultivées, est parthénogénétique, mais il possède un génome double, dont les deux éléments n'ont que 92 % d'éléments communs.

L'un des cas particuliers les plus étonnants est celui des couples de jumeaux identiques mais de sexe différent (monozygotisme hétérocaryote). Le mécanisme en est le suivant : un œuf fécondé, doté du chromosome Y, se clive en deux embryons dont l'un se développe normalement en un individu de sexe masculin. L'autre, ayant perdu son chromosome Y lors de la séparation, prend un aspect féminin. L'individu qui en résulte est en quelque sorte un fragment du mâle dont il est issu.

L'écologie et la génétique des clones vont prendre une grande importance pratique au cours des prochaines années, parce que les sélectionneurs vont les fabriquer massivement pour les espèces cultivées ou domestiquées.

27 L'ADAPTATION, LE "HASARD" ET LA FINALITÉ

271 DEUX RÉSULTATS REMARQUABLES DE L'ÉVOLUTION

271.1 Les 3 symétries des êtres vivants

La structure générale d'un être vivant est souvent un des caractères qui permet de le situer dans les niveaux supérieurs de la classification. Par exemple, tous les Insectes ont 6 pattes, les Poissons sont tous originellement dotés d'une symétrie par rapport à un plan vertical, etc. Les embryologistes soulignent que l'acquisition par les Cormophytes de la symétrie radiale de la tige est une charnière importante, comme celle de la symétrie par rapport à un plan vertical pour les Vertébrés.

Cette importance avait été pressentie par **ARISTOTE** dans son analyse des rapports entre la forme et la substance (la forme d'une hache est le fait d'être tranchante et non pas le fait que son fer soit triangulaire ou rectangulaire) et entre l'acte et la puissance (une graine de Pin est "en acte" un ensemble constitué par le germe et par des réserves, et elle est, "en puissance", un arbre). Il a ainsi vu que la forme des êtres vivants est une réponse aux contraintes du milieu. **GALILEO GALILEI** a repris cette idée en 1638. **W. D'ARCY THOMPSON** (1917) l'a utilisée intelligemment.

La notion de symétrie a pris une signification très fondamentale dans la théorie des ensembles car elle est liée à celle de "groupe" : un groupe est un ensemble d'éléments dotés d'une loi de composition interne associative, d'un élément neutre et dont chaque élément admet un symétrique. L'ensemble des entiers "relatifs" doté de l'addition a une structure de groupe, parce que :

- l'addition est associative puisque

$$((a+b) + c = a + b + c = a + (b+c)$$

- l'élément neutre est le chiffre 0 puisque $a+0 = a$;
- chaque élément admet un symétrique puisque tout nombre positif est symétrique du nombre négatif correspondant.

La notion de groupe s'applique aux nombres, à des objets géométriques, à des espaces topologiques. Elle appartient à la famille des "catégories", un puissant outil de comparaison proposé par **JEAN LERAY** puis par Alexandre Grothendieck qui inclut la théorie des cordes et qui est actuellement utilisée en particulier pour les langages de programmation.

J.-M. DAUGET (1986) souligne que les êtres vivants ont presque tous une symétrie, qui appartient à l'un des trois types suivants :

- dans l'océan, lorsqu'aucune des directions (haut-bas, droite-gauche) n'est privilégiée, les petits organismes sont "sphériques" et procèdent de la symétrie par rapport à un point central (Diatomées) ; pour les végétaux terrestres, ce cas est assez rare ; lorsque la direction haut-bas (ou plus exactement zénith-nadir) est importante, une symétrie axiale se développe, par exemple chez les Méduses ;
- la symétrie par rapport à un axe est la structure fondamentale des êtres vivants fixés à un support ; elle régit la croissance des plantes supérieures, mais aussi celle des Bryophytes et des animaux ancrés au sol tels que les Coraux ;
- la symétrie par rapport à un plan (dite aussi symétrie bilatérale) est habituelle pour les animaux mobiles à la surface du sol, mais elle est fréquente aussi chez les Thallophytes qui s'étalent sur leur support.

Pourquoi les êtres vivants sont-ils ainsi tous assujettis à une symétrie originelle ? Sans doute parce que, dans l'embryon, les divisions cellulaires s'opèrent de manière répétitive en fonction de la polarité interne de la cellule-mère et de son environnement (**R. Chandebois**, 1989 et 1999). Les contraintes environnementales jouent le rôle de "**crible**" en sélectionnant les solutions les plus efficaces.

Par exemple, pour les animaux qui se déplacent sur le sol terrestre, dans l'eau ou dans l'air, la symétrie bilatérale est très généralement adoptée sans doute parce que les déplacements réguliers d'un point à un autre favorisent la polarisation des organes du corps le long de la ligne reliant ces deux points, simplement parce que :

- les membres (ou les appendices) de locomotion s'orientent dans la direction du déplacement
- deux yeux et deux oreilles placés latéralement sont capables de repérer le but à atteindre et d'éclairer la marche par stéréoscopie et stéréophonie ;
- le nez est plus près du milieu du visage que les yeux et les oreilles : les capteurs d'odeurs ont moins besoin d'être latéraux parce que les amateurs de phéromone peuvent se diriger vers la source des odeurs en observant l'augmentation de la concentration de la phéromone quand ils s'en approchent ;
- les deux yeux des Soles et des Limandes se trouvent placés du même côté du plan de symétrie repéré par le plan de leurs arêtes après une rotation causée par la dissymétrie de leur environnement due au contraste entre l'eau et le sable du fond de la mer. Le plus

étonnant est que les larves de ces Poissons ont leurs yeux placés symétriquement de chaque côté de la tête.

Là encore, l'environnement est un crible qui sélectionne les solutions les plus efficaces, par le truchement de la génétique.

Reste ensuite à optimiser le nombre de pattes :

- les chenilles et les mille-pattes ont un très grand nombre d'appendices qui leur servent pour se déplacer sur le sol ; il était réservé à **Alphonse Allais** de noter que ce qui fait 999 tics et un tac en marchant est un Millepattes qui a une jambe de bois ;
- les Araignées ont 8 pattes et les Insectes 6 pattes qui sont régénérées *ab initio* lors de chacune de leurs mues ; les lois de l'allométrie montrent sans doute qu'il est alors commode d'avoir des membres fins quitte à en avoir au moins trois ou quatre paires ;
- les Reptiles et les Mammifères dont les membres peuvent croître régulièrement sans phases critiques se sont dotés de 4 pattes, qui sont suffisantes pour marcher sur des sols irréguliers et qui sont sans doute plus faciles à gérer que 6 ou 8 pattes. Le choix a été fait suffisamment tôt dans l'évolution pour que les Tétrapodes (c'est à dire les animaux dotés de 4 pattes) soient suffisamment nombreux et diversifiés pour constituer une sous-classe (à vérifier) dans la classification générale des animaux ;
- quant à la marche sur deux pattes, nous savons qu'elle exige un équilibre difficile qui n'exclut pas les chutes douloureuses et qui n'a pas atteint son optimum structurel puisqu'il laisse nos fesses barrées d'un pli fort peu fonctionnel et diversement apprécié dans les canons de la beauté féminine.

271.2 Les types d'yeux

A l'origine, l'œil était seulement un simple point photosensible présent sur la membrane de certaines Amibes ; son rôle est de prévenir une Amibe que la lumière solaire qui lui parvient est occultée par un corps étranger ; l'Amibe enveloppe alors cet objet de ses pseudopodes et le digère s'il est comestible. Le stade suivant est celui de la paire d'ocelles photo-sensibles des *Nereis*, petits Invertébrés marins.

La divergence entre les yeux à facettes des Insectes et les yeux globulaires des Vertébrés a eu lieu très tôt, sans doute dès le Cambrien et elle n'est pas radicale, puisque de nombreux Insectes possèdent de précieux ocelles (ce nom est masculin). Par exemple les Libellules possèdent trois ocelles situés sur le sommet de leur tête qui ont été étudiées à l'Université nationale australienne par **Josh van Kleef**. Il a montré que l'ocelle médian est constitué par une lentille simple couvrant 1500 cellules photosensibles à la couleur verte et à l'ultra-violet, connectées aux centres moteurs par 11 gros neurones. Cette liaison directe permet à la Libellule de modifier très rapidement son vol.

Au cours de l'évolution qui a produit les organes de la vision que sont les yeux, l'un des problèmes à résoudre est celui de l'accommodation, pour que l'image se forme sur les cellules photo-sensibles, aussi bien pour les objets proches que pour les objets éloignés. Les lois de l'optique font que les deux solutions les plus efficaces sont l'œil à cristallin des Poissons, des Tétrapodes (et aussi des Escargots ? et des Calmars ?) et l'œil à facettes des Insectes et des Araignées.

272 L'ADAPTATION

En arrivant à la fin de ce long chapitre, il reste nécessaire de réfléchir sur les résultats de l'Évolution, qui concernent en particulier l'adaptation des espèces.

Il y eut un temps où il suffisait de prononcer le mot "adaptation" pour être excommunié sans autre forme de procès par les darwinistes de stricte obédience. Pourtant, l'ajustement cybernétique des espèces et de leur environnement est une adaptation, qu'il ne faut pas avoir peur d'appeler par son nom, en prenant soin d'éviter les malentendus.

272.1 L'adaptation n'est pas l'hérédité des caractères acquis

Tout le paragraphe 26* a montré que le fonctionnement génétique de l'hérédité présente une grande souplesse, et que les phénomènes n'y sont pas tous du type "blanc ou noir", mais plutôt du type "intermédiaire entre gris clair et gris foncé". Dans ces conditions, l'ajustement des espèces à leur environnement est un jeu, au sens de la théorie des jeux, et aussi au sens de jeu d'une articulation.

Déjà, **J.-B. de Lamarck** – créateur du transformisme en 1800, cinquante ans avant Darwin – avait bien vu que l'évolution était guidée par les contraintes du milieu. C'est en 1859 que **Ch. Darwin** et **R. Wallace** ont souligné, à très juste titre, l'importance de la sélection naturelle parmi les phénomènes qui déterminent l'évolution des espèces. Comparons les raisonnements proposés dans les deux optiques :

1) "Les Girafes avaient besoin d'atteindre des branches de plus en plus hautes, et leur cou s'est progressivement allongé". Cette affirmation lamarckienne est exacte et intéressante, mais elle n'indique pas le processus qui est intervenu.

2) "Les Girafes qui avaient le cou le plus long ont bénéficié d'une sélection naturelle qui leur a permis d'atteindre plus facilement le feuillage des grands arbres". Cette explication est plus intéressante, mais elle n'est pas suffisante, puisqu'il a été vu que la sélection naturelle telle qu'elle est définie par **DARWIN** aurait conduit à une lignée pure de Girafes dont le cou ne peut plus s'allonger.

Dans ses ouvrages, **CHARLES DARWIN** n'a pas réfuté le transformisme de **J.-B. DE LAMARCK** puisqu'il a réussi à occuper le devant de la scène et à faire oublier son génial prédécesseur. Il est regrettable que des présupposés idéologiques – par exemple à la suite de l'affaire **Lyssenko** – aient conduit de nombreux évolutionnistes à dénier toute valeur scientifique aux idées de **Lamarck**. Il est encore plus regrettable que, au-delà des faits, l'adaptation ait été depuis plus de cent ans un thème de polémique et de procès d'intention. Heureusement, la situation est maintenant plus équilibrée, puisque les darwiniens parlent de "radiation adaptative" (§ 25*) et reconnaissent ainsi que l'adaptation intervient dans l'évolution.

MICHEL BRUNET ET JEAN-JACQUES JAEGER ont dit, au sujet des premiers Primates africains venus d'Asie : "On est là au début de l'histoire qui, à force de diversification, d'adaptation, de spécialisation dans des milieux particuliers, conduit à Toumaï et aux grands singes comme les babouins." C'est nous qui avons souligné quelques mots, parce qu'ils confirment l'importance de l'adaptation et de l'environnement dans le jeu de l'Évolution.

JEAN-MARIE PELT2 écrit de son côté, en regardant le passage des Algues aux Phanérogames, que "l'additivité crée, la sélection trie."

Les physiologistes n'hésitent pas à utiliser une formulation lamarckienne telle que "la fonction crée l'organe". Par exemple, pour eux, tous les êtres vivants ont besoin de la fonction "excrétion" des déchets du métabolisme et cette fonction se traduit par des organes divers : les vacuoles des Bactéries, les reins des Vertébrés ou la peau qui permet l'excrétion directe pour de nombreux animaux aquatiques. Il n'y a là aucun finalisme ni vitalisme, mais seulement une constatation de bonne logique.

De plus, il a été vu dans le paragraphe 25* que l'indépendance du *germen* (les cellules sexuelles) et du *soma* (les autres cellules) n'est pas absolue et qu'une modification du *soma* peut être héréditaire.

---

2 *L'Aventure des plantes* Ed. TF1, 2011

Le développement extrême de caractères qui peuvent avoir été autrefois utiles est souvent jugé néfaste et qualifié d'**hypertélie**. L'exemple le plus couramment cité est celui de la ramure de certains cerfs préhistoriques qui les gênait pour se déplacer dans les forêts touffues.

Le fond du problème est que l'évolution des espèces se combine à celle de leur habitat dans une synthèse complexe où interviennent des rétro-actions. Citons à nouveau **YVES COPPENS** qui écrivait, dans *Le genou de Lucy* : « On a de la peine à croire aux sacro-saintes mutations au hasard que la sélection va retenir parce que, par chance, elles sont justement meilleures pour la survie de l'espèce. Et on se prend à imaginer, dans les caryotypes mêmes, un mécanisme subtil qui serait capable de recevoir l'information du milieu qui change et de s'en servir, en toute connaissance de cause, pour provoquer, dans la bonne direction, lesdites mutations.»

Cette idée aide à comprendre que les interactions entre le buisson des évolutions des génomes des individus d'une espèce et l'hétérogénéité écologique de l'espace où elle vit constituent un jeu à somme non nulle, où les descendants puisent les possibilités de s'adapter progressivement aux variations des habitats disponibles.

Cette interaction de la génétique et de l'environnement pour produire l'Évolution est également nette dans le cas du comportement humain : la transmission de traits du comportement humain, tels que la fécondité, l'agressivité, la dépendance, l'obésité, dépend simultanément des gènes et de l'environnement, sans que l'on puisse séparer les influences respectives des uns et de l'autre (A. VETTE ET D. COURGEAUD, *Population* F, 58 : 457, 2003).

272.2 L'adaptation et l'aptitude

Le mot "adaptation" et ses dérivés sont trop souvent employés dans une acception purement statique, qui se contente de noter qu'une espèce est capable aujourd'hui de se reproduire dans le milieu où elle vit. Cette acception cache le plus souvent une tautologie, c'est-à-dire un discours qui a l'apparence d'un raisonnement, mais qui ne prouve rien. En voici trois exemples :

1) "Seuls les individus les plus aptes survivent". C'est évidemment exact, mais cela revient à dire : "seuls les survivants survivent".

2) "Les plus aptes sont ceux qui laissent le plus de descendants". Bravo ! Mais, là encore, ceci n'en dit pas plus que : "ceux qui laissent plus de descendants sont ceux qui laissent plus de descendants".

3) Quand on demande aux étudiants montpelliérains pourquoi le Pin d'Alep est présent sur les collines marneuses proches de Montpellier, ils répondent systématiquement qu'il y vit "parce qu'il est adapté à ce milieu",

sans se rendre compte qu'ils répètent ce qu'ils ont entendu dans la bouche de leurs enseignants et que cela n'explique rien puisque c'est seulement la constatation d'une évidence.

Ces trois exemples montrent qu'il faut aller au-delà des tautologies et préciser ce qui fait qu'une espèce est "apte" et pourquoi les collines marneuses conviennent au Pin d'Alep, ce qui implique un retour à l'écologie, qui est en partie maîtresse des explications en éliminant l'*aura nigra* qui entoure les interprétations tendancieuses ou idéologiques.

272.3 Adaptation de l'individu et adaptation de la lignée

R. FISHER (1930) a écrit : "Un organisme est considéré comme adapté à la totalité des situations qui constituent son environnement, seulement dans la mesure où nous pouvons imaginer un assemblage de formes organiques légèrement différentes, qui seraient moins bien adaptées à leur environnement". Cette définition montre bien que les généticiens ne refusent pas totalement l'adaptation. Ils considèrent même souvent que les expressions "valeur sélective" et "degré d'adaptation" sont équivalentes.

De fait, la valeur adaptative d'un caractère est toujours difficile à estimer. L'exemple le plus classique est celui de la corne du Rhinocéros : puisque cet appendice a une importante valeur adaptative, le Rhinocéros bicorne d'Afrique serait mieux "adapté" que le Rhinocéros unicorne d'Asie ; le Rhinocéros tricorne de la Préhistoire était encore mieux "adapté" et pourtant il a disparu... C'est pourquoi il est préférable de dire que ce type d'études permet de caractériser le "degré d'adéquation" de l'espèce à son habitat, en utilisant en particulier les tests statistiques de l'analyse fréquentielle (§ 56*).

L'adéquation d'un individu est seulement la position morphologique et physiologique où il se trouve à chaque instant dans le champ des contraintes écologiques qu'il subit. Tant que la charge de rupture (§ 16*) du phylum n'est pas atteinte, l'individu vit et donne des descendants, en se déplaçant plus ou moins dans le domaine des "déformations" élastiques ou inélastiques qu'il peut tolérer (fig. 17-1). En première approximation, quand la probabilité de reproduction du génotype ne varie pas sensiblement d'une maille à l'autre du territoire étudié, le taux de croissance du nombre d'individus appartenant au génotype (c'est-à-dire la différence entre son taux de natalité et son taux de mortalité) est une excellente mesure de son adaptation instantanée.

L'affaire devient beaucoup plus intéressante quand on regarde les générations qui se succèdent au fil des siècles. Il serait alors théoriquement possible de définir l'adaptation de chacun des génotypes qui constituent l'espèce dans un environnement variable dans le temps mais homogène dans l'espace. Mais aucun environnement n'est homogène (§ 54*) et un développement à 3 dimensions du modèle des montagnes russes paraît nécessaire pour résoudre ce problème.

Le cas de la Bactérie *Pseudomonas fluorescens* étudiée par A. BUCKLING *et al.* (*Science*, 302 : 2107, 2003) est particulièrement intéressant : ces chercheurs cultivent une population ordinaire de cette Bactérie dans l'eau tranquille d'une coupelle et il apparaît rapidement 3 populations spécialisées en fonction de la teneur en oxygène de l'eau, qui est forte en surface et faible au fond de la coupelle ; entre les deux se développe une population à l'aspect "lisse". En multipliant les repiquages de la population "lisse" dans l'environnement auquel elle est le mieux adaptée, les auteurs ont observé que cette capacité de diversification peut disparaître. Cette perte d'aptitude à la diversification peut être interprétée comme un "coût" de la bonne adaptation de la population "lisse" et elle rejoint la remarque faite au § 25* sur les séquence "inutiles" du génome.

En regardant de près la succession des générations, il est clair qu'une modification "acquise" du génome d'un individu – par exemple à la suite d'une irradiation par radio-activité – peut affecter les cellules germinales avant la réduction chromatique. Elle se transmet alors aux descendants qui en sont issus (c'est d'ailleurs la justification des craintes consécutives à l'accident de Tchernobyl). Ce cas est particulièrement vraisemblable pour les "épimutations" qui sont plus fréquentes que les mutations nucléotidiques classiques (CL. JUNIEN, 2000).

Les recherches neurologiques les plus récentes montrent aussi que la "mémoire comportementale" d'une espèce se constitue ainsi progressivement, car elle est "la somme des principales expériences acquises par l'espèce au cours de son interaction avec l'environnement" (J. FUSTER, 2001, § 16*, 72* et 86*). Là encore on voit que certains caractères acquis par expérience se transmettent à la descendance. Autrement dit, les idées de Lamarck contiennent une part de vérité et ne sont pas antédiluviennes et ridicules.

272.4 L'immunologie

L'un des exemples d'adaptation des individus qui ne se transmet pas aux descendants est celui de la défense contre les agents infectieux (Bactéries, Virus, Champignons, etc.) qui ont pénétré dans l'organisme et qui sont nommés antigènes. La première ligne de défense du système immunitaire est un afflux de petits leucocytes macrophages qui phagocytent les antigènes en provoquant une inflammation locale, avec élévation de la température ; ce système est un héritage génétique qui est considéré comme inné.

Si cette réaction n'est pas suffisante, la deuxième ligne de résistance est celle de lymphocytes qui possèdent des récepteurs capables de repérer la présence des intrus. **JULES HOFFMANN**, professeur à Strasbourg et Prix Nobel 2011, est un de ceux qui ont décortiqué le fonctionnement de ces récepteurs. Les lymphocytes T tuent les cellules infectées par l'antigène et les lymphocytes B sécrètent des anticorps qui se fixent sur les antigènes pour les rendre inoffensifs. Les anticorps confèrent une immunité acquise, adaptative, qui peut durer toute la vie grâce à des "cellules-mémoire", par exemple pour la rougeole ; cette immunité n'est pas héréditaire.

273 LES PRÉ-ADAPTATIONS ET L'EXAPTATION

L'apparition de la graine (§ 22*) exige que des "spores" aient hébergé des enzymes produisant la dormance et, en même temps, des enzymes provoquant le réveil ; il n'est pas très facile d'imaginer que ces deux types de substances se mettent en place ensemble, avant que leurs propriétés ne soient pas clairement utiles à la plante.

Plus clairement encore, les animaux aquatiques n'ont pu vivre sur la terre ferme qu'en possédant plusieurs "adaptations" concernant en particulier la respiration, la solidité du squelette apte à porter le poids de l'individu, la locomotion, etc. **J. PIVETEAU** (in **R. CHAUVIN**, 1988) écrit à ce sujet : « Les structures fondamentales du vertébré terrestre avaient fait leur apparition bien avant qu'il ne quitte le domaine des eaux ; leur genèse est indépendante du changement de milieu ».

Par exemple, les Poissons Anabantoïdes (*Trichogaster*, *Colisa*, etc.) possèdent sur la tête un organe en forme de labyrinthe qui leur permet d'absorber de l'air quand ils sont à la surface de l'eau. Le Périophtalme vit dans les mangroves et il emmagasine de l'eau de mer à marée haute pour ne pas se déshydrater quand il est laissé au sec à marée basse et absorbe alors de l'oxygène par sa peau (bien entendu, la préposition "pour" qui vient d'être employée n'a aucune signification finaliste).

A. DE RICQLÈS et **H. LE GUYADER** (2000) montrent que la patte à 5 doigts des animaux marcheurs du Dévonien final (– 360 Ma) a été précédée par des transformations des nageoires de Poissons à nageoires charnues du Dévonien, transformations commandées par des gènes homéotiques (§ 25*).

Dans un domaine un peu différent, les reconstitutions des flores et des faunes après les glaciations (§ 24*) sont rapides parce que le polymorphisme pré-existant suffit habituellement pour fournir des populations qui sont prêtes à occuper l'espace libre qui leur est offert.

Dans tous ces exemples, le biologiste est porté à imaginer une "pré-adaptation", où des caractères inutiles commencent à se mettre en place, comme si la lignée prévoyait qu'ils seraient utiles plus tard. De fait, toute lignée porte des gènes neutres (§ 25*) qui échappent au couperet de la sélection naturelle selon Darwin et peuvent se révéler très utiles un peu plus tard. Ce phénomène est quelquefois nommée "exaptation".

274 LES PRINCIPAUX "MODÈLES" POUR L'ÉVOLUTION

Le modèle du **gradualisme phylétique** correspond bien aux mutations de gènes qui produisent la micro-évolution et en particulier à la dérive génique. Il est insuffisant pour modéliser les grands changements observés au cours des temps géologiques, tels que ceux qui sont visibles dans les schistes de Burgess : CH. WALCOTT, directeur de la prestigieuse Smithsonian Institution, découvre dans ces schistes, en 1909, des animaux très étonnants et il les rattache à des lignées connues de l'arbre généalogique des animaux comme s'il en avaient dérivé graduellement. STEPHEN JAY GOULD (1991) montre que ce rattachement est très artificiel et correspond à l'emploi d'un chausse-pied qui fait entrer par force votre pied dans une chaussure trop petite.

Le modèle des **équilibres ponctués** (§ 25*, et S. J. GOULD, 1997) repose sur l'idée que de longues périodes de stabilité, les "stases", sont séparées par de courtes périodes de spéciation. Pour lui, l'évolution n'est pas un progrès continu, mais une succession de "stases" d'équilibre et d'extinctions en masse ("saltations" au nombre de cinq ou six depuis le Précambrien) au cours desquelles les chances de survie des espèces deviennent peu déterministes ("*contingent*" en anglais).

Ce modèle correspond à l'apparition d'isolats, petites populations marginales où la dérive génique et l'effet-fondateur jouent suffisamment pour conduire à une rupture de l'interfécondité. La population-fille peut ensuite revenir sur le territoire occupé par la population-mère sans risque de s'hybrider et la cladogenèse est alors terminée (*cf.* le début du § 25*). Dans ce cas, le territoire où la population-fille se différencie peut posséder les mêmes caractères écologiques que celui de la population-mère, et il en diffère seulement parce qu'il est localisé ailleurs.

J. C. VON VAUPEL KLEIN (1995) montre que tous les schémas de spéciation envisageables (dichopatrique, péripatrique, parapatrique, stasipatrique et sympatrique dans ses deux modalités) peuvent être expliqués par l'une ou par l'autre des deux théories, qui peuvent être considérées comme les deux extrémités d'un continuum.

Il est souvent dit que le gradualisme concerne la micro-évolution alors que les équilibres ponctués joueraient plutôt leur rôle dans la macro-évolution. MARC GODINOT (*in litt.*) fait remarquer que "les équilibres ponctués et le gradualisme phylétique sont avant tout deux modalités évolutives ... le gradualisme reste plus à la surface des phénomènes, puisqu'il concerne la morphologie, et pourrait se faire avec ou sans de nombreuses spéciations sous-jacentes, sympatriques ou non."

Rappelons qu'une espèce végétale ou animale est un ensemble d'individus dont les génomes restent dans un puits de métastabilité en raison du brassage des recombinaisons. Une cladogenèse est le franchissement d'un seuil (la rupture d'interfécondité) au-delà duquel la nouvelle espèce vit dans un autre puits. Le franchissement d'un seuil s'effectue, pour aller d'une phase de métastabilité à une autre phase de métastabilité (ou d'un attracteur à un autre attracteur) en passant par une phase d'instabilité qui dure peu de temps à l'échelle des temps géologiques. Les individus qui ont subi cette transition ont donc peu de chances de laisser une trace fossilisée dans les sédiments. C'est pourquoi les "chaînons manquants" qui désolent les paléontologues sont si nombreux.

Les deux modèles se placent alors très bien à l'intérieur du modèle des montagnes russes (§ 17*) puisque les périodes de stabilité sont les puits A, B, C, D, etc. où l'Évolution procède par petites touches graduelles, et que les ponctuations correspondent aux changements rapides du franchissement des sommets L, M et N.

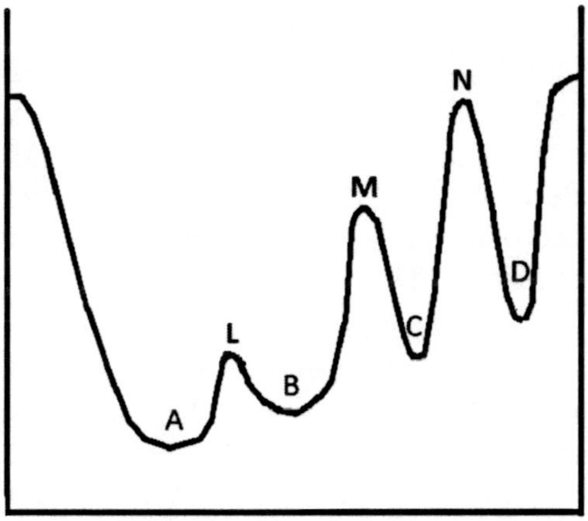

Figure 27-1 : A, B, C et D = phases d'évolution lente où se produisent les anagenèses, L, M et N = évolution rapide avec de nombreuses cladogenèses

Les changements de structure des individus présents dans ces deux modèles résultent du décodage par l'organisme de l'information qu'il a reçue et qui est au cœur des processus biologiques (§ 16*). En l'occurrence, ce décodage s'opère par l'ARN messager et la fabrication des protéines vus au paragraphe 25*.

L'information a pour origine les contraintes exercées par l'environnement sur l'individu qui sont principalement les variations de la température extérieure, de la tension hydrique dans la colonne d'eau qui va des racines aux feuilles (§ 31*), de concentrations chimiques dans l'eau du sol (§ 43*). C'est pourquoi l'isolement géographique ou écologique qui modifie ces paramètres est essentiel dans la spéciation, au point d'être considéré comme la source majeure des "radiations adaptatives".

Quelques remarques

S. J. Gould critique ceux qui pensent que tous les caractères d'une espèce ont une valeur adaptative, qu'il est toujours possible de trouver pourquoi une lignée se développe mieux que les autres et que la sélection naturelle aurait un pouvoir optimisateur, comme le docteur Pangloss pour qui tout est pour le mieux dans le meilleur des mondes. Cette critique s'applique à la théorie selon laquelle la sélection naturelle serait une explication universelle.

La seule issue est de comprendre que l'évolution des organismes est intrinsèquement liée aux variations de leur environnement dans le temps et dans l'espace : rappelons que **R. Lewontin** (2003) le résume en disant qu'il y a « co-évolution de l'organisme et de l'environnement, éléments qui sont tous deux causes et effets ».

Le modèle des montagnes russes aide à comprendre les admirables types d'endémisme de **E. Wulff** (1938) et de **Cl. Favarger** (1969) qui ont une grande importance pour les espèces menacées d'extinction et qui seront présentés dans le paragraphe 28*.

Un exemple de modélisation *sensu stricto* est présenté pour les Thécamoebiens par **L. Bonnet** : il a généré les morphologies successives des Centropyxidae-Plagiopyxidae au moyen d'un attracteur (cycle-limite) résultant de l'itération d'une équation simple, non linéaire, dont il suffit de faire varier un paramètre. À la variation monotone de celui-ci dans un certain intervalle correspond un enchaînement de formes retraçant les séries évolutives-adaptatives caractérisées par une complexification croissante (symétrie axiale, bilatérale, sole, plagiostomie, cryptostomie, vestibulation).

275 RÉSUMÉ ET CONCLUSION

L'ensemble du processus de la spéciation est doté de multiples rétro-actions qui en assurent la régulation :

- les "erreurs de copie" que sont les mutations et les remaniements chromosomiques sont les sources de la diversité des espèces ;
- une population est toujours plus ou moins polymorphe et l'environnement est suffisamment variable dans le temps et dans l'espace pour que des individus d'aptitudes diverses survivent et se reproduisent ;
- quand une fraction de la population s'isole, elle se différencie et peut devenir une nouvelle espèce ;
- l'hétérogénéité des milieux contrôle l'ensemble de l'évolution, et c'est l'une des raisons pour lesquelles l'écologie des paysages (§ 54*) est une clef de lecture indispensable pour de nombreux problèmes : méta-populations, trame verte et bleue, biodiversité spatiale (§ 68*), aménagement du territoire (§ 85*), etc.

Au total, le temps nécessaire pour qu'une sous-espèce se différencie est estimé à 10.000 ans dans le cas de l'allopatrie, et il faut généralement plus de 100.000 ans pour qu'une nouvelle espèce ne soit plus interféconde avec ses voisines (sauf dans le cas d'allo-polyploïdie et pour d'autres remaniements chromosomiques).

Des rétro-actions négatives (= stabilisantes) tendent à uniformiser les génomes inclus dans un milieu où l'espèce est abondante ; ces populations peuvent alors subir une anagenèse. Au contraire, l'exploration de nouveaux biotopes, où domine la compétition inter-spécifique, favorise le polymorphisme et peut facilement conduire à la cladogenèse.

L'équilibre entre l'anagenèse et la cladogenèse est plus lié à des phénomènes écologiques que génétiques, en ce sens que chaque espèce vit dans la gamme des milieux qui lui conviennent bien, mais explore aussi en permanence des milieux marginaux où elle est moins à l'aise.

Au total, E. MAYR (1974) souligne que la cohésion génétique qui existe à l'intérieur d'une espèce est très forte, en particulier à cause du courant de gènes qui circulent à l'intérieur de l'aire de l'espèce, et il ajoute : "Le problème réel de la spéciation ... est ... de savoir comment ... une population peut échapper à la cohésion génétique du complexe génique et établir son identité indépendante."

276 "HASARD" OU DÉTERMINISME ?

En arrivant à la fin de ce coup d'œil sur l'Évolution, il est tentant d'en chercher la cause profonde : les phénomènes observés aujourd'hui sont-ils les résultats d'un enchaînement causal depuis l'origine de la vie ? Est-il possible, à partir des phénomènes observés aujourd'hui de remonter par une série de causes déterministes jusqu'à l'origine de la vie ?

276.1 Les causes de l'Évolution

Schématiquement, les auteurs d'ouvrages consacrés à l'Évolution se répartissent en deux groupes diamétralement opposés. Le premier groupe est résolument déterministe et pense que la sélection naturelle explique tout ce qui s'est passé depuis l'apparition de la vie jusqu'à aujourd'hui, et ce déterminisme exclut, par définition, une intervention du "hasard".

Le second groupe reprend certaines idées de JACQUES MONOD, et dit que le "hasard" serait la cause ultime de l'évolution, puisque les mutations sont aléatoires et non déterminées.

Ces deux opinions sont tellement opposées qu'un compromis entre elles serait boiteux. Faut-il faire un choix entre elles en disant : "De deux choses l'une" ? Il est plus sage de suivre l'aphorisme appris dans ma région natale en disant : "De deux choses trois".

La dérive génique, l'effet-fondateur et le fonctionnement des gènes neutres reposent sur des processus probabilistes qui ne sont pas déterministes et sont pourtant rigoureusement analysables grâce au merveilleux calcul des probabilités.

A l'opposé, les partisans du hasard disent que les mutations sont engendrées par la valse aléatoire des particules subatomiques et des ondes électromagnétiques. Ils oublient que cette valse est probabiliste et rythmée par les équations de la mécanique ondulatoire de SCHRÖDINGER grâce auxquelles on peut calculer avec une parfaite rigueur la probabilité de tel ou tel résultat. Il est remarquable que ce soit déjà ce physicien qui nous ait donné une belle vision de processus biologiques fondamentaux dans le paragraphe 16*

La synthèse harmonieuse et non conflictuelle du hasard et de la nécessité est donc la probabilité .

Ceci dit, la cascade d'événements et le système de pilotage du paragraphe 25* montent que l'Évolution n'est pas une succession de tirages de "pile ou face" de la logique binaire. Reprenons donc notre réflexion sur le "hasard", qui a déjà été l'objet d'une partie du paragraphe 21* relative au hasard des Anciens, à celui des fondateurs du calcul des probabilités, à celui du XIXe siècle et à celui de **Kolmogorov**, et procédons en quatre temps, comme dans le cycle de **Beau de Rochas**.

1) Certains pensent que le hasard est ce que nous ignorons, parce que nous n'avons par encore été capables de le découvrir et que les progrès de la science réduiront de plus en plus la part du hasard dans l'Évolution. Cela revient à dire que le hasard est un "cache-misère" masquant notre ignorance.

Au contraire, comme le dit le statisticien **G. Matheron**, le hasard caractérise ce que nous laissons volontairement hors des mécanismes étudiés. Par exemple, dans le cas de l'Évolution, il est rarement utile de déterminer le lieu exact et l'heure où une population a franchi le seuil où une nouvelle espèce apparaît. Il est alors loisible de dire que ce franchissement s'est effectué "au hasard", et cela signifie dire seulement que l'on n'a pas eu envie de s'intéresser à cet aspect de la question.

Dans les sciences expérimentales, il est fréquent que le hasard soit ce que le scientifique décide de ne pas inclure dans les explications déterministes qu'il souhaite trouver, comme cela a été proposé dans le paragraphe 25*.

2) Le hasard n'est pas un trublion qui viendrait perturber le déroulement inéluctable des causes et de leurs effets ; il n'est pas non plus la rencontre fortuite de deux séries causales puisque l'esprit omniscient imaginé par **Laplace** connaîtrait déductivement le lieu et la date de cette rencontre qui n'est fortuite que pour les ignorants.

3) L'origine du hasard de la physique quantique apparaît dans l'admirable logique quaternaire de **Jean-François Froger & Robert Lutz**[2] mais sa place dans les phénomènes biologiques n'est pas encore élucidée.

Dans la construction des modèles mathématiques probabilistes – qui tiennent une place de plus en plus grande en biologie – une partie des résultats est déduite par un enchaînement de calculs déterministes, et le "hasard" est introduit consciemment en certains points du modèle pour donner place à des éventualités plus ou moins probables (§ 83*). Cette manière de procéder est réellement probabiliste, et ne donne aucun rôle magique au hasard.

Un cas typique est le modèle des chaînes de **Markov** et des matrices de transition, qui permet d'étudier les évolutions possibles d'un système qui peut se trouver dans plusieurs états distincts et repose sur les probabilités de chacune des transitions entre ces états (§ 37*).

---

2 *Fondements logiques de la physique*, Ed. DésIris, 2007

4) Le modèle des montagnes russes (§ 17*) est déterministe pour tout ce qui concerne les phases de stabilité, puisqu'il respecte les lois de la génétique qui régulent rigoureusement les variations observables dans la succession des générations de plantes ou d'animaux, mais il est également probabiliste puisque sa mise en œuvre peut intégrer des aléas pour le franchissement des seuils d'instabilité.

En résumé, pour un biologiste, le hasard n'est pas un "moteur" ou une source d'innovation capable d'inventer des structures moléculaires nouvelles puisque celles-ci existent potentiellement depuis l'origine du monde, et depuis que l'atome tétravalent du carbone est apparu dans l'univers. Cette tétravalence contient la potentialité de construire les molécule longues prébiotiques, et elle existait dans l'absolu dès le temps de PLANCK, avant même qu'un seul atome de carbone soit présent dans l'univers.

L'Évolution se déroule alors au cours du temps en fonction de contraintes physiques et chimiques pré-définies, inhérentes aux propriétés des ions, des atomes et des molécules qui sont antérieures à l'existence de ces structures.

Le "moteur" de l'Évolution est l'amélioration probabiliste des modes de réaction des êtres vivants, de manière que la lignée résiste le plus longtemps possible aux perturbations. J'ai bien écrit "de manière que" et non pas "afin que", pour montrer que cette amélioration n'est pas une finalité, mais seulement une règle du jeu.

276.2 L'augmentation de la complexité

J. MAYNARD SMITH & E. SZAMATHARY (2000) ont écrit : « La théorie de l'Évolution par sélection naturelle ne prédit pas que les organismes deviennent de plus en plus complexes.» C'est une des faiblesses persistantes du darwinisme, et il faut faire appel à des idées nouvelles (§ 16*, 86*, etc.) pour comprendre les raisons de la complexité croissante observée au cours de l'Évolution (§ 21* et 27*).

La notion de complexité a été entrevue dans le paragraphe 21* et elle sera revue en détail dans le paragraphe 86*, mais il est possible d'essayer dès maintenant de comprendre que l'augmentation de la complexité est liée à la présence de rétro-actions : les réactions chimiques suivent la loi générale de LE CHÂTELIER qui conduit directement à un équilibre dynamique parfaitement déterminé. Les grosses molécules pré-biotiques réagissent ainsi "immédiatement" – c'est à dire sans médiation – aux modifications de leur environnement, selon les lois des équilibres physico-chimiques, comme nous l'avons vu dans le paragraphe 16*.

Au contraire, les systèmes biologiques qui réagissent à une perturbation doivent posséder, comme dans un système de pilotage cybernétique :

- un "capteur" (ou "senseur") qui reçoit les informations venant de l'environnement,
- un "centre de décision" (ou "calculateur de correction") qui traite ces informations et les transforme en signaux,
- un "actionneur" (ou "centre d'action") qui reçoit ces signaux et qui modifie le comportement de l'être vivant.

Le centre de décision prend en compte les données inscrites dans sa mémoire pour traduire le signal transmis par le capteur sous une forme nouvelle capable de lancer une action, qui est alors une "rétro-action". L'exemple biologique le plus simple est celui de la réaction des muscles de votre bras actionnés par vos nerfs moteurs quand vous avez posé votre main sur une casserole brûlante qui a ému vos nerfs sensitifs.

La mémoire présente dans un système peut participer à une régulation qui réduit les incertitudes relatives à son évolution. Par exemple, la régulation thermique chez les animaux "à sang chaud" ou la fonction régulatrice du foie montrent que c'est alors un ensemble coordonné de réactions chimiques et de régulations physiques impliquant une "mémoire" qui est en jeu.

Les êtres vivants se distinguent donc des agrégats d'atomes minéraux parce que leurs réactions sont contrôlées par un "centre de décision" doté d'une mémoire. C'est pourquoi le premier système biochimique qui puisse être qualifié de "vivant" est la combinaison d'un acide nucléique codant, qui est une mémoire, et de la protéine dont il catalyse la production. Les premiers êtres vivants ont ensuite pu se reproduire en gardant comme "mémoire" des ensembles de nucléotides constitués d'un ribose, d'une base et généralement d'un phosphate comme l'ADN et les ARN. Les acides nucléiques libérés lors de la destruction d'une cellule sont d'ailleurs une importante source de phosphates dans les cycles de la matière organique.

A. CAIRNS-SMITH (1985) souligne à juste titre que des structures dotées d'une mémoire des formes sont nécessaires pour assurer toute "reproduction" et il montre bien l'importance des "échafaudages" moléculaires relativement primitifs (peut-être constitués en liaison avec des argiles) qui peuvent avoir joué ce rôle à l'aurore de la vie.

En biologie, une gradation peut être dessinée dans la série des "mémoires", depuis la réaction électro-chimique qui affecte une synapse d'une cellule nerveuse, jusqu'à la sensation (liée à un transit d'information sensorielle par des voies de transmissions des nerfs sensitifs), puis à la perception (où l'acquisition d'information est réalisée par un capteur spécialisé tel que la rétine relié au système central du cerveau) et à la réflexion (où apparaissent la mémoire cérébrale et la comparaison avec d'autres situations) et enfin à la naissance de la conscience. Dans les systèmes vivants, ces modes de réaction se combinent allègrement. Par exemple, une réaction électro-chimique qui affecte une cellule nerveuse peut se répercuter dans tout le système nerveux, jusqu'au cerveau ; la perception par l'œil peut ainsi mettre en jeu des perceptions anciennes mémorisées ; etc.

C'est seulement à cette dernière étape que la pensée acquiert un minimum d'autonomie, et c'est là aussi qu'intervient le langage articulé, que les spécialistes jugent contemporain des premiers *Homo sapiens* (D. FEREMBACH, éd., 1983 et § 73*).

Finalement, **l'Évolution est la manifestation, au cours du temps, de la particularité fondamentale des êtres vivants qui est de posséder une mémoire physico-chimique qui leur permet de résister aux perturbations qui les feraient mourir avant de s'être reproduits.**

276.3 La téléologie, la téléonomie et la finalité

Les innovations offertes par les mutations et par les remaniements chromosomiques ne sont pas toutes viables parce que les êtres vivants évoluent dans un cadre contraignant qui leur impose de rester dans des canaux de viabilité (des "chréodes", disent les spécialistes) un peu comme les molécules d'un fluide qui sont mobiles seulement à l'intérieur des canalisations où elles sont emprisonnées.

L'Évolution n'implique aucun finalisme, quoiqu'en pense Grimoult (2000)2 mais elle donne l'impression d'une finalité qui a été nommée téléonomie par JACQUES MONOD et téléologie par les Grecs puis par HEGEL. Un biologiste plein d'humour a dit que la finalité est l'équivalent d'une dame fort séduisante et facile, que les biologistes fréquentent clandestinement avec assiduité, mais qu'ils n'osent pas afficher en public. Essayons cependant de préciser rationnellement ce qu'est la finalité.

---

2 Grimoult, C., *Le développement de la paléontologie contemporaine*, Genève, Droz, 2000.

Nous avons dit très clairement, en particulier au début des paragraphes 22*, 25*, 27*, etc. qu'il est commode de présenter certains traits de l'évolution "comme si" ils étaient finalisés, mais il ne faut jamais être dupe de cette facilité de présentation : cette formulation signifie seulement "tout se passe comme si". Cette expression prudente est également utilisée en physique quantique, pour les raisons que **J.-F. Froger et R. Lutz**, (2007) [2] expliquent clairement.

Les biologistes observent des "phénomènes", puis émettent alors des hypothèses explicatives et ils en déduisent un plan d'expérience (ou un plan d'échantillonnage discuté dans le chapitre 5*) capable de donner des "faits" nouveaux et cruciaux qui permettent de voir si les hypothèses sont infirmées ou validées. Au cours de cette démarche, il n'est pas possible de tester l'hypothèse d'une intention consciente (un "*Intelligent design*") qui interviendrait dans le déroulement des faits observés. Les subtiles équations de **Ricatti** (§ 21*) ne le permettent pas plus.

Les êtres vivants évoluent sans cesse en réaction aux perturbations et il est logique de dire que les êtres vivants évoluent pour réagir à ces perturbations. Il ne s'agit pas, dans ce cas, d'une finalité mais seulement de successions régulières présentes dans des processus matériels. L'affaire est un peu plus difficile quand les physiologistes disent sans honte que "l'œil est fait pour voir". Il s'agit bien alors d'une finalité *s. l.*, mais elle est du même type que la relation classique de causalité entre les causes et les effets. Plus précisément, cette finalité appartient au domaine des noumènes et non pas à celui des phénomènes, et le problème de la finalité est un problème philosophique et non pas scientifique.

Si vous pensez qu'un scientifique n'a pas le droit de réfléchir en dehors du domaine intellectuel où il travaille, allez directement au paragraphe 28*. Sinon, prenez une bouffée d'oxygène pour aller respirer dans le domaine des noumènes métaphysiques dont **Immanuel Kant** a expliqué l'originalité et souligné l'importance.

276.4 Aller jusqu'aux noumènes ?

Dans tout ces paragraphes consacrés à l'évolution, nous sommes restés dans le domaine des faits scientifiques et nous avons laissé de côté les discussions qui font rage dès que l'on parle de la "finalité" comme possibilité d'une explication ultime de toute l'évolution.

---

2 *Fondements logiques de la physique*, éd. Désiris, 300 p.

La seule solution est d'éviter le mélange des genres qui est source de confusion babélique : les raisonnements scientifiques peuvent répondre seulement aux questions scientifiques et les raisonnements philosophiques les plus rigoureux ne se conduisent pas comme des démonstrations de théorèmes, ni comme la recherche de lois physiques ou chimiques.

Le seul domaine dont s'occupe la science est celui des phénomènes, comme l'a bien montré **Immanuel Kant** en nous délivrant du scientisme. **Stephen Jay Gould** (1991) montre cependant pourquoi un scientifique doit quelquefois regarder un peu au-delà de l'horizon des phénomènes, par exemple lorsqu'il conclut de l'étude des fossiles de Burgess que « ces animaux ont imposé ... une notion capitale, celle de l'histoire, notion qui tient pourtant une place centrale [dans le déroulement des phénomènes] ... La Science a eu beaucoup de mal jusqu'ici à prendre en compte la notion de contingence.»

C'est dans cette perspective qu'il ajoute que : "l'évolution de la vie à la surface de la planète est conforme à un buisson touffu doté d'innombrables branches et continuellement élagué par le sinistre sécateur de l'extinction. Elle ne peut absolument pas être représentée par l'échelle d'un inévitable progrès." L'image de l'évolution des végétaux proposée par **Louis Emberger** (§ 22*) était donc prémonitoire. Ceci revient à constater, en termes épistémologiques, que l'évolution est étudiable seulement *a posteriori* tout en mettant en œuvre des raisonnements faisant intervenir le principe de raison suffisante de **Leibniz**.

Puisque le présent paragraphe s'est aventuré dans le domaine difficile des noumènes et de la métaphysique 2, où un scientifique ne s'engage jamais sans risques, il est utile de faire un sort aux deux "principes anthropiques".

---

2 Dans sa "Métaphysique", **Aristote** précise que "la philosophie a pour objet les premières causes et les principes ... Les σοφιαε (connaissances) les plus exactes sont celles qui sont le plus nettement connaissances des principes" (Métaph. A, 1, 29 et A, 2, 25). Il disait aussi, peut-être avec humour, que "l'Égypte fut le berceau des mathématiques, parce que l'on y laissait de grands loisirs à la caste sacerdotale" (Métaph. A, 1, 20).

276.5 Les deux principes anthropiques

En cosmologie, les faits observés par les physiciens sont en particulier des "constantes" fondamentales telles que la vitesse de la lumière, la masse de l'électron, la couleur des quarks, les forces d'interaction forte, faible et gravitaire, etc. Il est remarquable que l'existence de notre univers n'ait été possible que grâce à un équilibre entre ces constantes et que ce soit justement dans cet univers que les humains soient apparus. Des physiciens ont alors énoncé un "principe anthropique faible" sous une forme simple : "notre univers, où les humains sont présents, n'est possible que grâce à cette coïncidence factuelle". Cette constatation est parfaitement acceptable pour tous les scientifiques quoiqu'il soit discutable de dire que c'est un "principe".

L'affaire se corse à partir du moment où certains penseurs y ajoutent une relation de cause à effet finaliste qui donne le "principe anthropique fort" selon lequel "notre univers aurait évolué pour aboutir à l'apparition de l'humanité". Il est agréable de se trouver ainsi placé au point de convergence de tous les processus passés, mais c'est imprudent : si l'on accepte de prendre un peu de recul et de l'assaisonner avec un peu de sel attique, on se dira que les Dinosaures ont aussi pu avoir l'impression, lorsqu'ils régnaient sur la Terre avant de disparaître, qu'ils étaient déjà le but de l'Évolution. Ensuite, si le principe anthropique est juste, nous serons bientôt détrônés par le vainqueur de la prochaine étape de la course à l'efficacité, et ce vainqueur pourrait être une colonie de Fourmis plutôt qu'un surhomme nietzschéen.

Un biologiste qui connaît les limites de son domaine de connaissance ne peut pas admettre que le principe anthropique fort soit une loi scientifique.

276.6 Une incursion hasardée au-delà de la science

Pour voir clair dans les enchevêtrements d'arguments où les raisonnements scientifiques sont mêlés à des considérations philosophiques, la seule solution est de distinguer – sans être schizophrène au point de les séparer – le domaine de la connaissance scientifique, celui de la connaissance philosophique et aussi celui de la théologie.

Par exemple, l'évolution des êtres vivants est possible grâce aux très longues molécules organiques dont la possibilité repose elle-même sur la tétravalence de l'atome de carbone. Et nous sommes en droit de nous demander pourquoi le carbone était tétravalent dès le Big-bang, avant même qu'un seul atome de carbone existe. Quel physicien serait capable de répondre ? Aucun, puisque la Science peut nous dire, en descendant aux propriétés des atomes – qui dépendent de celles des quarks et des gluons, de la décohérence quantique et du collapsus du Ψ – les implications de la tétravalence de l'atome de carbone, mais elle ne peut pas nous en indiquer l'origine.

Un philosophe peut-il répondre ? Oui, à condition qu'il accepte de réfléchir sur le problème de l'origine du monde et qu'il s'intéresse à la fameuse question de **G.-W. Leibniz** : "Pourquoi y a-t-il quelque chose plutôt que rien ?" Il remarquera alors que le problème des origines a été discuté depuis les débuts de l'humanité pensante, aussi bien dans les mythes de la "Pensée sauvage" – fort bien analysés par **Claude Lévi-Strauss** – que dans l'épopée de Gilgamesh, dans les Rig-Védas, dans le Tao Tö King, dans la Bible, dans le Coran et enfin par les philosophes grecs et par les théologiens.

Platon, dans les célèbres passages du Timée et des Lois où il réfléchit sur l'origine du monde écrit : « Qu'est-ce qui "est" toujours, et n'a point de devenir ? ... [l'univers] est en devenir, car il est visible, tangible et il a un corps ; or tous les objets de cette sorte sont … de l'ordre du devenir et sujets à naître ... Sans doute, l'auteur et le père de cet univers, est-ce un travail que de le découvrir, et, une fois découvert, le révéler à tous est impossible. » (Timée, 27d et 28 bc). Et il conclut « Ce monde est en effet la plus belle des choses devenues, son auteur la plus bienveillante des causes. » (Timée, 29 a).

Un article extrêmement prudent de l'un des prix Nobel de biologie, **Étienne Wolff** (1984) nous encourage aussi à ouvrir une fenêtre vers le domaine de la philosophie et de la théologie. Il présente plusieurs phénomènes embryologiques (régénération, régulation, induction, inhibition) qui montrent qu'un « plan pré-établi... est présent avant sa matérialisation ». Il écrit même, dans une perspective pressentant l'épigénétique (§ 25*) que « le tout détermine la formation de ses propres parties », et ajoute : « il est difficile a priori de postuler l'existence de choix possibles, de libertés, de contingences, mais il est tout aussi difficile d'imaginer que nous-mêmes et les autres organismes vivants ne sont que de pures mécaniques et que la vie psychique n'est qu'une efflorescence sans importance de la substance vivante.»

Il rejoint ainsi **Rémi Sentis** qui a écrit prudemment, à la suite de **Plotin** (§ 21*) : "L'hypothèse d'une intelligence créatrice est tout à fait plausible" 2 et il me semble effectivement intéressant d'explorer paisiblement les chemins auxquels cette hypothèse donne accès. Tout ce qui a été dit dans ce chapitre sur l'origine de la vie et sur l'Évolution n'empêche nullement de penser, à titre d'hypothèse, que l'univers peut avoir été créé. L'Évolution ne

---

2 2010, *Connaître*, 34 : 95-105

nous conduit pas plus – et pas moins – que la physique ou la cosmologie à refuser ou à accepter la Création que **Platon** reconnaissait avec une grande ampleur de vues. Il nous suffit de comprendre que cette hypothèse est invérifiable et qu'elle n'appartient donc pas au domaine scientifique.

En résumé :

- dans le domaine scientifique, les chercheurs s'intéressent à des "faits" observables et reproductibles,
- dans le domaine philosophique, une personne essaie de "se connaître elle-même" comme le proposait Socrate,
- la théologie examine la part de rationalité qui peut exister dans le crédit accordé à l'hypothèse d'un Dieu créateur ; elle propose explicitement une réflexion sur cette hypothèse, présentée dès le début du premier chapitre de la Bible par un récit de la création ;
- la constitution *Dei Verbum* affirme que « Dieu, principe et fin de toutes choses, peut être connu avec certitude par la lumière naturelle de la raison humaine, à partir des choses créées.»

Albert Einstein disait bien que le Créateur est subtil mais qu'il est bienveillant puisqu'il a construit un monde intelligible. La création de l'univers par Dieu est finalement une hypothèse assez simple qui donne une cohérence profonde à l'évolution de l'univers, à la raison d'être de l'humanité et surtout au bonheur que nous cherchons tous malgré les souffrances de notre vie. Rien n'empêche un scientifique rigoureux de réfléchir sur cette hypothèse qui n'est pas moins rationnelle que l'agnosticisme et il a des chances d'acquérir ainsi, au long du chemin qu'il parcourt dans sa vie, un peu plus de sagesse mais, comme le disait **Rudyard Kipling**, "ceci est une autre histoire" [2].

---

2 Nous avons commencé à préparer un chapitre 9, où les problèmes non scientifiques qui se posent à un biologiste seraient examinés aussi ouvertement que possible, mais il ne pourra voir le jour qu'un peu plus tard avec l'aide des personnes de bonne volonté qui s'y intéresseraient.

28 LES ESPÈCES ET LA BIOGÉOGRAPHIE

281 NOMMER LES ESPÈCES ET LES CLASSER

Tout classement est supérieur au chaos
CLAUDE LÉVI-STRAUSS La pensée sauvage

Les peuples du Paléolithique aussi bien que les Anciens ont donné des noms aux animaux et aux plantes qu'ils côtoyaient. Ce faisant, ils reconnaissaient qu'il existe des espèces – au sens qu'Aristote donne à ce mot – et Condillac précise à ce sujet que deux objets peuvent être distincts, puisqu'ils sont deux, sans être considérés comme différents : le marchand "ne trouve point de différence entre deux écus" qui sont pourtant distincts.

THÉOPHRASTE (– 372 à – 288), élève de **PLATON** et d'**ARISTOTE** a écrit "*Les causes des phénomènes végétaux*" et "*Recherches sur les plantes*" qui comprend 9 livres où il décrit la plupart des plantes de Grèce et quelques plantes dont lui ont parlé les naturalistes qui accompagnèrent Alexandre jusqu'en Inde et en Égypte.

La flore et la faune actuelles du globe terrestre sont le dernier mot de la longue histoire des événements évoqués depuis le début du présent chapitre. La spéciation et les cladogenèses (§ 25*) ont ainsi abouti à la diversité actuelle des espèces, dont nous reparlerons dans les paragraphes consacrés à la biodiversité dans le chapitre 6*. Les espèces sont incluses dans la classification "systématique" dont les niveaux hiérarchiques sont le règne, l'embranchement, la classe, l'ordre, la famille, le genre, l'espèce, la race, la variété et l'individu (pour les mémoriser, il suffit de réunir leurs initiales dans le sigle "R.E.C.O.F.G.E.R.V.I").

Au niveau le plus élevé de la hiérarchie, qui est le règne, **P. LAZLO** (2000) fait remarquer que l'unité du règne végétal a été reconnue seulement quand le concept de "plante" a été introduit par **ALBERT LE GRAND** (1200-1280).

Pour le niveau de la race, le molécülariste moderne qu'est **R. DAWKINS** (2007, p. 480) pense que le concept de race mérite d'être maintenu en biologie bien qu'il soit devenu politiquement incorrect de parler de race.

Les classifications anciennes (**TOURNEFORT**, **LINNÉ**, etc.) étaient "morphologiques", en ce sens qu'elles reposaient seulement sur les caractères visibles des espèces (le mot "morphologie" aurait été inventé par **J. W. GOETHE**). Leurs auteurs ne soupçonnaient pas que les plantes actuelles puissent être les descendantes de plantes fossiles. C'est seulement au XXe siècle que la classification morphologique des plantes a été reliée à leur phylogénie par **Louis Emberger**, comme nous le verrons un peu plus loin. Pour bien le comprendre, il faut commencer par préciser la notion d' "espèce".

281.1 La notion d'espèce

281.11 Les classifications morphologiques et l'enchaînement des phylums

1) La définition classique de l'espèce

Selon la définition classique, **une espèce est l'ensemble des individus qui se ressemblent plus entre eux qu'ils ne diffèrent des autres individus.**

Cette définition de l'espèce est "morphologique" parce qu'elle concerne seulement la forme apparente des plantes ou des animaux. Dans son "*Systema naturae*" (1735), **K. von Linné** a ainsi décrit et classé 4.400 espèces animales et 7.700 espèces végétales.

Les botanistes, pour comparer les caractères des espèces, constituent des collections d'échantillons groupés dans des herbiers. Le plus ancien herbier est sans doute celui que **Gherardo Cybo**, peintre génois du temps d'Innocent VIII, a rassemblé vers 1545 et qui est conservé à la *Biblioteca Angelica*, dans le couvent des Augustins, à Rome.

D'interminables discussions ont porté sur les caractères distinctifs des espèces, discussions qui s'apparentent au vieux problème talmudique : "A partir de combien de poils roux, une vache blanche devient-elle rousse ?" Une analyse fine en a été présentée par **M. Denizot** (1986).

Cette définition ancienne de l'espèce est apparue insuffisante dès la fin du XVIIIe siècle : **Antoine-Laurent de Jussieu**, qui fut un remarquable botaniste, rédigea en juillet 1789 deux rapports complémentaires aux académies (**M. Denizot**, *in litt.*) :

a) le rapport à l'Académie des sciences daté du 1er juillet 1789 donne la définition suivante : « L'assemblage et la succession constante des individus semblables ou conformes dans tous leurs caractères constitue l'espèce proprement dite, qui est le premier objet de la science. », et ce rapport est signé Fougeroux, de Bondaroy, Desfontaines, de Lamarck.

b) Cette définition est complétée deux jours plus tard dans un nouveau rapport où apparaît la succession temporelle des espèces et qui est donc diachronique : ce rapport à la Société royale de médecine, daté du 3 juillet 1789, dit : « toutes les plantes parfaitement semblables dans toutes leurs parties, et qui se reproduisent toujours sous les mêmes formes, sont autant d'individus qui appartiennent tous à une seule et même espèce.» Et aussi , un peu plus loin : le genre ne doit contenir « que les espèces qui se rapprochent par le plus grand nombre de leurs caractères. », et ce second rapport est signé par Geoffroy, Jeanroy, vu par Vicq d'Azyr.

2) Synchronie et diachronie

La première définition est purement "synchronique" alors que la seconde est "diachronique", si l'on se souvient de la distinction proposée (§ 37*), par le linguiste **Ferdinand de Saussure** : les études "synchroniques" comparent, à un instant choisi, des objets dont l'origine commune remonte assez loin dans le temps ; la comparaison des formes actuelles de ces objets permet de construire une classification et Aristote fut l'un des premiers à systématiser ce genre de travail. Au contraire, certaines méthodes sont "diachroniques" parce qu'elles observent, au cours du temps, l'évolution des objets observés. Ainsi, la génétique est typiquement diachronique quand elle examine la succession des générations.

3) La classification systématique ancienne exprime les résultats de l'évolution

L'une des plus surprenantes qualités de la classification ancienne est d'avoir anticipé les découvertes diachroniques de la génétique, parce qu'elles se sont révélées correspondre aussi à des parentés anciennes : les individus qui ont été groupés empiriquement dans une espèce se ressemblent pour la bonne raison qu'ils ont des ancêtres communs dont ils partagent le patrimoine génétique.

Autrement dit, les classifications "linnéennes" ne sont pas des artefacts arbitraires et elles reposent sur la transmission des caractères au cours des générations successives. La ressemblance entre les individus d'une espèce vient de ce qu'ils ont des parents communs, et cette ressemblance se poursuit au fil des générations parce qu'ils donnent des enfants qui leur ressemblent. Dès la fin du XVIIIe siècle, **Karl von Linné**, **Georges Cuvier**, **Michel Adanson**, **Georges de Buffon**, **Jean-Baptiste de Lamarck** avaient compris que la notion d'espèce repose sur la transmission des caractères héréditaires au cours des générations successives, longtemps avant la découverte des lois de l'hérédité.

Au XXe siècle, **Louis Emberger** (*Les plantes fossiles*, Masson) a été le premier à montrer comment les plantes qui appartiennent à un espèce se ressemblent parce qu'elles appartiennent à une lignée qui a laissé des fossiles. Cette progression dans la connaissance est analogue à celle qui a eu lieu en chimie quand Mendeleïev a découvert que les corps purs qui se ressemblent (par exemple les halogènes : fluor, chlore, brome et iode) ont une origine commune à l'échelle atomique. À partir du moment où la classification a tenu compte des fossiles, qui sont les ancêtres des espèces que nous voyons aujourd'hui, elle est devenue explicitement diachronique. Les meilleures classifications récentes combinent fructueusement les deux approches.

4) Aujourd'hui, la statistique non-inférentielle qui sera présentée dans le paragraphe 56 permet de trouver, au sein d'un échantillon d'individus, les sous-ensembles où le gradient de variation des caractères est faible et ceux où, au contraire, les difféérences sont fortes.

281.12 L'interfécondité

Un peu plus tard, **A.-P. de Candolle** a donné une admirable définition synthétique de l'espèce comme étant "la collection de tous les individus qui se ressemblent plus entre eux qu'ils ne ressemblent à d'autres ; qui peuvent, par une fécondation réciproque, produire des individus fertiles, et qui se reproduisent par la génération, de telle sorte qu'on peut, par analogie, les supposer tous sortis originairement d'un individu." Cette définition enracine clairement les différences morphologiques dans la continuité génétique et elle donne autant d'importance à la fécondation qu'à la reproduction. Elle doit être complétée par une remarque : les individus qui appartiennent à une espèce sont issus d'un couple d'individus (monophylétisme), ou de couples apparentés (polyphylétisme).

De plus, chez la plupart des animaux terrestres, les petits qui appartiennent à la même portée ont le même père et la même mère ; au contraire, pour les plantes, les fleurs d'un individu sont souvent pollinisées par des "pères" différents, en particulier pour les plantes allogames ; pour les animaux aquatiques la deuxième solution est utilisée par les espèces qui laissent à l'eau qui les baigne apporter aux ovules les spermatozoïdes émis par les mâles.

La rupture de l'interfécondité qui donne naissance à deux espèces, au cours de l'évolution, est le fondement de la cladogenèse (§ 25*) et de la notion d'espèce qui reste donc solide aujourd'hui, quitte à lui donner appui sur des méthodes fines, telles que les matrices de caractérisation d'ensembles flous. Ce flou a pour origine principale la distance (spatiale ou écologique) qui sépare les individus capables de se croiser : il n'y aurait aucun flou si tous les individus composant l'espèce pouvaient échanger librement leurs gènes avec des probabilités égales. Cette situation – nommée "panmixie" –

est rare, et chaque individu a des chances d'être fécondé seulement par un petit nombre de voisins, qui constituent son "voisinage" (S. JAIN, 1983 ; P.-H. GOUYON, 1982, voir le § 25*).

Une espèce est donc généralement constituée d'une multitude de "voisinages" conceptuels qui se recouvrent en grande partie et s'imbriquent en tous sens. En conséquence, l'interfécondité est une potentialité, qui ne joue que de proche en proche dans la nature. Par exemple, J. CUGUEN (1986) a montré que le nombre de Hêtres qui donnent effectivement du pollen à un de leurs voisins ne dépasse guère la dizaine.

P.-H. GOUYON fait aussi remarquer qu'il n'y a pas de différence de nature entre la variation génétique intra-spécifique et la variation génétique inter-spécifique, mais seulement une différence de degré. Ceci entraîne deux conséquences opposées :

- des individus nettement différents dans leur apparence peuvent appartenir à la même espèce lorsque la diversité intra-spécifique est grande ;
- deux espèces végétales différentes, admises par tous les botanistes, peuvent donner des hybrides parfaitement fertiles ; tel est le cas, en particulier, lorsque les espèces sont seulement des rameaux (nommés phylums) géographiquement séparés (*cf.* § 26*).

281.13 Le cas des virus

Les virus ont été autrefois classés seulement en fonction de l'hôte qui les héberge, et de leurs effets ; l'exemple classique était la Mosaïque du tabac. Depuis 1960, un groupe de travail international a préparé une classification des virus. Celle-ci suit des principes qui ont été en grande partie proposés par les virologues français (J.-C. GEORGES, *in litt.*) 2. Une espèce virale est une classe polyphylétique fondée sur des convergences de forme et de fonctionnement, qui se reproduit et occupe une niche écologique particulière. Une espèce de Bactérie peut être parasitée par une dizaine de virus différents.

La classification est partiellement morphologique, puisqu'elle retient les critères de "nombre de capsomères" ou du "diamètre de la nucléo-capside", de "symétrie de la nucléo-capside" (hélicoïdale ou cubique), et de "présence d'une enveloppe" (voir le paragraphe 21*). Elle est en partie chimique,

---

2 L'un des résultats de ce travail collectif est *Classification and nomenclature of Viruses*, sous la direction de R.E.F MATTHEWS, qui a été publié en 1979.

puisque le premier critère est le type d'ADN et d'ARN (taille de la macromolécule fondamentale, présence de molécules lipidiques, types de carbohydrates). Elle prend aussi en compte des critères fonctionnels (mode de réplication, action sur les hôtes).

Les génotypes viraux sont très diversifiés puisque l'on en dénombre quelquefois plus de 5.000 dans 200 litres d'eau de mer.

Au total, le nombre total des "espèces" de virus pourrait atteindre 10^{31} mais nous n'en avons identifié que 10.000.

281.14 Les Eu-caryotes

Les classifications récentes reconnaissent, comme l'avait proposé **LOUIS EMBERGER**, que la différenciation des espèces se fait à partir d'un buisson de rameaux enchevêtrés et non pas selon les dichotomies des "arbres" généalogiques. Par exemple, **M.-A. SELOSSE**[1] propose pour l'ensemble des Eu-caryotes 8 grands rameaux qui sont tous extrêmement hétérogènes :

- Les Alvéolobiontes regroupent trois rameaux d'Unicellulaires, les Ciliés tels que la Paramécie qui sont des prédateurs couverts de cils locomoteurs, les Dinophytes (Algues photosynthétistes – et non pas photosynthétiques – capables de phagocyter aussi quelques menues proies) qui font partie du plancton, et les Sporozoaires qui ont perdu l'aptitude à la photo-synthèse et parasitent d'autres organismes en causant souvent des maladies telles que la toxoplasmose ou le paludisme. Ces trois rameaux ont en commun des petits sacs membranaires et des similitudes dans leurs séquences d'ADN.
- Les Hétérocontes comprennent les Algues brunes (Fucus, Laminaires, etc.) qui peuvent atteindre une dizaine de mètres de longueur, les Diatomées, Algues unicellulaires entourées d'une carapace siliceuse, les Oomycètes, champignons filamenteux tels que le Mildiou et les Haptophytes dotées de la photosynthèse. L'un de leurs caractères communs est de posséder des cellules mobiles dotées de deux flagelles inégaux et des réserves glucidiques sous forme de laminarine.
- Les Opisthocontes sont encore plus hétérogènes, puisque l'on y trouve les Métazoaires, auxquels appartiennent les Mammifères et l'Homme, les Eumycètes (le Cèpe, la Morille, etc.) et les Choanoflagellés qui peuvent héberger des Algues

1 2006 - Pour la Science, 350 : 66-72

photosynthétistes. Ces groupes ont en commun des similitudes d'ADN.

- Les Amibozoaires sont un peu isolés et peu diversifiés, de même que les Excavés qui comprennent des Germanopratins revenus à l'air libre.
- Dans les Cercozoaires, l'on regroupe les Foraminifères, les Radiolaires, et les merveilleux Chlorachniophytes.
- Les Discicristés sont tous Unicellulaires (Euglènes, Trypanosomidés qui ont perdu l'aptitude à la photosynthèse, et Amibes hétérolobosées.
- Le rameau de la Lignée verte est totalement photosynthétiste (Algues vertes, Algues rouges et Plantes terrestres).

L'hétérogénéité de chacun des rameaux s'explique parce que les sous-rameaux se distinguent par l'acquisition ou la perte, au cours de l'évolution, de caractères très visibles mais non essentiels. Par exemple, les sous-rameaux doués de la photosynthèse sont apparus grâce à une endo-symbiose, où des Cyano-Bactéries photosynthétistes – ou même des Algues photosynthétistes issues d'une endo-symbiose primaire – se sont incrustées dans des cellules exposées au soleil en apportant leurs gènes dans le génome de l'individu-hôte. Cette endo-symbiose était tellement facile et avantageuse qu'elle s'est produite dans cinq rameaux : les Dinophytes chez les Alvéolobiontes, les Diatomées, les Haptophytes et les Algues brunes chez les Hétérocontes, les Euglènes chez les Discicristés, chez les Cercozoaires, et enfin les Algues vertes, les Algues rouges et la plupart des végétaux terrestres dans la "Lignée verte".

Pourquoi les cellules des espèces dotées de la photosynthèse ont-elles souvent une membrane externe rigide ? C'est sans doute parce que la photosynthèse donnait aux Unicellulaires une autonomie suffisante pour qu'ils puissent avoir intérêt à se protéger contre les petits agresseurs, en perdant la possibilité d'exsuder les déchets à travers leur membrane externe : la membrane rigide rend difficile l'évacuation des résidus du fonctionnement de la cellule et ces résidus s'accumulent souvent dans des vacuoles.

En outre, pour les plantes pluricellulaires fixées sur le sol, la membrane rigide permet de construire une structure capable de monter vers le zénith pour gagner la chasse aux photons (§ 31*). Il y a ainsi une "convergence de forme" (§ 35*) entre toutes les plantes ligneuses, quoiqu'elles soient issues d'origines phylogénétiques très différentes. Ce qui a réuni les plantes ligneuses au cours de l'Évolution est une tactique commune pour utiliser directement l'énergie solaire, grâce à leur membrane cellulaire rigide. Les caractères de l'environnement sont alors le pilote cybernétique de la sélection naturelle.

Inversement, la capacité d'utiliser la lumière comme source d'énergie a disparu, chez les Hétérocontes, pour donner les Oomycètes, ou chez les Discicristés pour donner les Trypanosomidés. Pour les Champignons, la perte de la photosynthèse entraîne la nécessité de se nourrir en absorbant des substances nutritives à travers la paroi rigide qu'ils ont gardé de leur état précédent. C'est pourquoi leur mycélium doit baigner dans un milieu riche en molécules assimilables et a intérêt à se protéger de la concurrence des autres micro-organismes qui pullulent dans ces milieux en produisant des antibiotiques (la pénicilline est produite par le *Penicillium notatum* qui est une moisissure ; la terramycine a été trouvée dans la terre).

Cette convergence s'est produite dans le rameau des Opisthocontes pour donner les Eumycètes et, indépendamment, dans celui des Hétérocontes pour donner les Oomycètes. Inversement, les Actinomycètes qui possèdent des filaments nourriciers et produisent aussi des antibiotiques (la streptomycine) sont en fait des Bactéries et ne devraient plus être qualifiées de "mycètes". Ces acquisitions et pertes de la photosynthèse ne doivent pas faire penser que l'Évolution revient en arrière, puisque ce sont toujours des solutions nouvelles qui sont explorées.

Dans ce buisson touffu de lignées, les Métazoaires (= les animaux multicellulaires) ne sont qu'un sous-rameau des Opisthocontes, sans doute parce qu'ils sont arrivés assez tardivement, il y a seulement un milliard d'années, après deux milliards d'années de tâtonnements phylogénétiques. Certains Métazoaires tels que les Cnidaires (Coraux et Anémones de mer) hébergent des Algues photosynthétistes. À l'opposé, les Algues se répartissent dans au moins quatre rameaux. Les Amibes (Unicellulaires dotés de pseudopodes ou d'une paroi rigide, pour les Foraminifères et les Radiolaires) et les Flagellés sont issus de deux rameaux distincts.

281.2 Le genre

Ce que nous appelons "espèce" était autrefois le "genre" : pour les premiers scientifiques grecs, le genre était "l'ensemble des êtres ayant même origine et même type naturel" (**P. Foulquié**, 1962) ; depuis le Moyen-Âge, l'espèce est une subdivision du genre, qui se distingue des autres espèces appartenant au même genre par la différence spécifique.

L'espèce et le genre sont deux des cinq **universaux** distingués dès l'Antiquité par Porphyre (les trois autres sont la différence spécifique, le propre et l'accident) qui établissent entre un attribut et le "sujet" qu'il affecte les liens nécessaires pour construire correctement une définition. **P. Foulquié** (1962) en donne un exemple qui peut aisément être transposé à la botanique : Pierre est un homme (espèce), c'est-à-dire un animal (genre) raisonnable (différence spécifique) capable de parler (propre) et qui me regarde (accident).

Dans la pratique, un genre regroupe des espèces qui se ressemblent (en particulier par les caractères de leur appareil reproducteur) et qui ont un ancêtre commun. Chez les plantes, les possibilités d'hybridation entre genres sont rarissimes et n'existent guère que chez les Rosacées et les Cactacées. Certains zoologistes sont plus laxistes : pour **A. DUBOIS** (1985), plusieurs espèces constituent un genre si elles peuvent encore donner des hybrides (fertiles ou non). Tel est le cas de l'Âne et du Cheval, qui donnent le Mulet ou le Bardot, ou du Lion et du Tigre, qui donnent le Tigron. Mais ces hybridations sont rarissimes dans la nature et les zoologistes auraient intérêt à adopter la même ligne de conduite que les botanistes.

Pour **R. GOOD** (1965), le genre est la première catégorie "naturelle" de la classification, parce que les individus appartenant à un genre sont presque certainement issus d'ancêtres communs, alors qu'un grand nombre de familles (Cornacées, Loganiacées, etc.) sont trop disparates pour être sûrement mono-phylétiques. Un grand nombre de genres contiennent seulement une ou deux espèces.

Pourtant, le nombre total d'espèces appartenant à un genre (nommé quelquefois **coefficient générique**) est distribué selon une loi assez précise : **J.-M. CHEVALLIER** (1985) montre que, pour des ensembles aussi divers que les Oiseaux (2.051 genres), les Mousses (751 genres), les Bactéries (205 genres), les Cyano-Bactéries (140 genres), les Thécamoebiens (126 genres), les Gymnospermes (69 genres), les Pinnipèdes (21 genres), le nombre d'espèces par genre suit assez bien une double loi de Poisson ; la première gérerait la probabilité P pour que le capital génétique comprenne H éléments entraînant la rupture de l'interfécondité, et la seconde donnerait la probabilité Q pour que l'un de ces H éléments ait effectivement produit K cladogenèses.

Le coefficient générique est souvent calculé dans les études floristiques régionales. Il faut l'interpréter en tenant compte de la surface de la région, parce que ce coefficient augmente assez régulièrement quand cette surface augmente : le coefficient générique d'un champ ou d'une prairie ou d'un bois est voisin de l'unité ; celui du littoral du golfe du Morbihan est égal à 1,27. Celui de la France, déduit de la Flore de **H. COSTE** (1937) est égal à 3.454 espèces / 884 genres = 3,9 et à 4.217 / 952 = 4,4 si l'on se réfère à celle de **P. FOURNIER** (1946). Le coefficient générique moyen est égal à 1,08 pour les forêts du Vercors, à 1,11 pour les pelouses steppiques des Alpes du Sud, à 1,12 pour les forêts de Sologne, et à 1,25 pour des "herbus" du Mont Saint Michel.

281.3 Les classifications hiérarchiques

D. LAPLANE (*in litt.*) rappelle que toute classification suppose une intention, comme l'avait souligné EDMUND HUSSERL (§ 93*) et que la caractérisation des <u>différences</u> entre plusieurs objets est une activité cérébrale qui requiert des niveaux de fonctionnement très élaborés. Au contraire, établir des <u>similitudes</u> est une activité plus simple et plus ancienne, puisque les animaux sauvages la pratiquent couramment. Les systématiciens ont donc commencé par construire des arbres généalogiques fondés sur les similitudes qui peuvent être hiérarchisées.

Par exemple, les 18.000 espèces d'Orchidées (sans compter les 300.000 hybrides artificiels) appartiennent à 26 genres qui sont regroupés dans la famille des Orchidacées ; celles-ci s'apparentent aux Liliacées, à l'intérieur de la classe des Monocotylédones, qui font partie de l'embranchement des Phanérogames, etc. Cette classification hiérarchique a pris naissance empiriquement, mais ses niveaux correspondent directement aux seuils écologiques diachroniques franchis depuis la naissance de la vie (§ 21*, 22* et 25*). Pour les animaux, ces seuils sont :

- l'association de plusieurs Protozoaires pour constituer des Métazoaires tels que les Éponges,
- la structuration longitudinale de certains Mollusques pour donner les Vers (Annélides),
- l'acquisition de la colonne vertébrale (chez les Poissons),
- l'acquisition de l'aptitude au vol (Oiseaux),
- la conquête des continents (Amphibiens et Reptiles),
- l'acquisition de l'homéothermie (Mammifères).

Les désinences des principaux niveaux de la classification sont, par exemple pour le Sapin :

Embranchement : Spermatophyta

Sous-embranchement : Pinophytina

Classe : Coniferopsida

Ordre : Pinales

Famille : Pinaceae

Sous-famillc : Abietoidae

Genre : Abies

Le nombre des espèces de chaque Embranchement présent sur le globe est donné dans le paragraphe 68*.

281.4 La cladistique

281.40 Origine

Les classifications classiques analysaient les ressemblances et les différences mesurées entre les individus. Les classifications "cladistiques" modernes y ajoutent les ressemblances et les différences entre les fragments d'ADN : puisque les individus qui se ressemblent possèdent des gènes communs, les similitudes entre les patrimoines génétiques permettent de bâtir une classification hiérarchique parallèle à celle des naturalistes.

Le principe de base de cette classification mise en place par WILLI HENNIG (1913-1976), un entomologiste allemand, est de placer les êtres vivants à l'intérieur de groupes dits monophylétiques (§ 25*) qui comprennent tous les descendants d'un ancêtre commun et aussi cet ancêtre.

MATHIEU RAYMOND (2007) reprend une partie des idées de Hennig : par exemple, toutes les plantes à fleurs partagent un ancêtre commun unique, elles appartiennent donc au groupe monophylétique des Angiospermes. Au contraire, les Ptéridophytes ne forment pas un groupe monophylétique car leur ancêtre commun est aussi l'ancêtre de deux autres groupes que sont les Gymnospermes et les Angiospermes. Les Ptéridophytes forment donc un groupe dit paraphylétique, mais la distinction ainsi énoncée reste assez arbitraire. Chaque groupe monophylétique est associé à des caractères dérivés (synapomorphies) partagés par tous les individus de chaque groupe. Par exemple, le carpelle qui est la structure qui protège les ovules chez les plantes à fleurs est une synapomorphie associée au groupe monophylétique des Angiospermes.

Actuellement, la réalisation d'arbres phylétiques repose principalement sur l'étude de molécules informatives telles que les acides nucléiques (ADN ou ARN) et les protéines. En effet, les différences de séquences entre des molécules homologues issues de différentes espèces reflètent les modifications que ces molécules ont subi au cours du temps et donc l'histoire de ces molécules. Ainsi, plus les molécules étudiées ont des séquences semblables et plus le lien de parenté entre les individus portant ces molécules est fort. En pratique, on détermine tout d'abord la séquence de molécules homologues chez différentes espèces (par exemple l'ARN ribosomique 18S chez différentes plantes à fleurs). Les séquences de chaque molécule sont ensuite alignées, puis les similarités et les différences entre ces séquences sont identifiées grâce à des algorithmes mathématiques plus ou moins clairement justifiés. Chaque molécule est alors regroupée avec la molécule qui lui est la plus proche au sein d'un arbre phylétique. On espère ainsi établir l'arbre phylogénétique du vivant.

L'ADN des mitochondries donne les résultats les plus clairs parce que les mitochondries d'un individu viennent toutes du patrimoine génétique de la mère (lors de la fécondation, le cytoplasme et les mitochondries du spermatozoïde ne pénètrent pas dans l'ovule). De même les généalogies fondées sur les gènes du chromosome Y reconstituent la lignée paternelle.

281.41 La reconstitution des phylogénies

JOËL MATHEZ a proposé en 2005 aux membres du réseau Tela-Botanica une mise au point[2] qu'il a bien voulu nous permettre de reprendre textuellement (jusqu'à la fin du § 281.45) :

Les biologistes rêvent depuis longtemps d'une classification unique et "naturelle". Disons pour faire simple que la classification naturelle idéale devrait être une propriété incontestable des être vivants, et non une construction humaine subordonnée à une problématique précise : on éviterait ainsi d'avoir une classification des pharmaciens et une des fleuristes... Or nous savons que la diversité des espèces vivantes actuelles et passées est le fruit d'une évolution inscrite dans la durée sous la forme d'un scénario historique unique, la phylogénie. D'où cette perspective alléchante : si nous parvenons à reconstituer cette phylogénie, nous saurons apprécier la proximité entre espèces en termes de parenté réelle, et non de simple ressemblance sur des caractères arbitrairement choisis. Une classification fondée sur cette phylogénie devrait présenter les caractères d'objectivité et d'universalité recherchés. De surcroît, dans la mesure où bien des caractères sont hérités d'ancêtre à descendant avec peu ou pas de modifications, une telle classification serait plus prédictive : non contente de classer les objets pour les retrouver en fonction de caractères déjà observés, elle permettrait de prévoir l'existence de certains caractères au sein des groupes et de les y rechercher pour vérification. Est-ce une utopie ?

La mise en œuvre de ce qui précède suppose deux étapes :

- la reconstitution des phylogénies ;
- leur traduction en une classification naturelle qui soit si possible pratique, opérationnelle.

---

2 2008. Un point de vue sur l'irruption du moléculaire en systématique. *Journ. Soc. Bot. France* 41: 13-16.

Chacune de ces étapes est semée d'embûches et présente des faiblesses dont les chercheurs sont généralement conscients, ce qui les amène à raffiner progressivement leurs méthodes.

Les plus petites unités de classification concernées par les phylogénies sont les espèces (la notion d'espèce, dont on connaît les limites, ne peut être discutée ici). L'événement fondamental de l'évolution diversificatrice est la spéciation, qui procède essentiellement par descendance avec modification (la descendance d'une espèce ancestrale est constituée par deux espèces-filles qui différent entre elles et de leur ancêtre par une série de caractères). L'enchaînement de ces événements (la phylogénie) peut être représenté sous la forme d'un arbre à ramifications "dichotomiques" (fourches à deux dents) ou cladogramme. à partir d'une matrice espèces/caractères, plusieurs méthodes "cladistiques" ont été mises au point pour proposer le(s) scénario(s) le plus probable(s) qui puisse(nt) rendre compte de la répartition des caractères entre les espèces. Parmi les très nombreux arbres compatibles avec une matrice donnée, un seul correspond à la réalité historique : comment l'identifier ? La méthode la plus couramment utilisée et la plus facile à expliquer est dite de "parcimonie" : elle suppose que l'évolution a été économe de modifications (cette hypothèse est évidemment contestable). Ainsi, parmi tous les arbres possibles, c'est entre ceux qui font appel au plus petit nombre de modifications de caractères qu'on a le plus de chances de trouver l'arbre historique. Il est important de noter que ces méthodes n'ont rien à voir avec les méthodes de distances, génétiques ou autres (quoique en théorie, avec un nombre de caractères croissant vers l'infini, ces différentes méthodes devraient converger vers le même résultat), et ont été appliquées initialement à des données non moléculaires.

Deux types de progrès scientifiques et techniques récents ont permis de développer ces méthodes et de les appliquer à la recherche des phylogénies :

- le développement des outils informatiques, tant matériels que logiciels, qui mettent à la portée des chercheurs une puissance de calcul indispensable, au service d'algorithmes souvent complexes ;
- l'exploitation de matrices incluant, en plus des caractères morphologiques (au sens large), des caractères moléculaires : parmi eux, les plus efficaces sont les séquences de nucléotides constituant les chaînes d'ADN de certains gènes (ou parties de gènes, ou régions non codantes, situés dans les chromosomes, les mitochondries ou les chloroplastes).

Un des principaux avantages des caractères empruntés à l'ADN est de fournir pour chaque espèce des milliers de caractères pouvant prendre chacun un seul état parmi quatre possibles (les 4 bases A, C, G et T), dont la distinction est totalement objective. Ne s'agissant pas de caractères phénotypiques, les séquences d'ADN présentent en principe l'avantage supplémentaire d'être indépendantes des conditions du milieu dans lequel vit l'organisme sur lequel elles ont été prélevées, mais d'autres spécificités compensent en partie cet intérêt. Il ne faudrait pas par ailleurs sous-estimer les nombreuses difficultés techniques séparant la récolte du matériel végétal sur le terrain de la matrice de caractères prête à parler, ni celles liées aux traitements informatiques adéquats.

281.42 De la phylogénie à la classification (rédigé par **Joël Mathez**)

A supposer que l'on soit parvenu à une phylogénie considérée comme satisfaisante, comment déduire une classification de l'arbre qui la représente ? La plupart des systématiciens (mais pas tous) s'accordent actuellement pour ne constituer des groupes systématiques (taxons) de rang supérieur à l'espèce (genres, familles, ordres...) qu'avec des ensembles "monophylétiques". De façon imagée, un tel groupe peut être obtenu à partir d'un arbre en donnant un seul coup de sécateur pour couper une branche (plus ou moins grosse) : si on n'élague pas la branche ainsi isolée, elle représente un groupe monophylétique. On qualifie de "paraphylétique" un groupe d'espèces constitué en réunissant plusieurs branches détachées de l'arbre à l'aide de plusieurs coups de sécateur.

La difficulté majeure, c'est que le choix du niveau de l'arbre auquel on coupe une branche est totalement arbitraire, et il est possible, sur un même arbre, de constituer un très grand nombre de groupes monophylétiques différents, auxquels il est difficile (et également arbitraire) d'assigner un rang de la nomenclature traditionnelle pour construire une classification hiérarchisée telle que celles dont nous avons l'habitude. C'est la raison pour laquelle un certain nombre de systématiciens proposent d'abandonner totalement le système taxinomique hiérarchisé traditionnel et la nomenclature qui lui est liée, et proposent (avec peu de succès jusqu'à présent) un "phylocode" destiné à remplacer le Code international de nomenclature.

281.43 Les acquis de la systématique phylogénique (rédigé par **Joël Mathez**)

Les recherches en cours, qui portent aussi bien sur les méthodes, les techniques, la résolution des difficultés de tous ordres identifiées à mesure des progrès, donnent lieu à des publications à un rythme rapide, qu'il est difficile de suivre en totalité ! Contrairement à l'idée que semblent s'en faire bien des botanistes, la proportion de publications proposant des remaniements des classifications est assez faible, pour plusieurs raisons :

- fort heureusement, bien des résultats (y compris moléculaires) ne font que confirmer les principales unités de nos classifications, notamment les familles, et rendent donc un hommage moderne appuyé à la clairvoyance des botanistes des siècles passés, capables de circonscrire des familles aussi peu évidentes que Rosacées ou Renonculacées ; à mes yeux, ceci conforte également la légitimité des approches moléculaires (elles n'aboutissent pas obligatoirement à n'importe quoi !);
- les remaniements les plus importants se situent à des niveaux hiérarchiques bien supérieurs à celui de la famille, et ne concernent donc guère la floristique : peu importe, pour identifier les espèces de Dicotylédones, que ces dernières constituent un groupe paraphylétique !
- un certain nombre de bouleversements de la classification des végétaux sont antérieurs à l'utilisation des données moléculaires, auxquelles on les attribue à tort, et qu'elles n'ont fait que confirmer ou préciser. Un bon exemple en est donné par la classification des Monocotylédones. Dès 1985, DAHLGREN, CLIFFORD ET YEO publiaient un ouvrage de synthèse (*The Families of the Monocotyledons - Structure, evolution and taxonomy*) explicitement cladistique, où une bonne partie des genres de Liliacées (au sens de nos flores usuelles) se retrouvaient dispersés dans plusieurs familles de l'ordre des Asparagales (et non des Liliales). à la différence des "vraies" Liliacées, la plupart de ces plantes possèdent en commun une batterie de caractères (graines noires, nectaires situés dans les cloisons intercarpellaires, caractères biochimiques...) qui avaient jusqu'alors été négligés par les systématiciens au profit de la seule formule florale. Aucun argument moléculaire dans cette synthèse : les premiers résultats moléculaires importants pour la systématique peuvent être datés de 1987 (mise en évidence de la première diversification des Composées). Mais l'essentiel des cladogrammes et de la classification proposés par ce livre a été confirmé (et complété, affiné) ultérieurement par le moléculaire.
- les phylogénéticiens reconnaissent honnêtement la difficulté à reconstituer certaines parties du scénario de la diversification des plantes. C'est notamment le cas pour les Bryophytes, Ptéridophytes et Gymnospermes, groupes où il est difficile d'intégrer les données morphologiques de l'énorme registre fossile aux données moléculaires acquises sur les seuls végétaux actuels. C'est également le cas pour l'origine précise et la première diversification

des Angiospermes, malgré l'intensité des recherches qui leur sont consacrées. Mais un certain nombre de tests permettent d'évaluer la fiabilité des cladogrammes produits.

Il est vrai que certains résultats sont surprenants : la parenté révélée entre Platanacées, Nelumbonacées (les Lotus sacrés) et Protéacées n'est pas évidente pour un morphologue ! Mais elle ouvre un champ de recherches qui se révélera peut-être passionnant et fécond !

Dans ce contexte, la "désintégration" des Scrophulariacées de nos Flores me semble un exemple particulièrement intéressant, et n'a rien de scandaleux à mes yeux. Des phylogénies moléculaires crédibles dénoncent en effet le caractère paraphylétique de cet ensemble dans sa conception classique. Pour reconstituer des groupes monophylétiques du niveau de la famille, les genres qui le constituaient (je n'évoque ici que quelques genres bien connus de la flore française) ont été redistribués :

- nos Scrophularia et Verbascum appartiennent à un ensemble monophylétique qui garde nécessairement le nom de Scrophulariacées;
- les genres hémiparasites (Odontites, Euphrasia, Melampyrum, Pedicularis, etc., toutes ces plantes qui fanent dès qu'on les a cueillies et qui noircissent en herbier) constituent un autre groupe monophylétique avec les genres holoparasites (sans chlorophylle) de la famille des Orobanchacées ;
- tous les autres genres (tels que Linaria, Antirrhinum, Digitalis, Veronica, etc.) rejoignent les Plantains et les Globulaires, mais peut-être aussi les Callitriche et les Hippuris, dans un autre ensemble monophylétique auquel on a convenu de conserver le nom de Plantaginacées.

Pour ma part, je trouve satisfaisant que les données moléculaires conduisent à mettre en évidence la parenté phylogénétique entre toutes les plantes parasites, qu'elles soient hémi- ou holo-parasites : cette cohérence biologique et écologique me semble garantir la validité des résultats obtenus par des voies totalement indépendantes. D'autre part, même si l'allure générale des Plantains (anémogames) et des Véroniques (entomogames) diffère beaucoup, il suffit que je prenne ma loupe pour constater que les fleurs sont tétramères dans les deux cas, caractère peu répandu au sein des familles voisines. Reste à trouver - s'ils existent - les caractères diagnostiques pratiques qui permettraient de différencier sur le terrain les Scrophulariacées des Plantaginacées (les caractères d'anthères ne sont pas des plus évidents) : n'est-ce pas un défi à relever par les morphologues et les botanistes de terrain ?

281.44 Perspectives (rédigé par Joël Mathez)

En conclusion, il me semble que l'apport des disciplines moléculaires à la systématique est considérable, et qu'il est donc inconvenant de les diaboliser. Ce serait une erreur aussi regrettable que d'en faire la panacée universelle, comme on a tenté de le faire dans le passé avec la caryologie ou la palynologie.

A mes yeux, les principales avancées récentes sont celles qui permettent à la systématique de passer progressivement du statut d'art à celui de science. Appuyée sur une grande expérience naturaliste, l'intuition des grands botanistes du XVIIIe siècle a été prodigieuse, mais non sans failles. La systématique moderne cherche à formaliser ses démarches de façon à mieux les contrôler, à les rendre reproductibles et à estimer la fiabilité de ses résultats, tant au niveau de la méthode cladistique que dans le choix des caractères des êtres vivants en vue de reconstituer leur phylogénie. Ayant pratiqué diverses méthodes cladistiques sur des caractères morphologiques, puis moléculaires, je pense pouvoir affirmer que l'usage de ces derniers rend bien plus difficile la manipulation plus ou moins inconsciente des données en vue de parvenir à la phylogénie souhaitée... Je pense également qu'il est sain que les chercheurs publient les phylogénies auxquelles ils parviennent et les soumettent ainsi à la critique, parfois féroce, de leurs confrères. Quant au remaniement consécutif des classifications, il est exact qu'il ne faut pas se précipiter et adopter séance tenante les dernières modifications proposées. Mais je suis surpris de voir tant de résultats se stabiliser, plus rapidement que je ne le craignais. Et je trouve également sain que le transfert des résultats des phylogénies vers la classification soit de fait confié à une grosse équipe internationale (Angiosperm Phylogeny Group), ce qui permet de mettre à la disposition des utilisateurs un consensus périodiquement mis à jour par des botanistes compétents. Par ailleurs, je milite depuis longtemps contre une "science à deux vitesses" : il me semblerait insultant pour les "amateurs" de leur réserver les classifications scientifiquement périmées, sauf à prendre son parti de la coexistence de nombreuses classifications adaptées à des besoins différents. Je crains que cela ne nuise gravement à la communication. à charge pour les chercheurs de prendre le temps de diffuser et d'expliquer les progrès récents... C'est ainsi que, après de longues discussions, le Comité scientifique de rédaction de la Flore de la région méditerranéenne française a convenu d'appliquer à cette Flore la classification d'APG II, avec toutes les équivalences nécessaires.

Enfin, loin de rejeter les disciplines botaniques traditionnelles, les phylogénies modernes doivent être considérées comme des hypothèses suggérant, permettant ou facilitant un grand nombre de nouvelles recherches : où, quand, dans quelles conditions écologiques, selon quelles modalités ont évolué les caractères des êtres vivants ? La morphologie comparée se voit ainsi proposer bien des défis à relever, et la (re)lecture des anciens auteurs est une mine d'observations à reprendre et à exploiter dans un contexte nouveau : c'est ce qu'exprime par exemple Rolf Rutishauser dans Taxon 54(2) : 576-578 lors de l'analyse des actes d'un récent colloque (Stuessy et al., 2003), sous forme de conseils aux jeunes chercheurs qui devraient mettre du baume dans le cœur des nostalgiques de la botanique ancienne. Quant au recrutement de ces derniers, j'ai plaisir à témoigner qu'un vivier d'étudiants naturalistes existe encore, même si le collège, le lycée et l'université ont souvent peu contribué à faire naître et à nourrir leur passion. Si j'ai regretté le mouvement de balancier qui a sans doute trop privilégié une biologie assez théorique au détriment de l'expérience de la nature, je dois reconnaître en contrepartie que les étudiants et jeunes chercheurs actuels sont mieux armés que ceux de ma génération pour faire de la bonne systématique moléculaire, car bénéficiant d'une double compétence.

281.45 Quelques remarques complémentaires

1) Les arbres généalogiques habituels sont dichotomiques et ils ont généralement un tronc et des branches. Leur forme reste assez arbitraire, parce qu'il est toujours possible de déformer un arbre dont les branches seraient élastiques en tirant sur la bifurcation que l'on veut mettre en vedette, ou en glissant dans un rameau peu visible une espèce embarrassante.

2) La théorie des graphes montre que quatre espèces peuvent donner seulement 3 arbres cladistiques sans racines qui sont donc dessinés en étoile à 4 branches autour d'un ancêtre central inconnu :

```
A    B     A    C     A    C
 \  /       \  /       \  /
 ----       ----       ----
 /  \       /  \       /  \
C    D     B    D     D    B
```

Pour **n** espèces, le nombre d'arbres sans racines serait ((3.2)-5).((4.2)-5).... ((n.2)-5). Pour choisir entre les cladogrammes possibles, on cherche celui qui se construit avec la plus grande parcimonie de changements. Si l'on veut aussi tenir compte du nombre de changements présents sur chaque branche, on obtient un "phylogramme". Ensuite, on fait un calcul de probabilité nommé "analyse de la vraisemblance", complété quelquefois par une application de la conjecture de Bayes. On ajoute aussi une analyse de la sensibilité aux erreurs nommée "*bootstrap analysis*" par allusion aux tâtonnements nécessaires pour enfiler une botte récalcitrante. Il serait préférable, pour les groupes de faible extension, d'utiliser des méthodes non inférentielles (§ 56*).

Ces méthodes ne donnent pas toujours une solution claire, en particulier lorsque les différences sont "saturées". Elles doivent être appliquées avec discernement pour éviter les conclusions simplistes qu'un exemple simple permet de faire comprendre : si l'on construisait le cladogramme d'un homme, d'une femme, d'un Chimpanzé et d'une Chimpanzée, on obtiendrait deux groupes, celui des deux mâles et celui des deux femelles.

Les interprétations cladistiques deviennent douteuses lorsque l'on oublie que l'arbre généalogique d'un gène n'est pas identique à celui des populations qui portent ce gène : deux gènes d'un individu actuel n'ont pratiquement jamais le même arbre généalogique, puisque l'un d'eux peut venir de la mère et l'autre du père. En outre, les migrations des populations entraînent des importations de gènes qui sont des "traverses" dans l'arbre des gènes. Un exemple de ces problèmes est présenté dans le paragraphe 72*, pour les ancêtres de l'homme moderne.

281.5 Une phylogénie pour les Métazoaires

Progressivement, la classification ancienne se remodèle en fonction des découvertes moléculaires. Par exemple, S. MAZAN (2009)[2] propose un arbre général pour les Métazoaires :

Cténophores
  Cnidaires
  Porifères
Bilatériens
  Protostomiens
  Lophotrochozoaires { Mollusques, Annélides,
    Brachiopodes, Acoeles,
    { Plathelminthes, Rotifères, etc.
  Ecdysozoaires { Tardigrades, Nématodes,
    Priapulides, { Chélicérates, Onychophores,
    Tétrachonates { Myriapodes, etc.
  Deutérostomiens
    Ambulacraires { Echinodermes, Hémicordés
    Cordés { Urocordés, Céphalocordés, Vertébrés

2 *Covalences*, 71 : 8-9

281.6 La nomenclature

Les chercheurs qui rêvent de voir leur nom accolé à celui d'une nouvelle espèce profitent d'une minime différence pour décrire une nouvelle espèce qu'ils dédient aimablement à un de leurs collègues en espérant un retour d'ascenseur.

Le résultat de ces pratiques est, par exemple, que les 122.500 noms d'espèces marines de Nouvelle Zélande devraient être diminués de moitié. Le record est détenu par l'Éponge *Halicondria panicea* qui a reçu 56 noms différents depuis sa découverte en 1766.

LUC GARRAUD, l'un des taxinomistes les plus affutés de notre époque, s'insurge contre le manque de conscience des botanistes qui ont donné plusieurs noms successifs à la même espèce sans vérifier soigneusement qu'elle n'avait pas été décrite antérieurement. Il est moins sévère pour les botanistes anciens, parce qu'ils disposaient seulement d'un échantillon collecté au cours d'un voyage rapide et qu'ils ne pouvaient pas facilement aller voir les exemplaires recueillis dans les autres herbiers du monde.

Pour limiter ce foisonnement, des règles internationales ont été établies, mais elles ne sont pas aussi intelligentes que les 16 règles qui ont été adoptées pour les virus (§ 21*). Les botanistes et zoologistes qui affrontent les arcanes de leurs codes de nomenclature peuvent envier les virologues qui n'ont besoin que de 16 règles, mais les virologues doivent reconnaître que la simplicité de leurs règles tient au fait que les virus échappent aux problèmes d'inter-fécondité qui interviennent pour les plantes et les animaux.

282 LA BIOGÉOGRAPHIE

La biogéographie est l'étude de la répartition, à la surface du globe, des êtres vivants. Sa première définition a été donnée par **ALEXANDRE DE HUMBOLDT**, dans son mémoire de 1802, où il parle de la Géographie des plantes : c'est la "**science qui considère les végétaux sous les rapports de leur association locale dans les différents climats. Vaste comme l'objet qu'elle embrasse, elle peint à grands traits l'immense étendue qu'occupent les plantes, depuis la région des neiges perpétuelles jusqu'au fond de l'Océan...**"

F. VUILLEUMIER (1978) analyse finement l'évolution des principes de la biogéographie depuis 150 ans. Selon **R. HUSSON** (1960), la biogéographie comprend la **chorologie**, qui décrit **la répartition actuelle des taxons** à la surface du globe (un taxon est une unité quelconque de la classification hiérarchique dont les niveaux sont la classe, l'ordre, la famille, le genre, l'espèce, etc.) et la **biostratigraphie** qui décrit leurs répartitions passées au cours des ères géologiques.

Pour d'autres auteurs, la chorologie comprend aussi l'étude des phénomènes actuels de dispersion des graines et des diaspores (§ 34*). La chorologie est une science synchronique et la biostratigraphie est une science diachronique (§ 281* et 37*).

Les autres thèmes de la biogéographie portent sur les phénomènes qui permettent de comprendre comment la répartition actuelle des taxons a pu se mettre en place : cette répartition dépend de la combinaison des caractères écologiques des lieux de la planète et des migrations des espèces. Finalement, le territoire où vit une espèce est toujours plus ou moins discontinu, au moins à grande échelle. Il est néanmoins commode de considérer l'enveloppe des territoires où l'espèce est présente ; cette enveloppe est l'**aire** de l'espèce.

L'aire d'une espèce dépend au moins de 4 paramètres :

- l'environnement physique et en premier lieu le climat ;
- l'histoire géologique ;
- le temps, puisque certaines espèces n'ont pas eu le temps de s'installer dans des lieux où elles pourraient vivre (exemple : le Cèdre dans le Ventoux) ;
- le polymorphisme de l'espèce.

Pour dessiner les taches qui constituent l'aire d'une espèce sur une carte, plusieurs paramètres interviennent :

- la maille de la carte, c'est à dire la taille du plus petit carré dessiné ;
- la densité minimale à l'intérieur ce chaque maille ;
- le mode de représentation de la densité
- le mode de calcul de l'enveloppe de chaque tache.

La synthèse des aires des espèces montre que la richesse en espèces d'un territoire est très variable d'un point à l'autre du globe. En règle générale, les espèces sont très nombreuses dans la zone intertropicale, peu nombreuses dans la zone des déserts, assez nombreuses dans les zones méditerranéennes (en particulier dans la province du Cap, en Afrique du Sud), moyennement nombreuses dans les zones tempérées et très peu nombreuses dans les zones arctiques.

Dans certains territoires, on trouve 2.000 espèces végétales dans un territoire d'un millier de kilomètres carrés. Ils méritent une attention particulière pour la préservation du patrimoine biologique (§ 69*) en particulier si un endémisme élevé s'y ajoute (§ 282.4*). Ce sont des points chauds que les anglomanes appellent *hot spots* quoique ce terme soit ambigu puisqu'il est employé aussi par les *surfers*. Il est préférable d'être plus précis et de dire, suivant les cas : "aire d'endémisme" ou "centre de dispersion" et éventuellement "espace préservé".

Il existe ainsi en Malaisie 8.000 espèces de plantes à fleurs (dont 1.740 espèces qui vivent en sous-bois. Le cas de Madagascar est particulièrement remarquable, puisque cette île abrite plus de 11.000 espèces de plantes à fleurs (dont un millier d'Orchidées) dont 80 % sont "endémiques", parce qu'elles n'existent nulle part ailleurs. Six espèces de Baobabs du genre *Adansonia* (sur 8 espèces dans le monde) y sont endémiques ; 170 espèces de Palmiers vivent à Madagascar, alors que l'on en compte seulement 110 espèces en Afrique (les Malgaches ont de bonnes raisons pour dire que leur île n'appartient pas à l'Afrique). Un cas au moins aussi étonnant est celui des îles de la Sonde.

Une région a d'autant plus de chances de posséder un grand nombre d'espèces qu'elle est restée écologiquement stable pendant une longue durée. En effet, il arrive chaque année, en un point quelconque du globe, une pluie de diaspores (graines de Gymnospermes et d'Angiospermes, spores de Fougères et de Mousses, propagules) qui viennent des territoires environnants et qui comportent des espèces nouvelles pour le lieu considéré. La plupart de ces diaspores meurent après avoir germé, mais une partie d'entre elles arrivera à s'installer, puisque la concurrence n'est pas obligatoirement très forte (§ 36*). Au fil du temps, la communauté locale s'enrichit, puisque les espèces déjà présentes ont peu de chances de disparaître dans ces conditions écologiques stables.

D'autres phénomènes interviennent en chorologie et quatre d'entre eux méritent une attention particulière.

282.1 Les espèces cosmopolites

Certaines espèces existent dans presque toutes les régions du globe, et elles sont alors dites "cosmopolites". Ce sont souvent des espèces liées à des environnements particuliers tels que les milieux aquatiques et les milieux fortement marqués par l'Homme. Pour s'en convaincre, il suffit de regarder la liste des principales cosmopolites signalées par **P. Fournier** (1961) pour voir qu'elles peuvent se rattacher à deux groupes :

Le groupe des espèces des eaux ou des sols inondables :

Arundo phragmites L.
Juncus bufonius L.
Juncus effusus L.
Lemna trisulca L.
Nasturtium officinale R. Br.
Rorippa islandica L.

Scirpus lacustris L.
Scirpus maritimus L.
Atriplex roseus L. (subcosmique)
Suaeda maritima L.
Suaeda fruticosa L.
Salicornia herbacea L. (subcosmique)

Le groupe des rudérales *s. l.* :
Amaranthus ascendens L. (subcosmique)
Amaranthus deflexus L. (subcosmique)
Anthemis cotula L.
Capsella bursa-pastoris (L.) Medik.
Chenopodium album L.
Chenopodium glaucum L. (subcosmique)
Chenopodium murale L. (subcosmique)
Chenopodium striatum L. (subcosmique)
Convolvulus arvensis L.
Erigeron canadense L.
Luzula campestris L.
Poa annua L.
Polygonum aviculare L.
Rumex acetosella L.
Rumex crispus L.

Ce résultat se comprend parce que, dans les deux cas, la dispersion des graines à longue distance est facile, grâce à l'eau dans le premier cas et grâce au vent pour la plupart des espèces rudérales.

282.2 Les espèces ubiquistes

C'est à l'échelle de la région et non plus de la planète que certaines espèces apparaissent comme "ubiquistes" : une espèce ubiquiste est présente dans tous les milieux d'une région (même si elle n'y est pas abondante). C'est le cas de *Sherardia arvensis* dans le Maroc atlantique, qui vit aussi bien dans les forêts plus ou moins dégradées que dans les friches, sur les bord de routes ou dans les cultures extensives. Cette plasticité est un atout précieux, mais les ubiquistes ont aussi des points faibles : leur amplitude écologique (leur "euryoïcité") est large, mais ces espèces résistent mal à la concurrence.

282.3 Les espèces vicariantes

Quand deux espèces qui vivent dans des territoires différents se ressemblent étonnamment, on dit qu'elles sont vicariantes. Ceci se produit à la suite d'une cladogenèse rapide par isolement géographique (§ 25*) : les deux espèces ont été alors séparées brutalement, avant d'avoir acquis des caractères différentiels nouveaux ; il peut même arriver qu'elles redeviennent interfécondes si on les réunit dans un jardin botanique ou un arboretum.

C'est le cas des Sapins méditerranéens, issus d'une souche commune qui a "éclaté" en donnant une dizaine d'espèces tout autour de la Méditerranée : *Abies alba* (Europe), *Abies pinsapo* (Espagne), *Abies maroccana* (Maroc), *Abies numidica* (Afrique du Nord), *Abies borisii regis* (Balkans), *Abies nebrodensis* (Sicile), *Abies cephalonica* (Grèce), *Abies cilicica* (Turquie), *Abies equitrojani* (Turquie), *Abies nordmanniana* (Caucase). Dans la nature, ces Sapins ne sont pas interféconds, parce qu'ils sont isolés dans des massifs distincts. Il n'empêche que ces lignées se révèlent interfécondes quand on les réunit dans les arboretums, que R. Rol qualifiait alors gaillardement de "bordels à Sapins".

La vicariance est connue depuis longtemps puisque HILDEGARDE DE BINGEN, dans un manuscrit de 1179, avait noté que la Lavande comprend deux espèces vicariantes.

Chez les animaux, les cas de vicariance sont nombreux. L'un de ceux qui remontent très loin dans les temps géologiques est celui du Koala marsupial d'Australie et du Paresseux d'Amérique.

282.4 Les endémiques

Dans son sens premier, le mot "endémique" (en grec, δεμοσ signifie peuple ou population) caractérisait les maladies présentes en permanence dans une région, par opposition aux maladies "épidémiques" sujettes à des cycles d'apparition brutale et de disparition. Mais, en botanique (*cf.* l'Introduction à la flore de l'abbé HENRI COSTES, par CHARLES FLAHAULT, p. 10) et en zoologie, on a limité l'endémisme aux espèces qui sont présentes seulement dans un pays ou dans une région et l'attention des botanistes et des zoologistes s'est concentrée sur les "points chauds" qui sont des lieux où existent un grand nombre d'espèces endémiques, parce que ce phénomène est lié à la naissance des espèces (§ 25*) et aussi à leur extinction (§ 69*).

Aujourd'hui, on dit qu'un taxon (classe, ordre, ou famille) est "endémique" si son aire est notablement plus petite que la moyenne des aires des autres taxons. Par exemple, la famille des Ginkgoacées est fortement endémique parce qu'elle occupe seulement quelques dizaines de kilomètres carrés en Chine du Sud (*vérifier*), alors que la plupart des familles s'étendent au moins sur plusieurs milliers de kilomètres carrés.

Les espèces endémiques sont souvent étonnantes. Tel est le cas d'un Invertébré de la vallée de San Benito (Californie), *Illacme plenipes* (*Siphonophoridae*), qui possède plus de 500 pattes et même quelquefois 750 pattes (on remarquera avec soulagement que ces chiffres restent pairs : les zoologistes ont été consciencieux quand ils ont compté les pattes).

282.41 Les types d'endémisme

Une espèce peut se trouver actuellement confinée dans un petit territoire pour deux raisons opposées :

- il s'agit d'une espèce nouvelle qui n'a pas encore eu le temps de se répandre au-delà de son lieu de naissance ; on parle alors de "néo-endémisme" ou d'endémisme par novation ;
- il s'agit d'une espèce en voie d'extinction qui occupait autrefois un territoire beaucoup plus vaste et nous assistons à la dernière phase de sa vie avant qu'elle ne disparaisse ; A. ENGLER (1879-1882) a proposé de dire que c'est un "paléo-endémisme" et O. DRUDE (1897) a préféré le terme "endémisme relictuel".

Lorsqu'il existe des fossiles d'une espèce endémique, celle-ci est généralement une paléo-endémique. L'exemple le plus évident est celui du genre *Ginkgo*, dont les premières traces apparaissent au Jurassique inférieur et qui s'est diversifié jusqu'au Crétacé dans l'hémisphère nord. Au début de l'ère tertiaire, l'Ordre des Ginkgoales, qui bénéficiait d'une aire circumpolaire, s'est réduit progressivement à une seule famille, puis à un seul genre et enfin à une seule espèce. L'extinction des populations d'Amérique du Nord s'est produite au Miocène et la réduction à l'est de l'Asie sans doute seulement au Pléistocène.

Jusqu'au milieu du siècle dernier, les biogéographes qui désiraient savoir si la région qu'ils étudiaient était un "musée" d'espèces anciennes ou, au contraire, un "berceau" pour des espèces nouvelles étaient assez démunis. E. WULFF (ET SENN ?) (1938) ont eu l'idée d'utiliser les nombres de chromosomes pour distinguer les types d'endémisme puisque les polyploïdes sont toujours plus récents que les diploïdes dont ils sont issus. C. FAVARGER (1969) a développé cette belle idée pour comparer le caryotype du taxon endémique à ceux des taxons apparentés et de construire le tableau suivant :

	Taxon endémique	Taxon apparenté	Degré d'évolution du taxon endémique

Paléo-endémique strict	Polyploïde ou diploïde	-----	-----
Patro-endémique	Diploïde	Polyploïde	Plus primitif
Schizo-endémique	Diploïde ou polyploïde	Diploïde ou polyploïde	=
Néo-endémique	Polyploïde	Diploïde	Plus évolué

Les taxons **patro-endémiques** sont plus anciens que les taxons apparentés, puisque leur nombre de chromosomes est inférieur et ils sont antérieurs, dans le cours de l'évolution, à leurs cousins qui habitent des territoires plus étendus. Ils sont donc vraisemblablement en voie d'extinction.

Les **schizo-endémiques** se sont formés en même temps que leurs cousins et ils sont au même degré de ploïdie que ces cousins qui peuvent aussi être endémiques. Il faut alors examiner attentivement la situation écologique pour savoir si un taxon schizo-endémique risque de disparaître. Le schizo-endémisme est souvent lié à la vicariance.

Les **néo-endémiques** stricts sont plus récents et plus évolués que leurs cousins ; ils sont apparus par auto-polyploïdie ou par allo-polyploïdie et ils sont quelquefois nommés "apo-endémiques". Ils sont plus fragiles que leurs cousins mais ils peuvent avoir un grand avenir.

282.42 Les territoires favorables à l'endémisme

C'est généralement dans des territoires isolés géographiquement (îles) ou isolés écologiquement (montagnes) que l'on trouve le plus d'espèces endémiques. Pour le comprendre il suffit de repenser aux conditions de la spéciation : celle-ci sera intense si la rupture de l'interfécondité est fréquente, par exemple quand une population s'isole (dérive génique et effet-fondateur, *cf.* § 25*) dans un environnement qui reste stable.

Ce phénomène se combine avec la variation latitudinale de la richesse en espèces (forte dans les zones équatoriale, tropicales et méditerranéennes, moyenne dans les zones tempérées, faible dans les zones arctiques) pour produire les "points chauds" évoqués au début du paragraphe 28*.

25 "points chauds" ont été répertoriés. En allant du nord au sud, les principaux sont la Californie, le Bassin méditerranéen, le Caucase, le sud-ouest de la Chine, les Antilles et la Caraïbe, l'Amérique centrale, la Thaïlande-Birmanie-Indochine, les Philippines, l'Indonésie et les îles de la Sonde (nommés "Wallacea" en souvenir de WALLACE, le co-inventeur de la sélection naturelle), le golfe de Guinée, l'Afrique orientale, Madagascar et les Mascareignes (la Réunion, Maurice, Rodrigues, qui ont un endémisme élevé, parce que ce sont des îles volcaniques émergées depuis 8 millions

d'années pour Maurice et 3 millions d'années pour la Réunion), la Nouvelle-Calédonie, la Polynésie, la Cordillère des Andes, les cerrados du Brésil, la forêt atlantique du Brésil, l'Afrique du Sud.

Il apparaît que 15 points chauds existent dans les forêts inter-tropicales, et 5 dans les régions méditerranéennes.

Par exemple, la flore de l'île de la Réunion comprend 160 espèces endémiques, soit 32 % des 500 espèces de plantes à fleur présentes sur l'île.

En Nouvelle-Calédonie, on a recensé :

- pour les plantes, 5 familles, 107 genres et 2.425 espèces endémiques, en plus des 1.600 espèces qui viennent d'ailleurs,
- pour les Conifères, 43 espèces, qui sont toutes endémiques,
- pour les Palmiers, 39 espèces dont 36 endémiques,
- pour les Fougères, 252 espèces dont 85 endémiques,
- pour les Reptiles (Geckos et Scinques), 12 genres et 61 espèces endémiques, le taux d'endémisme des 85 espèces de Lézards dépasse 70 %.
- pour les Oiseaux, 1 famille, 3 genres, 23 espèces endémiques,
- dont le Cagou, emblème du territoire,
- pour les Crustacés d'eau douce, 14 espèces endémiques,
- pour les Poissons d'eau douce, 11 espèces endémiques,
- pour les Chauves-souris, 6 espèces endémiques,
- pour les Insectes, environ 4.000 espèces endémiques,
- pour la flore et la faune des récifs coralliens, 5 % des 15.000 espèces connues
- pour les Diatomées, 252 espèces dont 75 endémiques,
- pour les Cyano-Bactéries, 174 espèces, dont 15 endémiques.

Certaines espèces végétales endémiques sont très abondantes dans la région où elles sont présentes, au point que l'on a pu dire que, si l'on cueille une plante au hasard dans la forêt néo-calédonienne, elle a 9 chances sur dix d'être endémique. Au contraire, certaines plantes des sols latéritiques (ultramafiques) particuliers de l'île sont présentes seulement sur quelques km^2 et l'extension des périmètres de prospection minière, si la végétation y est décapée ou incendiée, risque de les faire disparaître définitivement.

L'originalité de cette flore et de cette faune est due à la longue durée de l'isolement géographique de la Nouvelle-Calédonie, qui s'est séparée du fragment du continent de Gondwana qui comprenait l'Australie à la fin du Crétacé, vers – 65 millions d'années (il faudrait comparer à l'Australie, beaucoup plus grande, où des espèces envahissantes ont pu naître au Tertiaire et réduire la diversité). Par exemple, on trouve en Nouvelle

Calédonie 7 % des espèces de Conifères du monde, 13 des 19 espèces d'Araucarias, ainsi qu'*Amborella*, l'un des plus anciennes plantes à fleurs, vieille de 130 millions d'années, et *Parasitaxus ustus*, le seul Conifère qui vive en parasite.

283 QUELQUES PROBLÈMES DE BIOGÉOGRAPHIE

283.1 Les espèces en limite d'aire

La limite de l'aire d'une espèce est habituellement effilochée, parce que les habitats favorables à l'espèce deviennent plus rares à la périphérie de son aire qu'au centre de son aire. Ceci explique pourquoi les naturalistes d'une région accordent une grande attention aux espèces en limite d'aire et souhaitent pouvoir continuer à les observer près de chez eux (mais ce n'est évidemment pas une raison suffisante pour exiger leur protection !).

Si une espèce est en phase d'expansion et de "radiation adaptative", chacune des populations qui sont en limite d'aire a généralement un patrimoine génétique moins divers que celui des populations du centre de l'aire, en raison de l'effet-fondateur, mais les différences génétiques entre les populations situées en limite d'aire sont souvent fortes. Par exemple, pour l'Origan (*Origanum vulgare*), observé par **A. KHEYR-POUR** (1977), les populations d'Origan qui vivent au centre de l'aire de l'espèce sont moins polymorphes que celles de la périphérie. Les Souris qui vivent dans les Apennins ou sur les hautes terrasses de la vallée du Pô (**H. CROZET**, 1982) possèdent les 40 chromosomes acrocentriques habituels, alors que celles de la basse plaine ont fréquemment 22 chromosomes (dont plusieurs métacentriques) ; elles sont très différentes les unes des autres (souvent inter-stériles) et n'occupent pas l'espace de manière continue ; la cladogenèse est alors toute proche.

Si ces populations marginales sont isolées depuis longtemps, la dérive génique (§ 25*) peut modifier suffisamment leur patrimoine génétique pour qu'elles acquièrent des potentialités nouvelles qu'il est intéressant de conserver, mais ce cas est assez rare en Europe, en Sibérie, en Mongolie, au Tibet et en Amérique septentrionale, parce que :

- les glaciations ont installé des toundras il y a environ 20.000 ans sur la quasi-totalité de ces territoires,
- le nombre de générations des espèces nouvellement arrivées n'est pas suffisant pour que la dérive génique ait eu le temps d'agir.

283.2 Les centres de dispersion

VAVILOV (1887-1943) a observé que les espèces nouvelles apparaissent souvent dans des régions particulières, les "centres de dispersion" à partir desquelles elles se dispersent progressivement. C'était un précurseur qui n'a pas toujours été bien compris. CHARLES FLAHAULT partage son opinion dans sa célèbre Introduction de la flore de l'abbé HENRI COSTES, où il explicite les fondements de la biogéographie moderne : "de savantes études laissent à peu près hors de doute que certaines régions ont été le berceau commun, le centre de développement et d'extension d'un grand nombre de genres." Dans cette perspective, les centres de dispersion sont aussi des régions où règne une grande biodiversité.

De plus, le polymorphisme d'une espèce est souvent maximal au centre de son aire. En effet, quand elle y est installée depuis longtemps et s'y reproduit avec abondance, les occasions de mutation sont nombreuses. C'est le cas de l'espèce humaine, dont la diversité mitochondriale est plus forte en Afrique que dans les pays périphériques où les migrants n'ont emporté qu'une fraction du patrimoine génétique, par effet-fondateur (V. BARRIEL, 1999).

Enfin, dans la plupart des études régionales de biodiversité, il est écrit que la région étudiée est une "zone de transition" ou un "carrefour" où se combinent des influences diverses. C'est généralement exact, mais c'est si généralement exact qu'il est banal et inutile de l'écrire. En effet, presque toutes les régions du globe sont des transitions entre les régions voisines. Les seules régions qui ne sont pas des transitions sont la Patagonie et la pointe de l'Afrique du Sud.

283.3 La colonisation des îles

L'un des exemples les plus connus est celui des îles Hawaï (J.-P. BAUGET, 2003) qui sont à 3.600 km de la côte américaine et à 3.800 km des îles Marquises. Ces îles volcaniques ont émergé au Tertiaire, il y a environ 70 millions d'années et elles étaient donc initialement dépourvues de végétation. On estime que 272 espèces végétales s'y étaient progressivement installées avant l'arrivée de l'Homme, au rythme d'une espèce par 25.000 ans. Deux Mammifères seulement (une Chauve-souris et un Phoque) y vivaient alors.

Plusieurs espèces présentes depuis longtemps se sont diversifiées, en s'adaptant à la diversité des habitats. Par exemple, les 6 genres de Campanulacées (*Brighamia, Clermontia, Cyanea, Rollandia, Delissea* et

Trematolobelia) sont tous issus d'un ancêtre commun et ils ont donné naissance à plus de 100 espèces qui sont devneues endémiques.

Une première vague de navigateurs arriva sur des pirogues vers l'an 350 ; venant des îles Marquises, ils apportèrent 27 espèces de plantes (dont le Cocotier, l'Arbre à pain, le Taro, la Patate douce, la Canne à sucre (?), le Ki (une Agave nommée *Cordyline fruticosa*), des cochons, des poulets et des chiens. La deuxième vague vint de Tahiti vers 1300 et la population atteignit environ 500.000 personnes. Les Européens arrivèrent en 1778 et la population des Hawaïens de souche se réduisit de moitié.

Actuellement, environ 40 taxons végétaux ou animaux étrangers débarquent chaque année sur les îles Hawaï, et certains d'entre eux ont causé des dommages irréparables à la flore et à la faune locales. 120 plantes sont ainsi menacées de disparition. En effet, dans ces îles, les plantes et les animaux ont évolué parallèlement en maintenant des relations intenses ; en particulier, les pollinisateurs des Angiospermes sont étroitement spécialisés et la disparition d'un pollinisateur entraîne la disparition des espèces végétales qu'il pollinise. C'est le cas de nombreux Insectes et de l'oiseau I'iwi.

Plus généralement, l'immigration est un des facteurs essentiels de la "théorie des îles" de **MAC ARTHUR ET WILSON** (1967) vulgarisée en particulier par Simberlof, qui sera revue au sujet des paysages (§ 54*).

283.4 Les migrations anciennes

Les migrations anciennes ont eu des conséquences qui pèsent encore sur la répartition des espèces. Par exemple, le raccordement de l'Amérique du Nord et de l'Amérique du Sud grâce à l'isthme de Panama a permis à de nombreuses espèces de franchir l'Équateur et d'y concurrencer les espèces indigènes. Ce sont surtout des espèces nordiques qui ont envahi l'Amérique du Sud, en provoquant l'extinction d'espèces primitives, et en laissant seulement quelques relictes telles que le Tamanoir (un Fourmilier), le Tatou (un Édenté) ou le Nandou (apparenté à l'Autruche).

La colonisation des îles du Pacifique a aussi été un phénomène biogéographique important.

283.5 Les migrations récentes des plantes et leur indigénat

Les migrations récentes peuvent être reconstituées grâce aux fouilles préhistoriques et aux documents historiques. Il est alors possible de distinguer :

- les espèces indigènes, présentes depuis des temps immémoriaux,
- les **archéophytes**, présentes avant l'arrivée des plantes cultivées, et principalement avant la découverte de l'Amérique en 1492,
- les espèces introduites volontairement, en particulier pour les cultiver,
- les espèces adventices introduites involontairement comme celles de la flore du Pont Juvénal, sur la côte languedocienne, près de Montpellier, où l'on débarquait en particulier de la laine.
- les espèces exotiques, qui regroupent les deux groupes précédents.

Du point de vue de la conservation des espèces, on distingue les situations suivantes :

A	Absente
B	Accidentelle / Visiteuse
C	Cryptogène
D	Douteuse
E	Endémique
F	Trouvée en fouille
I	Introduite
J	Introduite envahissante
M	Domestique / Introduite non établie
P	Présente
S	Sub-endémique
W	Disparue
X	Éteinte
Y	Introduite éteinte
Z	Endémique éteinte

Le mot cryptogène est un barbarisme prétentieux, qu'il serait plus simple de remplacer par "Inconnue".

284 EMPIRES, RÉGIONS, PROVINCES, ETC.

Le résultat de la spéciation, des extinctions d'espèces et des migrations est la répartition actuelle des espèces à la surface du globe, qui est ainsi le dernier mot d'une longue histoire.

Dès le XVIIe siècle, les botanistes voyageurs ont remarqué les affinités qui existent entre les flores de certains territoires. Par exemple, les principales espèces de feuillus de l'Amérique du Nord sont des Érables, des Hêtres, des Chênes comme en Europe, en Sibérie, en Corée et au Japon. Il était logique d'en déduire que ces "cousins germains" sont issus d'ancêtres communs appartenant à une "flore" qui a été nommée "holarctique" parce qu'elle s'étend sur la totalité (holos) des territoires arctiques.

La généralisation de cette remarque a conduit à découper le territoire des continents en unités floristiques hiérarchisées, qui ont été nommées : empire, royaume (ou région), province, ou, pour d'autres auteurs : zone, région, domaine, secteur et district. On distingue habituellement 6 empires, qui ont pu prendre leur essor sur les six continents du Crétacé :

- Afrique australe et centrale,
- Inde + Indonésie + Australie du Nord,
- Madagascar,
- Amérique du Sud,
- Amérique du Nord + Europe + Sibérie = empire "holarctique",
- Australie du Sud + Antarctique.

L'empire holarctique comprend un royaume américain, un royaume sino-japonais (qui comprend l'Himalaya), un royaume euro-sibérien dont la partie occidentale comprend les provinces atlantique, boréale, médio-européenne et pontique (autour de la mer Noire) et aussi un royaume méditerranéen, qui comprend l'Afrique du Nord et la région méditerranéenne de Californie.

P. ROISIN (1969) adopte une autre terminologie, qui situe le centre de la France dans la royaume holarctique, dans le domaine atlantico-européen, dans le secteur franco-atlantique, où existent les sous-secteurs séquanien et ligérien, mais il est regrettable qu'il ait considéré que tout le territoire holarctique constitue un seul royaume.

Pour l'Eurasie méridionale, et l'Afrique au nord de l'Équateur, **ZOHARY** distingue plus finement 8 royaumes en descendant vers l'Équateur :

1) Royaume méditerranéen
   - Province nord-méditerranéenne (sud du Portugal, de l'Espagne et de la France, Italie, côte adriatique et Grèce)
   - Province sud-méditerranéenne (nord du Maroc, de l'Algérie, de la Tunisie, de la Libye et de l'Égypte)
   - Province est-méditerranéenne (Israël, Palestine, ouest de la Syrie, Liban, sud de la Turquie)

1 bis) Certains auteurs distinguent dans le royaume méditerranéen une région "forestière" et une région "steppique".

2) Royaume irano-touranien (steppes des Hauts plateaux d'Algérie, Turquie centrale et orientale, Mésopotamie, Iran central et septentrional, Turkestan russe et Turkestan chinois, Asie centrale au nord de l'Himalaya), où il est possible de distinguer les provinces aralo-caspienne, anatolienne, irano-baloutche, mésopotamienne, arabienne.

3) Royaume macaronésien (Canaries, Açores)
4) Royaume saharo-arabe (nord du Sahara et centre de l'Arabie) ou saharo-sindien
5) Royaume soudanien
   - Province saharo-sahélienne (centre du Sahara et Sahel)
   - Province soudanienne
   - Province nubo-sindienne (ou saharo-sindienne pour d'autres auteurs) qui comprend les côtes ouest et sud de l'Arabie, le sud de l'Iran, le Pakistan et le Cachemire
6) Royaume guinéo-congolais
7) Royaume indien
8) Royaume malaisien

La région méditerranéenne d'Afrique du Sud est un cas particulier : 6 familles et 68 % des espèces sont endémiques. Un type de végétation arbustif, le **fynbos**, vit sur des sols pauvres et subit des incendies naturels périodiques ; il est constitué essentiellement d'Éricacées (526 espèces), de Protéacées et de Restoniacées proches des Graminées, aux feuilles réduites à leurs nervures.

Pour l'Europe, **P. FOURNIER** (1961) propose 18 régions botaniques : alp-alt, alp-carp, atl, arct, arct-alp, arct-alp-alt, balk, bor, boreoam, cent, centeur, eu-alp, eur, eurambo, euras, eurosib, subatl, submédit. Par ailleurs, il distingue les espèces circumboréales (régions tempérées et froides de l'Ancien Monde, cosmopolites, subcosmopolites, holarctiques (hémisphère Nord), néotropicales (régions tropicales du Nouveau Monde), subtropicales (dans le monde entier) et thermo-cosmiques (régions chaudes des deux hémisphères). Pour le bassin occidental de la Loire, **R. CORILLION** (1982) propose des distinguer les espèces atlantiques, laté-méditerrénennes, sud-européennes, et adventices.

Pour l'Afrique du Nord, **K. MESLI** (en prép.) propose :

méditerranéen
ouest méditerranéen
cosmopolite
canarien-méditerranéen
sub-méditerranéen
circum-méditerranéen
ibéro-mauritanien
ibéro-marocain
ibéro-mauritanien + Sicile
sub-cosmopolite
macaronésien-méditerranéen

circumboréal
eurasiatique
européen-méditerranéen
paléo-tempéré
méditerranéen-atlantique
européen
atlantique-circum-méditerranéen
ibéro-mauritanien + Malte
endémique
paléo-subtropical
endémique algéro-marocain
Afrique tropicale
macaronésien-méditerranéen + Éthiopie + Inde
canarien + Europe méridionale + Afrique du Nord
endémique Afrique du Nord
saharien
macaronésien-méditerranéen-irano-touranien

En France, pour la base de données des traits bionomiques du Conservatoire botanique national alpin, **Luc Garraud** et **Jérémie Van Es** (*in litt.*) tiennent compte des étages de végétation et distinguent 5 types : orophyte alpien, orophyte ouest alpien, orophyte des Préalpes, espèces méditerranéennes des plaines, espèces atlantiques des plaines. **Julve** (2003) propose aussi, pour le sud-est de la France, des subdivisions correspondant aux étages de végétation.

Ces diverses propositions sont peu concordantes et c'est dommage, parce qu'il serait simple de comparer les listes floristiques des flores modernes en utilisant des programmes informatiques incluant les fonctions logiques d'appartenance, d'intersection et de réunion pour réaliser une synthèse justifiée.

Le découpage du monde proposé par les zoologistes est un peu différent, en particulier parce que les faunes d'Amérique du Nord et d'Amérique du Sud ont fusionné au Tertiaire, lors de la création de l'isthme de Panama, alors que peu de plantes ont franchi cet isthme.

285 Quelques méthodes de biogéographie

285.1 La comparaison des flores et des faunes

Dans toutes les bons ouvrages de floristique ou de faunistique, le territoire où vit chaque espèce est indiqué à l'aide du vocabulaire normalisé de la biogéographie qui vient d'être indiqué. Malheureusement, cette discipline est presque totalement abandonnée en France depuis plus de 50 ans, et les auteurs se bornent trop souvent à recopier les renseignements qu'ils ont trouvé dans des ouvrages anciens, en oubliant que les conditions de vie d'une espèce se déduisent en grande partie des caractères du territoire qu'elle occupe, et en particulier des contraintes climatiques qu'acceptent les plantes.

Aujourd'hui, pour mettre à jour nos connaissances dans ce domaine, il suffirait de reprendre les listes d'espèces établies dans les pays où ont été publiées des flores récentes pour préciser les "éléments floristiques" qui avaient passionné nos prédécesseurs et qui devraient retrouver une nouvelle jeunesse avec le développement de la génétique des populations et des dénombrements de chromosomes. Ce travail un peu fastidieux doit s'appuyer sur un connaissance suffisante de l'histoire de la botanique systématique, pour deux raisons complémentaires :

- les espèces décrites depuis très longtemps ont souvent changé de nom et il faut vérifier si cette modification n'a pas entraîné une réduction de l'aire admise pour l'espèce ;
- lorsqu'une sous-espèce (ou une variété) est intronisée longtemps après la caractérisation de l'espèce à laquelle elle appartient, les localités où elle est signalée sont en nombre limité, et on peut avoir l'impression erronée que la sous-espèce est endémique.

285.2 La cartographie

Les cartes de répartition spatiale des espèces sont le point de départ de la plupart des réflexions bio-géographiques dans les ouvrages classiques tels que **R. Good** (1947) et elles seront indispensables pour mettre à jour nos connaissances en biogéographie. Pour interpréter les cartes de répartition qui peuvent être produites en grand nombre par les systèmes d'information géographique (SIG), il reste nécessaire de distinguer deux types de cas.

Le premier est celui où les observations de présence d'une espèce sont presque exhaustives, et donnent donc une image presque complète de sa répartition mondiale ou régionale, qui est particulièrement utile pour les espèces qui sont jugées endémiques.

Dans la plupart des autres cas, les observations de présence d'une espèce ont été recueillies pour des objectifs divers qui ne visaient pas la résolution des problèmes bio-géographiques. Tel est le cas des inventaires forestiers nationaux, des études de pâturages, etc. Dans ces cas, les présences des espèces sont connues à partir de listes floristiques ou faunistiques établies à la suite d'un échantillonnage orienté qui est loin d'être exhaustif (les méthodes d'échantillonnage utilisables en écologie sont présentées dans le paragraphe 55*). Par exemple, les relevés d'un inventaire forestier donneront une image satisfaisante de la répartition spatiale des feuillus et des résineux, mais cet échantillon ne sera pas pertinent pour les espèces des prairies de la région étudiée.

Les caractères remarquables de la répartition géographique de ces présences connues d'une espèce devront donc être trouvés grâce à des tests probabilistes précis (§ 56*). Deux exemples simples tirés de l'Atlas partiel de la flore de France de **P. Dupont** (1990) peuvent illustrer cette nécessité :

- *Narthecium reverchonii* a été observée seulement dans 6 des 1.551 carreaux géographiques de cet atlas et ces 6 carreaux sont tous situés en Corse ; cette coïncidence a une probabilité très nettement inférieure à 1 pour 1000 et cette espèce peut être considérée, au moins provisoirement, comme une endémique corse ;
- à l'opposé, 6 des 19 présences d'*Orchis papilionacea* sont situées dans la partie méditerranéenne de la France continentale ; la probabilité de cette distribution est voisine de 8 %, et cette probabilité supérieure au seuil fatidique de 5 % est trop élevée pour que cette espèce puisse être considérée comme "méditerranéenne".

Les calculs statistiques sont alors essentiellement des "cribles à hypothèses" qui éliminent les hypothèses douteuses. Un calcul plus fin permet de détecter les espèces dont l'aire connue est disjointe. Par exemple, pour *Polystichum lonchitis* (L.) Roth., une Fougère qui vit dans le sud et le sud-est de la France, le centre de gravité des présences connues (qui est nommé barycentre en physique) est situé dans la région d'Avignon, quoique la plupart des présences connues de l'espèce en soient très éloignées. Un test probabiliste simple permet de savoir si cette discordance mérite attention ou si, au contraire, elle peut être attribuée aux aléas de l'échantillonnage. Ce test se déroule en deux temps :

- calculer l'augmentation du nombre de présences connues de l'espèce dans les auréoles de taille croissante qui entourent le centre de gravité ;
- comparer cette augmentation à celle qui serait observée si la répartition des présences de l'espèce était uniforme dans l'ensemble du territoire observé (ou si elle suivait une autre distribution telle qu'une décroissance logarithmique de la densité) en construisant les tables de contingence correspondantes et en calculant leur probabilité (voir le paragraphe 57*).

Ce test montre ainsi que, pour *Polystichum lonchitis*, la densité des présences connues dans les auréoles proches du centre de gravité est significativement plus faible que dans les grandes auréoles éloignées du centre de gravité. Le test révèle ainsi que la répartition spatiale des présences connues de l'espèce est très inattendue et donc très remarquable. Les fonctions "pavem" et "frag" de la base de données ECHO permettent de préciser les caractères de cette répartition. Il est alors logique de la comparer à la répartition spatiale des états d'un facteur écologique. En l'occurrence, ce facteur est la résistance au froid de cette espèce, qui est effectivement une montagnarde présente dans deux "nébuleuses", l'une dans les Alpes et l'autre dans les Pyrénées.

Un autre exemple est la répartition du Chêne liège en Algérie : la localisation des présences connues de cette espèce "silicicole" peut être comparée à la répartition des terrains siliceux, afin de voir si cette espèce est présente sur tous ces terrains. On s'aperçoit alors qu'elle est rare en plaine et les forestiers ont intérêt à en comprendre la raison s'ils veulent développer la production de liège.

T. RICHEL (*Mitt. Inst. Allg. Bot. Hamburg*, 23 b : 767-776,1990) a utilisé les profils écologiques pour analyser la relation entre la présence des espèces et le climat dans l'ensemble de la République du Congo, parce que les classiques superpositions de cartes ne lui donnaient pas satisfaction. Il en a même tiré les aires potentielles pour les Flacourtiacées et les Combrétacées.

L'application de ces méthodes à l'échelle d'un continent a été entreprise avec la base de données FLOTROP de PHILIPPE DAGET (2008) qui donne la répartition de 7.688 taxons en Afrique tropicale septentrionale (des îles du Cap Vert à l'Éthiopie) pour les zones soudaniennes, sahéliennes et sahariennes.

Les exemples qui vont être présentés portent seulement sur les relevés du Bénin et du Burkina-Faso. En premier lieu, cette base de données permet de connaître les espèces endémiques (258 espèces ont été observées dans un seul lieu et 133 espèces ont été observées en deux lieux) et de préciser leur localisation, pour affiner les listes d'espèces caractéristiques des empires et des royaumes floristiques.

Une première fonction donne sur l'écran d'un ordinateur la carte de répartition de tous les lieux où une espèce a été observée. Une deuxième fonction indique le nombre de présences de chaque espèce dans une grille dont la maille est souvent la minute sexagésimale ou la dizaine de minutes ou le dixième de degré et constitue le tableau numérique emboîté de ces localisations.

Une troisième fonction donne, pour chaque espèce, les coordonnées des sommets de chaque "fragment" de son aire, c'est à dire du polygone (généralement rectangulaire), à l'intérieur duquel sont recensées les présences de l'espèce dans des carreaux contigus de la grille.

Par exemple, les 9 présences d'*Abelmoschus esculentus* (L.) Moench. dans le Bénin et le Burkina-Faso, sont réparties dans deux fragments dont les coordonnées sont respectivement :

- 9.2 dixièmes de degrés de latitude nord et 1.3 dixièmes de degrés de latitude est,
- 7 6.6 6.5 6.4 dixièmes de degrés de latitude nord et 2.1 dixièmes de degrés de latitude est.

D'autres fonctions donnent la surface et le périmètre des fragments (en dixièmes de degrés-carrés), le poids de l'espèce (c'est à dire le nombre total de ses présences), la densité en nombre de présences dans chaque fragment, le coefficient d'endémicité et les coordonnées géographiques du barycentre des présences de l'espèce.

Pour les espèces dont les fonctions précédentes ont montré qu'elles possèdent une aire nettement discontinue, une autre fonction identifie les "taches" de présence des espèces, en donnant au mot "tache" le sens qu'il possède en écologie du paysage. Le contour des taches est habituellement, pour des raisons pratiques, un rectangle, mais il peut aussi être un hexagone ou un octogone. L'identification de chaque tache comprend le numéro de l'espèce dans la liste floristique de référence, les coordonnées de chacun des sommets du polygone qui enveloppe la tache, la surface de l'enveloppe de la tache, le degré d'ovalité de l'enveloppe, le "poids" de la tache qui est le nombre de présences de l'espèce dans la tache et qui donne sa densité, et enfin les coordonnées du barycentre des présences.

Pour le transect de 50 kilomètres réalisé par JULIEN ANDRIEU au Sénégal, c'est l'algorithme de l'archipel (§ 57*) qui a donné la clef de l'interprétation de la structure de la végétation qui est l'appartenance biogéographique des espèces (guinéo-soudaniennes, soudano-guinéennes, soudaniennes, soudano-sahéliennes, sahéliennes).

Quelques remarques complémentaires

Pour cartographier les **unités biogéographiques** (depuis les empires floristiques ou faunistiques jusqu'aux éléments floristiques), il est possible de chercher les espèces dont les barycentres sont proches et de constituer des groupes en utilisant l'algorithme de l'archipel (§ 56*).

Les cartes "biogéographiques" de répartition spatiale des espèces à moyenne échelle sont un des éléments de la cartographie des paysages (§ 54*).

En ce point du raisonnement, il apparaît que les problèmes de biogéographie rejoignent ceux de l'auto-écologie des espèces et ceux de l'analyse de l'hétérogénéité de la végétation, qui seront examinés en détail un peu plus loin, dans les paragraphes 55*, 56* et 57*.

285.3 Les liaisons entre espèces

Il est possible d'utiliser le calcul des liaisons interspécifiques pour voir l'effet des changements d'échelle sur les liaisons entre espèces. Il apparaît alors généralement que, lorsque l'échelle diminue, les liaisons positives augmentent et les liaisons négatives diminuent. Ce n'est pas étonnant puisque la loi de zonalité (§ 37*) fait sentir ses effets à petite échelle, et aussi parce que les migrations des espèces à l'échelle de l'Europe depuis le Quaternaire post-glaciaire ne sont pas terminées. Il en est de même pour les migrations d'espèces en Afrique, entre la zone soudanienne et l'Atlas saharien. (*faut-il expliquer plus ?*)

285.4 La diversité locale

Les cartes donnent aussi une idée de la diversité. Par exemple, l'indice de diversité locale d'ordre 1 (*cf.* § 68*) pour la végétation du Parc national du Banc d'Arguin (Mauritanie) dans la grille géographique à maille de 10 minutes est :

	1640	1630	1620	1610	1600	1550	1540	1530
2050	0	0	0	21	0	4	0	0
2040	3	0	4	23	10	0	8	2
2030	0	1	0	26	23	0	0	0
2020	0	0	0	19	2	0	0	0
2010	0	0	25	57	17	3	0	0
2000	0	0	15	59	36	10	0	6
1950	0	0	37	35	20	9	0	0
1940	0	0	14	11	10	0	6	0
1930	0	4	37	24	13	5	0	0
1920	0	35	37	12	0	9	0	0
1910	0	0	0	2	0	0	0	0
	1640	1630	1620	1610	1600	1550	1540	1530

L'appartenance bio-géographique des espèces trouvées en un lieu peut permettre de comprendre l'évolution de la végétation dans la région étudiée. Par exemple, les peuplements de Genévrier thurifère des Alpes ont été reconnus et cartographiés à petite échelle par LUC GARRAUD. La base de données bionomiques du Conservatoire botanique national alpin contient les appartenances bio-géographiques des 913 espèces trouvées dans ces

17 stations et les conclusions que l'on peut en tirer seront présentées dans LUC GARRAUD *et al.* (en prép.).

D'autres ouvertures vers la biogéographie sont offertes dans le paragraphe 57* où est présenté le traitement des transects de végétation longs de plusieurs dizaines ou centaines de kilomètres qui ont été réalisés dans les Alpes par **FRÉDÉRIC ALEXANDRE, ALAIN GÉNIN, JULIEN ANDRIEU ET MARIANNE COHEN.**

ANNEXE 2-1

L'ORIGINE ET L'ORIGINALITÉ DE LA TERRE

L'écologie est l'étude des relations entre les êtres vivants et leur environnement. Jusqu'à plus ample informé, cet environnement se limite à notre Terre dont il est alors utile de préciser quelques caractères.

La naissance de l'Univers

Dans l'ensemble de notre univers, les proportions d'hydrogène (de poids atomique 1) et d'hélium (de poids atomique 4) sont presque constantes. La seule explication qui paraisse acceptable, dans l'état actuel de nos connaissances, est que ces deux corps se sont formés, pour leur plus grande part, peu de temps après le "Big bang" qui a eu lieu il y a environ 13,75 milliards d'années.

Les étoiles se sont ensuite formées par condensation – sous l'influence de la gravité – des gaz diffus dans le cosmos. Pour qu'une étoile s'allume et se mette à briller, sa masse doit être supérieure à 80 fois la masse de Jupiter. Les amas de matière dont la masse est inférieure à ce seuil sont nommées "naines brunes".

Le diamètre des étoiles est compris entre quelques kilomètres et dix milliards de kilomètres. La plus grosse étoile connue est nommée R136a1 et sa masse dépasse 300 fois celle du Soleil ; elle est jeune (environ un million d'années, soit environ la moitié de son espérance de vie), et elle a perdu seulement un cinquième de sa masse initiale ; elle est très chaude (40.000 degrés à sa surface) ; sa lumière est un peu jaune et elle est proche de la Voie lactée, dans le Grand Nuage de Magellan, à 165.000 années-lumière du Soleil.

Les 264 (?) corps chimiques élémentaires autres que l'hydrogène se sont formés en quasi-totalité dans les étoiles, qui sont des réacteurs nucléaires formés par la concentration, sous l'influence de la gravité, des gaz diffus dans le cosmos. L'ordre d'apparition des éléments chimiques, après l'hydrogène, est :

- hélium, à partir de quelques millions de degrés,
- carbone 12, à cent millions de degrés,
- magnésium 24, à 600 millions degrés,
- oxygène, néon 3, soufre 32 et calcium 40, à 1 milliard de degrés,

- fer, chrome, etc., à 6 milliards de degrés.

Ensuite, ce sont des processus de radio-activité qui construisent les corps plus lourds, dans les supernovae. Celles-ci résultent de l'explosion d'étoiles dont la masse est comprise entre 8 et 150 masses solaires et il n'en reste que des résidus sous forme de trous noirs ou d'étoiles à neutrons.

En règle générale, les étoiles les plus vieilles sont les plus lointaines, mais il existe dans notre galaxie une étoile âgée de 13,3 milliards d'années.

Notre galaxie, la Voie lactée, exécute une rotation complète en 250 millions d'années et elle aurait effectué seulement dix-huit tours depuis qu'elle s'est formée. Andromède, et la Voie lactée, les deux plus grosses galaxies de notre amas se rapprochent à 275 km/seconde. Notre amas file vers celui de la Vierge à 600 km/seconde, soit 2.160.000 km/h.

La naissance du Soleil

Le diamètre du Soleil est voisin de 1,39 millions de km (109 fois celui de la Terre) ; son volume est donc environ 1.000.000 fois plus grand et sa masse égale 333.000 fois celle de la Terre. C'est une petite étoile, née il y a 4,566 milliards d'années, par l'implosion rapide d'un nuage de gaz et de poussières. Il n'est pas assez chaud pour fabriquer des éléments lourds, mais il en contient parce qu'il en a "récupéré" dans les poussières pré-existantes, dans des proportions proches de celles trouvées dans les météorites les plus abondantes.

En particulier, les chondrites se sont formées à partir de 5 millions d'années après l'implosion qui a donné naissance au Soleil. Il existe toute une gamme de chondrites : celles qui sont dites « CI », comme la météorite d'Orgueil, ont une composition chimique très proche de celle du Soleil et elles ont gardé leur composition originelle quand elles sont restées loin du Soleil et qu'elles n'ont pas été "cuites" par son rayonnement. Celles qui contiennent 45 % d'enstatite (un pyroxène de formule SiO_3Mg), se seraient formées une douzaine de millions d'années après l'implosion initiale, lorsque le Soleil était dans la phase *T Tauri* ; elles auraient été ensuite réduites par des corps avides d'oxygène et auraient constitué la plus grande partie de la Terre.

La masse du Soleil représente 99 % de la masse du système solaire ; par exemple, elle est 300.000 fois plus grande que celle de la Terre.

La naissance des planètes

Les planètes du système solaire sont nées de l'effondrement d'un nuage de gaz froids. Lors de la naissance du système solaire, des fragments solides innombrables se formèrent par accrétion et leur ballet donnait lieu à des collisions multiples : les poussières de la couronne du soleil contenaient en particulier des paillettes de fer, des "argiles", et des oxydes de titane et d'aluminium, extrêmement résistants à la chaleur. Elles se heurtaient à une vitesse suffisante pour s'agglutiner quand elles étaient à peu près de tailles égales. Quand leurs tailles étaient trop inégales, au contraire, le choc les faisait exploser.

L'accrétion a été assez rapide tant qu'elle a fabriqué des corps solides gros comme des cailloux. Les deux tiers de la masse d'une planète comme la Terre peuvent être acquis en une douzaine de millions d'années. L'accrétion est ensuite de plus en plus lente, au fur et à mesure que le nombre des éléments libres diminue. Nous ne savons pas bien pourquoi l'accrétion a été plus intense que les explosions (telles que celle qui produisit la Lune) dans les ceintures correspondant aux planètes, alors qu'il reste une ceinture d'astéroïdes non transformés en planète, entre Mars et Jupiter. La ceinture de Kuiper et la ceinture d'Oort sont beaucoup plus lointaines.

Les éléments chimiques les plus lourds (fer, silice, nickel, calcium, magnésium, etc.) ont été attirés vers le centre du système avant qu'il ne se solidifie.

La planète Mercure, la plus proche du Soleil, a été tellement chauffée qu'elle a perdu toute atmosphère. L'atmosphère de Mars contient 95 % de CO_2 et la moitié de sa surface est constituée de roches âgées de plus de 3,8 milliards d'années (sur la Terre, ce pourcentage est inférieur à 1 %, parce que les sédiments ont couvert les roches anciennes.

Il n'empêche que le nombre des planètes présentes dans l'univers est suffisamment grand pour que l'on puisse penser que certaines formes de vie puissent y exister. Il faut encore attendre un peu avant de savoir si ces planètes abritent une forme de vie plus ou moins comparable à celle de notre Terre. Il reste difficile de calculer une probabilité d'apparition de la vie sur d'autres planètes, même en tenant compte des fréquences des types d'étoiles : ce seraient seulement celles qui sont situées à la charnière entre les géantes bleues et les naines rouges – c'est le cas du Soleil – qui seraient entourées de planètes vivables (**G. Gale**, 1982).

Les planètes externes géantes (Jupiter, Saturne, Uranus et Neptune) sont constituées de plusieurs enveloppes de gaz entourant un petit noyau liquide ou solide généralement constitué d'hélium et d'hydrogène possédant des propriétés quantiques remarquables. Triton, le plus gros satellite de Neptune, est un bloc d'azote et de méthane solidifiés. La sonde européenne Cassini a récemment montré que les anneaux de Saturne existent depuis la naissance de cette planète, il y a 4,5 milliards d'années, et ils se recyclent en permanence. Les comètes, que leur orbite elliptique très allongée fait naviguer de ces régions glacées jusqu'à nos parages, nous apportent le témoignage des conditions qui règnent aux limites du système solaire.

La naissance de la Terre

Les 700 millions d'années qui se sont écoulées entre la naissance du système solaire et la solidification des roches les plus anciennes de la surface de la Terre constituent la période **hadéenne**, dont le nom rappelle Hadès, le dieu des enfers.

Pour la Terre, l'accrétion aurait produit des blocs rocheux de plusieurs centaines de kilomètres de rayon il y a 4,45 milliards d'années, au moment où le Soleil commençait à fonctionner avec une puissance suffisante pour "chauffer" les embryons de planètes et en chasser les éléments les plus légers. Ces blocs étaient suffisamment gros pour conserver en leur sein des éléments légers tels que l'eau, l'azote, le gaz carbonique. L'accrétion aurait duré 70 à 80 millions d'années. Une trentaine de millions d'années plus tard, un objet non identifié, dont la taille pouvait être voisine de celle de Mars (environ 13 % de la masse de la Terre) et la température voisine de 1.700 °C, a heurté la Terre ; la moitié de l'énergie produite par le choc a fait fondre la Terre, et l'autre moitié a projeté une partie de la masse terrestre dans le cosmos en donnant naissance à la Lune. Les bombardements ont continué à être suffisamment intenses pour empêcher durablement la solidification de la surface de la Terre.

Le rayon de la Terre est voisin de 6.371 km. Elle court sur son orbite elliptique autour du Soleil à 27,8 km/seconde, soit 108.000 km/h, et cette vitesse est déterminée par les lois de Kepler.

La différenciation des couches qui constituent la Terre a été assez rapide, puisqu'elle s'est effectuée en un ou deux millions d'années, sans doute après l'impact qui a donné naissance à la Lune (l'orbite de la Lune s'éloigne progressivement de la Terre, au rythme de 1 mètre par siècle).

Le noyau est constitué essentiellement de fer et de nickel, mais sa densité est d'environ 10 % inférieure à celle des alliages ferro-nickel et il contient donc aussi des éléments plus légers tels que l'oxygène, le silicium ou le soufre. La température du noyau interne (la "graine") atteint 5.100 °C et il reste solide en raison de la pression qui atteint plusieurs millions d'atmosphère. Le noyau externe est encore à 4.000 °C et il est entouré de la couche D (3.000 °C) qui le sépare du manteau. Celui-ci est surtout constitué de silice et de magnésium ; il est chauffé par en-dessous, et remue très lentement ; sa température va de 3.000 °C pour le manteau inférieur à 2.000 °C pour le manteau supérieur.

On ne sait pas encore précisément à quelle époque l'eau, l'azote et le gaz carbonique sont montés à la surface de la Terre.

La dernière phase de la constitution de la Terre est son bombardement par des météorites qui ont déposé le "vernis tardif" dont 95 % se sont déposés dans les 100 millions d'années qui ont suivi l'éviction de la Lune. Les chondrites carbonées de type CI contiennent 10 % d'eau et elles ont apporté une partie de l'eau des océans. Les datations sont obtenues grâce à la radioactivité. 2

Les comètes, qui contiennent 50 % d'eau, ont aussi apporté de l'eau dans l'atmosphère de la Terre. Une bonne partie de l'eau est venue du dégazage du manteau. La partie la plus externe de la Terre est la croûte solide, dont la masse est voisine de 0,4 % du total ; elle contient environ 40 % des éléments radioactifs qui produisent la moitié de la chaleur qui anime la machine thermique interne de la Terre.

Il a fallu attendre que la Terre se refroidisse pour que l'eau liquide constitue les premiers océans vers – 4 milliards d'années (Mdsa). L'érosion est alors devenue suffisamment active pour que des zircons venant de roches granitiques plutoniques soient présents dans des quartzites sédimentaires et témoignent ainsi de l'existence des océans.

L'Océan primitif avait une profondeur assez régulière (2 000 mètres), et il couvrait presque toute la Terre. L'atmosphère était trente fois plus dense qu'aujourd'hui (??), et comprenait essentiellement du gaz carbonique, mais aussi de l'acide chlorhydrique et de l'acide sulfurique. Ces acides ont mobilisé le calcium, et produit du calcaire qui piégeait le gaz carbonique et réduisait d'autant l'effet de serre.

A l'Archéen, vers – 4 Mdsa, des ceintures de roches vertes (coulées volcaniques sous-marines ?) entouraient des noyaux de granites. Les océans étaient acides (§ 21*) et les sédiments carbonatés basiques presque absents.

Les successions de phénomènes qui, tout au long de cette histoire, ont permis à la Vie de s'installer sur la Terre sont naturels et résultent de lois physiques simples. Il n'empêche que la situation particulière de la Terre lui a donné des caractères originaux. Par exemple, il se trouve que les métaux les plus lourds concentrés au centre de la Terre, sont magnétisables ; les

---

2 *cf. L'Introduction à une Histoire naturelle* de Cl. Allègre (Fayard, 1992) et M. Javelot (Pour la Science, mars 2005, n° 329 : 40-47)

mouvements qui affectent la périphérie de ce noyau créent donc un champ magnétique, capable d'orienter l'aiguille de nos boussoles et de créer, au-dessus de nos têtes, les ceintures de Van Allen.

Si l'on trouve, dans le spectre électro-magnétique du rayonnement émis par une planète lointaine la raie caractéristique de l'oxygène (760 nanomètres) ou de l'ozone (9,6 mm, dans l'infra-rouge) il est raisonnable de présumer de l'existence d'êtres vivants capables de photosynthèse sur cette planète. En effet, l'oxygène libre est relativement rare dans l'univers puisqu'il se trouve le plus souvent combiné au carbone ou aux métaux et il est nécessaire qu'un processus aussi puissant que la photosynthèse alimente régulièrement en oxygène l'atmosphère de la planète.

Les satellites artificiels et les sondes spatiales nous apporteront-ils ce genre d'informations ? On ne sait pas encore si les vols habités sont plus efficaces que les appareils physiques (la station orbitale habitée en permanence, dont la construction a été décidée par le gouvernement Reagan en 1984, devait coûter 8 milliards de dollars sur 10 ans ; vingt ans plus tard, elle n'est pas terminée et elle a coûté 50 milliards de dollars)...

Les possibilités de vie sur une autre planète

Il existe de l'eau sur Mars et il ne semble pas impossible qu'une forme de vie proche de la nôtre y soit apparue, mais la surface de cette planète est désertique. Sur Vénus, le climat a suivi la même évolution que sur la Terre, pendant les deux ou trois milliards d'années qui ont suivi la constitution de ces planètes (G. ISRAEL, 1985), mais, en particulier à cause de l'effet de serre, l'eau s'est presque totalement évaporée, puis échappée (la température actuelle de la surface de Vénus est voisine de 470°C à son équateur).

Les autres planètes du système solaire sont trop chaudes ou trop froides pour que la vie telle que nous la connaissons ait pu apparaître. Ce sont donc, parmi les planètes extérieures au système solaire, celles qui occupent une position analogue à celle de la Terre où l'on a le plus de chances de trouver une vie analogue à la nôtre.

La première exoplanète a été découverte en 1995 par MICHEL MAYOR, (à l'observatoire de Nice ?) et on en compte environ 300 en 2008. Il est possible que 10 ou 15 milliards d'étoiles parmi les 250 milliards d'étoiles de notre galaxie possèdent des exoplanètes. Si l'on multiplie ce chiffre par les cent milliards de galaxies de notre univers, on arrive à 10^{22} exoplanètes, et on imagine facilement qu'un bon nombre d'entre elles seraient capables d'abriter des êtres vivants. Mais on s'aperçoit aussi que les systèmes d'exoplanètes sont très divers et que le système solaire est un cas très particulier. Il paraît alors difficile de dire aujourd'hui combien d'exoplanètes rempliraient les conditions très particulières qui ont permis l'éclosion de la vie sur notre Terre :

- la présence de la Lune, dont la masse a stabilisé l'axe de rotation de la Terre,
- la présence des grosses planètes telles que Jupiter qui ont capturé des météorites qui auraient pu bouleverser la Terre,
- le champ magnétique qui nous protège de rayonnements néfastes,
- la présence d'eau grâce à une température comprise entre 0 °C et 100 °C,
- la tectonique des plaques qui a permis une grande diversité de conditions écologiques.

ANNEXE 2-2

LE CODAGE ET LES CODES CORRECTEURS D'ERREURS

Le chapitre 5 présentera les éléments essentiels des calculs qui concernent les transmissions d'information, et nous indiquerons ici seulement l'intérêt des codes correcteurs d'erreurs parce qu'ils interviennent dans la duplication de l'ADN, en prenant l'exemple des codes utilisés dans les ordinateurs.

Les ordinateurs utilisent des octets de 8 valeurs binaires 0 et 1 pour coder tous les chiffres et toutes les lettres. Lors de la transmission d'un octet, un erreur peut altérer l'une de ces 8 valeurs, mais on peut choisir le code de chacune des lettres pour qu'un certain nombre d'erreurs puissent être corrigées.

Supposons, par exemple que l'on veuille transmettre un message composé par deux lettres, A et B, le code de chiffrage minimum est 0 = A et 1 = B mais il ne permet pas de déceler une erreur de transmission. Il est possible de les déceler en codant la lettre A par un octet de 8 chiffres, 00000000, et la lettre B par l'octet 1111111. Si la personne qui reçoit un message lit 00001000, ce résultat peut venir de l'émission de la séquence 00000000 avec une seule erreur de transmission, ou de l'émission de la séquence 11111111 avec 7 erreurs de transmission ; il est donc plus vraisemblable que la lettre émise ait été A et cette erreur peut être corrigée en prenant un risque de deuxième espèce dont la probabilité peut être calculée.

L'utilisation de codes plus longs que le code minimal est une "redondance". En informatique, l'une des redondances les plus classiques consiste à consacrer le dernier symbole à une vérification de la parité des symboles précédents : si le nombre des "1" est pair, le dernier symbole est "0" et si le nombre des "1" est impair, le dernier symbole est "1", ou l'inverse.

Les codes 01010101 = C ou 10101010 = D seraient de même reconstitués si un seul des symboles 0 et 1 était altéré, etc. R. Hamming a montré que le choix de codes capables de détecter et de corriger une erreur peut être optimisé de manière à faire transiter le plus grand nombre possible de symboles dans une voie de communication : un ensemble de 2 bits (= symboles binaires tels que 0 et 1) peut coder 4 lettres par

00, 01, 10 et 11,

mais il ne pourra coder que deux lettres avec un code correcteur d'erreurs (soit 00=A et 11=B, ou bien 10=A et 01=B).

Plus généralement, si k est un nombre entier, Hamming a montré que le nombre de symboles binaires $n = 2^{k-1}$ permet de construire un <u>code optimal</u> capable de corriger une erreur pour coder 2^{n-k} lettres. Ainsi, pour k = 3 et n = 7, le nombre de lettres codées peut être $2^{7-3} = 2^4 = 16$. Pour k = 4 et n = 15, le nombre de lettres codées peut être $2^{15-4} = 2^{11} = 2048$.

Les 4 nucléotides du code génétique groupées 3 par 3 peuvent coder 4 x 4 x 4 = 64 lettres (en l'occurrence, ce seraient 64 acides aminés) ; ils ne se prêtent pas à la construction d'un code optimal et ils ne codent, en fait que 20 acides aminés. Mais le tableau de codage du paragraphe 25* montre que les erreurs portant sur le troisième acide aminé peuvent assez souvent être corrigées.

ANNEXE 2-3

LES EXPÉRIENCES DE STANLEY MILLER ET LES PROBABILITÉS

CICÉRON s'était insurgé contre la théorie atomique qui fut proposée par LEUCIPPE (fondateur, vers – 500 av. J.-C. de l'école philosophique d'Abdère en Macédoine) et développée par son élève DÉMOCRITE (vers 460-400). Il faisait remarquer qu'il est très improbable que des assemblages aléatoires d'atomes puissent produire l'immense variété des objets visibles. LECOMTE DU NOUŸ avait suivi la même voie il y a un demi-siècle en proposant de calculer la probabilité d'apparition des molécules constitutives des êtres vivants. L'image qui frappe les esprits est celle du singe dactylographe qui produit des suites de lettres "au hasard" et qui a effectivement peu de chances de produire la phrase "Il me semble que cela ressemble à une belette" (tirée de Shakespeare ?) pour reprendre un exemple récemment discuté.

Reprenons le problème pour le cas des précurseurs des premiers acides aminés obtenus dans l'expérience de STANLEY MILLER (paragraphe 21*) : l'une des premières molécules est celle du méthane CH_4 qui était présent dans l'atmosphère primitive. La probabilité pour qu'un atome de carbone d'un diamant se combine directement à 4 atomes d'hydrogène de l'atmosphère pour donner du méthane est évidemment très faible. La probabilité serait plus grande si le carbone était présent dans un morceau de charbon poreux qui adsorbe les gaz environnants. Plus généralement, comment peut-on calculer la probabilité *a priori* pour que des atomes de carbone et d'hydrogène se rencontrent dans un marécage hétérogène ou dans l'espace intersidéral pour se combiner en donnant du méthane ? Quels étaient les autres réactions chimiques capables de produire le méthane ?

Ce simple exemple montre que le calcul de la probabilité de voir apparaître une molécule doit prendre en compte le contexte physico-chimique à 3 dimensions dans lequel cette molécule peut être produite et les aspects thermodynamiques de ces réactions.

ANNEXE 2-4

LE CODAGE DE LA DOUBLE HÉLICE

XAVIER SALLANTIN (*in litt.*) s'est intéressé à une des variantes du tableau du code génétique du paragraphe 25*

Il pense que le code génétique correspond à l'existence d'une numérisation naturelle qui résulte de trois levées d'indétermination qu'il appelle "déboguages" ou "débrouillages" ou "accordages" et qui seront explicités un peu plus loin. Il commence par remarquer que dans la table de correspondance entre les codons (composés chacun de trois des quatre nucléotides A, C, G et U), des redondances apparaissent :

- 3 acides aminés sont codés par un seul codon ; ce sont la méthionine codée par AUG, le tryptophane codé par UGG et Arrêt 1 codé par UGA,
- 10 acides aminés sont codés par 2 codons,
- 1 acide aminé, l'isoleucine, est codé par 3 codons,
- 5 acides aminés sont codés par 4 codons,
- 3 acides aminés (l'arginine, la leucine et la sérine) sont codés par 6 codons.

Il note ensuite qu'il existe 19 nombres premiers situés entre les 64 premiers nombres entiers (de 0 à 63). Or 64 est le nombre de codes distincts qui peuvent être produits par les « arrangements 3 à 3 » des 4 nucléotides A, C, G et U. Ces nombres premiers sont :

1 2 3 - 5 - 7 - - - 11 - 13 - - - 17 - 19 - - - 23 - - - - - 29 - 31 - - - - - 37 - - - 41 - 43 - - - 47 - - - - - 53 - - - - - 59 - 61 - -

Il ajoute dans cette séquence 9 = 3*2 et 27 = 3*3, pour aboutir à la séquence :

1 2 3 - 5 - 7 - 9 - 11 - 13 - - - 17 - 19 - - - 23 - - - 27 - 29 - 31 - - - - - 37 - - - 41 - 43 - - - 47 - - - - - 53 - - - - - 59 - 61 - -

Il remarque alors que la distribution des nombres de tirets est identique à celle des redondances de codage (2 fois 0 tirets, 10 fois un tiret, une fois deux tirets, 5 fois trois tirets, et 3 fois cinq tirets) et cela le conduit à revenir aux fondements de l'arithmétique où il met en place des concepts très originaux.

1 La première indétermination

Toute tentative de numération commence par reconnaître qu'il est possible de distinguer deux réponses à une question :

- le oui et le non,
- la présence et l'absence,
- l'action et le repos,
- un quantum d'action et le néant.

La question la plus fondamentale, la plus originelle, est celle où se distinguent l'existence et la non-existence, qui correspond à la question primordiale de G.-W. Leibniz : "Pourquoi existe-t-il quelque chose plutôt que rien ?"

2 Les trois opérateurs fondamentaux

La première indétermination est levée quand on se met d'accord pour savoir s'il y a présence ou absence. Elle est symbolisée par les valeurs 0 et 1, qui sont les "valeurs propres" de l'objet 0*0 et elle est homologue de la "dimension" du temps T

La deuxième indétermination concerne la force F, symbolisée par l'opérateur de progression arithmétique de "valeurs propres" + 1 et -1, qui correspond aux additions et aux soustractions ; ces opérations sont, pour les nombres 1 et 2 : 1+1 = 2 et 2–1 = 1.

La troisième indétermination concerne l'espace, avec l'opérateur de progression géométrique de "valeurs propres" 2^{+1} et 2^{-1}, qui effectue les multiplications 1 x 2 = 2 et les divisions 2/2 = 1.

L'usage de chacun des trois opérateurs repose sur l'accord impliqué par la levée d'indétermination, qui est un "débrouillage" et les trois indéterminations peuvent être présentées comme des orientation dans trois dimensions :

- pour le temps, l'orientation porte sur avant-après, et l'indétermination est nommée dyslexie phénoménale ou bogue digital ; l'accord nécessaire pour lever l'indétermination est le principe de contingence quantique ;
- pour la force, l'orientation porte sur en avant-en arrière ou gauche-droite, et l'indétermination est nommée dyslexie chirale ou bogue ordinal ; l'accord nécessaire pour lever l'indétermination est le principe de symétrie interactive ;
- pour l'espace, l'orientation porte sur expansion-contraction ou surgénération-dégénération et l'indétermination est nommée dyslexie fractale ou bogue cardinal ;
- l'accord nécessaire pour lever l'indétermination est le principe d'asymétrie générative.

La relativité d'échelle dans l'Espace correspond à l'invariance de jauge ; la Relativité restreinte concerne le doublet Espace-Temps ; la Relativité générale concerne l'Espace, la Force et le Temps.

Le premier accord se met en place avec l'apparition de la distinction entre l'existence de l'univers et son inexistence et avec la naissance du Temps physique ; cet accord résout la dyslexie phénoménale et lève le bogue digital 0 ou 1. Le second accord concerne la Force qui implique un espace où elle peut se déployer, et la distinction entre l'avant et l'arrière (ou la gauche et la droite des molécules chirales). Cet accord résout la dyslexie chirale et lève le bogue ordinal en permettant d'aller de 1 à 2. Le troisième accord est celui qui règle l'expansion ou la contraction dans l'Espace ; il résout la dyslexie fractale, il lève le bogue cardinal.

3 La génétique des nombres

Reprenant une idée de Russell (qui était en germe dans le Livre des Mutations chinois et dans Leibniz) Xavier Sallantin met en forme une génétique des nombres qui se représente facilement en numération binaire sous la forme d'un arbre généalogique dont les branches divergent de plus en plus et où les chiffres sont générés de bas en haut:

```
000   001      010   011      100   101      110   111   2*3 = 8
   00             01             10             11        2*2 = 4
          0                             1                 2*1 = 2
```

En numération décimale, cet arbre devient :

```
0        1        2        3        4        5        6        7
    0                 1                 2                 3
             0                                   1
```

Ce premier mode de construction des nombres peut être produit par une machine où les trois bogues auraient été levés. En effet, la levée du bogue digital permet de distinguer le 0 et le 1 de la ligne du bas. Ensuite, la levée de la dyslexie chirale est nécessaire pour savoir si les chiffres sont écrits (et ensuite lus) de gauche à droite ou de droite à gauche (sinon on confondrait 01 et 10, ou 011 et 110). L'un des apports de X. Sallantin est de mettre ainsi en évidence des conventions implicites que nous utilisons dans la vie quotidienne en oubliant que ce sont des conventions sur lesquelles il faut s'être mis d'accord. Il faut aussi s'être mis d'accord sur le sens de développement de l'arbre, en y distinguant des niveaux successifs ; c'est la levée de la dyslexie fractale qui donne cet accord.

Les trigrammes chinois permettent de construire d'une autre manière les 8 premiers nombres, en lisant chacun des chiffres binaires de la séquence (a) lue en haut de l'arbre :

	000	001	010	011	100	101	110	111
(a)	0	1	2	3	4	5	6	7

En lisant les triplets de droite à gauche et non plus de gauche à droite, on arrive à la séquence

	000	100	010	110	001	101	011	111
(b)	0	4	2	6	1	5	3	7

On constate que les nombres palindromes (010 et 101) ont conservé leur place et que la séquence (b) commence par les quatre nombres pairs et finit par les quatre nombres impairs.

La séquence (b) peut aussi être lue en partant de la ligne du haut et en lisant successivement le chiffre de <u>droite</u> du nombre écrit sur la ligne du haut, puis le chiffre de <u>droite</u> du nombre écrit sur la ligne intermédiaire puis le 0 ou le 1 de la ligne du bas.

Quand les chiffres sont lus de gauche à droite – en donnant la séquence (a) – il est licite de supprimer les 0 de gauche qui n'ont aucun poids. La séquence (a) devient alors :

000	001	010	011	100	101	110	111
0	1	10	11	100	101	110	111

Quand les chiffres sont lus de droite à gauche – en donnant la séquence (b) – il est licite de supprimer les 0 de droite qui n'ont aucun poids. La séquence (b) devient alors :

000	100	010	110	001	101	011	111
0	1	10	11	100	101	110	111

qui est la même que précédemment, ce qui prouve que le changement de l'ordre de lecture est purement conventionnel.

Un niveau supplémentaire peut être ajouté au sommet de l'arbre (a) :

0	1	10	11	100	101	110	111	1000	1001	1010	1011	1100	1101	1110	1111
0	1	2	3	4	5	6	7	8	9	10	11	12	13	14	15

Le niveau suivant commencerait par :

0	1	10	11	100	101	110	111	1000	1001	1010	1011	1100	1101	1110	1111	10000 etc.
0	1	2	3	4	5	6	7	8	9	10	11	12	13	14	15	16 etc.

et il se terminerait par 11111 = 31.

La séquence (a) correspond à une logique de l'extension, où les éléments sont rangés par âge croissant, et les nombres sont alors "cardinaux" puisqu'ils disent combien de 1 ont été enregistrés lors de leur construction (l'ensemble contenant est défini par son contenu). La séquence (b) correspond à une logique de la compréhension, et les nombres sont alors "ordinaux" ; les éléments sont alors rangés en fonction de leur appartenance à un sous-ensemble (les deux premiers, 000 et 100, diffèrent par le 0 et le 1 de gauche, mais ils sont tous deux fils d'un 0 et petit-fils d'un 0 ; les deux suivants, 010 et 011 diffèrent par le 0 et le 1 de droite, mais ils sont fils d'un 1 et petit-fils d'un 0, etc.).

Un nombre cardinal a un sens dans une logique de compréhension, où le nombre "contient" tous ceux qui lui sont inférieurs (un ensemble qui contient cinq objets est caractérisé par le nombre cardinal 5, qui "contient" les nombres 0, 1, 2, 3 et 4). Un nombre ordinal a un sens il indique seulement un ordre de rangement (2 est plus grand que 1, etc.)

Pour la troisième "dimension" (Espace) le choix est fait entre expansion et contraction. L'Homme serait le seul Primate capable de s'orienter dans cette alternative.

4 Le code de la double hélice

Revenons à la table des codons : en attribuant un nombre binaire (00, 01, 10 ou 11) aux codons U, C, A et G, chaque case de cette table prend une valeur numérique. Par exemple, en suivant la première diagonale, on trouve UUU = 00 00 00 = 0, CCU = 01 01 00, AAU = 10 10 00 et GGU = 11 11 00. Il devient alors logique de remplacer le tableau par un cube dont les trois axes correspondent à chacune des trois nucléotides qui constituent un codon. Dans ce référentiel cartésien, le premier axe (de gauche à droite) est affecté au premier nucléotide et il comporte 4 segments où se placent, dans l'ordre, U, C, A et G ; il en est de même pour le second axe (du premier plan à l'arrière plan) et pour le troisième (de bas en haut).

Par exemple, quatre codons situés dans des coins du cube sont :

- UUU = 00 00 00 à l'origine des trois axes, pour la phénylamine,
- GUU = 11 00 00 à droite, au premier plan, en bas, pour la valine,
- UUG = 00 00 11 = 3 à gauche, au premier plan, en haut, pour la leucine,
- GGG = 11 11 11 = 63 (Glycine) à droite, au troisième plan, en haut.

CHAPITRE 3

LA CROISSANCE DE LA VÉGÉTATION

FEUILLUS

Les feuillus mangeurs de lumière
Lourds de poussière et de boue
Émiettent le jour
Pour baigner dans des coupes d'ombre
Les éclats trop vifs
D'un monde trop frais émoulu
De la matrice du soleil.

F. PIERRE-ÉTIENNE, 1978

L'énergie donnée par les photons envoyés par le Soleil anime la totalité du fonctionnement de la biosphère grâce à la photosynthèse des végétaux. Pour essayer de bien comprendre comment cette énergie est utilisée par les plantes, il est logique de commencer par regarder ce qu'il advient de l'énergie radiative envoyée par le Soleil vers la végétation et le sol (§ 31* et 32*) puis la production de biomasse (33*), la poussée ascensionnelle de la végétation et la structure verticale de la végétation (§ 34*), les types biologiques et les traits bionomiques (§ 35*), l'équilibre des communautés (§ 36*), la cinématique et la dynamique de la végétation (§ 37*) et enfin l'écologie des perturbations (§ 38*).

31 LA RÉCEPTION DE L'ÉNERGIE SOLAIRE PAR LES PLANTES

Dans le paragraphe 11*, les principaux caractères de l'énergie solaire ont été résumés et ils seront repris dans le paragraphe 311*. Ensuite, nous verrons que le rayonnement solaire peut être :

- réfléchi "spéculairement" (c'est-à-dire comme par un miroir (*speculum*), selon les lois de Descartes,
- diffusé, réfracté ou transmis par les feuilles translucides, et ensuite envoyé dans toutes les directions,

- absorbé, pour être transformé en chaleur de convection, en chaleur latente de vaporisation ou en énergie chimique par la photosynthèse.

311 L'ÉNERGIE INCIDENTE

En moyenne, les feuilles des plantes de la zone tempérée réfléchissent 25 % à 30 % de l'énergie incidente, elles en absorbent (au moins temporairement) 40 % à 50 %, et le reste, soit 20 % à 25 %, est diffusé ou réfracté.

La comparaison de quatre types de végétation du Languedoc : une forêt de Chêne vert, une engane de Salicorne (*Salicornia fruticosa*), une culture de Canne de Provence (*Arundo donax*), et une culture de Tournesol (*Helianthus annuus*) qui ont été étudiés par **M. MÉTHY** (1974) et **F. ECKARDT** *et al.* (1977) aidera à bien comprendre que l'énergie des photons peut suivre des chemins très divers.

Dans ces quatre cas, l'énergie maximale théorique qui serait reçue, sur un mètre carré exposé perpendiculairement aux rayons du soleil en n'importe quel point du globe, si l'air était parfaitement transparent, est toujours la **constante solaire, Ro** , qui vaut 1,4 kW,

soit 1,4 $kJ.m^{-2}$ en une minute,
soit 1,4 . 3 600 $kJ.m^{-2}$ en une heure
soit 5 . 10^6 $J.m^{-2}$ en une heure
soit 5 $MJ.m^{-2}$ en une heure avec MJ = 1 mégajoule.

Or le rayonnement solaire arrive perpendiculairement au sol seulement quand le Soleil passe au zénith (seulement dans la zone intertropicale et seulement quelques jours par an) et il faut multiplier la constante solaire par le cosinus de la latitude, qui est voisin de 0,7 en France.

Le rayonnement global comprend la lumière venant du disque du soleil, I, et les radiations diffusées par le ciel, D.

Pour tenir compte de l'ennuagement, il faut encore ajouter un coefficient C :

$$C = 0,16 + 0,59\ n/N$$

où n/N est le coefficient d'ensoleillement.

Dans le sud de la France, la durée de l'ensoleillement est voisine de 2.700 heures par an et l'énergie disponible en une année pourrait atteindre, si l'air était parfaitement transparent :

$$5\ MJ\ m^{-2}\ .\ h^{-1}\ .\ 2700\ h\ .\ 0,7 = 9\ 450\ MJ.m^{-2}$$

En fait, même pendant les heures d'ensoleillement, une partie du rayonnement solaire est interceptée par des nuages, et par des poussières et la quantité réellement disponible atteint 5.400 $MJ.m^{-2}$ et par an (25 $MJ.m^{-2}$ et par jour en juillet, 5 $MJ.m^{-2}$ et par jour en décembre) et elle est nommée **Rg**.

312 L'*ALBEDO*

Une partie du rayonnement reçu est réfléchie ; nous l'appellerons Rr, et l'***albedo*** de la surface réceptrice est le coefficient

$$a = Rr/(I+D) = Rr/Rg$$

avec I = rayonnement incident direct
D = rayonnement diffusé latéralement

Le mot *albedo* est issu du latin, et il rappelle la couleur blanc-bleuâtre de la Lune, ou celle que voient les astronautes quand ils regardent la Terre.

Pour des constituants fréquents de la surface du globe, les valeurs de l'*albedo* sont, d'après **R. Lee** (1980) et d'autres auteurs :

Sol

terre noire	0,10
argile	0,20
sable sec, soleil haut	0,30
sable sec, soleil bas	0,60
rochers	0,20 à 0,50

Eau liquide

ciel clair :

inclinaison du soleil	60°	0,05
	30°	0,10
	20°	0,15
	10°	0,35
	5°	0,60

Ciel nuageux, soleil haut	0,05
Ciel nuageux, soleil bas	0,10

Neige

neige fraîche	0,80
neige ancienne	0,55
glacier propre	0,35
glacier sale	0,25

Nuages	
nuages minces (100 m)	0,40
nuages épais (500 m)	0,70
Végétation	
prairies	0,25
cultures	0,18 à 0,22
landes de Bruyères	0,15
forêt tropicale	0,12 à 0,15
forêt de Pin	0,10
forêt tempérée	0,18
Animaux	
vaches noires	0,10
moutons	0,25
vaches blanches	0,50
Hommes	0,20 à 0,30

Plus précisément, dans les exemples étudiés en Languedoc, l'*albedo* de la végétation, au milieu de la journée, est de 0,10 pour les enganes à Salicorne, 0,12 pour la forêt de Chêne vert et 0,23 pour la culture de Canne de Provence. Ces chiffres doivent être nuancés, parce qu'ils correspondent à des moyennes établies sur la totalité du spectre. Ainsi, l'*albedo* de la chênaie est de 0,07 pour le rayonnement de longueur d'onde inférieure à 650 nm (violet, bleu et vert) ; pour le rayonnement de plus grande longueur d'onde, l'*albedo* croît rapidement, pour atteindre 0,23 à partir de 800 nm (un nanomètre est un millième de micron, et la lumière "visible" est comprise entre 400 nm et 800 nm).

L'*albedo* de certaines variétés de plantes cultivées est plus fort que celui de la végétation naturelle au point que leur usage pourrait faire baisser de 1 °C la température diurne au-dessus de la végétation.

313 Le bilan radiatif

La terre et la végétation émettent des radiations de grande longueur d'onde, (*cf.* § 11* et l'annexe 1-1 du chapitre 1). La différence de qualité entre le rayonnement reçu, de courte longueur d'onde, et le rayonnement de grande longueur d'onde émis par la Terre est exactement la néguentropie (ou l'information) utilisée par les plantes, puis par les animaux et par l'humanité, pour faire fonctionner la biosphère (*cf.* § 16*).

Le résultat du bilan du rayonnement est nommé rayonnement net, Rn. Il est égal à la somme de deux termes :

- pour les petites longueurs d'onde : le rayonnement global, Rg, multiplié par un coefficient d'absorption qui est exactement le complément de l'*albedo*, **a** ;
- pour les grandes longueurs d'onde : le rayonnement envoyé par l'atmosphère vers le sol, Ra, diminué du rayonnement émis par la Terre, selon la loi de Stefan-Boltzmann (*cf.* l'annexe 1-1), l'un et l'autre étant multipliés par un coefficient d'émissivité, **e**.

Ce bilan s'exprime donc ainsi :

$$Rn = Rg\,(1 - a) + e\,(Ra - s\,.\,T^4)$$

Le rayonnement de grande longueur d'onde émis par les nuages et par la vapeur d'eau peut être calculé par la formule de Stefan-Boltzmann (annexe 1-1) en prenant pour coefficient multiplicateur $0,62 + 0,035\ H^{1/2}$, H étant la pression partielle de la vapeur d'eau dans l'air, mesurée sous abri. Par exemple, à Niono (Mali), avec H = 30 mb (soit 70 % d'humidité relative) et une température de 30°C, le rayonnement de grande longueur d'onde émis par l'atmosphère chargée de vapeur d'eau atteint 388 $Watt.m^{-2}$. Celui qui est émis par le sol atteint alors 478 $Watt.m^{-2}$.

La modification du couvert végétal par l'Homme modifie l'*albedo* et le bilan radiatif (en $Watt.m^{-2}$) :

	Forêt	Cultures	Jachère
Rayonnement reçu	900	900	900
Albedo (%)	14	20	28
Rayonnement réfléchi	126	180	252
Rayonnement absorbé	774	720	648

La chaleur latente de vaporisation (LE) et les flux de chaleur sensible vers l'atmosphère (H) et vers le sol (G) ont pour ordres de grandeur, en $Watt.m^{-2}$:

	Forêt	Cultures	Jachère
L E	350	300	100
H	250	200	250
G	50	100	200

314 L'INTERCEPTION DE LA LUMIÈRE PAR LE FEUILLAGE

L'énergie radiative qui pénètre dans la végétation est absorbée, réfléchie, ou diffusée par chacune des feuilles rencontrées qui sont bien, selon l'expression de René Char, "voltiges entre lumière et transparence". Pour estimer l'effet des feuilles sur le rayonnement, on peut compter les feuilles (une trentaine de millions par ha dans les forêts tropicales), mais on utilise plutôt l'indice foliaire, qui est le rapport entre la surface des feuilles et la surface du sol ; il était égal à 1,8 dans la culture de Tournesol et à 8,6 dans la prairie dense de Fétuque. Dans les forêts naturelles, les mesures peuvent être effectuées selon plusieurs méthodes (**C. HOUSSARD & J. ESCARRÉ**, 1981) ; les résultats montrent que les indices foliaires sont souvent compris entre 3 et 18 (10 dans les hêtraies, 16 dans les pessières, 17 dans les sapinières, (*in* **JEAN-MARIE PELT**, 1984).

Le devenir de la lumière qui frappe une feuille peut être illustré par un diagramme en coordonnées polaires (nommé en raccourci "**diagramme polaire**") où l'intensité réfléchie ou transmise dans chacune des directions est symbolisée par la longueur d'un vecteur. En moyenne, la transmitivité des feuilles est voisine de 20 % ; leur réflectivité varie entre 25 % et 35 %, et la part qui est absorbée va de 40 % à 55 % (**R. LEE**, 1980), y compris le très petit pourcentage qui est utilisé pour la photosynthèse. La fraction réfléchie est ici plus grande que dans le tableau précédent, parce que les mesures concernent des feuilles isolées, et non plus le tapis végétal.

Puisqu'une feuille absorbe environ la moitié du rayonnement qu'elle reçoit, elle réduit d'autant la quantité de lumière qui arrive aux feuilles situées juste en-dessous. C'est pourquoi les feuilles sont toujours un peu écartées les unes des autres, de manière que[2] le mouvement apparent du Soleil les laisse peu de temps à l'ombre des feuilles supérieures. En outre, les feuilles se disposent souvent en quinconce les unes par rapport aux autres.

---

2 Dans tout ce texte, les conjonctions "de manière que", "afin de", "pour que" ne signifient en aucun cas qu'un finalisme inavoué interviendrait dans les processus évoqués ; ces expressions sont utilisées seulement pour éviter de longues périphrases du genre de "tout se passe comme si" .

Le "**coefficient d'absorption**", en un point quelconque de la végétation, est le rapport entre le rayonnement absorbé au-dessus de ce point et le rayonnement net qui arrive du ciel. Le coefficient d'absorption peut être calculé à partir de raisonnements géométriques, qui prennent en compte l'inclinaison des feuilles, la direction du soleil, etc. Une bonne synthèse de ces calculs est présentée par **J.-F. LEDENT** (1977) pour le rayonnement direct et pour le rayonnement diffus.

Le plus souvent, le coefficient d'absorption du rayonnement incident de courte longueur d'onde est mesuré *in situ* ; selon **F. BRASSEUR & J. DE SLOOVER** (1976), il est atteint 96 à 97 % au niveau du sol d'une pessière pure, de 96 % pour le bleu et le rouge sous une hêtraie feuillée, de 82 % pour le rouge lointain sous la même hêtraie, et, sous une hêtraie défeuillée, de 67 % pour le bleu, 49 % pour le rouge et 45 % pour le rouge lointain.

Dans une culture de Maïs dense (90.000 pieds par hectare, indice foliaire de 2,8), le coefficient d'absorption est voisin de 80 %. Conventionnellement, le rayonnement incident est souvent divisé en "rayonnement visible" (45 % du total) et "rayonnement infra-rouge" (55 %) ; ces deux fractions sont absorbées dans les mêmes proportions par la végétation, mais la fraction réfléchie est de 15 % pour l'infra-rouge, et de 2 % pour le visible.

Au cours de ce trajet de la lumière dans la végétation, la composition spectrale du rayonnement se modifie, parce que les feuilles absorbent surtout l'énergie de courte longueur d'onde (inférieure à 650 nanomètres) et réfléchissent ou transmettent la plus grande partie de l'énergie de grande longueur d'onde. En conséquence, le rapport "infra-rouge/rouge" observé en plaçant un spectro-photomètre au-dessus de la végétation est une estimation rapide de la phytomasse (**M. GROUZIS & M. MÉTHY**, 1973 ; **M. MÉTHY**, 1977).

315 LA TRANSPIRATION

La plus grande partie de l'énergie absorbée par les plantes est utilisée sous forme de "**chaleur latente d'évaporation**" pour transformer de l'eau liquide en vapeur d'eau (*cf.* l'annexe 1-3 à la fin du chapitre 1). La quantité d'eau ainsi transpirée par les plantes dépend principalement du degré d'ouverture des stomates. Ceux-ci peuvent se fermer du milieu de la journée quand la plante risque de se dessécher, et ils sont ouverts au maximum le matin et le soir.

La plante oscille ainsi entre deux risques opposés : mourir de soif ou mourir de faim. Ces oscillations sont pilotées par la "régulation stomatique" : l'assimilation chlorophyllienne a lieu surtout quand les stomates sont ouverts, au moment où la transpiration attire la sève brute jusqu'aux feuilles. Cette "dépression", qui fait monter la sève dans les vaisseaux, est une augmentation d'énergie potentielle, et elle est nommée "**potentiel hydrique**".

Les seuils qui encadrent la régulation stomatique ne sont pas constants au cours de l'année : chez le Pommier (M. PONCE, 1978), les feuilles d'été acceptent mieux la sécheresse que les feuilles de printemps ; chez le Dactyle, les seuils restent assez constants si la plante est irriguée régulièrement, mais, en période de sécheresse, les tissus foliaires s'"endurcissent" et deviennent moins sensibles à la contrainte hydrique.

Dans la culture de Tournesol irrigué, la quantité d'eau transpirée au cours de la journée est à peu près proportionnelle à l'énergie globale reçue : en une belle journée d'été, les Tournesols transpirent l'équivalent d'une lame d'eau épaisse de 5 mm, soit 5 litres par m^2, et 50 m^3 (c'est-à-dire 50 tonnes) par hectare. Cette quantité est réduite à 2 mm par jour dans l'engane de Salicorne.

Les relations générales entre la végétation et le cycle de l'eau seront examinées dans le chapitre 4*.

316 L'ABSORPTION DU GAZ CARBONIQUE PAR LA PHOTOSYNTHÈSE

La photosynthèse est à l'origine de toute l'énergie disponible pour l'humanité, aussi bien pour les énergies fossiles (charbon, pétrole et gaz du § 87*) que pour l'énergie contenue dans notre alimentation quotidienne (§ 81*, 82* et 83*). Elle constitue l'un des goulets d'étranglement qui limitent le développement économique du monde actuel (§ 87*), et nous ne répondons que partiellement à la question posée dès le paragraphe 11* : **Pourquoi la biosphère utilise-t-elle seulement un faible fraction de l'énergie solaire disponible à la surface du globe ?**

Un premier élément de réponse est strictement chimique : l'énergie fournie par les photons pour fixer une molécule-gramme de CO_2 est égale à 1.540 kJ, et le glucose ainsi produit représente une quantité d'énergie chimique égale à 470 kJ. Le rendement énergétique de cette réaction atteint donc seulement 35 %. Les rendements réels, observés sur le terrain, sont beaucoup plus faibles, et plusieurs facteurs empêchent ces rendements réels d'atteindre la valeur maximale théorique. Nous allons les examiner les uns après les autres.

316.1 La température

Le premier facteur limitant des réactions chimiques est souvent la température : la photosynthèse est possible dans une assez large gamme de températures, qui va de 5°C à 55°C ; pour les plantes de haute montagne, elle est maximale pour des températures de 10 à 15°C ; pour les plantes des régions chaudes, l'optimum peut aller jusqu'à 45°C ; pour les plantes de la zone tempérée, l'optimum est compris entre 0°C et 25°C. Ainsi, S. AUGER-MOLINIÉ (1978) a montré que la photosynthèse des feuilles de Pommier atteint son maximum quand la température reste comprise entre 20°C et 25°C, tant que l'air reste suffisamment humide.

De manière générale, la courbe de réponse de la photosynthèse vis-à-vis de la température est assez plate quand les autres facteurs ne sont pas limitants : la température a donc un faible rôle direct, mais elle a un rôle indirect important puisqu'elle fait augmenter rapidement la sécheresse relative de l'air, et entraîne la fermeture des stomates qui ralentit la photosynthèse.

316.2 L'humidité

Un autre facteur limitant est l'humidité de l'air puisque, dans l'air sec, les plantes ferment leurs stomates pour limiter leur transpiration. Cette fermeture freine l'entrée du dioxyde de carbone dans les chloroplastes, et ralentit la photosynthèse. Par exemple, S. AUGER-MOLINIÉ (1978) a montré qu'un déficit d'une dizaine de millibars de la pression partielle de vapeur d'eau de l'atmosphère en-dessous de la pression de vapeur saturante suffit pour diminuer la photosynthèse du Pommier en-dessous du maximum de 1 mg de CO_2 absorbés chaque seconde par 1 m^2 de surface foliaire. Sur le terrain, les valeurs observées au cours de l'été se situent la plupart du temps autour de 0,5 mg de CO_2 absorbé par m^2 de surface foliaire.

316.4 D'une plante à l'autre

Les taux d'absorption du rayonnement par la plante sont très différents d'une espèce à l'autre. Ainsi, pour un rayonnement utilisable de 0,4 $kW.m^{-2}$, les taux d'absorption, en grammes de CO_2 par seconde et par kg de matière sèche des feuilles, sont :

feuilles d'ombre de Chêne vert	0,5
feuilles de lumière de Chêne vert	1,5
Salicorne	2
Trèfle des prés	8

Avoine élevée	11
Tournesol	15

Ces différences sont suffisamment fondamentales pour que l'on distingue plusieurs types de plantes relativement à la photosynthèse. Celle-ci comprend deux phases :

- une phase claire, où la chlorophylle absorbe les photons et passe dans un état excité où elle donne un électron (par oxydation de l'eau, dont une molécule donne 4 protons H+, quatre électrons et une molécule d'oxygène O_2) ;
- une phase sombre réglée par le cycle de Calvin et Benson, au cours de laquelle le dioxyde de carbone est absorbé et qui fait intervenir une enzyme nommée rubisco.

On distingue alors :

- les plantes en C3, les plus courantes : elles élaborent une molécule à 3 atomes de carbone, l'acide phospho-glycérique ou phospho-glycéro-aldéhyde ;
- les plantes en C4, (2 % des espèces végétales, et en particulier des Graminées tropicales telles que le maïs, où la fixation du CO_2 produit de l'acide oxalo-acétique et du malate qui comprennent 4 atomes de carbone ;
- les plantes CAM (métabolisme acide des Crassulacées et en particulier des Cactus) : leurs stomates restent fermés pendant la journée afin de minimiser les pertes en eau par transpiration.

316.3 L'éclairement

La vitesse d'absorption du dioxyde de carbone par les feuilles est aussi une fonction de l'éclairement). Ainsi, pour le Tournesol (*op. cit.*) :

- la vitesse d'absorption du CO_2 est nulle pour G = 0,1 kWm^{-2} ;
- elle croît linéairement jusqu'à 0,25 $mg.s^{-1}.m^{-2}$ pour G = 0,5 $kW.m^{2}$;
- elle plafonne à 0,35 $mg.s^{-1}.m^{-2}$ à partir de G = 0,8 $kW.m^{-2}$.

Au total, au cours d'une journée moyenne, la culture de Tournesol absorbe 10 à 11 g de carbone par mètre carré, qui résultent de la fixation de 40 grammes de CO_2; cette quantité correspond à peu près à une molécule-gramme, c'est-à-dire à 10^{23} molécules par m² et par jour, et à 16.10^{13} molécules par mm² et par seconde ; ceci donne une idée du flux de molécules de dioxyde de carbone qui franchit la porte des stomates, en sens inverse du torrent des molécules de vapeur d'eau produites par la transpiration.

Du point de vue énergétique, nous avons vu que le soleil fournit environ 25 mégajoules par m² et par jour en juillet ; la fixation de CO_2 par le Tournesol absorbe seulement 1,5 MJ, et le rendement en une journée est voisin de 1,5/25 = 0,06 = 6 % ; alors que le rendement maximal est égal à 35 % ; ceci est dû principalement aux chocs qui ralentissent les transits de molécules entre l'atmosphère et les chloroplastes, et aux délais de réactivation des sites actifs après chaque absorption de photons.

316.5 Le dioxyde de carbone

A l'intérieur d'une strate de végétation assez dense pour que l'air y circule lentement, les feuilles absorbent suffisamment de dioxyde de carbone pour que la concentration de ce gaz diminue sensiblement ; en effet, la photosynthèse qui se produit dans 1 m^3 de végétation en une heure peut absorber environ 600 cm de CO_2, alors que 1 m^3 d'air libre contient normalement 300 cm^3 de CO_2 ; la teneur en dioxyde de carbone au sein de la nappe de végétation peut décroître jusqu'à 50 ppm (D. VIGNES, 1976). Or, le manque de dioxyde de carbone réduit la photosynthèse dans des proportions importantes : quand la concentration en CO_2 descend de 300 ppm à 100 ppm, la photosynthèse peut être réduite à 1/4 de sa valeur initiale.

La sensibilité de ce système permet de mesurer en continu le bilan de l'absorption de CO_2 et de la respiration (qui donne du CO_2) grâce à des capteurs placés au sein de la nappe de végétation, à l'échelle du microclimat (le microclimat des physiciens de l'atmosphère ne doit pas être confondu avec le microclimat que les dépliants touristiques décrivent pour d'une station balnéaire).

M. NUNES *et al.* (1968) ont aussi montré que les plantes sont capables d'épuiser le dioxyde de carbone de l'air inclus dans la strate qui les entoure en moins d'une heure, si le vent ne le renouvelle pas, et que certaines plantes, telles que le Coton, augmenteraient leur photosynthèse de plus de moitié si la concentration de CO_2 atteignait 1 000 ppm.

Les Graminées tropicales, telles que le Maïs ou la Canne à sucre, dont la photosynthèse est du type C4 sont beaucoup moins affectées par le manque de CO_2 : leur "point de compensation" est souvent voisin de 10 ppm de CO_2 dans l'air (alors qu'il est voisin de 50 ppm pour la plupart des plantes en C3) et l'on peut se demander si la densité que peut atteindre l'enchevêtrement des tiges et des feuilles de Graminées dans les savanes tropicales n'est pas liée à ce caractère.

Certaines plantes crassulescentes fixent même le dioxyde de carbone la nuit, sous forme de malate, et consomment ce produit le jour, stomates fermés, en utilisant l'énergie des photons solaires. Elles nous obligent à bien comprendre que la fixation de CO_2 n'est qu'une petite fraction de l'ensemble des phénomènes nutritifs, et qu'il faut aussi prendre en compte le transport du glucose synthétisé, qui contrôle aussi le rendement de la photosynthèse.

316.6 Le transport du glucose photosynthétisé

Le glucose produit dans les feuilles par la photosynthèse est transporté par la sève élaborée dans les autres parties de la plante. Ainsi, au début de la saison de végétation, le Tournesol développe surtout ses feuilles ; en été, il renforce ses tiges, et, en automne, il produit ses capitules, aux dépens de la masse végétative.

Des expériences précises ont montré que le principal facteur limitant de la photosynthèse n'est pas la lumière, ni la température, ni l'alimentation en eau, ni la nutrition, ni la fertilité, ni l'enracinement, mais la capacité de translocation) des produits de la photosynthèse (les "photo-synthétats"). Cette conclusion paraît assez logique, puisqu'elle correspond aux lois très fondamentales du déplacement de l'équilibre physique ou chimique (lois de LE CHÂTELIER), qui suivent un principe très général :

"L'action est égale à la réaction" [2]

Ceci peut être exprimé en un langage plus moderne : la boucle de rétro-action qui conduit la plante à grandir n'est pas assez "tendue" pour produire une utilisation rapide des photo-synthétats ; ceux-ci émigrent donc lentement vers les lieux de leur utilisation et restent longtemps dans les chloroplastes.

316.7 Les bilans énergétiques

L'assimilation de dioxyde de carbone qui vient d'être examinée est celle qui se produit pendant la journée ; elle est le bilan de la respiration et de la photosynthèse proprement dite. Pendant la nuit, la respiration ne cesse pas, et le bilan final doit en tenir compte. De plus, il existe des rythmes saisonniers : par exemple (F. ECKARDT *et al.*, 1977), la chênaie accumule

---

[2] Ce principe fondamental a été la réponse d'un polytechnicien doté de bon sens et de fortes convictions à son supérieur qui craignait que ces convictions ne donnent prise aux forces politiques "réactionnaires".

0,3 kg de CO_2 par m^2 en hiver, 1 kg au printemps ; elle perd 0,2 kg en été (parce que la respiration croît fortement avec la température) ; enfin, elle gagne à nouveau 0,4 kg en automne.

Finalement, la chênaie accumule en une année 1,5 kg m^{-2}, soit 15 tonnes à l'hectare.

En outre, les animaux, les micro-organismes du sol et les racines respirent aussi ; les estimations de cette "respiration du sol" atteignent (en grammes de CO_2 $m^{-2}.j^{-1}$) 34 g dans les enganes, 22 g dans la culture de Tournesol, 23 g pour la prairie d'Avoine élevée.

Les bilans annuels finaux des formations étudiées sont étonnamment proches les uns des autres, quoique les processus soient très différents :

- le Tournesol commence par développer ses feuilles, puis renforce sa tige et, finalement, ses capitules ;
- au contraire, le Chêne vert a pour "tactique" (§ 35*) de maintenir des feuilles toute l'année, au-dessus des autres plantes, pour assimiler la lumière en toute sécurité, longtemps mais lentement ;
- les autres plantes adoptent des tactiques intermédiaires.

Si l'on installe les plantes en serre, l'augmentation de production peut être considérable ; en outre, les produits obtenus sont protégés des intempéries et leur qualité peut être supérieure si l'on n'abuse pas des engrais chimiques et des produits phytosanitaires.

316.8 La relation entre la concentration en CO_2 et la densité des stomates

A travers les stomates des feuilles, qui peuvent s'ouvrir et se fermer), les plantes captent le dioxyde de carbone dont elles ont besoin pour la photosynthèse. Lorsque la concentration de l'air en CO2 devient durablement plus élevée, la plante le capte plus facilement et la densité des stomates peut diminuer. Cette relation entre la concentration en CO2 et la densité des stomates est remarquablement constante à long terme, à tel point que l'on peut déterminer les concentrations historiques en CO2 de l'atmosphère en étudiant la densité des stomates sur des feuilles fossilisées. Mais cette relation est beaucoup plus variable à court terme et elle a été trop peu étudiée.

Dans la perspective du changement climatique cette question sera étudiée en liaison avec l'accumulation du carbone dans le sol (§ 84*).

317 LA NUTRITION AZOTÉE

L'azote est un des composants nécessaires des protéines, mais les premiers êtres vivants n'ont pas trouvé le moyen d'utiliser directement l'azote de l'atmosphère, alors qu'ils ont assez rapidement profité de la réaction chimique qui leur permet d'utiliser les photons du Soleil pour assimiler le dioxyde de carbone (§ 22*). On ne connaît pas bien les réactions chimiques qui ont permis les premières synthèses de protéines, et aujourd'hui, le processus le plus efficace est la voie indirecte des Bactéries fixatrices d'azote (en particulier des *Azotobacter*) qui vivent en symbiose avec les plantes dans les nodosités des racines.

C'est l'occasion de réfléchir à nouveau sur l'acquisition progressive, par les êtres vivants, de capacités nouvelles : l'arsenal chimique dont ils disposent est déterminé par les lois générales de la chimie minérale et de la chimie organique ; la vie a eu le temps d'explorer des parcours chimiques originaux souvent inattendus et de sélectionner ceux qui sont les plus efficaces. La mémoire cybernétique des êtres vivants peut amorcer ainsi des boucles de rétro-action qui améliorent le fonctionnement de la biosphère.

32 L'ABSORPTION DE LA LUMIÈRE DANS LES OCÉANS

L'un des caractères essentiels de la vie dans les océans est que le rayonnement solaire s'atténue au fur et à mesure que l'on s'éloigne de la surface selon un gradient qui dépend de la turbidité des eaux. Les deux conséquences principales en sont :

- la succession des "étages" analogues aux étages de végétation des montagnes, qui est particulièrement visible sur les massifs coralliens
- la distinction entre les phénomènes benthiques et les phénomènes néritiques qui sont importants :
  - = pour les organismes qui se déplacent librement dans les eaux, tels que les Poissons, les Sélaciens et les Chéloniens (Tortues),
  - = pour les organismes peu mobiles tels que les Mollusques et les Arthropodes,
  - = pour les organismes fixés au fond de la mer tels que les Algues, les Coraux et quelques Mollusques.

33 LA PRODUCTION VÉGÉTALE

331 DÉFINITIONS DE BASE

331.1 La biomasse

Les définitions du terme "biomasse" varient considérablement, comme le montre bien le recensement bibliographique effectué par A. CORNET (1981), selon que l'on y inclut seulement la matière vivante, ou que l'on y met aussi la matière morte encore fixée sur un individu vivant, les individus morts sur pied, la matière morte tombée au sol au cours de l'année, ou toute la matière morte tombée sur le sol.

En outre, la définition doit aussi préciser s'il s'agit seulement de la masse des végétaux (et il est alors préférable de parler de **phytomasse**), et si elle comprend seulement la partie située au-dessus du sol (phytomasse "épigée") ou si elle inclut la phytomasse souterraine.

M. CHANIN *et al.* (1978) pensent que la maximisation de la biomasse de chaque écosystème est un "objectif" pour les écosystèmes ; cette opinion ressemble un peu au principe médiéval qui dit que "la nature a horreur du vide" et elle demanderait à être étayée sur un raisonnement précis.

331.2 La production visible

Depuis quelques années, le mot "production" est de moins en moins employé en France, sans doute parce que les anglo-saxons parlent plus de productivité. Pour éviter les confusions babéliques, il faut suivre A. TANSLEY, 1954 ; P. NEWBOULD, 1967 ; G. WOODWELL ET R. WHITTAKER, 1968, et dire sans honte, comme le recommande G. JACQUES (1971), que la production est la quantité de biomasse produite sur une surface connue, pendant une durée déterminée.

Ainsi, la production de blé est couramment estimée en quintaux par hectare et par an, la production de fraises sera estimée en kilos par are et par saison, puisqu'il peut exister deux saisons de production et la production de viande en kilos par hectare et par an.

Cet usage ne pose aucun problème pour tous les produits récoltables (pour lesquels les agronomes utilisent souvent le mot "rendement" comme synonyme de production) ; c'est pour les produits non récoltés qu'il faut être très attentif, parce que la production végétale est mesurée indirectement en comparant deux masses de végétation (c'est-à-dire des "phytomasses") que nous nommerons B1 et B2, et qui ont été observées à deux instants, T1 et T2.

La différence entre B1 et B2, rapportée à la surface productrice et à la durée T2-T1, est bien une production, au sens classique du terme, et elle est nommée **"production visible"**, ou **"incrément"**. Elle sera écrite, en prenant pour unité de temps la durée T2-T1 :

$$Pv = B2 - B1$$

331.3 La production brute et la production nette

Ce n'est généralement pas la production visible qui a intéressé les chercheurs des années 60 : ils se sont intéressé aussi à d'autres quantités, telles que le flux d'éléments morts qui va de la végétation vers la litière (symbolisé par L), et ils ont alors parlé de **"production nette"** (voir par exemple **E. BOX**, 1978).

La production nette pendant la durée T2 -T1 est alors :

$$Pn = Pv + L$$

soit :

$$Pn = (B2 - B1) + L$$

La production nette est très inférieure à la quantité de matière organique produite par la photosynthèse ; en effet, la respiration des plantes de la communauté est l'équivalent d'une combustion, qui consomme une partie du glucose produit par la photosynthèse.

Il serait alors logique d'appeler **"production brute"** de la végétation la totalité des glucides produites par les chloroplastes, mais l'usage courant a conduit à désigner ainsi la somme de la production nette, Pn, de la respiration, R, et de la consommation des herbivores, C. La production brute de la végétation est alors :

$$Pb = Pn + R + C$$

soit, en remplaçant Pn par sa valeur :

$$Pb = (B2 - B1) + L + R + C$$

Pour que cette expression concerne la production de la totalité de la phytocénose, il faut que la respiration observée R ne soit pas seulement celle des feuilles, mais aussi celle des rameaux, des tiges et des troncs (qui est approximativement proportionnelle à la température, selon **G. WOODWELL & R. WHITTAKER**, 1968), et aussi celle des racines, des champignons et des micro-organismes végétaux du sol et des animaux. Il serait juste d'y joindre le bilan des sécrétions et excrétions, la biomasse des débris végétaux morts prélevés insidieusement par les petits animaux, (souvent estimée à 10 % de la production nette), etc.

Les pyramides alimentaires (§ 62*) montrent que la zoomasse est toujours beaucoup plus faible que la phytomasse. Par exemple, dans la fameuse forêt de Brookhaven la respiration totale de la végétation et de la faune atteint 21 tonnes par ha et par an, et les animaux y consomment seulement 290 kg de végétaux par ha et par an.

La production brute n'est presque jamais mesurée en totalité, et les bilans risquent d'être gravement erronés en particulier quand la respiration est presque égale à la "production visible" de la végétation ; le bilan final peut alors être complètement faussé, au point de paraître positif, même lorsqu'il est négatif. Il faut donc, chaque fois qu'un auteur parle de production brute, aller vérifier la définition qu'il en a donné.

L'affaire est particulièrement grave pour les forêts "naturelles" en équilibre. En effet, dans cet état d'équilibre, chaque année, la plupart des arbres grossissent et grandissent, mais d'autres arbres meurent, tombent sur le sol et pourrissent. Le bilan de la production annuelle d'une forêt naturelle est évidemment nul, puisque la biomasse totale reste pratiquement constante. Il en est de même pour la faune, et la production animale est également nulle.

Un exemple de bilan correct est celui d'une forêt en croissance en climat tempéré dont la biomasse est voisine de 350 tonnes par ha et qui donne les chiffres suivants :

Production brute	30 t
Respiration	16 t
Production nette	14 t

dont :

8 t de production visible
(dont 30 kg de fruits)
5,9 t de litière
0,1 t consommée par les herbivores

Le cliché journalistique qui dit que la forêt naturelle amazonienne est un "poumon" qui absorberait du gaz carbonique et produirait de l'oxygène est l'une des erreurs les plus communément répandues : la photosynthèse absorbe effectivement du gaz carbonique grâce aux photons fournis par le Soleil, mais les fermentations qui ont lieu dans le sol transforment le bois mort et la litière en gaz carbonique en quantité exactement égale. Un jeune peuplement forestier accumule du gaz carbonique seulement pendant sa période de croissance, et ce gaz à effet de serre repart dans l'atmosphère lorsque le bois produit par la forêt est brûlé ou décomposé par les champignons et les Insectes. Pour l'oxygène, le bilan est également nul.

La croissance de la biomasse d'une population depuis sa naissance jusqu'à sa mort suit une "**courbe logistique**" en S, dont l'expression la plus intéressante a été trouvée par **PIERRE-FRANÇOIS VERHULST** (§ 35*). La courbe en S croît peu au début, quand la population vient à l'existence ; la pente de la croissance de la biomasse est maximale quand la population atteint le stade de l'adolescence et c'est à ce moment qu'il est possible d'en prélever une partie sans hypothéquer l'avenir ; à la fin de la vie de la population, la courbe devient presque horizontale, la biomasse ne croît plus, la "production visible" est négligeable et le prélèvement des individus adultes risque d'être néfaste. C'est donc quand la population est proche de la moitié de sa durée de vie que le prélèvement peut être maximal, puisque c'est près du point d'inflexion de la courbe que sa pente est la plus forte.

Enfin, dans les cultures, la "production nette" ne peut pas être récoltée en totalité, sous peine de déséquilibrer les systèmes écologiques en épuisant leurs réserves d'humus.

Finalement, dans les études de production, il est nécessaire de préciser sur quelles parties de la biocénose la production a été mesurée et de garder présent à l'esprit que les productions s'emboîtent comme des poupées russes, dans l'ordre suivant : production brute de la végétation, production nette, production visible, production utile.

331.4 La productivité

Pour éviter tout malentendu, il faut ici rappeler la différence entre production et productivité : la productivité est le quotient d'une production par l'un des facteurs de production (**P. ROBERT**, 1967 ; **J. DE LA RAMBERGUE**, 1981). Quand celui-ci est la main d'œuvre, par exemple la productivité de la main d'œuvre d'un atelier chaplinesque de serreurs de boulons est le nombre de boulons serrés par serreur et par heure. De même, si le facteur critique de la production de pâte dentifrice est une quantité d'émollient, la productivité matière pourra être le nombre de kilos de pâte que permet de produire un hectogramme de ricinate d'éthyle, etc. Un écologue pourra ainsi écrire que la productivité de l'eau dans une case lysimétrique est le quotient de la production de phytomasse nette (en grammes par m^2 et par jour) par la quantité d'eau évapo-transpirée.

La productivité de la phytomasse elle-même est quelquefois nommée "production relative". Par exemple, **R. PONTANIER** (1982) emploie ce terme pour qualifier le quotient de la production nette annuelle d'une steppe par sa phytomasse maximale sur pied :

	Steppe en bon état	Steppe dégradée
Phytomasse maximale des plantes pérennes (kg m.s. /ha)	2.400	940
Production nette annuelle des plantes pérennes (kg m.s. /ha)	800	540
Production relative (%)	0,33	0,57

Le mot "**productivité**" est encore employé dans d'autres sens très divers. Par exemple, **J. Rondeux** (1977) pense que la productivité potentielle (ou naturelle, ou optimale possible) est la production optimale conditionnée par les propriétés intrinsèques des stations et relative à des peuplements "idéaux" d'essences cultivées ou naturelles. En modélisation, la productivité potentielle est une "potentialité" (voir § 83* et 86*).

332 QUELQUES ESTIMATIONS DE BIOMASSE ET DE PRODUCTION

S. Brown et A. Lugo (1984) pensent que la biomasse des **forêts tropicales** a été souvent surestimée, et que les valeurs moyennes suivantes pourraient être admises :

Biomasse des forêts tropicales fermées : 176 t/ha
Biomasse des forêts tropicales ouvertes : 61 t/ha
Biomasse totale des forêts tropicales : 200 10^9 tonnes.

Pour des **savanes** boisées issues de jachères de Casamance, **R. Manlay** (2000) trouve une croissance logistique conduisant à 40 t/ha de matière ligneuse (dont 25 pour les troncs, 12 pour les rameaux et 13 pour les feuilles), 2 t/ha pour les herbacées, 2 t/ha pour la litière, 3 t/ha pour les racines fines, 17 t/ha pour les grosses racines et 15 t/ha pour les souches.

Les productions mesurées au cours d'une saison peuvent être assez précises. Par exemple, **Ch. Floret et R. Pontanier** (1984) ont observé des productions de matière sèche de 20 kg de matière sèche par hectare et par jour au printemps dans les **steppes** de Tunisie du sud, dans l'étage aride ; en hiver, la production descend à 5 kg/ha/jour. Dans les vallées alluviales de cette région, la production atteint 44 kg de m.s./ha/jour, au printemps. Cette production est approximativement une fonction logarithmique de l'évapotranspiration réelle, qui est habituellement comprise entre 0,5 et 1,5 mm/jour.

Pour les estimations à l'échelle du globe, les productions que l'on peut trouver dans la littérature sont assez disparates, quoiqu'elles aient presque tous leur origine dans les travaux du Programme biologique international, qui ont réuni des écologues de nombreuses nations au cours des années 1965-1975. L'une des synthèses les plus claires est présentée par **E. Box** (1977). Elle reprend en particulier les calculs de **H. Lieth**, qui a élaboré plusieurs modèles de la production végétale (nommés Innsbruck, Miami, Montréal, etc.).

Le premier tableau exprime la production brute et la respiration, en grammes par mètre carré et par an (1 g/m² /an = 10 kg/ha/an = 0,01 t/ha/an = 1 t/km²/an) :

Latitude	Production brute	Respiration	Production nette
90-80 N	67	17	40
80-70 N	182	48	134
70-60 N	606	203	406
60-50 N	1.053	377	676
50-40 N	1.272	496	776
40-30 N	1.488	642	846
30-20 N	1.530	780	750
20-10 N	2.257	1.216	1.041
10- 0 N	4.145	2.419	1.726
10- 0 S	4.998	3.016	1.982
20-10 S	2.894	1.491	1.403
30-20 S	1.686	782	904
40-30 S	1.586	671	915
50-40 S	1.400	543	867
60-50 S	1.321	552	769
70-60 S	165	141	24
80-70 S	15	9	4
90-80 S	0	0	0

Le second tableau donne la production et la respiration totales, sur l'ensemble des terres émergées, dans chacune des zones latitudinales, en milliards de tonnes :

Latitude	Production brute	Respiration	Production nette
90-80 N	0	0	0
80-70 N	0	0	0
70-60 N	8	2	5
60-50 N	15	5	9
50-40 N	21	8	12
40-30 N	23	10	12

30-20 N	23	11	11
20-10 N	25	13	12
10- 0 N	41	24	18
10- 0 S	52	31	20
20-10 S	27	14	13
30-20 S	15	7	8
40-30 S	6	2	3
50-40 S	1	0	0
60-50 S	0	0	0
70-60 S	0	0	0
80-70 S	0	0	0
90-80 S	0	0	0
	----	----	----
TOTAL	263	133	129

Dans les océans, la production totale annuelle est estimée à 40.10^9 tonnes (JEAN-MARIE PELT, 1984). Ces chiffres sont seulement des ordres de grandeur et ils sont considérablement supérieurs à la production utile des océans. L'une des raisons est que la production brute a trop souvent été mesurée dans des placettes peu perturbées.

V. KOVDA (1986) présente un autre aspect de la répartition de la biomasse sur la Terre, en donnant seulement des ordres de grandeur, en tonnes :

Forêts	10^{12} à 10^{13}
Pâturages	10^{10} à 10^{11}
Animaux terrestres	10^9 à10^{10}
Micro-organismes terrestres	10^8 à 10^9
Biomasse dans les océans	Peut-être 10^{13}

Malgré leur imprécision, ces tableaux ont un intérêt géo-politique : ils obligent à chercher pourquoi ce sont les zones tempérées qui produisent actuellement la plus grande partie des céréales, des oléagineux, du soja et de la viande qui sont disponibles sur les marchés mondiaux, alors que la production de la végétation "naturelle" est plus forte sous les tropiques. La fragilité des sols tropicaux est peut-être une raison importante de ce déséquilibre, et les circonstances historiques y sont aussi pour beaucoup, mais la récente augmentation des exportations agricoles du Brésil est un signe des temps futurs (§ 81* et 87*).

Le rôle de la biomasse dans le cycle du carbone

Le carbone inclus dans la biomasse – et en particulier dans la phytomasse – joue un rôle essentiel dans le cycle du carbone à l'échelle du globe. Il sera examiné dans le paragraphe 84*.

333 L'INFLUENCE DES SAISONS ET LA PHÉNOLOGIE

333.1 La phénologie

La phénologie végétale (φαινειν = apparaître) est l'étude des phénomènes visibles au cours de la vie des plantes et elle a donné naissance à de nombreux travaux. Elle concerne en particulier les dates de feuillaison, de floraison et de fructification qui sont indiqués dans les bonnes flores. La compilation des observations phénologiques s'est très souvent avérée décevante, parce que ces phénomènes visibles aujourd'hui ont des causes anciennes, multiples et décalées dans le temps comme l'a montré la thèse d'Édouard LE FLOC'H.

La phénologie donne des résultats plus sûrs quand elle compare les phénomènes dans l'espace et non pas dans le temps. Ainsi, les dates de floraison du Prunellier ont été observées en Sologne et en Touraine, deux régions du bassin ligérien situées à la même latitude et distantes d'une centaine de kilomètres en longitude et il est apparu que cette floraison commence une dizaine de jours plus tôt dans la région occidentale, plus proche de l'océan Atlantique, où le climat est un peu plus doux.

333.2 Quelques exemples de l'influence directe des saisons

Pour les plantations de Sapin réalisées en France dans les régions de plaine, les plants originaires des hautes altitudes sont plus affectés par les gelées de printemps que ceux qui proviennent des plaines alors que l'on aurait pu penser que les lignées habituées au froid seraient plus résistantes. L'explication est que les lignées montagnardes débourrent au printemps dès les première journées tièdes et sont alors sensibles aux gelées de printemps, alors que les lignées venant d'une région de plaine telle que la Normandie débourrent plus tard, après les gelées de printemps.

En Provence, dans l'étage montagnard, les Pins ont une croissance plus faible qu'en plaine, parce qu'ils débourrent trop tard pour profiter des pluies de mai.

Des forestiers mathématiciens ont calculé la corrélation entre la croissance en hauteur du Douglas et les précipitations mensuelles de plusieurs dizaines d'années ; la corrélation maximale n'a pas été trouvée avec les pluies de printemps et d'été, comme on pouvait s'y attendre, mais avec les précipitations du mois de novembre qui suivait la saison de végétation. Ce résultat a fait sourire les biologistes réfractaires aux statistiques, mais les mathématiciens ont eu leur revanche en montrant que la dynamique de l'atmosphère est telle que ces pluies de novembre sont le meilleur "résumé" des combinaisons favorables des pluies du printemps et de l'été qui précède.

34 LA STRUCTURE VERTICALE DE LA VÉGÉTATION

Jusqu'au Silurien, vers – 450 millions d'années, les plantes et le animaux vivaient exclusivement dans les mers, et les continents étaient des déserts où aucune plante n'était visible au-dessus du sol .

Un seuil écologique essentiel a été franchi dès le Silurien lorsque des Algues se sont transformées en Fougères primitives, en donnant les *Rhynia* en forme de Joncs, premières colonisatrices connues sur les continents (§ 22*) et ensuite les Fougères arborescentes. Pourquoi les plantes ont-elles si rapidement conquis l'espace aérien ? D'où vient cette force irrépressible qui pousse les plantes vers le haut ?

341 LA POUSSÉE ASCENCIONNELLE DE LA VÉGÉTATION

341.1 L'origine de la croissance en hauteur de la végétation

341.11 Un paradoxe apparent

Pour bien répondre à la question qui vient d'être posée, il faut se débarrasser de tout préjugé, et voir le fonctionnement de la végétation avec un œil neuf en regardant les marécages où les premières plants terrestres sont apparues.

Une plante terrestre a besoin essentiellement d'énergie solaire, de dioxyde de carbone, d'eau et d'éléments minéraux venant du sol. La plante la plus simple que pourrait concevoir un ingénieux ingénieur serait donc une pellicule offrant au Soleil sa face supérieure tapissée de chloroplastes et collée au sol par sa face inférieure. Cette pellicule aurait l'avantage de protéger l'eau du sol contre l'évaporation et il suffirait de doter cette plante simplicissime de quelques rhizoïdes pour qu'elle puise l'eau du sol.

De fait, cette structure pelliculaire est celle des Lichens qui couvrent les rochers ou les tuiles d'un toit, et qui leur permet d'accepter ces conditions de vie extrêmement sévères. C'est bien le signe que ces plantes sans tige ni racines sont les plus rustiques et elles ouvrent ensuite la voie à l'occupation du terrain par des plantes de plus en plus hautes. Quand ils se sont installés, les Lichens retiennent un peu de sable et de limon apportés par le vent ; ils apportent un peu de matière organique au microsol qui prend naissance ; des Mousses en profitent pour s'installer à leur tour et amorcent le développement vertical de la végétation ; elles retiennent un peu plus de terre, ce qui permet la germination de graines de plantes à fleurs qui sont plus hautes que les Mousses et retiennent encore plus de sable et de limon ; au fur et à mesure que l'épaisseur du sol augmente, des plantes pérennes de plus en plus grandes s'installent, puis des buissons et de grands arbres. viennent s'installer.

Nous sommes tellement habitués à voir ainsi la végétation monter vers le zénith que nous ne sentons pas combien ce phénomène régulier est paradoxal : pourquoi les plantes ne sont-elles pas restées collées au sol et se sont-elles compliqué l'existence en s'éloignant du réservoir d'eau et en s'obligeant à élaborer le système de vaisseaux qui conduit l'eau depuis le sol jusqu'à la cime des arbres ? Un tronc d'arbre n'est qu'un faisceau de vaisseaux (armé de fibres capables de résister à la flexion) si complexe qu'il ressemble à ces cauchemars de plombier que sont devenues les tuyauteries des raffineries de pétrole.

341.12 La seule explication : la poussée ascensionnelle

Cette construction complexe élaborée par la végétation s'explique par trois raisons concourantes. La première, la plus prégnante, est la course à la lumière : dès qu'une fraction de plante émerge de la masse végétale, elle intercepte les rayons du Soleil aux dépens de toutes les feuilles qui sont situées en-dessous. Cette chasse aux photons est le moteur de la montée de la végétation vers le zénith.

Le second avantage offert par un feuillage situé au-dessus du sol est d'offrir une grande surface d'échange avec le dioxyde de carbone de l'atmosphère : les feuilles peuvent ainsi s'étaler en restant suffisamment distantes pour que la circulation de l'air leur apporte le CO_2 qui est nécessaire pour la photosynthèse (§ 31*). Le total de la surface des feuilles est souvent 3, 4 ou même 5 fois plus grand que la surface du sol qui porte les plantes.

Le troisième avantage que donne la répartition du feuillage dans l'air est la possibilité de ventiler le système pour que sa température reste acceptable même quand elle est de 15 à 20 degrés plus élevée que celle de l'air ambiant.

Réciproquement, la croissance en hauteur de la végétation modifie la répartition verticale de l'énergie lumineuse disponible dans chaque strate de végétation. La conséquence de cette boucle de rétro-action est que, au fur et à mesure que le sommet de la végétation monte vers le ciel, il y a de moins en moins de lumière disponible près du sol. Ce sont alors des "plantes d'ombre" (les "sciaphytes") qui s'installent dans les sous-bois (ou à l'abri des plantes herbacées dans les prairies et les savanes).

341.13 La poussée ascensionnelle et la dynamique de la végétation

La croissance de la végétation est produite par une force physique, une poussée ascencionnelle, qui peut être étudiée grâce à l'équation fondamentale de la dynamique.

Le résultat de cette force qui sculpte la végétation et qui s'est inscrite dans les gènes des plantes est une répartition remarquable de la biomasse depuis le niveau du sol jusqu'au sommet des plantes les plus hautes.

341.2 Le profil vertical de la phytomasse (*cf.* § 54*)

La poussée ascensionnelle se régule selon un équilibre qui se traduit par le diagramme du profil vertical de la phytomasse obtenu en portant en abscisse la phytomasse contenue dans chacune des strates de végétation et en ordonnées la hauteur des strates au-dessus du sol. Nous avons construit cette courbe en 1978 pour une très vielle forêt de taïga affranchie de toute influence humaine, près de Poste à la Baleine, au Nouveau Québec (**M. Godron**, 1986) : le profil est constitué par un large **piédestal** supportant une colonne effilée. Un profil du même type a été observé aussi par **N. Beroutchachvili & J.-L. Mathieu** à Martkopi, en Géorgie.

Le plus étonnant est que la forme de ce profil correspond exactement à une **fonction logarithmique** exprimant l'équilibre entre deux forces antagonistes qu'une analogie aidera à comprendre : l'air l'atmosphère est de moins en moins dense quand on monte en altitude, et cette décroissance est réglée par l'antagonisme entre la pesanteur, qui attire les molécules d'azote et d'oxygène vers le centre de la Terre, et le mouvement brownien d'agitation de ces molécules qui les pousse vers le zénith. Ces deux forces se combinent en fonction de l'altitude et leur résultante décroît logarithmiquement. Pour la végétation, la pesanteur qui attire les molécules végétales vers le sol est équilibrée par la poussée ascencionnelle de la végétation et leur combinaison produit une courbe logarithmique beaucoup plus courte que celle de la densité de l'air.

Ce profil en piédestal est fréquent quand la végétation est stabilisée depuis longtemps. Au contraire, au cours des successions (§ 37*), la végétation évolue et passe par des phases où la biomasse augmente sans que la hauteur de la végétation s'accroisse, par exemple quand une espèce telle que le Chêne kermès ou le Prunellier devient dominante ; la phytomasse s'accumule alors dans la partie feuillée de ces arbustes et le pied des tiges ne grossit plus ; le profil prend alors la forme d'un **chapiteau** surplombant une colonne ; la végétation est alors en déséquilibre et elle a des chances de se modifier fortement à plus ou moins long terme.

Par exemple, Louis Amandier et Anne Wolff (2008) ont observé la stratification de la végétation dans 80 forêts de Provence où les sylviculteurs avaient fait des éclaircies plus ou moins fortes et même quelquefois une coupe rase. A une exception près, les parcelles où le profil était en chapiteau étaient des parcelles témoin où la biomasse avait pu s'accumuler pendant longtemps.

La relation entre la forme du profil vertical et la stabilité de la végétation sera examinée en détail dans le paragraphe 37*.

341.3 L'extension géographique et les limites écologiques de la poussée ascensionnelle

La poussée ascensionnelle de la végétation se manifeste sur toute la surface des continents, hormis les inlandsis et les eaux libres, mais son intensité dépend de plusieurs facteurs.

La poussée est maximale dans les **régions au climat humide** (§ 13*) telles que la partie arrosée de la zone équatoriale, la Cordillère pacifique, la région hyrcanienne du nord de l'Iran, etc. Elle est moins forte dans les régions sèches et ne se manifeste dans les déserts que par la mémoire inscrite dans le patrimoine génétique des plantes relictes – telles que les Acacias – qui acceptent d'y vivre.

Le **froid** ralentit toutes les fonctions physiologiques et la végétation des hautes montagnes ou des régions polaires ne monte pas très haut. S'y ajoutent les effets du vent qui provoque en forêt des chablis et des volis, de la reptation du sol qui déforme "en crosse" la base des tiges, et de la neige et du grésil qui ploient ou cassent les branches.

Le **vent** fouette mortellement les rameaux quand il est chargé de sable ou de particules de glace et il produit des déformations nommées anémomorphoses qui sont "en drapeau" quand un vent est dominant et "en trompe de chasse" sur les dunes où tourbillonne le sable.

Les plantes qui acceptent de vivre sur les **sols chimiquement déséquilibrés** (sols salins, serpentines, etc.), n'ont pas toujours eu suffisamment de temps pour accumuler la mémoire génétique qui leur permettrait de monter haut vers le zénith. Les forêts littorales capables de vivre sur les vases salées existent seulement sur les côtes tropicales, où elles constituent les mangroves de Palétuviers, peut-être parce que des températures élevées sont nécessaires pour équilibrer la pression osmotique.

Enfin, les **herbivores** sauvages ou domestiques freinent la croissance en hauteur de la végétation (par exemple les Bisons dans la *prairie* de l'ouest des États-Unis).

342 LA STRATIFICATION

Le résultat de l'équilibre – qui est dynamique au sens précis de ce terme, puisque les forces qui le contrôlent ont été identifiées – est la structure verticale de la végétation, qui mérite d'être caractérisée avec précision, en distinguant des strates.

342.1 La caractérisation des strates

L'existence de strates dans la végétation est une évidence aux yeux de l'observateur le moins averti. Pourtant, les scientifiques ne sont pas encore arrivés à les voir tous de la même manière.

Les botanistes traditionalistes ont pris l'habitude de nommer "strate herbacée " ou strate muscinale la strate située près du sol et "strate arbustive" ou "strate arborée" les strates hautes. Cette manière de voir était proposée autrefois par **A. KERNER** (1863) et par **R. HULT** (1881), mais elle est peu cohérente puisque :

- des Mousses vivent dans les strates supérieures,
- les petits arbres sont présents dans la strate herbacée,
- la hauteur des Graminées tropicales peut dépasser celle de la strate arbustive,
- les strates hautes peuvent être constituées de Palmiers, qui ne sont pas des arbres.

Il a donc été rapidement nécessaire de chercher un système plus cohérent, comportant des limites logiques, en liaison avec la caractérisation des types biologiques. Finalement, il est devenu évident que le plus simple était de placer ces limites sur une échelle logarithmique (Code écologique du CNRS, 1968) :

Hauteur	Numéro de la strate
0 mètre à 0,124 m	I
0,125 m à 0,24 m	II
0,25 m à 0,49 m	III
0,50 m à 0,99 m	IV
1 m à 1,99 m	V
2 m à 2,99 m	VI
4 m à 7,99 m	VII
8 m à 15,9 m	VIII
16 m à 31 m	IX
32 m et plus	X

342.2 La concurrence entre strates

Les arbres font concurrence à la végétation herbacée en la privant de lumière. A. BREWER (1980) a suivi pendant 55 ans une hêtraie-érablière du Michigan, et il y a constaté une diminution de l'abondance de la plupart des espèces herbacées ou ligneuses basses, mais une extension de quelques espèces déjà abondantes dans le sous-bois.

P. WHITFORD (1949) a noté que, quand l'âge de la forêt augmente, la répartition des herbacées pérennes devient plus diffuse, et que leur distribution devient plus uniforme. A. FAILLE & M. FARDJAH (1977) ont observé que le Roseau des bois (*Calamagrostis epigeios*) s'étend en taches denses dans les clairières de la forêt de Fontainebleau ; au centre des taches, les autres espèces herbacées dépérissent progressivement, et la couronne se fragmente ensuite, en laissant seulement quelques pieds dispersés.

Dans la forêt d'Hutcheson (New-Jersey) qui semble n'avoir pas été coupée depuis l'arrivée des Européens, S. DAVISON & R. FORMAN (1982) ont observé des variations sensibles entre 1950 et 1979 sans doute à la suite des ouragans qui ont déraciné beaucoup d'arbres dominants entre 1950 et 1959 :

- une augmentation du recouvrement des buissons, de 44,2 % à 51 % ;
- une augmentation du nombre d'espèces ligneuses basses (de 7 à 14 %) ; ce sont surtout les lianes qui ont alors prospéré ;
- une diminution du nombre des espèces qui couvrent directement le sol (herbacées + ligneuses rampantes ou prostrées) qui passent de 33 % à 24 % ;
- une augmentation du recouvrement total de ces espèces, de 8 % à 60 %.

La concurrence entre strates conduit certains phytosociologues (§ 55*) à considérer que les unités sociologiques élémentaires sont les strates elles-mêmes, qui sont alors nommées "**synusies**". **PH. JULVE** a établi un Prodrome des synusies de France qui peut être consulté sur son site Internet.

343 LES FORMATIONS VÉGÉTALES

343.1 Une définition délicate

Il est bien difficile de définir la notion de formation végétale ; son origine est bien antérieure à la naissance de l'écologie, puisqu'elle remonte à **GRISEBACH** qui a écrit en 1838 :

> "Je nommerai formation phyto-géographique [cette expression est devenue ensuite "formation végétale"] un groupe de plantes présentant un caractère physionomique défini, comme une prairie, une forêt, etc. Elle est tantôt constituée par une seule espèce, tantôt par un complexe d'espèces dominantes appartenant à une même famille, tantôt enfin, par un agrégat d'espèces qui, bien que différentes, présentent dans leur organisation quelque particularité commune ; ainsi, les prairies alpines sont presque exclusivement composées d'herbes pérennes."

Cette définition montre bien que la formation végétale caractérise la "physionomie de la végétation".

Une formation végétale est indépendante, à priori, de la composition floristique du tapis végétal ; les savanes d'Amérique ressemblent aux savanes d'Afrique ou d'Australie, quoique leurs flores soient très différentes.

Les formations végétales naturelles sont le reflet du climat. Par exemple, les steppes n'existent que dans les régions arides (chaudes ou froides) ; les forêts denses toujours vertes de feuillus sont présentes seulement sous les Tropiques, etc. La classification des formations de J. **BROCKMAN-JEROSCH** (1907) propose ainsi un vocabulaire artificiel qui est cependant assez expressif : les "*pluvii lignosa*" sont les forêts tropicales humides, les "*frigori deserta*" sont les déserts froids, etc.

Les formations végétales ont souvent un nom vernaculaire (pampa, prairie, phrygane, savane, fynbos, chaparral, etc.). Plusieurs essais de normalisation du vocabulaire ont été tentés, en particulier par **P. DANSEREAU**, par le Colloque de Yangambi, par l'UNESCO, etc. sans qu'un accord unanime voie le jour.

La solution minimale consiste à choisir une "grille de lecture" combinant les hauteurs des strates et leurs recouvrements : une formation ligneuse haute sera par exemple, une formation où les arbres couvrent de 50

% à 100 % de la surface. Ce mode de désignation des formations devient de plus en plus courant, parce qu'il est simple et direct.

Chaque type de formation végétale peut alors être défini par les pourcentages de recouvrement des ligneux hauts, des ligneux bas et des herbacées selon les trois axes de coordonnées des arêtes d'un cube :

- l'axe vertical est le recouvrement des ligneux hauts (taille supérieure à 2 mètres),
- l'axe allant vers la gauche est le recouvrement des ligneux bas,
- l'axe allant vers la droite est le recouvrement des plantes herbacées.

Dans chaque région, des limites de recouvrement peuvent être choisies en se mettant d'accord dans chaque région pour dire, par exemple, que les landes sont des formations ligneuses basses, que les prairies sont des formations herbacées, que les savanes arborées comprennent une strate herbacée dense et une strate très claire de ligneux hauts, etc. de manière à respecter les usages locaux.

Pour l'Atlas du Languedoc-Roussillon du CNRS, et pour les relevés phyto-écologiques, les limites fixées par le consensus des 11 cartographes s'est construit en commençant par les ligneux hauts :

- toutes les formations où le recouvrement des ligneux hauts est supérieur à 50 % sont des formations ligneuses hautes denses ;
- toutes les formations où le recouvrement des ligneux hauts est compris entre 25 % et 40 % sont des formations ligneuses hautes claires quand les recouvrements des ligneux bas et des herbacées est inférieur à 10 % ;
- les formations où le recouvrement des ligneux hauts est compris entre 25 % et 49 % sont des formations complexes comprenant des ligneux hauts ;
- les formations où le recouvrement des ligneux hauts est compris entre 0 % et 24 % et le recouvrement des ligneux bas est supérieur à 10 % sont des formations ligneuses basses ;
- les formations où le recouvrement des ligneux hauts est compris entre 0 % et 24 %, le recouvrement des ligneux bas est supérieur à 10 % et le recouvrement des herbacées est inférieur à 10 % sont des formations ligneuses basses ;
- les formations où le recouvrement des ligneux hauts est compris entre 0 % et 24 %, le recouvrement des ligneux bas est inférieur à 10 % et le recouvrement des herbacées est supérieur à 10 % sont des formations herbacées ;
- etc.

L'ensemble des définitions est résumé par le tableau suivant :

Formations	Recouvrement des ligneux hauts	Recouvrement des ligneux bas	Recouvrement des herbacées
ligneuses hautes denses	50 à 100 %	0 à 100 %	0 à 100 %
ligneuses hautes claires	25 à 49 %	0 à 9 %	0 à 9 %
ligneuses basses	0 à 24 %	10 à 100 %	0 à 9 %
herbacées	0 à 24 %	0 à 9 %	10 à 100 %
complexes ligneuses	25 à 49 %	10 à 100 %	0 à 9 %
complexes herb.-li. hauts	25 à 49 %	0 à 9 %	10 à 100 %
complexes herb.-li. bas	0 à 24 %	10 à 100 %	10 à 100 %
complexes herbacées-ligneux hauts-ligneux bas	25 à 49 %	10 à 100 %	10 à 100 %
très claires	0 à 24 %	0 à 9 %	0 à 9 %

Certaines formations végétales remarquables seront discutées en détail dans les chapitres suivants ; par exemple les forêts dans le paragraphe 83*, les formations désertiques de Mauritanie dans le paragraphe 56*, etc.

343.2 Les formes de végétation

La définition des formations végétales qui vient d'être donnée comprend essentiellement une analyse géométrique du volume occupé par la végétation et elle doit être complétée par celle des **degrés d'artificialisation** (§ 81*) pour aboutir à la notion de **forme de végétation** : la combinaison de la formation végétale qui est définie géométriquement et du degré d'artificialisation permet de distinguer, par exemple, une prairie de fauche d'une prairie qui est seulement pâturée, ou bien pour distinguer, parmi les formations ligneuses hautes claire, un mélézein et un parc urbain tel que le Parc Monceau, ou bien encore pour distinguer une parcelle de céréales et la pelouse d'un golf.

Nous verrons un peu plus loin que la combinaison de la forme de végétation et des **espèces dominantes** est la base de la cartographie de l'**occupation du territoire**.

344 LA FLORE ET LA VÉGÉTATION

344.1 La flore

Une personne non avertie peut croire que flore et végétation sont synonymes. Pourtant, les botanistes tiennent depuis longtemps à les distinguer comme le demandait J. THURMANN (1849) : **la flore est la liste des espèces présentes dans une localité**, et une petite espèce rare tient autant de place, dans cette liste, qu'une espèce dominante ; une espèce rare est même souvent très importante aux yeux des botanistes, par exemple si elle est endémique (*cf.* § 28*). La flore exprime essentiellement le résultat actuel de l'histoire des taxons, de leurs variations et de leurs déplacements à la surface du globe. Par exemple, le paragraphe 23* a été consacré à l'origine de la flore méditerranéenne.

Il est vraisemblable que, au cours des temps géologiques, certaines conditions de milieu ont été favorables ou défavorables à certains phylums ; ainsi, les Palmiers vivent tous dans les zones chaudes, les Conifères sont plutôt présents dans les régions froides (montagnes et latitudes élevées), etc. Mais la "mémoire" des taxons n'est pas toujours de longue durée, et les flores actuelles sont relativement indépendantes des climats. La flore que l'on trouve en un lieu quelconque est surtout "le dernier mot d'une longue histoire".

Une flore riche peut exister dans une végétation apparemment très uniforme (par exemple dans les régions arides) et, inversement, des formations végétales très contrastées peuvent apparaître même si la flore est pauvre (par exemple en Scandinavie). Encore faut-il définir précisément la végétation, en notant que nous ne sommes plus au temps de l'Encyclopédie de DIDEROT où le mot végétation désignait seulement le "phénomène de la nature qui consiste dans la formation, l'accroissement et la perfection des plantes", c'est à dire ce qui est aujourd'hui l'objet de la physiologie végétale.

344.2 La végétation

M. AMOREUX innovait considérablement en écrivant, en 1805 : « l'état de la **végétation** est marqué en tout lieu, non seulement par l'existence des plantes qui y croissent naturellement ou par celles qui sont acclimatées dans un pays, mais encore par la nature même de ces plantes, par le site qu'elles préfèrent, par les progrès qu'elles y font à différentes époques de leur végétation, enfin par la durée de leur vie lorsqu'elle n'est pas traversée par des accidents » .

Dans sa communication à l'Académie du 7 janvier 1805, **ALEXANDRE DE HUMBOLDT** fondait "la Géographie des plantes ; science dont il n'existe encore que le nom ... C'est cette science qui considère les végétaux sous le rapport de leur association locale sous les différents climats. Vaste comme l'objet qu'elle embrasse, elle peint à grands traits l'immense étendue qu'occupent les plantes, depuis la région des neiges perpétuelles jusqu'au fond de l'Océan, et jusque dans l'intérieur du globe, où végètent dans des grottes obscures des Cryptogames aussi peu connus que les insectes qu'elles nourrissent."

Pour **M. LECOCQ ET J. JUILLET** (1831), la caractérisation de la végétation permet de "peindre l'aspect que donnent à une contrée la distribution, le port, l'abondance ou la rareté des plantes qui en couvrent le sol ".

CHARLES FLAHAULT proposait en 1901 une définition très précise de la **végétation** : "C'est la masse végétale, l'ensemble des plantes considérées dans leurs rapports avec le milieu, climat, sol, êtres vivants y compris l'homme." **LOUIS EMBERGER** (1966) soulignait que "la végétation est un fait de nature écologique".

La végétation est effectivement en liaison directe avec l'écologie, et en particulier avec les types biologiques et les types bionomiques (§ 35*).

Pour caractériser la flore d'une région, il faut apprécier son degré d'isolement floristique, marqué par le pourcentage d'endémiques et le pourcentage de cosmopolites (paragraphe 28*), parce que la flore traduit bien les vicissitudes géologiques et paléontologiques qui aboutissent à l'état actuel.

Il ne faut pas pousser trop loin la distinction entre flore et végétation, parce que ce sont deux aspects complémentaires de la même réalité, comme le sont l'avers et le revers de la même médaille.

Finalement, pour rester dans une juste mesure, il demeure toujours intéressant de distinguer – sans les séparer – les phénomènes floristiques et ceux qui affectent la végétation. Pour bien comprendre comment la flore et la végétation se combinent, le plus simple est de saisir la belle expression proposée par **E. DE MIRANDA** (1980) : **la végétation est l'émergence spatiale organisée de la flore**.

345 LA CARTOGRAPHIE DE L'OCCUPATION DU TERRITOIRE

Depuis la dynastie des Cassini, les cartes géographiques à moyenne échelle indiquent l'étendue couverte par les principales formations végétales naturelles ou semi-naturelles : forêts, landes, cultures, végétation aquatique. Les cartographes ont ensuite conçu progressivement des cartes fondées sur des notions plus précises telles que celle des formes de végétation – définies un peu plus haut – qui combine la géométrie de la formation végétale et le degré d'artificialisation, de manière à caractériser aussi bien les habitats peu artificialisés que des habitats plus artificialisés. Par exemple, une prairie pâturée est une forme de végétation moins artificialisée qu'une culture de céréales et encore moins artificialisée qu'un jardin potager.

345.1 Les degrés d'artificialisation

La notion d'artificialisation qui intervient dans la caractérisation des formes de végétation comprend 9 degrés qui seront revus en détail dans le paragraphe 81* :

1) Artificialisation nulle

Ce degré caractérise la végétation dans laquelle l'influence de l'homme est pratiquement nulle. C'est le cas des rarissimes forêts "primaires", que l'on ne trouve, en France, que sur des versants très abrupts.

2) Artificialisation faible

Là, les hommes et les animaux domestiques ne font que soustraire de la végétation quelques produits naturels en les choisissant, mais cette cueillette n'a que peu d'influence sur l'évolution actuelle de la végétation.

3) Artificialisation assez faible

Seront classées dans cette catégorie :

3.1 : les formations où l'Homme se contente de prélever la production naturelle de la végétation, soit directement soit par l'intermédiaire de ses troupeaux ;

3.2 : les formations où le prélèvement actuel est faible mais où une action ancienne intense, ou très prolongée, a modifié profondément la végétation initiale ; c'est le cas de nombreuses landes secondaires du domaine atlantique, des garrigues et maquis méditerranéens et de la plupart des terrains érodés en France.

Ce degré d'artificialisation pose un problème délicat qui sera examiné dans le paragraphe 81*.

4) Artificialisation moyenne

L'homme est intervenu directement, dès avant l'existence du peuplement, en plantant ou en semant des végétaux qui ont un intérêt économique, mais il les exploite assez extensivement.

5) Artificialisation assez forte

Les espèces installées volontairement par l'homme sur des terres préparées ou fertilisées sont "cultivées" et sont nettement dominantes.

6) Artificialisation très forte

Il s'agit de cultures très intensives, où l'intervention humaine permanente au cours de toute l'année modifie radicalement les conditions de vie des végétaux.

7) Environnements purement artificiels et presque dépourvus de végétation

Dans cette classe se trouvent les étendues où l'homme a presque totalement détruit la végétation, mais n'a pas construit de maisons ou d'immeubles.

8) Tissu urbain lâche

Le paysage est dominé par les maisons, mais il reste des jardins, des parcs, et des espaces verts.

9) Tissu urbain dense

Il est constitué par le cœur des grandes villes, atteint d'artériosclérose ; les plantes sont reléguées sur les balcons. Les problèmes particuliers posés par les villes sont examinés dans le paragraphe 84* et dans le Dictionnaire du paysage 2.

345.2 L'occupation du territoire

Les cartes les plus complètes sont celles de l'occupation du territoire (plus générales que les cartes de l'utilisation des terres = land use) : l'occupation du territoire est la combinaison de la géométrie de la formation

---

2 Les premières épreuves peuvent être demandées à l'éditeur : Ed. *Conseil international de la langue française*, 11 rue de Navarin, 75 009)

végétale, du degré d'artificialisation et de l'espèce dominante et le premier exemple en est la carte de Sologne publiée par le CNRS en 1964.

Ces cartes sont le support le plus général des études et des projets d'aménagement du territoire, en particulier pour la construction de modèles (§ 86*).

35 LES TRAITS DE VIE ET LES TRAITS BIONOMIQUES

351 LES CONVERGENCES DE FORME

La spéciation (§ 25*) produit des espèces par rupture de l'interfécondité, au fur et à mesure que les lignées se séparent. Habituellement, les lignées deviennent ensuite de plus en plus différentes, cependant il arrive que des espèces qui ont suivi des évolutions distinctes pendant plusieurs millions d'années prennent progressivement des aspects de plus en plus semblables en raison de contraintes environnementales.

L'exemple le plus typique est celui des Vertébrés aquatiques, qui se ressemblent quoiqu'ils appartiennent à des groupes taxinomiques (embranchements, classes, ordres, familles et genres) aussi divers que :

- les Sélaciens, dont le squelette est cartilagineux (Requins et Raies)
- les Poissons proprement dits ;
- les Pinnipèdes qui vivent sur les côtes (Phoques et Morses)
- les Loutres ;
- les Cétacés (Baleines et Cachalots), Mammifères qui allaitent leurs petits et doivent venir respirer en surface) ; leurs ancêtres (*Basilosaurus* et *Mesoryx*) ont été repérés dans l'Éocène du Pakistan (vers – 60 millions d'années) sous la forme de très petits Hippopotames qui vivaient dans les marécages côtiers.

Les "tactiques" des espèces (§ 35*) sont aussi un bel exemple de convergence de formes.

Chez les végétaux, les plantes autotrophes (dotées de chlorophylle) qui sont devenues parasites, puis saprophytes et, finalement, Champignons (*cf.* § 22*) ont convergé vers les mêmes formes, en raison des contraintes de l'environnement.

Ces exemples justifient la notion de "type biologique", qui mérite d'être rappelée car elle est si fortement écologique qu'elle a une postérité féconde.

352 LES TYPES BIOLOGIQUES

Dès 1884, E. WARMING (*in* J. PAVILLARD, 1920) avait défini la "forme biologique" comme étant "la forme que le corps végétatif de la plante revêt en harmonie avec le milieu environnant, et sous laquelle s'accomplissent les phénomènes vitaux, du berceau à la tombe, de la germination à la maturation séminale, jusqu'à la mort." Quelques années plus tard, KARL Raunkier a repris cette idée sous un nom un peu différent.

352.1 Les idées prémonitoires de Raunkiaer

KARL RAUNKIAER note, dès 1905, que les espèces végétales de la flore scandinave peuvent être classées en fonction de leur mode d'adaptation aux rigueurs de l'hiver : les plantes les plus résistantes sont les arbres, dont les bourgeons résistent suffisamment au froid pour que les jeunes feuilles soient prêtes à s'épanouir dès les premières chaleurs du printemps et à fonctionner au mieux avant "l'aoûtage" où les bourgeons se forment à nouveau de manière à protéger les méristèmes végétatifs qui donneront des feuilles au printemps suivant. Les arbres restent bien visibles dans le paysage, tout au long de l'année et KARL RAUNKIAER les a nommées **Phanérophytes**, par analogie avec les Phanérogames (plantes dont le système reproducteur se développe de manière très apparente). La plupart des Gymnospermes (et en particulier les Conifères) sont des Phanérophytes, sans doute parce que ce sont des rameaux évolutifs qui sont en fin de course et qui ont adopté la tactique "K". Les Phanérophytes qui possèdent une tige unique et qui ne sont pas ramifiées sont **monocaules**.

KARL RAUNKIAER a aussi observé qu'un assez grand nombre de plantes qui ont des bourgeons moins résistants restent près du sol, abrités sous la neige ; il les a nommées **Chaméphytes** (ou **Chamaephytes**, parce que "chamai" signifie "près de la terre" et se prononce « camé » quoique la cocaïne ne provienne pas d'un Chaméphyte).

Il a réservé le terme de **Cryptophytes** aux plantes qui laissent leurs bourgeons enterrés, près d'une réserve de substances nutritives (souvent concentrée dans des tubercules, des rhizomes, des bulbes, etc.) qui leur donnera les forces suffisantes pour percer, au printemps, la couche de terre où ils sont ensevelis. Les plantes qui se réfugient en hiver dans l'eau sont les **Hydrophytes**.

Quand les bourgeons sont au ras du sol, et ne risquent même pas d'être brisés par le mitraillage du grésil, il a choisi le terme d'**Hémicryptophytes,** qui sont à demi-cachées. Elles comprennent des plantes à rosettes, et surtout la quasi-totalité des Graminées (620 genres, 10.000 espèces), des Cypéracées

(90 genres, 4.000 espèces) et des Joncacées (9 genres, 400 espèces) qui constituent les prés, les prairies, les savanes et les steppes herbeuses. Ces plantes doivent en partie leur survie aux herbivores dont les sabots cassent les tiges des plantes ligneuses et empêchent l'embroussaillement. Les Fougères d'Europe sont presque toutes des Hémicryptophytes dont la tige vivace reste souterraine (rhizome) et il serait intéressant d'en trouver la raison (la Fougère aigle est une géophyte à rhizome, et il se dit que toutes les tiges d'une lande de Fougère appartiennent au même individu).

Enfin, les plantes qui échappent aux rigueurs de l'hiver (ou de la sécheresse) en se mettant sous la forme de graines (ou, plus généralement, de diaspores ou de propagules) sont nommées **Thérophytes.**

Les types biologiques sont encore utiles même s'il n'est pas nécessaire de toujours dire, pour désigner une forêt de Sapins que c'est une "formation ligneuse haute de Macrophanérophytes sempervirentes à microphylles aciculaires".

Cette classification a été affinée en particulier par **Du Rietz** (1921), **Raunkiaer** (1935), **Luther** (1949), **Braun-Blanquet** (1964), **Den Hartog & Segal** (1964) et **Makirinta** (1978) **et il est maintenant possible d'en proposer une synthèse.**

352.2 Une synthèse nécessaire

Une synthèse illustrée des types biologiques a été réalisée par **L. Emberger et Ch. Sauvage**, *in* **M. Godron** *et al.*, (1968). Elle ajoute les **Épiphytes**, plantes qui vivent perchées sur d'autres plantes (tel est le cas de nombreuses Orchidées et Broméliacées des forêts tropicales, mais surtout de Fougères tropicales). Elle note que le type biologique d'une plante peut évoluer au cours de sa vie. Par exemple, *Cassytha filiformis*, une Lauracée d'Afrique de l'Ouest, germe dans la terre, puis se développe en une liane phanérophyte qui s'enroule autour d'une plante ligneuse et enfin, devient épiphyte dès qu'elle devient capable de vivre aux dépens de son support grâce à ses suçoirs et rompt ses amarres terrestres. Cet exemple aide à comprendre que le type biologique n'est pas totalement inscrit dans le génome et qu'il résulte d'une convergence de forme.

Parmi les plantes aquatiques, on distingue :

- les **Hydrophytes**, plantes pérennantes ou annuelles dont la partie végétative est submergée ou flottante et qui nécessitent la submersion pour induire la reproduction sexuée ; elles comprennent :
  = les Rhyzophytes, fixées au substrat,
  = les Planophytes, flottant librement,

= les Haptophytes, qui sont les Algues benthiques et quelques Bryophytes fixées sur substrat dur ;

- les **Amphiphytes**, plantes pérennantes ou annuelles, dont la base au moins est inondée mais qui supportent l'émersion complète ; elles assurent leur reproduction lorsque les parties supérieures sont exondées ; elles comprennent :

  = les **Hélophytes**,

  = les Pleusto-hélophytes, pouvant se détacher et dériver,

  = les Pseudo-hydrophytes, qui sont habituellement submergées mais se reproduisent seulement quand elles sont exondées.

Les **Mousses** méritent de constituer un type biologique, quoiqu'elles aient été habituellement considérées comme des Chaméphytes ; on distingue celles qui sont cespiteuses (en tapis), rampantes, dendroïdes (dressées, comme des arbres minuscules), pulvinées (en coussins), sphagnoïdes (groupées en une masse gorgée d'eau). Il est possible de tenir compte aussi de la position des sporophytes, qui sont acrocarpes quand ils sont en position terminale sur des tiges dressées, ou pleurocarpes quand ils sont disposés latéralement sur la tige. Les Hépatiques mériteraient aussi de constituer un type biologique.

L'intérêt majeur de cette classification est d'être indépendante de l'histoire géologique et génétique des lignées des végétaux depuis l'origine de la vie et de reposer sur les caractères écologiques actuels des plantes. En outre, elle montre que la végétation se construit progressivement, par convergence de formes, en utilisant les potentialités de la flore locale.

352.3 Les types biologiques des plantes méditerranéennes

Un essai de caractérisation des types biologiques méditerranéens a été tenté par **G. ORSHAN**. Il propose à cet effet d'observer 29 caractères, essentiellement morphologiques :

- hauteur
- forme (arbres, buisson, herbe, liane, épiphyte, etc.)
- localisation des bourgeons (Thérophytes, Phanérophytes, etc.)
- nature des organes
- forme des feuilles
- taille des feuilles
- nature des feuilles
- pilosité des feuilles
- couleur des feuilles
- présence de résine visible

- spinescence
- localisation des stomates sur les feuilles
- durée de vie des feuilles
- saison optimale pour la photosynthèse
- morphologie des tiges souterraines
- morphologie des racines
- adaptations racinaires
- type trophique
- durée de vie de la plante
- localisation des inflorescences
- saison de floraison
- floraison induite par le feu
- dissémination des graines
- mode de régénération après incendies
- multiplication végétative
- déhiscence du fruit.

Ce genre de "signalement" des espèces montre bien qu'il faut prolonger les idées de Raunkiaer jusqu'à leur conclusion logique : ce n'est plus seulement la résistance au froid de l'hiver qui doit être prise en compte, mais l'ensemble des caractères qui permettent à une plante de survivre et d'assurer sa descendance. Cette exigence est une application du principe très général de relation entre structure et fonctionnement : **"la structure actuelle d'un système résulte de son fonctionnement passé et elle conditionne son fonctionnement futur"**. Dans le cas présent, cela conduit aux notions de niche écologique et de trait bionomique qui concernent l'ensemble des stades de la vie des espèces.

353 LES NICHES ÉCOLOGIQUES ET LES CONCEPTS APPARENTÉS

Au début du XIXe siècle, la notion de niche écologique a commencé à apporter des précisions sur les relations entre les espèces et leur environnement. Plus récemment, les notions de guilde d'espèces, d'espèce-clef, de clef de voûte, de *life trait*, d'espèce-parapluie, etc. sont venues compléter le tableau.

353.1 Les niches écologiques

Le premier auteur qui ait parlé de la niche écologique semble être **R. H. Johnson** 2 : "*One expects the different species in a region to occupy different niches in the environment. This at least is the corollary of the current belief that every species is as common as it can be, its numbers being limited only by its food supply, a belief which is the result of the strong Malthusian leanings of Darwin ... The major species of Coccinellids do not seem to be so distributed ... They are characterized for the most part by very wide distribution and extensive overlapping of other species.*" Ce pionnier a su convaincre ses compatriotes de l'utilité de ses conceptions sur la dynamique des populations, puisqu'il est finalement devenu conseiller matrimonial.

Dans son acception originelle, la niche écologique est à la fois l'espace occupé par l'espèce et la fonction qu'elle occupe dans la biocénose. Une comparaison estudiantine disait que la niche est la carte de visite de l'espèce, où sont indiquées à la fois son adresse et sa profession. Plus ésotériquement, il est maintenant dit que la niche d'une espèce est la fraction de l'hyper-espace écologique où l'espèce est située.

La notion de niche s'applique moins bien aux végétaux qu'aux animaux. En effet, les animaux peuvent se déplacer et aller dans les lieux où la compétition est moins vive ; par exemple, les ornithologues disent souvent que les oiseaux volent afin de rester "à la même place", dans le même environnement. Au contraire, une espèce végétale fixée au sol est bien obligée de vivre dans des ambiances environnementales diverses au cours des saisons. Deux espèces peuvent coexister dans le même espace, tout en vivant dans deux environnements qui sont différents parce que leurs cycles phénologiques saisonniers sont décalés. Pour les plantes, les niches écologiques ne peuvent pas être un modèle explicatif.

Le plus important corollaire de la théorie de la niche est le principe d'exclusion : dans une biocénose équilibrée, deux espèces ne peuvent pas occuper la même niche. C'est **Gause** qui a réalisé la première expérience qui permettait de suivre de près un cas d'exclusion montrant que deux espèces de Bactéries qui coexistent ont généralement des exigences différentes vis-à-vis d'au moins un facteur. Les idées de Gause ont conduit à transformer la niche en une boîte rigide, alors qu'elle est seulement un ensemble flou. Autrement dit, l'exclusion est seulement théorique, parce que la co-évolution et la co-

---

2 *Determinate evolution on the colour pattern of the Lady-beetle.* Carnegie Inst. Publ. 122, 104 p.

adaptation conduisent les espèces vers des situations où elles peuvent co-exister durablement. Cette conclusion est incontournable, puisqu'une espèce qui ne serait pas co-adaptée avec ses voisines ne survivrait pas.

Il existe des cas évidents où l'exclusion ne se produit pas : des espèces végétales co-dominantes telles que le Hêtre et le Sapin peuvent habiter dans la niche des hêtraies-sapinières sans s'exclure mutuellement. Une autre exception est celle des Poissons abyssaux, pour lesquels une biocénose peut comprendre plusieurs centaines d'espèces qui vivent à la même profondeur, dans la même pénombre, sur les mêmes fonds, en recevant le même type de nourriture (R. HESSLER ET M. SANDERS, 1967).

R. LEWONTIN fait remarquer que la notion de niche est artificielle puisqu'il est facile de décrire des niches vides : il suffit, pour cela, de modifier arbitrairement un des caractères de la niche d'un type d'organisme vivant. La conclusion de R. LEWONTIN est très nette : "le concept de niche perd toute sa valeur d'explication et de prédiction si l'on ne tient pas compte des modes de subdivision préférentiels ou naturels du monde." et ces modes de subdivision sont tellement nombreux que la niche écologique est seulement un concept évocateur qui n'est opératoire que dans des schémas simplifiés.

La critique la plus fondamentale que l'on puisse faire à la notion de niche écologique a été formulée lapidairement par E. MAYR (1974) : "L'écologie d'une espèce donnée n'existe pas", en particulier à cause des compensations de facteurs (§ 56*) et de la diversité des conditions de concurrence.

En dépit de ces remarques critiques, la notion de niche écologique a l''intérêt d'attirer l'attention sur celle d'amplitude de la niche qui pourra être précisée grâce aux profils écologiques des espèces (§ 56*).

353.2 Les groupes fonctionnels et leurs déclinaisons

J. H. CONNELL ET R. O. SLATYER (1977) ont pensé que, dans les successions, certaines espèces pouvaient avoir des rôles de "facilitation", d'inhibition, etc. Sur des écosystèmes artificiels ou très limités, ces concepts ont été utiles pour les études de M. LOREAU (1998, 1999) ou de S. PONSARD, (2003). Mais, pour les systèmes écologiques naturels, les méthodes utilisées par ces auteurs ne sont pas applicables.

Pour Connell et Slatyer, une espèce A est qualifiée de "facilitatrice" vis-à-vis de l'espèce B si elle précède régulièrement l'arrivée de cette espèce au cours de la succession, mais cela ne prouve nullement qu'elle a fonctionnellement "facilité" l'arrivée de l'espèce B. Les personnes qui tiennent à dire que leur écologie est fonctionnelle devraient donc s'abstenir de parler de facilitation.

Une espèce K est dite "inhibitrice" vis-à-vis de l'espèce M si celle-ci n"apparaît pas tant que K est présente, mais hélas cela ne prouve nullement qu'elle a fonctionnellement empêché l'arrivée de l'espèce M. Au total, le seul intérêt des concepts proposés par Connell et Slatyer est d'être imagés et de donner envie de pousser plus loin l'analyse des phénomènes réels.

Dans les communautés animales, les relations proies-prédateurs sont très intenses et elles conduisent à déterminer des chaînes alimentaires qui peuvent se hiérarchiser pour donner des pyramides alimentaires (§ 62*). Il apparaît alors souvent, en première approximation, que plusieurs espèces jouent le même rôle dans la chaîne ; c'est le cas, par exemple, des oiseaux granivores qui sont des phytophages primaires ou des petit Carnassiers (Mustélidés) qui sont des carnivores primaires.

On dit alors souvent qu'il n'est plus nécessaire d'identifier les espèces pour reconstituer le fonctionnement de l'écosystème et que, dans la question "qui fait quoi ?", il suffit de connaître le "fait quoi ?" sans se soucier du "qui ?". Ceci conduit à réunir les espèces qui jouent des rôles analogues dans un "**groupe fonctionnel**", dont une déclinaison est la "**guilde**".

L'un des arguments avancés pour dire qu'il est indispensable de constituer ces groupes fonctionnels est que les interactions entre les d'espèces ne pourraient pas être toutes étudiées, même avec les ordinateurs les plus puissants. L'argument impressionne les profanes parce qu'il implique l'étude d'écosystèmes immenses tels que "l'écosystème prairial" qui fut magnifié lors d'un merveilleux colloque où les exposés ont porté sur les savanes africaines, les llanos vénézuéliennes, le bush australien, les pelouses montagnardes, les pâturages des Rennes scandinaves, les prairies à Bisons, etc. Aucune conclusion générale n'est évidemment sortie de ce colloque babélique parce les organisateurs n'ont pas eu l'idée de raisonner à plusieurs échelles, comme nous le verrons dans le chapitre 5*.

Pour étudier le <u>fonctionnement</u> du tapis végétal ou de la faune, il est prudent de se souvenir que la très grande majorité des interactions entre individus d'espèces différentes se développent à l'échelle décamétrique de la station écologique ou à l'échelle kilométrique du paysage : les millions d'espèces du globe ne sont pas toutes présentes dans chaque communauté étudiée. Il suffit alors d'un ordinateur portable pour traiter les interactions entre le millier d'espèces qui vivent ensemble dans une région, à condition de mettre en œuvre des tests statistiques non inférentiels qui permettent de dégager les informations les plus signifiantes (§ 56*) qui sont nécessaires pour caractériser la biodiversité "spatiale" (§ 57* et 68*) en plus de la biodiversité "locale".

Une difficulté corrélative est que deux espèces qui appartiennent à un groupe fonctionnel dans une région peuvent appartenir à deux groupes fonctionnels dans un autre contexte écologique. Par exemple, le Mélèze appartient au groupe des espèces ligneuses pionnières dans les alpages de l'étage montagnard et au groupe des dryades dans l'étage subalpin.

Finalement, l'idée d'utiliser les groupes fonctionnels plutôt que l'ensemble des caractères écologiques de chaque espèce est aussi réducteur qu'étudier une société humaine en retenant seulement le rôle économique des personnes, ou d'étudier le fonctionnement d'une ville en s'intéressant seulement aux relations entre les commerçants et les automobilistes, etc.

Plus généralement encore, les groupes fonctionnels oublient que les espèces se sont différenciées parce qu'elles ont des fonctionnements différents.

Pourquoi oublier que c'est un ensemble de mécanismes extrêmement subtils qui a conduit les espèces à s'individualiser ? Dans les rares cas où les indications obtenues en étudiant la place tenue par les groupes fonctionnels dans un ensemble de communautés ont été comparés aux résultats directs donnés par chacune des espèces, il est évidemment apparu que les indications données par les espèces sont beaucoup plus précises.

L'idée des groupes fonctionnels reste cependant fort intéressante pour attirer l'attention sur le fonctionnement des systèmes écologiques et elle est utile pour résumer, à la fin d'une étude, les indications données directement par les espèces et par les relations interspécifiques.

Robert Barbault avait bien raison de dire, dans sa communication à la conférence de Paris sur la biodiversité de 2005, que "Ce sont les relations entre les espèces qui sont déterminantes pour comprendre le fonctionnement de la nature".

353.3 Les espèces-clefs

353.31 Intérêt de cette notion

La notion d'**espèce-clef** (ou même "espèce clef de voûte") est intéressante car elle attire l'attention sur les espèces dont le rôle est essentiel dans l'évolution de la communauté. Par exemple, les arbres capables de conduire la végétation jusqu'à son état d'équilibre naturel (§ 37*) ont souvent été éliminés des grandes plaines cultivées (ou consacrées à l'élevage, par exemple dans la Pampa argentine) et leur réintroduction est nécessaire pour retrouver l'équilibre ancien.

353.32 Limites de cette notion

Pour connaître les espèces-clefs d'une communauté, des écologues soucieux de précision comme Robert May ont travaillé sur des écosystèmes bien isolés, tels qu'un aquarium ou une parcelle de culture expérimentale, en retirant les espèces une à une et ils ont construit des modèles fort intéressants.

Dans la nature, la seule expérience probante serait de supprimer une des espèces dans chacun des échantillons d'un dispositif expérimental équilibré. A ma connaissance, aucun auteur n'a fait ce travail, et la notion d'espèce-clef reste donc théorique.

KARR ET DUDLEY (*in* I. Aubin *et al.*, 2007) ont pensé qu'il suffisait de comparer l'écosystème observé à l'écosystème "naturel" dont il dérive pour en connaître l' "intégrité". C'est une vue de l'esprit irréaliste, puisque la quasi-totalité des écosystèmes des régions tempérées ne sont plus "naturels" et la comparaison proposée est illusoire. I. AUBIN *et al.* (2007) qui ont cherché les espèces-clefs des forêts de feuillus du Québec font aussi remarquer que ces forêts existent sur une grande variété de sols et même de mésoclimats, et que la seule solution est de caractériser le PFT de chacune des espèces, qui sont l'amorce des "traits bionomiques" qui vont être examinés dans la suite du présent paragraphe.

353.33 Les espèces-parapluie

Ce mot a été très à la mode au début du XXIe siècle, et il été utilisé en particulier dans une belle étude préliminaire à la trame verte et bleue (§ 69*) engagée par la ville de Nantes en 2010 : le Hérisson y a été considéré comme une espèce-parapluie parce que "sa présence garantit celle d'autres espèces comme la Fouine."

En réalité, ces deux espèces ont des modes de vie si différents que la présence du Hérisson ne "garantit" nullement que le carnivore qu'est la Fouine trouvera ses proies là où notre sympathique omnivore se régale. Ces deux espèces peuvent préférer les mêmes quartiers résidentiels, mais cette coïncidence ne permet nullement de dire que l'une protège suffisamment l'autre pour lui servir de "parapluie".

La flore de la ville de Paris (MARIANNE COHEN *et al.* 2011) a été étudiée en cherchant comment les espèces se répartissent dans les paysages urbains (une carte des familles et des types de paysages de Paris a été réalisée à cette occasion). Cette étude a montré que les espèces ont des comportements tellement indépendants qu'elles s'associent de manières très diverses. Par exemple, certaines espèces sont présentes ensemble dans les cimetières alors qu'elles ne vivent pas dans les mêmes jardins.

Pour savoir si une espèce peut être considérée comme un "parapluie" pour d'autres espèces, les expériences indiquées dans le paragraphe 37 au sujet des espèces "typiques".

353.34 La communication entre plantes et l'allélopathie

Les plantes appartenant à la même espèce peuvent se reconnaître et éviter de se concurrencer en émettant dans les sol des substances accommodantes. En 2007, des chercheurs de l'université de Mac Master (Ontario) ont observé ce phénomène pour la Roquette de mer (*Cakile maritima*) et ceux de l'université du Delaware ont travaillé sur l'*Arabidopsis thaliana*, qui est l'équivalent de la Drosophile pour les plantes. Ce sont généralement des polyphénols qui transmettent ainsi des messages d'une plante à l'autre.

La communication entre plantes par voie chimique existe aussi grâce à des substances volatiles transportées dans l'air. Ainsi, les feuilles de certains Acacias attaqués par un herbivore émettent des substances qui provoquent la production de tanins amers et répulsifs par les feuilles des arbres voisins.

A l'opposé, se trouve l'allélopathie : un grand nombre de plantes telles que *Calluna vulgaris* ou *Hieracium pilosella* sont capables d'émettre des substances chimiques qui sont néfastes pour leurs voisines. Ce sont généralement des substances solubles dans l'eau qui se répandent dans le sol pour atteindre les racines des autres plantes.

De nombreux cas d'allélopathie ont été étudiés et ils sont référencés dans les *Current contents*. Ils sont suffisamment semblables pour qu'il ne soit pas nécessaire de les détailler ici.

353.35 Conclusion

Ce qui vient d'être dit sur les groupes fonctionnels, sur les espèces-clefs et les "espèces-parapluie" ne doit pas faire penser que ces notions sont dénuées d'intérêt : elles ont l'intérêt d'attirer l'attention sur le rôle que les espèces jouent dans la communauté où elles vivent et cela conduit à étudier les **traits bionomiques** (§ 354*) et les **espèces typiques** (fin du paragraphe 37*).

354 TRAITS BIONOMIQUES ET "TRAITS DE VIE"

Ce paragraphe a été réalisé avec l'aide de LUC GARRAUD et de JÉRÉMIE VAN ES.

L'idée fondatrice des types biologiques a été reprise par plusieurs chercheurs anglo-saxons sous le nom bizarre de *life traits* et elle mérite d'être prolongée d'une manière plus générale en revenant aux sources de l'écologie rappelées par **H. Harant & D. Jarry** (1964), et aussi par **R. Husson** (1970). Ces auteurs précisent que l'ensemble constitué par l'écologie et l'éthologie est la **bionomie**. Le prolongement de la notion de type biologique est alors logiquement celle de "trait bionomique" 2(**O. Carrero** 1979 ; **J. Maillet & M. Godron**, 1998) qui se définit ainsi :

Le type bionomique d'une espèce est l'ensemble des caractères (ou des "traits") qui lui permettent de survivre et d'assurer sa descendance en résistant aux contraintes de l'environnement où elle vit.

Le type bionomique comprend donc les "*life traits*", mais il est plus riche de sens : les banques de données de "*life traits*" (ou de "traits de vie") sont généralement des listes de caractères, alors qu'une base de données bionomiques contient aussi les programmes qui permettent de connaître le rôle de chaque caractère pour la survie de l'espèce (fin du paragraphe 35*) et sa place dans les séquences ce végétation (§ 37*).

Par exemple, la série d'épreuves qu'une plante doit affronter pour assurer sa descendance comprend :

- la germination, qui se déclenche à la suite de stimulus très divers (§ 22*),
- la survie de la plantule avant qu'elle ne souffre de la concurrence des plantes voisines,
- la résistance à la concurrence, qui se démultiplie en :
  = résistance à la concurrence des racines, en particulier pour l'eau disponible,
  = résistance à la concurrence pour la lumière,
- la résistance à sécheresse,
- la résistance au froid,
- la vernalisation,
- la floraison (ou la sporulation),
- la fructification,
- la dispersion des diaspores,
- la multiplication végétative spontanée (marcottage, etc.),

---

2 Depuis quelques années, les "traits fonctionnels" remplacent souvent les "traits de vie", et ils restent moins riches de sens que les "types bionomiques".

- la survie des graines et des diaspores,
- la germination de la génération suivante,
- etc.

L'analyse de ces caractères doit tenir compte de leurs interactions, en n'oubliant pas les remarques épistémologiques que F. NIETZSCHE a écrites au sujet de la Sangsue (Annexe 3-1*).

Les caractères biogéographiques de chaque espèce (endémisme, etc. § 28*) font partie des traits bionomiques. Il en est de même pour et les caractères du phylum (ou du groupe bionomique quand il y a convergence de formes) auquel appartient l'espèce.

Une base de données bionomiques très générale a commencé à être constituée par LUC GARRAUD et JÉRÉMIE VAN ES, au Conservatoire botanique national alpin de Gap, en coopération avec le Laboratoire d'écologie alpine de Grenoble et avec K. BESTAOUI-MESLI en Algérie. Elle est le support d'un grand nombre des développements et des exemples du présent paragraphe. Des renseignements précieux peuvent aussi être trouvés dans DUCERF "Encyclopédie des plantes bio-indicatrices" de TELA BOTANICA, dans les publications d'ELLENBERG, de Landholt , etc. et dans les bases de données qui commencent à se constituer en France, en particulier à Marseille et à Nancy.

Une démarche analogue peut être entreprise pour les espèces animales. Par exemple, pour les Lépidoptères, les ouvrages de HERBULOT (1965), CARTER & HARGREAVES (1988), LERAUT (1997), LHOMME (1923) apportent une somme de caractères bionomiques intéressants, mais il ne semble pas que les zoologistes aient essayé de constituer une base de données aussi générale que celle du Conservatoire botanique de Gap.

Passons maintenant en revue les contraintes écologiques et bionomiques qui mettent un individu à l'épreuve au cours de sa vie.

354.1 La concurrence

La concurrence entre les espèces est la plus forte des contraintes bionomiques et c'est un facteur écologique très complexe. Elle a été seulement évoquée dans le paragraphe 34* et elle demande une réflexion attentive.

354.11 Qu'est-ce que la concurrence ?

La concurrence est l'un des problèmes les plus délicats de l'écologie. Les modèles réductionnistes proposés par De Vries, par Grime, par Connell & Slatyer, etc. étaient trop loin de la réalité pour résoudre ce problème.

J. B. Wilson, dans sa communication au colloque de l'IAVS de 2007, dit que, pour bien comprendre la concurrence, 12 modèles devraient être combinés (mécanismes de stabilisation, différentiation de niches, fluctuations de l'environnement, perturbations allogéniques, pression de capture, réseaux de compétition, dispersion des diaspores, succession cyclique, structure de la végétation, neutralité, effets de dominance, inertie temporelle, co-évolution). Il aurait suffit d'y ajouter la sélection naturelle et il serait alors devenu évident que la découverte d'une théorie générale de la concurrence est l'équivalent, en écologie, de la "théorie du Tout" des physiciens. Si vous êtes tenté par cette entreprise, vous avez intérêt à prévoir d'y consacrer votre vie entière, et à utiliser toute la gamme des modèles présentés dans le paragraphe 86*.

354.12 Comment mesurer l'intensité de la concurrence ?

L'une des expériences les plus significatives pour estimer les effets de la concurrence est celle de **R. M. Callaway** *et al.* (2002), qui a le mérite de reposer sur un échantillon intercontinental : les auteurs ont comparé, dans 11 régions du monde, le comportement de 115 espèces en basse altitude et en haute altitude, en mesurant leur nombre de feuilles adultes et leur biomasse quand elles restent insérées dans leur communauté ou quand elles sont isolées de leur voisine par un désherbage manuel. Le résultat est appelé "effet de voisinage" et il est assez simple :

- à basse altitude, le climat n'est pas trop rude, les individus isolés poussent mieux que ceux qui vivent au milieu de leurs voisins ;
- à haute altitude, les conditions de vie sont beaucoup plus difficiles et les individus isolés y sont plus sensibles que ceux qui sont enchâssés dans leur biocénose.

Ceci montre que la concurrence se combine avec les facteurs physiques pour produire l'ensemble des conditions de vie, qu'il est bien logique d'appeler "environnement". C'est le même phénomène qui produit les "groupes écologiques imbriqués en écailles" (**M. Godron**, 1967) qui révèlent une influence décroissante de la compétition quand les facteurs physiques deviennent plus contraignants.

Dans la savane de Lagbar, à 450 km au nord-est de Dakar dans le Ferlo sénégalais, **Ph. Daget** *et al.* (1991) ont trouvé une corrélation positive très nette entre les précipitations saisonnières et le recouvrement des plantes annuelles dominantes, mais la corrélation devient négative pour certaines espèces dominées, parce que de fortes précipitations favorisent les espèces les plus compétitives au détriment des espèces dominées.

La coexistence sur le même territoire de plusieurs plantes qui sont en compétition suit vraisemblablement les règles proposées par **Nash** en théorie des jeux (*cf.* § 86*), mais cette voie de recherche ne semble pas avoir été explorée avec persévérance.

La mesure de l'intensité de la concurrence dans les communautés naturelles est bien difficile, même quand les effets de la concurrence ont été observés. A la fin d'un colloque consacré à ce problème, M. LEGENDRE, l'un des écologues tropicalistes présent dans l'assemblée, a demandé aux autres participants si la concurrence est forte dans les forêts primaires tropicales. Les réponses ont été immédiates mais parfaitement contradictoires : certains affirmaient que la compétition y est intense, puisque de nombreuses espèces y sont en contact étroit, et se disputent les ressources disponibles ; d'autres, en pensant au principe d'exclusion de Gause, estimaient que la compétition y est négligeable, puisque chaque espèce a depuis longtemps sa "niche" dans la forêt et que les frictions avec les autres espèces sont devenues négligeables. L'éminent professeur chargé de tirer magistralement les conclusions du colloque a été obligé de reconnaître que sur ce point, il était incapable de proposer une conclusion claire sur l'intensité de la concurrence.

La conclusion réaliste est de comprendre que la concurrence reste extrêmement importante dans ces forêts, bien qu'elle ait déjà agi pendant très longtemps parce qu'elle continue à "ébarber" les pointes de friction entre les espèces.

La théorie des distributions de LAURENT SCHWARTZ peut rendre service dans les estimations des performances des espèces soumises à la concurrence. En effet, elle prend en compte l'environnement de l'individu ; elle aide à trouver la cause principale de la performance observée et à voir comment la performance peut être améliorée. L'un de ses résultats les plus significatifs est de montrer que la performance devient presque aléatoire quand plusieurs causes d'égale importance entrent en jeu. Ce résultat est facile à comprendre quand on compare les performances des vendeurs de cacahouètes et il montre, *a contrario*, que celles de chaque espèce végétale ou animale est difficile parce que la "cause principale" dépend du lieu et de la saison. Les profils écologiques du paragraphe 56* donnent une amorce de réponse très rustique à ce genre de question.

Certains des aspects de la concurrence seront revus dans les paragraphes 38* (l'écologie des perturbations), 62* (les pyramides alimentaires), 86* (les modèles) et 68* (la biodiversité).

354.2 Les contraintes physiques

La chaleur

Les réactions biochimiques sont d'autant plus actives que la température est plus élevée. En fait, la réaction des plantes à la chaleur se fait souvent à partir de seuils ; par exemple, c'est quand le minimum nocturne dépasse 4°C que les prairies de Sologne reverdissent au printemps (M. GODRON *et al.*, 1964).

Il faut souvent une succession de journées chaudes pour que les plantes accomplissent leur cycle. La mesure la plus commode, dans ce cas, est celle des "degrés-jours". Par exemple, la Biscutelle commence à fleurir avec 244 degrés-jours, et à fructifier avec 520 degrés-jours ; elle termine sa fructification à 663 degrés-jours. Pour le Millepertuis de Richer, les exigences correspondantes sont de : 457, 923 et 1.052 degrés-jours (M. LAMBERTIN, 1987). Pour certaines plantes de nos montagnes il suffit de très peu de chaleur pour accomplir un cycle de vie. M. TORT (*in litt.*) cite la Gagée de Bohème, *Gagea saxatilis*, qui vit pendant 10 mois sous forme de bulbe et n'émerge du sol qu'en janvier-février – et non pas pendant l'été – pour donner fleurs et fruits.

Le froid

Inversement, un minimum de froid est nécessaire pour que le cycle de vie de certaines espèces aille jusqu'à la fructification. Ce phénomène s'appelle la "vernalisation" ; tel est le cas du Blé d'hiver, ou des Pommiers qui fructifient mal sous les climats tropicaux trop doux.

Pour les animaux, la résistance au froid se manifeste en particulier par l'hibernation, pour les poïkilothermes. Le Ténébrion rugueux d'Alaska résiste à une température de – 40 °C grâce à une grosse molécule présente dans ses parties molles qui bloque la croissance des cristaux de glace.

La sécheresse

C'est un anthropomorphisme discutable qui fait dire que certaines espèces sont "xérophiles", comme si elles "aimaient" la sécheresse. Charles Sauvage recommandait de dire seulement que ce sont des "xérophytes", c'est-à-dire des plantes qui sont présentes dans les stations sèches.

Pour lutter contre la sécheresse, certains arbres du Brésil émettent des substances chimiques volatiles qui sont des germes de condensation de la vapeur d'eau qui se dépose alors sur les feuilles.

La longueur des jours et des nuits

Certaines espèces sont sensibles au rythme des jours et des nuits (le cycle "nycthéméral" disent les spécialistes). L'une des plus visibles est le Lamier pourpre qui est l'un des premiers à se montrer dans les jardins au début du printemps et c'est une "plante de jours courts". Celles qui se développent au milieu de l'été sont dites "plantes de jours longs". Celles qui sont indifférentes à la longueur du jour sont dites "autonomes".

La pauvreté du substrat

Les Conifères ont été chassés des milieux riches par les "feuillus" (qui sont apparus quelques centaines de millions d'années plus tard) mais ils ont pu survivre dans les milieux pauvres, parce qu'ils ont de moindres exigences et une plus grande frugalité. L'une des preuves les plus décisives en est la comparaison du Pin sylvestre et du Bouleau à Abisko, au nord de la Scandinavie (68°21 N, 18°49 E) : dans un sol riche, la croissance du Bouleau est égale à 1,6 fois celle du Pin, et il utilise plus efficacement l'azote ; au contraire, sur un sol pauvre, le Pin croît nettement plus vite, et il est plus économe vis-à-vis de l'azote.

Dans les catalogues des pépiniéristes, toutes les espèces préfèrent les sols "sains, profonds fertiles et frais". Et pour cause !

Plus généralement, les espèces qui sont peu douées pour la compétition survivent seulement si elles sont capables de vivre dans les milieux pauvres où elles échappent à la pression de leurs concurrentes. C'est pourquoi elles occupent sur le terrain une "écaille" large (§ 57*), qui va des stations les plus riches (où elles sont rarissimes) jusqu'aux stations les plus pauvres. Les espèces un peu moins frugales occupent une "écaille" moins large, puisqu'elles sont absentes des stations les plus pauvres. Etc.

354.3 Les tactiques "r" et "K" des espèces

Le jeu de succès et d'échecs qui s'est déroulé depuis le Précambrien a permis à certaines lignées de plantes et d'animaux d'acquérir des "systèmes de réponses" aux variations (spatiales et temporelles) de leur environnement, au besoin en se réfugiant dans des environnements particuliers pendant les périodes difficiles. La notion de système sera discutée dans le paragraphe 86*, mais il est dès maintenant possible de comprendre qu'aucun des atouts dont dispose une espèce ne peut suffire, à lui seul, pour assurer sa survie. Par exemple, une plante qui résiste bien à la sécheresse possède un atout important pour coloniser les sols superficiels ; mais, si elle tolère mal un sol riche en calcium, elle sera exclue de toute une gamme de milieux tels que les coteaux du Bassin parisien ou les garrigues ; inversement, si elle ne supporte pas l'acidité du sol, elle ne poussera pas sur les sols siliceux.

Pour tenir compte dialectiquement du système constitué par la plante et son environnement, le raisonnement va se décomposer en deux lemmes :

1 - Toutes les aptitudes de l'espèce ont co-évolué parallèlement, au point que certains auteurs parlent d'une stratégie de l'espèce. Cet ajustement progressif est une adaptation (§ 27*) "**tactique**" analogue aux réactions d'un bataillon de fantassins plutôt qu'aux cogitations stratégiques d'un général (strategos, en grec). Des auteurs consciencieux tels que **S. JAIN** (1983) et **D. URBAN** *et al.* (1987) emploient aussi le mot "tactique".

2 - L'environnement est un ensemble de contraintes et de possibilités localisées dans l'espace. Symétriquement, les aptitudes d'une espèce qui lui permettent de survivre ou de conquérir de nouveaux espaces constituent un ensemble caractérisable. De plus, l'environnement varie d'un endroit à l'autre, et la spéciation se déroule dans l'espace hétérogène des paysages (§ 54*). Les éléments d'un paysage sont tous différents et les espèces essaient de s'y installer comme les fantassins d'une armée qui essaie de conquérir une région. Le modèle correspondant est proche de celui du jeu de cartes de la "bataille", et aucune stratégie à long terme n'y est possible, parce que le contexte environnemental est perpétuellement changeant. Les règles du jeu sont strictement probabilistes puisque la **tactique** de chaque joueur lorsqu'il choisit de jeter une carte dépend seulement des cartes qu'il a dans sa main.

La tactique de chacun des N individus d'une espèce est caractérisable par son taux de reproduction "r", qui régit la croissance de la population selon l'équation :

$$dN = N \,.\, r \,.\, dt \qquad (1)$$

où dN est l'accroissement du nombre d'individus pendant la durée dt,
N est le nombre actuel d'individus à l'instant t,
r est le taux de reproduction de l'espèce.

L'intégrale de cette équation différentielle est une fonction exponentielle :

$$\text{Log } N = r\,t + A$$

où A est la constante d'intégration.

Ceci s'écrit aussi : $N = e^{r\,t} \,.\, e^{A}$

soit, quand $t = 0$ $\quad N = e^{A}$

et l'on peut écrire $\quad A = \text{Log } N_0$

en appelant N_0 la population qui existe à l'instant initial où t =0.

L'équation finale est alors :

$$N = e^{r\,t} \,.\, N_0$$

et elle correspond exactement à la courbe exponentielle de la légende du Nénuphar dont la surface double chaque année et qui occupe ainsi seulement la moitié de la surface de sa mare à la veille du jour où il la couvre en entier.

Certaines espèces possèdent un taux de reproduction "r" très élevé. Telles sont, par exemple, ces Composées dont les graines nombreuses et légères sont dotées d'un parachute, que le vent – ou la Nymphe du Larousse – dispersent au loin. On parle alors de **tactique "r"**, pour ces espèces. Elles prolifèrent donc rapidement et elles finiraient par occuper tout l'espace si elles n'étaient pas sensibles à des accidents – tels que les épidémies ou la prédation ou la surexploitation de leur environnement – qui réduisent drastiquement l'effectif de la population. Après l'accident, elles prolifèrent à nouveau, jusqu'à l'accident suivant, etc.

A l'opposé, les espèces de grande taille qui vivent longtemps (mais qui ont peu de descendants viables chaque année) mettent en œuvre la **tactique "K"** ; c'est le cas du Chêne (qui donne quelquefois beaucoup de glands mais qui subit une intense mortalité juvénile). Le symbole K attribué à cette seconde tactique représente la **"capacité de charge"** de la population, c'est-à-dire le nombre maximal d'individus qui peuvent vivre sur le territoire considéré. Ce symbole K caractérise l'équation logistique de Pierre-François Verhulst :

$$dN = N \cdot r \cdot (K-N)/K \cdot dt \qquad (2)$$

Cette formule (2) est déduite de la formule (1) par l'introduction du coefficient (K-N) / K, qui transforme la courbe exponentielle de la formule (1) – où la population croît très rapidement vers l'infini – par une courbe plafonnée par l'asymptote horizontale placée à la hauteur K, qui est le nombre d'individus maximal de la capacité de charge. La formule (2) montre bien que la courbe ne monte plus lorsque K-N (et donc K-N/K) est voisin de 0.

Jacques Blondel (1979) ou **Robert Barbault** (1981) utilisent largement les tactiques "r" et "K", qui s'appliquent plus facilement aux animaux qu'aux végétaux. L'opposition entre ces deux tactiques peut être résumée ainsi :

Tactiques "r"	Tactiques "K"
Chaque adulte a un grand nombre de descendants	Chaque adulte a peu de de descendants
La maturité sexuelle est précoce	La maturité sexuelle est

(quelques mois)	tardive (quelques dizaines d'années)
La reproduction a lieu à courte période (plusieurs fois par an) Les individus sont petits	La reproduction ne s'opère tous les deux ou trois ans Les individus sont gros
Les individus ont une vie courte	Les individus ont une vie longue
L'espèce est sensible aux prédateurs et aux variations saisonnières	L'espèce est peu sensible aux prédateurs (en climatiques particulier grâce à sa grande taille) ; elle se défend bien contre les maladies (présence de tanin dans les écorces)
Les descendants sont très rapidement autonomes	Les descendants sont longtemps protégés par les parents (Mammifères allaités, couvées d'Oiseaux, plantes d'ombre telles que le Hêtre), et ils profitent d'un long apprentissage (Ours, étudiants à l'Université)
L'espèce est plutôt ubiquiste, quelquefois cosmopolite ; c'est souvent une "pionnière" qui accepte de vivre dans un environnement perturbé.	L'espèce vit dans un milieu très précis, avec lequel son adéquation est forte (même si le territoire de chaque famille est assez étendu) ; elle vit dans des milieux "mûrs".

La question qui se pose alors est de savoir comment, à l'échelle des temps géologiques, s'équilibrent ces tactiques. La réponse est qu'un phylum qui "bourgeonne" produit habituellement des taxons "**r**", à fort polymorphisme et à grande vitesse d'évolution ; parmi cet ensemble de taxons, ceux qui trouvent des conditions de vie stables et tranquilles s'y incrustent, et peuvent sans risque, au fil des millénaires, limiter le gaspillage de leurs petits, de leurs diaspores ou de leurs propagules ; ils atteignent alors progressivement une régulation de type "**K**" et leur taille augmente. Le modèle des montagnes russes aise à comprendre cette tendance régulière au passage d'une tactique "**r**" à une tactique "**K**"

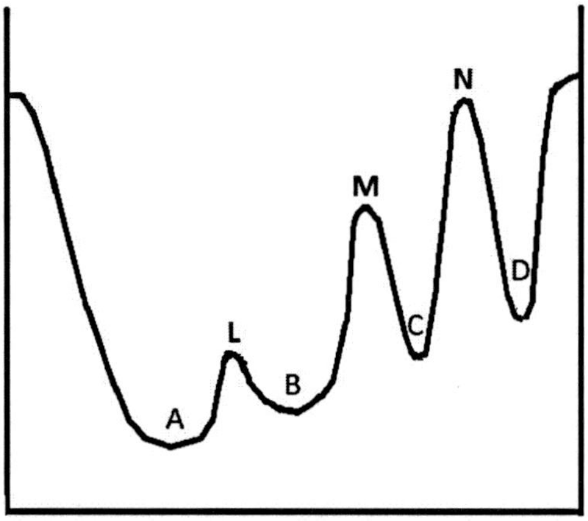

Figure 35-1 A, B, C et D correspondent à des espèces de plus en plus "**K**" et de moins en moins "**r**", en raison de la hauteur croissante des puits de métastabilité qui a été discutée dans le paragraphe 17

Dans cette perspective, la tactique "**K**" semble plus efficace que la tactique "**r**", et il paraîtrait logique que toutes les espèces deviennent finalement "**K**" en passant par les stades A, B, C et D de la figure ci-dessus. Ce raisonnement n'est pas suffisant, parce qu'il oublie que le milieu auquel une espèce "**K**" s'est adaptée n'est pas éternel : si ce milieu change, l'espèce "**K**" n'a plus assez de descendants pour être capable de suivre l'évolution du milieu, et elle disparaît. Les espèces très bien adaptées sont donc plus "fragiles", au sens qui a été donné à ce mot dans le paragraphe 17*. C'est vraisemblablement ce qui s'est produit à la fin du Secondaire, quand les Dinosaures ont disparu : ils étaient typiquement "**K**", et une faible variation du milieu où ils vivaient a suffi pour qu'ils disparaissent massivement.

La dialectique entre les avantages et les inconvénients de chacune des deux tactiques s'explique alors ainsi : les tacticiens "**r**" vivent dans des creux peu profonds (= de faible métastabilité) et ils en sont facilement expulsés, mais ils y reviennent facilement parce que le seuil à franchir pour y venir est bas ; à l'opposé, les tacticiens "**K**" vivent dans des puits de métastabilité très profonds, et ils y résistent bien aux chocs (= ils sont résilients), mais ces puits ne sont atteints qu'après avoir franchi un seuil d'instabilité très élevé.

En fait, les espèces emploient des gammes de tactiques très variées, qui ne sont pas exactement de type "**r**", ni de type "**K**". **S. JAIN** (1983), l'un des meilleurs spécialistes en ce domaine, fait une revue assez complète de cette question et conclut très justement qu'il faut étudier la typologie des communautés avant de tenter de classer les tactiques des espèces, par exemple pour l'élaboration des "Livres rouges" compilant les espèces menacées. Il souligne aussi qu'il faut tenir compte de l'hétérogénéité des milieux et de leur "grain" (*cf.* § 57*) puisque la survie des diaspores en dépend (par exemple, les Fougères doivent rester près d'un lieu humide pour que leurs spores puisse y "germer" avant d'être desséchées). C'est pourquoi les tactiques des espèces ne pourront être bien comprises qu'en tenant compte de l'écologie des paysages (§ 54*).

Enfin, **S. JAIN** montre que la notion de "population", telle qu'elle est habituellement utilisée, est trop imprécise, et qu'il est important d'étudier plutôt les "**voisinages**". **P.-H. GOUYON** (1982) écrit qu'un voisinage est « l'ensemble des individus d'une espèce qui vivent dans une formation végétale ». Dans les exemples qu'il a étudiés, les voisinages sont beaucoup plus petits que les populations et ils sont beaucoup mieux définis que les populations considérées comme "l'ensemble d'individus qui échangent des gènes" selon la ritournelle habituelle invérifiable.

La distinction entre **r** et **K** s'applique parfaitement aus sociétés humaines (§ 87*), en particulier pôur la fragilité des sociétés K. Par exemple, la société soviétique de l'ère Brejnev, sclérosée dans une rigidité sans nuances, était typiquement **K**. Elle s'est effondrée comme un château de cartes dès qu'un peu de transparence (*glasnost*) a montré que le roi était nu et que Gorbatchev ne soutiendrait pas Hohnecker, le secrétaire général du parti communiste de la République démocratique d'Allemagne par la force.

354.4 La durée de vie : le Genévrier des rochers

RAUNKIAER avait bien vu que la durée de vie des plantes est un de leurs caractères les plus distinctifs. L'une des raisons pour lesquelles les arbres ont une longue durée de vie est que les cellules de leurs bourgeons restent jeunes et sont capables de donner par "réitération" un buisson de nouveaux rameaux qui est un jeune arbre en miniature.

Le plus vieux d'entre eux est sans doute un Houx royal de Tasmanie qui aurait 43.000 ans et il a peut-être vu par des Néandertaliens. De très vieux Cyprès et Séquoias sont présents en Californie.

En France, la plante la plus longévive est le Genévrier dit "de Phénicie" (*Juniperus phoenicea*). Ce petit arbre – nommé aussi Lycien ou Morven – n'est pas présent en Phénicie (le Liban actuel) mais il possède des fruits rouges qui justifient qu'il soit nommé plutôt Genévrier rougeâtre, en se souvenant que le rouge de la pourpre antique était issu d'un coquillage (un *Murex*) qui vit sur la côte phénicienne.

Ce Genévrier est un dur à cuire, qui vit souvent accroché dans les fentes de rocher des falaises calcaires du Midi de la France, et il a été étudié par **J.-P. Mandin** (*in litt.* et 2005) qui a collecté des centaines d'individus pour mesurer leur âge par comptage des cernes. Le champion est un arbre vieux de plus de 1.500 ans : 1.467 cernes ont été comptés et il manque plus de 50 années au centre de la carotte ; il est donc né pendant la fin de l'empire romain, peu de temps après la mort de Clovis, le premier des Mérovingiens. Pour la population de ces Genévriers qu'il étudie, J.-P. Mandin a noté que la mortalité est très régulière et il apparaît que la diminution du nombre d'individus d'une cohorte suit une exponentielle négative à un taux de – 0,5 pour 100 ans.

354.5 Le cadre général des types bionomiques : le cycle phénologique

354.50 Le principe général

Pour préciser les types bionomiques, il faut se souvenir que, si une espèce existe encore aujourd'hui, c'est parce que les individus qui la constituent sont capables de surmonter les épreuves qui se succèdent au cours de leur vie jusqu'à leur remplacement par les jeunes générations. Le type bionomique est un "modèle" (*cf.* § 86*) de fonctionnement de la végétation, c'est à dire une image simplifiée des aptitudes qui permettent aux espèces de cohabiter et de suivre les modifications du milieu.

Pour les Oiseaux migrateurs qui se déplacent sur plusieurs milliers de kilomètres, il est bon de se souvenir que ces déplacements spatiaux leur permettent de vivre toute l'année dans le même environnement alimentaire en échappant aux oppositions entre l'hiver et l'été ou en calquant le rythme saisonnier de leur migration et de leur reproduction sur les ressources disponibles. Les ornithologues n'hésitent pas à dire que les Oiseaux volent afin de rester toujours dans le même environnement.

L'une des raisons pour lesquelles les individus de deux espèces végétales qui ont besoin des mêmes ressources peuvent vivre tout près les uns des autres est le décalage de leur cycle phénologique. L'un des exemples les plus typiques est celui de la Colchique d'automne qui prospère quand la plupart des autres espèces des prairies ont fleuri et fructifié.

Tout se passe comme si, dans chaque communauté, les espèces se partageaient les saisons, de manière à maximiser en permanence le recouvrement du sol, la quantité de pollen offerte aux pollinisateurs, la présence de fruits disponibles pour les animaux frugivores. Cette optimisation résulte d'une co-évolution entre espèces animales et végétales, qui bénéficie autant aux unes qu'aux autres.

Dans le Lubéron, pour tenir compte des rythmes saisonniers, **E. VELA** (2005) a ainsi caractérisé 25 types d'espèces :

- annuelle à floraison rapide et possible toute l'année : *Euphorbia peplus, Diplotaxis erucoides;*
- annuelle d'hiver à floraison précoce mais longue : *Diplotaxis viminea* ;
- annuelle d'hiver à floraison tardive : *Erophila verna, Crepis suffreniana* ;
- annuelle d'été à floraison précoce mais longue : *Tribulus terrestris, Euphorbia chamesyce* ;
- annuelle d'été à floraison tardive mais brève : *Odontites luteus, Artemisia annua* ;
- vivace à feuillaison hivernale et floraison printanière : *Muscari neglectum, Euphorbia dendroides* ;
- vivace à feuillaison estivale et floraison printanière : *Quercus pubescens, Fagus sylvatica*
- vivace à feuillaison estivale et floraison automnale : *Aster sedifolius, Senecio erucifolius* ;
- vivace à feuillaison hivernale et floraison automnale : *Scilla automnalis, Spiranthes spiralis* ;
- vivace sempervirente à floraison printanière : *Quercus ilex, Pinus halepensis* ;
- vivace sempervirente à floraison automnale : *Cedrus atlantica, Hedera helix* ;
- vivace sempervirente à floraison printanière et automnale : *Fumana ericoides, Ononis minutissima* ;
- vivace sempervirente à floraison possible de l'automne au printemps : *Rosmarinus officinalis, Globularia alypum* ;
- etc.

Pour la base de données du Conservatoire botanique alpin, il est prévu d'ordonner les caractères bionomiques en suivant les stades de la vie de l'espèce, en commençant par l'apparition d'un individu, lors de la germination selon l'ordre suivant :

- la germination,
- la survie des plantules,
- la résistance des plantes adultes à la concurrence,
- la croissance en hauteur,
- la reproduction végétative (elle comprend l'émission de tiges souterraines courtes = le tallage, l'émission de tiges souterraines longues, l'émission de stolons, le bouturage naturel et le marcottage naturel),
- les interactions plante-animal (*cf.* § 64* et 65*),
- la floraison,
- la pollinisation,
- la fructification,
- la dissémination des diaspores (les graines et les autres organes reproductifs).

354.51 La levée de dormance et la germination.

La prouesse évolutive majeure accomplie par les Phanérogames (§ 22*) a été la découverte biochimique des enzymes qui permettent à la graine de rester en dormance après la fructification, en attendant l'époque la plus favorable à la germination.

La dormance

Les principaux types de dormance sont (**G. GINTZBURGER** *et al.*, 2003) :

1) La dormance exogène : Type A

Type A1 : la dormance est causée par la présence d'inhibiteurs tels que les acides absicique et nicotinique dans le péricarpe. En outre, le fruit est souvent sclérifié et il ne germe guère dans les conditions habituelles des laboratoires.

Type A2 : le mésocarpe et l'endocarpe sont épais et durs.

Type A3 : les structures anatomiques des enveloppes du fruit empêchent la pénétration de l'eau et des gaz dans le fruit. Pour les faire germer au laboratoire, il faut les scarifier avec du sable, du papier de verre ou les plonger dans l'acide sulfurique. Dans la nature, les alternances de température entre le jour et la nuit font craquer la cuticule (par exemple pour les Luzernes et les Trèfles). Le froid humide de l'hiver est donc un agent de levée de dormance, qui est imité par les pépiniéristes qui "stratifient" les graines dans des bacs à sable.

2) La dormance endogène : ce sont des propriétés de l'embryon qui induisent la dormance. La cuticule est mince. On distingue :

- le type V : les organes de l'embryon sont déjà bien différenciés et la dormance est faible (65 % à 90 % des graines germent au laboratoire et la période de dormance ne dépasse pas 8 mois).
- le type B : l'embryon est déjà bien développé, et la dormance est physiologique.

La reconquête des espaces nus : les plantes pionnières

Sur les substrats rocheux et sur les matériaux artificiels des murs ou des toitures, les Lichens sont les plantes les mieux armées pour s'installer avant même les Mousses et les plantes annuelles.

Lorsqu'une surface de terre végétale est dénudée, les diaspores apportées de l'extérieur concurrencent celles qui sont "dormantes" dans le sol. Tel est le cas du Genêt à balais, *Sarothamnus scoparius*, qui apparaît dans les coupes forestières sur sol siliceux, même quand il n'existe pas de semenciers à plusieurs kilomètres à la ronde. Les plantes "pionnières" qui s'installent en premier sont généralement des herbacées annuelles, puis des herbacées pérennes, puis des arbustes bas (Chaméphytes), puis des arbustes hauts et des arbres (voir le § 354.).

354.52 La survie de la plantule

Les modalités d'enracinement

Les plantes se répartissent les horizons du sol, de manière à récupérer au mieux l'eau et les éléments nutritifs. Les racines pivotantes permettent de chercher l'eau dans les horizons profonds, souvent jusqu'à plusieurs dizaines de mètres. Les racines fasciculées occupent rapidement la surface du sol, et absorbent l'eau des moindres pluies. La présence de nodosités fixatrices d'azote (§ 31* et 43*) est un des caractères bionomiques les plus étonnants.

La niche de régénération

Les problèmes de survie de la plantule sont si cruciaux qu'une théorie de la "niche de régénération" a été proposée, et **P. J. Grubb** (2007) montre qu'il faut combiner cette théorie à celle de la structure de la végétation à l'échelle du paysage et au problème de la levée de dormance.

354.53 Les problèmes de l'âge adulte

Ils relèvent en grande partie de l'écologie des perturbations (§ 38*), et quelques aspects seulement vont en être présentés maintenant.

Les interactions plante-animal

Une espèce végétale interagit avec les animaux qui s'en nourrissent, qui la piétinent, qui s'y hébergent, qui en disséminent les diaspores, qui en tirent des matériaux pour construire leur nid, etc. (*cf.* le chapitre 6). Pour les traits bionomiques, l'interaction avec les animaux qui est la plus immédiatement favorable pour les plantes est l'absorption directe d'animaux comme nourriture : sur les sols très pauvres en azote (par exemple dans les tourbières) les plantes carnivores piègent des Insectes dans leurs feuilles ou dans leur fleurs et les digèrent grâce à des sucs digestifs qu'elles sécrètent (*cf.* § 62*). D'autres traits bionomiques importants pour les animaux sont l'appétibilité de l'espèce pour les herbivores et la fourniture de pollen.

La protection contre la dent des herbivores

Pour se défendre contre la dent des herbivores, de nombreuses plantes deviennent épineuses, grâce à des systèmes très divers :

- aiguillons issus de l'écorce chez les Rosiers,
- épines de la nervure des feuilles des Ronces,
- rameaux effilés et durcis du Prunellier,
- feuilles épineuses du Houx, qui économise ses forces en gardant des feuilles entières au-dessus de 2 mètres, où elles sont hors de portée des herbivores locaux,
- poils urticants des Orties, etc.

Il est remarquable que ces systèmes ne sont pas liés à une parenté génétique des espèces qui les produisent : ils se sont mis en place pour des plantes qui appartiennent à des genres très différents et qui ont le caractère commun de vivre en particulier sur les lisières des forêts. C'est donc une "convergence de formes" analogue à celles qui ont été examinées au début du paragraphe 35*.

Certains Acacias réagissent immédiatement dès qu'une feuille est attaquée par un herbivore en rétractant leurs feuilles ou en émettant des molécules qui découragent l'attaquant et qui peuvent même alerter des arbres voisins.

La résistance à la concurrence

L'adaptation à la concurrence est prise en considération par **J. P. Grime** (nombreuses références et particulièrement 2001) qui distingue 3 types de plantes :

- le type C : espèces "compétitrices", mais Grime ne dit pas comment il caractérise l'intensité de la compétition ; il s'agit vraisemblablement de plantes capables de prélever une part suffisante des ressources présentes (eau, lumière et éléments minéraux) dans des habitats stables, même quand de nombreuses autres espèces sont présentes ;
- le type S : espèces frugales ; le texte original reste ambigu, parce qu'il est parlé de résistance au *stress*, sans qu'il soit précisé si le *stress* est le manque de disponibilité en nutriments ou la vulnérabilité à la concurrence, alors que la langue française utilise dans ce cas deux mots différents ;
- le type R : espèces rudérales.

J. P. Grime place alors les plantes d'une région dans un triangle équilatéral très séduisant. Malheureusement, l'exemple des plantes rudérales montre que ces savants calculs ne sont guère plus que l'illustration d'un raisonnement circulaire : les plantes rudérales vivent dans les milieux rudéraux et, réciproquement, les milieux rudéraux sont ceux où vivent les plantes rudérales. L'avantage apporté par l'utilisation de cette classification est qu'elle permet aux chercheurs français de faire accepter une publication par une revue anglophone heureuse de constater que nous appliquons consciencieusement les concepts élaborés sous la tutelle de leurs *referees*.

De nombreux travaux cités en particulier par **D. Marage & J.-J. Brun** (2007) montrent que le modèle de Grime n'explique pas la réalité dans des cas pourtant simples et typiques. **J. P. Grime** (2007) reconnaît honnêtement lui-même que ce genre de modèles est séduisant mais trop simple pour expliquer la complexité de la réalité : "*seductive one model fits all solutions to coexistence puzzles...*"

La résistance aux perturbations

La résistance aux perturbations est de plus en plus reconnue comme un caractère majeur de chaque espèce. L'écologie des perturbations se développe même progressivement depuis la prise de conscience collective du colloque de Stanford 2 et le paragraphe 38* en donnera un résumé.

NOBLE & SLATYER (1980) considèrent deux attributs importants vis-à-vis de la résistance aux perturbations. Le premier est le mode de "persistance", qui se fait par :

- apport permanent de semences venant de l'extérieur,
- production massive de semences,
- accumulation de semences dans la "banque de graines",
- reproduction végétative,
- etc.

Le second caractère est plus général, car il concerne l'ensemble des facultés d'installation :

- espèces "pionnières", qui disparaissent rapidement,
- espèces "secondaires", qui s'installent après une phase de colonisation et qui disparaissent ensuite,
- espèces "ultimes", qui apparaissent tard et se maintiennent dans le nouvel état d'équilibre,
- espèces "tolérantes", qui peuvent s'installer indépendamment de la perturbation.

Ces caractères importants interviennent à plusieurs moments du cycle de vie des plantes et ils trouvent aisément leur place dans le type bionomique.

La résistance aux parasites

Les plantes doivent résister aux attaques d'innombrables parasites. G. DURRIEU (1970) propose de distinguer quatre types de parasites :

- les **homotopes** : l'aire de l'hôte est écologiquement assez homogène et le parasite est fréquent sur toute son étendue ;
- les **amphitopes** : le parasite couvre la totalité ou la plus grande partie des aires de plusieurs hôtes à amplitude écologique importante ;

2 H. MOONEY & M. GODRON eds., *Disturbance and ecosystems*, Springer, 1983, 292 p.

- les **oligotopes** : le parasite existe sur presque toute l'aire du ou des hôtes, mais il y est rare ;
- les **méiotopes** : le parasite est confiné dans une partie seulement de l'aire des hôtes ; tel est le cas d'*Uromyces alpestris*, qui est parasite d'*Euphorbia cyparissias* seulement dans la partie montagnarde de l'aire de cette petite Euphorbe largement répandue en France.

La résistance aux parasites et aux herbivores est souvent acquise grâce à des produits chimiques produits par la plante, tels que la résine des Conifères (riche en essence de térébenthine) et le tanin de certains arbres à longue durée de vie. Les tanins sont des polyphénols "anti-oxydants" qui empêchent ou ralentissent le vieillissement par oxydation des cellules. C'est justement parce que le tanin des Chênes, des Châtaigniers et des Quebrachos empêche les champignons des pourritures de proliférer qu'il est utilisé pour tanner les cuirs. La résistance aux parasites sera examinée sous d'autres aspects dans les paragraphes 81* et 83*.

354.54 La floraison, la pollinisation et la fructification

Dans tous les climats à saisons marquées (§ 13*), la floraison s'inscrit dans le cycle saisonnier et toutes les bonnes flores indiquent la période de floraison de chaque espèce. C'est une hormone nommée "florigène" et véhiculée par la sève qui déclenche la floraison. Quand une plante de jours longs est cultivée dans une serre où la lumière est donnée en jours courts, il suffit qu'une seule feuille de la plante soit éclairée en jours longs pour déclencher la floraison.

La plupart des espèces végétales se développent (ou fleurissent et fructifient) à certaines saisons de végétation. Dans les régions tempérées, celles qui démarrent dès le printemps sont dites "**vernales**", alors que les espèces de fin de saison de végétation y sont dites "**automnales**". Les relations entre les saisons et les phases de développement et de reproduction des espèces constituent la phénologie, dont la remarquable thèse de E. LE FLOC'H a soigneusement analysé les difficultés.

La pollinisation a lieu par **anémogamie** (dont l'origine est donnée dans le § 22*) ou par **zoogamie** . Les plantes anémogames n'ont pas besoin de produire des fleurs visibles de loin et attirantes pour les pollinisateurs volants. Pour les plantes zoogames, à la suite d'une co-évolution, il y a coïncidence entre la période de floraison et la présence des espèces pollinisatrices. La plus grand part de la pollinisation des Dicotylédones est confiée aux Insectes (**entomogamie**) et en particulier aux Abeilles.

Certaines espèces dont les fleurs sont peu visibles sont pollinisées par les Fourmis (**myrmécogamie**).

Les plantes qui vivent dans l'eau (*Ceratophyllum, Elodea, Potamogeton, Ruppia,* etc.) et qui confient leur pollen au courant sont dites "**hydrogames**".

La date de pollinisation est liée à la **protogynie** (maturation des ovules avant celle des étamines) et de la **protandrie** qui est l'inverse. Ces mécanismes qui obligent un individu à être fertilisé par un autre individu sont précieux pour éviter la consanguinité (§ 25*).

La **monocarpie** est le système adopté par les espèces qui fleurissent et fructifient une seule fois au cours de leur vie. C'est le cas des plantes annuelles (thérophytes) et de rares plantes vivaces (certains Palmiers d'Asie, Bambous ?, Broméliacées des Andes), etc.

Le déclenchement de la fructification est un caractère bionomique, puisque, par exemple, un minimum de froid est nécessaire pour que certaines espèces donnent des fruits, et ce phénomène s'appelle la "**vernalisation**". De même, la Vigne est une liane tropicale dotée d'un puissant pouvoir de régénération végétative (marcottage, drageonnement, réitération rapide après rupture mécanique). Dans sa région d'origine, elle profite des pluies tropicales d'été pour lancer ses vrilles à l'assaut des arbres et elle se donne la peine de faire du raisin seulement si sa survie est menacée. Dans les climats tempérés, la sécheresse estivale la contrarie si bien qu'elle se met à fruit dès la fin du printemps et donne le meilleur raisin sur les coteaux secs et pierreux. C'est souvent à la périphérie de son aire actuelle (Bourgogne, Champagne, coteaux de la Moselle et du Rhin) qu'elle est le mieux soignée et qu'elle donne les produits les plus élaborés.

354.55 La dissémination des diaspores

Chaque espèce disperse ses semences (spores, graines, fruits), mais aussi quelquefois des fragments de ses tiges ou de ses racines capables de se bouturer. Ces moyens de dispersion sont regroupés sous les noms généraux de **diaspores** ou de **propagules**.

La dispersion est assurée par de nombreux "moteurs" :

- le poids : barochorie ou semachorie ;
- le vent : anémochorie ;
- les animaux : zoochorie (cf. § 65*), qui comprend :
    = l'endo-zoochorie, quand la diaspore est avalée par un animal ; la graine transite ensuite dans son tube digestif où ses enveloppes dures sont affaiblies, et elle est ensuite

déposée sur le sol, dans une crotte ou une fiente qui constitue un enrobage de fumier ad hoc avant la germination ;

= l'exo-zoochorie, quand l'animal transporte les diaspores dotées de crochets dans sa fourrure ou son plumage) ; elle est adoptée même par certaines Fougères telles que Pilularia minuta qui se fait véhiculer par des Oiseaux aquatiques ;

= le transport par les Fourmis, nommé myrmécochorie ;

- le transport par l'eau est l'hydrochorie, qui est particulièrement importante pour les plantes cosmopolites (§ 28*).

On distingue aussi plusieurs types de graines :

- les ballochores, sèches ou charnues déhiscentes (qui sont quelquefois explosives, et envoient ainsi les graines loin du pied-mère),
- les barochores *s. s.*, non charnues, lourdes,
- les desmochores, accrochantes ou adhésives,
- les pogonochores, à appendices plumeux ou soyeux,
- les ptérochores, munies d'appendices ailés,
- les sarcochores, charnues non déhiscentes,
- les sclérochores, légères.

L'une des tactiques (§ 35*) les plus étonnantes est celle des plantes qui produisent deux types de fruits, destinés à assurer la reproduction dans deux types de milieux. Elle est nommée "**amphicarpie**". Par exemple, la Catananche jaune, ou certains Pois annuels méditerranéens, ont des fruits aériens – qui sont disséminés assez loin – et des fruits souterrains qui assurent la reproduction sur place. L'amphicarpie est utile quand l'espèce vit dans des paysages hétérogènes à petit grain et elle produit souvent des méta-populations (§ 26*).

Pour la base de données des traits bionomiques, il est nécessaire d'indiquer le mode de dissémination "primaire", qui est le plus couramment utilisé et les modes "secondaires" utilisés moins fréquemment mais qui sont vitaux dans certains cas particuliers. Par exemple, les fruits du Merisier sont principalement disséminés par les Oiseaux, et en particulier par les Grives, mais les fruits qui restent sur l'arbre sont barochores et les jeunes plantules de Merisier sont fréquentes au pied des arbres adultes.

354.56 La durée de vie

La durée de vie est l'un des critères les plus essentiels et elle était déjà prise en compte indirectement par Raunkiaer comme il a été dit au début du présent paragraphe.

Les arbres qui vivent le plus longtemps sont généralement présents dans des habitats où l'eau est rare, parce que les moisissures et les pourritures y sont moins actives que dans les habitats humides.

354.6 Une application directe des types bionomiques aux plantes des forêts tropicales

Dans les forêts des pays tropicaux où la puissance de reconstitution de la végétation est particulièrement importante, les types bionomiques sont facilement repérables. Ainsi, O. CARRERO (1979) a appliqué les types bionomiques au cas des forêts de Côte d'Ivoire en distinguant les types suivants :

- plantes herbacées héliophytes (souvent Thérophytes, Hémicryptophytes ou Géophytes) qui sont souvent anémochores (leurs graines sont transportées par le vent),
- plantes suffrutescentes héliophytes (Chaméphytes),
- arbustes héliophytes,
- plantes herbacées lianoïdes,
- plantes herbacées et suffrutescentes (un peu ligneuses) sciaphytes,
- arbres "préforestiers", héliophytes à vie relativement brève,
- arbres forestiers, à vie longue,
- arbustes de sous-bois, sciaphytes.

Ainsi, *Musanga cecropioides* est un héliophyte préforestier à vie brève, *Ceiba pentandra* est sciaphyte dans son jeune âge, et ensuite héliophyte ; *Piptadeniastrum africanum* est sciaphyte presque toute sa vie.

La connaissance de cet aspect des types bionomiques est particulièrement utile pour le forestier, parce qu'elle lui permet de prévoir la réaction de la végétation aux actions qu'il peut effectuer. Par exemple, une coupe rase conduira à la dominance des héliophytes herbacés (espèces qui ont besoin de beaucoup de lumière), alors qu'une éclaircie par le haut (*cf.* § 83*) favorisera les héliophytes ligneux, et qu'une éclaircie mixte sera le moyen le plus efficace pour favoriser les arbres sciaphytes (essences qui tolèrent de vivre à l'ombre, au moins pendant leurs premières années), qui sont souvent les plus précieux.

354.7 La combinaison des caractères

Les caractères bionomiques ne sont pas toujours indépendants et la base de données permet de voir comment ils se combinent. La combinaison des caractères doit être examinée en détail en calculant les probabilités de chacune des éventualités possibles et non pas seulement une probabilité globale comme celle qui est proposée par F. AMICHE *et al.* (2004). Par exemple, la base bionomique du Conservatoire botanique national alpin donne, pour le statut d'indigénat et le mode de dissémination de la diaspore, les probabilités de contingence suivantes, calculées grâce à la fonction "tctybi" de la base de données ECHO, selon les méthodes indiquées dans le paragraphe 56* :

Descripteur horizontal : 11 Dissémination de la diaspore
Descripteur vertical : 10 Type de fruit

Codes des caractères bionomiques

	an	and	anh	ané	ané	aut	ba	bad	baé	dys	enz	ené	hy	épa	épz
akène	95	-6	0	-6	-13	-88	-14	7	1	0	-43	0	37	0	-5
baie	-28	0	0	0	0	0	-100	0	0	0	326	21	0	0	-5
capsule	-12	-5	0	-11	-9	4	94	0	0	0	-66	0	-10	0	-20
capsule	0	0	0	0	0	0	1	0	0	0	0	0	0	0	0
caryopse	-18	0	6	54	66	-15	-13	0	0	0	-21	0	0	7	79
cône	0	79	0	0	0	0	-12	5	0	8	0	0	0	0	0
drupe	-19	0	0	0	0	0	-83	2	0	0	263	0	0	0	-5
follicule	-11	0	0	0	0	0	29	0	0	0	-5	0	0	0	-6
gousse	-50	0	0	0	0	238	-14	0	0	0	-17	0	-11	0	13
pyxide	0	0	0	0	0	0	10	0	0	0	0	0	0	0	0
samare	36	0	0	0	0	0	-21	0	0	0	0	0	0	0	0
silique	-51	0	0	0	0	-9	112	0	0	0	-13	0	-8	0	-14
spores	69	0	4	0	0	0	-31	0	0	0	-6	0	2	0	-7
pyxide	0	0	0	0	0	0	9	0	0	0	0	0	0	0	0

La signification des chiffres de ce tableau est donnée dans le paragraphe 56*, mais il suffit de savoir qu'ils sont un indice de contingence (très hautement significatif s'il est supérieur à 10), pour en commenter les trois premières lignes :

- les akènes sont de manière très hautement significative liées aux anémochores (an) et hydrochores (hy),
- les baies sont de manière très hautement significative présentes chez les endo-zoochores (enz),
- les capsules sont de manière très hautement significative barochores (ba).

Pour l'ensemble du tableau, l'information mutuelle entre les lignes et les colonnes (§ 56*) est très élevée puisqu'elle atteint 0,14 sha.

Au contraire, l'un des tableaux où les combinaisons sont les moins significatives est celui du statut d'indigénat et du type de fruit pour lequel l'information mutuelle est seulement voisine de 0,01, parce qu'il existe dans le tableau des liaisons entre le statut d'indigénat et le type de fruit une seule contingence significative, celle qui montre que les plantes non-indigènes sont endo-zoochores, de manière très hautement significative.

Ces calculs montrent que, au cours de l'évolution, la sélection naturelle a joué sur toute la gamme des capacités de survie et de reproduction des espèces et que deux espèces n'ont jamais exactement le même type bionomique.

354.8 Les groupes bionomiques

Le chapitre 2 a montré que chaque espèce végétale ou animale possède un comportement particulier, qui le distingue de toutes les autres espèces. Si l'on veut à tout prix chercher des groupes d'espèces "fonctionnels" dont les types bionomiques présentent des similitudes, la démarche la plus logique comporte 3 étapes que nous suivrons en prenant un exemple :

1) Sélectionner les critères bionomiques correspondant aux fonctions auxquelles on s'intéresse : par exemple, l'appartenance biogéographique, le type d'inflorescence, le mode de fécondation, le mode de pollinisation, le type de fruit et le mode de dissémination.

2) Chercher les attributs présents pour le premier de ces critères : par exemple, on trouve 716 taxons "méditerranéens *s. l.*"

3) Récapituler les attributs relatifs aux autres critères pour les espèces méditerranéennes : on s'aperçoit généralement alors que les espèces qui ont le même profil bionomique sont peu nombreuses et souvent apparentées phylogénétiquement. Par exemple, les deux seules espèces qui ont pour attributs "corymbe jaune polygame anémogame samare anémochore" sont l'Érable de Montpellier et un de ses hybrides. De même, les espèces qui ont pour attributs "racème simple, fleur jaune, hermaphrodite, entomogame, gousse, barochore" sont *Ononis natrix L. subsp. inaequalifolia, Ononis natrix L. subsp. natrix, Ononis ornithopodioides L., Ononis pubescens L., Ononis pusilla L., Ononis variegata L., Ononis viscosa L. subsp. breviflora (DC.)* et *Ononis viscosa L. subsp. viscosa.*

Ce genre de recherche détaillée est nécessaire quand le problème à résoudre concerne la survie des espèces pour un programme de conservation où tous les critères sont importants, ou bien quand il s'agit de voir comment les espèces présentes dans un habitat peuvent cohabiter.

4) Il est ensuite utile de regarder dans une base de données écologiques si les espèces qui appartiennent au même groupe bionomique sont souvent présentes ensemble dans les mêmes lieux et plusieurs cas sont possibles :

- les taxons d'un groupe sont une espèce et ses sous-espèces, comme les Érables ou les *Ononis* précédemment cités et elles coexistent rarement, parce que, sur le terrain, on a généralement noté seulement l'un de ces taxons ; c'est seulement dans les études de méta-populations (§ 26*) qu'il est intéressant de pousser plus loin l'analyse et de revenir sur le terrain pour vérifier l'identification des populations locales ;
- les taxons du groupe bionomique sont apparentés génétiquement et ils vivent souvent dans les mêmes lieux : il faut alors vérifier si les sous-espèces sont génétiquement justifiées et, dans ce cas, regarder comment est intervenue la spéciation (§ 25* et 26*) ;
- les taxons du groupe bionomique ne sont pas apparentés génétiquement et ils vivent souvent dans les mêmes lieux : il est intéressant de chercher alors si une convergence de formes s'est produite.

355 LES TRAITS BIONOMIQUES ET LE TEMPS

355.1 Une optimisation progressive

Les exemples précédents montrent qu'une optimisation du fonctionnement de chaque espèce est à l'œuvre, puisqu'une espèce survit seulement si elle dispose d'atouts suffisants, acquis au cours de la série d'épreuves de son histoire (§ 25* et 26*). Mais il ne faut pas dériver jusqu'à un optimisme candide, qui pourrait être qualifié de panglossien : l'optimisation reste relative, et elle n'est qu'un résultat temporaire et provisoire. De plus, au fil du temps, toutes les espèces finissent par disparaître. Le modèle des montagnes russes (§ 17*, 25*, 27*) montre comment se succèdent les phases de stabilité où les espèces ont le temps d'optimiser leur comportement vis à vis d'un environnement durable et les crises où les disparitions d'espèces sont nombreuses.

Cette optimisation a une conséquence importante : au cours des phases de stabilité, le type bionomique d'une espèce peut avoir le temps de se modifier sans que son génome se différencie suffisamment pour que l'interfécondité soit rompue (= sans que survienne une cladogenèse § 25*). Par exemple, CH. SAUVAGE soulignait que le Dactyle est un hémicryptophyte dont les bourgeons sont situés sur le sol dans la plupart des régions où il vit, mais que, dans l'étage aride d'Afrique du Nord, il devient géophyte à rhizome. En conséquence, le tableau des types bionomiques doit inclure des alternatives.

355.2 Les traits bionomiques et les perturbations

Les traits bionomiques risquent d'être considérés individuellement, les uns à côté des autres, en oubliant que c'est leur ensemble qui pilote le fonctionnement de chaque espèce au cours du temps.

L'un des aspects à prendre en considération est la résistance de l'espèce aux perturbations qui comprend deux aspects complémentaires :

- la résistance de l'espèce aux perturbations habituelles, qui est la profondeur du puits de métastabilité à l'intérieur duquel elle vit et assure sa descendance, et qui est une résistance élastique (*cf.* le paragraphe 16 et l'Annexe 2) ;
- la résistance de l'espèce aux perturbations exceptionnelles, c'est à dire sa "résilience", sa résistance aux chocs.

Nous y reviendrons dans le paragraphe 69*.

355.3 Traits bionomiques et séquences de végétation

Pour reconstituer les séquences de végétation (§ 37*), il est nécessaire de regarder comment se combinent les traits bionomiques de chacune des espèces "typiques" (§ 37) de chaque groupement végétal candidat à être un stade dans l'évolution d'une séquence. Le premier pas est la construction des "spectres" bionomiques qui présentent la palette des traits des espèces. Le second compare les spectres des stades successifs.

355.4 Un programme d'avenir

Dès que l'on a compris que les traits bionomiques sont le résultat en perpétuel ajustement de l'évolution des espèces, un beau domaine de recherches se dessine pour l'avenir, en vue de mieux comprendre pourquoi (et pour quoi) cette évolution s'est produite :

1) Rassembler les relevés qui appartiennent à une séquence de végétation, et qui sont donc situés dans le même étage de végétation et sur des sols apparentés par leur degré d'acidité et de xéricité.

2) Repérer les espèces qui sont présentes au début de la séquence (ce sont généralement des espèces annuelles à large dispersion des diaspores), celles qui sont présentes dans les stades intermédiaires (généralement des espèces vivaces herbacées, puis suffrutescentes, puis ligneuses basses selon le modèle des montagnes russes) et les espèces caractéristiques des fins de séquence (en particulier les Insectes qui vivent dans le bois mort, tels que le

Lucane cerf-volant ou *Cerambyx credo*, et les Champignons qui décomposent le bois mort).

3) Analyser la diversité génétique des espèces de chacun de ces groupes.

4) Reconstituer les chréodes (§ 21* et 27*) où s'est inscrite l'évolution de chacune de ces espèces en fonction des conditions de vie qui y régnaient.

5) En tirer des conclusions probabilistes sur les contraintes environnementales qui ont guidé l'évolution de ces espèces.

Une généralisation de cette démarche sera présentée dans le paragraphe 86*.

356 LA TRAME VERTE ET BLEUE

Ce programme issu du Grenelle de l'environnement au cours de la première décennie du XXIe siècle a pour but de maintenir ou de rétablir des "corridors" écologiques qui permettent aux espèces végétales et animales de garder un espace vital suffisant (§ 69*).

La difficulté majeure de la réalisation d'une telle trame verte est que les espèces animales vivent dans des espaces vitaux de dimensions très variées. Deux exemples suffiront pour faire comprendre cette difficulté : un couple d'Aigles vit dans un espace d'au moins une centaine de kilomètres carrés où existent des falaises rocheuses sur lesquelles il pourra élever ses petits aiglons, et il y plane tous les jours à grande altitude pour trouver ses proies. A l'opposé, le Pique-prune est un petit Coléoptère dont le territoire vital s'étend seulement sur quelques hectares ; il est suffisamment rare en France pour que l'on se soit soucié de sa survie lors de la construction d'une autoroute qui traversait son habitat. Les "corridors" doivent donc être vus à plusieurs échelles.

De plus, le territoire de vie d'un animal comprend habituellement un espace où il s'alimente, un espace où il se repose et souvent un espace spécial pour se reproduire. Par exemple, le Castor se nourrit du bois des arbres d'une ripisylve, il se met à l'abri dans des fourrés ou des tas de branches et il se reproduit dans sa hutte ou dans un terrier.

De leur côté, les plantes sont enracinées dans le sol et elles ne se déplacent pas individuellement, mais elles disposent de moyens variés pour se disperser dans la nature, grâce au vent pour les graines légères ou ailées, grâce à l'eau des rivières pour les graines flottantes, ou bien avec l'aide des animaux pour les fruits dotés de crochets, ou encore en étant avalées par les Oiseaux qui les déposent un peu plus loin. Ensuite, la graine doit trouver un "habitat" où elle pourra germer et qui permettra à la plante adulte de fleurir et de fructifier pour boucler le cycle de sa vie.

La connaissance de l'écologie des animaux repose sur la répartition dans l'espace des "éléments" de paysage (§ 54*) qu'ils utilisent. **P.-A. Pissard** (2008) 2 l'a excellemment montré pour l'avifaune des environs de la ville de Gap (Hautes-Alpes). Avec **Roger Garcin**, il a noté l'importance de l'utilisation par chaque espèce animale de chacun des habitats cartographiés pour la reproduction et la nidification (U1), pour l'alimentation et la recherche de nourriture (U2), pour l'abri et le repos diurne ou nocturne (U3), pour l'hivernage (U4) et pour la halte migratoire (U5).

La trame verte doit donc être très générale afin de résoudre les problèmes très différents posés par chacune des espèces concernées. Plus précisément, la seule carte polyvalente sur laquelle nous pourrons nous appuyer pour préparer la trame verte est une carte des paysages. En effet, les "éléments" qui constituent chaque paysage sont les "habitats" des espèces qui y vivent.

Ces cartes de paysages devront être construites avec une légende commune, comme le montre le *Dictionnaire des paysages* dont les premières épreuves peuvent être demandées au Conseil international de la langue française (11 rue de Navarin, Paris, 75009) et sur les traits bionomiques des espèces. Le paragraphe 69* reprendra ce problème dans son ensemble.

36 L'ÉQUILIBRE D'UNE COMMUNAUTÉ

Toutes les biocénoses (= communautés existant sur le terrain 4) vivent dans une espace-temps hétérogène, puisqu'elles occupent des territoires hétérogènes et subissent les variations de l'environnement au cours du temps, à l'échelle des saisons et des années. Les approches qui vont être proposées porteront plutôt sur les aspects spatiaux de l'équilibre des espèces qui vivent

---

2 Pierre-André Pissard, 2008 – Évaluation et cartographie des potentialités faunistiques d'un territoire, *Ingénieries*, 54 : 57-72

4 Rappelons que le mot **biocénose** désigne des ensembles concrets de plantes et d'animaux qui vivent ensemble dans un environnement caractérisable.

en concurrence dans une biocénose, mais les variations de cet équilibre au cours du temps resteront constamment en arrière-plan du présent paragraphe ; elles seront explicitement prises en compte dans le paragraphe 37.

361 LA RÈGLE DE RAUNKIAER

Raunkiaer est l'un des pionniers qui ait calculé les fréquences des espèces d'une biocénose lorsqu'il faisait un relevé de végétation. Il a rapidement observé que le tapis végétal est homogène s'il est composé principalement d'espèces dominantes et d'espèces rares, et que, au contraire, il est hétérogène s'il comprend un grand nombre d'espèces moyennement fréquentes. Il a donc proposé de chercher combien d'espèces sont présentes dans 5 classes de fréquences

1-20 %   21-40 %   41-60 %   61-80 % et 81-100 %.

Regardons par exemple le premier des 80 relevés réalisés dans les forêts de Provence par Anne Wolff et Louis Amandier (2008). C'est une chênaie d'Yeuse, et les nombres d'espèces présentes dans ces 5 classes sont 24 3 0 3 1 ; les espèces rares sont donc majoritaires, elles troublent peu l'homogénéité du tapis végétal et la végétation est assez homogène.

Dans une pineraie de Sologne, les nombres d'espèces présentes dans ces 5 classes ont été 5 0 2 0 3 et la végétation est peu homogène puisque les classes extrêmes ne sont pas absolument dominantes.

L'avantage de la règle de RAUNKIAER est de se traduire par un graphe très parlant ; son inconvénient est de ne pas donner lieu à un test simple.

362 LA LOI 20-80

L'étude des prairies du Cantal a montré à Ph. Daget et J. Poissonet (1976), que plusieurs espèces bien différentes peuvent devenir "dominantes" dans ces prairies. Cependant la distribution des fréquences de l'ensemble des espèces garde la même forme dans ces situations très diverses, et ils ont observé que la somme des fréquences des trois espèces dominantes de toutes les prairies était toujours proche de 80 % de la somme des fréquences de toutes les espèces. Ils présentèrent ce résultat à un statisticien plein de sagesse qui leur dit alors que cette règle des 20-80 était bien connue en économie, depuis que Vilfredo Pareto (1848-1923) avait constaté que 20 % des propriétaires fonciers d'Italie détenaient 80 % de la surface des forêts.

Gini et Lorenz ont fait des constatations analogues dans plusieurs autres cas et les économistes praticiens construisent les courbes rang-fréquence en rangeant les espèces par ordre de fréquence décroissante pour obtenir les abscisses des points de la courbe et en cumulant les fréquences à partir de la fréquence la plus grande pour obtenir leurs ordonnées. Le coefficient de Gini est donné par les coordonnées du point d'intersection de la courbe et de la seconde diagonale. Dans la chênaie d'Yeuse ci-dessus, il est égal à 21-79 et il a une double signification :

- les 21 % d'espèces dominantes monopolisent 79 % des fréquences et donc de la biomasse ;
- symétriquement, les 79 % d'espèces dominées ne représentent que 21 % du total de la biomasse.

Ce degré de concentration proche des fameux 20-80 se rencontre souvent dans les statistiques économiques quand une concurrence équilibrée règne entre les entreprises. Pour en comprendre la signification écologique, regardons des cas plus extrêmes. Quand les coordonnées de ce point sont plus contrastées (par exemple si elles sont égales à 10 - 90) la communauté est très fortement dominée par quelques espèces. Si, au contraire, ces coordonnées sont moins contrastées, la communauté est plus égalitaire. À l'extrême, si la courbe se confondait avec la première diagonale, les coordonnées seraient 50-50 et toutes les espèces auraient exactement la même fréquence

La courbe de concentration est liée à l'hétérogénéité de la végétation et elle présente plusieurs avantages par rapport aux autres expressions de la "dominance" des espèces :

- elle laisse apparaître le rôle joué par chaque espèce ;
- elle est liée à l'équitabilité "intrinsèque" (F. Gosselin, sous presse) ; quand elle n'est pas symétrique par rapport à la deuxième diagonale, elle indique un déséquilibre dans la concurrence entre espèces.

La tendance générale vers l'équilibre 20-80 signifie que la Nature est immorale, puisqu'elle n'est pas égalitaire, et nous sommes moralement en droit de lui demander une explication qui est donnée par une réflexion sur les conditions de l'équilibre des espèces dans la communauté :

1) Pour commencer, considérons une communauté installée dans un territoire homogène et supposons que, dans son état initial, toutes les espèces ont la même biomasse. Le coefficient de Gini-Lorenz est alors exactement égal à 50-50.

2) Dans cette communauté, une espèce E qui est dans son optimum écologique se développera un peu plus vite que les autres, la courbe de concentration commencera à monter au-dessus de la 1ère diagonale et le coefficient passera progressivement à 49-51, 48-52, etc.

3) Ce développement inégal est-il durable ? Si les organes d'assimilation de l'espèce E se sont développés autant que ses autres organes, cette espèce pourra se développer encore plus. Autrement dit, elle sera encore mieux armée dans la lutte pour la vie, elle se développera encore plus vite et le coefficient sera de plus en plus déséquilibré.

4) Rien ne peut empêcher l'espèce E de devenir encore plus dominante, et l'on retrouve ici la remarque du paragraphe 25* : dans un environnement homogène, l'espèce la mieux adaptée éliminerait toutes les autres et le coefficient atteindrait sa limite 0 - 100.

Autrement dit, il est "naturel" que l'équilibre ne soit pas égalitaire à 50-50, et la vraie question est de savoir pourquoi il ne va pas inéluctablement jusqu'à 0 - 100. La réponse est écologique et elle est double :

- l'optimum écologique d'une espèce n'est jamais constant au cours des saisons : certaines espèces se défendent bien contre la sécheresse de l'été, d'autres contre le froid de l'hiver, etc., et les unes ou les autres prennent leur revanche au fil des variations temporelles de l'environnement ;
- aucun territoire n'est parfaitement homogène et une espèce E qui est plus douée que ses voisines sur une partie du territoire sera au contraire handicapée sur une autre partie.

Il apparaît ainsi que **le coefficient de Gini exprime à sa manière l'hétérogénéité du territoire.** Nous reviendrons sur ce point dans le paragraphe 68* consacré à la biodiversité.

La régulation qui s'effectue autour des proportions 20 et 80 prouve que la biocénose oscille au cours de sa vie autour d'une situation durable qui résulte de l'existence d'un attracteur de métastabilité tel qu'il est prévu par le modèle des montagnes russes (§ 17*) qui sera revu lors de le discussion sur le continuum (§ 55*).

La courbe de concentration est une anamorphose de la courbe d'**Estoup et Zipf** où **Benoît Mandelbrot** a décelé une affinité avec une "température" de la communauté et elle correspond aussi à l'histogramme de Raunkiaer.

363 La courbe d'Estoup et Zipf

Les plantes qui vivent côte à côte sont en concurrence directe pour l'accès à la lumière du Soleil et pour leur alimentation en eau et en éléments minéraux dans le sol. Ces relations de concurrence aboutissent à des équilibres métastables où les plantes les plus fréquentes laissent plus ou moins de place et de ressources pour les plantes rares. La distribution des fréquences des espèces exprime les régulations imposées par la concurrence et il est intéressant de la comparer aux distributions des fréquences des mots d'un texte représentées par la courbe log-log proposée par **Estoup et Zipf** et interprétée par **Benoît Mandelbrot** : la partie de la courbe qui concerne les espèces rares est approximativement linéaire et la pente de la droite correspondante est l'équivalent d'une température thermodynamique.

Par exemple les fréquences des espèces observées par Anne Wolff dans la chênaie d'Yeuse de Provence déjà examinée où une éclaircie faible a été réalisée sont :

99 78 71 69 28 27 26 12 11 10 9 8 6 6 4 3 3 2 2 2 2 2 2 1 1 1 1 1 1 1 1

et la pente de la droite de Mandelbrot = – 2,6.

Cette valeur est un peu supérieure à la moyenne des autres parcelles où des éclaircies plus fortes ont été réalisées. C'est dans les parcelles témoins non-perturbées que la pente est généralement la plus forte et elle atteint – 3,6 dans la parcelle témoin de la forêt d'Augier. Dans les coupes rases, elle est généralement minimale.

La loi de **Flahault-Lindemann** qui oppose les biocénoses où un grand nombre d'espèces sont représentées chacune par un petit nombre d'individus à celles où un petit nombre d'espèces sont représentées chacune par un grand nombre d'individus s'exprime très clairement dans le diagramme rang-fréquence d'**Estoup et Zipf**.

364 La fonction puissance

Un grand nombre de phénomènes biologiques s'ajustent à une fonction puissance : $y = x^a$

que l'on écrit aussi $y = x*a$

Quand a est positif, la fonction y est croissante, en passant par la valeur 0 pour x = 0. Quand a est négatif, la fonction y est décroissante, en partant de l'infini positif pour x = 0, et en tendant vers 0 quand x croît indéfiniment.

Les ajustements les plus connus sont le nombre d'espèces par genre chez les plantes à fleurs (Phanérogames), les effectifs des populations des villes d'un pays, avec a = – 2 et la fréquence des citations des publications scientifiques.

Pour les fréquences des espèces dans la forêt d'Yeuse examinée dans les paragraphes précédents, l'ajustement à une fonction puissance de module

1,2 est excellent puisque le coefficient de corrélation est très très hautement significatif.

M. Newman (2000) expose une application de ce type d'ajustement en prenant l'exemple des pare-feux à installer dans un massif forestier :

- si les feux apparaissent au hasard dans un massif homogène, la solution la plus efficace est de diviser le massif par des pare-feux qui découpent des parcelles de taille égale ;
- si les incendies se déclarent préférentiellement dans certains secteurs, il faut faire des parcelles plus petites dans ces secteurs ; dans ce cas, la distribution des tailles des parcelles suit généralement une fonction puissance, qui résulte ainsi d'une optimisation de la résistance aux perturbations.
- l'étude de la sensibilité du système montre qu'une optimisation très finement ajustée risque de rendre le système fragile vis-à-vis de perturbations d'une autre nature (attaque parasitaire, par exemple).

365 La diversité et la stabilité

La biodiversité sera étudiée en détail dans le chapitre 6, et c'est seulement un premier coup d'œil qui est ici proposé au sujet des relations entre la diversité d'une biocénose et sa stabilité.

Ces relations ont été étudiées par plusieurs auteurs. Certains ont pensé que la productivité d'une biocénose est proportionnelle à sa diversité. Malheureusement, leurs définitions de la productivité n'étaient pas suffisamment précises (*cf.* § 33*) pour qu'une conclusion indiscutable apparaisse.

A l'opposé, **R. May** (1973) a construit des modèles extrêmement complexes qui semblent montrer qu'un système multi-spécifique a moins de chances d'être stable qu'un système composé de peu d'espèces et aussi que l'augmentation du nombre d'espèces fait diminuer la stabilité. Ce résultat est inattendu, mais on ne sait pas s'il peut être étendu aux biocénoses réelles, parce que le modèle de R. May supposait implicitement que toutes les interactions entre espèces étaient également possibles, ce qui ne correspond pas à ce qui se passe dans les biocénoses réelles.

S. Ponsard *et al.* (2003) montrent que la connectivité du réseau des relations entre espèces est "modulaire", en ce sens qu'une minorité d'éléments est au centre d'un grand nombre de relations, alors que les autres éléments, les plus nombreux, sont très peu reliés entre eux. Cette modularité serait un facteur de stabilité. L'idée est extrêmement intéressante et elle rejoint ce qui a été constaté avec l'algorithme de l'archipel dans le paragraphe

57* lors de la mise en évidence des espèces qui ont peu de relations avec les autres.

Le modèle d'instabilité de R. SOLÉ compare l'arrivée d'espèces nouvelles à la chute des grains de sable dans un sablier : les espèces nouvelles qui arrivent dans une biocénose (pour les animaux, à la suite d'une migration, et, pour les végétaux, grâce à la "pluie de graines") peuvent y survivre si elles sont indépendantes de la plupart des autres (dans le sablier, le cône de sable grossit régulièrement) alors que cette arrivée entraîne un effondrement si les nouveaux grains s'accrochent à ceux du cône de sable.

K. MCCANN (2000) fait remarquer à juste titre que la dialectique diversité-stabilité est réversible : il est possible que la diversité favorise la stabilité, mais la réciproque est tout aussi vraisemblable : la grande diversité des forêts tropicales résulte le plus souvent de l'ancienneté de ces formations.

F STUART CHAPIN III *et al.* (2000) présument que les actions humaines diminuent la diversité en augmentant l'inégalité de la distribution des abondances des espèces, bien avant que ne disparaissent les espèces rares.

Dans une région du centre de la France où la diversité spatiale des espèces forestières est forte, les forestiers du GEDEF Loiret-Sologne ont pu vérifier que le traitement en futaie irrégulière supprime les perturbations déstabilisantes des coupes rases et augmente la biodiversité locale. Ils trouvent donc plus facilement des arbres d'avenir dans leurs peuplements. La faune des Insectes peut aussi être plus diversifiée et les espèces régulatrices ont plus de chances d'être présentes. Pour des forêts de la Montagne Noire, O. PICARD (§ 83*) trouve des résultats analogues et montre que, dans les futaies irrégulières, la production et la valeur des arbres vendus est plus élevée.

D'autres exemples de relations entre la diversité et la stabilité sont présentés dans le paragraphe 68*.

37 LA CINÉMATIQUE ET LA DYNAMIQUE DE LA VÉGÉTATION

La végétation évolue au fil des temps, et la description des stades successifs de cette évolution, est une étude **cinématique** (ou "cinétique"). La "**dynamique**" – au sens précis de ce mot – de la végétation est connue seulement quand les forces qui sous-tendent cette évolution sont identifiées. L'exemple mécanique du mouvement circulaire uniforme montre bien la différence entre ces deux objets. La cinématique de ce mouvement est parfaitement décrite par les équations classiques

$$x = \cos \omega t + \phi \qquad \text{et} \qquad y = \sin \omega t + \phi$$

qui permettent de connaître à chaque instant la position cinématique du mobile.

Pour connaître la dynamique du mouvement circulaire uniforme, il faut faire appel à l'**équation fondamentale de la dynamique**

$$\mathbf{F = m \gamma}$$

qui fait intervenir la force capable de produire ce mouvement, c'est-à-dire, dans le cas du mouvement circulaire uniforme, une force centripète capable de contrebalancer la force centrifuge impliquée par l'orbite circulaire du mobile.

Dans le cas de la végétation, quelle est la **force** majeure qui lui donne mouvement ? Nous avons vu dans le paragraphe 34* que c'est la poussée ascencionnelle qui résulte de la chasse aux photons. Cette force agit selon plusieurs échelles de temps. La plus longue est celle des temps géologiques que nous avons parcourue au paragraphe 23* en voyant que les Fougères ont acquis des vaisseaux pour capter les photons avant les autres plantes qui restaient couchées sur le sol. A l'échelle temporelle de quelques dizaines d'années, la poussée ascensionnelle est capable de transformer les jachères herbacées des climats tempérés en broussailles de ligneux bas puis en forêts.

371 STRUCTURE ET FONCTIONNEMENT

Il est essentiellement fondé sur une analyse de la métastabilité de la végétation (§ 16* et 17*).

371.0 Quelques définitions fondamentales

La mode veut que le mot "résilience" soit couramment adopté pour caractériser la résistance des systèmes biologiques aux perturbations, et il est nécessaire d'y réfléchir en revenant sur quelques définitions précises données dans le paragraphe 16* :

1) Dans un système écologique qui subit une perturbation, la **charge de rupture** a été dépassée si la perturbation a été tellement forte qu'elle a fait mourir tous les êtres vivants présents dans le système. Par exemple, les expériences d'Oak Ridge ont montré qu'un émetteur de radio-activité peut développer une charge de rupture suffisante pour détruire toute vie dans un rayon de plusieurs dizaines de mètres.

2) Si la perturbation modifie seulement les proportions des espèces présentes dans le tapis végétal, la réaction du système reste dans le domaine des déformations élastiques et l'**élasticité** du système est caractérisée par la pente de la tangente à la courbe qui exprime la variation de la fréquence de chaque espèce. Il n'est pas logique de parler de résilience dans ce cas.

3) Pour être précis, il faut distinguer régulièrement comme l'ont fait **P. Van Voris** *et al.* (1978), la "**déflexion**" (intégrale de la déformation résultant de la perturbation), et le **rétablissement** qui la suit.

En général, les systèmes écologiques jeunes ont une déflexion faible et une grande vitesse de rétablissement ; au contraire, les systèmes âgés ont souvent une grande amplitude de déflexion, et une faible vitesse de rétablissement.

4) Le domaine des déformations permanentes est différent du domaine des déformations élastiques : quand une espèce disparaît, le système reste généralement dans le domaine des déformations élastiques ; c'est seulement si l'espèce est "typique" (au sens strict qui sera précisé un peu plus loin) qu'il franchit un seuil et passe dans le domaine des déformations permanentes et qu'il devient un autre système. Les méthodes proposées dans le chapitre 5* (en particulier l'estimation probabilisée des différences entre les "notes" des espèces présentes dans deux systèmes biologiques) permettent de déceler ce seuil à partir duquel surviennent des déformations permanentes ; ce seuil caractérise la résistance au choc du système et donc sa **résilience**. Il est souvent commode de dire que la **vulnérabilité** du système est exactement l'inverse de sa résilience ainsi définie.

Pour identifier les différences entre chacun des stades, il est possible de reprendre l'analyse de la dialectique *Continu-discontinu* des systèmes spatiaux 2.

L'exemple le plus simple d'application de ces notions à la végétation est celui de la comparaison d'une forêt et des herbes annuelles qui vivent dans l'allée d'un jardin :

- la forêt évolue autour d'un état moyen au fil des saisons et des années, avec une forte élasticité vis-à-vis des variations saisonnières du climat ; sa résilience (= résistance au choc) est forte, puisqu'un bull-dozer est nécessaire pour la détruire ;
- pour la végétation de l'allée, il faut distinguer deux problèmes :
  = chacune des herbes folles de l'allée a une faible résilience, puisqu'elle meurt sous le choc d'un petit coup de sarclette

2 Frédéric Alexandre et Alain Génin, *Continu et Discontinu dans l'espace géographique*, P. U. François Rabelais, 2008, 442 p.

du jardinier ; son élasticité est faible puisque aucune puisqu'elles ne contiennent pas de fibres ligneuses élastiques ;

= le système constitué par la végétation de l'allée a une résilience plus faible que celle de la forêt puisqu'il suffit de sarcler l'allée pour le faire disparaître, mais, en tant que système, il a une forte élasticité puisque l'allée retrouvera sa parure de verdure au printemps suivant, grâce aux graines qui sont restées vivantes.

371.1 L'évolution de la végétation

Une expérience parfaitement reproductible s'offre à vos yeux si vous regardez l'évolution de la végétation qui s'installe sur un terrain qui vient d'être labouré : vous verrez régulièrement apparaître une "jachère" de plantes herbacées, puis une "pelouse" de plantes herbacées vivaces, puis des buissons et enfin des arbres.

Pourquoi la nature enchaîne-t-elle systématiquement cette succession de groupements végétaux composés de plantes de plus en plus grandes et de plus en plus durables ? C'est une réflexion sur la "stabilité" des systèmes biologiques (§ 16*) qui a donné la clef de cette tendance très générale : les plantes pionnières annuelles, qui s'installent dès la première année de la jachère à la faveur des pluies de printemps, meurent après l'été ; tel est le cas de *Poa annua* ; les plantes vivaces qui leur succèdent durent plus longtemps ; elles sont cependant moins bien armées pour résister à la sécheresse de l'été que les arbustes dont les racines descendent en profondeur capter l'eau emmagasinée dans le sol et qui vivent plusieurs dizaines d'années ; un peu plus tard, arrivent les arbres qui sont capables de durer encore plus longtemps que les buissons.

L'essentiel, dans cette série d'observations, est que **les stades qui se succèdent sont de plus en plus durables, tout simplement parce qu'ils sont de plus en plus stables**. La végétation tend donc naturellement vers la stabilité, qui est liée à la durabilité.

Pour les échelles de temps qui vont de l'année au siècle, la poussée ascensionnelle de la végétation fonctionne ainsi comme un escalier roulant où de nouvelles strates basses tentent sans répit de monter vers la lumière. La cause de cette succession de stades est simple et elle se dessine dès que l'on réfléchit un peu : un stade est "durable" s'il est capable de résister aux perturbations qui peuvent le faire disparaître, ce qui revient à dire que durabilité et stabilité sont synonymes.

Les interactions entre les plantes et les animaux (§ 61* à 65*) montrent que l'évolution de la faune accompagne celle de la végétation et que ce qui vient d'être dit est vrai pour la faune et donc pour l'évolution de toutes les biocénoses.

Stabilité et information

La succession des phases où le système reste durablement et de celles où il évolue rapidement se comprend si l'on fait appel à un "modèle" (§ 86*) simple, qui est celui des mouvements d'une bille dans une boîte dont le fond est bosselé comme des montagnes russes :

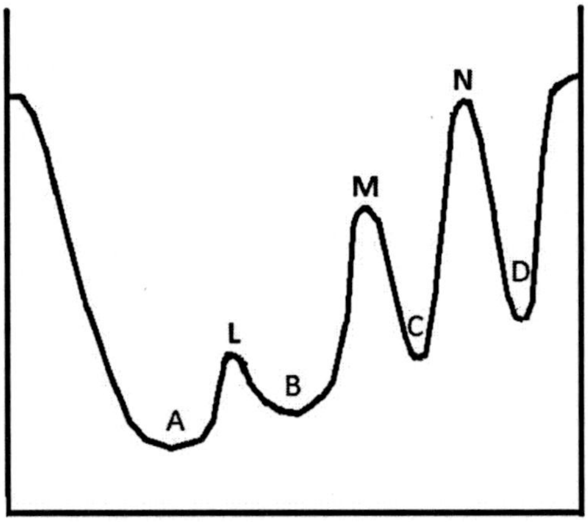

Figure 37-1 A = le sol minéral nu, B = la végétation de plantes herbacées annuelles, C = les broussailles des friches anciennes, D = la forêt

Quand la bille est sur une bosse, en L, M ou N, elle est en équilibre instable, puisque la moindre perturbation l'éloigne de ce point durablement. Quand la bille est dans un creux (A, B, C ou D), elle reste dans ce creux même si la boîte est un peu secouée ; elle ne quitte ce creux que si la perturbation est très forte. Les creux sont donc des situations de **métastabilité**, où la profondeur du creux indique la capacité de résistance aux perturbations.

Quand la végétation est défrichée ou incendiée, ou si le sol est labouré, la bille est dans le creux A. Ensuite, les graines de plantes herbacées annuelles apportées par le vent ou par les animaux germeront dès la première pluie, et le système arrivera rapidement dans le puits B où l'effet des saisons sur la végétation est très marqué jusqu'à l'arrivée progressive des plantes herbacées vivaces ; la chute de litière entraînera une modification profonde de la faune du sol. Le système sortira du "puits" B pour aller en C quand arriveront les plantes ligneuses arbustives qui émergeront de la strate herbacée et la domineront en l'affaiblissant (le profil vertical du § 34*se rapprochera de la forme "chapiteau") ; le système pourra rester dans cet état pendant plusieurs années, donnant aux observateurs peu réfléchis l'impression qu'il est "bloqué". Dans les climats tempérés, il arrivera en D lorsque des arbres s'y installeront. La forêt reste cependant "**fragile**" (§ 16*) en ce sens que, si elle est détruite, elle ne se reconstituera pas immédiatement et ne reviendra généralement qu'après un retour des stades précédents dont la "section de capture" est plus large. Tel est le cas de certaines forêts tropicales qui sont presque irréversiblement détruites quand elles sont défrichées.

Le passage du sol nu à la friche, puis de la friche à la pelouse, puis de la pelouse à la forêt n'est pas immédiat, pour les raisons qui ont été exposées dans le paragraphe 16*, parce qu'ils exigent des apports d'énergie et d'information de plus en plus importants pour construire des structures de plus en plus fortes.

Ces franchissements de cols entre deux vallées sont cependant inéluctables à long terme, parce que des graines de plantes plus durables arrivent un jour ou l'autre. Ce qui peut être considéré comme "hasard" est le lieu et l'heure où une graine de plante durable s'installe dans la végétation. Le résultat est une apparente "finalité", comme si la nature avait pour but d'installer une forêt dans l'ensemble de la zone tempérée (à l'exception de l'étage alpin et des sols salés ou rocheux), alors que la réalité biologique est seulement que la forêt est plus métastable et plus durable que la pelouse et même que la friche.

Cette évolution de la végétation se déroule sous nos yeux en permanence et elle confirme expérimentalement la validité du modèle des montagnes russes ; elle a même été à l'origine de l'élaboration de ce modèle dont la pertinence est apparue ensuite pour les autres cas évoqués dans le présent ouvrage, quand ce modèle s'est révélé être le complémentaire de la transmission d'information qui est au cœur du fonctionnement de tous les êtes vivants, y compris l'humanité (chapitres 7 et 8).

Le modèle des montagnes russes résout directement un paradoxe : bien que la friche arbustive et la forêt résistent durablement aux perturbations saisonnières auxquelles elle est habituée, elle est durablement détruite par une perturbation "extraordinaire" telle que le passage d'un bull-dozer ou un glissement de terrain qui arrache tout le sol. La solution du paradoxe vient de ce qui a été dit dans le paragraphe 16*, quand la différence entre la résilience et la résistance élastique a été soulignée.

Dans le cas de l'évolution des espèces, la transmission d'information qui est au centre de tous les processus biologiques était clairement liée au code génétique et à son décodage . Dans le cas de l'évolution de la végétation qui vient d'être examiné, le code de l'information est beaucoup moins évident, parce qu'il n'est plus situé à l'échelle des molécules d'ADN, d'ARN et de protéines. Ce qui se transmet au cours de la vie d'une pelouse, d'une friche ou d'une forêt est l'ensemble des possibilités offertes par les génomes des plantes dans leurs parties végétatives et surtout dans leurs graines et dans leurs spores. Ces génomes constituent la mémoire liée au codage et au décodage de l'information.

Cette mémoire possède une structure spatiale à l'échelle du décamètre et elle est au centre des relations de concurrence entre espèces, de dispersion des diaspores, etc., mais elle est habituellement résumée par la liste des espèces présentes dans chacun de ces stades et par leurs traits bionomiques . Elle est notée sur le terrain par l'écologue qui fait un relevé de végétation ou qui note la liste des animaux présents.

Cette mémoire est beaucoup moins précise que celles des molécules du code génétique dont la structure spatiale est strictement prise en compte dans l'élaboration des protéines. En conséquence, les communautés végétales et animales sont beaucoup moins rigoureusement définies que les espèces. La similitude de la hiérarchie des syntaxons de la phytosociologie et de la hiérarchie de la nomenclature des binômes latins de **KARL VON LINNÉ** est seulement formelle, et le paragraphe 55* en montrera les conséquences.

Trois remarques complémentaires

1) Les contraintes écologiques liées à la concurrence entre les espèces qui coexistent à chacun des stades régulent la co-évolution de ces espèces. Citons, à titre d'exemple :

- le décalage des dates de floraison et de fructification des espèces qui deviennent ainsi progressivement vernales, estivales ou automnales (§ 35*) ;
- la nécessité de se doter de moyens de protection contre les herbivores (aiguillons, épines, dards, etc., *cf.* § 35*) pour les plantes des stades arbustifs ;

2) La régularité des successions est une des rares "lois" de l'écologie végétale et elle est liée à la loi de zonalité dont l'importance sera rappelée un peu plus loin.

3) Les calculs qui permettent de tester le modèle des montagnes russes sont utilisés en particulier dans la recherche des espèces "typiques" d'habitats (§ 37*).

371.2 La loi de zonalité

Les types de végétation sont liés aux types de climat : dès le début du XIXe siècle, **Boussingault** avait démontré que l'existence des tourbières est liée aux climats froids ; **Atweter, Bourne, Buchanan-Hamilton** puis **L. Esquereux** généralisèrent ensuite ce type d'observations, mais la loi générale qui relie climats, sols et végétation a été découverte par les agronomes russes qui ont fondé la pédologie : **B. Dokouchaev** (1879, 1883, 1902) et ses élèves enthousiastes, **N. Sibirtsev et C. Glinka**, ont observé que, de la mer Noire à la mer Blanche, se succèdent des types de climats zonaux (§ 13*), qui sont déterminés presque uniquement par la latitude, puisqu'aucune chaîne de montagnes ne barre ces mornes plaines. Ces Russes se sont aperçus que chaque zone climatique déterminait un type de sol, et que l'on voit ainsi se succéder du sud au nord, les "terres noires" d'Ukraine (tchernozems), les sols bruns, les podzols et les sols arctiques. Comme l'action de l'homme n'avait pas totalement détruit la végétation naturelle de ces immenses territoires, ils ont pu voir aussi que ces types de sols correspondent à des types de végétation naturelle tout aussi bien zonés.

L'ensemble peut être schématisé par le tableau suivant :

Climat	Végétation	Sols
Semi-aride	steppe	tchernozems
continental tempéré	forêt de feuillus	sols bruns
continental froid	forêt de conifères (taïga)	podzols
continental très froid	Toundra	sols arctiques

Les roches-mères ne sont pas extrêmement variées en Russie, mais elles sont suffisamment différentes pour que cette convergence dans l'évolution des sols mérite d'être examinée de plus près. A cet effet, nous prendrons deux exemples simples, celui d'un sable et celui d'une argile, progressivement colonisés par la végétation, sous climat continental tempéré.

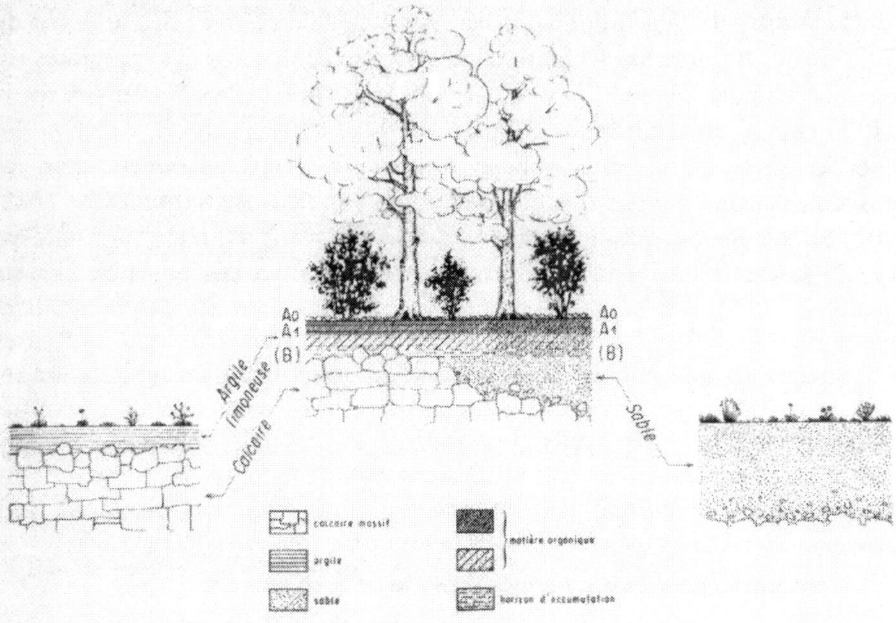

Fig. 51-3. A partir de deux milieux jeunes (à droite substrat sableux, à gauche substrat argileux sur roche calcaire) situés en climat tempéré, l'évolution spontanée conduit vers un type de forêt et un type de sol indépendant du substrat.

Extrait de *Écologie de la végétation terrestre*, M. Godron -1984, Ed. Masson, Paris

Au départ, le sable est très filtrant, pauvre en colloïdes et en éléments minéraux assimilables. L'argile possède, au contraire, une forte capacité de rétention de l'eau grâce à un pourcentage élevé de colloïdes, mais elle est asphyxiante pendant la saison humide. Au fur et à mesure que la végétation se développe et enrichit en humus les horizons supérieurs, les propriétés des sols vont se rapprocher, puisque l'humus augmentera la capacité de rétention du sable pour l'eau et, au contraire, rendra moins compactes les strates supérieures du sol argileux.

La végétation sera aussi de moins en moins contrastée, puisque les sols deviennent de plus en plus semblables, et aussi parce que le microclimat de la végétation arbustive, puis forestière, prendra de plus en plus d'influence pour déterminer le milieu et les conditions de vie des plantes et des animaux du sous-bois. C'est un exemple typique de boucle de rétro-action positive (*cf.* § 16* et 86*), qui s'auto-accélère pendant la première phase de l'évolution (et se ralentit généralement ensuite, par une rétro-action négative).

La convergence qui vient d'être schématisée est suffisamment générale pour que l'on puisse en tirer la "loi de zonalité ", qui repose sur l'existence des grandes "zones écologiques" (§ 13*) et qui s'énonce ainsi :

Dans chaque "zone" climatique, les sols issus de roches-mères différentes et les biocénoses correspondantes, tendent à converger vers une famille de types où les distinctions viennent principalement de l'humidité du sol.

La valeur générale de cette loi est une raison suffisante pour que les écologues considèrent le climat comme le premier des caractères à observer quand ils caractérisent l'environnement et quand ils cartographient les paysages.

Le Brésil offre un bel exemple de zonalité : la forêt amazonienne s'étend d'est en ouest, dans la zone équatoriale, mais il faut y distinguer les forêts de terre ferme et les "*varzeas*" inondables. Dans les climats tropicaux humides s'étendaient des forêts semi-décidues (perdant en partie leurs feuilles pendant la saison sèche). Cette zone est maintenant très largement occupée par les cultures. Les climats tropicaux assez secs produisent une forêt basse, souvent épineuse, qui perd ses feuilles de novembre à mai et prend alors un aspect cendré : la *caatinga*.

Sous climat tropical nettement sec, des formations d'arbustes et d'herbacées deviennent dominantes. En allant plus loin vers le pôle Sud, au-delà du Tropique du Capricorne, les climats tempérés humides ont permis le maintien des forêts de Conifères de l'hémisphère austral (*Araucarias* et *Podocarpus*, *cf.* § 22*).

La loi de zonalité s'applique d'une manière inattendue sur les espaces où un facteur écologique lié au sol est suffisamment puissant pour s'opposer à l'action du climat. C'est le cas des terrains salés parce que le sel présent dans le sol retient l'eau et cause une sécheresse physiologique qui freine la croissance des végétaux. La végétation à l'équilibre est alors une "sansouire" ou une "engane" composée de ligneux bas appartenant en particulier à la famille des Chénopodiacées (Salicornes). Il en est de même dans les mangroves des bords des mers tropicales dominées par les Palétuviers (**B. Presseq**, 2003, **J. Andrieu**, 2008).

La loi de zonalité est sous-jacente dans les études de "climax", de "séries de végétation" et de "séquences de végétation" (suite du § 37*) et ses applications seront examinées plus loin (§ 52*).

371.3 Le "climax"

371.31 L'origine du concept et ses dérives

L'évolution de la végétation qui a colonisé un sol vierge (alluvions marines, lacustres ou fluviatiles, dépôts éoliens, territoire abandonné par les glaciers, sol stérilisé par l'homme, etc.) a été particulièrement étudié aux États-Unis par F. CLEMENTS, à partir de 1916, et l'on parle alors de succession "primaire".

Dans les territoires où les Indiens se contentaient de chasser sans incendier la végétation, il était encore possible de trouver des endroits où la végétation avait évolué presque naturellement.

Lorsque la végétation était localement rajeunie par des processus naturels, il existait souvent, l'un à côté de l'autre, des stades pionniers, des stades jeunes, des stades "adultes", des stades mûrs et même quelquefois des stades sénescents. Clements a ainsi repris des idées émises par HENRI CHANDLER COWLES (*Courrier de l'environnement* de l'INRA, 53, 130 et voir aussi HULT, 1885 ou 1881) et il a nommé "climax" le stade ultime atteint par la végétation.

En tournant les pages de ce livre offert par la nature, F. CLEMENTS a noté que "*the conséquence ... is to bring [the habitat] constantly nearer medium or mesophytic conditions*". On ne sait pas si Clements connaissait les travaux de Dokuchaev et de ses disciples qui découvraient des phénomènes analogues en Russie, mais leurs conclusions étaient convergentes : à partir de sols nus très différents, la végétation construit naturellement des types de végétation de plus en plus complexes où règnent des conditions de vie de plus en plus "moyennes".

Dans la série d'études qu'il a réalisées aux États-Unis, Clements a décrit plusieurs types de climax qui dépendent du climat général (le "macro-climat"). S. CAIN (1944) a même étendu la notion de climax aux "méga-climats" du monde.

Une confusion babélique

Cette vue générale de l'évolution de la végétation et des habitats a eu un succès si considérable que 15 acceptions différentes du mot "climax" ont été proposées et que les amateurs ont donné 23 noms à des variantes telles que antéclimax, *climatic climax*, climax édaphique, climax physiographique, climax stationnel, *climax vegetation*, climax complexe, *climax unit*, clisere, complexe climacique, conclimax, *fire-climax*, monoclimax, paraclimax, pénéclimax, plésioclimax, serclimax, subclimax, etc. (voir PH. DAGET ET M. GODRON, 1974). Cette profusion de cas particuliers prouve que la notion de climax n'était pas aussi simple que l'avait pensé Clements. Finalement, le mot climax est devenu si ambivalent qu'il est maintenant imprudent de l'employer sans dire de quel type de climax on veut parler.

Dans plusieurs définitions du mot "climax", les auteurs ont dit que le climax futur était la reproduction d'un état d'équilibre ancien. Pour la végétation de l'Europe, cette conception théorique est une illusion, parce que la végétation y a été très fortement influencée par l'homme depuis le Néolithique où les défrichements, les incendies, le surpâturage et l'introduction massive de plantes étrangères ; ces actions ont tellement bouleversé les paysages que le retour à l'état antérieur n'est plus possible. Les forêts elles-mêmes ne sont plus ce qu'elles étaient naturellement et sont devenues des "forêts secondaires" (§ 85*). La dynamique essentielle est alors le conflit entre l'action de l'homme et les forces spontanées qui conduisent à un état stable, où la production nette est nulle (*cf.* § 33*).

Dans la région méditerranéenne, l'action de l'Homme a même été si violente que les sols qui s'étaient formés depuis la glaciation de Würm ont été érodés et qu'ils ne retrouveront jamais leur état antérieur. Les sols humifères épais qui couvraient les collines calcaires occupées maintenant par la garrigue languedocienne dont **Raymond Dugrand** parle dans sa thèse ont définitivement disparu.

L'évolution de la végétation au cours du Quaternaire qui a été décrite dans les paragraphes 23* et 24* confirme que la végétation évolue souvent moins vite que le climat et que, en conséquence, l'état d'équilibre du climax théorique n'est jamais atteint.

Le changement climatique (§ 84*) fera inéluctablement évoluer la végétation et tout dépendra des vitesses d'évolution respectives du climat et de la végétation.

371.32 Le rôle des espèces dominantes

Dans les discussions sur l'évolution de la végétation et sur le climax, les espèces dominantes jouent un rôle important, en particulier par la qualité de la litière que donnent les feuilles ou les aiguilles. Ce rôle ne doit pourtant pas être surestimé. Dans une forêt, de nombreuses essences peuvent être dominantes ensemble ou successivement et l'alternance régulière du Sapin et de l'Épicéa dans l'étage montagnard en est un exemple typique. De plus, dans le sous-bois, les espèces d'arbustes ou d'arbrisseaux combinent leurs tactiques (§ 35*) avec celles des jeunes arbres pour constituer un système dont l'évolution dépend des aptitudes de chacune des espèces et non pas seulement des dominantes. C'est donc l'ensemble de toutes les espèces présentes, y compris les Bactéries et la faune du sol, qui pilote l'évolution du système.

371.33 Végétation et faune

Le stade final de l'évolution de l'habitat se caractérise aussi par un équilibre entre la végétation et la faune qui a été assez bien étudié dans les forêts des régions tropicales et qui mériterait plus d'attention dans les régions tempérées en particulier parce qu'il donnerait une idée de la succession des faunes d'Insectes xylophages (§ 83*).

Par exemple, le Bostryche *Ips typographus* est un ravageur dangereux dans les pessières artificielles d'Europe, alors qu'il fait partie du cortège des espèces caractéristiques de la très vieille forêt de Bialowieza (Pologne). Il est donc dangereux en France quand il y survient parce que les prédateurs qui contrôlent ses pullulations n'ont pas encore pu jouer leur rôle. Il est moins dangereux dans les vieilles forêts en équilibre durable qui sont au fond d'un puits de métastabilité.

De même, le rôle des Carabes vis-à-vis des Limaces et celui de l'Escargot de Bourgogne dans les forêts alluviales de la vallée du Loing mériteraient d'être analysées.

371.34 Les climax de l'Europe occidentale

Sous les climats tempérés de l'Europe occidentale, la loi de zonalité dit que le climax est presque partout une forêt. Malheureusement, sauf exception, les "vieilles forêts" d'Europe occidentale ne sont pas naturelles, puisque les gestionnaires de ces forêts ne leur ont pas laissé le temps d'atteindre le moment où les arbres sénescents meurent en laissant la place aux taches de régénération.

La forêt de la Massane (Pyrénées orientales) est peut-être l'une des plus intéressantes à ce sujet, puisque les hêtres sénescents meurent et s'écroulent en donnant des taches de clairières où la lumière favorise la régénération. Les parcelles de "réserves intégrales" de la forêt de Fontainebleau n'ont pas encore atteint cette permanence statistique, parce que les vieux chênes dominants qui disparaissent ne sont pas remplacés par des chênes mais par de jeunes hêtres et charmes. Les réserves intégrales des Cévennes qui ne sont plus exploitées depuis longtemps sont encore plus loin de cet équilibre dynamique où les régénérations jouent aux quatre coins avec les vieux peuplements.

L'association "Forêts sauvages" achète de vieilles forêts pour les laisser évoluer naturellement (en 2001 : une forêt de 80 ha dans les gorges de l'Allier) et elle publie une lettre d'information "Naturalité"

En Europe, la forêt de Bialowieza (Pologne) et quelques forêts des Alpes centrales et orientales sont des exemples très précieux qu'il sera nécessaire d'étudier attentivement, comme les réserves qui ont été installées en Italie du sud au XVIIIe siècle (par Ferdinand V ?) ou en Espagne.

La rareté des habitats "climaciques" en France est reconnue par N. CARNINO quand elle écrit au sujet des forêts climaciques idéales : "De tels modèles de référence sont très difficiles à trouver en Europe occidentale où les forêts naturelles ont quasiment toutes disparues, et un retour à des forêts plus naturelles paraît utopique compte tenu de la prégnance de l'action humaine dans les forêts françaises." Ce problème sera repris en détail dans le paragraphe 375*.

371.4 Les séries de végétation

H. GAUSSEN, s'inspirant de F. CLEMENTS, a défini la série de végétation comme étant "l'ensemble des étapes successives du sol nu à la forêt" (1963), et, dans son ouvrage de 1938, il écrit que l'étage de végétation correspond à la "succession des séries dues à l'altitude". Les séries de végétation reposent alors sur la notion de plésio-climax (= état atteint par la végétation 100 ans après l'abandon de la culture ou du pâturage), qui s'applique aisément dans les cas simples comme celui des forêts et des landes de l'étage montagnard.

H. GAUSSEN et son successeur P. REY ont produit les très belles cartes au 1/200.000ème du Service de la carte de la végétation de Toulouse (CNRS, rue Jeanne Marvig, Toulouse). Le Bulletin du Service de la carte de la Végétation (Ed. CNRS, Paris) donne toutes les explications utiles pour apprécier l'excellente qualité de ces travaux où la France a été pionnière. Une bibliographie très complète des modèles de successions a été rassemblée par J. LEPART (1983).

372 LES SÉQUENCES DE VÉGÉTATION

372.1 Il existe plusieurs chemins pour aller d'un point à un autre

L'une des difficultés que l'on rencontre pour appliquer la notion de série de végétation est que l'évolution de la végétation ne suit pas ne ligne droite parce que plusieurs évolutions sont possibles quand plusieurs espèces dominantes sont en compétition. Par exemple, dans les prés de fond de vallée qui étaient régulièrement fauchés en Sologne (France), le Prunellier, le Saule marsault, le Chêne pédonculé, le Frêne et l'Aulne glutineux peuvent s'installer assez rapidement. La présence des semenciers de l'une ou l'autre de ces espèces détermine alors l'évolution des prairies abandonnées vers l'un ou l'autre des types de peuplement forestier où ces espèces sont dominantes. Il existe alors, au point de départ de la succession, une "bifurcation" (ce mot est classique en analyse de systèmes, mais il serait plus exact de parler de multifurcation ou de bibifurcation).

Une bifurcation dans l'évolution de la végétation est l'analogue d'une cladogenèse (§ 25*) dans l'évolution des espèces puisqu'elle correspond à la division du rameau évolutif en deux parties qui deviennent distinctes. L'équivalent de l'anagenèse est l'évolution progressive, sans ruptures, qui est prévue dans les séries de végétation. Pour l'évolution de la végétation comme pour celle des espèces, le point délicat est de savoir jusqu'à quel point deux rameaux sont distincts. C'est un cas particulier de la question "A partir de quel moment un système qui évolue n'est plus le système initial ?" La réponse ne peut être trouvée que si le système initial a été caractérisé avec précision.

Une source majeure de bifurcations est l'action de l'Homme quand il modifie l'évolution de la végétation par l'agriculture, par l'élevage et par les incendies volontaires ou involontaires dont les conséquences seront examinées dans les paragraphes 43*, 82* et 83*.

Ces problèmes complexes ne peuvent être résolus que par la reconstitution des séquences de végétation qui seront définies un peu plus loin.

En région tropicale

En région tropicale, **D. Louppe** *et al.* (1995) ont suivi en Côte d'Ivoire (région de Bouaké) l'évolution pendant 58 ans de trois parcelles de savane boisée qui avaient été cultivées en coton jusqu'en 1936. La parcelle mise en défens intégral s'est couverte d'un jeune forêt semi-décidue dense, riche en espèces souvent lianoïdes, où certains arbres sont déjà devenus "émergents" en dominant la canopée. La parcelle soumise à des feux tardifs est devenue une savane claire, très pauvre en espèces, où les incendies sont violents. Dans la parcelle soumise à des feux précoces, la partie la plus fertile s'est couverte d'un manteau forestier peu combustible qui rejoindra progressivement la forêt semi-décidue ; dans la partie la plus pauvre, les Graminées et les Dicotylédones herbacées ou sous-ligneuses sont restées dominantes, les espèces ligneuses sont celles des savanes arborées et les incendies annuels sont actifs.

Les pampas d'Argentine

L'un des cas les plus intéressants est celui de pampas d'Argentine et du sud du Brésil, dont l'équilibre est très discuté. La pression des troupeaux de bovins y est actuellement très forte et il est normal que les arbres ne puissent pas s'y développer, mais on ne sait pas quelle était la pression de pâturage des herbivores sauvages (Vigognes, Lamas, Guanacos, Alpacas, Cerfs du Pantanal, Veado-campeiro *Ozotoceros bezoarticus,* et autres) avant l'arrivée des Européens. Dans cette grande région, la présence résiduelle de grands Carnivores (les Félidés Jaguarundi *Herpailurus yaguaroundi,* Jaguatirica *Leopardus pardalis, Leopardus tigrinus, Leopardus wiedii, Lynchailurus colocolo, Oncifelis geoffroyi,* Jaguar *Panthera onca,* Cougar *Puma concolor,* au moins 5 espèces de Canidés , etc.) laisse penser qu'ils trouvaient autrefois une nourriture abondante (les pampas étaient nommées *jaguarao* en langue tupi). E. DE MIRANDA (2003) rappelle que, vers 1750, des *Veados* étaient chassés par les Indiens du Paraguay. L'argument le plus fort pour penser que la pampa n'est pas dans son état ancien est donné par Ellenberg qui a trouvé de nombreuses plantules d'arbres qui amorçaient un retour à la forêt dans l'enceinte d'une estancia abandonnée depuis longtemps et soustraite à la pression pastorale.

Le gran Chaco

Dans le Chaco voisin, les forêts naturelles basses et épineuses sont impénétrables pour les troupeaux et les gauchos (même quand leurs chevaux et leurs pantalons sont bardés de cuir). Quand un incendie est allumé volontairement pendant la saison sèche, la forêt devient un peu moins dense et le sous-bois herbacé se développe un peu. Ces herbes sèches ne demandent qu'à s'enflammer l'année suivante, si l'éleveur rallume un incendie ; celui-ci favorisera encore plus les herbacées et le cycle infernal des incendies répétés se met en route.

372.2 Séquence de végétation et série de végétation

L'étude des successions conduit à la notion de séquence de végétation qui est très concrète : <u>une séquence de végétation est l'ensemble des stades successifs que l'on peut déduire des observations réalisées sur le terrain</u>. Une séquence est donc moins théorique qu'une série de végétation et la comparaison des deux notions montre que :

- la séquence ne fait pas référence au "climax", et elle résume seulement <u>l'évolution prévisible à partir de ce qui est observé sur le terrain</u>, en particulier en fonction de la présence de semenciers ;
- la séquence de végétation prend en compte les espèces qui ne sont pas spontanées ; par exemple, il existe une séquence du Cèdre dans le Mont Ventoux, quoique le Cèdre y ait été introduit artificiellement au XIXe siècle ;

- alors que la série est seulement liée au climat, la séquence est liée aussi à la géomorphologie et à la géologie ; par exemple, la carte des séquences de végétation de l'ATLAS RÉGIONAL DU LANGUEDOC-ROUSSILLON du CNRS montre que les basses terrasses alluviales sont occupées par la séquence du Frêne oxyphylle et de l'Orme qui a besoin de sols humides ;
- la séquence la plus directement liée au climat est nommée séquence majeure ; tel est le cas de la séquence du Hêtre dans l'étage montagnard ;
- quand un facteur écologique dominant, tel que la salinité du sol, empêche la végétation de suivre la loi de zonalité, la séquence est dite "azonale" ; tel est le cas de la séquence des Salicornes sur les terrains salés.

Une séquence peut être "**progressive**" si elle produit des types de végétation de plus en plus métastables (figure ci-dessus), par exemple en allant du sol nu à la pelouse, à la friche, et à la forêt. Il existe aussi des séquences "**régressives**", comme celle qui va de la forêt de Chêne vert à la pelouse de Brachypode en raison d'incendies répétés, en particulier en Corse. Une reconstitution de séquences extrêmement soignée a été faite par **D. MARAGE & J.-J. BRUN** (2007) 2 dans la Drôme.

Pour reconstituer les séquences de végétation, il est généralement nécessaire d'utiliser l'ensemble des relevés synchroniques dont on dispose dans la dition (= la région étudiée) et un exemple montrera un peu plus loin l'essentiel de la démarche.

372.3 Les paliers d'évolution et la dynamique de la végétation (*cf.* § 54*)

Dans certaines des bifurcations, il arrive qu'une essence dominante ralentisse l'évolution de la végétation au point que certains écologues peu attentifs parlent d'un "blocage" de la végétation. Ce terme est trompeur, parce qu'il laisse croire que la situation est bloquée comme si elle ne pouvait plus évoluer (**P. ROBERT**, 1967) et comme s'il suffisait d'enlever un élément

---

2 Relation entre productivité et richesse spécifique du tapis herbacé au cours d'une succession écologique dans les Alpes du Sud françaises, *Acta Bot. Gall.* 154 (2) : 275-292

du système pour "débloquer" la situation. Ce n'est jamais le cas dans la réalité, parce que la végétation est un système où les interactions sont trop nombreuses pour qu'une interprétation aussi simpliste puisse être pertinente. Si l'on a bien compris la différence entre la cinématique et la dynamique des phénomènes écologiques (*cf.* le début du § 37*), on saisira qu'il s'agit ici d'un problème de dynamique qui met en jeu les forces qui mettent la végétation en mouvement. Il est donc correct de parler d'un "**palier**" dans l'évolution, et non pas d'un "blocage".

Il est alors utile de regarder à quel type de stratification (piédestal ou chapiteau, § 34*) correspond ce palier et il apparaît alors généralement que les espèces dominantes de ces "paliers" produisent généralement une structure verticale en "chapiteau".

Un premier exemple est celui des garrigues du Montpelliérais qui ont été observées depuis 1957 pour en arriver à la définition des séquences de végétation :

- le Chêne kermès donne un premier palier, qui avait été cartographié par **J. Braun-Blanquet** sous le titre de "Brousse" en particulier autour de Grabels, et dont le profil vertical est nettement en chapiteau ;
- le palier suivant est constitué par les matorrals de Chêne vert où les talles de taillis donnent une ombre extrêmement dense et une horizon A épais et très foncé ;
- quand des semenciers de Chêne pubescent sont présents, de jeunes semis apparaissent, en particulier sur les *terra rossa* et sont très visibles au printemps et en automne quand ils émergent de la nappe sempervirente ;
- dans l'étage méso-méditerranéen inférieur, le Pin d'Alep colonise les clairières et rétablit rapidement un profil en piédestal.

Un autre bel exemple a été observé par **J. André** (*in litt.*) pour des forêts de haute montagne, vers 1850 m, sur roche mère acide : les coupes forestières favorisent l'extension de la Myrtille ; celle-ci se substitue à la pessière et modifie le type d'humus qui passe du mull-moder au dysmull et même au mor). La végétation reste longtemps dans ce creux de métastabilité, parce que l'humus de la Myrtille est trop acide pour les jeunes Épicéas. Les très vieux pieds de Myrtille ont un diamètre d'un cm, une hauteur de 70 à 90 cm, et leur profil vertical est en chapiteau ; il existe des plages sans tiges aériennes, avec seulement des tiges mortes, où la Luzule apparaît, alors qu'elle avait été chassée par la Myrtille ; l'humus se minéralise ; les Vers de terre anéciques (qui sont présents surtout sous les très vieux arbres où l'humus reste doux) peuvent revenir. S'il reste quelques semenciers, la régénération de la forêt se produit à partir des souches pourries. Le

Rhododendron et le Pin cembro peuvent aussi venir et la cembraie-rhodoraie peut apparaître.

372.4 La carte des séquences de végétation de l'Atlas du Languedoc-Roussillon

Les séquences de végétation des 5 départements du Languedoc ont été cartographiées par E. LE FLOC'H *et al.* (1975) pour l'Atlas du CNRS qui a reçu la médaille d'argent du CNRS. Ces cartes ont été établies par une cohorte de 12 écologues du Centre Emberger qui se sont rapidement mis d'accord pour utiliser cette notion. La comparaison des cartes de séries de végétation et des cartes de séquences de végétation a montré que :

- plusieurs séquences de végétation existent dans chaque étage de végétation, et la séquence la plus fréquente, qui est dite séquence majeure, est proche de la "série de végétation" typique de cet étage de végétation ;
- les modes d'exploitation du territoire languedocien ont considérablement changé depuis 50 ans ;
- le "climax" des plaines n'est pas la chênaie de Chêne vert comme on l'a cru pendant plusieurs dizaines d'années ;
- des évolutions inattendues se sont produites, en particulier pour les terres cultivées ;
- les "compensations de facteurs" entre le climat, les sols et l'influence de l'homme produisent une fine mosaïque de milieux dont l'interprétation ressort de l'écologie des paysages.

372.5 La structure en mosaïque des fins de séquence

C'est dans la perspective de l'écologie des paysages que STEWART PICKETT s'est intéressé avec R. FORMAN à l'évolution de la végétation de vieilles forêts de l'est des États-Unis et il a montré comment une forêt "naturelle" est une **mosaïque** où les arbres qui meurent donnent naissance, au sein de la matrice forestière, à des "taches" de régénération où les semis se transforment en fourrés, en gaulis, en perchis, et en futaies avant de s'écrouler quand les vieux arbres de la futaie meurent ou sont déracinés par le vent. Le résultat est souvent comparé à une peau de léopard. Le fonctionnement de ce genre de mosaïque est analysé dans le paragraphe 54*.

Cette structure en mosaïque peut facilement être observée dans les autres végétations "climaciques" (forêts tropicales, forêt boréale, landes, savanes, sansouires, tourbières, etc.) quand on prend la peine d'en observer la structure spatiale, par exemple avec des transects (§ 57* et 58*).

372.6 La recherche des séquences de végétation

La reconstitution de l'évolution de la végétation au cours d'une succession et surtout des stades en mosaïque par des méthodes diachroniques n'est pas souvent envisageable puisque nous ne disposons généralement pas de parcelles expérimentales où la végétation aurait été observée pendant plusieurs siècles. Pour reconstituer les séquences de végétation, l'écologue dispose seulement de relevés synchroniques dont l'interprétation est toujours délicate. Pratiquement, il est prudent de commencer par rassembler les relevés qui sont situés dans le même étage de végétation et sur la même géomorphologie. Les fonctions diagnostiques qui ont été mises au point en écologie des paysages (§ 56*) sont alors utiles.

Les relevés phyto-écologiques réalisés dans les pineraies de Pin d'Alep de l'étage semi-aride des Hautes plaines d'Algérie par L. Kadik (2005) ont demandé un traitement plus élaboré parce qu'il a été nécessaire de distinguer, dans chaque relevé les éléments de végétation homogènes (*cf.* le Code écologique du CNRS) qui étaient clairement visibles (clairières dans une forêt, buisson dans une pelouse, sentier de passage des troupeaux, etc.) ce qui a donné, au total, 422 éléments. Pour chaque élément, la physionomie de la végétation a été caractérisée par les espèces dominantes et codée : Pal = Pin d'Alep jeune, ChV = Chêne vert, Gox = Genévrier oxycèdre, Ger = Genévrier rouge, Phi = Phillyrea, PA2 = Pin d'Alep 2m, Alf = Alfa, PA7 = Pin d'Alep 7 m, Rom = Romarin, Cis = Ciste et cla pour les clairières.

La première étape a été la reconnaissance des "groupements végétaux" présents dans la dition, qui sont analogues à ceux des "Groupements végétaux de la France méditerranéenne" l'ouvrage fondateur de J. Braun-Blanquet, et qui sont donc les groupes de plantes qui vivent ensemble parce qu'elles ont les mêmes exigences écologiques ; ils répondent exactement à la définition de MARCEL GUINOCHET (1938) : "Le terme groupement est généralement employé, en phytosociologie, lorsque l'on ne peut ou veut préciser la place d'un ensemble de relevés dans cette hiérarchie. Il est, en effet, démontré qu'à chaque groupement correspond un type de milieu, et réciproquement."

Les formations végétales (§ 34*) de la dition comprennent les clairières, les formations herbacées dominées par l'Alfa, les formations ligneuses basses dominées par les Cistes ou par le Romarin, les formations ligneuses moyennes (matorral bas) dominées par le Genévrier de Phénicie, le Genévrier oxycèdre ou *Phillyrea angustifolia*, les formations ligneuses hautes plus ou moins denses (forêts et matorrals hauts) dominées par le Pin d'Alep ou le Chêne vert.

Ensuite, la fonction "cséquen" de la base de données ECHO (§ 56*) met en évidence les espèces qui sont présentes dans chacune des physionomies et surtout celles qui sont présentes seulement dans cette physionomie, c'est-à-dire qui sont "fidèles" à cette physionomie.

Le premier stade : les clairières

La fonction "cséquen" montre que 554 espèces (sur 722) sont présentes dans les clairières, et que 180 espèces sont présentes seulement dans les clairières (nous dirons qu'elles sont "fidèles" à ce stade).

Le stade des clairières comprend 173 relevés élémentaires (sur 422) et 176 espèces lui sont fidèles. Ce sont des espèces rares (les plus fréquentes sont présentes dans moins de 1 % des relevés) et il est donc difficile d'affirmer qu'elles sont "caractéristiques" des clairières. Cela indique aussi que les clairières sont propices à la germination de très nombreuses espèces.

La présence dans les clairières de quelques plantes pérennes plus ou moins ligneuses signifie que certaines clairières sont en place depuis plusieurs dizaines d'années et qu'elles constituent un stade durable qui est un palier d'une séquence. Pour en avoir le cœur net, il faut regarder le type biologique et le type bionomique de ces espèces, et calculer les pourcentages d'espèces annuelles (et en particulier de Graminées), d'herbacées bisannuelles, d'herbacées vivaces et de ligneuses basses. Puisque les relevés ont tous été effectués dans l'étage semi-aride, les clairières sont des stades transitoires de plus ou moins longue durée et le seul cas où elles pourraient être le stade ultime est celui des terrains salés.

La fin de séquence

Elle est indiquée par la présence du groupement végétal n° 11 (*Pinus halepensis, Quercus rotundifolia, Juniperus oxycedrus, Carex halleriana, Helianthemum cinereum subsp. rubellum*) [2]. Sur le plan bionomique, toutes

---

2 Il est normal que l'algorithme de l'archipel ne fasse pas apparaître ces espèces dès le début de l'archipel : la raison est que ces espèces sont très fréquentes et que, à la limite, une espèce qui serait présente dans tous les relevés ne serait en liaison positive ou négative avec aucune autre espèce et n'apparaîtrait donc pas du tout dans l'archipel.

ces espèces sont pérennes et ligneuses, ce qui est un indice de fin de séquence selon le modèle des montagnes russes. Les profils écologiques montrent que ce groupement végétal est présent de 700 m à 2.100 m, mais principalement à altitude moyenne, entre 1.000 m et 1.600 m avec un quotient d'Emberger compris entre 50 et 90. La moyenne des minimas du mois le plus froid est largement étalée, ce qui signifie que ces relevés sont dans toutes les variantes thermiques de l'étage semi-aride.

L'espèce dominante y est généralement le Pin d'Alep, et souvent le Chêne vert ou le Genévrier oxycèdre. Ces espèces sont surtout présentes dans les forêts très denses et dans les forêts denses, mais elles sont plus fréquentes que la fréquence attendue dans les forêts peu denses. Elles sont moins fréquentes que la fréquence attendue dans les autres formations végétales. Le Pin d'Alep y joue le rôle de "cicatrisant" car il reconstitue rapidement un couvert forestier, grâce à quatre de ses caractères bionomiques : anémochorie de ses graines ailées, ouverture des cônes par la chaleur des incendies, germination facile, tempérament d'essence de lumière.

Les stades intermédiaires

Le **premier des stades régressifs** de la séquence est représenté par le groupement végétal n° 1 (*Phillyrea angustifolia subsp. eu-angustifolia, Teucrium pseudo-chamaepitys, Ampelodesmos mauritanicus, Asparagus acutifolius, Calycotome villosa, Jasminum fruticans, Euphorbia exigua, Lonicera implexa, Arbutus unedo, Lavandula stoechas, Clematis flammula, Helichrysum stoechas, Cistus salviifolius, Rubia peregrina, Teucrium polium*). Sur le plan bionomique, toutes ces espèces sont pérennes et la plupart d'entre elles sont ligneuses. Les espèces dominantes dans ce groupement sont le Phillyrea et le Pin d'Alep. Il est surtout présent à basse altitude, dans la variante chaude de l'étage semi-aride, avec un quotient d'Emberger compris entre 45 et 55, principalement en Oranie, dans des forêts très denses ou denses et dans des matorrals hauts.

Le groupement végétal n° 3 (*Rosmarinus tournefortii, Stipa tenacissima, Globularia alypum, Cistus libanotis, Ebenus pinnata*) est un **stade à forte métastabilité** dans le modèle des montagnes russes. Il est présent dans tous les secteurs de la dition, à basse altitude, dans l'étage semi-aride plutôt tempéré, sous la dominance du Pin d'Alep, de *Juniperus phoenicea* et surtout dans les clairières. Il est lié à des substrats géologiques particuliers.

Les groupements végétaux n°s 5, 6 et 8 sont constitués par des espèces dont le type bionomique est : plante annuelle ou bisannuelle, généralement anémogame, anémochore, héliophyte, thérophyte, anémochore ou zoochore.

Ce sont donc des **stades de début de séquence.** Le groupement végétal n° 8 vit par exemple seulement dans les matorrals bas de l'Atlas saharien central à haute altitude (m compris entre – 2 °C et – 0,5 °C) et une faible pluviosité.

Une remontée biologique progressive y sera possible si des semenciers des espèces des stades ultérieurs sont présents. La reconquête passera souvent par des paliers marqués par des espèces sociales telles que les Cistes du groupement végétal n° 2, caractéristiques de **stades intermédiaires** constituant des "paliers" dans la succession. Il serait illogique de parler alors de "blocage" puisqu'il suffit que les espèces des stades ultérieurs s'y installent pour que la poussée ascencionnelle reprenne son rythme.

372.61 L'originalité des stades

Lorsque le pourcentage du nombres d'espèces "fidèles" à la physionomie par rapport à celui du nombre des espèces présentes dans cette physionomie est élevé, la physionomie est très originale par rapport aux autres :

L'originalité d'une physionomie est souvent proportionnelle au nombre de relevés où elle a été observée, pour la même raison que la courbe aire-espèces est toujours croissante (quand le nombre de relevés augmente, il y a de plus en plus de chances de trouver des espèces "rares" qui ne sont pas présentes dans les autres physionomies) :

	cla	PA1	ChV	For	Gox	Ger	Phi	PA2	Alf	PA7	Rom	Cis
Nombre de relevés	173	119	39	2	29	26	9	2	6	3	7	2
Nombre d'espèces fidèles	180	7	26	3	16	11	4	1	2	2	1	0
Nombre d'espèces présentes	554	386	270	39	206	177	91	28	66	60	56	36
Originalité de la physionomie	32	20	10	8	8	6	4	4	3	3	2	0

La quatrième ligne est le pourcentage de la première par la deuxième.

Il apparaît alors que l'originalité des clairières est élevée. Cela signifie que les espèces des clairières ont des chances de posséder un type bionomique qui correspond bien aux conditions de vie de ces habitats où la concurrence est faible. De même, les pineraies de Pin d'Alep et les chênaies de Chêne vert sont des groupements végétaux assez originaux situés en fin de séquence.

La caractérisation écologique des stades

Cette caractérisation est obtenue en examinant les profils écologiques indicés de toutes les espèces, qui montrent que, par exemple :

- Le Genévrier rouge vit dans des climats plus arides que la moyenne (quotient d'Emberger souvent voisin de 36) ; il est rare dans les clairières et peu fréquent quand il n'est pas dominant ;
- Le Genévrier oxycèdre est rare dans les clairières mais il est présent assez équitablement dans les autres physionomies sauf celles du Genévrier rouge, de l'Alfa et du Romarin ; il appartient au même coenon que le Pin d'Alep et le Chêne vert, et les très beaux transects d'Arezki dans le Haut Atlas montrent qu'il y est très lié au Chêne vert ;
- Le Pin d'Alep est évidemment le pôle d'une séquence dans l'étage semi-aride, mais cette séquence comprend plusieurs cheminements ; dans l'un d'eux, il est accompagné par le Chêne vert.
- Le Chêne vert joue deux rôles complémentaires : dans l'étage subhumide, il est le pôle d'une séquence autonome et, dans l'étage semi-aride, il accompagne le Pin d'Alep.

372.63 Les principaux stades des séquences de végétation

Au total, les principaux stades identifiables dans les séquences peuvent être ordonnés en 9 classes, où le suffixe "p" indique les stades progressifs, le suffixe "s" les stades stabilisés et le suffixe "r" les stades régressifs) :

1 première colonisation, à partir du sol nu, généralement par des Algues, des Lichens et des Thérophytes
2 pelouse d'annuelles (souvent à rosettes)
3 pelouse de vivaces (souvent graminoïdes)
3p pelouse de vivaces, en progression (souvent une tache dans une matrice ligneuse)
3s pelouse de vivaces stabilisée par les actions humaines (prairies de fauche ou de pâture)
3r pelouse de vivaces en régression comprenant des annuelles colonisant les terrains nus
4 pelouse + arbustes (généralement en progression, souvent avec des arbustes épineux)

5 arbustes + pelouse

5p arbustes + pelouse, en progression (taches d'arbustes à contour convexe)

5s arbustes + pelouse, stabilisé (par exemple lande de Callune)

5r arbustes + pelouse, en régression (taches d'arbustes concaves)

6 fruticée où les arbustes occupent la plus grande partie de l'espace)

6p arbustes + pelouse, en progression (taches convexes et profil en piédestal)

6s arbustes + pelouse, stabilisé (par exemple lande de Callune)

6r arbustes + pelouse, en régression (taches concaves)

7 ligneux bas - ligneux hauts (souvent avec des taches d'herbacées)

7p ligneux bas - ligneux hauts, en progression (profil en piédestal)

7s ligneux bas - ligneux hauts, stabilisé (profil en chapiteau quand un arbuste est dominant)

7r ligneux bas - ligneux hauts, en régression

8 ligneux hauts - ligneux bas (quelquefois avec des taches d'herbacées)

8p ligneux hauts - ligneux bas, en progression (taillis sous futaie)

8s ligneux hauts - ligneux bas, stabilisé (forêt irrégulière)

8r ligneux hauts - ligneux bas, en régression (érosion)

9 ligneux hauts (fin de séquence)

372.7 Le profil vertical de la végétation et la stabilité

Il a été noté dans le paragraphe 34* que le profil vertical de la végétation prend la forme d'un piédestal de colonne lorsque la végétation fonctionne bien et qu'il est comme le chapiteau d'une colonne quand elle est dans une phase où la biomasse s'accumule et devient instable.

Les transects de végétation observés par A. Wolff et L. Amandier (2009) dans de vieilles forêts de Provence qui avaient été soumises à des éclaircies plus ou moins fortes et même à des coupes rases ont permis de voir que :

- les profils les plus nettement en piédestal (pente de la droite de régression atteignant – 8 et – 13) sont dans les coupes rases où la végétation forestière se reconstitue bien ;
- le profil en piédestal est présent dans des parcelles fortement éclaircies, dans des parcelles modérément éclaircies et dans des parcelles faiblement éclaircies ;
- 15 des parcelles témoins qui n'ont pas été éclaircies sont en chapiteau (pente positive ou nulle) et 14 sont légèrement en piédestal (pentes inférieures à –2).

Ces résultats confirment que les profils verticaux de phytomasse en forme de piédestal sont présents dans les végétations qui évoluent rapidement, en particulier après les coupes rases et que les profils en chapiteau sont présents dans les végétations où la biomasse s'accumule et deviendra instable à plus ou moins long terme.

373 SYNCHRONIE ET DIACHRONIE

373.1 A l'échelle de la centaine d'années

Pour l'étude des langues anciennes, à la suite de Ferdinand de Saussure, les linguistes ont distingué depuis un siècle les études "**synchroniques**" et les études "**diachroniques**". Par exemple, pour comprendre la naissance des langues romanes issues du latin, ils peuvent procéder diachroniquement en regardant des manuscrits français du XIIe, du XIIIe, du XIVe et du XVe siècle. Ils peuvent aussi comparer synchroniquement des manuscrits d'une époque choisie telle que le XVe siècle et venant d'Italie, de France et d'Espagne pour trouver leurs caractères linguistiques communs qui viennent de leur origine latine.

Cette distinction a été reprise par les écologues qui étudient l'évolution de la végétation. Par exemple, pour étudier les transformations du tapis végétal dans une succession qui va de la friche à la forêt en passant par des stades de conquête par les arbustes puis par les arbres, ils peuvent suivre deux voies complémentaires :

1) Le chercheur place des dispositifs d'observation dans un ensemble de parcelles de friches et regarde, au fil du temps comment chaque évolue la végétation de chaque parcelle. Cette méthode est précieuse, en particulier parce qu'elle permet d'estimer la variabilité des évolutions possibles, et son principal défaut est d'exiger du temps, ce qui est rédhibitoire pour étudier les évolutions à long terme.

2) Le chercheur cherche, au moment où il commence son étude, des parcelles qui sont dans chacun des stades qui l'intéressent : des parcelles de jeunes friches occupées par des plantes herbacées, des parcelles où les arbustes commencent à s'introduire, des parcelles où les arbustes sont largement implantées, des parcelles où apparaissent quelques arbres, enfin des parcelles reconquises par la forêt. Cette méthode "synchronique" donne immédiatement une première idée des stades successifs de l'évolution, mais elle reste imprécise, pour deux raisons :

- toutes les parcelles sont différentes les unes des autres et on ne sait pas si elles appartiennent à la même séquence de végétation ;
- l'âge de la végétation de chacune des parcelles n'est pas exactement connu, même si des mesures dendro-chronologiques sont effectuées.

373.2 A l'échelle des temps géologiques

Des réflexions analogues peuvent être faites pour l'arrivée des Angiospermes pollinisées par les Insectes ou, chez les animaux, pour l'élaboration de l'œil, pour l'ossification de la chorde chez les Vertébrés, pour l'acquisition de l'homéo-thermie des Mammifères, etc. (*cf.* le chapitre 2). Dans tous ces cas, ce sont les interactions entre les espèces et leur habitat qui ont contrôlé l'évolution et l'on peut se demander si celle-ci est parfaitement déterministe. En théorie, ce serait possible, en analysant la totalité des réactions biochimiques (sous-tendues par des lois thermodynamiques rigoureuses) qui sont intervenues depuis 3,5 milliards d'années jusqu'à l'état actuel de la biosphère. En pratique, l'écologue peut seulement chercher comment ces innovations ont été utiles pour assurer la métastabilité des espèces dans leurs habitats, ce qui est déjà passionnant.

374 LES MATRICES DE TRANSITION

374.1 Le principe

Le premier exemple d'utilisation des matrices de transition en écologie à été proposé par **M. GODRON ET J. LEPART** (1973 et 1975) 2 avant d'être repris ensuite par **M. B. USHER** en 1981 4.

---

2 Sur la représentation de la dynamique de la végétation au moyen de matrices de succession. In Herausgegeben von Reinhold Tuxen *Sukzessionforschung Rinteln* Berichte der Internationalen Symposien der Internationalen Vereinigung fur Vegetationskunde, Sukzessionforschung,Vaduz Cramer 1975 : 269-287. Voir aussi "An account on the use of a transition matrix" *Agro-Ecoystems*, 1973, 3, 81-92

4 M. B. Usher, Modelling ecological succession, with particular reference to Markovian models. *Plant Ecology*, 46 (1), 11-18.

Il s'agit en l'occurrence d'une partie de la commune de Dourbies (parcelle n° 9, 52 hectares), dans le massif de l'Aigoual (Gard) où ont été observées en 1957 et en 1979 les surfaces occupées par :

- la Terre nue,
- les LH denses,
- les LH clairs,
- les Herbacées,
- les LH-LB
- les LB-Herbacées

avec les abréviations LH = formations ligneuses hautes, LB = formations ligneuses basses et Herb. = formations herbacées.

Dans cette parcelle les surfaces occupées par ces 6 types d'occupation du territoire étaient égales respectivement

en 1957 à 2,07 1,81 2,59 41,65 0,00 3,88 ha
en 1979 à 1,55 3,87 5,16 39,88 0,76 0,78 ha

Ces chiffres ont été reportés dans la seconde colonne et la dernière ligne du tableau ci-dessous qui contient la "matrice" des transitions **M** où les chiffres sont écrits en caractères gras :

	Surf. 1957	Terre nue	LH denses	LH clairs	Herba-cées	LH - LB	LB - Herb.
Terre nue	2,07	75	0	0	25	0	0
LH denses	1,81	0	100	0	0	0	0
LH clairs	2,59	0	70	0	0	10	20
LH – LB	0	0	0	0	0	0	0
Herbacées	41,65	0	0,6	3,7	94,5	1,2	0
LH – Herb.	3,88	0	0	93,3	0	0	6,7
Surf. 1979		1,55	3,87	5,16	39,88	0,76	0,78

Une "matrice", au sens mathématique de ce mot, est un tableau carré ou rectangulaire de chiffres capable d'engendrer des transformations. Dans le cas présent, ces chiffres expriment les évolutions des surfaces des formations végétales entre 1957 et 1979. Il se présente comme les matrices des chaînes de **MARKOV** ; cependant, il ne s'agit pas exactement d'une chaîne de Markov puisqu'il contient des pourcentages observés en un temps fini et non pas des probabilités. Sur le plan mathématique, le théorème de Perron-Frobenius montre que la valeur propre dominante d'une matrice de transition est toujours égale à 1 et que les vecteurs propres sont tous positifs.

Cette matrice **M** est un résumé très condensé de l'ensemble des changements qui ont eu lieu entre la carte dressée en 1957 et la carte dressée en 1979. Elle montre comment les surfaces occupées en 1957, qui sont respectivement :

2,07 ha 1,81 ha 2,59 ha 0 ha 41,65 ha 3,88 ha

et que nous nommerons le "vecteur" V1957 – se transforme par un "produit matriciel" pour devenir le "vecteur" des surfaces occupées en 1979 :

1,55 ha 3,87 ha 5,16 ha 39,88 ha 0,76 ha et 0,78 ha.

Pour le comprendre, il suffit de regarder quelques exemples :

- la première colonne de la matrice (75 0 0 0 0 0) montre que les surfaces de terre nue en 1979 proviennent toutes des surfaces qui étaient déjà en terre nue en 1957 (soit 2,07 ha) et que 75 % de ces 2,07 ha (soit 1,5525 hectares arrondis à 1,55 ha dans le tableau ci-dessus) sont restés en terre nue ;
- la première ligne de la matrice indique que le reste des terres nues de 1957 (soit 2,07 ha x 0,25) donnera les 0,5175 ha (arrondis à 0,52 ha) qui ont été conquis par des formations herbacées ;
- les ligneux hauts denses de 1979 proviennent :
  = de 1,81 ha de ligneux hauts denses de 1957, intégralement conservés,
  = de 2,59 ha de formations ligneuses hautes claires x 0,70 = 1,81 ha,
  = de 41,65 ha de formations d'herbacées x 0,006 = 0,25 ha,
  soit au total 1,81+ 1,81 + 0,25 = 3,87 ha
- etc.

Cette multiplication matricielle traduit l'évolution de la végétation entre 1957 et 1979 ; elle s'écrit sous une forme très simple :

$$V1979 = V1957 \times M \quad (1)$$

Dans le cas imaginaire où les taux de transition resteraient constants après 1979, la même matrice exprimerait l'évolution entre 1979 et 1979 + 22 ans, c'est-à-dire entre 1979 et 2001. Il serait alors possible d'écrire :

$$V1979 + 22 = V1979 \times M$$

soit $V2001 = V1979 \times M \quad (2)$

La répartition des formations végétales en 2001 serait alors, en appliquant la formule (2) :

Terre nue	LH denses	LH clairs	Herbacées	LH-LB	LB-Herbacées
1 ha	9 ha	5 ha	37 ha	1 ha	1 ha

En imaginant que l'évolution continue dans les mêmes conditions, le calcul matriciel – qu'il est facile de programmer en quelques lignes avec

DyalogAPL – montrerait que les terres nues disparaîtraient rapidement, par envahissement des herbacées, puis des ligneux ; les formations ligneuses hautes denses s'étendraient progressivement, d'environ un hectare à chaque fois, pour atteindre 38 ha ; les formations ligneuses hautes claires commenceraient par augmenter jusqu'à 5,15 ha, puis disparaîtraient lentement en se densifiant ; les formations herbacées décroîtraient lentement, d'environ un hectare à chaque fois, les landes boisées augmenteraient lentement, jusqu'à 14 hectares ; enfin, les formations ligneuses hautes et herbeuses s'accroîtraient jusqu'à 1,68 ha, par enherbement des formations ligneuses hautes claires, puis disparaîtraient.

Les modifications successives des surfaces (mesurées en ha) à partir de 1957 et pour les 12 transitions suivantes sont résumées dans le tableau :

Transition	1	2	3	4	5	6	7	8	9	10	11	12
Terre nue	2	1	1	1	0	0	0	0	0	0	0	0
LH denses	4	8	9	10	11	13	14	15	16	17	17	18
LH clairs	5	1	1	1	1	1	1	1	1	1	1	1
Herbacées	40	39	37	36	36	32	30	29	27	26	25	24
LH – LB	1	1	1	2	2	3	3	4	4	4	5	5
LB-Herbacées	1	2	2	2	3	3	3	3	4	4	4	4
Total	52	52	52	52	52	52	52	52	52	52	52	52

Tableau : Évolution hypothétique des surfaces occupées par les formations végétales de la parcelle 9 au cours des 12 transitions envisagées

Ce tableau n'indique évidemment pas des prédictions, puisque les taux de transition utilisés ici ne sont pas des probabilités et ne sont pas constants. L'évolution qu'il schématise correspond cependant très bien à la succession observée des "séquences de végétation" sur le massif de l'Aigoual.

Ces multiplications matricielles successives doivent donc être prises seulement comme un appareil grossissant qui magnifie des effets peu visibles à court terme. Leur intérêt est de faire apparaître très clairement l'ensemble des tendances observées entre 1957 et 1979 : ces tendances correspondent à la disparition lente des surfaces de terre nue érodée, à la progression de la forêt (LH denses) aux dépens des formations herbacées et à une légère augmentation des ligneux bas.

Dans cet exemple, les évolutions sont "monotones", mais des variations cycliques apparaissent souvent, en particulier quand des espèces transitoires assurent une "cicatrisation" progressive. Tel est la cas des faciès à Bouleau sur le Mont Lozère (France) et des pelouses littorales "aéro-halines" du pourtour de la Bretagne (J. SAWTSCHUK, 2010).

374.2 Réalisation pratique

La méthode la plus simple pour construire une matrice de transition est la comparaison de deux ensembles de photographies aériennes ou de deux images de télédétection. Cette comparaison pose des problèmes techniques délicats qui sont envisagés dans l'annexe 53-1 du chapitre 5.

Quand la matrice de transition est construite à partir des présences des espèces observées à plusieurs reprises, aux temps T1, T2, T3, etc., dans les mêmes lieux (ces lieux peuvent être des points, des segments ou des carrés permanents), il faut réaliser que chacune des matrices caractérise ce qui s'est passé entre T1 et T2, entre T2 et T3, etc. La structure des matrices ainsi obtenues présente dans ce cas des caractères particuliers qui exigent une mise en œuvre attentive.

Il est tentant de calculer une matrice de transition globale entre toutes les observations, sans tenir compte de la date T1, T2 T3, etc. où elles ont été réalisées, mais c'est une regrettable perte d'information, qui oublie que les transitions qui ont lieu dans les biocénoses pionnières sont différentes de celles qui ont lieu dans les biocénoses jeunes, dans les biocénoses adultes et dans les biocénoses de fin de séquence.

375 L' "ÉTAT FAVORABLE" DES HABITATS

375.1 Le "climax" est-il l'état de conservation le plus favorable ?

Ce paragraphe a été rédigé avec l'aide d'ALEXIS MIKOLAJCZAK et d'OLIVIER LEROY.

Pour caractériser l'état favorable d'un habitat, la tentation est grande de dire que c'est le climax (voir le début du paragraphe 37*) qui est l'état le plus favorable, ce qui permettrait de construire une échelle allant d'un état très "dégradé" à l'état "naturel" de référence.

En effet, E. ODUM a pensé que le climax est l'état où le fonctionnement de l'écosystème est optimal, et il a ainsi prôné plus ou moins consciemment un "retour à la nature" à la suite de J.-J. ROUSSEAU et de H. D. THOREAU 2.

---

2 1862 *Walking*, disponible sur le site www.eserver.org/16080/thoreau

Cette idée a eu un grand succès médiatique à l'époque de Woodstock et elle est encore acceptée par de nombreux écologistes tentés par le mythe de la "naturalité". Mais elle ne correspond pas à la réalité, en particulier pour la biodiversité spécifique. En effet, pour étudier la relation entre le climax et la diversité, E. ODUM a compté le nombre d'espèces présentes dans des placettes d'une série de végétation, et, pour que le résultat confirme son idée préconçue, il a choisi d'observer une plus grande surface dans la placette "climacique". C'était un moyen très sûr de prouver que la biodiversité est maximale dans le climax !

La proposition d'E. Odum était si séduisante qu'elle a été acceptée sans être discutée pendant plusieurs dizaines d'années. Elle est justifiée dans des pays tels que la Nouvelle-Guinée où il existe des territoires nombreux et étendus où l'influence de l'homme est suffisamment faible pour que la gamme complète des habitats naturels existe encore. A l'échelle du globe, les habitats très peu artificialisés qui pourraient servir de référence sont rarissimes, parce qu'ils ne peuvent nourrir qu'une population très peu dense. Pour les habitats où l'Homme n'intervient plus, le paragraphe 54* indiquera les évolutions prévisibles des principaux caractères de la végétation.

Pour l'Europe occidentale, l'évolution de la végétation observée par les palynologues entre le Pré-Boréal et l'Atlantique, lorsque nos ancêtres néolithiques ont bouleversé le paysage en défrichant les terres cultivables par des cultures sur brûlis (§ 24*, 37* et 72*) montre que le climax ancien est définitivement disparu.

La gestion optimale des forêts et des espaces "sauvages" sera examinée dans le paragraphe 69*. En attendant, pour toutes les raisons indiquées précédemment, la seule solution réaliste est de faire appel à des notions et à des critères qui ont été discutés dans les paragraphes 35* et 37* (la loi de zonalité, les traits bionomiques, les séries de végétation, les séquences de végétation, le profil vertical de la végétation et les matrices de transition).

375.2 L'état de conservation pour Natura 2000

Le programme européen Natura 2000 vise à maintenir dans un "état favorable" les habitats qui figurent dans l'annexe I de la directive "Habitats" et l'on se demandait encore, en 2011, comment il est possible de savoir si un habitat concret est en "état favorable".

NATHALIE CARNINO (2008) a montré que les documents relatifs à ce problème restent assez théoriques et elle a proposé un premier ensemble de critères pratiques pour les habitats forestiers. Pour les compléter, il serait nécessaire d'y ajouter les critères écologiques et sylvicoles utilisés dans l'étude des forêts du Boischaut (§ 83*), parce qu'ils montrent comment le point de vue des écologues et celui des sylviculteurs peuvent être complémentaires et même convergents. Pour aller au-delà de cet appel aux connaissances des forestiers, il est nécessaire de revenir à la définition de l'état favorable.

375.21 La définition de l'état de conservation

Elle est particuièrement important pour l'application de la directive "Habitats" de Natura 2000.

Dans son article premier, la directive 92/43 de l'Union européenne dit que :

> "L'état de conservation est "l'effet de l'ensemble des influences agissant sur un habitat naturel ainsi que sur les espèces typiques qu'il abrite, qui peuvent affecter à long terme sa répartition naturelle, sa structure et ses fonctions ainsi que la survie à long terme de ses espèces typiques sur le territoire visé à l'article 2 [le territoire des États membres de l'Union européenne]."
>
> L'état de conservation d'un habitat naturel sera considéré comme favorable lorsque :
>
> - son aire de répartition naturelle ainsi que les superficies qu'il couvre au sein de cette aire sont stables ou en expansion
>
> et
>
> - la structure et les fonctions spécifiques nécessaires à son maintien à long terme existent et sont susceptibles de perdurer dans un avenir prévisible
>
> et
>
> - l'état de conservation des espèces qui lui sont typiques est favorable au sens du point i)"

Cet article de la directive donne un rôle crucial aux **"espèces typiques"** participant au diagnostic de la structure et des fonctions de l'habitat. Cependant, ce terme n'est pas défini dans les textes de la directive, et, lors de la première évaluation officielle de l'état d'avancement du programme Natura 2000 en 2006-2007, la France n'a même pas essayé d'élaborer les listes d'espèces typiques qui auraient été nécessaires.

Le travail de NATHALIE CARNINO (2008) essaie intelligemment de combler cette lacune pour les habitats forestiers en s'appuyant en particulier sur des critères écologiques (la présence de bois mort, etc.). Ces travaux méritent d'être prolongés et généralisés à d'autres types d'habitats et ils conduisent à réfléchir à nouveau sur les espèces "typiques" comme l'a fait LISE MACIEJEWSKI (2010) 2.

375.22 Les espèces typiques

Ce paragraphe a été réalisé avec l'aide de LISE MACIEJEWSKI.

La directive européenne parle d'espèces typiques parce que les expressions "espèce caractéristique", "espèce-clef" et "espèce diagnostique" sont déjà utilisées en écologie et qu'il faut éviter les risques de confusion. La difficulté est que l'état de conservation est favorable s'il permet à l'habitat **et** aux espèces typiques de se maintenir à long terme. La définition précise des espèces typiques doit être donnée en examinant dialectiquement leur relation avec la structure et les fonctions d'un habitat.

Une définition fonctionnelle très restrictive

La définition la plus restrictive serait qu'une espèce est typique si sa présence est nécessaire pour la survie d'un habitat où elle est présente. Les cas où cette définition s'appliquerait sont extrêmement rares. L'un des exemples les plus nets serait la disparition du pollinisateur unique d'une espèce végétale présente dans une biocénose puisqu'elle entraînerait disparition de la plante qu'il pollinisait. Pour que l'habitat lui-même soit menacé par cette double disparition, il faudrait que l'espèce pollinisée soit indispensable pour la survie de l'habitat, et le problème est donc seulement repoussé un peu plus loin.

Une définition fonctionnelle nuancée

Si l'on dit que la présence d'une espèce typique est nécessaire pour le bon fonctionnement d'un habitat où elle est présente, un protocole expérimental peut être proposé pour les écosystèmes simples tel qu'un aquarium où l'on a placé un petit nombre d'espèces : il suffit alors de regarder le comportement du système quand on retire une des espèces, puis deux espèces dans chacun des deux ordres possibles, puis n espèces dans chacun des n (n-1) (n-2), ... 3 2 1 ordres possibles.

Cette méthode lourde mais très précise a donné des résultats intéressants, mais elle a le défaut rédhibitoire d'être inapplicable dans les biocénoses multi-spécifiques qui sont concernées par Natura 2000. Pour celles-ci, on pourrait évidemment imaginer de faire disparaître seulement les

---

2 2010 Mémoire Engref, Nancy

espèces dominantes, puisque la disparition d'une espèce dominante modifie tout l'équilibre de la biocénose. Mais la loi 20-80 (§ 36*) montre que les espèces dominantes sont interchangeables et qu'une espèce dominante qui disparaît est rapidement remplacée par une autre espèce qui devient dominante à son tour.

De même, la disparition d'une espèce prédatrice située en haut de la pyramide alimentaire (§ 62*) a des conséquences importantes puisqu'elle permet aux espèces qu'elle consomme de se développer, mais la concurrence (§ 36*) régule la courbe rang-fréquence avec une force suffisante pour qu'une pyramide moins haute trouve un nouvel équilibre.

Le problème à résoudre est complexe parce qu'une espèce qui disparaîtrait est généralement présente dans plusieurs habitats où ses rôles sont différents, et que c'est l'équilibre interactif de cet ensemble d'habitats qu'il faut étudier. Les états d'équilibre d'un système si complexe ne peuvent donc être découverts qu'en faisant appel à des modèles comme l'ont montré en France **D. MARAGE**, et **F. GOSSELIN**.

375.3 Utiliser un modèle

Pour trouver les espèces typiques, le modèle le plus général sera celui qui montrera comment les espèces typiques sont présentes pendant toute la durée où l'habitat se maintient à long terme et perdure. C'est alors le modèle des montagnes russes qui donne la voie la plus directe pour trouver les espèces typiques.

Ce modèle a été présenté dans le paragraphe 16* et son application à la dynamique de la végétation a été vue dès le début du paragraphe 37*. Il montre que l'évolution d'une biocœnose est une succession d'étapes comprenant des phases de changement rapide (les sommets des montagnes russes) et des phases où le système reste durablement parce qu'il est dans un puits de métastabilité. Les espèces typiques que nous recherchons pour Natura 2000 sont alors celles qui caractérisent les phases durables, et cela relie les objectifs de préservation de la nature et ceux du développement durable (§ 87*).

Il a été souligné que les montagnes russes doivent être comprises comme existant dans plusieurs dimensions et non pas seulement dans le plan où elles sont dessinées dans la figure ci-dessus qui représente seulement en abscisse la dimension du temps T pour une séquence de végétation. Les autres dimensions sont spatiales et correspondent à l'hétérogénéité de l'espace en X, Y (les coordonnées géographiques de la biocœnose) et Z (la stratification pour les synusies).

L'exemple des prairies de fond de vallée et des forêts alluviales aidera à comprendre ce qui vient d'être dit : pour le document **EUR 27** de **NATURA 2000**, les prairies fauchées de fond de vallée appartiennent à l'habitat 6510 *: Lowland hay meadows (Alopecurus pratensis, Sanguisorba officinalis)* PAL.CLASS.: 38.2. Dans le prodrome phytosociologique des végétations de France, on y distingue au moins trois sous-alliances :

* 6.0.1.0.1.1 *Centaureo jaceae-Arrhenatherenion elatioris,*
* 6.0.1.0.1.2 *Colchico autumnalis-Arrhenatherenion elatioris,*
* 6.0.1.0.1.3 *Rumici obtusifolii-Arrhenatherenion elatioris,*

qui résultent de différences dans la nature du sol. Ces trois sous-alliances sont durables et peuvent exister pendant plusieurs dizaines d'années sans changements notables aussi longtemps que la fauche annuelle est maintenue.

Si l'on cesse de les faucher, ces prairies suivront des évolutions parallèles qui peuvent être dessinées sur trois séries de montagnes russes, correspondant chacune à l'une des trois sous-alliances. Dans chacune de ces séries se dessine l'évolution au cours du temps de la végétation. Généralement cette évolution conduit selon la loi de zonalité (début du paragraphe 37*) à l'habitat 91E0 * - *Alluvial forests with Alnus glutinosa and Fraxinus excelsior (Alno-Padion, Alnion incanae, Salicion albae) - PAL.CLASS.: 44.3, 44.2 and 44.13.* Cette évolution se fera en franchissant au cours du temps le seuil d'instabilité qui sépare la phase durable des prairies de fauche présente au début de la séquence, de celle des forêts alluviales, en fin de séquence. La phase d'instabilité est constituée par le développement rapide des strates arbustives où les Saules sont généralement présents.

L'instabilité de la structure verticale de la végétation

De plus, il a été vu dans le paragraphe 34* que le passage d'une végétation herbacée à une végétation arbustive s'accompagne du passage d'un profil vertical en piédestal stable à un profil en chapiteau instable et ensuite au retour à un profil en piédestal stable. Il en est ainsi pour le passage des prairies aux saulaies – qui plafonnent à moins de 10 mètres – jusqu'à l'aulnaie-frênaie qui peut monter jusqu'à 25 mètres. Il est remarquable que les écologues européens aient jugé que ce sont justement les deux phases durables qui sont les habitats à préserver (la phase initiale des prairies fauchées 6510 et la phase finale des forêts alluviales 91E0 dans EUR27), alors que les états intermédiaires instables ne sont pas jugés intéressants.

La caractérisation des séquences de végétation (§ 372* et L. Kadik 20102) est alors le prélude à la reconstitution précise des phases de cette évolution. Alexis Mikolajczak (*comm. verb.*) recommande alors d'accorder autant d'attention aux types de végétation transitoires qu'à ceux des habitats "durables" de la directive "Habitats" (*cf.* le critère écrit en vert dans l'extrait de la directive mentionné ci-dessus).

Un exemple concret de découverte des espèces typiques est présenté dans le paragraphe 56*.

Les traits bionomiques qui caractérisent les stades

Rappelons que la végétation des stades initiaux des séquences de végétation sont des formations herbacées de plantes annuelles, le stade suivant est composé de plantes herbacées vivaces (en particulier des Graminées vivaces dans les pelouses et les prairies), ensuite arrivent les arbustes qui sont évidemment vivaces, puis les arbrisseaux et enfin les arbres. La liste des traits bionomiques (§ 35*) des espèces présentes dans un relevé donne donc des indications précises sur sa place dans les stades de la séquence à laquelle il appartient.

Il est alors possible de résumer schématiquement l'information contenue dans la base de données en construisant des méta-relevés comme le propose LISE MACIEJEWSKI (2010) pour rassembler les caractères de chacun des habitats "durables" et de rédiger des fiches synthétiques pour faciliter le diagnostic sur le terrain comme l'a fait ALEXIS MIKOLAJCZAK .

38 L'ÉCOLOGIE DES PERTURBATIONS

L'écologie classique du milieu du XXe siècle a eu son acmé avec le Programme biologique international (PBI) de l'Unesco. Celui-ci a concentré la plus grande part de ses investigations sur les systèmes écologiques peu artificialisés, comme en témoignent de nombreuses publications. En effet, un grand nombre d'écologues étaient influencés par Odum qui affirmait que les écosystèmes "climaciques" étaient plus diversifiés et plus fonctionnels que les écosystèmes artificialisés.

---

2 Contribution à l'étude des groupements végétaux présents dans les pineraies de *Pinus halepensis* Mill. d'Algérie, *Repères*, 10 - 1 : 1-15

Sur ces entrefaites, à partir de 1985, l'écologie des paysages (§ 54*) a mis en évidence l'importance des systèmes écologiques artificialisés tels que les terres cultivées (§ 81*), les pâturages (§ 82*), les forêts aménagées (§ 83*), etc. pour deux raisons complémentaires. La première est que les paysages où nous vivons sont en très grande partie artificialisés et que leur écologie est aussi importante que celle des habitats "naturels". La seconde est la timide apparition de l'écologie des perturbations qui a eu lieu lors d'un colloque franco-américain tenu à l'université de Stanford [1] où le tableau ci-dessous résume les relations entre quatre degrés d'artificialisation (§ 81*) et les principaux caractères écologiques des paysages :

ATTRIBUTS DES PAYSAGES	PAYSAGE "NATUREL"	PÂTURAGES ET FORÊTS	TERRES CULTIVEES	VILLES
Structure horizontale § 55	Peu de limites fortes	Quelques limites brutales	Toutes les limites sont brutales	Hétérogénéité maximale
GÉOMÉTRIE	Lignes courbes	Dominance des lignes courbes, peu de lignes droites,	Peu de lignes courbes, + de lignes droites	Lignes droites
Type de stabilité § 16 et 37	Métastabilité maximale	Métastabilité forte	Métastabilité moyenne	Métastabilité très faible
Thermodynamique § 17	Systèmes presque "fermés"	Systèmes partiellement ouverts	Systèmes en grande partie ouverts	Systèmes totalement ouverts
SYSTÈME TROPHIQUE § 4	Totalement autotrophe	Un peu hétérotrophe	Largement hétérotrophe	Totalement hétérotrophe
Chorologie § 27	Viscosité des esp.indigènes	Fluidité	Introduction d'exotiques	Cosmopolitisme

---

1 M. GODRON, *in Disturbance and ecosystems*, Springer, 1983, 292 p.

Grain structure § 58	Lié à la taille des espèces	Bimodal	Irrégulier	Aléatoire
Cycle des él. Min. § 34	Rapide	Assez rapide	"Forcé"	Déséquilibré (polluant)
Production biologique nette § 33	Nulle	En dents de scie de périodes variées	En dents de scie annuelles	Négative
Tactiques § 33	K >> r	K = r	K < r	Très variées
Phylogénie et spéciation § 25	Anagenèse > cladogenèse	Quelques remarquables co-évolutions	Perte du polymorphisme	Anarchique
Type de résistance § 37	Résistance à la sénescence	Résistance aux accidents	Résistance aux pesticides	Résistance à la pollution
Concurrence § 35	Ébarbée	Modulée	Contrôlée artificiellement	Épisodique

Tableau 38-1 Les caractères des éléments de paysages

Il apparaît ainsi que l'écologie des perturbations est au cœur d'un bon nombre de phénomènes écologiques et en particulier de la concurrence (§ 35*), de l'équilibre des communautés (§ 36*), du maintien de la biodiversité (§ 68*), etc. Le chapitre 8* présentera les perturbations causées par les activités humaines ; il se terminera en montrant que le développement durable (§ 87*) est une résistance aux perturbations écologiques et économiques qui devient une nécessité de plus en plus prégnante.

ANNEXE 3-1

UN SAVOUREUX APOLOGUE DE F. NIETZSCHE

Zarathoustra rencontre un homme couché à plat ventre au bord d'une mare et lui demande ce qui l'occupe. La réponse jaillit, péremptoire :

« – Je suis le consciencieux de l'esprit... et, dans les choses de l'esprit, il est difficile que quelqu'un s'y prenne d'une façon plus sévère, plus stricte et plus rigoureuse que moi, hors celui de qui j'ai appris, Zarathoustra lui-même. Plutôt ne rien savoir que de savoir beaucoup de choses à moitié. Plutôt être un fou pour son propre compte qu'un sage dans l'opinion des autres. Moi, je vais au fond : qu'importe que ce fond soit petit ou grand. Qu'il s'appelle marécage ou Ciel... Un morceau de terre large comme la main me suffit : pourvu que ce soit vraiment de la terre solide...

– Alors, lui demande Zarathoustra, tu es peut-être celui qui cherche à connaître la sangsue ? Tu poursuis la sangsue jusqu'à ses causes premières, toi qui es consciencieux ?

– O Zarathoustra, ce serait une monstruosité : comment oserais-je m'aviser d'une pareille chose ? Mais ce dont je suis maître et connaisseur, c'est du cerveau de la sangsue : c'est là mon univers à moi. Et c'est aussi un univers. Mais pardonne qu'ici mon orgueil se manifeste, car sur ce domaine je n'ai pas mon pareil. C'est pourquoi j'ai dit : c'est ici mon domaine... C'est pourquoi j'ai rejeté tout le reste, c'est pourquoi tout le reste m'est indifférent. »

Les écologues consciencieux auront garde d'éviter cette tentation réductionniste...

CHAPITRE 4

LA VÉGÉTATION, L'HYDROSPHÈRE ET LA GÉOSPHÈRE

Le chapitre 3 a montré comment le Soleil donne aux plantes l'énergie et l'information nécessaires pour qu'elles construisent leur structure en absorbant le CO_2 de l'atmosphère. Simultanément, les plantes aspirent dans le sol l'eau (§ 41*) et quelques éléments minéraux qui leur sont nécessaires. La végétation interagit ainsi avec la diversité des sols et de l'épiderme de la Terre (§ 42*). Ce chapitre concerne donc surtout les relations entre l'écologie et deux sciences complémentaires, la géomorphologie et la pédologie (§ 43* et 44*) sur lesquelles nous serons brefs, parce qu'elles sont traitées déjà dans d'excellents ouvrages.

41 LA VÉGÉTATION ET L'EAU

Le prix Nobel de chimie a été attribué en 2003 à **PETER AGRE** et à **RODERICK MACKINNON**, pour leurs travaux sur la perméabilité des membranes cellulaires à l'eau et aux ions. Peter Agre a montré que ce sont les protéines de la famille des aquaporines qui constituent les pores au travers desquels l'eau entre et sort d'une cellule. Elles sont donc au centre des relations entre les plantes et l'eau dont elles ont absolument besoin.

411 LA RÉSISTANCE DES PLANTES À LA SÉCHERESSE

Depuis qu'elles sont sorties des océans, au Silurien, les plantes sont restées marquées par leur origine aquatique : elles contiennent de 50 à 90 % d'eau et elles ont dû résister à la sécheresse par des voies diverses. La plus simple de ces "tactiques" 2 est d'effectuer leur cycle biologique pendant la saison humide, et à vivre sous forme de graines pendant la saison sèche. Les

---

2 Les raisons pour lesquelles il est préférable de parler des "tactiques" des espèces plutôt que de leurs "stratégies" ont été données dans le paragraphe 35*.

plantes qui fonctionnent ainsi peuvent "**échapper**" à la sécheresse, selon la terminologie de H. OPPENHEIMER (1960). Les plus typiques de ces plantes sont les plantes "annuelles" (nommées Thérophytes, *cf.* § 35*), dont le modèle achevé s'est développé lors de la différenciation des Pré-Phanérogames (ou Pré-Spermaphytes), à la fin de l'ère secondaire (§ 22*). La graine capable de résister à la saison sèche et d'attendre des conditions favorables a été nécessaire pour que les Pré-phanérogames puissent s'éloigner des bords de ruisseaux et des marais, et conquérir les terres sèches.

Tous les autres modes de résistance à la sécheresse sont englobés dans une tactique très générale qui consiste à "**tolérer**" la sécheresse. En effet, il est biologiquement absurde de dire qu'une espèce est "xérophile", puisqu'aucune plante ne peut "aimer" la sécheresse. La réalité est que les espèces qui tolèrent le mieux la sécheresse sont des **xérophytes**.

Les xérophytes les plus extrêmes sont capables de survivre même quand leur teneur en eau devient très faible (avec un potentiel hydrique dans la xylème qui peut être faible ou élevé, selon les cas). Ces plantes se dessèchent presque totalement quand survient la sécheresse, mais elles sont douées de "reviviscence", et recommencent à fonctionner dès qu'elles sont à nouveau alimentées en eau. Cette tactique est fréquente chez les Lichens et les Bryophytes, et chez les Fougères (*Asplenium ceterach*), mais rarissime chez les Phanérogames ; c'est l'un des nombreux cas où la phylogenèse n'a pas repris ses anciens sentiers parce que la nouvelle solution est nettement plus efficace.

Avant de continuer cette analyse, il est nécessaire de dire pourquoi l'expression "stress hydrique" doit être évitée : la raison est que ce mot a deux sens bien différents, puisqu'il signifie à la fois :

- la contrainte elle même, qui s'exprime par exemple par la sécheresse de l'air, quand on parle du "stress hydrique" qui sévit en été ;
- l'effet sur un individu d'une contrainte externe, par exemple quand on parle du stress ressenti par un jeune chercheur qui va soutenir sa thèse.

Dans le présent ouvrage, ce sont donc les mots "contrainte" et "effet" qui seront utilisés à la place de l'incertain *stress*.

L'une des tactiques utilisées par les plantes consiste à "**éviter**" la sécheresse en maintiennent une quantité d'eau élevée dans leurs tissus. Ce résultat est atteint de deux manières différentes :

1) Certaines plantes absorbent fortement l'eau du sol (enracinement étendu et profond, potentiel de succion élevé, etc.) ; ce sont les plantes à transit intense (par exemple, *Prosopis juliflora* ou *Vitis vinifera*, la Vigne, dans le Bassin méditerranéen) ; elles restent vertes pendant la saison sèche et sont quelquefois nommées "arido-actives".

2) D'autres plantes diminuent leur transpiration, par une fermeture plus rapide des stomates, par une réduction du nombre de stomates, par une fourrure de poils qui protègent la feuille des vents desséchants, etc. ; ce sont les plantes "**économes**".

Les plantes les plus économes sont des "**plantes grasses**", qui sont "**crassulescentes**". La plupart d'entre elles absorbent les photons pendant la journée, mettent l'énergie en réserve forme chimique, et ouvrent leurs stomates pendant la nuit pour absorber le gaz carbonique ; ces plantes sont dites CAM, et comprennent en particulier des Cactacées.

412 L'EAU DANS LA PLANTE

412.1 Les flux

L'entrée de l'eau dans une racine ne se produit pas facilement parce que la dépression nécessaire pour que l'eau passe du sol dans les vaisseaux des racines est relativement élevée ; cette dépression comprend deux composantes :

- le potentiel osmotique (Pi), qui est mesuré dans une chambre psychrométrique, sur des échantillons qui ont été congelés à 20°C pendant 48 h ;
- la turgescence, qui est généralement plus faible que le potentiel osmotique et qui règle l'allongement des cellules (**A. Berger**, 1981 ; **J. Boyer**, 1985).

Au contraire, les vaisseaux des grosses racines, de la tige et des nervures des feuilles sont très bons conducteurs ; en conséquence, la dépression nécessaire pour faire monter l'eau jusqu'aux feuilles des plantes vasculaires (Trachéophytes, c'est-à-dire Cryptogames vasculaires et Phanérogames) est seulement de quelques bars.

Ceci peut être exprimé autrement, en disant que la "conductivité hydraulique" de la plante est assez élevée ; cette conductivité, qui est l'inverse d'une résistance, peut s'exprimer en centimètres parcourus par seconde, pour une dépression égale à un bar ; elle est de l'ordre de quelques centimètres par heure et par bar, qui donnent finalement une vitesse de quelques dizaines de centimètres à l'heure : en une journée, la sève des racines peut donc monter jusqu'à la cime d'un arbre.

Les potentiels couramment observés sont :

sol : – 1 bar = – 0,1 mégapascals (MPa)
racine : – 10 bars = – 1 MPa
feuille : – 15 bars (et jusqu'à – 100 bars pour des plantes des déserts)
atmosphère : – 1 000 bars = – 100 MPa.

M. CHAIEB (1989) a suivi la variation du potentiel hydrique des feuilles de cinq espèces du Sud tunisien : pendant la saison de végétation, il est voisin de – 4 bars à 6 heures du matin, il atteint – 15 à – 20 bars à midi et il redescend à – 4 bars vers 18 heures ; pendant la saison sèche, le potentiel peut atteindre – 40 bars pour des Graminées dans le climat aride du sud de la Tunisie. Pour l'Armoise blanche ou pour *Anthyllis henoniana,* J.-M. OURCIVAL (1992) a trouvé des potentiels hydriques voisins de – 2 MPa, soit – 20 bars, à la fin de la nuit et de – 5 MPa (soit – 50 bars) au milieu de la journée.

Le potentiel atteint en milieu de journée est nommé "potentiel de base" ; c'est une fonction homographique décroissante de la teneur en eau du sol.

E. MULLER ET L. LAMBS (2004) ont mesuré le flux de sève dans des Peupliers de la vallée de la Garonne : un arbre consomme de 100 à 200 litres d'eau par jour en été et une vingtaine de litres en automne. Pour une plantation qui comporte 200 arbres à l'hectare, la consommation totale est voisine de 10 à 20 m^3 par hectare en été, soit une lame d'eau de 1 à 2 mm par jour soit 30 à 60 mm par mois. Ce chiffre semble plus faible que celui donné par les mesures d'évapo-transpiration.

A. BERGER a montré que, au cours d'une journée d'été, le flux d'eau qui traverse une végétation herbacée atteint couramment plusieurs litres d'eau par m^2 de sol couvert, soit une lame d'eau de 2 à 5 mm ; ce volume d'eau est plusieurs dizaines de fois plus grand que celui qui est contenu dans la plante, à un instant quelconque. Il précise aussi que la transpiration (mesurée en grammes d'eau par m^2 de surface foliaire et par minute) est généralement proportionnelle au potentiel hydrique des feuilles et à celui des vaisseaux.

Le passage de l'eau de la plante vers l'atmosphère est le point le plus sensible du système d'aspiration : quand les stomates sont ouverts, la différence de pression entre l'atmosphère et la parenchyme lacunaire qui entoure la paroi des stomates est de quelques centaines de bars ; quand les stomates sont fermés, cette différence peut atteindre plusieurs milliers de bars.

En sens inverse, certaines plantes, telles qu'*Anthyllis henoniana* sont capables d'absorber directement l'eau de la rosée ou des brouillards. Or, la rosée est présente près d'un jour sur deux à Tunis, et d'un jour sur dix sous le climat aride ou saharien supérieur du sud de la Tunisie (J.-M. OURCIVAL, 1992).

Dans le sud de la Tunisie, la rosée et les précipitations occultes apportent 20 à 40 mm d'eau par an (R. PONTANIER, comm. verb.).

A l'intérieur du tapis végétal, l'humidité de l'air reste plus forte pendant la saison chaude. En conséquence, certaines espèces survivent seulement à l'intérieur d'une strate de végétaux dense. Cet "effet protecteur" permet ainsi à *Tephrosia elegans* de subsister au milieu des Graminées d'une savane dense, alors que les individus qui émergent au-dessus du tapis graminéen meurent (B. MONTFORT, 1985).

Les feuilles s'allongent seulement lorsqu'elles ne sont pas trop desséchées, et que les cellules restent turgescentes.

412.2 Les régulations

Finalement, la régulation de l'ensemble du système est assurée par le degré de fermeture des stomates : on admet généralement que la transpiration de la plante décroît linéairement en fonction de la dépression quand celle-ci est comprise entre 0,4 bar et 15 bars. Quand la dépression est inférieure à 0,4 bar, la transpiration reste à peu près constante et voisine de son maximum, parce que les stomates restent fermés. Inversement, quand la dépression croît, la quantité d'eau absorbée par les racines croît presque linéairement. Il s'établit donc une boucle de rétro-action négative, qui régule efficacement la circulation de l'eau dans la plante.

Plus généralement, la végétation d'une communauté équilibre les tactiques spécifiques des plantes qui la constituent, si bien que l'on a pu définir, pour le tapis végétal, une fonction physique globale, l'évapo-transpiration.

413 L'ÉVAPO-TRANSPIRATION

413.1 Le concept

Il a été régulièrement observé que la somme de l'évaporation de l'eau présente dans le sol et de la transpiration d'une culture bien alimentée en eau dépend essentiellement du climat, et assez peu de l'espèce cultivée.

Cette somme a été nommée "**évapo-transpiration potentielle**" par C. THORNTHWAITE (1933), et elle est souvent symbolisée par le sigle ETP.

Il est difficile de distinguer, à l'intérieur de l'ETP, la part qui revient à l'évaporation de l'eau du sol d'une part, et celle qui revient à la transpiration d'autre part. En effet l'évaporation de l'eau à la surface d'un sol nu dépend de l'humidité du sol :

- quand le sol est gorgé d'eau, on dit que la teneur en eau atteint la "**capacité au champ**", et l'évaporation est intense, presque égale à celle d'une surface d'eau libre ; elle atteint 5 à 10 mm par jour ;
- quand la pellicule de surface du sol n'est plus imbibée d'eau, l'évaporation dépend de la vitesse d'ascension de l'eau liquide dans les pores du sol, et elle décroît avec le temps, au fur et à mesure que cette eau liquide s'évapore ;
- quand il n'y a pratiquement plus d'eau liquide dans les horizons superficiels, l'évaporation est liée à la "diffusivité" de la vapeur d'eau dans le sol ; elle est faible (généralement inférieure à 0,5 mm par jour) et presque constante.

Quand le sol est couvert de végétation, la cinématique de l'eau est sensiblement différente ; en particulier dans un sol déjà en partie desséché, les racines exportent plus d'eau qu'il n'en partirait par diffusion physique.

Dans les formations herbacées, l'eau de pluie qui se dépose sur les feuilles est ensuite évaporée à peu près comme si elle était transpirée par la végétation.

Au contraire, dans les forêts, l'eau interceptée par les feuilles et les branches s'évapore beaucoup plus vite que si elle était transpirée (**A. RUTTER**, 1975). En outre, les formations ligneuses ont souvent une *albedo* (§ 31*) plus faible que celle des prairies (les forêts apparaissent comme des taches sombres sur les photographies aériennes) ; elles renvoient moins d'énergie radiative vers le ciel ; elles absorbent donc une plus grande part de l'énergie solaire, et la transforment ensuite en chaleur latente de vaporisation. Pour ces deux raisons, l'évapo-transpiration est sensiblement plus forte dans les forêts que dans les autres formations végétales. Le supplément d'eau évapo-transpirée par les forêts réalimente l'atmosphère en humidité, et se condense en nuages avant d'aller arroser les territoires situés "sous le vent" (en particulier dans certains climats continentaux) en produisant alors un effet de foehn (§ 14*). C'est en particulier par cette voie que les forêts modifient les climats régionaux.

Au total, les mesures réalisées dans un bassin versant de la zone tempérée où la végétation forestière a été partiellement détruite par des fumées industrielles ont montré que les précipitations dans la forêt étaient de 14 % supérieures à celles qui arrivaient sur les secteurs dénudés (**C. HURSH**, 1948).

413.2 Calcul de l'évapo-transpiration potentielle

L'évapo-transpiration potentielle (ETP) dépend directement du rayonnement net reçu, Rn, et de l'effet desséchant du vent, nommé aussi "terme advectif", qui est particulièrement important dans les zones arides. **H. PENMAN** (1948) en propose une estimation qui exige la connaissance de paramètres physiques rarement mesurés en dehors des principales stations météorologiques. La formule de Penman comprend deux termes ; le premier est l'évaporation due au rayonnement net, Rn, et le second est l'évaporation due à l'advection. Les formules détaillées peuvent être trouvées dans l'annexe 2 de **F. CHARNET** (2002). Le terme advectif peut généralement être estimé grâce à l'évaporomètre de **M. PICHE** (1872) ; ce petit appareil ingénieux est simplement constitué par une rondelle de buvard imbibée d'eau et exposée à l'air ; la quantité d'eau qu'il faut lui fournir pour la maintenir humide est l' "évaporation Piche », Ep.

413.21 La formule de Brochet et Gerbier

Dans la pratique, il est souvent commode d'utiliser la formule de **BROCHET ET GERBIER** (1974) pour calculer l'ETP mensuelle :

$$ETP = m \,.\, Rn\,(0{,}18 + 0{,}62\; h/H) + n \,.\, Ep$$

ou encore :

$$ETP = m \,.\, I + n \,.\, Ep$$

où m et n sont des coefficients calculés pour chacune des grandes régions climatiques du globe,
Rn est le rayonnement solaire net journalier,
H est la durée astronomique du jour,
h est la durée d'insolation réelle,
Ep est l'évaporation Piche,
I est le rayonnement efficace : $I = Rn\,(0{,}18 + 0{,}62\; h/H)$

H est donnée par des tables qui expriment la fonction :

$$H \text{ en heures} = 12 + k\;.\cos t$$

où k est la latitude,
t est le temps solaire (t = 0 le 24 juin, et t = 180° le 24 décembre).

Le rapport h/H est voisin de 0,75 dans la région méditerranéenne. Il traduit l'effet des poussières atmosphériques, de la vapeur d'eau de l'air, etc.

En Languedoc, l'ETP annuelle atteint couramment 900 mm à 1.000 mm. Dans la région parisienne, elle est voisine de 600 mm.

413.22 La méthode de Budyko

En simplifiant les raisonnements de BUDYKO (1963), il est commode de calculer combien de fois l'énergie radiative disponible, Rn, peut évaporer les précipitations moyennes, P, en appelant L la chaleur latente de vaporisation de l'eau, qui varie en fonction de la température selon la loi de REGNAULT. Le résultat est donné par le quotient :

$$D = Rn / L . P$$

Rn est alors opportunément calculée par la formule d'ALBRECHT (1962), qui donne des valeurs un peu plus élevées que celle de PENMAN. Pour l'ensemble de la Terre, la moyenne de D est un peu supérieure à 1,2 ; dans les zones arides, D est souvent compris entre 5 et 20.

413.23 Évapo-transpiration potentielle et énergie

L'évapo-transpiration utilise de l'énergie, et ralentit ainsi l'échauffement du sol. Ainsi, si le sol du Sahara était gorgé d'eau, sa température en juillet resterait voisine de 25°C. C'est en Sibérie que la différence serait la plus forte : en été, la température serait de 15°C au lieu des 45°C qui sont observés. La différence atteint encore 10°C pour l'Amazonie, parce que les feuilles des arbres de la forêt n'y sont pas gorgées d'eau au milieu de la journée. La différence serait nulle seulement si la végétation était arrosée en permanence.

L'évapo-transpiration potentielle est mesurée en millimètres d'eau ; pour la convertir en calories, il suffit de prendre en compte la chaleur latente de vaporisation de l'eau, qui est égale à 2.450 joules par gramme. Par exemple, les 5.400 joules disponibles au cours d'une année en région méditerranéenne française correspondent à une évapo-transpiration potentielle voisine de 5.400/2.450 = 2,1 mètres d'eau. Cette évapo-transpiration potentielle est presque deux fois plus grande que la quantité d'eau fournie par les précipitations ; elle ne peut donc pas se réaliser habituellement, et elle reste supérieure à l'évapo-transpiration réelle.

Les mesures de l'évapo-transpiration potentielle sont effectuées, en conditions artificielles, sur des tapis herbacés régulièrement alimentés en eau. Dans la nature, lorsque l'eau vient à manquer, les plantes ferment leurs stomates, et l'**évapo-transpiration réelle** (symbolisée par le sigle ETR) est alors nettement inférieure à l'évapo-transpiration potentielle.

413.3 L'évapo-transpiration réelle (ETR)

CH. FLORET ET R. PONTANIER (1982) ont observé que l'ETR journalière dans le sud de la Tunisie est voisine de 2 mm au printemps, pratiquement nulle en été, voisine de 0,5 mm pendant les automnes peu arrosés, et de 1,5 mm à 1,9 mm pendant les automnes humides ; elle descend en hiver en dessous de 0,6 mm à 0,9 mm.

Pour ces auteurs, la transpiration des plantes et l'évaporation directe de l'eau du sol sont à peu près égales dans les steppes qu'ils ont étudiées. Pour d'autres, l'évaporation constitue seulement un tiers de l'évapo-transpiration réelle.

A. MONROY ATA (1989) a observé que l'ETR d'espèces steppiques recevant 120 mm d'eau en une année est de 100 mm, l'évaporation d'un sol nu recevant la même quantité d'eau est de 90 mm.

La mesure de l'ETR est possible à partir de la formule suivante :

ETR = précipitations - eau évacuée vers les nappes et les rivières

L'ETR est mesurée sur le terrain en suivant la diminution de l'humidité du sol, selon trois méthodes principales :

- prélèvement et pesée de quelques cm^3 de sol à la tarière à plusieurs profondeurs, puis dessiccation de ces échantillons et nouvelle pesée ;
- sonde à neutrons ;
- cultures en pots avec pesées de l'eau versée et du pot, au cours du temps.

L'ETR est presque nulle dans les déserts alors que, au contraire, l'ETP y est maximale. Dans les régions les plus arrosées, l'ETR atteint couramment 1.200 mm (soit 12.000 tonnes d'eau par hectare). Dans le sud de la Tunisie, **J.-M. OURCIVAL** (1992) a observé que l'évaporation représente 93 % de l'ETP, et la transpiration 7 %. **J.-M. PELT** (1984) estime qu'un kilogramme de feuilles de Bouleau transpire une tonne d'eau au cours d'un été.

Sur le Mont Lozère (France), des observations réalisées en 1981-1982 ont donné des comparaisons intéressantes (**F. CHARNET**, 2002) :

	Hêtraie	Pessière	Pelouse
Précipitations annuelles (mm)	1.882	2.092	2.128
Écoulement annuel (mm)	1.339	1.491	1.760
Écoulement en % des précipitations	71 %	71 %	83 %
Variation de la quantité de neige	- 40	- 35	- 35
ETR (mm)	583	636	403
ETR en % des précipitations	31 %	30 %	19 %

Sur ces bassins versants de montagne, l'eau qui n'est pas évapo-transpirée ruisselle sur le sol. La troisième ligne confirme que la présence de la forêt diminue sensiblement le ruissellement. Mais il faudrait regarder l'évolution mois par mois pour prouver que le ruissellement érosif est fortement diminué.

Cette évolution au cours des saisons a été suivie par F. CHARNET (2002) dans une région de plaine sur des sols podzoliques très filtrants où les précipitations sont voisines de 650 mm. Il distingue deux saisons opposées. En hiver, entre octobre et février, ETR = ETP, et l'excès d'eau (206 mm) descend en profondeur. Pendant le printemps et l'été, ETR < ETP (ETR oscille entre 0,40 ETP, en année sèche, et 0,60 ETP quand l'été est un peu arrosé) ; en effet, la plupart des racines sont dans les horizons superficiels du sol qui restent secs ; l'eau des couches profondes du sol remonte par capillarité et par la voie de racines verticales qui jouent le rôle de pompe ; cette alimentation en eau supplémentaire pour les plantes est un peu plus forte pour les arbres que pour les plantes herbacées dotées de racines courtes.

Au total, contrairement à ce qui est souvent affirmé, la forêt n'augmente pas la quantité d'eau disponible pour les sources dans les climats tempérés.

414 LE BILAN HYDRIQUE DE LA TERRE

Dans toute étude de la dynamique d'un système, il est bon de chercher le premier moteur comme le proposait Aristote pour la mécanique céleste. Dans le cas présent, ce premier moteur est le rayonnement solaire (encore et toujours, puisqu'il est l'origine matérielle de tous les phénomènes écologiques !) qui fait évaporer l'eau du sol et transpirer les plantes.

414.1 L'évaporation à l'échelle du globe, le transit atmosphérique et les précipitations

Les océans couvrent 362 millions de km², soit 3,62 10^{14} m², qui constituent 70 % de la surface du globe ; leur profondeur moyenne est 3.700 mètres ; ils contiennent donc environ 1,34 10^{18} tonnes d'eau (la masse de la Terre est égale à 6 10^{21} tonnes et celle de l'atmosphère atteint 4,5 10^{15} tonnes). L'évaporation à la surface des océans constitue évidemment la source de la plus grande partie des 1,2 à 1,5 10^{13} tonnes d'eau atmosphérique.

Mais l'eau évaporée à partir de la surface des continents fournit une part non négligeable des pluies. En particulier, dans la zone écologique des vents d'ouest, il est souvent dit que 10 % des pluies qui tombent sur New-York viennent de l'Océan Pacifique, et que la plus grande partie du reste provient de l'évapo-transpiration qui a eu lieu sur le continent américain ; cette eau peut même avoir été déjà transformée en pluie et évaporée trois ou quatre fois depuis qu'elle a quitté la côte californienne.

Le système hydrique du globe peut être schématisé en un ensemble de deux sous-systèmes, entre lesquels les échanges (mesurés en 10*12 tonnes, c'est-à-dire en milliers de km^3) sont, selon **R. Lee** (1980) :

	Océans	Continents	Total
Surface (millions de km^2)	362	148	510
Évaporation	425	71	496
Précipitations	385	111	496
Eau des fleuves (+ et –)	+ 40	– 40	0
Vapeur d'eau (+ et –)	– 40	+ 40	0

Sur les océans, les précipitations représentent une lame d'eau voisine de 1.070 mm, et l'évaporation correspond à une lame d'eau de 1.180 mm. Les océans alimentent ainsi les nuages qui déversent ensuite leur eau sous forme de pluie ou de neige.

Les précipitations qui tombent annuellement sur les continents représentent en moyenne $1{,}1 . 10^{14}$ tonnes d'eau (soit 0,08 % des $1{,}344 . 10^{18}$ tonnes d'eau des océans) ; ils correspondent à une lame d'eau moyenne de 790 mm) et cette eau s'accumule en partie sur la terre dans les proportions suivantes :

- $28 . 10^{15}$ t (28 millions de km^3) dans les glaciers et les banquises, dont l'épaisseur moyenne est de 61 mètres,
- 2 à $7 . 10^{15}$ t (2 à 7 millions de km^3) dans les eaux souterraines,
- 0,25 à $1 . 10^{15}$ t (0,25 à 1 millions de km^3) dans les eaux superficielles.

Ces chiffres montrent que :

- les océans contiennent 98,2 % de l'eau disponible, les glaciers et les banquises 1,6 %, et les eaux souterraines seulement 0,2 % ;
- l'eau douce des banquises et des glaciers correspond à l'accumulation de 200 années de précipitations continentales ;
- le flux d'évaporation et de condensation mobilise chaque année $5 . 10^{14}$ km3 d'eau, soit en moyenne trois dix millièmes du total des réserves d'eau ;

- la vapeur d'eau présente dans l'atmosphère constitue, en moyenne, 2,6 % de ce flux, et neuf millionièmes de l'eau disponible.

Les variations du débit des fleuves traduisent très directement les variations des pluies. Ainsi, pour les fleuves Sénégal, Niger, Logone et Chari, en Afrique sahélienne, le débit moyen est voisin de 125 . 10^9 m^3 par an. Entre 1968 et 1986, il était seulement, en moyenne, de 95 à 100 . 10^9 m^3, et il est descendu à 85 . 10^9 m^3 en 1984.

Le lac Tchad s'étendait sur 23.500 km^2 lors des années pluvieuses 1962-1963, et il s'est réduit à 1.500 km^2 vers 1986 (J. SIRCOULON, 1986).

A l'échelle de la France, les précipitations fournissent 400 milliards de m^3 d'eau, dont la moitié retourne à la mer, plus ou moins directement ; on utilise 17 milliards de m^3 pour les centrales électriques, 6 milliards pour l'industrie, 5 milliards pour l'eau potable, et 4 milliards pour l'irrigation.

Ces chiffres montrent qu'il s'agit d'un système "lourd", où les flux internes sont relativement faibles et lents ; le point le plus sensible de ce système est la vapeur d'eau contenue dans l'atmosphère, et nos ressources en eau de pluie (ainsi que nos ressources alimentaires) dépendent fortement des nuages de poussières et des accidents énergétiques qui affectent la haute atmosphère : si un dix millième des réserves se mobilisait, en plus du flux annuel habituel, des inondations catastrophiques submergeraient la terre ; inversement, si un dix millième des réserves ne s'incorporait pas dans les flux annuels, la sécheresse sévirait.

414.2 Le bilan pour la France

Le Bulletin d'informations agricoles d'août 1999 donne les chiffres suivants :

	Entrée	Sortie
Pluie et neige	+ 480	
Rhône venant de Suisse	+ 11	
Rivières vers la Belgique		– 18
Évapo-transpiration		– 321
Rivières puis mer		– 35
Mer vers rivières	+ 31	
Nappes profondes		– 8
Marées	+ 8	
Ruissellement puis mer		– 150
Consommation nette		– 2

Le problème le plus inquiétant est celui de la qualité des eaux et il sera examiné dans les paragraphes 84* et 87*.

414.3 Le bilan hydrique à l'échelle de la station

414.31 L'interception par le feuillage, l'égouttement et l'écoulement

Le feuillage des forêts peut intercepter 15 à 45 % des précipitations en région tempérée (**F. Charnet**, 2002). La quasi-totalité du reste s'égoutte, et environ 3 % s'écoulent le long des troncs.

414.32 L'interception par la litière

L'interception par la litière est rarement mesurée. Pour **R. Lee** (1980), elle est généralement comprise entre 1 % et 5 % du total.

L'eau interceptée par la végétation peut être considérée comme une perte pour la station considérée, mais, pendant que cette eau s'évapore, la plante ne consomme pas l'eau du sol, quoique les stomates des feuilles restent largement ouverts et que la photosynthèse soit maximale. De plus, cette évaporation "écrête" les fortes pluies qui auraient entraîné du ruissellement ou du drainage. En outre, le couvert de la végétation freine l'évaporation de l'eau des horizons superficiels du sol : cet effet a été mesuré dans plusieurs stations expérimentales de la région tempérée, et il apparaît finalement que les bassins versants où la forêt existe perdent nettement moins d'eau (20 à 40 %) que les bassins où la forêt a disparu (**R. Lee**, 1980).

414.33 Le ruissellement

Quand le sol est dénudé, une très faible pente (1 %) suffit pour provoquer du ruissellement, qui s'accompagne d'érosion. Ces phénomènes ont été étudiés surtout dans la zone tropicale ; le ruissellement y atteint souvent 20 à 30 % (et quelquefois 40 ou même 50 %) des pluies. L'érosion y emporte couramment de 10 à 20 tonnes de terre par hectare et par an, et quelquefois 50 t/ha/an (ou même 140 t/ha/an sur une pente de 7 % en Côte d'Ivoire).

Sous les mêmes climats et sur les mêmes sols, la forêt limite le ruissellement à 1 ou 2 % en moyenne, et l'érosion à moins de 0,1 t/ha/an. Pourtant, la forêt capte plus de pluie et de neige que les pelouses, vraisemblablement parce que la forêt ralentit le vent. En effet, la mesure des précipitations (c'est-à-dire la pluviométrie, au vrai sens de ce mot) est une science aride et inexacte. Par exemple, la quantité d'eau qui entre dans un pluviomètre est nettement inférieure à celle qui arrive au sol, parce que le vent produit des tourbillons autour du pluviomètre. L'erreur de mesure peut atteindre 50 % pour un vent de 2 mètres par seconde, soit 7,2 km/h.

414.34 L'infiltration, le ressuyage, et le drainage

Le volume total des pores du sol est nommé C, "**capacité en air**" (ou "**porosité totale**") du sol. L'eau qui arrive à la surface du sol occupe les pores libres, en commençant par les plus gros. L'infiltration instantanée, dS, est d'autant plus intense que le sol est plus sec et qu'il est moins argileux ; en première approximation, on a :

$$dS = k \, . \, (C - T) \, . \, dt$$

en appelant T la teneur actuelle du sol en eau, et en sachant que k est presque proportionnel à la teneur du sol en argile.

Ceci peut être mis une autre forme, plus générale, et applicable à un bassin versant (S. Rambal, 1981) :

$$dS = P / 1 + a \, . \, \exp(b.S)$$

avec P : précipitations,
a et b : coefficients qui dépendent des roches-mères et de la végétation,
S : eau emmagasinée dans le sol.

Dans les pores les plus fins, l'eau est fortement retenue par les forces capillaires, alors qu'elle reste très libre dans les pores dont le diamètre est supérieur à 2 mm ; elle peut en partir par drainage, et aller alimenter les nappes superficielles (écoulement hypodermique) ou les nappes profondes (écoulement souterrain). L'aptitude du sol à laisser écouler l'eau est mesurée par sa "conductivité hydraulique".

La teneur du sol en eau est exprimée couramment en cm^3 d'eau/cm^3 de terre, mais on utilise souvent le logarithme de la pression, qui est nommé **pF** et **J.-P. Blanck** (1983) a montré que la quantité d'eau qui s'écoule rapidement lors du ressuyage (entre pF 2,2 et pF 2,5) dépend peu de la texture du sol ; celle qui s'écoule plus lentement (entre pF 2,5 et pF 3) est un peu liée positivement aux sables fins et aux limons grossiers, et un peu liée négativement aux limons grossiers. La quantité d'eau capillaire plus ou moins facilement absorbable par les racines (pF 3 à pF 4) est liée positivement avec les argiles et les limons fins, et négativement avec les sables. L'eau capillaire très difficilement absorbable (pF 4 à pF 4,2) ou non absorbable (pF > 4,2) est très liée positivement avec la quantité d'argile et très liée négativement avec les limons grossiers et sables très fins.

Le drainage est intense durant les premières journées qui suivent une pluie, et on l'appelle alors "**ressuyage**". Dans les sables, la conductivité hydrique du sol est élevée quand le sol est humide, et le ressuyage est rapide, mais la conductivité baisse ensuite très fortement, et c'est pourquoi la quantité d'eau qui reste après le ressuyage, qui est nommée "capacité au champ" peut être définie assez précisément. Dans les argiles, l'eau s'immisce entre les feuillets des pseudo-cristaux de silicates d'alumine plus ou moins hydratés ; les variations de la conductivité sont alors plus progressives et la capacité au champ ne peut plus être définie avec la même précision.

S. RAMBAL ET A. GUILBOT (1978) estiment que la décroissance de la teneur en eau moyenne dans le sol accessible aux racines varie en fonction du temps, pendant la période de drainage, selon une fonction puissance :

$$T = a \, . \, t^{*}\text{-}b$$

avec : T, teneur volumique en eau, en cm3 par cm3,
t, temps, en jours,
a et b , coefficients liés en particulier à la texture du sol.

Quand t = 1, la teneur en eau, T, est exactement égale au coefficient a, qui est ainsi l'un des paramètres-clefs du bilan hydrique. La valeur de a est généralement comprise entre 0,10 (sables grossiers) et 0,30 (argiles). Le coefficient b va de 0,01 à 0,07 ; il est souvent élevé quand a est faible.

Le devenir de l'eau lors des grosses pluies est difficile à caractériser et les hydrologues sont obligés d'utiliser des formules empiriques pour déterminer l'augmentation du débit des rivières en période de crue. Au contraire, après les pluies, le tarissement des rivières suit régulièrement une loi exponentielle :

$$Q = Qo \, . \, \exp(-a \, . \, (t - to))$$

en appelant Q le débit de la rivière à l'instant t, et Qo son débit à l'instant t.

Dans cette équation, la date du début du tarissement, to, est celle du niveau maximum. Le nombre a est le coefficient de tarissement. Son inverse, 1/a, s'exprime en jours et donne une image assez explicite du régime de la rivière.

L'**étiage** absolu d'une rivière est le niveau des plus basses eaux observées de mémoire d'homme ; on le remplace souvent par l'étiage caractéristique qui est le seuil en dessous duquel les eaux sont descendues, en moyenne, pendant dix jours par an.

414.35 L'influence de la végétation sur le cycle de l'eau

La végétation peut augmenter la réserve en eau du sol par plusieurs processus, qui ont été soigneusement étudiés par N. KYAYATI (1984) dans l'horizon supérieur (0-15 cm) de sols argileux lourds (environ 50 % d'argiles) du nord-ouest de la Tunisie couverts par plusieurs types de végétation herbacée (céréales, plantes fourragères, pelouse "naturelle") :

- le feuillage amortit le choc destructeur des gouttes d'eau ;
- la structure du sol (caractérisée par l'indice T 25, qui est le poids relatif des agrégats de taille inférieure à 25 mm est significativement plus développée dans la pelouse naturelle, dans la Fétuque élevée pérenne (*Festuca elatior)*, dans le Sulla (*Hedysarum coronarium)* et le Ray-grass annuel (*Lolium italicum)* très dense (recouvrement = 98 %) que dans les autres types de végétation ; cet indice est positivement corrélé avec la masse racinaire ;
- la porosité totale augmente, de plus en plus dans l'Avoine dans la pelouse naturelle et dans le Sulla ;
- la perméabilité, mesurée par le coefficient de conductivité hydrique (mm/h/200 cm²) augmente de 12 (pour le Ray-grass recouvrant 79 %) à 76 (pour la pelouse naturelle) ; la surface des fentes de retrait en août va de 195 m^2/ha à 1.550 m^2/ha.
-

Les résultats sont résumés dans le tableau suivant :

	M.R.	T25	D	P	K	S
Avoine	1,1	0,6	1,65	37	14	1490
Blé	1,9	0,6	1,67	36	15	1550
Ray-grass peu dense	1,9	0,5	1,87	29	12	1030
Ray-grass dense	3,5	0,7	1,62	37	18	846
Sulla	3,6	0,9	1,54	41	19	1270
Fétuque élevée	7,7	0,9	1,56	40	22	195
Pelouse naturelle	9,6	0,9	1,53	41	76	714

avec M.R. = masse des racines, en grammes de racines sèches par kg de sol sec

T25 = poids relatif des agrégats < 25 mm,

D = densité apparente,

P = porosité totale = 1 - D/2,6 x 100,

K = conductivité hydraulique (mm/heure/200 mm²),

S = surface occupée par les fentes de retrait (m²/ha).

414.4 L'eau dans le sol

414.41 Quelques ordres de grandeur

Puisque l'eau est retenue par le sol, elle ne se déplace et circule que si une force agit sur elle. L'une de ces forces est la **gravitation**, qui entraîne le drainage ; l'autre est l'aspiration par les racines de l'eau qui sera évapo-transpirée dans les feuilles. Cette aspiration, qui est une succion ou une "**tension**", est nommée "**psi s**" ; elle est mesurée en pascals ou en bars, mais, quand elle est rapportée au volume unitaire de sol, elle est nommée **potentiel capillaire** puisque c'est l'un des cas où la force dérive d'un potentiel. Plus précisément, l'équation aux dimensions d'une force est M L T-2, celle d'une pression est M L-1 T-2, et c'est aussi l'équation aux dimensions du quotient d'une énergie potentielle par un volume (M L2 T-2 / L3 = M L-1 T-2, quotient qui est un potentiel d'énergie, par définition.

Le logarithme décimal du potentiel capillaire, **psi s**, mesuré en millibars, est symbolisé par le sigle pF, et l'on admet habituellement que la capacité au champ correspond à pF = 2,5, ou psi s = -300 millibars (soit environ 1/3 de la pression atmosphérique, et que le point de flétrissement permanent est atteint pour pF = 4,2, ou psi s = – 15 000 mb. C'est dire que l'énergie utilisée par les plantes pour transpirer leur permet d'exercer une succion très intense.

L' eau disponible dans le sol ou "**réserve utile**" (**RU**) est, par convention, la différence entre la capacité au champ et la capacité au point de flétrissement. Elle dépend directement de la texture du sol, et elle est souvent exprimée par l'épaisseur de la lame d'eau correspondante, mesurée en millimètres. Le tableau ci-dessous (d'après **R. Lee**, 1980), montre que ce sont les limons qui ont la plus grande réserve en eau disponible :

Les titres des colonnes sont :
1 = Capacité au champ (mm)
2 = Capacité au point de flétrissement (mm)
3 = Teneur en eau disponible (% du volume)
4 = Réserve utile (mm)

	1	2	3	4
Sable grossier	100	25	4-6	75
Sable limoneux	158	50	6-12	108
Limon	267	100	12-18	167
Limon argileux	300	133	16-21	167
Argile limoneuse	325	175	17-23	150
Argile	325	208	20-25	117

La réserve utile des argiles est relativement faible ; en outre, les argiles gonflantes produisent en été des fentes de retrait qui cassent les racines. Un exemple très typique de cet inconvénient des argiles est présenté par M. Belgrand et Ph. Duchaufour (1980) pour des sols de la région parisienne.

La matière organique présente dans le sol peut absorber une grande quantité d'eau. Les Mousses des tourbières emmagasinent une quantité d'eau égale à 15 à 30 fois leur poids sec. Une épaisseur de 20 cm de tourbe peut ainsi retenir 70 litres d'eau par m², soit une lame d'eau de 70 mm, correspondant aux pluies reçues pendant un mois.

Pendant les périodes où l'évapo-transpiration est plus élevée que les précipitations, les plantes prélèvent de l'eau dans la réserve disponible dans le sol. Ce prélèvement est intense après une pluie, lorsque le sol est encore très humide ; il ralentit ensuite fortement, au fur et à mesure que le pF se rapproche de 4,2, c'est-à-dire du point de flétrissement.

Turc a suivi l'évapo-transpiration réelle pendant la période de sécheresse qui suit une pluie ; il a observé qu'elle est plus ou moins voisine de 1 mm par jour pendant le premier mois de sécheresse, et qu'elle diminue ensuite brusquement. La réserve en eau utile dans le sol est donc, en première approximation, voisine de 30 mm. Ceci justifie la définition classique de Köppen (1918) : un mois est sec si la somme des précipitations y est inférieure à 30 mm.

Cette disponibilité ne dépend pas seulement de la texture du sol, mais aussi de la profondeur de l'enracinement, qui est elle-même variable en fonction de la texture.

Le tableau ci-dessous montre que la lame d'eau correspondant à la réserve disponible est généralement comprise entre quelques dizaines de millimètres et 300 ou 400 millimètres.

	Réserve dans 1 m3	Profondeur des racines de sol	Réserve disponible
Plantes à racines courtes (légumes)			
Sable fin	75	37,5	50
Sable limoneux	108	50	54
Limon	167	62	104
Limon argileux	167	40	65
Argile	117	25	29
Plantes à racines moyennes			
Sable fin	75	75	56
Sable limoneux	108	100	108
Limon	167	100	167

Limon argileux	167	80	134
Argile	117	50	58
Plantes à racines longues (Luzerne, Graminées pérennes, arbustes)			
Sable fin	75	100	75
Sable limoneux	108	100	108
Limon	167	125	209
Limon argileux	167	100	167
Argile	117	67	78
Forêt mûre			
Sable fin	75	250	187
Sable limoneux	108	200	216
Limon	167	200	334
Limon argileux	167	160	267
Argile	117	100	117

La croissance en longueur des racines peut être très rapide : **J.-M. OURCIVAL** (1992) a observé dans le sud de la Tunisie des croissances de 5 à 6 cm (et même 12 cm) par jour.

414.42 Les mouvements de l'eau dans le sol

Une molécule d'eau est en équilibre quand elle est dans le "plan de flux nul", c'est-à-dire quand son potentiel capillaire est égal à l'action de la pesanteur :

psi u = psi s + psi g = 0

en appelant psi u le potentiel total et psi g le potentiel gravitationnel.

Autrement dit, le plan de flux nul est le lieu des points où le gradient de potentiel est nul.

Au-dessus du plan de flux nul, le flux d'eau est considéré comme négatif (= évapo-transpiration), et il est positif en-dessous (= drainage). Autrement dit, l'axe des profondeurs est orienté vers le bas. On peut alors écrire que le flux, **Q**, est proportionnel à la conductivité hydraulique, **k**, et à la dérivée de psi u par rapport à la profondeur, puisque la conductivité est l'inverse d'une résistance. Cette loi est une généralisation de la loi de d'Arcy, et elle est analogue à la loi d'Ohm ; mais, dans le cas présent, la conductivité n'est pas une constante, puisqu'elle dépend de l'humidité du sol ; en outre, la conductivité présente une hystérésis, parce qu'elle est plus faible lors de l'humectation du sol que lors de son assèchement.

La relation entre **psi s** et l'humidité du sol est loin d'être linéaire. Pour des régions méditerranéennes arides, **H. VAN KEULEN** (1975) propose la relation :

psi s = 1,7 . 10*-3 . H*-3,49)

en appelant H l'humidité du sol.

Par exemple, le potentiel (= la force de succion) qui règne dans un échantillon de sol séché à l'air chaud est voisin de 1.500 bars ; le pF, qui est le logarithme décimal de ce potentiel est alors égal à 2,2. La teneur en eau est alors voisine de 2 % dans un sol argileux ou limoneux, et de 0,7 % dans un sol sableux. Quand le sol est plus humide, la succion est d'autant plus forte que la texture est plus argileuse. Par exemple, R. Pontanier a trouvé les résultats suivants :

psi s	sable	sable limoneux	sable argileux
1.500 bars	1%	1,5%	2%
100 bars	2%	4%	5%
1 bar	4%	13%	18%
0,5 bar	6%	16%	24%
0,1 bar	8%	25%	40%
0,01 bar	17%	42%	44%
0,001 bar	50%	43%	44%

On remarquera que, pour les faibles succions, le sable contient plus d'eau que l'argile, mais il faut surtout comprendre que les sols argileux retiennent assez fortement l'eau qu'ils détiennent. En conséquence, les sols sableux profonds offrent une bonne réserve en eau, qui est intéressante aussi bien en zone aride (les oliveraies du sud de la Tunisie) que dans la zone tempérée (par exemple pour les forêts des Landes ou de Sologne).

La conductivité hydraulique du sol est liée à la teneur en eau par une loi presque exponentielle : elle est voisine de quelques millièmes de millimètres par jour pour les teneurs en eau voisines de 10 % (ou de 15 % dans les sols argileux), et de 10 cm par jour dans les sols gorgés d'eau.

La superposition de plusieurs horizons de textures différentes peut aboutir à des résultats intéressants. Ainsi, dans les zones arides, un voile de sable, épais de quelques centimètres, apporté par le vent, peut avoir des effets favorables.

Le gradient climatique latitudinal situé entre le Golfe de Guinée et le Sahara montre bien les variations respectives des paramètres du bilan hydrique, comptabilisé en millimètres de "lame d'eau" (E. Roose, 1981).

Précipitations	2.000	1.500	1.000	500	200
Ruissellement	75	75	75	200	100
Infiltration vers les nappes	725	325	75	-	-
Évapo-transpiration réelle	1.200	1.100	850	300	100

414.43 Évapo-transpiration réelle et production

La production végétale est liée à l'évapo-transpiration réelle (ETR). Par exemple, GERMAINE RICOU (1983) utilise des relations linéaires pour calculer la production d'herbe dans le Massif Central, en fonction de l'évapo-transpiration :

- en période de montaison et d'épiaison : Production = 50 ETR - 42
- en période de repousse estivale des Graminées :

Production = 25 ETR - 210

G. HARGREAVES (1977) donne des coefficients d'évapo-transpiration pour 29 types de cultures annuelles ou pérennes.

La lame d'eau (en mm) évapo-transpirée en une année par quatre types de forêts tempérées est, selon B. BOULLARD (1991) :

Pin sylvestre	Hêtre	Épicéa	Mélèze
160-310 mm	230-460 mm	250-520 mm	290-680 mm

L'ordre de grandeur de l'évapo-transpiration réelle de ces forêts est donc, pendant les 100 jours de l'année où elles fonctionnent, de 3 mm par jour, soit 30 m^3 d'eau par hectare et par jour. Un arbre qui couvre un cercle de 100 m^2, évapo-transpire 0,3 m^3 d'eau par jour, soit 300 litres.

En 24 heures, au mois d'août, le Mélèze évapore 5 fois le poids de son feuillage (H. SANDOZ, 1982).

D. WRIGHT (1983) et K. GASTON (2000) pensent que la biodiversité est liée à la production de biomasse et donc à l'évapo-transpiration réelle.

414.5 L'efficacité de la végétation

La quantité de matière sèche produite par la végétation en fonction de l'eau disponible est souvent nommée "**efficacité de la végétation**". Pour les cultures en pots, elle est mesurée par le quotient de la matière sèche produite (en grammes) par l'eau évapo-transpirée (en kilogrammes).

A. MONROY ATA (1989) a trouvé les efficacités suivantes :

	Arrosage 220 mm/an	Arrosage 120 mm/an
Argyrolobium uniflorum	0,7	0,35
Artemisia herba-alba	1,55	0,65
Cenchrus ciliaris	3,4	1,5
Plantago albicans	0,75	0,4
Stipa lagascae	1,4	0,5

Il apparaît que ces plantes steppiques ne gaspillent nullement l'eau qui leur est accordée ; au contraire, en année humide, elles sont capables d'utiliser deux fois mieux l'eau disponible, parce que leur réseau racinaire a pu se développer plus largement. Une analyse de variance montre que les plantes buissonnantes (Chaméphytes) sont, en moyenne, aussi efficaces que les Hémicryptophytes (= Graminées et plantes herbacées en rosette) qui, en hiver, laissent seulement une souche vivante au ras du sol.

Le tableau précédent montre qu'un kilogramme d'eau évapo-transpirée produit environ 1 g de matière sèche dans cette région aride. Elle est voisine de 4 kg de m.s./ha et par mm de précipitations dans la zone méditerranéenne, et de 2,5 kg de m.s./ha et par mm dans la zone tropicale aride.

Les plantes en C4 ont une efficacité double de celles des plantes en C3, mais elles interrompent souvent leur croissance pendant la saison sèche.

Dans les forêts tempérées, il est admis que la production d'un mètre cube de bois exige 300 à 400 m3 d'eau.

A l'intérieur de certaines régions climatiques, la production végétale est presque proportionnelle à l'eau vaporisée dans un évaporomètre Piche. Par exemple, les auteurs précédents ont trouvé, pour le sud de la Tunisie :

P(t m.s./ha) = 15 x ETR/Évaporation Piche – 368)

415 LES RELATIONS DE L'EAU ET DE LA VÉGÉTATION

415.1 A l'échelle de la station écologique

Les plantes ont besoin d'eau, mais la sécheresse relative de l'air leur est utile. Par exemple, l'étude des accroissements en diamètre du Mélèze (*Larix europaea*) au cours des derniers siècles, entreprise par F. SERRE-BACHER, montre que, paradoxalement, la croissance du Mélèze est faible lors des étés humides, parce que la pompe qui fait monter la sève est trop lente. Quand l'eau de la plante a rejoint l'atmosphère, le cycle est bouclé, et il est possible de le voir avec un peu de recul, en commençant encore par regarder le premier moteur de ce cycle, qui est l'évapo-transpiration due au Soleil :

- quand la teneur du sol en eau atteint la capacité au champ, l'évaporation est intense, presque égale à celle d'une surface d'eau libre : elle peut atteindre 5 à 10 mm par jour ;
- quand la pellicule de surface du sol n'est plus imbibée d'eau, l'évaporation dépend de la vitesse de circulation de l'eau liquide dans les pores du sol, et elle décroît avec le temps, au fur et à mesure que cette eau liquide s'évapore, mais les racines peuvent

prélever des quantités d'eau importantes, qui sont ensuite transpirées ;

- quand il n'y a presque plus d'eau liquide dans le sol, l'évaporation est liée à la diffusivité de la vapeur d'eau dans le sol ; elle est faible (souvent inférieure à 0,5 mm par jour) et presque constante ; la transpiration dépend alors beaucoup du type de plante qui couvre le sol.

Les forces qui déplacent l'eau sont équilibrées dynamiquement par des résistances assez puissantes pour ralentir les flux : si les transferts étaient immédiats, le sol se viderait aussi vite qu'il se remplirait, et les plantes n'auraient jamais pu dépasser le stade des Lichens reviviscents (§ 34*).

C'est parce que la conductivité hydraulique des sols décroît quand le sol se dessèche que le drainage se ralentit de lui-même, et que la végétation peut en profiter pour passer le cap des saisons sèches.

Ces remarques sont presque des évidences : si elles sont mentionnées ici, c'est seulement pour souligner que la biosphère que nous connaissons aujourd'hui s'est insérée très progressivement dans le cycle de l'eau, à la faveur de quelques lenteurs physiques (*cf.* § 16*)

Il est surprenant de constater que les espèces végétales sont, dans ce domaine, à peu près interchangeables à l'intérieur du système. Autrement dit, il est correct de considérer que « l'ensemble des plantes constitue une entité thermodynamique, qui est la végétation ».

Pour comprendre en profondeur le fonctionnement de ce système, il faut oublier les soucis que peut nous causer la lutte contre la sécheresse, et voir que la transpiration des plantes n'est pas seulement une perte d'eau qui nous pose des problèmes, mais qu'elle est fondamentalement le moteur de la circulation de la sève et de la poussée ascensionnelle qui fait décoller la végétation jusqu'à la centaine de mètres qu'atteignent les Séquoias et les Eucalyptus (*cf.* § 34*).

Finalement, la végétation modifie le cycle de l'eau d'une manière qui lui est généralement favorable :

- elle augmente la quantité d'eau qui entre dans le système (parce qu'elle ralentit le vent) ;
- elle diminue généralement la quantité d'eau qui sort du système par ruissellement et drainage profond ;
- elle intercepte une partie de l'eau qui entre dans le système, mais c'est pour la recycler, puisque cette eau se dépose un peu plus loin, au bénéfice des régions voisines ; en outre, la quantité d'eau ainsi renvoyée dans l'atmosphère est moindre que celle qui est retenue par la végétation (**Ph. Miller**, 1983) ;

- elle renvoie de l'eau dans l'atmosphère, par la transpiration, quand les racines vont puiser l'eau dans les horizons profonds, mais elle tire parti de ce flux pour produire alors des glucides en abondance ;
- elle favorise l'infiltration de l'eau dans le sol, en particulier dans les milieux arides (**M. Chaieb**, 1989) ;
- elle augmente la capacité du sol en eau utile, grâce à la matière organique qu'elle y incorpore et grâce au lessivage qu'elle favorise ;
- elle assainit les sols sujets à l'engorgement et augmente alors le volume exploitable par les racines (**M. Godron**, 1964).

Inversement, quand l'Homme détruit la végétation naturelle, il augmente le ruissellement, il augmente aussi l'*albedo* et le réchauffement de l'atmosphère ; en outre, il diminue l'évapo-transpiration réelle et l'alimentation des nuages. Pour toutes ces raisons convergentes, il augmente l'aridité et la désertisation.

Ces remarques concourent vers un même point : la végétation augmente l'ampleur des cycles de l'eau dans les systèmes écologiques ; en conséquence, quand la végétation commence à s'installer, elle amorce des rétro-actions positives qui favorisent son propre développement, puis sont complétées par des rétro-actions négatives qui stabilisent le système quand la végétation a atteint sa hauteur maximale. Il ne faut évidemment pas déduire de tout ceci que la végétation posséderait une capacité de prévision, mais comprendre qu'elle a pu s'établir sur la Terre, par une succession d'essais, d'échecs et de réussites, en accédant à des puits de métastabilité de plus en plus profonds (*cf.* § 17*).

415.2 L'utilisation de l'eau par les plantes cultivées

Chacun de nous boit un ou deux litres de liquide plus ou moins alcoolisé chaque jour, mais les aliments qu'il consomme ont exigé l'apport d'eau en quantité impressionnante (**F. Pearce**, 2006) :

Type de produit alimentaire	Quantité d'eau nécessaire (litres)
1 kg de blé	1.000
1 kg de riz	2.000 à 5.000
1 kg de pommes de terre	500
1 litre de lait	2.000 à 4.000
1 kg de fromage	5.000

1 kg de viande 30.000

Multiplions ces nombres par la population humaine et l'on comprend pourquoi l'eau devient une ressource rare sur notre planète (§ 87*) et "*Pourquoi meurent les grands fleuves*" pour reprendre le titre de l'ouvrage de F. Pearce.

416 L'EAU, LA TERRE ET L'AIR

Les plantes terrestres sont à cheval sur trois des quatre "éléments" reconnus par les Anciens :

- elles puisent les éléments minéraux dans le **sol**, et dépendent alors des conditions physiques qui règnent dans le sol, et en particulier de la quantité d'**eau** qui imbibe les particules solides du sol et de l'air qui circule dans les pores du sol en permettant la vie de la micro-flore aérobie qui est obligatoirement hétérotrophe puisque le rayonnement solaire n'arrive pas dans le sol ;
- elles absorbent le gaz carbonique de l'**air** en dépendant à la fois du rayonnement solaire diurne et des qualités de l'atmosphère (température, turbulence, teneur en vapeur d'eau et en gaz carbonique, etc.).

Les plantes terrestres sont ainsi situées à l'une des interfaces majeures de la biosphère et cette situation inconfortable est la cause directe de la poussée ascensionnelle (§ 34*) qui a produit, au cours des temps géologiques (§ 22*), la différenciation des Mousses et des Hépatiques (Bryophytes), des Fougères (Cryptogames vasculaires) et, finalement, des Phanérogames cormophytes. Au contraire, la plupart des plantes des océans sont des Unicellulaires et des Algues qui sont des amas de cellules à peine structurées (Thallophytes).

42 L'ÉPIDERME DE LA TERRE

421 LES ORIGINES DE LA GÉOMORPHOLOGIE

Les biocénoses, la basse atmosphère et les couches superficielles des sols sont en interactions constantes, et constituent une interface que J. Tricart (1962) appelle joliment "l'épiderme de la Terre" ; c'est une image très juste qui donne une bonne idée des blessures qui affectent cette interface, et des cicatrisations qui peuvent s'y opérer.

421.1 La géomorphologie davisienne et les cycles d'érosion

La première vision d'ensemble de l'évolution de cet épiderme a été donnée au début du XXe siècle par W. Davis, et il est encore intéressant aujourd'hui d'en rappeler quelques éléments, même si la géomorphologie climatique, qui doit beaucoup aux travaux de **J. Tricart** et de ses élèves, a largement corrigé et complété cette première ébauche de la géomorphologie.

Le centre du système de **W. Davis** est la notion de **cycle d'érosion** : la croûte terrestre est périodiquement secouée par des crises, qui produisent des chaînes de montagnes, et sont suivies par des périodes de calme, au cours desquelles les reliefs sont arasés et transformés en **pénéplaines**. L'un des plus beaux exemples de pénéplaine est la Bretagne, où l'on retrouve les traces d'une série de grands synclinaux et anticlinaux formés au Primaire (qui s'élevaient à plusieurs milliers de mètres d'altitude, à l'apogée hercynienne, vers – 300 Ma), qui ont ensuite été aplanis au cours de la centaine de millions d'années qui a suivi, et l'altitude maximale actuelle est seulement de 391 m, dans les Monts d'Arrée.

Au début d'un cycle, les cours d'eau torrentiels dévalent les pentes fortes avant de se réunir en fleuves, plus calmes ; le profil longitudinal est donc constitué de deux parties nettement différentes, qui apparaissent encore aujourd'hui très nettement dans le cas du Rhône, par exemple. Au contraire, en fin de cycle, les rivières se fraient lentement leur chemin dans les sédiments, en suivant un profil très horizontal.

L'écoulement superficiel des eaux excédentaires produit un réseau" de cours d'eau. La forme de ce réseau est le résultat d'un équilibre dynamique entre le climat (température, précipitations et évapo-transpiration), le relief, la nature des roches et la végétation. Une classification de ces formes a été proposée par **D. Way** (1978).

Les phénomènes que le système davisien permet de bien comprendre sont en particulier l'antécédence, la surimposition, la structure des bordures de massifs anciens.

L'**antécédence** se produit quand une rivière existait avant la lente surrection d'un pli ; elle entaille alors les roches au fur et à mesure qu'elles s'élèvent, en créant des gorges qui peuvent couper des matériaux très divers. C'est le cas le plus fréquent et il est bien visible dans les gorges du Yang Tse Kiang, en amont du barrage des 3 gorges.

Au contraire, il y a **surimposition** lorsque la rivière s'enfonce dans des roches tendres qui enrobent un noyau de roche dure ; elle entaille alors progressivement celle-ci, en créant des gorges.

Une autre structure typique est celle des **bordures de massif ancien** ; l'un de ses plus beaux exemples s'étend à l'ouest des Vosges : la surrection de ce massif granitique a fait éclater la couverture sédimentaire qui l'avait recouvert au cours du Trias, du Lias et du Jurassique. Ces couches successives apparaissent maintenant, de l'est à l'ouest, en ceintures parallèles qui constituent la série des "cuestas" de l'est du Bassin parisien (Côtes de Moselle, Côtes de Meuse, etc.).

421.2 La surrection des montagnes (= l'orogenèse)

L'érosion commence à agir dès le début de la surrection des reliefs ; en conséquence, la surrection et l'érosion sont simultanées, et la présence d'un relief aigu dans un paysage signifie toujours que le massif monte encore (*expliquer plus ?).*

Il était dit autrefois que la durée du Quaternaire est trop courte pour que des phénomènes tectoniques importants aient pu s'y développer. Les mesures récentes montrent que, au contraire, les montagnes visibles dans un paysage sont toujours des montagnes jeunes ; l'érosion les effrite et les rabote d'autant plus vite qu'elles sont plus majestueuses.

Prenons le cas des Alpes (**J. Debelmas**, 1984) : vers – 30 millions d'années, au milieu du Tertiaire, les roches anciennes (granites et gneiss), qui constituent l'Oisans ou Belledonne, étaient encore enfouies sous les sédiments du Secondaire et du Tertiaire. Les roches océaniques qui constituent le mont Viso étaient enfouies à 80 km de profondeur à la suite de la plongée par subduction de la plaque africaine. La chaîne de Belledonne n'est apparue qu'à la fin du Tertiaire, vers – 5 millions d'années, c'est-à-dire le 31 décembre à la fin de l'après-midi de l'année géologique, si nous reprenons la comparaison du paragraphe 215*.

Plus précisément, les mesures topographiques récentes montrent que le noyau granitique des Alpes (Mont Blanc, Belledonne, Écrins) et les unités qui le flanquent à l'est (Vanoise, Briançonnais, Queyras) montent actuellement de 1 mm par an, c'est-à-dire 10 cm par siècle. L'examen de l'âge des roches montre que cette vitesse de soulèvement a été, en moyenne, d'environ 5 cm par siècle depuis une vingtaine de millions d'années.

Pour le Mercantour, **J.-F. Ritz** (1991) montre que la vitesse de remontée du socle, depuis la fin du Tertiaire, a été de 8 cm par siècle, et que le glissement horizontal de la zone externe s'effectuait à une vitesse de 14 cm par siècle.

La surrection est le résultat de deux causes : la compression et l'isostasie. La compression est produite par le rapprochement de deux plaques continentales, qui ploie et arque les roches situées entre les deux mâchoires de l'étau. L'isostasie est liée à la faible densité de la croûte terrestre par rapport au magma visqueux sur lequel elle repose : plus la croûte légère est épaisse, plus elle monte sous l'effet de la poussée d'Archimède exercée par le magma, un peu comme les glaces flottantes qui émergent d'autant plus que leur volume total est grand.

Dans le cas des Alpes, **J. Debelmas** (*op. cit.*) montre que la ligne de séismes du sillon alpin, de Grenoble jusqu'au lac Léman, jalonne le front actuel de poussée, orienté vers le nord-ouest. L'analyse de la vitesse de propagation des ondes sismiques montre qu'il existe un plan de clivage oblique, situé à 11 km de profondeur sous le massif de Belledonne, et à 23 km sous le Briançonnais : la masse des Alpes glisse vers le nord-ouest, en montant sur ce plan de clivage.

Selon **P. Legris** (1963), la surrection de l'Himalaya depuis le début du Quaternaire est de 300 à 1.000 mètres dans le Cachemire, soit environ 5 cm par siècle. Dans les Andes vénézuéliennes, **J. Tricart** a repéré à 3.500 m d'altitude des formations pliocènes qui ont été rubéfiées et ont donné des argiles kaoliniques sous un climat chaud qui existe seulement en dessous de 1.000 m. Un soulèvement total de 2.500 m, effectué à une vitesse moyenne de 10 centimètres par siècle, a donc eu lieu au cours des derniers 2,5 millions d'années. Dans l'Atlas marocain, les plus vieux glacis-terrasses villafranchiens sont quelquefois devenus verticaux, etc. Une future chaîne de montagnes est en train de surgir entre la Libye et la Crète, au cœur de la Méditerranée.

Pourtant, ou peut-être parallèlement, il faut sans doute aussi admettre que les pressions qui produisent ces mouvements ne sont pas colossales : **R. Rispoli** (1981) fait état de 100 à 200 bars par cm^2 pour la poussée tectonique pyrénéenne qui a déformé des dépôts calcaires. Cette faible force suffit pour bouleverser les montagnes parce qu'elle s'exerce sur des milliards de cm^2.

L'isostasie

Le poids des calottes glaciaires a enfoncé les continents qui les portaient au cours des glaciations du Quaternaire, et un rehaussement a eu lieu pendant les phases inter-glaciaires. Actuellement, le Labrador se relève chaque année d'un centimètre (soit 1 m par siècle).

421.3 La subsidence

A l'opposé de l'orogenèse, la subsidence est l'enfoncement d'une plaine (quelquefois encadrée par des failles). Elle est fréquente dans les deltas, où l'apport régulier de sédiment pèse sur le substrat. La subsidence atteint 50 cm par siècle en Camargue : les ruines du port romain de Fos sont maintenant à 5 m en dessous du niveau de la mer. Le fond de la Méditerranée, depuis le Pliocène (– 4,5 millions d'années) a été recouvert, dans la fosse bradanique, de plus de 3.000 mètres de sédiments (dont 1.500 m de Quaternaire inférieur, *cf.* J.-C. BOUSQUET, *in litt.*).

Le delta du Mississippi, en Louisiane, aurait accumulé plus de 10 km d'épaisseur de débris en 20 millions d'années ; il s'agrandissait autrefois de 5 km² par an, mais il perd actuellement plus de 10 km² par an, en raison de la montée du niveau de la mer et de la construction de barrages dans son bassin versant qui ont retenu la plus grande partie des sédiments.

C'est une subsidence de la fin du Tertiaire qui a permis à des dépôts de sables et argiles d'origine granitique de se déposer en Sologne sur une épaisseur de plus de 80 mètres.

421.4 Le volcanisme

Les phénomènes volcaniques produisent aussi des formes de relief très particulières. Sans les détailler, rappelons qu'elles comprennent les résultats des éruptions, des tremblements de terre, de l'ouverture ou du glissement des failles, des raz de marées ("tsunami"), des effondrements, etc.

Au cœur des volcans, les mouvements du magma retentissent jusqu'à la surface. Par exemple, dans le cratère du grand volcan éclaté (une "caldeira") qui est au centre du parc de Yellowstone, le fond de la caldeira, poussé par le magma situé à une dizaine de kilomètres de profondeur, montait de 7 centimètres par an en 2007. Il y a 640.000 ans, ce volcan avait émis 250 kilomètres cubes de cendres qui avaient enseveli la moitié des USA sous 20 mètres de cendres, qui ont ensuite été enlevées par le vent et par les pluies.

Les dépôts volcaniques représentent des volumes importants : l'explosion du Pinatubo (Philippines) a produit un nombre de km³ de matériaux qui permettraient de construire un mur de 10 mètres de large et de 80 mètres de haut autour de la France.

421.5 Les cratères creusés par les météorites

Les grosses météorites qui arrivent jusqu'au sol creusent des cratères – nommés astroblèmes – qui peuvent rester visibles pendant plusieurs millions d'années. Il en existe plus de 150 en Sibérie ; ceux de Patagonie ont une centaine de mètres de diamètre et jusqu'à 50 mètres de profondeur.

Le plus fameux est celui de Chixculub (environ 200 km de diamètre), au nord-ouest du Yucatan. Certains géologues pensent que sa chute aurait pu provoquer l'extinction des grands Reptiles du Secondaire. Au Québec, le grand lac circulaire du Manicouagan est aussi un astroblème.

421.6 La tectonique des plaques

Les travaux récents montrent que la tectonique des plaques, qui a pris la suite de la "dérive des continents" découverte par A. WEGENER (1914), est encore très active, puisque :

- l'Amérique s'éloigne de l'Eurafrique au rythme de 3 mètres par siècle ; l'Afrique du Nord s'approche de l'Europe de 6 mètres par siècle et continue à faire monter les Alpes ;
- l'Inde se catapulte dans l'Himalaya au rythme de 4 à 5 mètres par siècle et le tsunami de 2004 a été causé par un séisme profond situé sur le flanc oriental de la plaque indienne ;
- la plaque de l'Océan Pacifique s'écarte de la plaque Nazca (au large du Chili) de 18 mètres par siècle ;
- la plaque Nazca s'enfonce sous la Cordillère des Andes (11 mètres par siècle) ;
- la plaque de l'Océan Pacifique s'enfonce sous les Montagnes Rocheuses (5 mètres par siècle) ;
- l'Australie s'écarte de l'Antarctique (7 m par siècle).

Entre le 7 et le 15 novembre 1978, l'Asie et l'Afrique se sont brusquement éloignées d'un mètre, entre le lac Assal et le Goubet-al-Kharab. Lorsque deux plaques continentales (par exemple l'Amérique et l'Eurasie) s'écartent, la suture située au milieu de l'océan baille et du basalte monte dans la fente.

Le jeu des plaques entraîne aussi la création de failles dans les blocs rigides. La faille transformante de Garrett, longue de 130 km et large de 15 km, est située au large du Pérou et de l'Équateur, à une profondeur voisine de – 5.000 m ; elle glisse latéralement de 16 à 17 cm par an, soit 1,6 à 1,7 mètre par siècle. Les failles jouent lors des tremblements de terre (séismes), et il n'est pas certain que des glissements lents continus se produisent dans les failles.

Les méthodes actuelles d'observation de la croûte terrestre ne permettent pas de prévoir les séismes, mais les enregistrements des sismographes conservés après le séisme du 17 août 1999 présentent une vibration jamais repérée auparavant : elle s'est prolongée pendant les 44 minutes qui ont précédé la rupture de la faille nord-anatolienne qui sépare la plaque eurasienne qui glisse vers l'est – en élargissant l'Atlantique – et la plaque anatolienne qui glisse vers l'ouest. Cette vibration serait peut-être causée par un glissement lent des lèvres de la faille avant la rupture brutale qui a tué 19.000 personnes.

La même faille est présente sous la mer de Marmara où des gisements de pétrole et de gaz émettent des bulles repérables à la surface de la mer dont le nombre augmente peut-être avant chaque séisme.

Dans certains cas, il semble possible d'estimer le laps de temps qui sépare deux séismes : la subduction qui aurait causé le terrible séisme de Lisbonne en 1755 (et qui a alimenté la verve caustique de Voltaire) aurait eu une magnitude de 8,7 sur l'échelle de Richter ; il semblerait que ce plan de failles soit actuellement verrouillé et que des tensions s'y accumulent ; la datation des coulées sableuses qui témoignent des séismes anciens laisse penser qu'ils se produisent périodiquement tous les 1.000 à 2.000 ans.

Pour se faire une idée juste des mouvements actuels, il faut voir que :

- la vitesse de déplacement horizontal des continents atteint 5 à 10 mètres par siècle ;
- la vitesse d'exhaussement des montagnes jeunes est cent fois moindre, puisqu'elle est de 5 à 10 centimètres par siècle.

En dessous de la croûte de roches légères (silice et aluminium) qui constitue les continents, les roches deviennent visqueuses et elles sont soumises à des courants très lents qui font remonter des éléments profonds, plus denses et plus riches en fer et en magnésium et proches du basalte, dans les rides situées au milieu des océans. Ces rides ont été cartographiées lors de la guerre froide pour que les sous-marins atomiques puissent naviguer en sécurité au fond des océans.

Les différences de densité des couches concentriques qui forment la Terre ont pour origine la diversité des éléments chimiques qui étaient présents dans la supernova dont l'explosion produisit le système solaire, il y a environ 5 milliards d'années (*cf.* l'annexe du chapitre 2).

421.7 Le centre de la Terre

La mesure de la surrection des montagnes, de l'érosion, des marées océaniques, des marées terrestres2, etc. ne peut être précise que si elle est

2 Elles sont causées par la rotation apparente de la Lune autour de la Terre, comme les marées océaniques. Leur amplitude diurne atteint quelques dizaines de centimètres.

faite à partir du centre de la Terre, dont la position doit être déterminée à quelques millimètres près. Cette position est révisée tous les 3 à 5 ans grâce à une triangulation très fine qui donne la position dans l'espace intersidéral d'environ 500 stations de références, par rapport à des quasars lointains. Ensuite, des télémètres laser mesurent simultanément la distance de ces stations aux satellites qui orbitent autour de la Terre et dont la position par rapport au centre de gravité de la Terre est déterminée par les lois de Kepler.

C'est grâce à ces mesures précises que nous savons que le niveau moyen des océans se hausse de 3 millimètres par an en raison de la fonte des glaciers et de la dilatation de l'eau causée par le réchauffement climatique, et que la Scandinavie, débarrassée de son manteau de glace depuis 10.000 ans continue à monter d'un centimètre par an par "isostasie".

422 LA BIOSTASIE ET LA RHEXISTASIE

422.1 Résumé des idées révolutionnaires de H. ERHART

H. ERHART (1967) a systématisé plusieurs grands ensembles de phénomènes géomorphologiques, pour constituer une théorie, au sens propre de ce mot. L'histoire de l'épiderme de la Terre se résume alors en une série d'alternances de périodes calmes (= biostasie), séparées par des crises (= rhexistasie). La biostasie est « une période de stabilité de l'écorce terrestre et d'équilibre biologique, au cours de laquelle les êtres organisés, et en particulier la végétation continentale, ont pu atteindre leur développement maximal. »

Au bord d'un continent en biostasie se déposer au fond de la mer des séries de **sédiments marins** calcaires ou marneux. Elles peuvent atteindre 10.000 mètres d'épaisseur lorsque, parallèlement, le fond de la mer s'abaisse par subsidence. Les alternances de marnes et de calcaires sont vraisemblablement en correspondance avec des fluctuations climatiques, au cours desquelles la pédogenèse peut être plus ou moins latéritisante ou plus ou moins acidifiante.

Au contraire, les périodes de rhexistasie sont celles des grandes révolutions géologiques qui, comme les révolutions astronomiques, les révolutions forestières et la plupart des révolutions politiques, produisent un nouveau système stable et durable. L'érosion est alors intense et les dépôts sédimentaires sont surtout **continentaux** et siliceux parce que le calcium des sols a été lessivé ; la végétation est détruite ou bousculée et les orages arrachent ce qu'il en reste.

Cette théorie, comme ses semblables, ne doit pas être considérée comme une panacée, mais l'écologue a intérêt, chaque fois qu'il examine un paysage, à y chercher les griffes de la rhexistasie et les baumes de la biostasie.

422.2 Les alternances de stabilité et d'instabilité

Dans l'histoire des théories géologiques, les idées de **H. Erhart** sont très novatrices parce qu'elles prennent en compte les alternances de stabilité et d'instabilité dont l'importance en biologie a été soulignée dans le paragraphe 16*. Elles diffèrent pourtant des alternances biologiques parce que les périodes d'instabilité sont durables et surtout parce qu'elles ne font pas intervenir une régulation cybernétique.

En effet, une période d'instabilité rhexistasique a pour cause la surrection d'une chaîne de montagnes et ce n'est pas une rétro-action négative qui provoque le retour à la biostasie : c'est seulement l'arasement des montagnes qui entraîne l'épuisement progressif des phénomènes rhexistasiques pour des raisons purement mécaniques, sans intervention d'une mémoire. La biostasie s'installerait alors définitivement, et ce sont des causes externes au fonctionnement du système qui provoqueront une nouvelle surrection de montagnes et une nouvelle alternance.

423 La géomorphologie climatique

Le système davisien n'explique qu'une faible partie des phénomènes visibles sous les climats inter-tropicaux aussi bien que sous les climats très froids. Les ouvrages spécialisés distinguent même autant de modèles géomorphologiques que de types de climats. Ici, il sera seulement possible de montrer quelques exemples de l'enchaînement de phénomènes qui aboutit aux formes observables.

423.1 Les quatre chaînons d'un processus géomorphologique

Lorsque la surface de la Terre est soumise aux actions de l'atmosphère et de la biosphère, les processus géomorphologiques s'enchaînent en quatre maillons successifs. Le premier est l'altération (physique et chimique) de la roche-mère, le second est l'ablation des matériaux meubles, le troisième est le transport des matériaux altérés, le quatrième est le dépôt de ces matériaux.

423.11 L'altération

Toutes les roches sont altérées dès qu'elles sont proches de la surface du sol et ce phénomène est quelquefois nommé "météorisation". Le premier stade de l'altération est lié aux variations de températures qui font éclater les roches, par l'alternance des dilatations diurnes et des rétractions nocturnes. Cette altération thermique est sensible en particulier sur les blocs granitiques qui en viennent quelquefois à donner des boules parfaitement sphériques. Ensuite, l'eau des précipitations (pluies et neige) dissout et entraîne les éléments solubles des roches (en particulier les feldspaths).

Le facteur le plus important de l'altération des roches (y compris les argiles) est l'hydrolyse qui se produit dans la profondeur du sol. L'eau qui circule dans une fissure profonde de la roche joue le rôle d'un échangeur de chaleur et engendre des contraintes thermiques ; celles-ci amorcent de nouvelles fracturations qui se développent ainsi de proche en proche (G. BERTHOMIEU, 1987).

C. MARSHALL ET J. HASEMAN (1942) ont imaginé une formule qui permet de calculer la quantité de roche altérée, en fonction de paramètres climatiques. Elle aboutit à une altération de 4 à 11 mm de profondeur en 1.000 ans sous le climat tropical de Rhodésie, avec des précipitations de 900 à 1.200 mm.

423.12 L'ablation (= l'érosion *sensu stricto*)

Les forces qui peuvent arracher des particules de sol sont :

- la gravité, qui provoque des éboulis et le décollement de loupes de glissement dans les roches meubles ; son action directe n'est sensible que sur les pentes supérieures à 15 % ;
- l'attaque par les eaux courantes, qui arrachent les particules et mitraillent ensuite tout ce qui se trouve sur leur passage ;
- le vent, qui est actif surtout lorsqu'il est chargé de sable ; il est alors capable de sculpter les roches tendres en leur donnant un aspect ruiniforme.

L'attaque par l'eau est très importante sur les côtes et elle entraîne la création de **formes fractales** (§ 54*) pour la ligne de rivage : les vagues creusent des baies dans les roches les plus tendres et laissent les roches dures créer des caps, mais un équilibre est atteint quand la côte se découpe en formes fractales imbriquées qui résistent aux attaques différentielles.

423.13 Le transport

G. STEINITZ *et al.*, dans la région de Boston ont construit un modèle d'évolution des sols, qui caractérise les risques d'érosion hydrique (à partir de l'*universal soil loss equation* fondée sur les travaux de **WISCHMEIER**, qui montre que l'érosion peut atteindre 20 tonnes de sol par acre et par an dans 5.791 carrés de la grille d'échantillonnage, et dépasser 200 tonnes de sol par hectare et par an dans 78 carrés. Dans cette étude, le coût de la lutte contre l'érosion va de 0 à 14.445 dollars par acre.

423.14 Le dépôt

Les dépôts marins sont très variés, en particulier parce que leur taille dépend de leur situation par rapport aux continents : ce sont des sables à proximité des côtes, puis des limons et des argiles de plus en plus fines au fur et à mesure que l'on s'éloigne des turbulences côtières.

Au cours du Quaternaire, l'épaisseur des dépôts marins atteint, par exemple, 1.500 m en certains endroits de la Méditerranée (fosse bradanique), soit une moyenne de 1 millimètre par an ou de dix centimètres par siècle !

Les dépôts continentaux (et deltaïques) sont reconnaissables par leur stratification entrecroisée.

A chaque type de climat correspondent des modalités de ces quatre maillons.

423.2 La géomorphologie des climats équatoriaux humides

Sous les climats équatoriaux, la température constamment élevée, et la faible intensité des périodes sèches permettent à un couvert végétal continu de s'établir, de protéger le sol, et d'y apporter régulièrement de la matière organique qui se décompose rapidement. L'eau de pluie qui arrive à la roche-mère l'altère intensément. Le manteau des altérites ainsi produites donne des formes molles, avec des collines arrondies en "demi-oranges" ; ce manteau glisse sur les pentes fortes, même sous végétation forestière, et on voit alors émerger des résidus rocheux qui ne s'érodent que lentement.

Sur les grands socles africains ou brésiliens, l'érosion mécanique est faible, et les transports par ruissellement se développent seulement sur quelques centaines de mètres. Le phénomène majeur est l'altération chimique, que les eaux d'infiltration développent sur plusieurs mètres ou plusieurs dizaines de mètres en profondeur. Les cours d'eau s'enlisent dans des bassins évasés, entrecoupés de seuils qu'ils franchissent par des cataractes qui ne sont que lentement résorbées par l'érosion remontante.

Au cours du Quaternaire, les climats équatoriaux ont varié parallèlement aux glaciations des climats tempérés. Ainsi, quatre remblaiements successifs ont été observés sur les piémonts des Andes vénézuéliennes par J. TRICART. Au Pérou, les dépôts permettent de déceler l'alternance de périodes tièdes (abaissement de la température moyenne de quelques degrés) et humides (avec une répartition saisonnière assez uniforme caractéristique des climats équatoriaux) et de périodes chaudes, de climat tropical à saisons plus contrastées, où le refroidissement nocturne pouvait être assez marqué pendant la saison sèche.

En haute montagne, les périodes froides, pluviales et glaciaires donnent des dépôts importants (moraines, formations périglaciaires de versants, accumulations torrentielles et nappes alluviales).

Dans les hautes Andes vénézuéliennes, J. TRICART a observé deux séries de moraines imposantes ; les plus anciennes sont externes (Riss ?), et les plus récentes sont internes (Würm ?). Dans ce cas, « il semble qu'un rythme exclusivement diurne de fusion (amplitude thermique annuelle inférieure à 1°) ... ne donnait que des suintements sans compétence, incapables de reprendre les apports glaciaires, qui se sont intégralement accumulés en moraines », sans donner de matériel proglaciaire fin ni de terrasses fluvio-glaciaires.

Dans le sud du Pérou, une ancienne glaciation dite Mantaro donne des moraines fortement encroûtées, et il apparaît des traces de deux ou trois phases glaciaires plus récentes, d'intensité décroissante.

A l'heure actuelle, les épisodes pluvieux nommés "la Nina" (environ tous les 8 ans) déclenchent des crues et des dépôts de sédiments dans le bassin de l'Amazone.

423.3 La géomorphologie des climats tropicaux arides

Dans les climats tropicaux arides, le phénomène le plus typique est la création de glacis-terrasses, souvent très étendus. Leur origine vient du contraste entre la saison sèche – au cours de laquelle la végétation se réduit à des taches entourées de sol nu – et la saison humide, où les pluies sont violentes et brutales. Les particules de sol nu ne sont plus agrégées par la matière organique et elles sont rapidement entraînées par le ruissellement lorsqu'arrivent les pluies diluviennes de la saison humide ; il se produit alors des nappes d'eau qui avancent à la vitesse d'un cheval au galop ; l'eau est très chargée en sables et cailloux et elle possède un pouvoir abrasif qui "rabote" les bosses lors de son passage sur le glacis.

Les lames d'eau érosives contournent les reliefs qui dominent les glacis et les éboulis qui ont pu s'accumuler à leur base pendant les périodes de sécheresse sont emportés par la crue ; le pied des reliefs (nommés alors **inselbergs**) forme alors un angle droit avec le glacis, très typique de ce type de paysages, et aussi de certains paysages sous climat méditerranéen aride ou semi-aride.

La surface d'un glacis n'est pas horizontale, puisqu'elle est modelée par de l'eau qui dévale la pente, mais cette surface est "réglée" comme celle d'un cône très évasé (une règle longue de plusieurs hectomètres pourrait être promenée sur la surface, le long de ses courbes de niveau).

Il est fréquent que ce type d'érosion se répète au cours de phases climatiques successives, souvent liées avec les glaciations du Quaternaire. Les glacis-terrasses les plus anciens subsistent alors au pied des inselbergs ; leur pente est relativement forte et ils dominent les glacis plus récents qui ont entaillé les glacis anciens en découpant des lanières très typiques. Il se produit alors des "**emboîtements**" de glacis et la pente des glacis inférieurs devient progressivement de plus en plus faible.

Les karsts (produits par la dissolution souterraine des calcaires) sont fréquents sous les climats tropicaux humides (Amérique centrale, Chine du Sud où les falaises ornées de Pins ont inspiré les peintres depuis une quinzaine de siècles) ; sous les climats tropicaux secs (Brésil), ils évoluent très lentement, en donnant en particulier des reliefs en aiguilles acérées.

423.4 La géomorphologie des climats désertiques

Il existe peu de paysages plus hétérogènes que ceux des déserts. En effet, la végétation y est si clairsemée que :

- les contrastes entre roches-mères apparaissent sans aucune atténuation ;
- la quantité de matière organique dans le sol n'est pas suffisante pour lier les particules ; celles-ci peuvent être transportées par le vent, et produire des formes particulières de relief, soit par ablation, soit par dépôt.

Les formes d'érosion sont principalement des creusements d'alvéoles décimétriques par corrasion des roches tendres exposées au vent (*taffoni*) et un enlèvement des éléments fins (limons et argiles) qui donnent des nuages de poussières capables de se déposer au loin sous forme de **lœss** (limons épais et purs) ou de **lehm** (limons mêlés d'argiles). Les déserts froids donnent ces deux types de dépôts qui ont souvent une très grande épaisseur, en particulier dans la boucle du Fleuve jaune en Chine. La conséquence la plus visible de ces dépôts est le comblement des vallées. En France, ces dépôts, produits lors des glaciations du Quaternaire (souvent celle de Riss), forment les "limons des plateaux", particulièrement importants dans le Bassin parisien où ils donnent des sols très fertiles.

Les autres formes de dépôts éoliens sont :

- les dunes, amas de sable structurés par le vent, présentant une pente raide du côté du vent et une pente plus douce sous le vent, constituant souvent un réseau de rides parallèles ou de croissants imbriqués).
- les barkhanes, petites dunes en forme de croissant dont les deux pointes s'avancent parallèlement sous l'effet du vent et dont la multiplication donne naissance à des formes de relief très spécifiques de certaines régions désertiques.

La fixation des dunes des déserts continentaux est plus difficile que celle des dunes littorales des zones tempérées, parce que le nombre d'espèces capables de vivre sous un climat per-aride est faible.

423.5 La géomorphologie des climats tempérés

C'est exactement celle qui avait été étudiée par DAVIS et qui a été évoquée dans le paragraphe 421.1, mais il est nécessaire d'ajouter quelques mots sur les **terrasses** créées par les fleuves et les rivières : lors de chaque glaciation, l'eau s'accumulait dans les calottes glaciaires des continents (les "inlandsis") en une telle quantité que le niveau des océans baissait de plusieurs dizaines (ou même d'une centaine) de mètres. Les rivières creusaient alors leur lit en profondeur et, par exemple, le profil en travers des vallées des Cévennes est constitué par un large V à la partie inférieure duquel s'inscrit un V à pentes plus fortes correspondant au creusement rapide des derniers millénaires. Inversement, lorsque le niveau des océans remontait, les rivières s'ensablaient, et tapissaient le fond de leur lit majeur d'alluvions plus ou moins grossières.

Ces variations de niveau des océans s'étendaient sur tout le globe ; elles ont laissé des terrasses qui peuvent être mises en corrélation, d'un continent à l'autre, en donnant des équivalences stratigraphiques universelles. De plus, les continents s'affaissaient un peu sous le poids des inlandsis glaciaires, et remontaient lentement lors de la fonte des glaces, par isostasie.

Finalement, les traces des anciennes plages apparaissent à des niveaux assez constants, et l'on distingue habituellement, au-dessus des mers d'Europe :

- un niveau dunkerquien à 2 mètres,
- un niveau flandrien à 5-7 mètres (de – 4.000 à – 3.000 av. J.-C.),
- un niveau tyrrhénien à 30-40 mètres,
- un niveau mélazzien à 80 mètres,
- un niveau sicilien à 120-130 mètres,
- un niveau très élevé à 240 mètres.

La liaison entre ces niveaux et les climats n'est pas constante. Par exemple, au Chili, un niveau de terrasses marines correspond à une période humide et froide, et à la phase finale d'une régression glacio-eustatique (J. TRICART *et al.*, 1965), mais des travaux inédits de J. Tricart font apparaître une liaison inverse en Argentine : là, les régressions correspondent à des climats secs.

Quant aux terrasses fluviales de France, elles sont liées aux glaciations du Quaternaire évoquées dans le paragraphe 24* (leurs noms anciens étaient Donau, Gunz, Riss et Würm). Il est généralement admis que les épisodes tièdes provoquaient le creusement des vallées sous l'influence de rivières au cours rapide, alors que les épisodes froids accumulaient du matériel détritique qui donnait des dépôts alluviaux. Par exemple, dans la vallée du Rhône, les terrasses du Riss et du Würm sont liées à l'avancée des glaciers du Rhône et de l'Isère qui déposaient les moraines "externes". C'est aussi lors des interglaciaires que la pédogenèse a produit des sols caractéristiques sur chaque niveau de terrasse ; les sols des terrasses anciennes sont donc "polyphasés" puisqu'ils ont subi plusieurs phases d'altération et de pédogenèse. Les épisodes les plus chauds ont produit une "rubéfaction" dont les traces sont encore visibles par exemple sur le mont Aigoual, à 1.500 m d'altitude.

Le "**lit mineur**" d'une rivière ou d'un fleuve est "l'espace fluvial, formé d'un chenal unique ou de plusieurs chenaux et de bancs de sables ou de galets, recouverts par les eaux coulant à pleins bords avant débordement". A l'intérieur du lit mineur, le "**chenal d'étiage**" est celui qui reste actif pendant les périodes de sécheresse. La terrasse la plus basse est souvent nommée "**lit majeur**" de la rivière, défini comme "l'espace situé entre le lit mineur et la limite de la plus grande crue historique répertoriée".

La forêt joue un rôle protecteur du sol dans les climats tempérés, et le défrichement ou la destruction de la forêt par les troupeaux entraînent une érosion catastrophique, en particulier sur les calcaires durs. Ainsi, Raymond Dugrand faisait remarquer que les garrigues de Chêne vert des petits causses montpelliérains avaient remplacé des forêts de Chêne pubescent attestées par les palynologues jusqu'à l'installation des agriculteurs et des éleveurs du Néolithique. L'érosion subséquente a arraché plusieurs dizaines de centimètres de "terre noire" en laissant à nu la roche calcaire karstique.

Un phénomène analogue est signalé sur le plateau calcaire nommé Karst, près de Trieste, où la forêt initiale était composée de feuillus (Chêne, Ostrya, Frêne, etc.).

En Afrique les types de géomorphologie sont liés aux "phases pluviales" (§ 24*).

423.6 La géomorphologie périglaciaire

Elle se caractérise essentiellement par les alternances de gel et de dégel, qui provoquent la fente des roches superficielles, lorsque l'eau immiscée dans les fentes et les interstices gèle au cours de la nuit et fait éclater la roche. Ce processus est particulièrement actif dans les roches calcaires qui se débitent en plaquettes et qui "fondent comme beurre en poêle".

Lors du dégel printanier, l'eau de fonte des neiges ruisselle en entraînant les éléments fins et les graviers jusqu'au bas des versants et elle dépose des **grèzes** où les lits de graviers anguleux alternent obliquement avec les sédiments plus fins.

Sur les pentes supérieures à 30 %, la neige durcie glisse en masse, en raclant la surface du sol, en arrachant le tapis herbacé et en poussant les blocs, jusqu'au premier replat. Ces effets spectaculaires ont été analysés en particulier par E. CHALAUX (1984, 1985) au col du Galibier entre 2.000 m et 2.200 m.

423.7 La géomorphologie glaciaire

Les glaciers descendent assez rapidement dans les montagnes de type alpin : le glacier de Jacobshavn, à l'ouest du Groenland, avance de 20 m par jour, car il est poussé vers la mer par la masse de glace recueillie dans un immense bassin de réception. Les glaciers des inlandsis, et en particulier ceux de l'Antarctique oriental, sont presque stationnaires.

Il peut arriver qu'un glacier s'installe dans un cirque au pied d'une paroi abrupte qui ne l'alimente pas suffisamment en neige pour qu'il produise une langue rejoignant la vallée. Le glacier surcreuse alors le fond du cirque et dépose une moraine frontale sur sa bordure aval.

Lorsqu'un glacier n'a pas totalement raboté le fond de l'auge où il s'encaisse, il peut déposer des moraines latérales en gouttière sur les flancs de la vallée ; un lac peut ensuite s'installer s'il n'y a pas d'exutoire.

Dans les paysages glaciaires, les lacs sont fréquents, et ils ont plusieurs origines :

- lacs pro-glaciaires d'amont : lorsque le sommet du glacier est à une altitude suffisamment basse pour que la glace y fonde en été et s'accumule en amont du glacier ; un exemple typique est celui du lac Galambra, à 3.423 m d'altitude, au sud-ouest du Mont Cenis ;
- lacs pro-glaciaires d'aval : tout au long du glacier, l'eau de fonte se concentre dans le ruisseau qui court sous la glace, et elle s'accumule dans un lac pro-glaciaire d'aval si la vallée est barrée, par exemple par une ancienne moraine.

La plupart des grands lacs glaciaires sont des lacs de moraines : le glacier laisse même une moraine frontale à chacun des endroits où son front stagne longtemps, et chacune de ces moraines barre la vallée, et peut créer un lac.

La fonte du glacier peut aussi laisser une moraine perchée à mi-versant sur un replat et un lac peut s'y installer (le Lac Sec au-dessus de Plainfaing, dans les Vosges).

Les glaciers des inlandsis sont si lourds que la terre s'enfonce sous leur poids : dans l'Antarctique oriental, le sol est même descendu en-dessous du niveau de la mer.

423.8 L'importance des héritages

Les sols actuels de France sont bien souvent des sols "hérités" de périodes climatiques antérieures où l'altération était plus intense qu'aujourd'hui. Trois exemples typiques peuvent être cités en France :

Les climats tropicaux du Tertiaire (*cf.* § 24*) ont altéré profondément les schistes et les granites du Massif Central, des contreforts pyrénéens, etc. qui sont encore partiellement couverts d'altérites rougeâtres qui se sont révélées favorables aux vignes de coteaux du siècle dernier. Les "**alvéoles**" (ou demi-berceaux) qui se sont alors creusés (alvéole est masculin) sur les versants sont particulièrement bien visibles dans les Albères (Pyrénées Orientales) et dans le Massif central. Leur présence est confirmée dès que l'on trouve des horizons rougeâtres dans une carrière ou au bas d'un talus de bord de route.

Au cours des périodes froides du Quaternaire, les calcaires en plaquettes ont « fondu comme du beurre » en produisant des nappes de colluvions en bas de versant.

En France, le département des Landes est couvert de sables marins qui se sont déposés à la fin du Quaternaire (sans doute jusqu'au Magdalénien). Mais les phénomènes éoliens sont apparus très tôt : les vieilles dunes dateraient du Mésolithique (entre – 10.000 et – 5.000 av. J.-C.) et les dunes récentes du Moyen-Âge.

43 LES SOLS ET LA VÉGÉTATION

L'étude des sols a donné naissance à une science autonome, la **pédologie**, dont l'un des précurseurs les plus judicieux est **PH. DUCHAUFOUR** (1977). A. Ruellan illustre bien le rôle du sol : "Le sol est l'une des inventions les plus géniales de notre Terre. Le sol permet à la vie de se développer, de se diversifier. Depuis toujours, le sol se forme lentement.

Aujourd'hui, les activités humaines le transforment rapidement, voire le suppriment en quelques instants, avec de graves conséquences pour l'eau, l'air, la vie et les hommes. Les sociétés humaines usent et abusent des sols, mais ne les connaissent pas. Il en résulte des erreurs d'usage qui induisent des dégradations. Le sol nourrit le monde végétal, animal, humain. Il filtre les eaux et régule les régimes hydrologiques. Il influence la composition de l'atmosphère ; il stocke et relâche les gaz à effet de serre. Le sol archive l'histoire des milieux et des sociétés humaines."

Le sol est donc une "interface" complexe entre l'atmosphère, l'hydrosphère, la géosphère et la biosphère, où le climat, la végétation, la faune et le sol sont en perpétuelles interactions. La matière organique y joue un rôle essentiel. En effet, à strictement parler, des résidus d'altération d'une roche qui ne contiendraient pas de matière organique (donc pas de micro-organismes) ne constitueraient pas un sol. Dans la plupart des cas, l'apport de litière est la source principale de matière organique, et l'augmentation progressive de cet apport, au début d'une "séquence de végétation" (§ 37*), fait partie des régulations qui constituent la tactique générale des systèmes écologiques. Là encore, la végétation modifie le milieu dans un sens qui lui est généralement favorable, et elle amorce des rétro-actions positives (= des accélérations) qui sont ensuite complétées par de rétro-actions négatives, qui aboutissent à des équilibres métastables (§ 17*).

Il n'est pas question de présenter ici un traité de pédologie, mais seulement de donner quelques points de repères relatifs surtout aux relations entre la végétation et les sols, en commençant ainsi par préciser deux points particuliers concernant l'absorption des éléments minéraux par les plantes.

431 L'ABSORPTION DES ÉLÉMENTS MINÉRAUX PAR LES PLANTES

Les éléments minéraux déposés par les pluies et par le vent sur les feuilles sont un peu absorbés par les plantes (voir les travaux de LELONG, Orléans), mais c'est par leurs racines qu'arrive l'essentiel de leur nutrition minérale, grâce à la circulation de la sève. Ce système complexe est dominé par le rôle de filtre qu'exercent les tissus épidermiques des racines. C'est ainsi que se distinguent les plantes calcicoles, calcifuges, acidiphiles, etc. dont la justification est discutée dans le paragraphe 56*.

Les plantes n'utilisent que de faibles quantités de silicium et d'aluminium, qui sont les éléments chimiques les plus abondants à la surface du globe (les mouvements de convection qui ont eu lieu dans la Terre primitive ont fait descendre au cœur de la Terre les éléments les plus lourds, tels que le fer, et ont conduit vers la surface les éléments les plus légers qui sont le silicium et l'aluminium). Ce sont des raisons chimiques qui ont privilégié le carbone plutôt que le silicium (qui sont pourtant voisins dans le tableau de Mendeleïev) et le fer, le cuivre ou le magnésium plutôt que l'aluminium dans la constitution des grosses molécules pré-biotiques (§ 21*).

A l'échelle de la parcelle, les différences entre les quantités absorbées par les plantes sont considérables : **L. Ryszkowski** *et al.*, (1999) donnent les chiffres suivants (en kg par hectare et par an) pour des sols acides d'Europe orientale :

	N	P	K	Ca	Mg
Prairie	360	63	236	217	50
Céréales	87	10	102	16	7
Friche	206	28	317	103	28
Betteraves	157	31	240	77	16

Les éléments immobilisés dans le sol

Les éléments chimiques nécessaires pour la nutrition des plantes sont plus ou moins disponibles dans le sol. Par exemple, le **phosphore** est en grande partie indisponible parce qu'il se lie facilement à d'autres éléments comme le calcium, le fer ou l'aluminium. Les racines utilisent divers mécanismes pour "désorber" les ions phosphore piégés : l'acidification du milieu via l'émission d'ions H^+, l'exsudation d'acides organiques mais aussi l'émission d'enzymes, appelées phosphatases (ces dernières hydrolysent le phosphore d'origine organique).

Chez de nombreux végétaux, la faible concentration en phosphore assimilable entraîne aussi la libération, par les racines, de composés phénoliques dont certains ont des propriétés antibiotiques. Ils permettent de limiter le développement de micro-organismes pathogènes et empêchent les micro-organismes de la rhizosphère de dégrader les composés organiques émis par la racine impliqués justement dans l'assimilation du phosphore.

Les Dicotylédones utilisent aussi ce processus pour augmenter leur absorption de **fer**, élément naturellement peu soluble et difficilement assimilable. Les Graminées utilisent un autre procédé : leurs racines sont capables de libérer de très grandes quantités d'acides aminés particuliers, appelés phyto-sidérophores ayant une grande affinité avec les ions ferriques Fe^{+++}. Ils rendent aussi plus assimilables d'autres éléments comme le manganèse, le zinc ou le cuivre. Certaines Bactéries sont aussi capables d'émettre ce genre de molécules transportant le fer.

Le **soufre** est souvent immobilisé dans le sol sous forme organique. Cette immobilisation dépend du type de plante et du type de micro-organismes présents dans la rhizosphère. Les Crucifères (y compris le Colza) émettent des exsudats racinaires qui stimulent la synthèse d'enzymes d'origine microbienne impliquées dans la solubilisation du soufre.

Les plantes absorbent des **anions** et des **cations** en quantité suffisamment importante pour diminuer les risques de pollution. C'est pourquoi les villes proposent aux agriculteurs d'épandre sur leurs terres les boues d'épuration des eaux urbaines. De même, dans le Liao-Ning, au nord-est de la Chine, les effluents d'usines sont apportés par des canalisations jusqu'aux phragmitaies qu'elles font prospérer (**LI XIU ZHEN ET M. GODRON**, 2004). Ces pratiques doivent être contrôlées attentivement pour que les cations dangereux (plomb, mercure, etc.) qui auront été accumulés dans les plantes soient récupérés et vitrifiés au lieu d'être envoyés dans la nature.

432 LA DÉCOMPOSITION DE LA LITIÈRE

432.1 Le bois mort

Les parties mortes des plantes qui tombent au sol constituent la litière, et le bois mort qui tombe au sol en fait partie.

Les principaux constituants du bois sont les celluloses (37 à 45 % de la masse totale), les lignines (17 à 33 %), l'O-acétyle-glucoronoxylane (15 à 30 % pour les arbres à bois dur) et l'O-acétyle-galacto-glucomannane pour 15 à 20 % des arbres à bois tendre. La cellulose est une chaîne linéaire de molécules de glucose (CH_2OH-OH-OH), reliées par des liaisons glucosidiques qui donnent du D-glucopyranose ; son poids moléculaire peut atteindre 1,5 million ; elle constitue 90 % des fibres de coton ; une partie de la cellulose est fortement structurée et qualifiée de "cristalline", le reste, plus facilement hydrolysable, est dit "amorphe". Les hémi-celluloses sont des polymères de plusieurs sucres (y compris le xylose) et de leurs acides uroniques qui entourent les fibres de cellulose.

Les lignines sont des composés aromatiques phénoliques, polymères de phenylpropanoïdes dérivés trois alcools cinnamyliques monolignols (*p*-oumaryl, coniferyl, and sinapyl). Une sous-structure de type □-aryle éther assemble les 40 à 50 % d'unités phényl-propane de base. La lignine principale des résineux est une guaïacyle (G) issue de l'alcool coniférilique ; celle des feuillus est une lignine syringyle-guaïacyle (S-G) moins condensée que celle des résineux. Leur synthèse *in vivo* a été étudiée en particulier par **RONALD HATFIELD ET WILFRED VERMERRIS** (*Plant Physiol*, 2001, vol. 126, pp. 1351-1357). Dans les parois des cellules, les lignines se déposent après les polysaccharides en formant des liaisons covalentes avec les hémi-celluloses ; elles constituent une grille enserrant et protégeant les celluloses et les hémi-celluloses ; elles renforcent la résistance mécanique des parois cellulaires et les aident à se défendre contre les Insectes, les Champignons et même les herbivores.

Certains composés phénoliques sont allélopathiques pour la germination, ou pour la croissance des racines. Par exemple ceux qui sont produits par la Myrtille handicapent la régénération de l'Épicéa. Certains autres participent à l'élaboration de composés humiques par polycondensation en consommant de l'oxygène, ce dont soufre en automne la faune de certaines petites mares forestières. D'autres se lient à l'azote pour construire des protéines stables, ce qui ralentit la minéralisation de la matière organique et empêche le lessivage de l'azote, et produit des humus de type moder ou mor, qui sont considérés comme défavorables sous climat tempéré mais qui sont normaux dans les forêts boréales.

Le bois est généralement pauvre en azote (de 0,1 % à 0,3 % de la matière sèche) et son rapport carbone/azote (C/N) est assez variable : pour les jeunes rameaux il est souvent compris entre 60 et 150, alors que, pour le bois des troncs, il dépasse souvent 300 (**I. Dill** *et al.*, 1987) et peut même atteindre 400 pour le bois de cœur. L'azote est généralement inclus dans des composés d'hydroxyproline liés à la lignine, où ils résistent à l'action de solvants et d'enzymes protéolytiques. Ils jouent un rôle important lors des processus d'humification (§ 43*) :

	T2-T4-T5-T6-T9	T3	T7	T8
Composés phénoliques	2,41 (0,17)	2,25 (0,21)	5,72 (0,20)	3,74 (0,23)
Lignine *	8,4 (2,2)	4,9 (0,5)	9,6 (1,3)	12,2 (0,6)
Azote	0,36 (0,04)	0,26 (0,04)	0,71 (0,01)	0,52 (0,04)
C/N	158	221	80	110

Tableau 4-1: Composition chimique et biochimique de Bois Raméal Fragmenté (en $gr.cm^3$ et en % du poids sec total, source à retrouver)

Dans le feuillage des plantes, trois types de polyphénols sont fréquents : les proanthocyanidines qui donnent le tanin, les glycosides des flavonols et les esters (glycosides et amides) dérivés de l'acide cinnaminique.

432.2 L'humification observée au laboratoire

La décomposition de la paille enfouie dans une case éclairée et remplie d'un sol de culture a été étudiée en particulier par **Z. Sallih** (1990) : pendant une première phase, la moitié de la matière organique se décompose en 3 mois, selon une fonction exponentielle ; elle donne des produits "labiles", c'est-à-dire qui se détruisent rapidement, surtout dans les sols bien aérés.

Pendant cette phase, la présence d'un chevelu racinaire dense de Blé augmente la respiration du sol, mais ralentit un peu la décomposition de la paille, parce que les racines assèchent le sol et concurrencent les micro-organismes décomposeurs.

Ensuite, au cours d'une deuxième phase stabilisatrice, la présence du Blé cultivé augmente au contraire la décomposition de la paille, surtout dans un sol peu argileux (parce que l'argile forme avec l'humus des complexes organo-minéraux relativement stables, que les racines de Blé ne peuvent pas récupérer).

La biomasse des microbes dans les sols étudiés par **Z. Sallih** (1990) se présentait ainsi, aussitôt après l'incorporation de paille dans le sol :

	carbone organique (en g) par kg de terre sèche	biomasse microbienne (en g) par kg de terre sèche
Sol 1	13	0,7
Sol 2	27	1,2

Lorsque le sol n'était pas cultivé, la biomasse microbienne diminuait, dans les deux types de sols, jusqu'à 0,25 g par kg. La présence de Blé cultivé fournissait des aliments aux micro-organismes, et ceux-ci se maintenaient en quantité presque constante, pendant les deux années de l'expérience.

432.3 Dans des pelouses et des jachères

Une pelouse dense de Brachypode rougeâtre (*Brachypodium phoenicoides*), étudiée dans le Languedoc par **S. Dietz** (1979), a donné les résultats suivants :

Phytomasse verte :	0,4 à 1,5 tonnes par ha
Phytomasse sénescente (jaune) :	0,3 à 1,2 tonnes par ha
Phytomasse morte (grise) :	1,2 à 2,3 tonnes par ha
Litière :	2 à 4 tonnes par ha.
Carbone organique du sol :	
0-10 cm :	26 tonnes par ha
10-20 cm :	17 tonnes par ha
20-30 cm :	8,5 tonnes par ha

La première remarque suggérée par ces chiffres est que le rapport entre le carbone organique du sol et la phytomasse aérienne est voisin de

$$54/4 = 13,5$$

La litière se décompose selon une loi exponentielle en fonction du temps :

L = Lo . k . e*-mt

La moitié de la litière placée au contact du sol disparaît en trois mois. Une très faible portion (2 %) du carbone de la litière est transformée directement en composés organiques hydrosolubles à décomposition très rapide. En imprégnant la litière de carbone radio-actif, on voit que la proportion de carbone marqué qui est enfouie dans le sol va de 15 à 25 % dans les dix premiers centimètres du profil, et de 2 à 3 % entre 10 et 30 cm. En moyenne, les trois quarts du carbone sont transformés en gaz carbonique.

Lorsque la litière est retenue au-dessus du sol par la végétation de la pelouse, sans être plaquée au sol par le piétinement du bétail, sa décomposition est plus lente, et le fonctionnement du système en un an peut être schématisé ainsi :

Production de litière :		1 tonne par hectare et par an
Production de carbone :		400 kg par ha et par an
Production d'azote minéral :		35 à 50 kg par ha et par an
Incorporation de carbone dans le sol :		
	0-10 cm :	52 kg par ha et par an
	10-20 cm :	8 kg par ha et par an
	20-30 cm :	6 kg par ha et par an

D'autres travaux effectués dans le même type de milieu ont montré que, dans ces pelouses, les racines produisent 96 kg, 25 kg et 9 kg par ha et par an dans les trois strates de sol comprises respectivement entre 0-10 cm, et 10-20 cm, et encore 20-30 cm.

Si l'on considère que la pelouse a atteint un équilibre dynamique, l'apport annuel est de 148 kg de matière organique dans la strate 0-10, ce qui correspond à un taux de renouvellement de 148/26.000 = 0,6 %. Dans les strates 10-20 cm et 20-30 cm, ce taux est de 0,2 %.

Dans des jachères de Casamance (Sénégal) qui se transforment en savane boisée, **R. Manley** (2000) a montré que les teneurs en carbone, en azote et en phosphore dans le sol restent assez peu variables autour des moyennes suivantes :

	C (g/kg)	N (g/kg)	Poids (mg/kg)	Dté (kg/dm^3)
0-10 cm	5	0,42	2,4	1,51
10-20 cm	4	0,38	2,2	1,50
20-30 cm	3,5	0,36	1,4	1,52
30-40 cm	3,8	0,38	1,3	1,51
0-40 cm	4	0,39	2	1,5

Le calcul des flux met en évidence que les parcelle de jachère éloignées du village sont indispensables pour maintenir en équilibre le bilan de matière organique, de carbone et d'azote.

432.4 L'humification et la minéralisation

432.41 Les processus

Une bonne synthèse des processus d'humification a été faite par A. THIERRY (1986). La litière donnée par les végétaux contient 40 à 75 % de celluloses, 6 à 30 % d'hémi-celluloses, 20 à 30 % de lignines, et un pourcentage très variable de tanins. Les lignines se décomposent plus lentement que les composés cellulosiques. Les Bactéries ne sont pas capables d'attaquer les grosses molécules telles que la lignine, et elles ne peuvent donc intervenir qu'après une première attaque par des Champignons (pourriture blanche et pourriture rouge). Schématiquement, la lignine alimente le système d'humification, la cellulose et les excréments de la faune du sol alimentent le système de minéralisation.

L'humification de la litière produit l'humus, qui est la frange qui sépare le monde organique du monde minéral. Cette frange n'est pas une barrière à sens unique mais plutôt un sas où les éléments vont d'un camp à l'autre au gré des colonies microbiennes qui "réorganisent" des éléments minéraux aussi bien qu'ils "désorganisent" de grosses molécules. En conséquence, des dosages d'éléments recueillis à un instant donné ont peu de signification, et les possibilités d'évolution des éléments ont autant d'importance que leurs quantités. L'humus "stable" est ce qui reste durablement après le début de la minéralisation. La paille de céréales laisse seulement 15 % de son poids en humus stable.

La minéralisation de certains composts est assez lente (4 % par an) quand ils ont "cuit" lors de la montée en température qui dure très longtemps (3 à 5 mois) ; ils se comportent un peu comme du charbon. Ils sont utilisables en horticulture et en pépinière mais ils ont moins d'effet en maraîchage qu'on ne le pense souvent. Ce produit n'entre guère dans une dynamique de sols vivants, à la différence du bois raméal fragmenté.

La rapidité de la décomposition de la litière est le caractère le plus déterminant de la typologie des humus. Celle-ci dépend en premier lieu du climat, puisque la plupart des réactions chimiques sont plus rapides quand il fait chaud. En second lieu, elle dépend des espèces qui fournissent la litière : celle des feuillus se décompose généralement plus vite que celle des résineux. Les mélanges d'essences fournissent une nourriture diversifiée qui favorise la diversité des innombrables animaux qui vivent dans le sols.

L'humification inclut un "ré-arrangement" des molécules organiques, et des acides humiques apparaissent. Ceux-ci sont formés de substances aromatiques (acides phénoliques) combinées à des acides aminés ; ils possèdent environ 1 % de fonctions méthoxyles, alors que les lignines en contiennent 15 à 20 % ; leur poids moléculaire est compris entre 3.000 et 300.000, et, au fur et à mesure qu'il augmente, le taux de carbone augmente, alors que le taux d'oxygène diminue. Les acides humiques sont colloïdaux, et hydrophiles électro-négatifs : ils retiennent encore plus d'eau que l'argile (jusqu'à 15 fois leur propre poids) ; ils réagissent avec les ions monovalents Na^+ et K^+, mais fortement avec Mg^{++} et surtout Ca^{++}, qui les floculent intensément. Ils se combinent avec l'argile pour donner des "complexes", au moyen de ponts formés par des ions Ca^{++} et Fe^{++} ; par l'intermédiaire de ces complexes, l'humus protège l'argile contre la dispersion, et produit un "ciment" qui stabilise les particules légères en constituant des agrégats stables.

Le groupe de travail sur les bois raméaux forestiers (BRF), sous la direction de **G. Lemieux** (§ 43*) a montré que les polyphénols sont l'un des éléments-clefs du cycle de la matière organique. Ce sont des composés chimiques comprenant des molécules cycliques de benzène (C_6H_6) qui jouent de multiples rôles : protection contre certains rayonnements ultra-violets nocifs, défense contre les herbivores et les parasites, contribution à la coloration des fleurs et à la saveur des feuilles ou des fruits, etc. **D. Germain** (2004) a observé que les polyphénols présents dans les plantes semblent piloter les flux d'éléments chimiques organiques et minéraux dans la pédogenèse, peut-être parce qu'ils interviennent dans les compétitions entre les décomposeurs.

Une tonne de bois raméal occupe environ 3 de m^3 et contient au départ 4,8 à 5,4 kg d'azote. Après humification, il reste 225 kg d'humus stable, qui contiennent environ 10,5 kg d'azote. Autrement dit, 50% de l'azote "mis en banque" ne provient pas du BRF mais du sol. Ensuite, la minéralisation de l'humus venant du BRF relargue de l'azote assimilable, à raison de 2 et 3% du poids de l'humus par an.

L'humification dégage de la chaleur (les jardiniers enterrent du fumier pour réchauffer le sol où ils veulent produire des salades précoces) mais elle est freinée quand la température atteint 50 à 60°C. De même, la teneur en eau optimale est comprise entre 50 % et 60 % ; au-delà de 70 %, l'asphyxie ralentit l'humification ; en-deçà de 40 %, les micro-organismes manquent d'eau. Si le chevelu racinaire est abondant, il pompe beaucoup d'eau, assèche le sol et ralentit l'activité microbienne ; il la ralentit aussi en absorbant directement une partie des composés "labiles" faciles à décomposer.

Les micro-organismes respirent, et transforment ainsi en gaz carbonique environ la moitié du carbone qui leur est fourni. Globalement, l'humification des sucres est l'inverse de la photosynthèse :

$$C_6 H_{12} O_6 + 3 O_2 \implies 6 CO_2 + 6 H_2O$$

L'humification consomme donc de l'oxygène et produit de l'eau ; cette eau régule l'ensemble du processus, parce qu'elle absorbe une partie importante de la chaleur produite ; si le processus s'emballe et donne beaucoup de chaleur, l'eau s'évapore, et l'absence d'eau liquide ralentit les réactions d'humification. Dans les amas volumineux de matière organique (silos à grains, déchets de scierie) l'élévation de température provoque des incendies spontanés.

Les micro-organismes ont aussi besoin d'azote pour leurs synthèses protéiques (ils contiennent 30 % à 40% d'azote). La litière organique est légèrement acide (pH 5,5 à 6,5). L'humification peut produire de l'ammoniac qui peut faire monter le pH jusqu'à 8, mais, habituellement les humus sont acides : le pH des humus "doux" (mull) est voisin de 6 ; celui du moder est voisin de 5 et celui du mor voisin de 4.

Il est possible de distinguer :

- la minéralisation directe (où l'eau de pluie dissout les éléments solubles de la litière),
- la minéralisation "indirecte" des éléments assimilés par les Bactéries,
- la déshumification, où les éléments stockés dans l'humus se décomposent.

De même, il faut distinguer l'humus "résiduel" issu directement de la litière, de l'humus "de synthèse" produit par les micro-organismes, et tenir compte des composés ammoniacaux "immobilisés" par les grosses molécules de l'humus.

Les coupes rases entraînent la minéralisation de la matière organique et sa combustion lente, qui dégagent du dioxyde de carbone qui va dans l'atmosphère (§ 84*). La moitié du carbone de la couverture morte peut ainsi être envoyée dans l'atmosphère au lieu d'être mise en réserve.

432.42 La décomposition des produits azotés

La décomposition de la litière peut aussi être étudiée en plaçant quelques dizaines de grammes de litière dans des sacs de gaze abandonnés sur le sol et récoltés successivement, l'un après l'autre, à des intervalles de quelques mois, jusqu'à disparition de la matière organique. Cette méthode est critiquable, parce que le sac de gaze modifie le comportement des micro-organismes, mais les autres méthodes utilisables *in situ* (cases lysimétriques) sont aussi perturbatrices, et très lourdes.

Au cours des transformations de la matière organique, les mesures faites par plusieurs auteurs montrent que la quantité totale d'azote qui reste dans un sac où l'on a placé de la litière commence par décroître (souvent de 25 %), mais qu'elle augmente ensuite, au cours de la première année, et se stabilise pendant plusieurs mois à un plafond pour lequel la quantité d'azote du sac est environ égale à 130 % de la quantité initiale. Ce phénomène exige donc une incorporation d'azote venant d'une autre partie du système, et la combinaison des processus élémentaires aboutit à un résultat très simple : le pourcentage d'azote du contenu des sacs croît linéairement avec le temps, en proportion inverse de la décroissance de la masse rémanente. Le coefficient de proportionnalité de la relation linéaire qui relie le pourcentage d'azote et la masse rémanente **a** dépend directement de la teneur en azote des feuilles de la plante qui a fourni la litière :

	Teneur initiale en azote (%)	Pente **a**
Alnus rugosa	70,32	0,026
Betula papyrifera	70,44	0,033
Populus tremuloides	70,08	0,023
Picea mariana	70,06	0,020
Abies balsamea	70,04	0,019

Ceci signifie que, plus une plante est pauvre en azote, plus la teneur en azote de sa litière augmentera lors de sa décomposition.

Cette relation linéaire, du type y = ax+b, permet de calculer la quantité maximale d'azote accumulée, puisque l'on dispose de deux équations :

pourcentage d'azote = **a** . masse rémanente + **b**

masse d'azote = masse rémanente . pourcentage d'azote

En conséquence :

masse d'azote = masse rémanente **.** (**a .** masse rémanente + **b**)

$$Ma = Mr \,.\, (\mathbf{a}\, Mr + \mathbf{b})$$

$$Ma = \mathbf{a}\; Mr^2 + \mathbf{b}\, Mr$$

et la masse d'azote passe par son maximum quand la dérivée de second membre s'annule, c'est-à-dire quand :

$$2\mathbf{a} \,.\, Mr + \mathbf{b} = 0$$

$$Mr = -\ \mathbf{b}/2\mathbf{a}$$

En fait, **b** est généralement compris entre 0,03 et 1,15, et **a** entre – 0,02 et – 0,04, et la masse d'azote atteint son maximum quand la masse rémanente est comprise entre 70 % et 45 %. Une vue d'ensemble du cycle de l'azote sera donnée un peu plus loin.

Dans une forêt de l'est des États-Unis, **J. Mellilo et J. Aber** (1983) ont observé que 25 % de la litière avait disparu au bout d'un an, 50 % au bout de 2 ans et 75 % au bout de 3 ans.

432.43 Quelques exemples

C. Gers *et al.* (2004) estiment que les forêts de feuillus des Pyrénées apportent au sol chaque année 3 à 4 tonnes de matière sèche sous forme de litière. Les feuilles de résineux contiennent 2 à 4 % de cendres, celles de Chêne 5 % et celles d'Orme 15 %. Le bois des feuillus contient 0,5 % à 0,8 % de cendres, et celui des résineux 0,2 % à 0,4 %. (? ? trop faible).

Les observations précises réalisées par **N. Bernier** (1992) montrent que, sur des colluviums de quartzite des Alpes, entre 1.000 m et 1.600 m, les résineux produisent des mull bien typiques, alors que la lande de Myrtille produit des moder.

Une des méthodes qui permettent de suivre les transits d'éléments dans le sol consiste à mélanger quelques kilos des horizons supérieurs du sol que l'on étudie et de l'eau contenant 25 g de glucose dont le carbone est l'isotope radio-actif C14, et 0,15 g d'azote sous forme ammoniacale, comprenant 39 % d'azote N15. Le mélange est maintenu à 25°C et à une humidité égale à 75 % de l'humidité équivalente pendant dix semaines. Dans le cas d'un sol fersiallitique lessivé récolté sous une forêt mixte de Chêne vert et de Chêne pubescent d'Aumelas (Hérault), les dosages consécutifs font apparaître plusieurs séries de phénomènes :

1) 95 % de l'azote absorbé par les micro-organismes est intégré dans des composés hydrolysables, en grande partie sous forme d'acides aminés, dès le deuxième jour. L'azote marqué se retrouve en quasi-totalité dans la fraction hydrolysable. La fraction non hydrolysable (12 % de l'azote initial) s'enrichit peu en azote marqué pendant les deux premiers jours (7 % de l'azote marqué) et à peine plus au cours des semaines qui suivent. Une analyse fine montre que la plus grande partie de l'azote réorganisé est transformé en acides aminés, et reste longtemps dans cet état.

2) L'évolution du carbone est plus complexe. Le sol initial contenait 3,5 % de carbone, en poids ; l'introduction de glucose a fait monter ce taux à 7,2 %. C'est seulement à partir du 44ème jour qu'il entre progressivement dans les composés aminés qui sont synthétisés à partir du glucose.

Dans les forêts du Québec (750.000 km2), le sol contient deux à trois fois plus de carbone organique que la partie aérienne de la végétation (**S. Tremblay** *et al.*, 2004). La couverture morte contient en moyenne 38 à 58 tonnes de C/ha et le sol minéral de 44 à 70 tonnes de C/ha. Les forêts de feuillus contiennent moins de carbone dans la couverture morte et plus de carbone dans le sol minéral que les forêts de résineux.

La teneur en carbone des principaux types d'humus et leur densité apparente, échantillonnées sur 1.360 km2 des Laurentides (F. LEVESQUE *et al.*, 1999) sont :

	Teneur en carbone (%)	Densité apparente (g/cm2)
Mull	11,3	0,32
Moder	28,5	0,12
Mor	43,5	0,12
Tourbe	4,2	0,25

Une estimation de la quantité de carbone stockée dans les sols forestiers est donnée dans le paragraphe 84*.

Un exemple synchronique d'évolution des taux de matière organique et de la texture des horizons supérieurs du sol au cours de plusieurs siècles en Sologne sera donné un peu plus loin.

432.44 Le complexe argilo-humique

Le **complexe argilo-humique** (CAH), aussi appelé "complexe adsorbant", est l'ensemble des forces qui lient les cations (Ca^{++}, Mg^{++}, K^{+}, Na^{+}, etc.) sur la surface des constituants organiques et minéraux des sols (mélange de minéraux argileux et humus constituant le "complexe argilo-humique" à proprement parler) :

Argile (fraction minérale) charge négative	<—>	**Ions minéraux** charge positive	<—>	**Humus** (fraction organique) charge négative

Ces cations constituent la capacité d'échange cationique (CEC) et ils font partie du réservoir de fertilité chimique du sol avant de passer de la solution du sol dans les racines des plantes. Quand ils sont libres, ils circulent avec l'eau du sol ; ils sont présents en faible quantité dans l'atmosphère et 'intègrent dans l'eau des pluies et de la neige.

D'un point de vue chimique, argile et humus ne devraient normalement pas se lier entre eux car les micelles d'humus et d'argiles sont toutes deux électronégatives, et se repoussent donc naturellement. Pourtant certaines communautés d'organismes vivant dans le sol sont capables de produire de tels complexes en liant les argiles et les humus, qui sont donc d'origine biogénique (= générés par les êtres vivants)

Ces complexes jouent un rôle écologique et agronomique majeur et ils expliquent la stabilité structurale et la productivité exceptionnelle des sols riches en humus et en matière organique. Ils protègent très efficacement les sols contre la battance due aux pluies ou contre l'excès d'humidité.

Cette liaison « argile + éléments minéraux + humus» est nommée "complexolyse". C'est un des nombreux phénomènes qui participent à la pédogenèse. La profondeur et l'importance de ce phénomène varient selon le climat, le pH du sol et la qualité des argiles et des humus en présence.

Ces complexes attirent des anions ou des groupements anioniques tels que le phosphate PO_4^{---}. Si le groupement ionique est composé d'ions calcium (Ca^{++}), il prend le nom de pont calcique.

Ces complexes peuvent aussi fixer des cations toxiques (métaux lourds, ou métaux radioactifs), qui ne sont alors plus solubles dans l'eau ou dans l'air.

L'accrochage des argiles (charge négative) avec l'humus (charge négative) se fait par des ions + ce qui met en jeu une liaison électrostatique ; celle-ci est instable, notamment en présence d'eau et ce sont des liaisons stéréochimiques qui assurent la stabilité du complexe argilo-humique.

Le complexe argilo-humique est mieux hydraté que ne pourraient l'être les micelles d'argile ou humiques et les éléments "argile + humus + ions" sont ainsi enrobés dans une colle humique que l'on appelle globuline qui est résistant à l'hydrolyse. Cette liaison du complexe argilo-humique est réalisée en particulier dans le tube digestif des Vers de terre. Les champignons jouent aussi un rôle important en protégeant des molécules précieuses (telles que les tourmalines ?).

La création du complexe argilo-humique est plus facile quand le sol est couvert avec des matières organiques fraîches données par des plantes présentes toute l'année. C'est pourquoi les cultures sans labour et le maintien d'un couvert herbacé dans les interlignes des cultures sarclées et des vignes sont des solutions d'avenir.

432.5 Les décomposeurs

De nombreux êtres vivants interviennent dans la décomposition de la litière. Ils comprennent des micro-organismes, des Champignons et des animaux

432.51 Les micro-organismes

W. WHITMAN ET W. BIEBE (1999) ont estimé le nombre de micro-organismes présents sur la Terre dans les principaux habitats où ils vivent et ils arrivent à des chiffres étonnants :

Habitat	Nombre de micro-organismes	% du total
Sous-sol des océans	3,6 10^{30}	66
Sous-sol terrestre	1,4 10^{30}	26
Sol émergé	2,6 10^{29}	4,8
Eau de mer	1,2 10^{29}	2,2
Eaux douces et lacs salés	2,3 10^{26}	0,0043
Animaux domestiques	4,3 10^{24}	0,000080
Glaces polaires	4,0 10^{24}	0,000074
Termitières	6,5 10^{23}	0,000012
Humains	3,9 10^{23}	0,0000072

432.52 Les Champignons

Pour **B. Noël** (2005), ce sont les mycéliums des champignons qui attaquent en premier la litière en fabriquant des protéines qui absorbent une partie de l'azote disponible (métabolisme primaire) ; cette phase dure environ un an ; ensuite, ils attaquent la lignine qui protège la cellulose et les hémi-celluloses ; ils produisent une protéine, la globuline, qui agrège les particules du sol ; les Bactéries entrent alors dans la course, ainsi que la faune du sol (Arthropodes, Acariens, Vers de terre, Nématodes, etc.) qui se nourrit du mycélium des champignons ; les déjections de ces animaux nourrissent d'autres Bactéries qui libèrent de l'azote immédiatement consommable par les plantes.

Les débris végétaux de la litière sont attaqués par plusieurs enzymes produites par de nombreux micro-organismes (Bactéries et Champignons). La cellulose est elle-même décomposable en sucres solubles aussi bien en milieu aéré qu'en conditions anaérobies. Les Champignons qui détruisent la lignine ont aussi une activité cellulolytique, alors que la plupart des Bactéries détruisant la lignine ne dégradent pas la cellulose, et sont aérobies. Elles contribuent à la production des "pourritures blanches" (**M. Leisola et Garcia**, 1990).

P.-A. Moreau signale, parmi les espèces trouvées dans le bois raméal fragmenté (§ 43*) *Agrocybe rivulosa* (comestibilité inconnue), *Agrocybe putaminum* (idem), *Psilocybe crobula, Coprinus lagopus, Bolbitius vitellinus, Fuligo septica* (Myxomycète), *Pluteus variabilicolor, Volvariella volvacea, Galerina marginata, G. autumnalis* (mortels !), divers *Pholiotina, Macrocystidia cucumis, Pluteus nanus, Melanoleuca cognata, M. arcuata, Lepista nebularis, Crucibulum laeve.*

Au Canada, ce sont surtout des pourritures blanches, dont *Phanarochaete chrysosporium* et *Fomes fomentarius*, et des pourritures brunes, dont *Piptoporus betulinus,* qui récupèrent l'azote. Les pourritures blanches sont généralement des Basidiomycètes qui se développent d'autant plus activement que la concentration en azote du substrat est faible.

Dans les forêts de Conifères de la taïga (au nord du Canada, de la Scandinavie et de la Russie), ce sont surtout des Champignons qui contrôlent l'humification et la minéralisation. La flore du sol est peu diversifiée, sans doute parce que les résines, terpènes et polyphénols des résineux se combinent aux antibiotiques secrétés par les Champignons pour limiter le développement des Bactéries. Dans les forêts de feuillus (érablière, hêtraie, chênaie), ce sont des micro-organismes (Bactéries et Protozoaires) et des animaux (souvent très petits) qui jouent le rôle le plus important.

L'action des Micromycètes a été observée dans une forêt d'Ukraine pour trois feuillus *Acer tataricum, Acer platanoides* et *Quercus robur*, sur des podzols dégradés. 172 espèces appartenant à 73 genres de huit familles d'Oomycètes de Zygomycètes, de Basidiomycètes et d'Ascomycètes (auxquels s'ajoutent 131 espèces de *Fungi imperfecti*) ont été trouvées dans 300 échantillons de sol. Certaines espèces de Micromycètes sont liées à une seule des essences forestières. Au cours des 16 mois de l'expérience, les sols où avait été incorporé du bois raméal fragmenté ont été colonisés principalement par *Rhyzopus stolonifer* et *Trichoderma viride*, puis par *Doratomyces stemonitis* et les densités fongiques ont nettement augmenté, atteignant 16,4 10^3 CFU par gramme de matière sèche. Le potentiel enzymatique de 26 espèces a été mesuré en ce qui concerne l'amylase, la cellulase, la laccase, la peroxydase et la phénoloxydase pour lesquelles les *Fusarium* se sont révélés les plus actifs. L'activité antibiotique de 38 espèces a été évaluée et les *Aspergillus*, *Penicillium*, *Alternaria* et *Stemphylium* ont été les plus actifs.

432.6 La faune du sol

432.61 La diversité des animaux du sol

La diversité des animaux qui vivent dans le sol (§ 62*) est étonnante (**D. Neher**, 1999) :

Type	Taxons	Biomasse (g/m2)	Taille (mm)	Abondance (ind./m2)
Microflore	Bactéries, Champignons, Algues	1 à 100	Variée	10^6 à 10^{12}

Microfaune	Protozoaires	1 à 6	0,005 à 0,2	10^6 à 10^{12}
Mésofaune	Nématodes, Arthropodes, Collemboles	0,1 à 10	0,2 à 10	10^6 à 10^7
Macrofaune	Grands Insectes	0,1 à 2,5	10 à 20	10^2 à 10^3
Mégafaune	Vers de terre	10 à 40	> 20	1 à 10^3

BACHELIER (1978) en donne une estimation complémentaire :

Types de faune	Types d'organismes	Nombre par mm²
Protozoaires		10*8 à 50*8
Microfaune	Nématodes	10*6 à 20*6
Mésofaune (Microarthropodes < 1 mm et Enchytréides)	Collemboles	20*3 à 50*3
	Acariens	20*3 à 50*3
	Enchytréides	10*4 à 50*4
Macrofaune	Lombriciens	500 à 400
	Mollusques	10 à 10*2
	Arthropodes > 1 mm	10*3 à 10*4

432.62 Les Thécamoebiens

Les Thécamoebiens (Protozoaires) des sols jouent un rôle extrêmement important dans l'évolution des humus. Ils ont été étudiés en particulier par L. BONNET (nombreuses publications à partir de 1954) qui y a trouvé 300 espèces, parmi lesquelles une centaine d'espèces, 20 genres, 3 familles et deux phylums étaient nouveaux.

De nombreuses espèces sont communes à l'Europe et à l'Amérique du Nord et même à l'Amérique Centrale (Distomatopyxidae). D'autres espèces sont plus liées aux climats tropicaux. Certaines espèces possèdent une lame ventrale qu'elles utilisent pour se déplacer sans émettre de pseudopodes proprement dits.

Certaines espèces constituent des indicateurs très fidèles de la nature du milieu. Par exemple, *Geopyxella sylvicola* et le groupe *Plagiopyxis oblonga* caractérisent les sols à aptitudes trufficoles élevées, alors que *Pseudawerintzewia calcicola*, bien qu'inféodée à certains sols calcaires, est l'indice d'un état d'évolution pédologique trop avancé pour que la Truffe puisse se développer.

La plupart des Thécamoebiens sont cosmopolites, mais les sols de très vieilles formations forestières pérennes hébergent des espèces (*Lamtopyxis*, *Deharvengia*, *Planhoogenraadia*, etc.) qui peuvent être considérées comme de véritables fossiles vivants qui sont présents seulement dans les fragments de l'ancien continent de Gondwana et dans les aires ayant été en contact avec eux : Amérique Centrale et Amérique du Sud, Afrique, Indonésie, Népal, Nouvelle-Guinée, Philippines, Thaïlande. Les Distomatopyxidae sont vraisemblablement originaires de la marge sud-orientale du Gondwana (Nouvelle-Guinée, Est asiatique) ; elles constituent l'aboutissement du phylum des Lamtopyxidae et elles ont poursuivi leur expansion en Amérique du Nord et au Mexique, d'où elles ont pu atteindre les régions ouest-européennes (Asturies) avant l'ouverture de l'Atlantique.

Le genre *Planhoogenraadia*, bien représenté dans les sols forestiers des régions humides et chaudes (zone holotropicale), est particulièrement abondant dans le Sud Est asiatique. Il est aussi présent dans les Asturies, essentiellement dans des biotopes-relictes abritant une végétation à affinités tropicales, riche en Fougères. Des populations de plusieurs espèces de ce genre ont été observées dans des sols forestiers du département de l'Aude portant une végétation considérée par les botanistes comme étant à la fois relictuelle (Chêne sessile, Charme, Hêtre) et en situation de discordance écologique. La présence de *Planhoogenraadia* dans des biotopes-relictes permet de voir dans ce genre un élément du peuplement européen anté-glaciaire. Sa persistance a été assurée grâce à des refuges ayant présenté des conditions tempérées et humides, même pendant les glaciations. Les refuges floristiques ne sont pas rares en région cantabrique, où ils sont bien connus des botanistes. Quelques uns ont été récemment découverts dans le sud-ouest de la France.

Les genres *Distomatopyxis* et *Planhoogenraadia* présentent actuellement une dispersion de type mésogéen. On peut penser que le premier a gagné l'Europe à la faveur des contacts anciens entre Amérique et Péninsule Ibérique, en suivant la bordure méridionale de la Laurasie. Le second genre, actuellement très commun dans le Sud Est asiatique, a pu, comme c'est le cas pour certains végétaux, atteindre l'Europe occidentale en suivant lui aussi les régions mésogéennes de la Laurasie mais en sens inverse du premier. Il est vraisemblablement présent en Europe orientale méridionale, si toutefois des refuges ont pu assurer sa persistance.

Le rôle des Invertébrés a été étudié en détail par P. Arpin *et al.* (2000). C. Gers *et al.* (2004) considèrent que la taille des Arthropodes de la mésofaune est comprise entre 0,2 et 4 mm ; ces animaux sont peu mobiles et leur densité varie peu au cours de l'année. Ces auteurs ont prélevé 120 mottes de terre de 250 cm3 dans 12 parcelles de forêts à dominante de résineux de la Montagne Noire et ils y ont trouvé 33.640 individus appartenant à la mésofaune qui sont plus nombreux sous les peuplements de Douglas (54 %, en particulier dans les peuplements réguliers) que sous les peuplements d'essences indigènes (46 %) telles que le Hêtre, le Sapin ou l'Épicéa, où ils sont deux fois plus nombreux sous les peuplements irréguliers que sous les peuplements réguliers ; la diversité des espèces est généralement plus grande dans les peuplements irréguliers, en particulier pour les Collemboles ; les Acariens Oribates sont plus nombreux sous les résineux, les prédateurs (Pseudoscorpion) sont plus nombreux dans les peuplements irréguliers ; les Enchytréides sous le Hêtre. La mésofaune est plus sensible au peuplement que le type d'humus.

432.63 Les Vers de terre

Les **Vers de terre** ont été étudiés en particulier par **BERNARD JUVY** et par **DANIEL CLUZEAU**. Ils sont particulièrement abondants dans les prairies, qui hébergent 150 à 300 individus par m² (soit 2,5 tonne par ha) capables d'ingérer 400 tonnes de sol par hectare et par an avant de les restituer malaxés et enrichis en micro-organismes dans les **turricules** visibles à la surface du sol. Ils consomment de la matière organique végétale et refusent celle qui est souillée par les déjections des animaux. L'apport de fumier leur est donc peu utile. Ils utilisent la terre qu'ils avalent pour broyer très finement les débris végétaux dans leur tube digestif.

Les trois principaux groupes de Vers de terre sont :

- les **épigés** (longs de moins de 5 cm) qui rampent à la surface du sol et fragmentent la litière ;
- les **endogés** (longs de 10 à 20 cm) qui vivent dans des galeries horizontales ramifiées creusées dans le sol et se nourrissent de matière organique déjà un peu transformée ;
- les **anéciques** (y compris les Lombrics) , qui peuvent atteindre 1 m de long et descendent dans des galeries verticales jusqu'à 3 m de profondeur et peuvent remonter jusqu'à la surface du sol pendant la nuit.

Les prédateurs des Vers de terre sont les Oiseaux, les Renards, les Sangliers et surtout les Taupes. Les chaînes alimentaires (§ 62*) ne sont donc pas simples et linéaires, puisque les Vers de terre décomposeurs de la matière végétale alimentent les Carnivores dont les cadavres passent dans l'humus et alimentent les Vers de terre, etc.

Les galeries des Vers de terre peuvent s'étendre jusqu'à 3 m de profondeur et sur 500 mètres linéaires par m². Elles augmentent fortement l'aération du sol et de nombreuses réactions chimiques se produisent dans l'atmosphère interne des sols (**P. Renault**, 1997). Une conséquence étonnante de cette "bio-turbation" est que les Lombrics ralentissent la décomposition de l'atrazine, l'un des pesticides les plus nocifs, grâce à leur symbiose avec les *Pseudomonas* (thèse d'**Anne Kersanté**, 2008). Il est possible que l'enrichissement en azote minéral (NH_4^+, NO_3^-) du sol bioturbé des turricules et des galeries permette aux *Pseudomonas* de ne plus avoir besoin de consommer l'atrazine comme source d'azote. De plus, les Lombrics favorisent l'accumulation de l'atrazine dans les microsites du sol enrichis en carbone organique des galeries et des turricules.

Au total, dans le sol, la respiration des racines, de la pédofaune et des décomposeurs fournit du gaz carbonique à une pression partielle beaucoup plus élevée que dans l'atmosphère ; ce gaz carbonique produit des ions HCO_3^- (dont la quantité est mesurée en micro-éq//l) et des ions H^+ , selon un équilibre qui dépend fortement du pH :

pH	4,5	5	5,5	6	6,5	7	7,5	8
HCO_3^-	0	0	1	10	40	130	450	1.400

432.7 Les types d'humus

Le mot "humus" était utilisé par les auteurs latins (**Virgile, Pline l'Ancien** et **Columelle**) puis dans la Grande Encyclopédie (*in* **Ch. Feller et R. Manley**, 2001). Ces auteurs ont suivi l'évolution des idées relatives à l'humus depuis l'époque romaine – où ce mot était synonyme de *terra* – jusqu'à **Wallerius** (1753), **Muller** (1879, 1884), **Thaër** (1809), **Gasparin** (1860), etc.

Le mot latin *"humando"* (l'inhumation des morts est leur transformation en humus) est l'origine du mot **humanité**.

La typologie des humus s'est établie progressivement depuis le XIXe siècle, grâce aux observations de **Hundeshagen** (1830) puis de **Müller** (1879, 1884, 1889) qui a proposé les termes "mull" et "mor" qui sont encore employés aujourd'hui.

L'un des mérites de la classification des sols de **Ph. Duchaufour** (§ 44*) est de reposer en grande partie sur les types d'humus, et un progrès important fut apporté par **Jabiol**, qui prit en compte explicitement la dynamique des humus en prenant comme critère majeur la vitesse de décomposition de la litière.

433 LES RACINES ET LA RHIZOSPHÈRE

Le rôle essentiel des racines est d'être des tubes où l'eau circule grâce à leur structure où l'on trouve, de l'extérieur vers l'intérieur, l'épiderme de la racine, le parenchyme puis la zone de conduction protégée par l'endoderme. Dans cette auréole conductrice, il existe deux types de vaisseaux conducteurs : le xylème qui achemine, du bas vers le haut, l'eau et les ions nutritifs (la sève brute), et le phloème qui fonctionne dans le sens inverse puisqu'il véhicule les produits carbonés de la photosynthèse, du haut vers le bas de la plante.

433.1 L'enracinement des arbres

L'architecture de l'enracinement se caractérise par le fonctionnement des grosses racines horizontales "charpentières" : elles s'installent progressivement et durablement en se divisant en fourches doubles ou multiples. En profondeur, les racines plus petites issues des charpentières peuvent descendre verticalement, ou se développer obliquement et horizontalement. Ceci peut être résumé en un tableau :

Une seule génération		Plusieurs générations		
Verticales	Sans fourche	Avec fourches	Sans fourche	Avec fourches
Verticales et obliques	Épicéa Pin maritime	Sapin pectiné	Érable rouge	Platane Sorbier des oiseleurs
Obliques	Chêne rouge		Douglas Cyprès de Lambert	Chêne sessile Chêne pédonculé Hêtre Tilleul
Profondes et Verticales	Sans fourche	Avec fourches	Sans fourche	Avec fourches

Les racines des vieux arbres apparaissent souvent à la surface du sol en longs serpentins sinueux, soit parce qu'un peu d'érosion superficielle a eu lieu, soit parce que les racines ont grossi à la surface du sol.

433.2 Les rôles des racines

Les racines ont de multiples influences sur le sol : leur puissance de pénétration ameublit le sol, elles apportent de la matière organique dans la profondeur du sol, quelquefois en quantité plus grande que la matière organique de la litière (12 tonnes par ha et par an dans un peuplement de Douglas). Les nodosités des Légumineuses et les mycorhizes des Aulnes apportent de l'azote. Les exsudats secrétés par la coiffe des racines alimentent la flore microbienne et lubrifient la pénétration des racines. Les racines pompent l'eau du sol et réduisent les "nappes perchées" ; elles diminuent la densité du sol et l'aèrent ; elles récupèrent l'azote excédentaire des effluents agricoles et dépolluent les eaux de surface ; elles contrôlent l'érosion hydrique et diminuent les risques de coulées boueuses.

433.3 Les exsudats racinaires et la rhizosphère

Les racines secrètent des exsudats qui ont trois rôles majeurs :

- la protection de la coiffe de la racine, zone fragile comportant les cellules du méristème apical, qui est à l'origine de l'élongation de la racine ;
- l'agrégation physique des particules d'argile ;
- la fourniture d'énergie pour les habitants du sol : c'est un "carburant" facilement assimilé par de nombreux organismes du sol.

Les exsudats racinaires stimulent ainsi le développement et la prolifération des organismes vivants tout autour de la racine, qui constituent la "**rhizosphère**". Ils stimulent le développement des micro-organismes et, en retour, ceux-ci stimulent l'exsudation racinaire parce que les Bactéries et les Champignons émettent des protéines qui agissent sur les cellules des racines. Les micro-organismes constitutifs de la rhizosphère sont ensuite impliqués dans divers mécanismes comme :

- la solubilisation d'éléments nutritifs facilitant leur absorption par la plante ;
- la synthèse de substances de croissance (hormones) ;
- le biocontrôle (protection contre les pathogènes ou, à l'inverse, attaque des racines) ;
- la fixation d'azote atmosphérique par des Bactéries spécifiques chez les Légumineuses (mode de fixation symbiotique) ou la fixation libre par d'autres Bactéries, comme le genre *Azotobacter*.

L'aide apportée par les micro-organismes s'avère particulièrement précieuse lorsque les éléments nutritifs sont plus difficiles à absorber parce que "piégés" au niveau du sol. Il s'agit en premier lieu du phosphore, dont seulement 10 % de la quantité totale contenue dans le sol est libre sans être intimement lié à d'autres éléments comme le calcium, le fer ou l'aluminium.

Notons aussi que le renouvellement permanent des micro-organismes rhizosphériques représente une source non négligeable de nutriments pour la plante via l'émission de composés carbonés facilement assimilables lors de leur mort.

433.4 La rhizosphère

La rhizosphère peut être définie comme la zone d'influence de la racine qui dépend du type de plante, de son stade et de son activité, et aussi du type de sol. Sous une prairie, le sol peut être considéré comme presque totalement rhizosphérique.

Les racines organisent la rhizosphère en modifiant les propriétés physico-chimiques de cette dernière et sa composition biologique à travers deux mécanismes majeurs : l'acidification via l'émission de protons (ions H+) et l'exsudation racinaire qui résulte de la sécrétion, par la racine, de composés organiques qui diffusent dans le sol.

433.5 Les mycorhizes

C'est peut-être B. FRANK (en 1885 ?) qui aurait choisi d'associer "myco" (champignon) et "rhize" (racine) pour nommer les associations entre les racines des plantes et un Champignon. Les mycorhizes existent depuis les débuts de la vie terrestre (environ 450 millions d'années), et elles ont été très importantes pour la conquête du milieu terrestre par le monde végétal. En effet, quand les plantes sont arrivées sur les sols relativement secs des continents, leurs racines n'étaient plus baignées par l'eau de leur berceau et les mycéliums des champignons leur ont été précieux pour capturer l'eau du sol et les éléments minéraux dissous dans l'eau.

La plupart des espèces de plantes supérieures sont mycorhizées, et en particulier :

- les arbres forestiers, liés aux Basidiomycètes que l'on connait bien : Chanterelles, Bolets, Amanites, Cortinaires, Lactaires, Russules, etc.) ;
- les espèces liées à des champignons du groupe des Ascomycètes (comme la Truffe), en particulier pour des Éricacées.
- le reste, 80 % des plantes environ, sont associées par des endo-mycorhizes à des champignons "inférieurs", les Endogonacées du type *Glomus* nommés Gloméromycètes.

Les Crucifères (Colza, Moutarde, Chou) et les Chénopodiacées (Betterave, Épinard) en sont généralement dépourvues, de même que certaines plantes pionnières (*Arabidopsis*) ou des plantes vivant sur des sols riches (Orties). Certaines Fougères possèdent des mycorhizes.

Le spectre des Champignons liés aux herbacées et aux arbres fruitiers domestiqués est moins étendu que celui des arbres forestiers.

Pour les **ecto-mycorhizes**, le mycélium reste à la surface des cellules racinaires.

Les Gloméromycètes donnent des **endo-mycorhizes** dites "arbusculaires" en raison de leur structure en arbuscules. Les spores du champignon donnent naissance à des mycéliums dont la croissance est stimulée par des flavonoïdes émis par la plante. Lorsque ce mycélium entre en contact avec la racine (au niveau des poils absorbants), il se fixe et se développe à l'intérieur grâce à un très fin réseau. Il y pénètre de façon subtile sans trop en perturber les structures et développe progressivement des arbuscules et des vésicules.

L'équilibre de croissance entre le champignon et la plante hôte peut être régulé par un système hormonal : chez les champignons arbusculaires, une hormone (l'acide jasmonique) intervient dans le processus de colonisation des racines et entraîne des modifications biochimiques dans toutes les parties du végétal qui, en retour, contrôlent le degré de colonisation de la plante.

Pour les Orchidées (et les Éricacées ?), les mycorhizes sont dites à "pelotons". *Hymenoscyphus ericae* est un Ascomycète partenaire des Éricacées.

La particularité des endo-mycorhizes, par rapport aux symbioses avec les Bactéries du genre *Rhizobium* chez les Légumineuses, est que le champignon ne reste pas confiné à l'intérieur de la racine. En effet, à partir du point d'ancrage dans la racine, le mycélium se développe de manière considérable à l'extérieur, envahissant le sol dans toutes les directions. Sous un mètre carré de prairie, la surface de contact du mycélium avec les particules du sol pouvait représenter 90 m², soit neuf fois plus que la surface explorée par les racines seules. Dans un pot, sous un seul pied de Poireau mycorhizé, il y aurait environ 1 kilomètre de mycélium.

Le réseau de mycélium est une structure dynamique qui progresse dans le sol à raison de quelques millimètres par jour (ce qui, à cette échelle, est considérable).

Ce réseau, en perpétuelle croissance, se renouvelle continuellement. On estime que la durée de vie moyenne du mycélium mycorhizien est d'une semaine. À partir du moment où les réserves nutritives d'un secteur du sol sont devenues trop faibles, le champignon en abandonne la colonisation. La partie interne du mycélium (le cytoplasme) migre alors vers une autre partie du mycélium qui est encore en croissance, ne laissant qu'une coque vide (la paroi externe du mycélium). Le mycélium mort apporte ensuite de la matière organique au sol et constitue un liant physique participant à l'agrégation dans les sols et augmentant leur porosité.

433.51 Les rôles des mycorhizes

La symbiose mycorhizienne intervient dans cinq catégories de fonctions :

- l'absorption des éléments minéraux, en particulier d'éléments peu mobiles dans le sol comme le phosphore et le zinc ;
- l'absorption de l'eau : une grande partie de l'eau absorbée par la plante passe par le champignon et non pas par des poils absorbants.;
- l'amélioration du sol et de ses activités biochimiques ;
- l'agrégation des particules des sols ;
- la protection contre les organismes pathogènes.

Dans les deux types de mycorhizes, la plante verte, grâce à la photosynthèse, alimente son symbiote en hydrates de carbone (20 % des hydrates de carbone photosynthétisés sont quelquefois donnés au champignon) et celui-ci, en retour, approvisionne la plante en eau et en éléments minéraux à partir du sol.

433.52 Les mycorhizes mobilisent des minéraux et l'azote

Les champignons mycorhiziens interviennent dans la décomposition des matières organiques, qu'elles soient animales ou végétales. Dans cette activité, ils agissent seuls ou en synergie avec d'autres micro-organismes du sol et donnent accès à d'autres éléments minéraux, et en particulier à l'azote. Chez les Légumineuses, la présence simultanée de la symbiose mycorhizienne et de la symbiose avec les bactéries du genre *Rhizobium* (pour la fixation de l'azote de l'air) exerce un effet synergique sur la croissance des plantes. Les Bactéries installées dans les arbuscules facilitent la libération des éléments nécessaires pour les plantes, comme le phosphore. On observe la formation de biofilms bactériens à la surface des hyphes du champignon. La symbiose va ainsi au-delà de la seule relation racine-champignon.

433.53 L'alimentation des plantes en eau

L'absorption de l'eau est la deuxième fonction des mycorhizes, l'augmentation de la surface d'absorption des éléments minéraux conduisant aussi à celle de l'eau. De ce fait, les plantes mycorhizées ont cet autre avantage de beaucoup mieux résister à la sécheresse (en tout cas, plus longtemps). La moindre source d'eau dans les plus petits interstices du sol ne peut pas échapper au très fin réseau de mycélium. Un signal chimique du champignon peut provoquer la fermeture des stomates au niveau des feuilles de la plante de manière à prévenir le dessèchement du feuillage.

433.54 Les Monotropes et leur champignon

Les Monotropes sont des plantes qui sortent de l'ordinaire : souvent blanches, parfois rosées, mais en tout cas dépourvues de toute nuance de vert. Elles tirent leur apparence peu banale de l'absence totale de chlorophylle, qui les rend incapables d'effectuer la photosynthèse. Cette particularité a longtemps intrigué les botanistes, soucieux de comprendre comment elles se développaient. La réponse est venue en 1960, lorsque le biologiste suédois ERIK BJÖRKMAN montra qu'elles étaient entièrement nourries par un champignon associé à leurs racines.

Que les racines du Monotrope soient colonisées par un champignon n'avait rien d'original en soi. Björkman a montré que le champignon, également associé aux racines de Pins situés aux alentours, transférait au Monotrope une partie des sucres qu'il recevait de ces arbres. Les plantes incapables d'effectuer la photosynthèse qui reçoivent leur matière carbonée de leurs champignons mycorhiziens. Elles sont dites myco-hétérotrophes. Ainsi, l'Orchidée de nos forêts *Neottia nidus-avis* est associée à un genre de champignons mycorhiziens très fréquent, les *Sebacina*, qui lui transfèrent du carbone venant des racines des arbres voisins.

433.55 Les transferts de carbone entre plantes vertes

Une expérience originale

Puisqu'une plante est couramment associée à plusieurs dizaines de champignons mycorhiziens différents, il était intéressant de chercher si des transferts de matière existent aussi pour des plantes capables d'absorber du carbone par photosynthèse. SUZANNE SIMARD et ses collègues de l'université de Vancouver ont montré en 1997 que les mycorhizes peuvent transférer du carbone entre des plantes chlorophylliennes en conditions naturelles. Leur objet d'étude était une jeune forêt abritant un bouleau, *Betula papyrifera*, et deux Conifères, le Douglas et le Tsuga. Près de 90 % des racines du Bouleau et du Douglas étaient colonisées par les sept mêmes espèces de champignons, tandis que celles du Tsuga étaient colonisées par des champignons différents. Les Canadiens fournirent au Bouleau du dioxyde de carbone enrichi en carbone 13, et au Douglas, du dioxyde de carbone enrichi en carbone 14. Les sucres fabriqués par le Bouleau étaient de ce fait enrichis en carbone 13, et ceux produits par le Douglas, enrichis en carbone 14.

Il est apparu que le Tsuga ne recevait presque rien du Bouleau et du Douglas, mais que ces deux derniers échangeaient du carbone entre eux, avec un bilan net en faveur du Douglas. Or, ce flux était interrompu si l'on creusait une tranchée entre les arbres. Comme elle coupait le réseau mycorhizien, la conclusion logique était que celui-ci servait au transfert des molécules.

Une alternance saisonnière

L'échange de matière carbonée se solde par un flux net en faveur du Douglas et le Bouleau semble défavorisé. Mais Leanne Philip a montré que le flux net est dirigé vers le Douglas en été, mais qu'il est dirigé vers le Bouleau au printemps et en automne, lorsque la photosynthèse du Douglas (qui ne perd pas ses aiguilles) est maximale.

Il en est de même entre l'Érable à sucre, *Acer saccharum*, et une petite plante à rhizome, l'Érythrone d'Amérique (*Erythronium americanum*) : au printemps, l'Érythrone développe ses feuilles avant les Érables, et les produits de sa photosynthèse passent dans l'Érable. En automne, c'est l'inverse : les produits de photosynthèse passent de l'Érable, en feuilles, vers les rhizomes de l'Erythrone. Chaque espèce est donc favorisée à son tour.

Des transferts orientés

Pour des raisons mal connues, les champignons sont souvent plus riches en carbone 13 que les plantes. En étudiant la teneur en carbone 13 de plantes forestières, une équipe internationale a récemment montré que des Orchidées photo-synthétiques et des plantes proches des Bruyères, les Pyroles, sont anormalement riches en carbone 13. Les calculs effectués ont alors révélé qu'elles reçoivent jusqu'à 80 % de leur carbone de leurs partenaires fongiques, qui le tirent eux-mêmes des arbres voisins.

Les transferts semblent fréquents lorsque des plantes vivent à l'ombre d'autres – comme le font les Orchidées et les Pyroles dans une forêt – et reçoivent moins de photons solaires. Le système mycorhizien joue alors un rôle discret dans la structuration des communautés végétales.

Les mycorhizes et les successions

Ce lien souterrain entre plusieurs espèces chlorophylliennes et plusieurs champignons est important au cours de la succession. Il ne joue pas au début de la phase où les arbres s'installent dans une végétation herbacée et cela est sans doute la raison pour laquelle les essences forestières pionnières, comme les Mélèzes ou les Aulnes, ont des champignons strictement spécifiques.

Les observations de Ian Dickie, de l'université du Minnesota montrent que les jeunes Chênes rouges *Quercus rubra* se développent mieux près d'adultes de la même espèce que près d'Érables rouges, *Acer rubrum*. Il semble ainsi que les Chênes rouges adultes entretiennent autour d'eux, via le réseau mycorhizien, de véritables pouponnières parce qu'ils apportent aux jeunes plantules les éléments minéraux qu'ils ont acquis grâce à leurs propres mycorhizes, avant même que les jeunes en possèdent [2].

Il arrive qu'une plante favorise l'établissement d'un réseau mycorhizien propice au développement d'espèces rivales. James Bever, de l'université de l'Indiana, a observé ce type d'interactions entre deux herbacées, le Panic (*Panicum sphaerocarpon*) et le grand Plantain (*Plantago major)* 4. Le Plantain tire profit d'un champignon se développant particulièrement bien sur les racines du Panic, lequel finit par pâtir de la situation. Ce processus, où une plante, le Panic, encourage la croissance d'un réseau qui lui devient *in fine* moins favorable qu'à une autre plante, le Plantain, est un cas de rétro-contrôle négatif. A la fin de la succession, le réseau mycorhizien devient uniquement bénéfique pour tous.

Plus généralement, chaque espèce qui intervient dans la succession entraîne l'arrivée d'une microflore du sol qui finalement favorise l'arrivée d'autres espèces. Par exemple, en Corse, les Chênes verts s'installent grâce aux champignons associés aux Arbousiers du maquis.

L'association entre plantes et champignons est également bénéfique pour les champignons, puisque les champignons associés à plusieurs partenaires s'installent mieux que les champignons plus spécifiques. Par ailleurs, les champignons qui accélèrent les successions favorisent des hôtes qui deviendront plus tard leurs sources de carbone.

434 LES CYCLES BIOGÉOCHIMIQUES

Dans les paragraphes précédents, certaines phases importantes du cycle des éléments minéraux ont été abordées (la minéralisation, la désorption du phosphore, l'entrée des éléments minéraux dans les racines, etc.). Il est difficile d'en faire la synthèses complète qui reconstituerait les cycles des éléments minéraux, et ce sont seulement quelques aperçus qui vont en être donnés.

---

2 I.A. Dickie *et al.*, New Phytol., 164, 375, 2004.

4 J. D. Bever *et al.*, Proc. R. Soc. B, 269, 2595, 2002

434.1 Premiers repères dans le cycle du carbone

La localisation du carbone dans le monde est, en GtC = gigatonnes de carbone (Ed. Atlas, 2004) :

carbone inorganique :		
	atmosphère	750 GtC
	eaux de surface	1.000 GtC
	eaux profondes	38.000 GtC
	sédiments	78.000.000 GtC
carbone organique :		
	plantes et animaux des océans	3 GtC
	plantes terrestres	600 GtC
	sols	1.800 GtC
carbone fossile		3.700 GtC

Le cycle général du carbone comprend plusieurs cycles emboîtés :

- le cycle court du carbone organique est celui de la photosynthèse, de la respiration et de la "combustion" des litières ;
- le cycle long du carbone organique est celui de la tourbe, de la lignite, de la houille, du pétrole et du gaz naturel ; il est gravement perturbé par la consommation de houille et de pétrole de notre civilisation (chapitre 8*) ;
- le cycle long du carbone inorganique est celui du CO_2, du bicarbonate des eaux de surface et des carbonates et roches calcaires.

Au cours de la vie d'un peuplement forestier équienne, la quantité de matière organique des horizons supérieurs du sol ne varie pas linéairement : dans les premières années de la vie d'un jeune reboisement, la litière s'accumule progressivement, et son épaisseur peut atteindre et dépasser une dizaine de centimètres, même sur des substrats peu acides et bien drainés. Cette épaisseur n'augmente pas indéfiniment, et même elle diminue quand le peuplement vieillit et s'éclaircit. Le maximum correspond souvent au maximum de vigueur du peuplement. Cette succession d'une phase d'accumulation et d'une phase de minéralisation s'explique par la succession des espèces végétales et animales qui vivent dans le sol au cours de la vie du peuplement.

Un cas typique a été analysé par **A. Cabanettes** (1979) et **M.-C. Leclerc** (1978) dans un peuplement de Pin parasol croissant sur un sol sableux carbonaté, qui a accumulé, en 35 ans, une phytomasse aérienne de 157 t/ha, contenant 300 kg d'azote, et une phytomasse souterraine de 22 t/ha, contenant 31 kg d'azote. Les 59 t/ha de litière contiennent déjà à cet âge

500 kg d'azote, et la vitesse de minéralisation était de 11 kg par hectare et par an; chaque année, la litière reçoit 6 t/ha d'aiguilles et de bois, contenant 43 kg d'azote. La différence (43 kg - 11 kg) est fortement positive, et la litière emmagasine encore chaque année trois fois plus d'azote qu'elle n'en délivre aux horizons sous-jacents du sol, parce que les micro-organismes capables de minéraliser l'azote n'ont pas atteint leur rythme de croisière.

Tous les exemples connus de vieille forêt sous climat tropical, méditerranéen ou tempéré, montrent que la litière y est mince et s'y décompose relativement vite. Il y a tout lieu de penser que les communautés de micro-organismes du sol changent radicalement au moment où la quantité d'azote disponible dans la litière atteint son maximum.

434.2 Le cycle de l'azote

Le cycle de l'azote fourmille de paradoxes. Le premier est que les systèmes écologiques naturels immobilisent une quantité importante d'azote, mais que cet azote ne vient pas du sol puisque les roches-mères des sols n'en contiennent que des doses infimes sous forme de nitrites de fer (sauf dans les dépôts de guano des déserts, où le lessivage des nitrates par l'eau de pluie est nul). La teneur en azote des eaux océaniques est très faible et cet azote est présent surtout dans des Bactéries qui absorbent l'ammoniac.

Les mesures réalisées en France (B. WEDRAOGO-DUMAZET, 1983) et au Canada (J. FORTIN *et al.*, 1985) montrent que la pluie et les "précipitations sèches" apportent une moyenne de 5 kg d'azote par hectare et par an.

Il semble que la quantité de produits azotés (et en particulier d'oxydes d'azote) déposés par les pluies sur la végétation augmentent de plus en plus, même dans des régions peu anthropisées. F. PEARCE (*in litt.*, 2006) annonce des dépôts annuels de plus de 30 kg d'azote par hectare.

C'est donc l'atmosphère qui fournit l'essentiel de l'azote consommé par la végétation et la faune. Le second paradoxe est que l'azote de l'air n'est presque pas absorbé directement par les plantes, mais par l'intermédiaire des mycorhizes.

La fixation d'azote dans les nodosités des racines par les organismes vivant dans les sols est voisine de 5 kg par ha et par an dans les forêts tempérées, et elle est deux ou trois fois plus élevée dans les forêts tropicales (J. FORTIN *et al.*, 1985). Ces processus sont peu étudiés, et il est surprenant de voir que U. GRANHALL ET T. LINDBERG (1978) ont observé la fixation de 37 kg d'azote par hectare et par an pour des Sphaignes de forêts de Conifères nordiques.

Autre paradoxe : les Eu-caryotes possèdent plus d'azote dans les chromosomes de leurs noyaux que les Bactéries ou les Cyanophycées, qui sont seules capables de fixer l'azote atmosphérique.

Les Bactéries *Azotobacter* s'associent à des Légumineuses, mais aussi à des arbres (Aulne, *Casuarina, Ginkgo, Cycas*), à des arbustes (*Arctostaphylos* , Corroyère, *Myrica, Hippophae*) ou à des Graminées (*Paspalum notatum, Oryza*). Cet apport d'azote par symbiose atteint couramment 100 kg par ha et par an.

En hiver, dans les montagnes du Colorado, des Champignons souterrains apportent de l'azote directement dans le sol, sous la couche de neige, et cet azote est utilisé au printemps par les plantes.

M.-CL. LECLERC ET A. BIASCAMANO (1982) ont montré que, pour la végétation des dunes du Languedoc :

- le sol contient de 40 à 50 kg d'azote par hectare,
- la teneur en azote dans les premiers horizons (A et B) du sol est comprise entre 2 et 9 ppm,
- le flux annuel d'azote comprend une "production" de 70 à 80 kg par ha et par an, qui est compensée par les prélèvements de la végétation et par le lessivage des nitrates,
- la nitrification et la minéralisation sont très rapides.

Les plantes associées à des micro-organismes fixateurs d'azote apportent des quantités d'azote qui atteignent 350 kg / ha / an pour les Luzernes et 100 kg / ha / an pour l'Aulne glutineux ; le total, sur l'ensemble de la Terre dépasse peut-être 100 mégatonnes par an, ce qui représente plusieurs fois la production des usines d'engrais azotés du monde entier.

La différence entre la quantité d'azote minéralisée dans le sol et la quantité d'azote absorbée par la végétation est peut-être due à un artefact subi lors des mesures, mais elle peut aussi résulter d'un lessivage de l'azote.

A. FROMENT (1977) a étudié la minéralisation de l'azote dans les horizons supérieurs du sol sous la pessière de Mirwart (Belgique) qui est encore assez jeune. Cette pessière absorbe chaque année 52 kg d'azote par hectare ; une fraction s'accumule dans les tiges et l'autre va dans les feuilles, pour retomber ensuite dans la litière. Le pourcentage d'azote minéralisé en un an à partir du stock d'azote organique s'élève respectivement à 6,0 % 4,1 % et 3,9 %, pour les horizons F, H et A1, ce qui traduit bien la décroissance de la de l'humus au cours de son évolution. La quantité d'azote minéralisée (109 kg par hectare et par an) est très voisine de celle qui a été observée dans une hêtraie voisine, mais avec une moindre proportion de nitrates.

L'azote peut avoir un effet dépressif sur la croissance des plantes : J.-M. VEILLEUX (1985) montre que l'apport de 10 g d'azote par plant de Sapin dans des sols pourtant assez pauvres (0,04 % à 0,15 % d'azote total, soit 1.200 kg/ha à 4.500 kg/ha) fait mourir 7 à 10 % des plants.

Pour l'ensemble des types de végétation, les estimations quantitatives du cycle de l'azote restent encore très incertaines.

La faim d'azote après l'épandage de bois raméal fragmenté

Après l'épandage de BRF (dont l'importance sera examinée un peu plus loin), la décomposition de cet apport de matière organique immobilise l'azote disponible et la concentration en nitrates diminue de 40 à 70 %. en raison de la "faim d'azote" des micro-organismes.

La dépolymérisation du bois par les champignons va agir de 4 manières complémentaires sur le prélèvement de l'azote du sol par les micro-organismes :

1) La présence de lignine favorise la prolifération des champignons qui vont prélever l'azote pour leur propre croissance,

2) Les champignons sont alors capables de dépolymériser (dégrader) la lignine et relarguent l'azote dans la chaîne trophique. Il y a à nouveau de l'azote disponible,

3) La dépolymérisation de l'azote par les champignons va produire des polyphénols qui sont des anti-oxydants. Les nitrates ne sont plus produits (NO_3 est la forme oxydée de l'azote ; en présence d'anti oxydants, cette forme oxydée de l'azote n'est plus présente) ;

4) A ce stade, les sols réagissent différemment selon leur état biologique. Dans un sol mort, peu de résultats car l'azote va difficilement être disponible pour les plantes. La chaîne biologique ne mettra pas l'azote organique à disposition puisqu'il manque. Dans un sol mûr, l'activité biologique sait utiliser l'azote sous forme organique par symbiose. Il n'y a donc pas de faim d'azote.

Une formule empirique proposée par Benoît Noël donne la quantité d'azote qui est immobilisée après un apport de matière organique :

$$\% \text{ N immobilisé} = 27 \% + 7.5 \%/100 \text{ m}^3/\text{ha}.$$

Au cours des années qui suivent l'apport de BRF, l'équilibre se rétablit parce que la transformation du BRF libère de l'azote directement utilisable par les plantes.

434.3 Les apports pluviaux d'éléments minéraux

Les éléments minéraux apportés par les eaux de pluie (et la neige) peuvent être importants, quantitativement et qualitativement. Les quantités sont très variables à la surface du globe, en fonction de la distance des concentrations urbaines et industrielles dont les fumées contiennent toute une gamme de corps chimiques gazeux volatils, ou même sublimés, c'est à dire passés directement de l'état solide à l'état gazeux.

En un point éloigné des générateurs de fumées, le Mont-Lozère, les principaux éléments apportés par les pluies au cours d'une année calendaire sont, en kg par hectare (**B. WEDRAOGO-DUMAZET**, 1983) :

Ca	Mg	K	Na	Cl	SO_4	NH_4	Si
7,5	21,8	42,0	10,5	20,0	41,0	4,80	0,4

La prédominance des métalloïdes est nette, et les pluies sont acides : leur pH est compris entre 3,6 et 5,9 avec une moyenne voisine de 4,5, et il est corrélé aux concentrations en ions SO_4^{--} et NH_4^{+}).

Les concentrations de ces éléments dans les eaux de pluie sont très variables d'un jour à l'autre ; elles diminuent fortement (sauf pour Ca) entre le début et la fin d'un épisode pluvieux ; leurs variabilités relatives sont comprises entre 81 et 111 % (*op. cit*., p. 37 et p. 69).

Au contraire, leurs concentrations dans les eaux de rivière sont peu variables (les variabilités relatives sont alors comprises entre 7 et 70 %), en raison du contrôle exercé par la végétation et la faune lors du transit des eaux. Toutes ces concentrations sont plus fortes dans les eaux de rivières que dans les eaux de pluie, en partie à cause des apports supplémentaires d'éléments minéraux fournis par les "précipitations sèches", qui sont du même ordre de grandeur que les apports inclus dans les pluies (**M. HAUBERT**, 1975). En outre, les "pluvio-lessivats" (c'est-à-dire les eaux pluviales recueillies sous les arbres d'une forêt) sont nettement plus chargés d'éléments minéraux que les eaux de pluies recueillies en plein découvert, l'augmentation de concentration est souvent multipliée par un coefficient 2, quelquefois par un coefficient 5, ou même 10. Le pH est tantôt supérieur et tantôt inférieur à celui des eaux de pluies : sous hêtraie, le pH est plutôt supérieur, et, sous pessière, plutôt inférieur.

Dans les sols, les concentrations en éléments minéraux augmentent dans l'horizon A11, diminuent dans les horizons sous-jacents, diminuent encore plus dans les nappes (sauf pour le silicium) et plus encore dans les eaux des rivières.

En moyenne, la hêtraie diminue l'agressivité des eaux de pluies lors des processus d'altération des roches, alors que la pessière augmente cette agressivité, en partie parce qu'elle possède une surface foliaire plus étendue que celle de la hêtraie).

434.4 Quelques résultats de mesures

Les quantités d'éléments minéraux qui sont accumulées dans la végétation peuvent être assez importantes. Pour ne donner qu'un seul exemple, les mesures effectuées par **M. Rapp** dans une vieille hêtraie de montagne, sur des sols pauvres de Lozère, en France en 1991, ont donné les chiffres suivants :

Biomasse totale (en hiver)			**218 t/ha**
	dont	**troncs**	**171 t/ha**
		branches	**47 t/ha**
et aussi	**dont**	**calcium**	**687 kg/ha**
		azote	**328 kg/ha**
		potassium	**248 kg/ha**
		soufre	**112 kg/ha**
		phosphore	**58 kg/ha**
		magnésium	**54 kg/ha**
		sodium	**36 kg/ha**

Pour des Douglas âgés de 38 ans du centre de la France, les quantités suivantes (en kg par ha) ont été mesurées :

	Phytomasse	Ca	N	K	S	P
Tronc	288.700	275	43	169	279	36
Houppier	2.100	2	0,4	1	2	0,3
Branches	23.900	95	12	-	114	10
Feuillage	9.700	134	14	45	78	13
Total	324.400	506	69,4	259	473	59,3

Les ions issus du soufre sont fournis majoritairement par les fumées urbaines industrielles, et ils interviennent massivement dans les régions densément peuplées d'Europe et d'Amérique du Nord, où l'ion SO_4^{--} peut atteindre une concentration de 500 micro-équivalents par litre dans les solutions du sol.

Les acides organiques viennent de la litière, des racines, ou de la macro-faune et de la micro-faune du sol. Ils peuvent devenir dominants dans les sols acides où CO_3H_2 est très faiblement dissocié.

Dans les cas étudiés par **P. Vitousek**, les anions issus du chlore interviennent régulièrement pour quelques dizaines de micro-équivalents par litre.

L'azote fournit aussi bien des anions (NO_3^- et NO_2^-) que le cation NH_4^+, et il peut entrer dans de nombreuses combinaisons. Les systèmes écologiques naturels ont généralement faim d'azote, et ils laissent difficilement partir les ions azotés.

Dans les forêts naturelles de la zone tempérée, c'est surtout la vie du sol qui contrôle et dirige le fonctionnement du système. **Bachelier** (*in* **G. Lemieux et A. Lapointe**, 1992) observe ainsi que la "chaîne de vie se constitue à partir des Bactéries, en passant par les Protozoaires vers les Arthropodes, les Vers, les Amphibiens et les Mammifères". C'est la succession des faunes, depuis 3,5 milliards d'années qui se trouve ici condensée, en une "ontogénie" écologique typique, qui reproduit la succession des équilibres métastables que nous avons décelée dans les séquences de végétation (§ 37*).

Les effets de l'augmentation de la teneur en CO_2 de l'atmosphère et du réchauffement qui semble en découler ne sont pas évidents : la photosynthèse – et la capture de carbone par les forêts – a des chances d'augmenter (*cf.* § 31*), mais la respiration du sol et des plantes risque aussi d'augmenter (*Nature* 404 : 819-820).

435 L'ÉQUILIBRE NATUREL ET LES PERTURBATIONS

Un aspect des cycles bio-géochimiques qui est trop souvent méconnu, malgré son importance, est celui des équilibres qui règlent le devenir à long terme de tout le système. Sur ce point, l'une des synthèses les plus intéressantes est celle de **P. Vitousek** (1983), qui porte seulement sur quelques forêts tempérées, mais qui a le grand mérite de tenir largement compte de l'influence de l'Homme sur les cycles des éléments minéraux.

Le point de départ du raisonnement est que ce sont les anions mobiles qui contrôlent tout l'équilibre dynamique des ions d'un système écologique. Or les roches siliceuses fournissent peu d'anions, parce que l'acide silicique SiO_4H_4 n'est généralement pas dissocié dans les conditions habituelles de température, de pression et d'acidité qui règnent dans le sol, et que les hydroxydes de fer et d'aluminium (fréquents dans les sols très altérés) sont très peu solubles. Les roches calcaires fournissent des anions CO_3H^-, mais l'apport d'ions H^+ est essentiel pour altérer ces roches. Finalement, la plupart des anions mobiles, capables de déplacer les cations adsorbés par les argiles et les colloïdes organiques, sont fournis par les précipitations et par la végétation (c'est seulement dans les sols salés ou gypseux que la roche-mère fournit une quantité importante d'anions mobiles).

435.1 La rupture de l'équilibre ionique après une coupe forestière

Quand l'Homme coupe la forêt, la concentration des solutions du sol en ions SO_4^{--} diminue un peu, en particulier parce que le flux d'eau augmente ; pour les ions Cl^-, elle varie peu ; au contraire, la concentration en ions NO_3^{--}augmente considérablement, au point de conduire quelquefois à une perte en azote supérieure à la quantité d'azote qui était recyclée annuellement dans la forêt en équilibre. C'est généralement dans les stations les plus fertiles que la perte d'azote est la plus grande.

La concentration en ions HCO_3^- diminue, parce que l'acidification consécutive à l'irruption des ions NO_3^{--} entraîne une recombinaison de CO_3H_2.

Quant aux cations, leur concentration augmente considérablement, surtout dans la forêt la plus fertile, et que les pertes de calcium et de magnésium peuvent devenir élevées.

Le rôle des herbivores qui accélèrent le cycle de l'azote et peuvent en augmenter la volatilisation (puisque leurs déjections restent exposées à l'air libre) n'est pas encore bien connu, mais il est vraisemblablement ambivalent.

Après la coupe des Épicéas d'une parcelle du Mont Lozère, l'équipe qui travaille avec le parc national des Cévennes a observé que les teneurs en éléments minéraux des eaux du ruisseau émissaire (en mmg/litre) ont considérablement augmenté :

	Pessière avant la coupe	après la coupe	vieille hêtraie
Taux de nitrates	0,14	5	0,02

En 2003-2004, l'effet des coupes d'arbres entiers avec exportation des rameaux, et non plus seulement des troncs, a été évalué par plusieurs équipes de forestiers (en kg par ha) :

	Éléments minéraux				
	Azote	P	K	Ca	Mg
Récolte du tronc seul	126	135	4,4	69	146
Récolte de l'arbre entier	180	498	36,4	201	307

La récolte de l'arbre entier provoque donc une sérieuse acidification du sol.

435.2 L'effet néfaste du soutrage et de l'écobuage

Le soutrage est l'enlèvement des horizons humifères du sol ; le produit est vendu dans les boutiques des périphéries des ville sous le nom de "terreau" ou de "tourbe". L'exportation brutale de la matière organique qui retenait une bonne partie des réserves du sol en éléments assimilables est très néfaste à long terme, car elle "vide le coffre-fort".

Dans les pineraies d'Allemagne, une preuve du rôle de "réserve nutritive" joué par les horizons supérieurs du sol est apporté par **Wald** (1974) : lorsque la litière a été totalement laissée sur place, les pins atteignent 8 mètres de haut à 20 ans alors que leur hauteur se réduit à 4 m lorsque la litière a été enlevée régulièrement.

Les éleveurs incendient souvent la végétation pour détruire les végétaux ligneux qui sont moins appréciés que l'herbe par le bétail. Cette pratique est incorrectement nommée "écobuage" quand des écologistes démagogiques veulent faire croire que c'est une pratique utile, alors qu'elle détruit progressivement l'humus, comme le montrent en particulier les incendies volontaires de Corse (§ 83*).

435.3 L'humus, l'agriculture et la forêt

Dans l'agriculture traditionnelle, l'apport de fumier compensait partiellement la matière organique exportée par les récoltes. Cet apport n'était pas suffisant et l'on laissait à la nature le soin de reconstituer les réserves de matière organique par le système de la jachère.

Dans l'agriculture moderne, la jachère a été supprimée grâce à l'emploi d'engrais purement chimiques, en particulier après les travaux de Liebig, et la matière organique a été consommée à un rythme accéléré. Pour voir les effets de cette modernisation, **L. Drinkwater** et ses collègues ont pratiqué un assolement maïs-soja pendant 10 ans en comparant 3 modes de fertilisation (engrais chimiques, fumier, engrais verts). Trois conclusions se dégagent, qui rejoignent les enseignements des expériences de Rothamsted (**D. Tilman**, 1999) :

- les rendements obtenus sont presque égaux dans les trois cas,
- la teneur en matière organique et en azote du sol augmente fortement dans la culture avec fumier, augmente un peu avec les engrais verts, se maintient ou diminue avec les engrais chimiques,
- la culture sans restitution organique envoie 60 % d'azote supplémentaire dans les nappes phréatiques.

À Rothamsted, l'expérience Broadbalk, qui dure depuis 150 ans, montre aussi que le fumier augmente les quantités de matière organique et d'azote retenues par le sol deux fois plus vite que la succession "naturelle" qui conduirait à la forêt.

435.4 La transformation des sols forestiers par la culture

En Europe, les agriculteurs romains et médiévaux ont défriché une grande partie des forêts et ils ont ensuite labouré les sols forestiers pour favoriser la plante cultivée au détriment des autres plantes qui lui faisaient concurrence. Le labour favorisait aussi la minéralisation de la matière organique en libérant de l'azote en particulier sous forme de nitrates rapidement assimilables et précieux pour les cultures.

La charrue à soc dissymétrique dite charrue-versoir a remplacé progressivement – et certainement dès le VIe siècle – la charrue-buttoir symétrique et elle a augmenté la quantité de sol qui était remontée à la surface lors du labour. En conséquence, la minéralisation de la matière organique a également augmenté, ainsi que la diminution corrélative de la réserve de matière organique thésaurisée par la forêt. Au XXe siècle, le remplacement des chevaux de labour par le tracteur a augmenté d'une dizaine de centimètres la profondeur labourée et poussé à son terme l'épuisement de la réserve de matière organique.

Une étude précise de l'effet de la culture sur le sol a pu être réalisée en Sologne (**M. Godron** *et al.*, 1964) grâce à un acte notarié de 1662 qui décrit précisément l'état des terres de la ferme de Coutevroux sur la commune d'Yvoy-le-Marron (L-et-C). Le cadastre de 1839 et les observations réalisées en 1962 ont permis de suivre l'évolution des taux de matière organique et d'argile dans les dix premiers centimètres du sol en recueillant dans des sacs de toile 5 échantillons de quelques centaines de grammes de sol dans trois parcelles :

- La parcelle 48 était cultivée en 1662, et nommée alors "les sept septerées du matin". Elle était bordée par une lisière de chênes au nord-ouest. En 1839 elle était aussi cultivée. En 1962, elle était encore en grande partie cultivée mais de gros châtaigniers étaient présents dans une partie de cette parcelle. Cinq sacs ont été recueillis sous les châtaigniers, cinq sacs dans la partie labourée et cinq sacs le long de la lisière du nord-ouest sous des chênes centenaires, à l'emplacement présumé des chênes de 1662.
- La parcelle 17 était cultivée en 1662, et elle était plantée en châtaigniers en 1839. Une vigne y était présente en 1962.

- La parcelle 30 était cultivée en 1662. En 1839, elle s'appelait "La glandée du gardoir" et elle était enregistrée comme bois. Un taillis dense de chênes y poussait vigoureusement en 1962.

Les résultats des analyses sont :

Utilisation actuelle	n° de parcelle	m. o. %	Argile %
Culture	48	1,3	0,8
Vieux chênes	48	9,4	4,7
Jeune chênaie	30	9,5	6,1
Châtaigniers clairsemés	48	4,9	2,2
Vigne	17	2,3	1

Sous les vieux chênes, on trouve 9,4 % de matière organique, alors que le sol cultivé juste à côté ne contient plus que 1,3 % de matière organique.

Dans la parcelle 48, sous les châtaigniers clairsemés, le taux de matière organique est voisin de 4,9 %.

Dans la vigne qui succède à la châtaigneraie, ce taux est de 2,3 %.

Finalement, le taux de matière organique est toujours voisin de 9,4 % sous les chênes et un humus de type moder (pH = 5,1 C/N = 16,7) est présent ; le taux de matière organique est voisin de 4,9 % sous les châtaigniers clairsemés, et il est de 2,3 % dans la vigne et seulement de 1 % dans la culture.

Le plus étonnant est que la teneur en argile de la terre arable est régulièrement plus élevée sous forêt que dans les cultures, sans doute grâce à l'action des Vers de terre dont les turricules apportent à la surface du sol de la terre venant des horizons profonds plus riches en argile. Il est vraisemblable que ce sont les Vers de terre abondants sous les arbres qui font ainsi remonter l'argile présente sous la semelle de labour dans les horizons supérieurs du sol.

En résumé, les taux de matière organique dans les horizons supérieurs du sol sont voisins de 9,5 % sous une végétation arborescente et ils descendent à 1 % à la suite de la mise en culture. Quand un peuplement forestier est installé sur une terre agricole, une centaine d'années suffit pour faire remonter la teneur en matière organique.

Au delà de cet exemple local, 6 échantillons de sol ont été prélevés et analysés dans des parcelles de Sologne sous 6 types d'occupation du sol :

	m. o. %	C/N
Charmaies	5,2	13,8
Cultures	1,2	10,9
Prés	2,85	11,4
Chênaies	9,45	15,6
Pineraies	9,45	22,1
Callunaies	4,72	20,4

L'analyse de la variance montre que le taux de matière organique est significativement différent à 95 % et que le C/N est significativement différent à 99 %.

435.5 Le bilan de la matière organique dans les forêts actuelles

Les forestiers d'aujourd'hui ont l'impression que la gestion actuelle maintient la fertilité des sols forestiers, mais il faut se méfier d'un effet d'optique lié à la longueur des "révolutions" forestières : la production des forêts est récoltée essentiellement dans les parcelles âgées, lors des coupes de régénération, mais ce délai n'empêche pas le fait que, en moyenne, le forestier prélève couramment 4 m^3 par hectare et par an, soit 3,5 tonnes de matière organique et d'éléments minéraux nutritifs qui étaient accumulés dans les troncs et dans les branches des arbres et qui ne sont pas restitués au sol sous la forme d'humus.

C'est autant d'aliments en moins pour les champignons et pour la faune du sol, et en particulier pour les Vers de terre dont le poids à l'hectare est celui d'un cheval qui labourerait à longueur d'année. Et le travail des Vers de terre est le meilleur signe diagnostic des types d'humus forestier. Or, la pauvreté des sols en humus est souvent le facteur limitant de la fertilité, en particulier parce que l'humus détermine en partie les propriétés physiques des sols (capacité de rétention de l'eau, dans les terres sèches, "stabilité" structurale dans les terres limoneuses, capacité d'échange dans les terres sableuses, etc.).

Il n'est donc pas possible de dire que les forêts actuelles sont proches du "climax" (§ 37*) et maintiennent un humus équivalent à celui qui existerait dans des forêts qui seraient absolument naturelles.

Les classes de fertilité des forestiers

Les tables de production établies par les forestiers distinguent des "classes de fertilité" en fonction de la quantité de bois produite quand le peuplement a atteint l'âge de 50 ans. Ce n'est qu'une mesure indirecte de la fertilité et il sera nécessaire de regarder de plus près ce qui se cache sous ce mot magique (§ 437*).

436 L'APPORT DE BOIS RAMÉAL FRAGMENTÉ

Les apports d'engrais chimiques, de produits insecticides ou fongicides et d'énergie mécanique par les tracteurs ont permis d'augmenter les rendements agricoles, mais ils n'ont pas empêché la perte d'humus des sols cultivés et la diminution de la fertilité intrinsèque du sol. L'agriculture biologique (§ 81*) essaie de réduire l'emploi des pesticides et commence seulement à s'intéresser à l'équilibre de la matière organique.

Pour reconstituer la fertilité des sols appauvris, **G. Lemieux** a montré que, dans les régions tropicales comme dans les régions tempérées, l'apport de "bois raméal fragmenté" (BRF) est la méthode la plus sûre et la plus rapide pour reconstituer la matière organique des sols, car elle remet en route les processus de la pédogenèse forestière qui ont été éliminés par l'agriculture.

L'utilisation de bois raméal fragmentés (BRF) diffère de l'épandage de compost sous plusieurs aspects :

1) Dans les applications de compost, les taux de matière organique des sols augmentent, mais ne confèrent pas au sol des propriétés physiques et chimiques intéressantes. Physiquement, c'est comme si vous ajoutiez du café à du minerai de fer : vous augmentez la quantité de matière organique, mais vous n'en avez pas récupéré les propriétés les plus intéressantes. Le taux de matière organique augmente mais pas sa fonctionnalité, qui même peut décliner.

2) On obtient de bien meilleurs résultats en apportant des produits organiques frais. En effet, ils activent l'activité biologique de la matrice du sol.

3) L'humus est la partie stable de la matière organique et il ne se constitue qu'a partir des fractions ligneuses de la matière organique. Le modèle **Dupuis Hénin** de l'INRA (1945) sur le bilan humique montre que la paille, qui n'est pas ligneuse, produit seulement 15 % d'humus stable.

4) Dans un compost "cuit" par la fermentation, la partie labile de la matière organique a été perdue au détriment de la chaîne trophique du sol.

Avec le BRF, l'humus est produit par l'action des Champignons et par la digestion de la matière organique dans le tube digestif des animaux du sol.

Quelques exemples

Des analyses sont présentées par **B. NOËL** (2005) : masse volumique des BRF secs : 200 kg/m3 ; masse volumique des BRF lors de l'épandage : 350 kg/m3 ; % de matière sèche : 60 % ; capacité d'absorption de l'eau : 350 kg/m3 ; Carbone/Azote : 40 ; pH eau : 6,5 (ou moins, selon les espèces) ; conductivité : 400 microS/cm à 20 °C ; carbone : 75 kg/m3 ; azote : 1,8 kg/m3 ; potassium K : 0,7 kg/m3 ; phosphates : 0,4 kg/m3 ; calcium : 5 kg/m3 ; magnésium : 1 kg/m3.

La mise en place de 23 t de BRF par hectare correspond à :

- 21 t de fumier et elle apporte 5 fois plus de matière organique ;
- 9 t de compost et elle apporte 2,5 fois plus de matière organique ;
- 4 t d'engrais vert et elle apporte 10 fois plus de matière organique.

Une étude attentive des effets de l'épandage de bois raméal issu de feuillus du Québec a été conduite par **L. LAROCHELLE** [1] (1994 et 2004). La teneur en composés phénoliques des rameaux en décomposition sont compris entre 2,3 et 5,8 % du poids sec total. La teneur en lignine est comprise entre 4,9 et 12,2 %. La teneur en azote entre 0,26 et 0,71 et le rapport C/N entre 80 et 220. Elle montre que les Collemboles aptérygotes (qui consomment les champignons proliférant dans le bois en décomposition), les Oribates (Acariens crypto-stigmates), et les Acariens méso-stigmates (Uropodidae), pro-stigmates et astigmates ont généralement augmenté.

Des observations réalisées au Canada, au Sénégal et en Europe montrent que les BRF favorisent la diversité de la flore et de la faune et améliorent l'état sanitaire des cultures (diminution des invasions de Pucerons sur les fraises, de Nématodes sur la Tomate, protection contre un *Fusarium* pathogène par le développement de *Fusarium oxysporum*).

L'application de BRF la plus spectaculaire est celle du site minier d'East Sullivan (Québec) : un crassier de 15 millions de tonnes de résidus pyriteux laissait échapper des eaux très acides ; il a été recouvert de plus de 2 mètres d'écorces de résineux et de feuillus qui ont réduit l'oxydation de la pyrite, réduit les sulfates en sulfites puis en sulfures peu solubles et l'acidité des eaux a été contrôlée. Le crassier se revégétalise progressivement et 4 grues

---

1 *L'impact du bois raméal fragmenté sur la dynamique de la mésofaune du sol.*, Université Laval, Québec.

du Canada, un couple d'Aigles à tête blanche, des Quadrupèdes (Ours, Loup, Orignal, Renard, etc.) ont été vus sur le site.

M. D. SOUMARÉ *et al.* (2005) ont finement analysé les effets d'un épandage de bois raméal fragmenté sur des plantations de Tomate dans la région des Niayes, au Sénégal.

Un article récent2 donne une première synthèse des résultats statistiquement significatifs de l'apport de BRF sur les cultures et sur le sol en milieu tempéré et tropical : l'apport de BRF a généralement un effet positif sur le rendement agricole, sauf pour la culture qui suit immédiatement un premier enfouissement en sol sableux ; cet effet négatif peut facilement être limité par un apport d'engrais azoté. L'apport de BRF, surtout en épandage sur le sol, améliore les propriétés physico-hydriques du sol (humidité, porosité, structure), enrichit le sol en matière organique, stimule l'activité biologique, et accroît la disponibilité des nutriments à moyen terme. Les effets du BRF sont modulés par plusieurs facteurs, comme l'essence forestière utilisée et les modalités d'apport (dose, périodicité, dimension des fragments, etc.). La multiplicité des combinaisons de ces facteurs empêche de formuler des recommandations générales.

En France, depuis le colloque de Lyon (**M. GODRON**, 2007) [3], un groupe de travail important a commencé à rassembler les personnes qui utilisent le BRF (bois raméaux fragmentés).

La commercialisation du bois raméal fragmenté

Depuis 2008, de nombreuses municipalités acceptent de faire transformer en BRF les débris végétaux que donnent les élagages des arbres de leurs avenues et de leurs jardins publics. Des analyses réalisées par le Cemagref de Grenoble montrent que cette opération peut être réalisée en respectant la norme NF U44-051.

---

2 Bernard G. Barthès, Raphaël J. Manlay, Olivier Porte, *Effets de l'apport de bois raméal sur la plante et le sol : une revue des résultats expérimentaux* Cahiers Agricultures 19(4), 280-287, juillet-août 2010

437 LA FERTILITÉ DES SOLS

Le mot "fertilité" a été écrit à plusieurs reprises dans les paragraphes précédents, en lui laissant son auréole magique, sans prendre la précaution d'en analyser la signification. Pour BALFOUR (1976), la fertilité est « la capacité du sol à recevoir, emmagasiner et transmettre l'énergie ». Cette définition est exactement dans la ligne des idées proposées dans le chapitre 1, mais elle demande à être précisée en regardant quelques aspects de la fertilité.

Les expériences de Pierre Baranger

PIERRE BARANGER [1], qui fut professeur de chimie organique à l'École polytechnique pendant 27 ans, a réalisé des expériences extrêmement précises pour comparer la teneur en Ca, K, P et Fe de graines non germées, d'une part, et, d'autre part de jeunes plantes issues de graines provenant du même lot et placées dans une boîte de Petri où elles étaient arrosées avec de l'eau bi-distillée. Il a constaté des écarts significatifs, les jeunes plantes contenant en moyenne plus de calcium et de fer que les graines non germées, et moins de phosphore et de potassium. Il n'explique pas l'origine de ces écarts.

Ces expériences remettaient en cause les "lois" de LIEBIG et elles ont évidemment été critiquées par les chimistes des sociétés qui vendent des engrais. La polémique s'est éteinte avec la mort de Pierre Baranger et personne n'a pensé que les fractions de milligrames supplémentaires de Ca et Fe pouvaient venir de l'atmosphère, et que celles de P et K avaient pu être emportées par l'eau d'arrosage.

L'intérêt majeur de ces expériences est de poser sous un jour original le problème du maintien de la fertilité des sols cultivés.

L'exportation des éléments nutritifs

L'agriculture et l'élevage modifient radicalement les cycles biogéochimiques (§ 434*) puisqu'ils retirent périodiquement de chaque parcelle la "production utile" de matière végétale ou animale telle qu'elle a été définie dans le paragraphe 331*. Les éléments nutritifs (N, P, K, Mg, etc.) inclus dans cette production utile sont donc exportés et le sol s'appauvrit d'autant.

La première question qui vient à l'esprit est : "cette exportation a-t-elle eu des effets néfastes pendant les 8 millénaires du Néolithique ?". La triste

---

[1] *Mémoire terminal* déposé à l'Académie d'agriculture en 1976, et Jour. Biol. Sci (Bombay) 1960 ,3 ,2 / 57-85

histoire des villageois chalcolithiques de Cambous (§ 243* et 751*) montre que cette exportation s'est peut-être conjuguée avec la perte d'humus pour les obliger à abandonner leur village. Sous nos yeux, la perte de fertilité des sols d'Amazonie quand la forêt est remplacée par des cultures est évidente.

La seconde question est alors : "comment l'agriculture a-t-elle pu se maintenir durablement pendant plusieurs millénaires ?" Pour répondre, il ne suffit pas de dire que la pratique de la jachère permettait de maintenir la fertilité et il faut essayer de comprendre que les éléments nutritifs qui étaient exportés chaque année venaient de trois sources :

- les apports par les pluies, qui ont été évoqués dans le paragraphe 434* ;
- l'accès des racines à des couches profondes du sol ; cet accès est particulièrement important dans les sols soumis à une érosion superficielle (§ 423*) ;
- l'apport de "limon" sur les sols périodiquement inondés, par exemple en Egypte.

L'apport d'éléments nutritifs par les engrais

BOUSSINGAULT et JUSTUS LIEBIG ont mesuré ces exportations et proposé de les compenser par l'apport d'engrais minéraux. Tous les traités d'agronomie modernes vous donneront des renseignements détaillés à ce sujet.

44 QUELQUES ÉLÉMENTS DE PÉDOLOGIE

L'évolution des sols a été examinée dans le paragraphe 37* avec la loi de zonalité, et la vitesse d'évolution des sols doit être rappelée avant de regarder les classifications des sols proposées en pédologie.

441 LA VITESSE D'ÉVOLUTION DES SOLS

La vie d'un sol (= la "pédogenèse") commence quand une "roche-mère" vierge apparaît à la surface de la Terre, soit à la suite de l'érosion (ou de la disparition d'une couche de glace) soit par un apport nouveau (alluvions, apport éolien, éruptions volcaniques, etc.). C'est pourquoi la première classe de la classification française des sols est celle des "sols bruts d'apport ou d'érosion".

Lorsque la roche-mère vierge est rocheuse, il faut attendre qu'elle soit "altérée" et décomposée par des processus géomorphologiques (§ 42*) pour qu'un sol différencié s'y développe. Mais lorsqu'elle est meuble, quelques dizaines d'années suffisent pour qu'un sol "jeune" prenne naissance. Ce développement rapide a été observé à de nombreuses reprises dans la passé et récemment aux Philippines sur les cendres volcaniques du Pinatubo.

Il était autrefois enseigné qu'un millier d'années était nécessaire pour qu'un sol se différencie. En fait, une centaine d'années peut suffire.

PH. DUCHAUFOUR (com. verb.), a observé au Portugal des transects de sols sous pineraie claire, et il a vu que le sol était nettement plus podzolisé sous la cime des vieux pins isolés que dans l'intervalle qui les sépare ; c'est donc la litière déposée depuis une centaine d'années sous les pins qui a provoqué ce changement de type de sol.

En Languedoc, les sols rouges méditerranéens des garrigues se transforment en sols bruns sous les vieilles touffes de Chêne vert en quelques dizaines d'années.

Au contraire, dans les climats froids et secs, la pédogenèse est lente.

442 LES CLASSIFICATIONS DES SOLS

Les classifications des sols reposent sur deux bases de raisonnement nettement différentes : la première est "génétique", parce qu'elle met en évidence les évolutions des sols, qui sont souvent plus rapides qu'on ne l'imagine ; la deuxième est descriptive – ou, plus précisément, "morphologique" – parce qu'elle regroupe les sols qui ont la même apparence.

442.1 Les classifications génétiques

Le fondateur de la pédologie, **Dokuchaev** (*cf.* § 37*) a eu le très grand mérite de voir qu'un sol résulte d'un fonctionnement progressif qui dépend essentiellement du climat et il découvrit ainsi l'une des rares lois de l'écologie, la loi de zonalité. Un sol est alors considéré comme le résultat d'une évolution et la classification est dite génétique.

442.11 La classification génétique d'Aubert et Duchaufour

La classification de PH. DUCHAUFOUR est l'une de celles qui a repris ce point de vue et le processus d'évolution du sol est la clef majeure de cette classification. Par exemple, la classe n° I était celle des sols "peu évolués", pour des raisons climatiques (sols des climats très froids ou très secs) ou pour des raisons historiques (par exemple, les sols "jeunes" issus de dépôts alluviaux récents).

La classe II était celle des sols un peu évolués, qui succèdent fonctionnellement aux précédents.

Etc.

L'une des qualités de cette classification est d'être cohérente avec la classification des humus vue dans le paragraphe 43*.

Cette classification ancienne pourra évoluer intelligemment en intégrant les caractères liés à l'histoire géomorphologique, en particulier pour les sols tropicaux.

442.12 Les classifications génétiques récentes

C'est vraisemblablement l'attention portée à la genèse des sols tropicaux qui conduit certains pédologues à retrouver les fondements fonctionnels de la classification. Ils accordent alors une importance méritée aux phénomènes géomorphologiques qui président à la mise en place des substrats et, pour les sols jeunes, à leur fonctionnement actuel qui dépend de l'érosion et de l'accumulation des éléments solides du sol.

Il est regrettable que ces éléments de la genèse des sols n'aient pas été retenus pour la classification des sols américaine et pour celle de la FAO.

443 LES CLASSIFICATIONS MORPHOLOGIQUES

Jusqu'à la fin du XIXe siècle, toutes les classifications des sols étaient morphologiques et c'était assez justifié, parce que les propriétés agronomiques des sols sont fortement liées à leur texture. Ainsi, les agriculteurs savaient bien distinguer les "varennes" (sols sableux alluviaux), les "boulbènes" argileuses d'Aquitaine, les "perruches" caillouteuses, les "terres franches" bien équilibrées, etc.

Les classifications américaines établies par l'Université Cornell, qui sont largement répandues dans le monde, sont hélas encore fortement morphologiques.

La classification du département d'agriculture des États-Unis

Les pédologues états-uniens ont imposé leur classification morphologique des sols qui est très détaillée, mais qui n'aide pas à comprendre l'évolution des sols. On y trouve, par exemple :

Un **oxisol** est un ordre de sol qui existe surtout majoritairement sous la forêt tropicale humide, entre 15-25 degrés nord et sud de l'Équateur. Certains oxisols ont été classés précédemment comme sols latéritiques.

Les principaux processus de formation des oxisols produisant cet horizon caractéristique sont la météorisation et l'humidification due aux animaux. Les oxisols sont définis comme contenant, à toutes profondeurs, moins de 10 % de minéraux météoritiques et une faible CEC. Les oxisols sont toujours de couleur rouge ou jaunâtre.

Le mot "oxisol" vient du mot *oxide* (oxyde en anglais) en référence à la prépondérance des oxydes de minéraux, telle la bauxite, dans sa composition. Dans la classification des sols de la FAO, les oxisols sont référencés comme ferrasols.

A l'origine, l'épaisse végétation de la forêt humide tropicale devait fournir de riches nutriments, mais que les fortes pluies, en passant à travers la couche d'humus du sol, s'acidifiaient et lessivaient les minéraux provenant des couches situées au dessus. Ceci forçait les plantes à trouver leurs nutriments dans la décomposition de l'humus, ce qui rendit les oxisols infertiles à cause de l'absence de matière organique et la quasi absence de minéraux solubles lessivés par le climat très pluvieux et humide.

De nos jours, on trouve des oxisols exclusivement dans les régions tropicales, presque toujours sur les cratons continentaux très stables.

La forêt tropicale entretient une couche d'humus sur ce sol peu perméable. Une fois déforesté et la couche d'humus enlevée, ce sol devient très compact et dur sous le soleil. Détrempé par les pluies abondantes, il devient bourbeux et glissant, en raison de sa forte composition d'argile.

Certains auteurs pensent que les oxisols fossiles sont connus depuis la première apparition d'oxygène libre dans l'atmosphère il y a environ 2,2 milliards d'années. On pense que les oxisols ont été recouverts par la végétation plus tardivement que les ultisols ou que les alfisols, probablement parce que la végétation a mis plus longtemps à s'adapter à l'infertilité des oxisols.

Les oxisols sont souvent utilisés pour des cultures tropicales comme le cacao et les Hévéas producteurs de caoutchouc . Dans certains cas, on y cultive également du ris.

La mise en culture permanente des oxisols dans les régions à faible revenu est très difficile en raison de leur faible CEC et de leur trop grande capacité de fixation du phosphore sur les oxydes de fer et d'aluminium.

Toutefois, de nombreux oxisols peuvent être cultivés dans une large gamme de conditions d'humidité climatique, quitte à ajouter régulièrement de la chaux et des engrais minéraux.

Les oxisols sont divisés en sous-ordres :

Aquox - oxisols avec des nappes d'eau à la ou près de la surface pendant la majeure partie de l'année

Perox - oxisols des climats humides permanents, où les précipitations mensuelles excèdent l'évapo-transpiration

Torrox - oxisols des climats arides. Le climat actuel ne pouvant produire assez de météorisation pour créer des oxisols, les torrox sont tous des sols fossiles (paléosols) formés durant des périodes au climat beaucoup plus humide. On les trouve principalement en Afrique du Sud.

Ustox - oxisols des climats semi-arides ou subhumides

Udox - oxisols des climats humides

45 LA NUTRITION DES ÊTRES VIVANTS DES OCÉANS

L'un des caractères essentiels de la vie dans les océans est que le rayonnement solaire disponible pour la photosynthèse et l'absorption du dioxyde de carbone diminue régulièrement dès que l'on descend sous la surface. Or, l'alimentation en éléments minéraux des plantes aquatiques – qui sont au début de toute la chaîne alimentaire – vient directement de l'eau dans laquelle elles baignent.

En conséquence, la totalité de l'assimilation des matières minérales par les plantes aquatiques et par le phytoplancton dépend seulement de la composition chimique des eaux de surface et de leurs caractères physiques (température et vitesse).

Au fur et à mesure que l'on descend vers les profondeurs, les producteurs primaires diminuent en nombre d'espèces et en importance dans les chaînes alimentaires (§ 62*) et, symétriquement, les carnivores sont de plus en plus importants.

Le fonctionnement de la végétation des océans est donc plus facilement analysable que le fonctionnement terrestre et c'est une raison forte pour penser que les premiers êtres vivants sont apparus dans un environnement aquatique (§ 21*).

La nutrition des espèces qui décomposent les cadavres qui atterrissent dans les profondeurs des océans est examinée dans le paragraphe 62*.

Les bilans énergétiques et biochimiques du fonctionnement des océans sont extrêmement importants aussi bien pour les climats du monde (§ 13*) que pour le changement climatique actuel (§ 84*), ou pour la pêche (§ 87*). Leur étude demande des compétences qui n'étaient pas présentes dans l'équipe qui a préparé la présente édition, mais nous espérons qu'un océanologue se joindra à nous pour combler cette grave lacune.

TABLE DES MATIERES

CHAPITRE 2

L'ORIGINE DE LA VIE

CHAPITRE 3

CHAPITRE 4

LA VÉGÉTATION, L'HYDROSPHÈRE ET LA GÉOSPHÈRE

L'HARMATTAN, ITALIA
Via Degli Artisti 15; 10124 Torino

L'HARMATTAN HONGRIE
Könyvesbolt ; Kossuth L. u. 14-16
1053 Budapest

ESPACE L'HARMATTAN KINSHASA
Faculté des Sciences sociales,
politiques et administratives
BP243, KIN XI
Université de Kinshasa

L'HARMATTAN CONGO
67, av. E. P. Lumumba
Bât. – Congo Pharmacie (Bib. Nat.)
BP2874 Brazzaville
harmattan.congo@yahoo.fr

L'HARMATTAN GUINÉE
Almamya Rue KA 028, en face du restaurant Le Cèdre
OKB agency BP 3470 Conakry
(00224) 60 20 85 08
harmattanguinee@yahoo.fr

L'HARMATTAN CAMEROUN
BP 11486
Face à la SNI, immeuble Don Bosco
Yaoundé
(00237) 99 76 61 66
harmattancam@yahoo.fr

L'HARMATTAN CÔTE D'IVOIRE
Résidence Karl / cité des arts
Abidjan-Cocody 03 BP 1588 Abidjan 03
(00225) 05 77 87 31
etien_nda@yahoo.fr

L'HARMATTAN MAURITANIE
Espace El Kettab du livre francophone
N° 472 avenue du Palais des Congrès
BP 316 Nouakchott
(00222) 63 25 980

L'HARMATTAN SÉNÉGAL
« Villa Rose », rue de Diourbel X G, Point E
BP 45034 Dakar FANN
(00221) 33 825 98 58 / 77 242 25 08
senharmattan@gmail.com

L'HARMATTAN TOGO
1771, Bd du 13 janvier
BP 414 Lomé
Tél : 00 228 2201792
gerry@taama.net

SECTION DES LETTRES
B.I.U.

Achevé d'imprimer par Corlet Numérique - 14110 Condé-sur-Noireau
N° d'Imprimeur : 87996 - Dépôt légal : mai 2012 - *Imprimé en France*